Sebastian Schanz

BETRIEBLICHES RECHNUNGSWESEN

Band I – Buchführung und Abschluss

SEBASTIAN SCHANZ

BETRIEBLICHES RECHNUNGSWESEN

BUCHFÜHRUNG & ABSCHLUSS

Version 2.0, 1. Nachdruck
Buchmanufaktur Bayreuth

WWW.BUCHMANUFAKTUR-BAYREUTH.DE

ISBN 978-3-946262-00-8

Die Deutsche Nationalbibliothek verzeichnet diese Publikation in der Deutschen Nationalbibliographie; detaillierte bibliographische Daten sind im Internet über http://dnb.ddb.de abrufbar.

IMPRESSUM
Buchführung und Abschluss, Lehrbuch zur gleichnamigen Veranstaltung an der Universität Bayreuth. Gesetzt wurde von Sebastian Schanz aus der Palatino von Hermann Zapf. Der Druck erfolgte durch die Novaconcept Schorsch GmbH, Kulmbach. Gebunden wurde von der DWS Sturm GmbH in Neudrossenfeld. Es wurde in Oberfranken gedruckt und gebunden. Bei der Bindung handelt es sich um eine Hotmelt Klebebindung. Die Gestaltung des Umschlags erfolgte durch Jutta Kummerow (design@j-kummerow.de). Die Zeichnungen stammen von Simon Koschmieder.

Version 2.0, Oktober 2015

»QuiCCx«, DIE APP ZUM BUCH

- ✓ Über 1 300 Fragen zum Thema Buchführung und Abschluss
- ✓ Lernkontrolle durch Anzeige der Begründungen zu den Lösungen
- ✓ Ortsunabhängiges Lernen
- ✓ Tests selbst zusammenstellen und auswerten
- ✓ Drei unterschiedliche Schwierigkeitsgrade
- ✓ Sehr enge Abstimmung auf das vorliegende Lehrbuch
- ✓ Fragen nach den Lerneinheiten des vorliegenden Lehrbuchs sortiert
- ✓ Angenehmes Design
- ✓ Intuitive Bedienung
- ✓ Läuft auf Google Android und Apple iOS
- ✓ Basisversion gratis

ShortCode
App # 1010

In der vorliegenden Aufgabensammlung sind »ShortCodes« abgedruckt. Einfach den Code in die App eingeben, um direkt zum Fragenset des zugrundeliegenden Themas zu gelangen.

Der Code »1010« verweist z. B. auf das Fragenset zu den Grundbegriffen des betrieblichen Rechnungswesens.

HUMORISTISCHE
ZEICHNUNGEN
ZUM BETRIEBLICHEN
RECHNUNGSWESEN

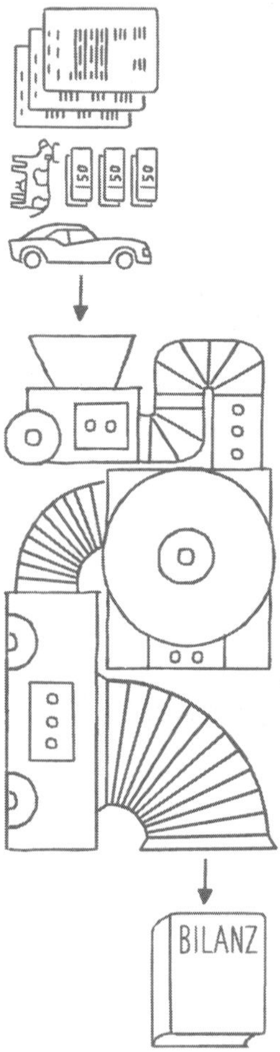

Die humoristischen Zeichnungen karikieren klassische Probleme der Buchführung und des Jahresabschlusses. Die hochwertig produzierte Sammlung ist insbesondere als Geschenkidee für Tätige im Rechnungs- und Steuerwesen gedacht. Die Zeichnungen sind zum großen Teil aus dem vorliegenden Lehrbuch entnommen und sind Teil des didaktischen Konzepts.

Preis 16,45 EUR

www.buchmanufaktur-bayreuth.de

IDEE
SEBASTIAN SCHANZ
ZEICHNUNGEN
SIMON KOSCHMIEDER

ISBN 978 3 00 047631 0

Vorwort

Nach dem Erfolg der Erstauflage erscheint die zweite Auflage nach nur einem Jahr. Wesentlich verändert hat sich in der zweiten Auflage das äußere Erscheinungsbild. Das Format ist kleiner geworden und die Abbildungen wurden typographisch optimiert.

Ergänzt wurde die Monographie durch eine Aufgabensammlung, deren Inhalt eng auf das Lehrbuch abgestimmt ist. Die Aufgabensammlung beinhaltet zudem eine umfangreiche Sammlung an Übungsklausuren und kann – wie auch das Lehrbuch – über *www.buchmanufaktur-bayreuth.de* bezogen werden.

Die Aufgabensammlung ohne Lösungen steht, wie auch eine auf das Lehrbuch abgestimmte Gesetzessammlung, unter *www.buchmanufaktur-bayreuth.de* zum Download bereit.

Zusätzlich steht ab Oktober 2015 eine App für Smartphones zur Verfügung, in der über 1 300 Fragen zu den Themengebieten des Lehrbuchs enthalten sind.

Bayreuth, im Oktober 2015
Sebastian Schanz

Vorwort zur 1. Auflage

Das Betriebliche Rechnungswesen ist Grundbestandteil jeder wirtschaftswissenschaftlichen Ausbildung. Zudem erleben die Propädeutika, im Rahmen derer die Technik der doppelten Buchführung sowie die Grundlagen der Bilanzierung vermittelt werden, verstärkten Zuwachs von Studierenden nicht wirtschaftswissenschaftlicher Studiengänge wie etwa von Studierenden der Rechts- und Naturwissenschaften respektive Studierenden des Lehramts. Das Auditorium umfasst daher häufig mehrere hundert, wenn nicht über 1 000 Zuhörer, was hohe Anforderungen an einen reibungslosen Ablauf der Veranstaltungen ohne inhaltlichen Niveauverlust bei gleichzeitigem Eingehen auf die Bedürfnisse der einzelnen Studiengänge stellt.

Meine Lösung stellt die vorliegende »3-in-1 Monographie« dar, die neben einem vollständigen Foliensatz die Ausformulierung der Themen sowie umfassende Übungsaufgaben, die insgesamt den Charakter eines Übungsbuches besitzen, beinhaltet. Die Vorlesungen selbst werden durch das von der Universität Paderborn entwickelte live-feedback-system PINGO ergänzt, durch das der Vortragende überprüfen kann, ob das Auditorium die Lerninhalte erfasst hat.

Beim Durcharbeiten der Inhalte sollten zunächst die Inhalte der Folien auf den rechten Seiten studiert werden. Erst im Anschluss daran empfiehlt sich das Studium des korrespondierenden Fließtextes zu den einzelnen Folien auf den linken Seiten.

Die Lektüre ist in 14 thematisch abgegrenzte Lerneinheiten gegliedert. Inhaltlich besteht die Lektüre im wesentlichen aus zwei Teilen, wobei im ersten Teil die Technik der doppelten Buchführung vermittelt wird, während im zweiten Teil deren Anwendung im Rahmen der Erstellung des Jahresabschlusses nach deutschem Handelsrecht im Fokus steht.

Die Grundlagen nachstehender Lektüre sind während meiner Zeit an der Otto-von-Guericke Universität Magdeburg entstanden. Im Vordergrund standen für mich die Auswahl der Themen und die didaktische Gestaltung der vorlesungsbegleitenden Unterlagen. In die Foliensammlung habe ich damals schon auf die entsprechenden Inhalte abgestimmte Beispiele und Übungsaufgaben eingearbeitet. Zudem habe ich den Grundstein für die E-Learning-Ausbildung gelegt. Die Weiterentwicklung an der Universität Bayreuth beinhaltete die Ausformulierung der Inhalte und einen noch stringenteren Aufbau.

Die ausgewählten Inhalte haben an manchen Stellen ihren Ursprung in den von mir besuchten Vorlesungen bei meinem akademischen Lehrer Herrn Professor Dr. Dr. h.c. Franz W. Wagner in den Jahren 2001 bis 2004 an der Eberhard Karls Universität Tübingen. Insbesondere gehen Teile der Kontrollfragen auf ihn zurück.

Am Ende eines jeden Vorwortes besteht traditionell Raum für Dank. So auch hier. Danken möchte ich Frau Dipl.-Kffr. Sandra Petermann für ihre akribische Durchsicht des Foliensatzes und ihre diplomatisch-konstruktiven Hinweise auf unzählige Fehler. Für geduldiges Korrekturlesen und Bestärken im Sinne des Projekts danke ich meinen beiden Hilfskräften Frau Susann Sturm, B.Sc. und Herrn Gert Schweitzer, B.Sc. Meinem wissenschaftlichen Mitarbeiter, Herrn André Renz, M.Sc., bin ich insbesondere hinsichtlich seiner Ausführung des didaktischen Konzepts zu Dank verpflichtet.

Bayreuth, im September 2014
Sebastian Schanz

Inhaltsverzeichnis

BETRIEBLICHES RECHNUNGS WESEN
BITTE NICHT FÜTTERN

Verzeichnis der Lerneinheiten

TEIL I
EINFÜHRUNG

```
\begininput
```

LERNEINHEIT 1

Einführung in das betriebliche Rechnungswesen

1 *Prolog*

1–3 Das betriebliche Rechnungswesen ist mannigfaltiger Natur und wird Sie während Ihres Studiums in sehr unterschiedlichen Facetten begleiten. So zählen neben der Technik der doppelten Buchführung – deren Erlernen im ersten Teil dieser Lektüre im Vordergrund steht – auch die Kostenrechnung sowie u. a. die Modelle der Finanzierung & Investition zum Kernbereich des betrieblichen Rechnungswesens. Das betriebliche Rechnungswesen ist damit Sammelbegriff für alle Modelle bzw. Techniken der einzelnen wirtschaftswissenschaftlichen Teildisziplinen, deren Ziel letztlich die Aufbereitung von Daten zur Information bzw. der Entscheidungsfindung interner und externer Adressaten dient.

Bevor wir uns mit der grundlegenden Technik des betrieblichen Rechnungswesen – nämlich der Technik der doppelten Buchführung – in den nachfolgenden Lerneinheiten befassen, erfolgt eine Einführung in die wesentlichen Aufgaben und terminologischen Grundlagen – insbesondere der Wertbegriffe – des Rechnungswesens.

Als Basisliteratur für die erste Lerneinheit sollte *Döring / Buchholz* (2015) konsultiert werden. Wer sich vertiefend mit den Zwecken der Bilanzierung auseinandersetzen möchte, dem sei fakultativ *Stützel* (1967) zur Konsultation empfohlen.

Die erste Lerneinheit befasst sich zunächst mit der Frage, welche Ziele Individuen überhaupt verfolgen. Erst wenn die Ziele klar formuliert sind, lassen sich nachfolgend Techniken entwickeln, diesen Zielen gerecht zu werden, d. h. sie zu maximieren. Wir werden dann die Frage beantworten, ob das »prominenteste« Ergebnis der Rechnungslegung – der Gewinn – diesen Zielen tatsächlich gerecht wird. Letztlich stellt das betriebliche Rechnungswesen insgesamt mit seinen Techniken, Modellen und Rechenwerken[1] nur Mittel zum Zweck der Entscheidungsfindung dar.

Ein kurzer Überblick über die Aufgaben (Zwecke) des Rechnungswesens sowie über die Unterschiede zwischen internem und externem Rechnungswesen soll die Bedeutung des Rechnungswesens skizzieren. Im Anschluss daran werden die Größen des Rechnungswesens vorgestellt. Dabei ist die Anwendung dieser Größen nicht ausschließlich auf die Buchführung beschränkt.[2]

[1] *Wie z. B. der doppelten Buchführung als wohl bekanntestes »Handwerkszeug«.*

[2] *Übergeordnetes Lernziel dieser Lerneinheit bleibt jedoch, dass Sie die Auswirkungen von Geschäftsvorfällen auf die verschiedenen betriebswirtschaftlichen Vermögensebenen beurteilen und quantifizieren können. Sie sollen in der Lage sein, für vorgegebene Geschäftsvorfälle die Auswirkungen auf die Kategorien »Zahlungsmittelebene«, »Geldvermögensebene« sowie »Reinvermögensebene« zu quantifizieren.*

Wo stehen wir?

1

Literatur und Lernziele

1. *Literatur*

Döring, Ulrich / Buchholz, Rainer (2015): *Buchhaltung und Jahresabschluss*, 14. Auflage, Erich Schmidt, Berlin, 1–4.

Stützel, Wolfgang (1967): Bemerkungen zur Bilanztheorie, in: *Zeitschrift für betriebswirtschaftliche Forschung*, Sonderdruck, 314–340.

2

Literatur und Lernziele

2. *Lernziele*

Nach dieser Lerneinheit ...

- verstehen Sie, was die *Zielgröße* von Individuen darstellt.
- kennen Sie die *wesentlichen Aufgaben des Rechnungswesens* sowie die Unterschiede zwischen internem und externem Rechnungswesen.
- kennen Sie den Unterschied zwischen *Mengen- und Wertgrößen* bzw. *Strom- und Bestandsgrößen*.
- können Sie den Unterschied zwischen *Einzahlungen/Auszahlungen, Einnahmen/Ausgaben und Erträge/Aufwendungen* in der betriebswirtschaftlichen Terminologie quantifizieren.

3

4 *Abb. 1* beschreibt das Kernproblem der Gewinnermittlung trefflich. Man erkennt die »Märchenerzähler« Grimm, wie sie ihr Märchen von Hänsel und Gretel verfassen. Ebenfalls zu erkennen ist J. J. R. Tolkien, der als »Meister des Fantasy« seine Fiktion vom »Hobbit« zu Papier bringt. Und dann ist da noch der nüchtern dreinblickende Unternehmenschef, der von *seinem eigenen* Märchen in Form des Unternehmensgewinns berichtet. Ist der Gewinn tatsächlich mit einem Märchen vergleichbar? Was meinen Sie?

Die Ermittlung des Gewinns durch Anwendung spezieller Techniken liegt im Fokus der gesamten Lektüre. Wir verabschieden uns gleich an dieser Stelle von der Vorstellung, dass »Gewinn« respektive »Jahreserfolg« eine wahre, definitive Größe darstellt. Vielmehr stellt der Gewinn eine »philosophische« Größe dar, die – je nach Sicht der Dinge – höher oder niedriger ausfallen kann. Der *»echte«*, *»wahre«* Gewinn existiert nicht!

5 Wenn der Gewinn aber keine »wirkliche« Größe darstellt, warum wird er dann überhaupt ermittelt? Und, stellt der Gewinn überhaupt eine Größe dar, die von uns für Interesse ist? Um diese Frage beantworten zu können, müssen wir zunächst überlegen, was unsere Ziele sind. Wonach streben wir?

Die neoklassische *Investitionstheorie* hat hierfür eine klare Antwort. Wir streben nach der Maximierung unseres Konsumnutzens. Mit *Konsumnutzen* ist gemeint, dass wir durch Konsum zufriedener werden.[3] Wir konsumieren durch Kauf von Waren und Dienstleistungen. Letztlich streben wird damit nach Zahlungen (Cash), da wir diese durch Kauf von Waren und Dienstleistungen in Konsumnutzen transformieren (umwandeln) können. In den nachgeordneten Lerneinheiten werden wir noch ausführlich begründen, dass der Gewinn, der i. d. R. nicht zahlungsgleich ist, keine Größe darstellt, die unserem *finanziellen Oberziel* gerecht wird. Der Gewinn ist also zunächst keine erstrebenswerte Größe.

6 Im Ergebnis stellen Zahlungen das (finanzielle) Oberziel dar. Zur Zielerreichung bedient man sich als Mittel zum Zweck der Generierung von Zahlungen u. a. »Unternehmen«, wobei die Zahlungen in Form von Entnahmen und Ausschüttungen den Unternehmenseigner als natürliche Person erreichen und schließlich in Konsumnutzen transformiert werden können.[4] Das Beziehungsgeflecht zur Generierung konsumfähiger Beträge ist in *Abb. 2* skizziert.

7 Gegenstand des betrieblichen Rechnungswesens ist demnach »das Unternehmen«, dessen Zahlungsgeflecht systematischer Aufbereitung bedarf.[5]

[3] *Ob das tatsächlich immer so ist, bleibt an dieser Stelle unbeantwortet.*

[4] *Zu trennen ist die Einkommenserzielung (Ebene des Unternehmens) und Einkommensverwendung (Ebene des Unternehmenseigners).*

[5] *Die Aufbereitung des Zahlungsgeflechts ist wesentlicher Bestandteil des Betrieblichen Rechnungswesens.*

Prolog

Abb. 1 Märchenerzähler im Wandel der Zeit

CEO = chief executive officer (Vorstandsvorsitzender) 4

Die Zielgröße der Individuen // Annahmen

- Streng rationale Individuen streben nach der *Maximierung* ihres *Konsumnutzens*.
- Dabei wird angenommen, dass Konsumnutzen ausschließlich durch die *Transformation von Zahlungen* zustande kommt (z. B Kauf von Schokolade, Bezahlung der Miete, Erwerb von Kleidung und Nahrungsmitteln usw.).
- Die Zielgröße besteht folglich aus *Zahlungen* (finanzielles Oberziel).
- *Entscheidende Frage* – Besteht Konformität zwischen Gewinnmaximierung und Maximierung der Zahlungsüberschüsse? Streben rationale Individuen nach Gewinnmaximierung? *Antwort* – Nein!

5

Die Unternehmung als Einkommensvehikel

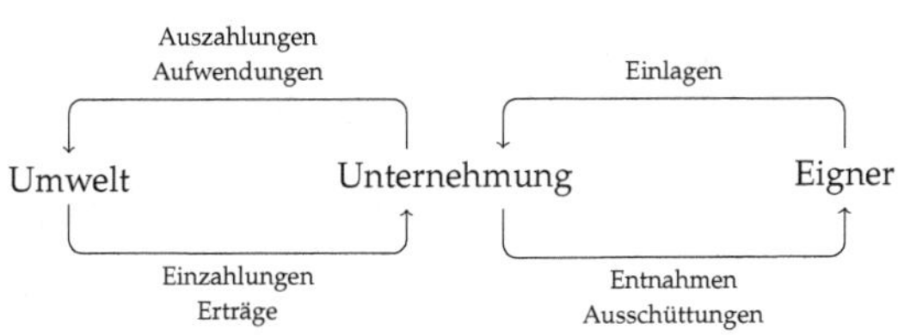

Abb. 2 Verhältnis zwischen Umwelt, Unternehmung und Eigner[1]

Erkenntnisse

- »Die Unternehmung« dient lediglich als Mittel zum Zweck der Maximierung der Zielgröße *Zahlungen* (Entnahmen / Ausschüttungen).
- *Wichtig* – Entscheidungsträger ist nicht »das Unternehmen«, sondern »das Individuum«.

[1] In Anlehnung an *Wagner* (1982), S. 752. 6

2 *Aufgaben und Grundbegriffe des Rechnungswesens*

ShortCode App # 1010

8 Die wesentlichen Aufgaben des betrieblichen Rechnungswesens sind in *Abb. 3* in Form von »Funktionen« dargestellt. Zudem sind die Funktionen den wesentlichen Teilbereichen *externes Rechnungswesen* und *internes Rechnungswesen* zugeordnet. Schließlich werden die Rechenwerke, die den (wesentlichen) Funktionen dienen, aufgeführt. Die für diese Lektüre bedeutendsten Rechenwerke bestehen aus der Buchführung und dem Jahresabschluss, wobei der Jahresabschluss aus den Rechenwerken *Bilanz* und *Gewinn- und Verlustrechnung* besteht.

Im Ergebnis ist von der allgemeinen Vorstellung zu abstrahieren, dass es die ausschließliche Aufgabe des betrieblichen Rechnungswesens sei, den Gewinn zu ermitteln. Letztlich sind die Zwecke der Rechnungslegung äußerst vielschichtig. Bevor wir auf einige wesentliche Funktionen der Rechnungslegung näher eingehen eine Anmerkung zur *Theorie der Rechnungslegung*: Im Rahmen der Rechnungslegung werden enorme Datenmengen verarbeitet. Die aggregierten Daten sollen dem Entscheider[6] bei der Entscheidungsfindung behilflich sein. In der angelsächsischen Literatur spricht man hier von *»decision usefulness«*. Der Wert der (externen) Rechnungslegung wird danach bestimmt, ob die zur Verfügung gestellten Daten zur Entscheidungsfindung nützlich sind bzw. inwiefern die Daten dazu dienen, bestehende Informationsasymmetrien[7] abzubauen.

9 Die *Dokumentationsfunktion* als Teil des externen *und* internen Rechnungswesens trägt der Tatsache Rechnung, dass nur durch sorgfältiges Erfassen aller Geschäftsvorfälle eine verlässliche Grundlage für künftige Entscheidungen geschaffen werden kann. Die Technik der Dokumentation in Form der doppelten Buchführung wird in Kapitel 3 vermittelt.

10 Aufgrund gesetzlicher Bestimmungen kommt der *Rechnungslegungs- und Informationsfunktion* eine besondere Bedeutung zu. Durch die Verpflichtung zur Rechnungslegung werden im Ergebnis externe und interne Adressaten des Unternehmens informiert.[8] Die Rechnungslegungspflicht, also die obligatorische Erstellung einer Bilanz und die transparente Ermittlung des Gewinns, sowie die damit einhergehenden Probleme der Bewertung des Vermögens, werden in Kapitel 7 besprochen. Zunächst wird also beschrieben, wie die Dokumentation technisch funktioniert, im Anschluss daran wird darauf eingegangen, wie diese Technik genau angewendet werden muss bzw. welche gesetzlichen Beschränkungen der Buchführung auferlegt sind.

[6] *Der Entscheider kann dabei z. B. der aktuelle Unternehmenseigner sein, aber auch künftige Eigentümer, Fremdkapitalgeber, Kunden, Lieferanten, etc.*

[7] *Zum Beispiel zwischen Fremdkapitalgeber und Eigentümer der Unternehmung.*

[8] *Da die Rechnungslegung auch für steuerliche Zwecke Anwendung findet, ist insbesondere auch der Fiskus (externer) Adressat des Unternehmens.*

Wo stehen wir?

7

Aufgaben und Rechenwerke

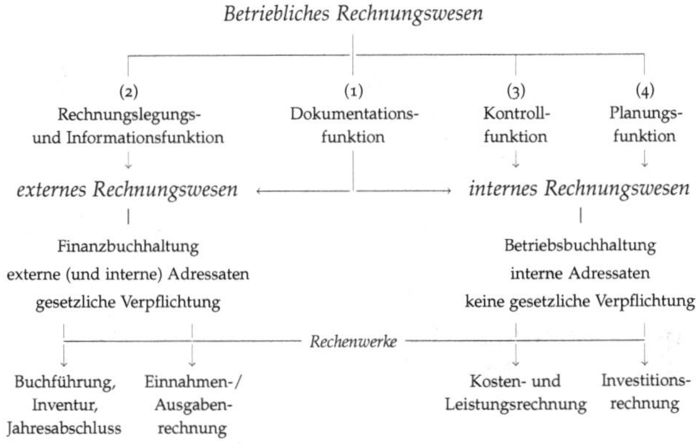

Abb. 3 Aufgaben und Modelle des Rechnungswesens

8

Aufgaben des Rechnungswesens I

1. *Dokumentationsfunktion*

   Die Dokumentationsfunktion des betrieblichen Rechnungswesens soll die lückenlose und chronologische Erfassung aller *Geschäftsvorfälle* anhand von Belegen, die die Vermögenswerte, das Eigen- und Fremdkapital sowie den Jahreserfolg des Unternehmens verändern, gewährleisten.

   Die Dokumentationsfunktion in ihren Grundzügen spiegelt sich in Kapitel 3 wider. Dort wird die Technik der doppelten Buchführung als Technik der Dokumentation behandelt. Kapitel 3.1 bis 3.14 übernehmen dabei die wesentlichen Grundlagen, während Kapitel 3.15 bis 5.6 die Dokumentation spezieller Geschäftsvorfälle beinhaltet.

9

11 Der *Kontrollfunktion kommt* insbesondere Bedeutung in größeren Unternehmen zu, da ein groß angelegtes »Controlling« aufgrund hoher Personalkosten für kleinere Unternehmen schlicht zu teuer ist. Die Kontrolle ist von Bedeutung, da erst durch sie der Istzustand erfasst wird, also die Frage beantwortet wird, inwiefern die Erwartungen, die als Basis der ursprünglichen Entscheidungen (z. B. eine Investition zu tätigen) dienten, auch tatsächlich zutreffen. Die Kontrollfunktion ist wesentlicher Bestandteil des internen Rechnungswesens.

12 Während die Dokumentations-, Rechnungslegungs- und Informations- sowie Kontrollfunktion Informationen über die Vergangenheit liefern, soll das Rechnungswesen auch Grundlagen für künftige Entscheidungen schaffen. Hier kommt der *Planungsfunktion* besondere Bedeutung zu. Die künftigen Entscheidungen werden dabei ausschließlich auf Basis von (prognostizierten) Zahlungen getroffen.

13–14 Wie eingangs erwähnt, lässt sich das Rechnungswesen in einen externen »öffentlichen« Teil und einen internen »privaten« Teil differenzieren. Der »öffentliche« Teil (was und wie nach außen berichtet werden muss) ist gesetzlich vorgeschrieben. Der »private« Teil, in dem z. B. Preiskalkulationen durchgeführt, Strategien entwickelt und Grundlagen für (Investitions-)Entscheidungen vorbereitet werden, unterliegt keinen gesetzlichen Vorschriften. Nachstehend werden die Charakteristika des externen und internen Rechnungswesens kurz erläutert.

Die *Finanz- oder Geschäftsbuchhaltung* ist wesentlicher Bestandteil des externen Rechnungswesens und bedient sich der Technik der doppelten Buchführung zur Dokumentation der Geschäftsvorfälle. Die Informationen, die durch die Finanzbuchhaltung erzeugt werden, sind vor allem für externe Adressaten bestimmt und unterliegen gesetzlichen Vorschriften.

Die Betonung beim Vorliegen von Geschäftsvorfällen liegt auf der direkten oder indirekten Verbundenheit von Zahlungen. Für die Finanzbuchhaltung gilt – anders als für die Betriebsbuchhaltung – der *Grundsatz der Pagatorik*[9], der besagt, dass nur auf Zahlungen beruhende Vorfälle Berücksichtigung finden dürfen. In der *Betriebsbuchhaltung* können auch Opportunitätskosten in Form von kalkulatorischen (also nicht zahlungsgleichen) Kosten Berücksichtigung finden. Unter Opportunitätskosten versteht man entgangene Erlöse, die dadurch entstehen, dass vorhandene Möglichkeiten zur Nutzung von Ressourcen nicht wahrgenommen werden. Zum Beispiel könnte der Unternehmer auch im Angestelltenverhältnis arbeiten und Lohn/Gehalt beziehen, anstatt seine Arbeitskraft ins Unternehmen zu investieren.[10]

[9] *pagare (lat.) = zahlen.*

[10] *Diesen entgangenen Erlös bezeichnet man als kalkulatorischen Unternehmerlohn.*

Aufgaben des Rechnungswesens II

2. *Rechnungslegungs- und Informationsfunktion*

   Gesetzliche Regelungen zwingen zu jährlicher Rechenschaftslegung, die den unterschiedlichen Informationsbedarf der verschiedenen Interessenten befriedigen soll.

   - *Interne Interessenten* sind z. B Unternehmensleitung, Eigentümer bzw. Eigenkapitalgeber, Arbeitnehmer.
   - *Externe Interessenten* können sein: Banken und andere Kapitalgeber, Kunden, Lieferanten, Behörden (z. B Finanzamt), Gerichte, Öffentlichkeit, potentielle Anleger.

   Die gesetzlichen Regelungen zur Aufstellung des Jahresabschlusses nach HGB werden in den Kapiteln 5 bis 12.1 besprochen.

10

Aufgaben des Rechnungswesens III

3. *Kontrollfunktion*

   Das betriebliche Rechnungswesen dient der Kontrolle ...

   ... der mit Zahlungen verbundenen Außenbeziehungen des Unternehmens,

   ... der Wirtschaftlichkeit der Leistungserstellung sowie

   ... der Zahlungsfähigkeit des Unternehmens.

   Die Kontrollfunktion beschränkt sich dabei nicht nur auf den Betrieb selbst (innerbetrieblicher Vergleich; Zeitvergleich; Soll-Ist-Vergleich etc.), sondern auch auf den zwischenbetrieblichen Vergleich (Vergleich mit Wettbewerbern).

11

Aufgaben des Rechnungswesens IV

4. *Planungsfunktion*

   Das betriebliche Rechnungswesen stellt das aufbereitete Zahlenmaterial als Grundlage für unternehmerische Planungen und Entscheidungen bereit.

   Die Planungsfunktion basiert auf den Zahlen der Buchführung, Kostenrechnung und Betriebsstatistik und ist eine mengen- und wertmäßige Schätzung der zukünftigen betrieblichen Entwicklung in Form von Voranschlägen.

   Teilpläne sind z. B der Produktionsplan, der Absatzplan sowie der Finanzplan.

Zusammenfassung – Die Aufgaben 1 bis 3 sind vergangenheitsorientiert, die Planungsfunktion ist zukunftsorientiert.

12

15 Der *Betriebsbuchhaltung* als internem Teil des Rechnungswesens liegt die *Kosten- und Leistungsrechnung* zugrunde. Die *Betriebsbuchhaltung* bedient sich ebenfalls der doppelten Buchführung als Technik der Systematisierung aller Geschäftsvorfälle. In der Praxis sind Finanzbuchhaltung und Betriebsbuchhaltung so organisiert, dass aus Kostengründen nicht zwei parallele Systeme gepflegt werden, sondern ein System implementiert wird, aus dem sich die Informationen sowohl für interne als auch für externe Zwecke extrahieren lassen.[11]

[11] *In der Praxis existieren sowohl Einkreis- als auch Zweikreissyteme. Vgl. dazu Abschnitt 3.20 ab Seite 126.*

2.1 *Grundbegriffe des betrieblichen Rechnungswesen*

16–17 Der souveräne Umgang mit den Grundbegriffen des betrieblichen Rechnungswesens ist elementar für die Buchführung. Hinsichtlich der Darstellung von Vermögen lassen sich zwei Größen differenzieren, Mengengrößen und Wertgrößen. *Mengengrößen* geben Werte in Mengen wie z. B. Stückzahl, Gewicht, Länge, Breite etc. an. *Wertgrößen* geben Werte in Geldeinheiten wieder, sie repräsentieren die bewertete Menge. *Darstellung* 1 skizziert die wesentlichen Größen im Rechnungswesen. Bestands- und Stromgrößen können zwar grds. jeweils Mengen- und Wertgrößen darstellen, die in der Darstellung subsummierten Bestands- und Stromgrößen werden jedoch als Wertgrößen verstanden.

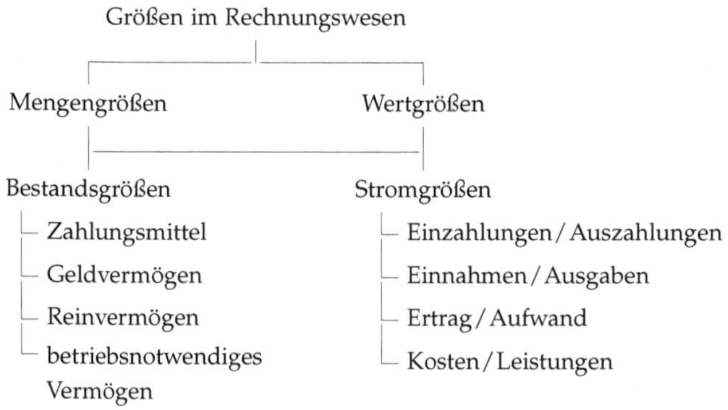

Darstellung 1 Größen im Rechnungswesen

Für die Vermögensaufstellung und Erfolgsrechnung treten aus Gründen der Übersichtlichkeit Mengengrößen in den Hintergrund.[12] In den Rechenwerken Bilanz sowie Gewinn- und Verlustrechnung (GuV) sind lediglich Wertgrößen enthalten. Die nachstehend beschriebenen Größen betreffen alle Rechenwerke des Rechnungswesens, nicht nur die Bilanz und die GuV.

[12] *Zum Beispiel findet man keine Angaben wie etwa »drei Bürostühle« oder »fünf Computer«.*

Finanzbuchhaltung I

- Die *Finanz- oder Geschäftsbuchhaltung* (FiBu) als Bestandteil des *externen Rechnungswesens* besteht in der systematischen, zahlenmäßigen, lückenlosen Erfassung von Geschäftsvorfällen, die durch das betriebliche Geschehen ausgelöst werden.
- *Geschäftsvorfälle* sind alle Tatbestände und Vorgänge, die mit Zahlungsvorgängen direkt oder indirekt verbunden sind und zur exakten Abbildung des betrieblichen Geschehens festgehalten werden müssen.

  Beispiele für Geschäftsvorfälle
  - Kauf von Waren, Rohstoffen, Grundstücken, Gebäuden, Maschinen etc.
  - Aufnahme eines Darlehens
  - Verkauf von Erzeugnissen
  - Bezahlung des Personals

13

Finanzbuchhaltung II

- Die Finanzbuchhaltung ...

  ... wird zur *Rechenschaftslegung* gegenüber internen und externen Adressaten verwendet.

  ... ist durch *gesetzliche Vorschriften* weitgehend festgelegt.

  ... beinhaltet u. a. ...

  ... die *Buchführung* als chronologische und sachlich geordnete, wertmäßige Erfassung aller Geschäftsvorfälle auf Bestands- und Erfolgskonten.

  ... das *Inventar* als Ergebnis der körperlichen Bestandsaufnahme in Form der Inventur (zählen, messen, wiegen).

  ... den *Jahresabschluss* in Form von Bilanz und Gewinn- und Verlustrechnung (GuV) als jährliche Rechenschaftslegung und Information der Bilanzadressaten über die Vermögens-, Finanz- und Ertragslage sowie über die Steuerbemessungsgrundlage.

14

Betriebsbuchhaltung (Kostenrechnung)

- Die *Betriebsbuchhaltung* als Bestandteil des *internen Rechnungswesens* erfasst und verrechnet alle Kosten und Leistungen, die in direktem Zusammenhang mit der betrieblichen Leistungserstellung stehen.
- Zweck ...

  ... Kontrolle der Wirtschaftlichkeit des Leistungsprozesses,

  ... Kalkulation des Angebotspreises auf der Grundlage der ermittelten Selbstkosten.
- Die Betriebsbuchhaltung ist eine rein *innerbetriebliche Angelegenheit*.
- Die Ausgestaltung liegt im *Ermessen des Betriebs*.
- Es sind *keine gesetzlichen Vorschriften* zu beachten.

15

Mengen- und Wertgrößen können jeweils als *Bestandsgröße* oder als *Stromgröße* vorliegen. Zum Beispiel beinhaltet die Information »der Lagerbestand an Holz beträgt am 01.10.2015 fünf Festmeter« eine Mengengröße, nämlich fünf Festmeter. Zudem drückt der Begriff »Bestand« aus, dass sich diese Menge zu einem bestimmten Zeitpunkt auf Lager befunden hat. Das am 01.10.2015 vorhandene Holz ist somit eine Bestandsgröße.

Bei *Wertgrößen* als bewertete Mengengrößen treten – anders als bei Mengengrößen selbst – erhebliche Probleme auf, da die Bewertung – sofern kein Börsen- oder Marktpreis vorhanden ist – sehr weite (Ermessens-)Spielräume zulässt. Lässt man bspw. den Wert eines Grundstücks durch mehrere Gutachter ermitteln, kann es vorkommen, dass sich die ermittelten Werte um weit über 100 % – ausgehend vom niedrigsten Wert – unterscheiden.

18 *Stromgrößen* erklären die Differenz von Bestandsgrößen zu zwei unterschiedlichen Zeitpunkten und können als Mengen- und / oder Wertgrößen vorliegen. Die wichtigste Stromgröße stellt für uns der Gewinn dar, da er uns sagt, um wieviel sich das Vermögen innerhalb der betrachteten Rechnungsperiode verändert hat. Dieser kann auch durch die Ermittlung der Differenz der Vermögensbestände zu zwei unterschiedlichen Zeitpunkten bestimmt werden. Zum Beispiel die Differenz der Vermögen vom 01.01. und dem 31.12. eines Kalenderjahres.[13]

19 *Abb. 4* skizziert das Verhältnis von Bestands- und Stromgröße. Es muss klar sein, dass die bloße Umschichtung von Beständen nicht zu einem Zuwachs an Vermögen führt. So verändert sich beim (Bar)Kauf eines Hauses lediglich die Vermögensstruktur, da das Vermögen um Geldbestände verringert wird, aber im gleichen Wert Grundvermögen erworben wird. Diese Erkenntnis hängt jedoch davon ab, was genau als »Vermögen« bezeichnet wird. Was umfasst das »Vermögen«? Nur Geldbestände wie Bar- oder Buchgeld[14]? Oder auch Sachvermögen wie Grundstücke, Gebäude, Maschinen, Kfz? Was ist mit Finanzvermögen wie z. B. Wertpapieren? Was ist mit nicht materiellen (immateriellen) Gegenständen wie z. B. dem Recht, eine Erfindung zu nutzen oder mit dem Vertrag eines Fußballspielers, durch den sich dieser dazu verpflichtet, für einen Fußballklub zu spielen? Wie sieht es mit zukünftigen Ansprüche wie z. B. Renten oder Pensionen aus?

[13] *Hier sprechen wir später vom »Betriebsvermögensvergleich«.*

[14] *Bankguthaben.*

Größen im Rechnungswesen

Die im Rechnungswesen auftretenden Größen lassen sich unterscheiden nach ...

1. der *Dimension* in
   ... Mengengrößen und
   ... Wertgrößen.
2. dem *Zeitbezug* in
   ... Stromgrößen und
   ... Bestandsgrößen.

16

Mengen- und Wertgrößen

1. Mengengrößen
   - Menge zu einem bestimmten Zeitpunkt (z. B Lagerbestand an Holz in Festmeter am 01.10.2015)
   - Menge pro Zeitraum (z. B Stromverbrauch in kWh im Jahr 2015)
   - Menge pro Stück (z. B Material in kg pro Endprodukteinheit)
2. Wertgrößen
   - EUR zu einem bestimmten Zeitpunkt (z. B Kassenbestand am 01.10.2015)
   - EUR pro Zeitraum (z. B gezahlte Löhne im September 2015)
   - EUR pro Stück (z. B Materialkosten pro Produkteinheit)
3. Es gilt ...
   Wertgröße = bewertete Mengengröße (*Menge* × *Preis*) 17

Strom- und Bestandsgrößen I

1. Stromgrößen ...
   ... sind zeitraumbezogene Größen (*Wirtschaftsjahr*; z. B der Gewinn im Wirtschaftsjahr 2015).
   ... sind Zahlungs- und Leistungsvorgänge, die sich innerhalb einer bestimmten Periode ereignen.
   ... können Mengen- oder Wertgrößen sein.
   ... führen zu einer Veränderung von Bestandsgrößen.
   → positive Bestandsveränderungen: Zustrom / Zugang
   → negative Bestandsveränderungen: Abstrom / Abgang
2. Bestandsgrößen ...
   ... sind zeitpunktbezogene Größen.
   ... geben den Bestand zu einem bestimmten Zeitpunkt an.
   ... können Mengen- oder Wertgrößen sein. 18

2.2 *Vermögensebenen*

20 Im Folgenden werden alternative Vermögensbegriffe und ihre zugehörigen Stromgrößen vorgestellt und kritisch gewürdigt. *Abb. 5* beinhaltet die verschiedenen Strom- und Bestandsgrößen in der betriebswirtschaftlichen Terminologie. Jeder Bestandsgröße bzw. Vermögensebene sind Stromgrößen zugeordnet. Was genau unter Einzahlungen / Auszahlungen, Einnahmen / Ausgaben, Erträge / Aufwendungen zu verstehen ist, wird nachfolgend beschrieben.[15]

[15] *Ebene IV ist für uns nicht relevant, da sie sich auf das interne Rechnungswesen bezieht.*

21 Die ersten drei Bestandsgrößen stehen stellvertretend für alternative Vermögensebenen. Die *Zahlungsmittelebene* als Vermögensebene unterstellt, dass nur das Vermögen »gezählt« wird, das zum Kassenbestand sowie zum Sichtguthaben gehört. Ebenso werden lediglich Einzahlungen und Auszahlungen betrachtet, die als Stromgrößen die Zahlungsmittelebene beeinflussen. Konkret würde das bedeuten, dass die sich im Eigentum (und Besitz) eines Unternehmers befindlichen Werte, wie z. B. ein Gebäude im Wert von 100 000 EUR, einer Forderung i. H. v. 50 000 EUR sowie einem Bankguthaben von 10 000 EUR, lediglich zu einem Vermögen i. H. v. 10 000 EUR (= Zahlungsmittelbestand) summieren.[16]

[16] *Das Sachvermögen findet in diesem Fall keine Berücksichtigung.*

Die zur Zahlungsmittelebene zugehörigen Rechenwerke sind der Investitionsrechnung zuzurechnen. In der Investitionsrechnung kommen zielgrößenbasierte Entscheidungsmodelle[17] zum Einsatz.

[17] *Zum Beispiel in Form des Kapitalwerts, einem relativen Vorteilhaftigkeitsmaß.*

22–23 Bei der *Geldvermögensebene* wird der Vermögensbegriff etwas erweitert. Zum Vermögen zählen in diesem Fall nicht nur Zahlungsmittel und Sichtguthaben, sondern zusätzlich noch Forderungen und Verbindlichkeiten.

Unter einer *Forderung* versteht man den Anspruch auf Zahlung des Leistenden für die Bereitstellung von Gütern oder Dienstleistungen. Korrespondierend stellen *Verbindlichkeiten* eine Zahlungsverpflichtung aufgrund der Bereitstellung von Gütern oder Dienstleistungen z. B. durch Lieferanten oder andere Kreditgeber dar. Erfolgt die Bezahlung nicht sofort bei Leistung, bezeichnet man den Kauf (Verkauf) als »Zielkauf« (»Zielverkauf«) bzw. »Bezahlung auf Ziel«.

Die das Geldvermögen beeinflussende Stromgrößen sind durch Einnahmen und Ausgaben determiniert.[18] Die zugegangenen Güter oder die in Anspruch genommenen Dienstleistungen müssen bezahlt werden, d. h. entweder ist in der Periode bereits Geld geflossen, oder es bestehen am Ende der Rechnungsperiode noch Verbindlichkeiten, die das Geldvermögen entsprechend vermindern.

[18] *Zum Beispiel stellen Ausgaben den Wert aller zugegangenen Güter und Dienstleistungen pro Periode dar, unabhängig davon, ob die Leistung bereits bezahlt wurde.*

Strom- und Bestandsgrößen II // Verhältnis von Bestands- und Stromgrößen

	Anfangsbestand (am 01.01.2015)	Bestandsgröße
+	Zustrom	Stromgröße
./.	Abstrom	Stromgröße
=	Endbestand (am 31.12.2015)	Bestandsgröße
	(= Anfangsbestand der Folgeperiode)	

Abb. 4 Verhältnis von Bestands- und Stromgrößen

./. = kaufmännisches Minuszeichen

19

Stromgrößen und Bestandsgrößen III // Verhältnis von Bestands- und Stromgrößen

	Stromgröße ↓	Bestandsgröße ↓	Stromgröße ↓
I.	Auszahlungen	Zahlungsmittel	Einzahlungen
II.	Ausgaben	Geldvermögen	Einnahmen
III.	Aufwendungen	Reinvermögen	Erträge
IV.	Kosten	betriebsnotwendiges Vermögen	Leistungen

Abb. 5 Vermögensebenen mit Bestands- und Stromgrößen

20

Vermögensebenen I

I. *Zahlungsmittelebene* (ZM-E)

Zahlungsmittel = Kassenbestand + Sichtguthaben

Auszahlungen := Abgang liquider Mittel pro Periode

Einzahlungen := Zugang liquider Mittel pro Periode

Sichtguthaben = Bankguthaben, über das jederzeit durch Barabhebung oder im unbaren Zahlungsverkehr (z. B durch Überweisung) verfügt werden kann

21

Das Vermögen (= Geldvermögen) im obigen Beispiel würde in diesem Fall (50 000 + 10 000 =) 60 000 EUR betragen.

Die *Geldvermögensebene* kommt bei (mittelfristigen) Finanzplanungen zur Anwendung. Zudem findet die Geldvermögensebene bei der vereinfachten Gewinnermittlung im Steuerrecht Anwendung. Demnach können Unternehmen in bestimmten Fällen ihren Gewinn nach der sog. »Einnahmen-Überschuss-Rechnung« ermitteln. Allerdings stellt die Einnahmen-Überschuss-Rechnung keine reine Ermittlung der Vermögensänderung auf Basis der Geldvermögensebene dar.[19]

[19] *Bestimmtes Sachvermögen findet hier ebenfalls Berücksichtigung. Dies tritt allerdings bei den Berufsgruppen, die diese Form der Gewinnermittlung anwenden, in den Hintergrund.*

24 Die *Reinvermögensebene* umfasst neben dem Geldvermögen auch das Sachvermögen. Da das Geldvermögen auch die Verbindlichkeiten (Schulden) beinhaltet, lässt sich das Reinvermögen auch durch Reinvermögen = Vermögen ./. Schulden ermitteln. Besteht das Vermögen eines Unternehmers z. B. ausschließlich aus einem Grundstück im Wert von 20 000 EUR, für dessen Finanzierung er einen Kredit i. H. v. 5 000 EUR aufgenommen hat, ergibt sich für ihn ein Reinvermögen i. H. v. 15 000 EUR.

Die das Reinvermögen verändernden Stromgrößen stellen Erträge und Aufwendungen dar. Insbesondere die Ebene des Reinvermögens ist im ersten Moment schwer begreifbar. Wo liegt der Unterschied zwischen einer Ausgabe und einem Aufwand?

Aufwendungen stellen den Wert aller verbrauchten Güter und Dienstleistungen einer Rechnungsperiode dar.[20] Dabei kann die Form des Verbrauchs eines Gutes sehr vielfältiger Natur sein. Hier einige Beispiele:

[20] *Ausgaben stellen den Wert aller zugegangenen Güter dar.*

1. Verbrauch von Rohstoffen für die Fertigung: Es wird Holz für die Herstellung eines Tisches verwendet.

2. Verbrauch durch Verschleiß: Durch die Inanspruchnahme der Sachanlagen (z. B. Maschinen) werden diese abgenutzt und dadurch weniger Wert. Dieser Wertminderung wird durch (planmäßige) Abschreibungen[21] Rechnung getragen.

3. »Verbrauch« von (Fremd-)Kapital: Die Aufnahme von Krediten stellt eine sog. Duldungsleistung durch die Bank dar.[22] Der »Verbrauch« äußert sich in den Zinsaufwendungen.

[21] *Unter Abschreibungen versteht man die buchhalterische Erfassung von Wertminderungen.*

[22] *Das heißt, der Kreditgeber (Gläubiger) duldet die Verwendung seines Geldes durch den Kreditnehmer (Schuldner). Der Schuldner entrichtet für diese Dienstleistung eine Entschädigung in Form einer Zinszahlung.*

In unserem Ausgangsbeispiel ergibt sich damit zusammenfassend folgendes Ergebnis:

		ZM	GV	RV
	Zahlungsmittel	10 000	10 000	10 000
+	Forderungen		50 000	50 000
./.	Verbindlichkeiten	-	-	-
+	Sachvermögen			100 000
=	Vermögen	10 000	60 000	160 000

Vermögensebenen II

II. *Geldvermögensebene* (GV-E)

Geldvermögen = Zahlungsmittel + Forderungen ./. Verbindlichkeiten

Ausgaben := jeder Geschäftsvorfall, der das GV vermindert (Wert aller zugegangenen Güter und Dienstleistungen pro Periode = Beschaffungswert)

Einnahmen := jeder Geschäftsvorfall, der das GV erhöht (Wert aller veräußerten Leistungen pro Periode = Erlös, Umsatz)

22

Vermögensebenen III

- *Forderung*
  »Unser« Anspruch auf Zahlung für die Bereitstellung von Gütern oder Dienstleistungen an »unsere« Kunden.
- *Verbindlichkeit*
  »Unsere« Zahlungsverpflichtung aufgrund der Bereitstellung von Gütern oder Dienstleistungen durch »unsere« Lieferanten / Kreditgeber.
- *Zielkauf/-verkauf*
  Die Zahlung für die Bereitstellung von Gütern oder Dienstleistung erfolgt nicht sofort, sondern erst in der Zukunft.

23

Vermögensebenen IV

III. *Reinvermögensebene* (RV-E)

Reinvermögen = Geldvermögen + Sachvermögen

Aufwand := Verminderung des Reinvermögens (Wert aller verbrauchten Güter und Dienstleistungen pro Periode)

Ertrag := Erhöhung des Reinvermögens (Wert aller erbrachten Leistungen pro Periode)

Beispiele für Sachvermögen

Grundstücke, Gebäude, Maschinen, Patente, Wertpapiere, Rohstoffe, Waren, Fuhrpark, Betriebs- und Geschäftsausstattung

Buchwert – Wert, zu dem ein Vermögensgegenstand angeschafft wurde bzw. in der Bilanz (in den Büchern) steht.

24

25 Das *betriebsnotwendige Vermögen* mit seinen Stromgrößen *Kosten* und *Leistungen* wird für das interne Rechnungswesen benötigt und an dieser Stelle lediglich der Vollständigkeit halber erwähnt.

26 Die verschiedenen Definitionen von Vermögen haben wir jetzt in Form alternativer Vermögensebenen kennengelernt. Wo aber liegen die Vor- bzw. Nachteile der einzelnen Vermögensebenen?

Das Vermögen auf Basis der *Zahlungsmittelebene* zu ermitteln ist vergleichsweise einfach und wenig anfällig für Manipulationen. Zur Feststellung der Vermögensänderung genügt am Ende der Rechnungsperiode lediglich ein Blick auf das Bankkonto bzw. in die Kasse. Um die Zahlungsebene allerdings als Grundlage für Vermögensänderungen zu verwenden, sind jedoch einige Anpassungen nötig. Zum Beispiel ist es nicht einsichtig, warum bei einer Kreditaufnahme das Vermögen steigen soll. Das Geld geht zwar ein, jedoch nimmt der »Reichtum« nicht zu, da zu den Einzahlungen in korrespondierender Höhe eine Verbindlichkeit entsteht. Auch müsste man Zahlungen zwischen Unternehmen und Unternehmer[23] aus dieser Vermögensberechnung eliminieren.

Das *Geldvermögen* fasst den Vermögensbegriff etwas weiter. Der Vorteil ist, dass auch künftige Zahlungen – z. B. in Form einer Forderung – Berücksichtigung finden. Gleichzeitig sind mit dem »Blick in die Zukunft« Unsicherheiten verbunden. Es ist nicht sicher, ob die Forderung auch werthaltig ist. Es könnte ja sein, dass der Schuldner zahlungsunfähig wird. Fraglich ist also, zu welchem Betrag die Forderung mit zum Vermögen gezählt werden soll. Mit dem Nominalbetrag, also dem Betrag, der auf der Rechnung steht? Oder soll ein – wie auch immer ermittelter – niedrigerer Betrag angesetzt werden, um der Wahrscheinlichkeit eines Forderungsausfalls gerecht zu werden?

Letztlich erfasst das *Reinvermögen* das »gesamte« Vermögen[24]. Diesen Vorteil erkauft man sich jedoch mit dem Nachteil erheblicher Bewertungsprobleme.[25] Mit dem Problem der Bewertung befassen wir uns in den Kapiteln 7 bis 9. Der »wahre« Wert des Sachvermögens kann i. d. R. nur durch Veräußerung ermittelt werden. In diesem Fall ist die Bewertung jedoch obsolet, da sich das zu bewertende Vermögen nicht mehr im Eigentum des Unternehmers befindet.

27 Die Definition alternativer Vermögensebenen mit ihren Stromgrößen resultiert letztlich aus der Zerlegung der Lebensdauer[26] eines Unternehmens in mehrere Teilperioden[27], für die jeweils der (Teil-)Periodenerfolg ermittelt wird.

[23] *(Privat)Einlagen und (Privat)Entnahmen.*

[24] *Grundsätzlich etwa auch das Humankapital in Form des »know how« der Mitarbeiter.*

[25] *Wie viel ist die Maschine, das Grundstück, das Auto, die Büroausstattung, das Patent etc. wert?*

[26] *Sog. Totalperiode.*

[27] *Geschäftsjahre.*

Vermögensebenen V

IV. *betriebsnotwendiges Vermögen (bV)*

bV	= Reinvermögen (kostenrechnerisch) ./. nicht-betriebsnotwendiges (neutrales) Vermögen
Kosten	:= bewerteter Verzehr von Gütern und Dienstleistungen zur Erstellung der betrieblichen Leistung einer Periode
Leistung	:= Wert aller erbrachten Leistungen pro Periode im Rahmen der betrieblichen Tätigkeit

Das betriebsnotwendige Vermögen ist eine Größe des internen Rechnungswesens (Kostenrechnung).

25

Vermögensebenen VI

Beurteilung der verschiedenen Ebenen als Kriterium für Vermögensänderungen (Ermittlung des Gewinns)

1. *Zahlungsmittelebene*
   (+) keine Bewertungsspielräume
   (−) sehr enger Vermögensbegriff
2. *Geldvermögensebene*
   (+) nur sehr geringe Bewertungsspielräume, bildet die Vermögenslage besser ab als die Zahlungsmittel
   (−) eingegrenzter Vermögensbegriff
3. *Reinvermögensebene*
   (+) erfasst das gesamte Vermögen
   (−) hohe Bewertungsspielräume

26

Rechnungsperiode

- Unter der *Rechnungsperiode* versteht man das Zeitintervall, für das die Unternehmen Bericht zu erstatten haben.
- Die *Rechnungsperiode* (Berichtsperiode) besteht *nicht* aus der *Totalperiode*, die als »Lebensdauer« des Unternehmens zu verstehen ist.
- Vielmehr wird die Totalperiode in *Teilperioden* zerlegt, für die berichtet werden muss.
- Die Rechnungsperiode stellt das *Geschäftsjahr* dar, wobei das Geschäftsjahr i. d. R. dem *Kalenderjahr* entspricht, aber auch davon abweichen darf.
- Das Geschäftsjahr darf ein Jahr nicht überschreiten und ist nur in Ausnahmefällen kleiner als ein Jahr (sog. Rumpfgeschäftsjahr).

27

28–29 Die Ermittlung eines Teilperiodenerfolgs bedingt die Abgrenzung zwischen Auszahlung und Aufwand einerseits sowie Einzahlung und Ertrag andererseits. Die denkbaren Fälle der Abgrenzung sind in *Abb. 6* dargestellt. Die Abgrenzung liegt darin begründet, dass Zahlungen nicht zwangsläufig auch in der Periode, in der sie fließen, einen Einfluss auf den Erfolg eines Unternehmens, welcher als Änderung des Reinvermögens definiert ist, haben müssen (Fall I.). Andererseits können sich in einer Periode auch Änderungen am Reinvermögen ergeben, ohne dass Zahlungen geflossen sind (Fall II.). Darüber hinaus gibt es auch Zahlungsvorgänge, die nicht nur innerhalb der entsprechenden Periode keine Erfolgswirkung haben, sondern niemals Ertrag oder Aufwand darstellen (Fall IV.). In diesen Fällen müssen die beiden Rechnungsgrößen sorgfältig voneinander abgegrenzt werden, um den gewünschten (Teil-)Periodenerfolg zu erhalten. Einfacher ist die Berücksichtigung dagegen in den Fällen, in denen Zahlungsvorgänge und entsprechende Erfolgswirkung in dieselbe Periode fallen (Fall III.). Zu beachten ist dabei, dass der Erfolg der Totalperiode (= Summe sämtlicher (Teil-)Periodenerfolge), unabhängig von der Aufteilung der Erfolgsbeiträge auf die einzelnen Perioden, immer gleich bleibt.

Würde sich die Rechnungslegung also immer auf die Totalperiode beziehen, würden keine Unterschiede zwischen den Vermögensänderungen auf Basis der einzelnen Vermögensebenen bestehen. Dies wird *Übung 2* zeigen. Die Totalperiode ist als Rechnungsperiode jedoch untauglich, da sie – für jede Investition respektive Unternehmung – individuell ist und deshalb die Rechnungszeiträume nicht vergleichbar wären. Zudem könnte man die Vermögensänderung dann gleich auf Basis der Zahlungsmittelebene ermitteln. Die Ermittlung des Totalgewinns auf Basis des Reinvermögens wäre in diesem Fall überflüssig, da diese zum selben Ergebnis führt und wesentlich aufwendiger (kostenintensiver) ist.

30 In *Übung 1* sollen Sie nun die Auswirkungen von Geschäftsvorfällen auf die verschiedenen Vermögensebenen quantifizieren.

Abgrenzung von Zahlungen und Erfolg I

t = 0 *Totalperiode* *t* = *T*

Rechnungsperiode 1 Rechnungsperiode x

	Rechnungsperiode 1	Rechnungsperiode x
I.	Zahlung	Erfolg
II.	Erfolg	Zahlung
III.	Zahlung = Erfolg	
IV.	Zahlung	nie Erfolg

Zahlungen = Erfolg (Gewinn)

Abb. 6 Abgrenzung von Zahlungen und Erfolg 28

Abgrenzung von Zahlungen und Erfolg II

- Durch die Zerlegung der Totalperiode in Teilperioden, in denen jeweils der (Teil)Periodenerfolg ermittelt wird, führt zwangsläufig zur Abgrenzung von Zahlungswirkung und Erfolgswirkung.
- Vier Grundfälle sind denkbar
  I. *Zahlung vor Erfolg* – Beispiel: Kauf einer Maschine in bar, deren Abnutzung später zu Aufwand in Form von Abschreibungen führt.
  II. *Erfolg vor Zahlung* – Beispiel: Verkauf von Erzeugnissen auf Ziel.
  III. *Zahlung führt in gleicher Periode zu Erfolg* – Beispiel: Lohnzahlung der laufenden Abrechnungsperiode.
  IV. *Zahlung, die niemals zu Erfolg führt* – Beispiel: Kreditaufnahme.
- Merke: Über die Totalperiode entspricht die Summe der Zahlungen der Summe des Erfolgs (Gewinn). 29

Übung 1 (Strom- und Bestandsgrößen)

Max Schlau erwirbt am 05.01.2015 ein Grundstück für 120 000 EUR und bezahlt dieses noch am selben Tag per Banküberweisung. Am 31.12.2015 veräußert Schlau das Grundstück an Gustav Gierig für 130 000 EUR. Gierig bezahlt den Betrag noch am selben Tag in bar. Außer dem Zahlungsmittelbestand am 01.01.2015 i. H. v. 120 000 EUR verfügt Schlau über kein Vermögen.

1. Ermitteln Sie jeweils die Veränderung des Zahlungsmittelbestands (Δ ZM), des Bestands an Geldvermögen (Δ GV) und des Reinvermögensbestands (Δ RV) bei Max Schlau!
2. Was wäre, wenn Schlau den Kaufpreis erst in 2016 bezahlt, Gierig aber trotzdem noch in 2015 bezahlt?
3. Was wäre, wenn Schlau den Kaufpreis in 2015 bezahlt, aber Gierig erst in 2016 bezahlt? 30

31–33 Es ist zu beachten, dass die in *Übung 1* dargestellten Geschäftsvorfälle (Kauf und Verkauf der Immobilie) teilweise keine Totalperiode umfassen. Es wird lediglich das Kalenderjahr (= Geschäftsjahr) 2015 betrachtet. Das Kalenderjahr 2015 stellt aber lediglich in Aufgabenteil 1 die Totalperiode dar, da hier Kauf und Verkauf der Immobilie zusammenfallen. Im Ergebnis sind die Vermögensänderungen über alle Vermögensebenen in diesem Aufgabenteil gleich (10 000 EUR). In den Aufgabenteilen 2 und 3 erstreckt sich die Totalperiode auf die Kalenderjahre 2015 und 2016, die Vermögensänderungen differieren in den einzelnen Jahren, führen aber insgesamt wieder zum gleichen Ergebnis, sofern beide Jahre Berücksichtigung finden.

Der Reinvermögensebene kommt mit ihrem Rechenwerk »Jahresabschluss« in der Praxis mit die größte Bedeutung zu. In den folgenden Lerneinheiten werden wir uns ausschließlich mit dem Reinvermögen beschäftigten. Jedoch ist es wichtig, zu verstehen, dass das Reinvermögen lediglich eine »Umverteilung« von Zahlungen darstellt. Da sich die Zahlungsdifferenzen über die Totalperiode vergleichsweise einfach ermitteln lassen, können diese leicht als Kontrollgröße zur Überprüfung der Berechnung verwendet werden. Letztlich bildet die Reinvermögensebene die Zahlungen zeitverzögert ab, d. h. der Ertrag (Aufwand) wird in dem Jahr ausgewiesen, in dem der Umsatz realisiert wird bzw. der Verbrauch stattfindet. Zum Beispiel wird der Ertrag beim Zielverkauf in dem Wirtschaftsjahr ausgewiesen, in dem der Umsatz realisiert wird und nicht in dem Jahr, in dem der Zahlungseingang stattfindet.

»Realisieren« bedeutet zum einen, dass ein Rechtsanspruch auf Zahlung besteht. Zum Beispiel ist ein Umsatz durch die bloße Unterzeichnung eines Kaufvertrages[28] noch nicht realisiert. Erst wenn eine Seite der Vertragsparteien handelt (z. B. der Lieferant die Ware liefert oder der Käufer im Voraus bezahlt), wird der Geschäftsvorfall in den Büchern dokumentiert.[29] Zum anderen zählen unrealisierte Erfolge (Gewinn) – zumindest in der deutschen Rechnungslegung – nicht zur Reinvermögensmehrung. So mehren beim Obstbauer die Äpfel zwar sein Vermögen, der steigende Wert des Stamms bleibt bis zur Veräußerung desselben jedoch außer Betracht.

[28] *Juristen sprechen hier vom Verpflichtungsgeschäft.*

[29] *Juristen sprechen dann vom Erfüllungsgeschäft.*

Lösung Übung 1 I

1. Ausgangsfall

	ZM EUR	GV EUR	RV EUR
Anfangsbestand	120 000	120 000	120 000
am 05.01.2015			
+ Zustrom	....	....	....
./. Abstrom	....	....	....
am 31.12.2015			
+ Zustrom	....	....	....
./. Abstrom			
= Endbestand	....	....	....
Δ			

31

Lösung Übung 1 II

2. Schlau bezahlt erst in 2016, Gierig zahlt bereits in 2015

	ZM EUR	GV EUR	RV EUR
Anfangsbestand	120 000	120 000	120 000
am 05.01.2015			
+ Zustrom	....	....	....
./. Abstrom	....	....	....
am 31.12.2015			
+ Zustrom	....	....	....
./. Abstrom			
= Endbestand	....	....	....
Δ			

32

Lösung Übung 1 III

3. Schlau zahlt in 2015, Gierig bezahlt erst in 2016

	ZM EUR	GV EUR	RV EUR
Anfangsbestand	120 000	120 000	120 000
am 05.01.2015			
+ Zustrom	....	....	....
./. Abstrom	....	....	....
am 31.12.2015			
+ Zustrom	....	....	....
./. Abstrom			
= Endbestand	....	....	....
Δ			

33

34–38 In *Übung* 2 sollen Sie erkennen, dass das Vermögen sowie die Vermögensänderungen der einzelnen Vermögensebenen in den einzelnen Abschnitten (= Kalenderjahren, Rechnungsperioden) vollkommen unterschiedlich ausfallen können. Im Ergebnis, d. h. über die Totalperiode der Kalenderjahre 2015 und 2016, sind die Vermögensänderungen und die Vermögensbestände (am Ende der Totalperiode) jedoch identisch.

Zur Verdeutlichung ist nachstehend in *Darstellung* 2 das Verhältnis von Zahlungsmittel, Geldvermögen und Reinvermögen samt der zugehörigen Rechenwerke nochmals dargestellt.

	Strom-/Bestandsgröße	*Rechenwerk*
+	Einzahlungen	
./.	Auszahlungen	
=	Zahlungsmittel	Investitionsrechnung
+	Forderungen	
./.	Verbindlichkeiten	
=	Geldvermögen	(mittelfristige) Finanzplanung
+	Sachvermögen	
=	Reinvermögen	Jahresüberschuss (Bilanz und GuV)

Darstellung 2 Vermögensebenen und ihre Anwendung

Übung 2 (Vermögensänderungen) I

Peter Silies Vermögen besteht am 01.01.2015 aus 35 000 EUR in bar. Sonst liegt kein Vermögen vor. Am 25.03.2015 erwirbt Silie ein unbebautes Grundstück für 35 000 EUR wobei er 15 000 EUR sofort in bar bezahlt und 20 000 EUR erst am 23.11.2016 entrichtet. Am 12.12.2015 kommt ein Tankwagen von der regennassen Fahrbahn ab, kippt um und verseucht das Grundstück mit Schweröl. Entschädigungen einer Versicherung sind nicht zu erwarten. In einem honorarfreien Gutachten kommt seine Freundin Claire Werk noch am selben Tag zu dem Ergebnis, dass bei sofortigem Verkauf des Grundstücks nur noch 29 000 EUR erlöst werden können.

1. Ermitteln Sie die Veränderung des Zahlungsmittelbestands (Δ ZM), des Bestands an Geldvermögen (Δ GV) und des Reinvermögensbestands (Δ RV) bei Silie in 2015!

34

Übung 2 (Vermögensänderungen) II

2. Am 23.11.2016 beschließt der Gemeinderat, dass Peter Silies Grundstück zu Bauland wird. Daraufhin veräußert Silie das Grundstück am 31.12.2016 für 50 000 EUR. Das Geld erhält er sofort in bar. Ermitteln Sie die Vermögensänderungen der verschiedenen Vermögensebenen (Zahlungsmittelebene, Geldvermögensebene, Reinvermögensebene) in 2016!
3. Wie hoch fallen die Vermögensveränderungen der einzelnen Ebenen insgesamt über die beiden Jahre 2015 und 2016 aus?

35

Lösung Übung 2 I

1. Vermögensänderungen in 2015

	ZM EUR	GV EUR	RV EUR
Anfangsbestand	35 000	35 000	35 000
am 25.03.2015			
+ Zustrom			
./. Abstrom			
am 12.12.2015			
+ Zustrom			
./. Abstrom			
= Endbestand			
Δ			

36

39–40 In *Übung 3* sollen die Erkenntnisse der vorangegangenen beiden Übungen auf wesentlich differenziertere Geschäftsvorfälle angewendet werden. Die Identifikation der Auswirkungen der aufgeführten Geschäftsvorfälle auf die benannten Vermögensebenen soll zu einem sicheren Umgang mit den jeweiligen Strom- und Bestandsgrößen führen. Dabei sind die nachstehenden Anmerkungen zu berücksichtigen.

Bisher haben wir die Stromgrößen der einzelnen Vermögensebenen jeweils separat (unsaldiert) ausgewiesen. Das heißt, wir haben z. B. bei Veränderung der Geldvermögensebene angegeben, in welcher Höhe ein Zustrom oder ein Abstrom vorliegt.

Beispiel (Aufnahme eines Darlehens)

Aufnahme eines Darlehens i. H. v. 1 000 EUR und ausschließliche Betrachtung der Geldvermögensebene:

1. Ergebnis bei *unsaldierter Betrachtung*: Es liegen sowohl Einnahmen als auch Ausgaben (jeweils i. H. v. 1 000 EUR) vor. Insgesamt verändert sich das Geldvermögen aber nicht.
2. Ergebnis bei *saldierter* Betrachtung: Es liegen (in Summe) keine Einnahmen / Ausgaben vor, da sich die Einnahmen und Ausgaben gerade ausgleichen. Der Saldo ist null.

Zur Lösung der Übung soll die Veränderung der einzelnen Vermögensebenen *saldiert* ausgewiesen werden und – sofern Zu- und Abströme vorliegen – in Klammern das unsaldierte Ergebnis notiert werden:

0 (0)	keine Auswirkung auf die Bestandsgröße. Saldiertes Ergebnis = 0, unsaldiertes Ergebnis = (0).
↑ (↑)	jeweilige Bestandsgröße steigt an. Saldiertes Ergebnis = ↑, unsaldiertes Ergebnis = (↑).
↓ (↓)	jeweilige Bestandsgröße sinkt. Saldiertes Ergebnis = ↓, unsaldiertes Ergebnis = (↓).
0 (↑↓)	Der Geschäftsvorfall hat Auswirkungen auf den Zu- und Abstrom. Insgesamt gleichen sich die Wirkungen aus. Saldiertes Ergebnis = 0, unsaldiertes Ergebnis = (↑↓).
↑ (↑↓)	Der Geschäftsvorfall hat Auswirkungen auf den Zu- und Abstrom. Insgesamt steigt die Bestandsgröße. Saldiertes Ergebnis = ↑, unsaldiertes Ergebnis = (↑↓).
↓ (↑↓)	Der Geschäftsvorfall hat Auswirkungen auf den Zu- und Abstrom. Insgesamt sinkt die Bestandsgröße. Saldiertes Ergebnis = ↓, unsaldiertes Ergebnis = (↑↓).

Lösung Übung 2 II

2. Vermögensänderungen in 2016

	ZM EUR	GV EUR	RV EUR
Anfangsbestand	...	...	...
am 23.11.2016			
+ Zustrom	...	...	...
./. Abstrom	...	...	...
am 31.12.2016			
+ Zustrom	...	...	...
./. Abstrom			
= Endbestand	...	...	...
Δ			

37

Lösung Übung 2 III

3. Vermögensänderungen insgesamt über die Jahre 2015 und 2016

	ZM EUR	GV EUR	RV EUR
Anfangsbestand	35 000	35 000	35 000
Δ in 2015	...	...	...
Δ in 2016			
= Endbestand	...	...	...
Δ insgesamt			

38

Übung 3 (Vermögensebenen) I

	Δ ZM	Δ GV	Δ RV
1. Barzahlung einer Verbindlichkeit			
2. Bareinkauf und Lagerung von Rohstoffen			
3. Kauf auf Ziel und Lagerung von Rohstoffen			
4. Kunde begleicht unsere Forderung durch Überweisung an uns			
5. Barverkauf von Waren zum Buchwert			

39

41 *Hinweise*

Aufgabenteil 13. ist so zu verstehen, dass ausschließlich der Zielverkauf Berücksichtigung finden soll. Der Prozess bis zur Herstellung der verkauften Güter soll unbeachtet bleiben. In Aufgabenteil 14. sollen die Auswirkungen des Kaufs und der Produktion der Waren *sowie* deren anschließende Lagerung *insgesamt* betrachtet werden.

2.3 Kontrollfragen

1. Was bedeutet der Begriff »Zielgröße« für Investoren?
2. Warum stellt »das Unternehmen« nur Mittel zum Zweck dar?
3. Nennen und beschreiben Sie die wesentlichen Funktionen des betrieblichen Rechnungswesens und deren Rechenwerke.
4. Worin unterscheiden sich internes und externes Rechnungswesen im Wesentlichen?
5. In welcher Beziehung stehen Mengengrößen und Wertgrößen?
6. Welche Probleme bringen Wertgrößen mit sich?
7. Warum sind in der Bilanz nur Wertgrößen enthalten?
8. Geben Sie an, ob es sich bei nachstehenden Größen jeweils um Mengen-, Wert-, Strom- bzw. Bestandsgrößen handelt:
   (a) Am 31.12.2015 befinden sich vier Tonnen Sand auf Lager.
   (b) Im Jahr 2015 wurden Fahrräder im Wert von 100 000 EUR produziert.
   (c) Der Wert der Maschinen beträgt am 01.01.2015 2,3 Mio EUR.
   (d) Im Jahr 2015 wurden 350 000 Fahrzeuge verkauft.
9. Wie unterscheiden sich Einzahlungen / Auszahlungen, Einnahmen / Ausgaben und Erträge / Aufwendungen in der betriebswirtschaftlichen Terminologie?
10. Was versteht man unter den Begriffen *Forderungen*, *Verbindlichkeiten*, *Zielkauf* und *Buchwert*?
11. Welche »Mängel« der Einzahlungs-Auszahlungs-Rechnung werden durch die Einnahmen-Ausgaben-Rechnung korrigiert?
12. Erläutern Sie, weshalb eine Ertrags-Aufwands-Rechnung einerseits »vollständiger« und anderseits »ungenauer« als eine Einzahlungs-Auszahlungs-Saldierung ist.
13. Welche Rechenwerke lassen sich den verschiedenen Vermögensebenen (Zahlungsmittel-, Geldvermögens- und Reinvermögensebene) zuordnen?
14. Erläutern Sie inwiefern die Rechenwerke der Finanzbuchhaltung (Bilanz und GuV) ebenso wie die Investitionsrechnung pagatorische Rechenwerke darstellen.
15. Welche Rechnungsperioden sind denkbar?
16. Was versteht man unter dem Begriff »Totalperiode«?
17. Was stellt die Totalperiode bei Investition in ein Mietobjekt dar?
18. Warum ist die Totalperiode als Rechnungsperiode nicht geeignet?

Übung 3 (Vermögensebenen) II

	Δ ZM	Δ GV	Δ RV
6. Verkauf von Waren, die auf Lager liegen*, zum Buchwert auf Ziel			
7. Barverkauf von Waren, die auf Lager liegen*, über Buchwert			
8. Verkauf von Waren, die auf Lager liegen*, unter Buchwert auf Ziel			
9. Erhalt von Zinsen aus einem Darlehen an den Kunden Mayher			
10. Aufnahme eines Kredits bei einer berüchtigten Großbank			

* Bedeutet, dass die Waren/Rohstoffe bereits im Vorjahr erworben wurden. 40

Übung 3 (Vermögensebenen) III

	Δ ZM	Δ GV	Δ RV
11. Zerstörung eines Gebäudes durch Blitzeinschlag			
12. Werteverzehr einer Maschine durch außergewöhnlich hohen Verschleiß (Abschreibung)			
13. Verkauf auf Ziel von in derselben Periode erzeugten Gütern über Herstellungskosten			
14. Produktion von Waren auf Lager unter Einsatz von Arbeit und im selben Jahr in bar beschafften Rohstoffen			

41

19. Welche Rechnungsperioden existieren in der Praxis?
20. Wann führen Vermögensänderungen der unterschiedlichen Vermögensebenen (Zahlungsmittelebene, Geldvermögensebene, Reinvermögensebene) zum selben Ergebnis und warum?
21. Erläutern Sie, was unter Abgrenzungsproblemen zu verstehen ist, sofern die Totalperiode in mehrere Berichtsperioden zerlegt wird.
22. Was versteht man im Kontext des Reinvermögens unter »Realisierung«? Wann gilt der Kauf/Verkauf von Erzeugnissen/Waren als realisiert?
23. Erläutern Sie anhand eines selbstgewählten Beispiels, was man unter nicht realisierten Vermögenszuwächsen versteht!

24. Welcher Rechnungsperiode (= Kalenderjahr) werden die Vermögensänderungen in den nachstehenden Fällen zugewiesen? Geben Sie jeweils an, ob es sich um eine Vermögenszu- oder -abnahme handelt!
    (a) Aufnahme eines Darlehens am 01.01.2015 und Rückzahlung desselben am 30.06.2016.
    (b) Zinszahlungen für das Darlehen aus (a) erfolgen ausschließlich am 30.06.2016.
    (c) Kauf einer Maschine am 30.09.2015.
    (d) Kauf von Wertpapieren am 01.01.2015 für 1 000 EUR. Der Wert der Wertpapiere am 31.12.2015 (31.12.2016) beträgt 1 200 EUR (750 EUR).
    (e) Am 25.12.2015 erhalten wir Dividenden für die Wertpapiere aus (d).
    (f) Kauf eines Grundstücks am 31.08.2015 für 20 000 EUR. Das Grundstück hat am 31.12.2015 unstreitig einen Wert von 22 000 EUR. Am 23.04.2016 wird das Grundstück für 25 000 EUR gegen bar verkauft.
25. Geben Sie jeweils zwei Beispiele an für
    (a) Auszahlung, nie Aufwand,
    (b) Auszahlung vor Aufwand,
    (c) Auszahlung nach Aufwand,
    (d) Auszahlung, Aufwand in derselben Rechnungsperiode,
    (e) Einzahlung, nie Ertrag,
    (f) Einzahlung vor Ertrag,
    (g) Einzahlung nach Ertrag,
    (h) Einzahlung in derselben Rechnungsperiode.
26. Beurteilen Sie, ob die folgenden Geschäftsvorfälle Einzahlungen, Einnahmen, Ertrag, Auszahlung, Ausgabe oder Aufwand darstellen (Die Umsatzsteuer ist zu vernachlässigen!):
    (a) Anschaffung von Rohstoffen gegen Barzahlung.
    (b) Verbrauch von Rohstoffen aus dem Rohstofflager.
    (c) Verkauf von Waren auf Ziel zum Einkaufspreis.
    (d) Verkauf von Waren in bar über Einkaufspreis.
    (e) Zahlung von Löhnen und Gehältern.
    (f) Vernichtung von Zwischenprodukten durch einen Wasserrohrbruch im Lager.
    (g) Zinsen gehen auf dem Firmenkonto ein.
    (h) Aufnahme eines Bankdarlehens bei einer Großbank und Auszahlung auf das Bankkonto.
    (i) Kauf eines Lkw auf Ziel.
    (j) Es erfolgt die vollständige Rückzahlung eines Kredits per Banküberweisung.
    (k) Einzahlung von 1 000 EUR aus der Firmenkasse auf das betriebliche Girokonto.

TEIL II

TECHNIK DES BETRIEBLICHEN RECHNUNGSWESENS

LERNEINHEIT 2
Technik der doppelten Buchführung – Teil I

3 *Technik der doppelten Buchführung*

ShortCode App # 1030

42–44 Ziel der ersten Lerneinheit war es zunächst, klarzustellen, dass die für uns wesentliche Größe (Zielgröße) Zahlungen darstellen. Wir haben uns dann mit der Frage beschäftigt, wie man Vermögen definieren könnte und haben neben der Betrachtung des »Zahlungsvermögens« zwei weitere Vermögensebenen kennen gelernt. Einer der Zwecke des Betrieblichen Rechnungswesens besteht gerade in der Darstellung des Vermögens bzw. in der Feststellung der Vermögensänderung in einem festgelegten Zeitraum (Rechnungsperiode). Die Beantwortung der Frage, was der Vermögensbegriff letztlich alles umfassen soll, ist für die nachfolgenden Lerneinheiten essentiell. Jeder Vermögensbegriff, der von reinen Zahlungen abweicht, bringt Bewertungsprobleme mit sich. Es stellt sich deshalb später die Frage, inwiefern solche Bewertungsprobleme in den Griff zu bekommen sind – damit nicht jeder (Kaufmann) sein Vermögen nach *Gutdünken* ausweist.

Die zweite Lerneinheit soll zeigen, wie Vermögen dargestellt werden kann und Geschäftsvorfälle technisch dokumentiert werden können. Zentrales Qualifikationsziel stellt dabei das Beherrschen der Technik der doppelten Buchführung in ihren Grundzügen dar, d. h. Sie sollen nach dieser Lerneinheit in der Lage sein, (erfolgsneutrale) Geschäftsvorfälle in Form von Buchungssätzen zu dokumentieren.

Es wird zudem das gesamte Geschäftsjahr buchungstechnisch abgebildet. Wichtig dabei ist, dass Sie lernen, den strukturellen Ablauf eines Wirtschaftsjahres aus Sicht der Doppik, ausgehend von der Eröffnungsbilanz über die Verbuchung der Geschäftsvorfälle und Abschluss der (Bestands)Konten über die Schlussbilanz, nachzuvollziehen. Wir betrachten dabei ausschließlich erfolgsneutrale Geschäftsvorfälle, also Geschäftsvorfälle, bei denen kein »Gewinn« entsteht.

Die gesamte Lerneinheit wird von einer Fallstudie begleitet, die Zug um Zug weiterentwickelt wird.

Wo stehen wir?

42

Literatur und Lernziele I

1. *Literatur*

Döring, Ulrich / Buchholz, Rainer (2015): *Buchhaltung und Jahresabschluss*, 14. Auflage, Erich Schmidt, Berlin, 7–12, 15–29.

Eisele, Wolfgang / Knobloch, Alois Paul (2011): *Technik des betrieblichen Rechnungswesens*, 8. Auflage, Vahlen, München, 74–84.

Wöhe, Günter / Kußmaul, Heinz (2015): *Grundzüge der Buchführung und Bilanztechnik*, 9. Auflage, Vahlen, München, 69–84.

43

Literatur und Lernziele II

2. *Lernziele*

Nach dieser Lerneinheit ...

- kennen Sie die Unterschiede zwischen einfacher und doppelter Buchführung.
- können Sie den Aufbau einer Bilanz beschreiben.
- sind Sie in der Lage, das Inventar in Bilanzform darzustellen und die Bilanz in Bestandskonten aufzulösen.
- wissen Sie, wie aktive und passive Bestandskonten aufgebaut sind und kennen deren Funktionsweise.
- sind Sie in der Lage, erfolgsneutrale Geschäftsvorfälle in Form einfacher und zusammengesetzter Buchungssätze zu formulieren.
- können Sie das Eröffnungs- und das Schlussbilanzkonto erstellen.

44

45 Das Motto »Soll an Haben« bildet die Grundstruktur eines jeden Buchungssatzes. Diese Grundstruktur wird uns durch sämtliche nachfolgenden Lerneinheiten begleiten.

46 Der rote Faden der zweiten Lerneinheit orientiert sich am Geschäftsjahr eines Unternehmens bzw. in unserer Fallstudie vom Beginn des Geschäftsbetriebs bis zum Ende des ersten Geschäftsjahres. Der Beginn des Geschäftsbetriebs muss nicht auf den 01.01. eines Jahres, sondern kann auf einen beliebigen Zeitpunkt innerhalb eines Kalenderjahres fallen. Das Wirtschaftsjahr endet i. d. R. am 31.12. eines Jahres. Beginnt der Geschäftsbetrieb irgendwann im Kalenderjahr, z. B. zum 01.04., dann stellt das erste Wirtschaftsjahr ein sog. Rumpfwirtschaftsjahr dar, wenn angenommen wird, dass das Wirtschaftsjahr am 31.12. des Jahres endet, da es kürzer als ein Kalenderjahr ist. Beginnt das Wirtschaftsjahr am 01.01. und endet am 31.12. entspricht das Wirtschaftsjahr dem Kalenderjahr. Das Wirtschaftsjahr stellt die Berichtsperiode dar, für die die Vermögensänderung ermittelt wird bzw. an deren Ende die Vermögensaufstellung erfolgt.

3.1 *Inventur und Inventar*

47 Der Aufstellung des Vermögens in Form des *Inventars* geht die Bestandsaufnahme (*Inventur*) des Vermögens durch Zählen, Messen, Wiegen voraus.[30] Man kann sich das Inventar als lange (unübersichtliche) Liste an Vermögenswerten vorstellen, die dann in eine gesetzlich vorgeschriebene Struktur in Form einer Bilanz konvertiert wird.

Die Bilanz wird dann in Konten aufgeteilt.[31] Die Konten werden wiederum durch Geschäftsvorfälle befüllt, wobei der »Kontostand« eines jeden Kontos am Ende des Wirtschaftsjahres wiederum Eingang in die (Schluss-)Bilanz findet.

Die zuvor beschriebene Vorgehensweise unterstellt, dass das Unternehmen zu Beginn des wirtschaftlichen Handelns bzw. beim Start der Buchführung bereits Vermögen besitzt und der Geschäftsbetrieb schon seit einiger Zeit besteht.

Diese Praktik darf – zu Recht – kritisch hinterfragt werden. In der Praxis ist die Buchführung in Form der doppelten Buchführung nicht für jedes Unternehmen vorgeschrieben.[32] Erst ab einem gewissen Umfang besteht gesetzliche Buchführungspflicht.[33] Es kommt häufig vor, dass es der Umfang des Geschäftsbetriebs nach einiger Zeit erfordert, die doppelte Buchführung einzuführen. Insofern besteht zu Beginn des Geschäftsbetriebs bei Eintritt der Rechnungslegungspflicht bereits zu erfassendes Vermögen.

[30] *In Abschnitt 6.4.2 ab Seite 296 werden wir ausführlich auf die gesetzlichen Regelungen zur Inventur eingehen. Der gesetzliche Rahmen ist für die Grundlagen der Technik der doppelten Buchführung nicht relevant.*

[31] *Der Begriff »Konto« stammt aus dem Italienischen und bedeutet »Rechnung«.*

[32] *Zur Buchführungspflicht in Deutschland vgl. Abschnitt 6.2 ab Seite 288.*

[33] *Auch ganze Berufsgruppen wie z. B. Freiberufler (Ärzte, Rechtsanwälte, Steuerberater, etc.) sind ausgenommen.*

Literatur und Lernziele III

3. Motto
   - »Soll« an »Haben«

45

Roter Faden durch die 2. Lerneinheit

Inventur → Folien 47 – 48
↓
Inventar → Folien 49 – 53
↓
(Eröffnungs-)Bilanz → Folien 54 – 58
↓
Auflösung der Bilanz in Konten → Folien 59 – 68
↓
»Befüllung« der Konten (erfolgsunwirksame Geschäftsvorfälle) → Folien 69 – 84
↓
Kontenabschluss → Folien 85 – 99
↓
Schlussbilanz → Folien 100 – 108

46

Inventur und Inventar I

- Wir gehen im Folgenden vom klassischen Geschäftsjahreszyklus aus.
- Das Geschäftsjahr, für das die Bilanz und der Gewinn ermittelt wird, entspricht i. d. R. dem Kalenderjahr (01.01. – 31.12.).
- Wir beginnen mit der Inventur und nehmen an, dass unser Musterbetrieb bereits seit einiger Zeit besteht und die Notwendigkeit des Führens von Büchern sowie die Ermittlung des Gewinns durch Anwendung der Technik der doppelten Buchführung bisher nicht gegeben war bzw. gesetzlich nicht vorgeschrieben war.
- Die Inventur wird grds. zu Beginn des Handelsgewerbes sowie ein Mal pro Geschäftsjahr durchgeführt.

47

48 Die gesetzliche Verpflichtung zur Durchführung der Inventur ergibt sich aus § 240 Abs. 1 HGB.[34] Letztlich wäre die Inventur durch eine *perfekte* Buchführung überflüssig. Wenn alle Geschäftsvorfälle detailliert dokumentiert werden, müssten sich die tatsächlichen Bestände am Ende des Geschäftsjahres aus der Buchhaltung / Bilanz ergeben. Die Realität ist jedoch zu komplex, um alles erfassen zu können. Zudem kommen menschliche Fehler und sog. »natürlicher Schwund« (z. B. Diebstahl, Verderben) hinzu. Aus diesem Grund ergibt es durchaus Sinn, dass mindestens einmal pro Jahr überprüft wird, ob die Bestände aus der Buchhaltung auch mit den tatsächlichen Beständen übereinstimmen. Die *Inventur* spiegelt also lediglich eine Kontrolle der Buchhaltung wider.

[34] *Welche Formen der Inventur zulässig sind, werden wir später in Abschnitt 6.4.2 noch erörtern.*

49 Die *Inventur* stellt den physischen Vorgang der Bestandsaufnahme dar, während das *Inventar* das Ergebnis der Inventur repräsentiert. Bisher wurde die Inventur als Aufstellung des Vermögens (1. Teil) bezeichnet. Mit aufgenommen werden jedoch auch die vorhandenen Schulden (2. Teil) z. B. in Form von Darlehen gegenüber Kreditinstituten oder Verbindlichkeiten gegenüber Lieferanten, von denen wir Waren bezogen haben, die wir jedoch noch nicht bezahlt haben. Schulden werden durch *Buchinventur* erfasst. Der 3. Teil des Inventars, das Eigenkapital – oder auch Nettovermögen (bzw. Reinvermögen) – ergibt sich als Restgröße (Residuum) aus Vermögen abzüglich Schulden.

BEISPIEL

Michaels Vermögen besteht ausschließlich aus einer Immobilie im Wert von (unstreitig) 100 000 EUR. Zur Finanzierung der Immobilie hat Michael einen Kredit bei einer berüchtigten Großbank i. H. v. 25 000 EUR aufgenommen. Sein Nettovermögen (Eigenkapital) beträgt 75 000 EUR.

50 Das *Inventar* unterliegt – anders als die Bilanz – keiner gesetzlichen Gliederungsvorschrift. Aus Vereinfachungsgründen wird jedoch die grobe Gliederungsstruktur der Bilanz übernommen. So ist das (Brutto)Vermögen nach der Liquidität[35] geordnet. Das bedeutet, dass das Vermögen, bei dem der Verkauf (das Verflüssigen bzw. Zu-Geld-Machen) am längsten dauert – wie z. B. bei Immobilien oder technischen Anlagen – ganz oben steht und Vermögen, welches quasi in Form flüssiger Mittel vorhanden ist – wie z. B. das Geld in der Kasse oder das Bankkonto – ganz unten stehen. Das Vermögen wird zudem unterteilt in *Anlagevermögen* und *Umlaufvermögen*. Was darunter zu verstehen ist, beschreibt § 266 HGB.

[35] *Lat. liquidus, »flüssig«.*

Die *Schulden* sind nach der Fälligkeit geordnet. Langfristige Kredite stehen ganz oben und kurzfristige Lieferantenverbindlichkeiten ganz unten.

Inventur und Inventar II

- Die *Inventur* …

  … ist die mengen- und wertmäßige *Bestandsaufnahme* aller Vermögensgegenstände und Schulden eines Unternehmens zu einem bestimmten Zeitpunkt.
- Die gesetzliche Verpflichtung zur Inventur ergibt sich aus § 240 Abs. 1 Handelsgesetzbuch (HGB)[2]

  > *(1) Jeder Kaufmann hat zu Beginn seines Handelsgewerbes seine Grundstücke, seine Forderungen und Schulden, den Betrag seines baren Geldes sowie seine sonstigen Vermögensgegenstände genau zu verzeichnen und dabei den Wert der einzelnen Vermögensgegenstände und Schulden anzugeben.*
- Die Inventur erfolgt unabhängig von der (doppelten) Buchführung.

[2] Zur Inventur vgl. auch Kapitel 6.4.2 ab Folie 36.

48

Inventur und Inventar III

- Das *Inventar* …

  … ist ein detailliertes *Bestandsverzeichnis*, in dem alle Vermögensgegenstände und Schulden eines Unternehmens zu einem bestimmten Zeitpunkt nach Art, Menge und Wert aufgeführt werden.

  … ist das Ergebnis der Inventur.
- Die Inventur ist somit Voraussetzung für das Inventar.
- Das Inventar besteht aus drei Teilen …

  … Vermögen

  … Schulden

  … Eigenkapital

49

Inventur und Inventar IV

1. Das Vermögen …

   … ist nach *Liquidität* geordnet.

   … besteht aus Anlagevermögen und Umlaufvermögen.
   - Das *Anlagevermögen* umfasst alle Vermögensgegenstände, die dazu bestimmt sind, dem Unternehmen *dauernd* zu dienen.
   - Das *Umlaufvermögen* umfasst alle Vermögensgegenstände, die kurzfristig umgesetzt oder veräußert werden bzw. dazu bestimmt sind, dem Unternehmen *nicht auf Dauer* zu dienen.
2. Schulden …

   … sind nach der *Fälligkeit* geordnet.

   … bestehen aus langfristigen und kurzfristigen Schulden.
3. Eigenkapital (Reinvermögen)
   - Differenz zwischen Vermögen und Schulden einer Unternehmung.

50

51 *Beispiel 1* skizziert den Weg von der Gliederung des Inventars zur Bilanz. Das Beispiel des August Hobel wird in dieser und der nachfolgenden Lerneinheit zu einer Fallstudie ausgebaut, deren Komplexität stetig zunimmt. Das Ziel besteht darin, das gesamte Geschäftsjahr buchhalterisch abzubilden.

In der Einleitung des *Beispiels* 1 ist davon die Rede, dass August Hobel sein Unternehmen in Form einer Einzelunternehmung durchführt. Die Rechtsform der Einzelunternehmung gehört zu den Personenunternehmen, deren Charakteristika später in Abschnitt 12.1 eingehend erläutert werden.[36]

52 Man erkennt, dass das Inventar eine detaillierte Auflistung aller zum *Vermögen* des Hobel gehörenden Vermögensgegenstände enthält. Es sind detaillierte Bezeichnungen der Vermögensgegenstände vorhanden wie z. B. »Hobelmaschine« oder »Kreissäge« sowie die Menge der Vermögensgegenstände. Forderungen aus L. u. L. werden ebenso im Rahmen der *Buchinventur* erfasst, wie etwa der Stand des Bankkontos oder die Schulden. Ebenso wird deutlich, dass die Liquidität der Vermögensgegenstände nach unten hin zunimmt. Unter der Ziffer 1 ist mit Grundstücken und Gebäuden eher illiquides Vermögen erfasst, während die Kasse in Ziffer 9 quasi vollständige Liquidität repräsentiert.

53 Die *Schulden* des August Hobel bestehen hier aus klassischen Verbindlichkeiten, d. h. die Höhe der Schulden ist exakt bekannt. Sie ergibt sich bei den Verbindlichkeiten aus Lieferungen und Leistungen aus den Rechnungen der Lieferanten und bei der Hypothekenschuld durch die exakte Bezifferung im Kreditvertrag. Wir werden später sehen, dass Schulden nicht immer exakt bestimmbar sind. Diese ungewissen Verpflichtungen nennt man *Rückstellungen*. Unter diese ungewissen Verpflichtungen fallen z. B. Rückstellungen für Pensionen, die der Unternehmer seinen Beschäftigten nach ihrer aktiven Tätigkeit ausbezahlt. Da die Lebenserwartung der Beschäftigten nicht bekannt ist, lässt sich die künftige Zahlungsverpflichtung nicht exakt beziffern.

Das Vermögen in unserem Beispiel beträgt 391 275 EUR. Die erfassten Schulden sind mit 77 000 EUR ausgewiesen. Das Eigenkapital als Nettovermögen respektive Restgröße oder Residuum ermittelt sich demnach aus der Differenz des (Brutto)Vermögens und der Schulden. Es beträgt (391 275 − 77 000 =) 314 275 EUR.

[36] *Die Einzelunternehmung selbst ist Thema des Abschnitts 12.2.*

Beispiel 1 (Inventar) I

August Hobel arbeitet schon seit seiner Kindheit gerne mit Holz. Vor einigen Jahren richtete sich Hobel für sein Hobby, der Schreinerei, eine eigene Werkstatt ein. Im Laufe der Zeit wurden die künstlerischen Holzarbeiten von Hobel immer beliebter, sodass der anfing, seine Kreationen zu verkaufen. Ende 2014 wagte Hobel den Sprung in die Selbständigkeit. Er kündigte seinen Job als Finanzbeamter und meldete seine Kunstschreinerei in Form einer Einzelunternehmung an. Seit dem 01.01.2015 ist Hobel eingetragener Kaufmann (e. K.) in Magdeburg. Zur Gründung seines Unternehmens musste Hobel erstmals eine Inventur durchführen und das Vermögen, das zu seinem Betrieb gehört, auflisten. Die Inventur ergab folgendes Inventar zum 01.01.2015:

51

Beispiel 1 (Inventar) II

Kunstschreinerei August Hobel Inventar zum 01.01.2015	EUR
I. Vermögen	
1. Grundstücke und Gebäude	
Geschäftshaus in Magdeburg	100 000
Lagerhalle in Halle	70 000
2. Maschinen	
1 Hobelmaschine, Bosch	15 000
3 Kreissägen, je 5 000 EUR	15 000
3. Betriebs- und Geschäftsausstattung (BuGA)	
1 Notebook, Fujitsu	5 000
1 Fax, hp	1 200
4. Rohstoffe	
1 000 qm Sperrholzplatten, je 17 EUR/qm	17 000
800 m Rundholz (Kirsche), je 2 EUR/m	1 600
5. Hilfsstoffe	
500 kg Leim, je 3,50 EUR/kg	1 750
10 000 Schrauben und Nägel, je 0,10 EUR/Stück	1 000
6. Fertige Erzeugnisse	
20 Stühle, je 75 EUR	1 500

52

Beispiel 1 (Inventar) III

	EUR
7. Forderungen aus Lieferungen und Leistungen	
Schulze	2 000
Mayher	8 500
8. Bankguthaben	
Girokonto Sparkasse	250
Sparbuch Commerzbank	150 000
9. Kasse	1 475
= Vermögen	391 275
II. Schulden	
1. Hypothek, Deutsche Bank	70 000
2. Verbindlichkeiten aus Lieferungen und Leistungen	
Holzbau A. Macke	1 000
Sägewerk P. Span	6 000
= Summe der Schulden	77 000
III. Reinvermögen	
Vermögen ./. Schulden (391 275 EUR ./. 77 000 EUR)	314 275

53

3.2 *Bilanz*

54 Der Weg vom Inventar zur Bilanz (von ital. bilancia »(Balken)Waage«, von lat. bilanx »Doppelwaage«) ist überschaubar. Die Bilanz ist eine Aufstellung von Herkunft und Verwendung des Kapitals eines Unternehmens. Letztlich stellt sie eine übersichtlichere, komprimiertere Version des Inventars dar, die bestimmte formale Kriterien – insbesondere hinsichtlich der Gliederung – erfüllen muss, die – zumindest für bestimmte Rechtsformen – gesetzlich vorgeschrieben sind.

55–56 Ist das *Inventar* noch in Staffelform[37] dargestellt, werden in der *Bilanz* Vermögen einerseits und Schulden bzw. Eigenkapital andererseits gegenüber dargestellt. Die Form der Darstellung wird auch als »(T-)Form« bezeichnet. Wird die Bilanz nach deutschen, handelsrechtlichen Normen erstellt, ist die Bilanz zwingend in *Kontoform* zu erstellen. Die (für alle Unternehmen) einheitliche Grundstruktur ermöglicht es dem Bilanzleser, sich innerhalb kurzer Zeit einen Überblick über die Vermögenslage des Unternehmens zu verschaffen.

[37] *Darstellung der Positionen strikt untereinander.*

Die *linke Seite* der Bilanz ist mit »Aktiva« (A) überschrieben und gibt Aufschluss darüber, in welcher Form das Kapital gebunden ist (z. B. in Immobilien, Sachanlagen, Forderungen etc.). Aktiva ist der Plural von Aktivum und bedeutet Guthaben oder positiver Saldo. Der Begriff wird von dem lateinischen Begriff *agere* (= handeln, tätig sein) abgeleitet.

A Bilanz	P
Mittel-verwendung	Mittel-herkunft

A Bilanz	P
Vermögen	Kapital

A Bilanz	P
Brutto-vermögen	Netto-vermögen, Schulden

Die *rechte Seite* der Bilanz wird mit »Passiva« (P) überschrieben und gibt Auskunft darüber woher die Mittel stammen, mit denen die linke Seite finanziert wird. Während das Vermögen (Aktiva) nach der Liquidität geordnet ist, ist die Mittelherkunft (Passiva) nach der Fristigkeit geordnet. Dabei stehen Schulden, die relativ zeitnah zurückgezahlt werden müssen, ganz unten. Dies sind i. d. R. Verbindlichkeiten aus L. u. L. Ganz oben steht das Eigenkapital in seiner »Funktion« als Residualkapital. Dies bedeutet, dass das Eigenkapital an den Unternehmer erst ausgezahlt werden darf, wenn alle anderen Schulden beglichen sind. Das Eigenkapital verlässt das Unternehmen zuletzt.

Die Kategorisierung der Vermögensgegenstände in *Anlagevermögen* oder *Umlaufvermögen* erfolgt für jedes Unternehmen individuell. So stellen Immobilien i. d. R. Anlagevermögen dar.[38] Bei einem Immobilienhändler können Immobilien aber auch Umlaufvermögen darstellen.

[38] *Da diese dazu bestimmt sind, dem Betrieb dauernd zu dienen.*

Vom Inventar zur Bilanz

Die *Bilanz* ist eine *Kurzdarstellung* des Inventars in Kontoform.

Schritte für den Übergang vom Inventar zur Bilanz:

1. Zusammenfassung gleichartiger Posten des Inventars zu Bilanzpositionen,
2. Wegfall der Mengenangaben.
3. Für die Bilanz ist in Deutschland die *(T-)Kontoform* vorgeschrieben (§ 266 Abs. 1 Satz 1 HGB), um Vermögen und Schulden einander gegenüberzustellen (Vermögensgegenstände = *Aktiva* auf der linken Seite, Schulden/Eigenkapital = *Passiva* auf der rechten Seite).
4. Um die Bilanz auszugleichen, wird das Eigenkapital als Differenz (Saldo) von Vermögen und Schulden berechnet und auf der Passivseite hinzugefügt.

Merke: Eine Bilanz muss immer ausgeglichen sein! 54

Graphische Darstellung // Bilanz in T-Kontoform

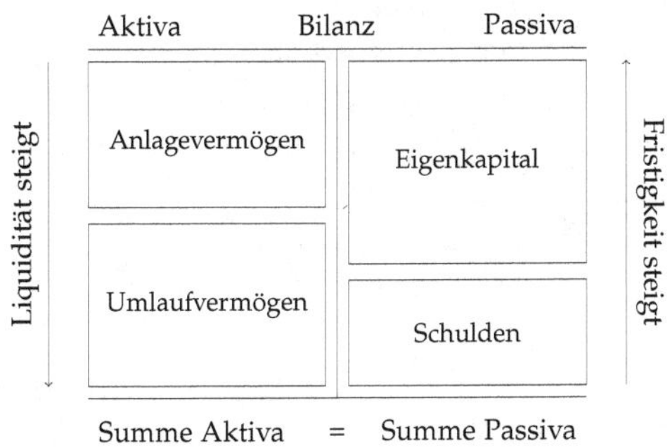

55

Aufbau der Bilanz

Die linke Seite der Bilanz wird mit *Aktiva* überschrieben und ...

... beinhaltet die Sachform des Kapitals.

... gibt Auskunft über die Mittelverwendung.

Die rechte Seite der Bilanz wird mit *Passiva* überschrieben und ...

... repräsentiert die Geldform des Kapitals.

... gibt Auskunft über die Mittelherkunft.

Vorteile der Bilanz gegenüber dem Inventar:

- Schneller lesbar durch übersichtlichere Darstellungsform,
- Verhältnis zwischen Vermögen und Schulden wird deutlich.

56

57 Vergleicht man die Eröffnungsbilanz des einführenden Beispiels mit dem Inventar, wird deutlich, dass die Bilanz wesentlich übersichtlicher ist. Das Beispiel zeigt zudem, dass die Bilanz immer ausgeglichen sein muss. Die Summen der Aktiva und der Passiva müssen sich immer entsprechen (Summe Aktiva = Summe Passiva = Bilanzsumme). Insofern kann die Bilanz auch mit einer Waage verglichen werden, die sich ständig im Gleichgewicht befinden muss. Allerdings bestehen auch zwei wesentliche Nachteile der (T-)Kontoform:

1. Es können keine Zwischensummen gebildet werden, sodass auf einen Blick der Umfang z. B. von Anlagevermögen und Umlaufvermögen nicht erfasst werden kann. Bildet man Zwischensummen, müssten diese bei der Ermittlung der Bilanzsumme explizit ausgeklammert werden, da sich sonst die Bilanzsummen von Aktiva und Passiva nicht mehr entsprechen würden.
2. Die Gegenüberstellung unterschiedlicher Wirtschaftsjahre wird erschwert. Aus Platzgründen ist die Darstellung der Positionen vorangegangener Wirtschaftsjahre nur schwer realisierbar.

58 Dieses Problem lässt sich durch die Darstellung des Vermögens in *Staffelform* (Reihenform) lösen. Der wesentliche Vorteil der Staffelform ist der direkte Vergleich der einzelnen Positionen in unterschiedlichen Wirtschaftsjahren. Die Staffelform ist am häufigsten angwendete Darstellungform bei kapitalmarktorientierten Unternehmen.[39]

[39] Unternehmen werden als kapitalmarktorientiert bezeichnet, wenn sie einen organisierten Markt für die von ihnen ausgegebenen Wertpapiere in Anspruch nehmen. Diese Unternehmen erstellen die Bilanz i. d. R. jedoch nicht nach deutschen Normen.

3.3 *Konto*

59 Letztlich zieht sich die Darstellungsform des Kontos durch die gesamte doppelte Buchführung. Wir werden sehen, dass nicht nur die Bilanz, sondern auch alle Geschäftsvorfälle in Kontoform dokumentiert werden.

BEISPIEL

Markus studiert an der Universität Bayreuth Informatik. Um den Überblick über seine Finanzen zu behalten, erstellt er am Ende eines jeden Monats eine Übersicht über Zahlungsein- und -ausgänge (EZ / AZ), um die Veränderung seines Bankkontos darzustellen. Nebenstehend sind die Bewegungen für den Monat März aufgeführt. Der Stand des Bankkontos am 1. März beträgt 100 EUR.

		EZ / AZ EUR
+	Anfangsbestand	100
+	Überweisung der Eltern	400
./.	Miete	320
./.	Schreibmaterial	20
./.	Bücher / Manuskripte	65
+	Minijob	450
./.	Nahrungsmittel	300
./.	Kleidung	75
+	Verkauf von Büchern	15
=	Summe	185

Fortführung Beispiel 1 (Bilanz in Kontoform)

Aus dem auf den Folien 51 f. dargestellten Inventar lässt sich nachstehende Eröffnungsbilanz der Kunstschreinerei August Hobel ableiten:

Aktiva	Eröffnungsbilanz zum 01.01.2015		Passiva
	EUR		EUR
Grundstücke und Gebäude	170 000	Eigenkapital	314 275
Maschinen	30 000	Hypothek	70 000
BuGA	6 200	Verbindlichkeiten aus L. u. L.	7 000
RHB-Stoffe*	21 350		
Fertige Erzeugnisse	1 500		
Forderungen aus L. u. L.	10 500		
Bank	150 250		
Kasse	1 475		
Summe Aktiva	391 275	Summe Passiva	391 275

* RHB = Roh-, Hilfs- und Betriebsstoffe

57

Fortführung Beispiel 1 (Bilanz in Staffelform)

	Werte in EUR	2015	2016	...
Aktiva	*Anlagevermögen*			
	Grundstücke und Gebäude	170 000		
	Maschinen	30 000		
	BuGA	6 200		
		206 200	...	...
	Umlaufvermögen			
	RHB-Stoffe	21 350		
	Fertige Erzeugnisse	1 500		
	Forderungen aus L. u. L.	10 500		
	Bank	150 250		
	Kasse	1 475		
		185 075	...	...
	Bilanzsumme	391 275	...	...
Passiva	*Eigenkapital*	314 275	...	...
	Schulden			
	Hypothek	70 000		
	Verbindlichkeiten aus L. u. L.	7 000		
		77 000	...	...
	Bilanzsumme	391 275	...	...

58

Konto (il conto = die Rechnung)

- Vor der Auflösung der Bilanz in sog. T-Konten erfolgt zunächst eine Vorstellung, was unter einem *Konto* zu verstehen ist.
- Ein Konto ist ein *zweiseitiges Rechenschema*, in dem Bestands- oder Stromgrößen in sachlich geordneter Weise so einander gegenübergestellt werden, dass sich jederzeit die Wertdifferenz der beiden Seiten *(Saldo; saldare = ergänzen)* ermitteln lässt.
- Grundsätzlich existieren zwei mögliche Darstellungsformen

Reihenform | T-Form

59

Die vorstehende Auflistung ist recht unübersichtlich. Es ist auf den ersten Blick schwer zu erkennen, in welcher Höhe Auszahlungen und Einzahlungen getätigt wurden. Die Summe von 185 EUR kann bspw. durch Einzahlungen i. H. v. 190 EUR und Auszahlungen i. H. v. 5 EUR zustande kommen. Allerdings würde die Summe auch durch 985 EUR Einzahlungen und 800 EUR Auszahlungen zustande kommen. Das Zahlungsniveau ist also schwer erkennbar. Diesen Nachteil kann man durch Trennung der Ein- und Auszahlungen bei gestaffelter Auflistung beheben. Dies zeigt nebenstehende Tabelle.

		EUR EZ	EUR AZ
+	Anfangsbestand	100	
+	Überweisung der Eltern	400	
./.	Miete		320
./.	Schreibmaterial		20
./.	Bücher/Manuskripte		65
+	Minijob	450	
./.	Nahrungsmittel		300
./.	Kleidung		75
+	Verkauf von Büchern	15	
=	Summe	965	780
=	Saldo		185

60 Die vorstehende Struktur wird auch als *Reihenform* bezeichnet. In einem Konto in Reihenform werden die Geschäftsvorfälle, die das jeweilige Konto betreffen, in der Weise verzeichnet, dass Belastungen und Entlastungen, die nicht immer aus Zahlungen bestehen müssen, in separaten Spalten dargestellt werden.

61–62 Die Darstellung im *T-Konto* erfolgt noch kompakter als in der Reihenform. Die linke Seite des T-Kontos ist dabei mit »Soll« überschrieben, die rechte Seite mit »Haben«. Es ist absolut essentiell, dass unter dem Begriff »Soll« nichts Negatives verstanden wird. Der Begriff stellt eine Konvention dar, die sich über die letzten Jahrhunderte so gefestigt hat. Die Bewegungen auf Markus Konto lassen sich dann wie folgt in T-Form darstellen[40]:

[40] *Auf die Ermittlung des »Saldos« gehen wir später noch genauer ein.*

Soll		Konto Markus	Haben
	EUR		EUR
Anfangsbestand	100	Miete	320
Überweisung der Eltern	400	Schreibmaterial	20
Minijob	450	Bücher/Manuskripte	65
Verkauf von Büchern	15	Nahrungsmittel	300
		Kleidung	75
		Saldo	185
Summe	965	Summe	965

Konto in Reihenform

Die Zu- und Abgänge durch die verschiedenen Geschäftsvorfälle werden jeweils nebeneinander in einer eigenen Spalte verbucht.

Beispiel: Konto Kasse

Datum	*Geschäftsvorfall*	*Betrag* Einzahlung	Auszahlung
01.01.	Anfangsbestand	1 475 EUR	
20.01.	Barzahlung von Kunde Mayher*	8 500 EUR	
23.01.	Kauf von Fichtenholz		650 EUR
31.01.	Bezahlung von Verbindlichkeiten**		6 000 EUR

* Es handelt sich dabei um die Bezahlung der Forderung durch den Kunden Mayher.

** Bezahlung der Verbindlichkeiten aus L. u. L. gegenüber dem Sägewerk P. Span. 60

Konto in T-Form I

- Das T-Konto ist nach der T-Form benannt, die durch die Trennung von Zu- und Abgängen entsteht.
- Der Anfangsbestand (AB) und die Zugänge werden jeweils auf der einen Seite, die Abgänge und der Endbestand (EB) jeweils auf der anderen Seite des Kontos erfasst.
- Die linke Seite wird mit »*Soll*« und die rechte Seite mit »*Haben*« überschrieben (anders als bei der Bilanz).
- *Vorteil* – gegenüber der Reihenform bietet die T-Form einen schnelleren Überblick über die Anzahl der Buchungen und die Höhe der Beträge.

61

Konto in T-Form II

Beispiel: T-Konto Kasse

Soll		Kasse			Haben
		EUR			EUR
01.01.	Anfangsbestand	1 475	23.01.	Kauf Fichtenholz	650
20.01.	Barzahlung Mayher	8 500	31.01.	Bezahlung Verb.	6 000
	⋮			⋮	
	⋮			⋮	

62

3.4 *Auflösung der Bilanz in Bestandskonten*

63 Bisher haben wir lediglich den Aufbau eines Kontos kennen gelernt. Wenn alle Geschäftsvorfälle auf einem Konto erfasst werden würden, wäre die Übersichtlichkeit nicht mehr gewährleistet. Deshalb werden zur Abbildung von Geschäftsvorfällen sachlich differenzierte Konten gebildet. Die Konten können hierarchisch auf gleicher Ebene stehen bzw. anderen Konten über- oder untergeordnet sein. So wird die Bilanz als »Oberkonto« in viele »Unterkonten« unterteilt. Genauer, jede Bilanzposition repräsentiert als sachliche Einheit (mindestens) ein Konto.

Konten, die eine Bilanzposition repräsentieren, werden als *Bestandskonten* bezeichnet. *Aktiv- und Passivkonten* verhalten sich dabei spiegelbildlich zueinander. Dies erkennt man daran, dass Anfangsbestände, Zugänge, Abgänge und Endbestände jeweils auf den gegenüberliegenden Seiten erfasst werden. Wo genau die Zugänge oder Abgänge zu erfassen sind bzw. auf welcher Seite die Anfangs- und Endbestände erfasst werden ist von zentraler Bedeutung für die doppelte Buchführung. Die Inhalte der *Abbildungen* 7 und 8 sind deshalb elementar für das Verständnis der Buchungssystematik.

Auf die beiden speziellen Konten »Eröffnungsbilanzkonto« und »Schlussbilanzkonto« wird weiter unten noch genauer eingegangen.

64 Zugänge auf *Aktivkonten* werden im »Soll« erfasst und entsprechen einer Vermögensmehrung. Abgänge werden korrespondierend im »Haben« erfasst und stellen eine Vermögensminderung dar. Aktivkonten haben (i. d. R.) einen positiven Bestand, aus diesem Grund stehen die Anfangsbestände im Soll.

65 Zugänge auf *Passivkonten* werden im »Haben« erfasst und stellen eine Vermehrung der Schulden oder des Eigenkapitals dar. Abgänge werden im »Soll« erfasst und repräsentieren eine Abnahme von Schulden oder Eigenkapital. Passivkonten repräsentieren Schulden (an den Unternehmer oder an fremde Dritte als Fremdkapitalgeber) und als solche quasi »negatives Vermögen«. Die Anfangsbestände stehen deshalb im Haben.

Die Position der Endbestände soll an dieser Stelle nicht weiter erläutert werden. Wir werden an späterer Stelle noch einmal ausführlich darauf eingehen.

Auflösung der Bilanz in Bestandskonten // Ausgangspunkt: (Eröffnungs-)Bilanzkonto

- Das *Eröffnungsbilanzkonto* (EBK) ist ein besonderes Konto, da es keine laufenden Geschäftsvorfälle, sondern die Bestände der verschiedenen Bilanzpositionen zu einem bestimmten Zeitpunkt erfasst (dazu später mehr ab Folie 86).
- Zur Verbuchung von Geschäftsvorfällen wird die Bilanz in Konten aufgelöst. Sie werden als *Bestandskonten* bezeichnet, da sie ihren Anfangsbestand (AB) aus der Bilanz übernehmen.
- Für jede Bilanzposition wird mindestens ein Konto geschaffen.
- Entsprechend der Zweiteilung der Bilanz unterscheidet man zwischen *Aktiv- und Passivkonten*, je nachdem von welcher Seite der Bilanz die Konten ihren Anfangsbestand beziehen.
- Die Endbestände (EB) werden in das *Schlussbilanzkonto* (SBK) übernommen.

63

Aktivkonto

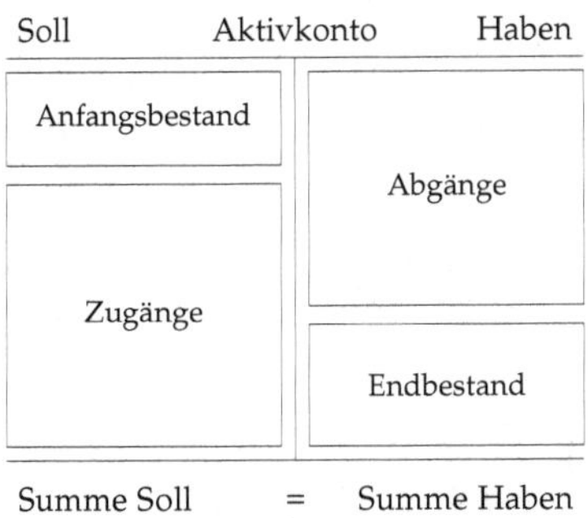

Abb. 7 Aktivkonto

64

Passivkonto

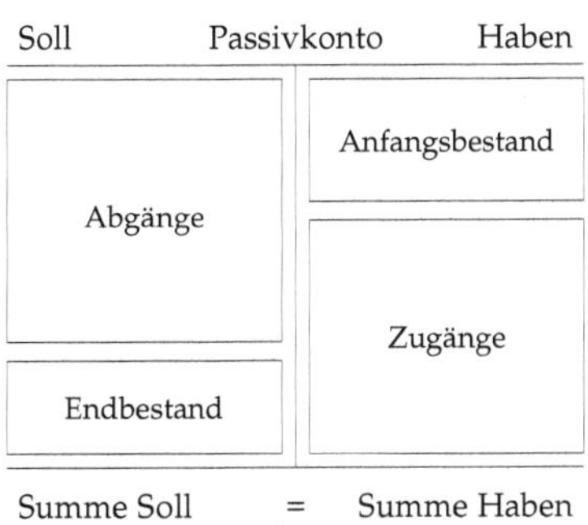

Abb. 8 Passivkonto

65

66–68 Ausgehend von der Struktur der Bestandskonten wird nach Erstellung der Eröffnungsbilanz für jede einzelne Position der Eröffnungsbilanz ein Konto eröffnet und der Wert der Position aus der Eröffnungsbilanz in die Konten übertragen.

Im Beispiel des August Hobel existieren acht aktive Bestandskonten, deren Anfangsbestände auf der Sollseite der Konten vermerkt werden. Die Bestände der Positionen auf der Passivseite werden korrespondierend in die entsprechenden Konten auf der Habenseite übertragen.

Anhand der Auflösung der Bilanz wird das Verhältnis der Konten zueinander deutlich. Die Bestandskonten als »Unterkonten/Tochterkonten« der Bilanz »melden« ihre Bestände an die Bilanz als »Mutterkonto«. Für die Unterkonten existieren keine Gliederungsvorschriften.[41] Es ist jedoch zu beachten, dass die Bilanz mit »Aktiva« und »Passiva« und die Unterkonten mit »Soll« und »Haben« überschrieben werden.

[41] *Mit Ausnahme der Gewinn und Verlustrechnung, die wir in Abschnitt 3.11 ab Seite 84 kennenlernen werden.*

Die Bilanz in Form einer Waage mit Mittelherkunft (rechts) und Mittelverwendung (links)

Aktiv- und Passivkonten // Zusammenfassung

- Bei *Aktivkonten* stehen ...
  ... die Anfangsbestände im Soll.
  ... die Zugänge im Soll.
  ... die Abgänge im Haben und.
  ... die Endbestände ebenfalls im Haben.
- Bei *Passivkonten* stehen ...
  ... die Anfangsbestände im Haben.
  ... die Zugänge im Haben.
  ... die Abgänge im Soll und.
  ... die Endbestände ebenfalls im Soll.

66

Fortführung Beispiel 1 (T-Konten) I

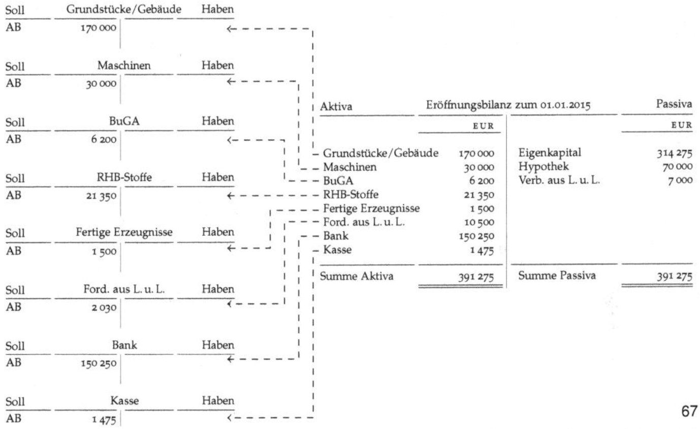

67

Fortführung Beispiel 1 (T-Konten) II

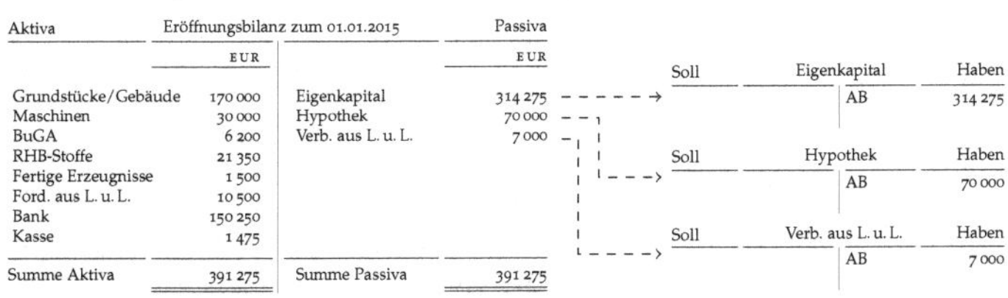

68

3.5 *Buchungssatz*

69 Nachdem die (Eröffnungs)Bilanz in Konten aufgelöst ist, stellt sich die Frage, wie die Geschäftsvorfälle in den einzelnen Konten dokumentiert werden. Die Dokumentation erfolgt dabei durch den sog. *Buchungssatz*. Durch den Buchungssatz wird die Be- und Entlastung der Konten so durchgeführt, dass das Gleichgewicht der Bilanz immer erhalten bleibt. So könnte man nach jedem Geschäftsvorfall eine Bilanz bilden, um zu verifizieren, ob der Geschäftsvorfall korrekt dokumentiert wurde.

Die Grundstruktur des Buchungssatzes ist Namensgeber der doppelten Buchführung. Da bei jedem Buchungssatz mindestens ein Konto im Soll und mindestens ein Konto im Haben angesprochen werden muss, wird jeder Geschäftsvorfall »doppelt« vermerkt. Bei der Dokumentation muss dabei nicht zwingend immer sowohl ein Aktivkonto als auch ein Passivkonto angesprochen werden. Es können auch zwei Aktiv- oder zwei Passivkonten berührt werden.

Die doppelte Buchführung darf nicht als »zweifache« Buchführung verstanden werden, in der auf der einen Seite die Geschäftsvorfälle zur Information für den Unternehmer und auf der anderen Seite für Dritte wie etwa das Finanzamt dokumentiert werden.

70–71 Beim *einfachen Buchungssatz* wird genau ein Konto im Soll und genau ein Konto im Haben angesprochen. Die Konvention des »Ansprechens« der Konten erfolgt durch den Buchungssatz, der der Grundstruktur eines Kontos nachempfunden ist. Da sich die Sollseite auf der linken Seite und die Habenseite auf der rechten Seite befindet, lautet die Grundstruktur eines Buchungssatzes:

Soll an Haben

Ersetzt man die Begriffe »Soll« und »Haben« durch die Namen der Konten erhält man:

Konto A an Konto B

Im letzten Schritt sind noch die Beträge zu dokumentieren. Im einfachen Buchungssatz muss der Betrag im Soll dem Betrag im Haben entsprechen. Der vollständige (einfache) Buchungssatz lautet dann:

Konto A, Betrag an Konto B, Betrag

Buchungssatz

- Das »Befüllen« der T-Konten erfolgt durch Abbildung der *Geschäftsvorfälle* in Form von Buchungssätzen.
- Ein Geschäftsvorfall wird entsprechend des *Grundsatzes der Doppik* als Doppelbuchung aufgezeichnet (im Soll *und* im Haben).
- Durch das Ansprechen mindestens eines Kontos im Soll und mindestens eines Kontos im Haben wird das *Gleichgewicht der Bilanz* erhalten (Buchung und Gegenbuchung, Lastschrift und Gutschrift).
- Beginnend mit der Auflösung der Eröffnungsbilanz zu Beginn des Wirtschaftsjahres in Bestandskonten bis zum Abschluss der Bestandskonten und Aufnahme der Endbestände in die Schlussbilanz, werden durch die doppelte Buchführung die zugrundeliegenden Geschäftsvorfälle *transparent nachvollziehbar*.

69

Einfacher Buchungssatz I

Regeln zur Aufstellung von *einfachen* Buchungssätzen:

1. Jeder Geschäftsvorfall berührt genau zwei Konten.
2. Das erste Konto wird im Soll, das zweite im Haben verändert.
3. Beide Konten werden in gleicher Höhe verändert.
4. Das Gleichgewicht der Bilanz bleibt immer erhalten.
5. Bei erfolgsneutralen (erfolgsunwirksamen) Geschäftsvorfällen gilt einer der vier Grundfälle (Aktivtausch, Passivtausch, Bilanzverlängerung oder Bilanzverkürzung), dazu später mehr ab Folie 112.

70

Einfacher Buchungssatz II // allgemeine Schreibweise

- *Soll Betrag an Haben Betrag*
- In dieser Lektüre (aus technischen Gründen):

Soll *Betrag*
an Haben *Betrag*

- bzw. alternativ

  Konto A an Konto B, Betrag

  »von« Konto A an Konto B, Betrag

  »per« Konto A an Konto B, Betrag

zur Erinnerung:

- Aktivkonten nehmen im **Soll zu** und im **Haben ab**
- Passivkonten nehmen im **Soll ab** und im **Haben zu**

71

72–73 *Beispiel* 2 zeigt, wie man durch systematisches Vorgehen, einen Geschäftsvorfall in Form eines (einfachen) Buchungssatzes ausdrückt. Sofern man sich an den nachfolgenden Schritten orientiert, ist der korrekte Buchungssatz schnell formuliert:

1. Identifizierung der betroffenen Konten; Welche Konten werden angesprochen?
2. Einordnung der Konten; Handelt es sich um Aktivkonten oder Passivkonten?
3. Be- oder Entlastung der jeweiligen Konten; Erfolgt das Ansprechen im Soll oder Haben?

Bei einfachen Buchungssätzen muss neben den betroffenen Konten lediglich ermittelt werden, welches Konto im Soll oder im Haben angesprochen wird. Identifiziert man das Ansprechen von Konto A im Soll, dann muss das Konto B zwingend im Haben angesprochen werden.

Der in *Beispiel* 2 identifizierte Buchungssatz

RHB-Stoffe, 1 000 EUR *an* *Bank, 1 000* EUR

hat nun auf die T-Konten folgenden Einfluss:

Soll	RHB-Stoffe		Haben
	EUR		EUR
Anfangsbestand	21 350	…	…
(1) Bank	1 000	…	…
…	…	…	…
…	…	…	…
…	…	…	…
Summe	…	Summe	…

Soll	Bank		Haben
	EUR		EUR
Anfangsbestand	1 475	(1) RHB-Stoffe	1 000
…	…	…	…
…	…	…	…
…	…	…	…
…	…	…	…
Summe	…	Summe	…

Unter Angabe der Buchungsnummer (hier: (1)) wird jeweils das Gegenkonto benannt. So wird im Konto *RHB-Stoffe* auf das Konto *Bank* verwiesen, während im Konto *Bank* auf das Konto *RHB-Stoffe* verwiesen wird.

Beispiel 2 (einfacher Buchungssatz)

August Hobel kauft am 23.04.2015 französisches Eichenholz für 1 000 EUR ein und bezahlt sofort per Banküberweisung. Die Umsatzsteuer ist zu vernachlässigen!

1. Welche Konten sind betroffen?
2. Handelt es sich um Aktiv- oder Passivkonten?
3. Nehmen die Konten zu oder ab?
4. Formulieren Sie den Buchungssatz!

72

Lösung Beispiel 2

1. Es werden Rohstoffe eingekauft, das Konto »*RHB-Stoffe*« ist betroffen; zudem ist das Konto »*Bank*« betroffen.
2. Bei beiden Konten handelt es sich um aktive Bestandskonten.
3. Das Konto »*RHB-Stoffe*« nimmt zu, das Konto »*Bank*« nimmt ab.
4. Das Konto »*RHB-Stoffe*« muss im *Soll* stehen, da es sich um ein Aktivkonto handelt und das Konto zunimmt; das Konto »*Bank*« steht im *Haben*, da es sich um ein Aktivkonto handelt und das Konto abnimmt.

   Der Buchungssatz lautet:

RHB-Stoffe	*1 000* EUR	
an Bank		*1 000* EUR

73

Übung 4 (einfacher Buchungssatz)

August Hobel erwirbt am 22.06.2015 eine Hobelmaschine für 20 000 EUR auf Ziel. Die Umsatzsteuer ist zu vernachlässigen!

Verbuchen Sie den Geschäftsvorfall!

74

Es ist unschwer zu erkennen, dass sich das Konto »Bank« um denselben Betrag verringert wie das Konto »RHB-Stoffe« zunimmt. Würde man die Endbestände bilden und diese in die Bilanz übernehmen, wird ersichtlich, dass sich die Bilanzsumme nicht verändert und die Bilanz dadurch im Gleichgewicht bleibt.

Anfänger haben häufig Schwierigkeiten mit der Einordnung der Konten. Welche Konten existieren? Sind das Aktivkonten oder Passivkonten? Die Beseitigung dieser Unsicherheiten ist reine Übungssache bzw. Erfahrungssache. Um Ihnen die Identifizierung der Konten zu erleichtern, sind nachstehend die zu verwendenden Konten für die nächsten Beispiele und Übungen separiert nach aktiven und passiven Bestandskonten dargestellt:

Aktivkonten	*Passivkonten*
Grundstücke und Gebäude	Eigenkapital
Maschinen	Hypothek
BuGA (Betriebs- und Geschäftsausstattung)	Verbindlichkeiten aus L. u. L.
RHB-Stoffe	Verbindlichkeiten ggü. Kreditinstituten
Fertige Erzeugnisse	langfristige Verbindlichkeiten
Forderungen aus L. u. L.	
Bank	
Kasse	

Darstellung 3 Beispiele für aktive und passive Bestandskonten

Die Verbuchung der Umsatzsteuer wird erst in Abschnitt 3.22 besprochen. Bis dahin wird in den nachfolgenden Übungen und Beispielen die Umsatzsteuer immer vernachlässigt.

74 In *Übung 4* sollen Sie nochmals anhand der vorgegebenen Systematik den zu dem angegebenen Geschäftsvorfall gehörenden Buchungssatz entwickeln. Gehen Sie dazu die zuvor entwickelten Schritte Punkt für Punkt durch!

75–81 Die *Übungen* 5 und 6 dienen der Festigung der Technik der doppelten Buchführung. Alle durchgeführten Buchungen werden später noch zusammengefasst, da auf Grundlage dieser die Schlussbilanz am Ende des ersten Wirtschaftsjahres erstellt wird.

Lösung Übung 4

75

Übung 5 (Buchungssätze)

Wie lauten die Buchungssätze für folgende Geschäftsvorfälle? Die Umsatzsteuer ist zu vernachlässigen!

1. Kauf eines Computers für die Sekretärin auf Ziel für 1 500 EUR.
2. Aufnahme eines Darlehens i. H. v. 10 000 EUR zur Finanzierung einer Säge (das Darlehen geht auf dem Bankkonto ein).
3. Bezahlung eines Teils der Verbindlichkeit aus L. u. L. gegenüber A. Macke i. H. v. 500 EUR per Banküberweisung.
4. Umwandlung der Restverbindlichkeit ggü. A. Macke in ein langfristiges Darlehen (500 EUR).

76

Lösung Übung 5 I

1. Kauf eines Computers für die Sekretärin auf Ziel für 1 500 EUR.

77

Bisher haben wir auf Basis der zugrunde liegenden Geschäftsvorfälle Buchungssätze formuliert. Umgekehrt lassen sich aus den dokumentierten Buchungssätzen Rückschlüsse auf die zugrunde liegenden Geschäftsvorfälle schließen.

BEISPIELE (Unter Vernachlässigung der Umsatzsteuer!)

1. *Bank an Eigenkapital*

   Das Konto *Bank* nimmt als Aktivkonto im Soll zu. Das bedeutet, dass Geld eingezahlt wird. Das Konto *Eigenkapital* ist ein Passivkonto und nimmt als solches im Haben zu. Bei dem zugrunde liegenden Geschäftsvorfall handelt es sich um eine Bareinlage des Unternehmers in das Unternehmen.

2. *Kasse an Bank*

   Bei beiden Konten handelt es sich um Aktivkonten. Das Konto *Kasse* wird im Soll angesprochen, nimmt also zu. Korrespondierend nimmt das *Bankkonto* ab. Bei dem zugrunde liegenden Geschäftsvorfall wird Geld vom *Bankkonto* abgehoben und in die Kasse gelegt.

3. *Maschinen an Fuhrpark*

   Bei beiden Konten handelt es sich um Aktivkonten. Das Konto *Fuhrpark* verwaltet die im Unternehmen vorhandenen Kraftfahrzeuge. Das Konto *Maschinen* wird im Soll angesprochen, es nimmt also zu. Korrespondierend nimmt das Konto *Fuhrpark* ab. Bei dem zugrunde liegenden Geschäftsvorfall handelt es sich um einen erfolgsneutralen Tausch. Der Unternehmer gibt das Kraftfahrzeug heraus und erhält dafür eine Maschine.

4. *Verbindlichkeiten gegenüber Kreditinstituten an Bank*

   Das Konto »Verbindlichkeiten gegenüber Kreditinstituten« ist ein passives Bestandskonto das im Soll angesprochen wird und damit abnimmt. Das aktive Bestandskonto »Bank« wird im Haben angesprochen und nimmt daher ab. Es handelt sich um die Rückzahlung (Tilgung) eines Bankdarlehens.

5. *Betriebs- und Geschäftsausstattung an Verbindlichkeiten aus L. u. L.*

   Das aktive Bestandskonto »Betriebs- und Geschäftsausstattung« wird im Soll angesprochen und nimmt daher zu. Ebenfalls nimmt das passive Bestandskonto »Verbindlichkeiten aus L. u. L.« zu, da es im Haben angesprochen wird. Bei dem Geschäftsvorfall handelt es sich um den Erwerb von Betriebs- und Geschäftsausstattung auf Ziel.

Lösung Übung 5 II

2. Aufnahme eines Darlehens i. H. v. 10 000 EUR.

78

Lösung Übung 5 III

3. Bezahlung eines Teils der Verbindlichkeit aus L. u. L. gegenüber A. Macke i. H. v. 500 EUR per Banküberweisung.

79

Lösung Übung 5 IV

4. Umwandlung der Restverbindlichkeit ggü. A. Macke in ein langfristiges Darlehen (500 EUR).

80

82–83 Bisher haben wir Geschäftsvorfälle verbucht, die sich anhand einfacher Buchungssätze dokumentieren lassen. In der Realität treten jedoch häufig komplexe Geschäftsvorfälle auf, die sich anhand einfacher Buchungssätze nicht mehr abbilden lassen. Im Fall *zusammengesetzter Buchungssätze* werden mehr als zwei Konten berührt, wobei jedoch mindestens ein Konto im Soll und ein Konto im Haben angesprochen werden muss. Um das Gleichgewicht der Bilanz zu wahren, muss die Summe der im Soll verbuchten Beträge der Summe der im Haben verbuchten Beträge entsprechen. Spätestens an dieser Stelle wird klar, dass die Bilanz ein Gleichungssystem darstellt und die Geschäftsvorfälle unter Beachtung der Nebenbedingung der Gleichheit zu dokumentieren sind.

84 *Beispiel 3* liegt ein Geschäftsvorfall zugrunde, zu dessen Dokumentation es eines zusammengesetzten Buchungssatzes bedarf. Es ist zu beachten, dass der Ermittlung der Beträge im Vergleich zum einfachen Buchungssatz eine größere Bedeutung zukommt. Das nachstehende Beispiel soll dies verdeutlichen.

BEISPIEL FÜR EINEN KOMPLEXEN GESCHÄFTSVORFALL

Die Unternehmerin Rosa Reich (R) erwirbt am 23.01.2015 ein Gebäude samt Maschinenpark. Der Kaufpreis beträgt 450 000 EUR. 70 % des Kaufpreises entfallen auf das Gebäude. Die Vertragsparteien vereinbaren, dass R 50 % des Kaufpreises sofort bezahlt und den Rest erst im nächsten Jahr. R bezahlt die 50 % des Kaufpreises, indem sie dem Verkäufer 60 % davon per Banküberweisung bezahlt, 10 % in bar entrichtet und i. H. v. 30 % eine Forderung an ihn abtritt.

LÖSUNG

1. Identifizierung der betroffenen Konten

   Es sind die Konten, *Grundstücke und Gebäude* ebenfalls *Sachanlagen*, *Forderungen aus L. u. L.*, *Bank*, *Kasse* sowie *Verbindlichkeiten aus L. u. L.* betroffen (Zu den Kontenbezeichnungen vgl. auch § 266 HGB).

2. Handelt es sich um Aktiv- oder Passivkonten? (Vgl. dazu *Darstellung 3* auf Seite 54.)

Grundstücke und Gebäude	*(Aktivkonto)*
Sachanlagen	*(Aktivkonto)*
Forderungen aus L. u. L.	*(Aktivkonto)*
Bank	*(Aktivkonto)*
Kasse	*(Aktivkonto)*
Verbindlichkeiten aus L. u. L.	*(Passivkonto)*

Übung 6 (einfache Buchungen)

Verbuchen Sie die Geschäftsvorfälle, die im Konto »*Kasse*« auf Folie 60 dargestellt sind.

1. Bezahlung der Forderung durch den Kunden Mayher i. H. v. 8 500 EUR.
2. Kauf von Fichtenholz i. H. v. 650 EUR.
3. Bezahlung der Verbindlichkeiten aus L. u. L. gegenüber dem Sägewerk P. Span.

81

zusammengesetzte Buchungssätze

1. Der Geschäftsvorfall berührt mehr als zwei Konten.
2. Mindestens ein Konto wird im Soll und mindestens ein Konto wird im Haben berührt.
3. Es muss gelten:

   $\sum$ Beträge Sollbuchungen = $\sum$ Beträge Habenbuchungen.

   zusammengesetzter Buchungssatz

Konto A_1	x_1 EUR		Konto B_1	y_1 EUR
Konto A_2	x_2 EUR		Konto B_2	y_2 EUR
		an		
Konto A_n	x_n EUR		Konto B_m	y_m EUR
	$\sum_{i=1}^{n} x_i$ EUR			$\sum_{i=1}^{m} y_i$ EUR

82

Beispiel 3 (zusammengesetzter Buchungssatz)

August Hobel veräußert am 15.10.2015 seine alte Hobelmaschine, die er durch eine neue ersetzt hat, für 2 500 EUR an seinen besten Kunden Gernot Reich. Reich bezahlt 750 EUR sofort per Banküberweisung, den Rest erst in 2016. Die Hobelmaschine hat am 15.10.2015 einen Buchwert von 2 500 EUR. Die Umsatzsteuer ist zu vernachlässigen!

1. Welche Konten sind betroffen?
2. Handelt es sich um Aktiv- oder Passivkonten?
3. Nehmen die Konten zu oder ab?
4. Formulieren Sie den Buchungssatz!

83

3. Nehmen die Konten zu oder ab respektive erfolgt die Buchung im Soll oder im Haben?

Grundstücke und Gebäude	*nimmt zu → Buchung im Soll*
Sachanlagen	*nimmt zu → Buchung im Soll*
Forderungen aus L. u. L.	*nimmt ab → Buchung im Haben*
Bank	*nimmt ab → Buchung im Haben*
Kasse	*nimmt ab → Buchung im Haben*
Verbindlichkeiten aus L. u. L.	*nimmt zu → Buchung im Haben*

4. Ermittlung der Beträge:

Das Gebäude muss mit (0,7 × 450 000 =) 315 000 EUR aktiviert werden. Die Bilanzierung der Maschinen erfolgt zu (450 000 − 315 000 =) 135 000 EUR. In Höhe von (0,5 × 450 000 =) 225 000 EUR wird eine Verbindlichkeit passiviert. Der Rest teilt sich auf in (0,5 × 0,6 × 450 000 =) 135 000 EUR Banküberweisung, (0,5 × 0,1 × 450 000 =) 22 500 EUR in bar und (0,5 × 0,3 × 450 000 =) 67 500 EUR Abtretung der Forderung aus L. u. L.

5. Formulierung des Buchungssatzes:

Grundstücke und Gebäude		*315 000* EUR	
Sachanlagen		*135 000* EUR	
an	*Forderungen aus L. u. L.*		*67 500* EUR
	Bank		*135 000* EUR
	Kasse		*22 500* EUR
	Verbindlichkeiten aus L. u. L.		*225 000* EUR

3.6 *Eröffnungsbilanzkonto*

85–89 Unter Kenntnis der Technik der doppelten Buchführung können Sie nun auch den »Start« des Geschäftsjahres, nämlich die Übertragung der Bestände der Anfangsbilanz in die einzelnen Konten verbuchen. Die Bestände der Anfangsbilanz werden nicht einfach in die jeweiligen Konten übernommen, sondern unter Anwendung des Grundsatzes der Doppik in die Konten verbucht. Auf diese Weise kann kontrolliert werden, ob alle Bestände der Anfangsbilanz übernommen wurden. Zudem gewährleistet diese Vorgehensweise eine lückenlose Dokumentation der Geschäftsvorfälle, beginnend mit der Anfangsbilanz bis zur Schlussbilanz.

Lösung Beispiel 3

1. Es sind die Konten »*Maschinen*«, »*Forderungen aus L. u. L.*« und »*Bank*« betroffen.
2. Bei allen drei Konten handelt es sich um aktive Bestandskonten.
3. Die Konten »*Forderungen aus L. u. L.*« und »*Bank*« nehmen zu, das Konto »*Maschinen*« nimmt ab.
4. Der Buchungssatz lautet:

Forderungen aus L. u. L.	*1 750* EUR	
Bank	*750* EUR	
an Maschinen		*2 500* EUR

84

Eröffnungsbilanzkonto (EBK) I

Nachtrag zur Auflösung der Bilanz in Konten

- Der Nachtrag folgt an dieser Stelle, da wir jetzt wissen, wie man bucht.
- Die Auflösung der Bilanz in Konten und Ausstatten der Konten mit den Anfangsbeständen erfolgt ebenfalls durch Buchungssätze.
- Keinesfalls werden die Beträge in die Konten einfach nur »reingeschrieben«, da der Grundsatz der Doppik in diesem Fall verlorengehen würde.
- Die Anfangsbestände werden auf die Konten gebucht.
- Das dabei entstehende Problem wird im Folgenden beschrieben und eine Lösung präsentiert ...

85

Eröffnungsbilanzkonto (EBK) II

Problem

- Jeder Geschäftsvorfall wird im Soll mindestens eines Kontos und im Haben mindestens eines anderen Kontos erfasst.
- Das Prinzip der Doppik muss auch für die Anfangsbestände der Bestandskonten gelten. Bei der Auflösung der Bilanz wird dieses bislang durchbrochen.
- *Beispiel* – Um den AB eines Aktivkontos im Soll erscheinen zu lassen, müsste *Aktivkonto an (?)* gebucht werden. Dies ist deshalb nicht möglich, da die Aktivkonten im »Soll« der Bilanz stehen.
- *Frage – Wie gelangen die Bestände der Eröffnungsbilanz unter Einhaltung des Prinzips der Doppik in die Bestandskonten?*

86

Eine einfache Übernahme der Bestände in die T-Konten würde zwar nicht gegen gesetzliche Regeln, insbesondere nicht gegen die Grundsätze ordnungsmäßiger Buchführung, verstoßen, allerdings würde man damit das System der doppelten Buchführung nicht durchgängig beibehalten. Um die Übernahme der Bestände in die T-Konten zu Beginn des Geschäftsjahres und die Übernahme der Bestände aus den T-Konten in die Bilanz am Ende des Geschäftsjahres unter Anwendung der Doppik vollziehen zu können, ist die Einführung zweier, neuer Konten, nämlich das Eröffnungsbilanzkonto und das Schlussbilanzkonto, erforderlich.

Anhand eines exemplarischen Kontos – nehmen wir dazu das Konto *Kasse* – lässt sich das bei Anwendung der Doppik entstehende Problem nachvollziehen. Da das Konto *Kasse* ein aktives Bestandskonto darstellt, muss der Anfangsbestand auf der Sollseite verzeichnet werden. Der Buchungssatz muss also lauten:

Kasse an (?)

Das Gegenkonto kann jedoch nicht die Bilanz sein, da dort die *Kasse* auf der linken Seite, der Aktivseite, steht. Die Lösung besteht in der Generierung eines *Hilfskontos*, dem *Eröffnungsbilanzkonto*.

Das Eröffnungsbilanzkonto entsteht quasi erst mit Übernahme der Bestände aus der Anfangsbilanz in die Bestandskonten und stellt mit einigen wenigen Abweichungen das *Spiegelbild der Anfangsbilanz* dar. Eine weitere Bedeutung kommt dem Eröffnungsbilanzkonto nicht zu.

Die Figur des angehenden Unternehmers August Hobel, die als Grundlage der Fallstudie dient.

Eröffnungsbilanzkonto (EBK) III

Lösung

- Einführung des Kontos »*Eröffnungsbilanzkonto*«
- Eröffnung der Aktivkonten durch

  (alle) Aktivkonten
  an Eröffnungsbilanzkonto

- Eröffnung der Passivkonten

  Eröffnungsbilanzkonto
  an (alle) Passivkonten

87

Eröffnungsbilanzkonto IV

- Im Ergebnis stellt das Eröffnungsbilanzkonto das *Spiegelbild der Bilanz* dar.
- Das EBK ist ein *Hilfskonto*, das den Zweck der Kontrolle der vollständigen Übernahme der Bestände in das neue Wirtschaftsjahr erfüllt.
- *Besonderheit* – es ist mit »Soll« und »Haben« überschrieben (anstatt mit »Aktiva« und »Passiva«).
- Eine einfache Übernahme (ohne Buchungen) der Bestände in die Konten würde gegen den Grundsatz der Ordnungsmäßigkeit (vgl. dazu Abschnitt 6.5 ab Folie 395) nicht verstoßen.

88

Eröffnungsbilanzkonto V

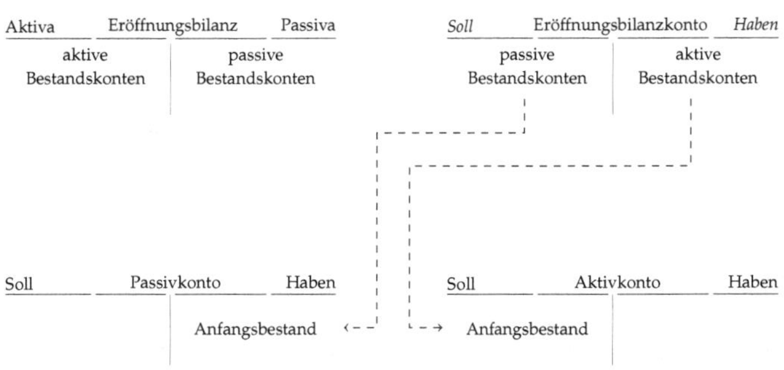

89

90–93 In *Beispiel 4* werden – ausgehend von der Eröffnungsbilanz des August Hobel vom 01.01.2015 – die Eröffnungsbuchungen durchgeführt und das Eröffnungsbilanzkonto erstellt.

Herausforderungen als kaufmännischer Auszubildender

Beispiel 4 (Eröffnungsbuchungen)

Erstellen Sie die Eröffnungsbuchungen ausgehend von der Eröffnungsbilanz aus Beispiel 1 auf Folie 57!

Aktiva	Eröffnungsbilanz zum 01.01.2015		Passiva
	EUR		EUR
Grundstücke und Gebäude	170 000	Eigenkapital	314 275
Maschinen	30 000	Hypothek	70 000
BuGA	6 200	Verbindlichkeiten aus L. u. L.	7 000
RHB-Stoffe	21 350		
Fertige Erzeugnisse	1 500		
Forderungen aus L. u. L.	10 500		
Bank	150 250		
Kasse	1 475		
Summe Aktiva	391 275	Summe Passiva	391 275

90

Lösung Beispiel 4 I // Eröffnungsbuchungen (Aktivkonten)

Grundstücke und Gebäude		*170 000* EUR	
Maschinen		*30 000* EUR	
BuGA		*6 200* EUR	
RHB-Stoffe		*21 350* EUR	
Fertige Erzeugnisse		*1 500* EUR	
Forderungen aus L. u. L.		*10 500* EUR	
Bank		*150 250* EUR	
Kasse		*1 475* EUR	
an	*Eröffnungsbilanzkonto*		*170 000* EUR
	Eröffnungsbilanzkonto		*30 000* EUR
	Eröffnungsbilanzkonto		*6 200* EUR
	Eröffnungsbilanzkonto		*21 350* EUR
	Eröffnungsbilanzkonto		*1 500* EUR
	Eröffnungsbilanzkonto		*10 500* EUR
	Eröffnungsbilanzkonto		*150 250* EUR
	Eröffnungsbilanzkonto		*1 475* EUR

91

Lösung Beispiel 4 II // Eröffnungsbuchungen (Passivkonten)

Eröffnungsbilanzkonto		*314 275* EUR	
Eröffnungsbilanzkonto		*70 000* EUR	
Eröffnungsbilanzkonto		*7 000* EUR	
an	*Eigenkapital*		*314 275* EUR
	Hypothek		*70 000* EUR
	Verbindlichkeiten aus L. u. L.		*7 000* EUR

92

3.7 *Kontoabschluss*

94–96 Analog zur Übernahme (Verbuchung) der Anfangsbestände aus der Anfangsbilanz in die Bestandskonten in Form von Buchungssätzen, werden am Ende des Geschäftsjahres die Endbestände in das Schlussbilanzkonto gebucht. Im Anschluss daran erfolgt die Übernahme in die Schlussbilanz.

Der Abschluss eines Kontos erfolgt in der Weise, dass die Summe der Beträge im Soll der Summe der Beträge im Haben entspricht. Die Differenz der Summen vor Abschluss des jeweiligen Kontos, entspricht dem Endbestand des Kontos. Dieser wird ermittelt, indem die Beträge der Sollseite und Habenseite getrennt aufsummiert werden und die wertmäßig schwächere Seite von der wertmäßig stärkeren Seite subtrahiert wird. Die Differenz stellt den Endbestand dar. Der Endbestand wird auch als »Saldo« bezeichnet, da er die wertmäßig schwächere Seite ergänzt.

Der Endbestand wird wiederum nicht einfach im Konto vermerkt, sondern durch Buchung dem Konto zugewiesen, wobei das Gegenkonto die Bilanz respektive das Schlussbilanzkonto darstellt.

Salden im Haben werden als *Sollsalden* bezeichnet, da die wertmäßig größere Sollseite ausgeglichen werden soll. Die Summe der im Soll gebuchten Beträge *übersteigt* die Summe der im Haben gebuchten Beträge. Die Habenseite muss daher ergänzt werden. Formal gilt:

$$\sum_{k=1}^{n} S_k > \sum_{b=1}^{m} S_b,$$

mit S_k = im Soll gebuchter Betrag, S_b = im Haben gebuchter Betrag, n = Anzahl der im Soll gebuchten Beträge und m = Anzahl der im Haben gebuchten Beträge. Der Sollsaldo ermittelt sich als

$$\text{Sollsaldo} = \sum_{k=1}^{n} S_k - \sum_{b=1}^{m} S_b = \Delta_b.$$

Salden im Soll werden *Habensalden* genannt. Die Summe der im Soll gebuchten Beträge *ist kleiner* als die Summe der im Haben gebuchten Beträge. Die Sollseite muss daher ergänzt werden. Formal gilt:

$$\sum_{k=1}^{n} S_k < \sum_{b=1}^{m} S_b.$$

Der Habensaldo ermittelt sich als

$$\text{Habensaldo} = \sum_{b=1}^{m} S_b - \sum_{k=1}^{n} S_k = \Delta_k.$$

Lösung Beispiel 4 III // Eröffnungsbilanzkonto

Soll	EUR	Eröffnungsbilanzkonto	Haben EUR
Eigenkapital	314 275	Grundstücke und Gebäude	170 000
Hypothek	70 000	Maschinen	30 000
Verbindlichkeiten aus L. u. L.	7 000	BuGA	6 200
		RHB-Stoffe	21 350
		Fertige Erzeugnisse	1 500
		Forderungen aus L. u. L.	10 500
		Bank	150 250
		Kasse	1 475
Summe	391 275	Summe	391 275

93

Kontoabschluss I

Nach Eintragung des Anfangsbestands (AB) und Buchung der laufenden Geschäftsvorfälle (Zugänge / Abgänge) wird ein Konto folgendermaßen abgeschlossen (vgl. Folie 62):

1. Addition der wertmäßig stärkeren Seite,
2. Übertragung dieser Summe auf die wertmäßig schwächere Seite,
3. Ermittlung des Saldos / Endbestands (EB) als Unterschiedsbetrag zwischen Soll und Haben (Nebenrechnung),
4. Eintragung des Saldos auf der schwächeren Seite, damit das Konto im Soll und Haben ausgeglichen ist, dieser EB wird dann wiederum in der Schlussbilanz vermerkt.

Zum Abschluss der Konten (bei dem man den Saldo ermittelt) verwendete man früher sog. »*Buchhalternasen*«, die nachträgliche Eintragungen unmöglich machen sollen. 94

Kontoabschluss II

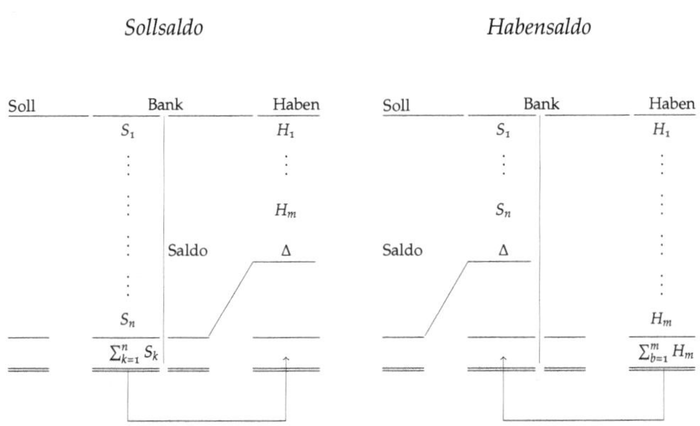

95

3.8 *Schlussbilanzkonto*

97 Das durch den Abschluss der Bestandskonten entstehende Schlussbilanzkonto kann in seiner Form als »Sammelkonto« als erweiterte Bilanz interpretiert werden. Anders als das Eröffnungsbilanzkonto stellt das Schlussbilanzkonto jedoch kein spiegelverkehrtes Abbild der Bilanz dar. Ausgehend von den im Schlussbilanzkonto vorhandenen Positionen werden diese zu Gruppen zusammengefasst und in die Bilanz übernommen. Buchungen werden dabei nicht vorgenommen. Damit stellt die Bilanz eine kompakte Version des Schlussbilanzkontos dar.

Darstellung 4 skizziert die Verdichtung der Informationen aus dem Schlussbilanzkonto für die Bilanz. Die Bestände der Konten aus dem Schlussbilanzkonto werden in die Bilanz übernommen und zusammengefasst. Grundsätzlich stellt die Schlussbilanz eines Wirtschaftsjahres gleichzeitig die Anfangsbilanz des nachfolgenden Wirtschaftsjahres dar.

Soll	Schlussbilanzkonto		Haben
	EUR		EUR
Grundstück A	...	...	...
Grundstück B	...	...	...
Gebäude A	...	...	...
Gebäude B	...	...	...

Aktiva	Schlussbilanz		Passiva
	EUR		EUR
Grundstücke und Gebäude	...	...	...
		...	...
		...	...
...	...	...	...

Darstellung 4 Zusammenfassung des Schlussbilanzkontos zur Schlussbilanz

Verbuchung des Kontoabschlusses

- Nach Ermittlung des Saldos wird dieser nicht einfach in das Konto »übertragen«, sondern das Konto wird mittels Buchungssatz abgeschlossen.
- Der Saldo (Endbestand) von Bestandskonten wird in die Bilanz übertragen, genauer in das *Schlussbilanzkonto*.
- Abschlussbuchung bei aktiven Bestandskonten (i. d. R. Sollsaldo):

  Schlussbilanzkonto
  an aktives Bestandskonto

- Abschlussbuchung bei passiven Bestandskonten (i. d. R. Habensaldo):

  passives Bestandskonto
  an Schlussbilanzkonto

96

Das Schlussbilanzkonto (SBK)

- Das *Schlussbilanzkonto* dient der Übernahme der Endbestände in die Schlussbilanz am Ende des Wirtschaftsjahres.
- Das SBK ist ein rein formales Konto zur Sammlung der EB.
- Es stellt *keine spiegelverkehrte Abbildung der Bilanz* dar.
- Das SBK und die Schlussbilanz stimmen inhaltlich zwar überein, weichen aber dennoch in *drei Punkten* voneinander ab:
  1. Das SBK wird mit »Soll« und »Haben« überschrieben, die Schlussbilanz mit »Aktiva« und »Passiva«.
  2. Im SBK erhält jedes Konto eine eigene Position, in der Schlussbilanz können gleichartige Positionen zu einer zusammengefasst werden.
  3. Im Gegensatz zur Bilanz unterliegt das SBK keinen gesetzlichen Gliederungsvorschriften.

97

Beispiel 5 (Kontoabschluss) I

Abschluss des Kontos »*Kasse*« von Folie 62.

Soll		Kasse		Haben
	EUR			EUR
01.01. Anfangsbestand	1 475	23.01. Kauf Fichtenholz		650
20.01. Barzahlung Mayher	8 500	31.01. Bezahlung Verb.		6 000
		⋮		
		Endbestand	❸	3 325
Summe ❶	9 975	Summe		9 975

❷

98

98–99 *Beispiel 5* zeigt den Abschluss eines Kontos anhand des Kontos *Kasse*. Die Ermittlung der Summe der Sollbeträge und der Habenbeträge erfolgt getrennt in einer Nebenrechnung. Da es sich um ein Aktivkonto handelt, muss der Endbestand im Haben stehen. Eine Ausnahme von der Regel, dass Endbestände von Aktivkonten im Haben stehen, kann das Bankkonto sein. Sofern der Bestand des Bankkontos negativ ist, steht der Endbestand auf der Sollseite. In diesem Fall kann das Bankkonto als Passivkonto (Verbindlichkeiten gegenüber Kreditinstituten) interpretiert werden. Das bedeutet für die Bilanz, dass entweder auf der Aktivseite ein negativer Bestand ausgewiesen wird, oder auf der Passivseite ein positiver Bestand vermerkt wird.

100–101 Zurück zu unserer Fallstudie August Hobel. Nach der Übernahme der Bestände aus der Anfangsbilanz in die Bestandskonten und der Verbuchung der Geschäftsvorfälle des Wirtschaftsjahres sollen in *Beispiel 6* die Endbestände der verbleibenden Bestandskonten ermittelt und die Bestandskonten über das Schlussbilanzkonto abgeschlossen werden. Dazu müssen zunächst alle verbuchten Geschäftsvorfälle auf T-Konten übertragen werden. Um den Überblick nicht zu verlieren, bietet es sich an, die verbuchten Geschäftsvorfälle zunächst in einem sog. Journal zusammenzufassen. Ausgehend vom Journal werden die Beträge auf den entsprechenden Konten vermerkt. Das nachstehende Beispiel zeigt die Übernahme der Beträge in das Konto Bank. Dazu bietet sich folgende Vorgehensweise an:

1. Durchsuchen der *Soll*buchungen und Identifizierung der Buchungssätze, in denen das Bankkonto angesprochen wurde.
2. Übertragung der *Soll*beträge in das T-Konto *Bank*.
3. Durchsuchen der *Haben*buchungen und Identifizierung der Buchungssätze, in denen das Bankkonto angesprochen wurde.
4. Übertragung der *Haben*beträge in das T-Konto *Bank*.
5. Ermittlung der Salden.

Es ergibt sich nachstehendes Bankkonto:

Soll	Bank		Haben
AB	150 250	(1)	1 000
(4)	10 000	(5)	500
(10)	750	EB	159 500
Summe	161 000	Summe	161 000

Beispiel 5 (Kontoabschluss) II

- Bei dem Konto »*Kasse*« handelt es sich um ein aktives Bestandskonto.
- Abschlussbuchung:

Schlussbilanzkonto	3 325 EUR	
an Kasse		3 325 EUR

99

Zusammenfassung der Buchungen // (ohne Eröffnungsbuchungen)

		Sollbuchungen		an Habenbuchungen	
#		*Konto*	*Betrag*	*Konto*	*Betrag*
1	Folie 73:	RHB-Stoffe	1 000	Bank	1 000
2	Folie 75:	Maschinen	20 000	Verbindlichkeiten aus L. u. L.	20 000
3	Folie 77:	BuGA	1 500	Verbindlichkeiten aus L. u. L.	1 500
4	Folie 78:	Bank	10 000	Verbindlichkeiten ggü. KI*	10 000
5	Folie 79:	Verbindlichkeiten aus L. u. L.	500	Bank	500
6	Folie 80:	Verbindlichkeiten aus L. u. L.	500	langfristige Verbindlichkeiten	500
7	Folie 81:	Kasse	8 500	Forderungen aus L. u. L.	8 500
8	Folie 81:	RHB-Stoffe	650	Kasse	650
9	Folie 81:	Verbindlichkeiten aus L. u. L.	6 000	Kasse	6 000
10	Folie 84:	Forderungen aus L. u. L.	1 750	Maschinen	2 500
		Bank	750		
		Summe	51 150	Summe	51 150

*KI = Kreditinstitut

100

Beispiel 6 (Kontenabschluss und Bilanz)

1. Erstellen Sie ausgehend von den zusammengefassten Buchungssätzen auf der vorhergehenden Folie die T-Konten!
2. Schließen Sie die T-Konten ab!
3. Erstellen Sie das Schlussbilanzkonto!
4. Erstellen Sie die Schlussbilanz!

101

102–108 *Darstellung* 5 skizziert den chronologischen Ablauf von der Eröffnungsbilanz zur Schlussbilanz 2015 des August Hobel anhand des Kontos *Bank*. Im ersten Schritt wird der Anfangsbestand durch Buchung aus der Eröffnungsbilanz in das Konto *Bank* übernommen. In Schritt zwei erfolgt die »Befüllung« des Kontos anhand der Geschäftsvorfälle des Wirtschaftsjahres. Der dritte Schritt repräsentiert den Abschluss des Kontos und die Übernahme des Endbestands in das Schlussbilanzkonto. Im letzten Schritt werden die Bestände aus dem Schlussbilanzkonto in die Schlussbilanz übernommen.

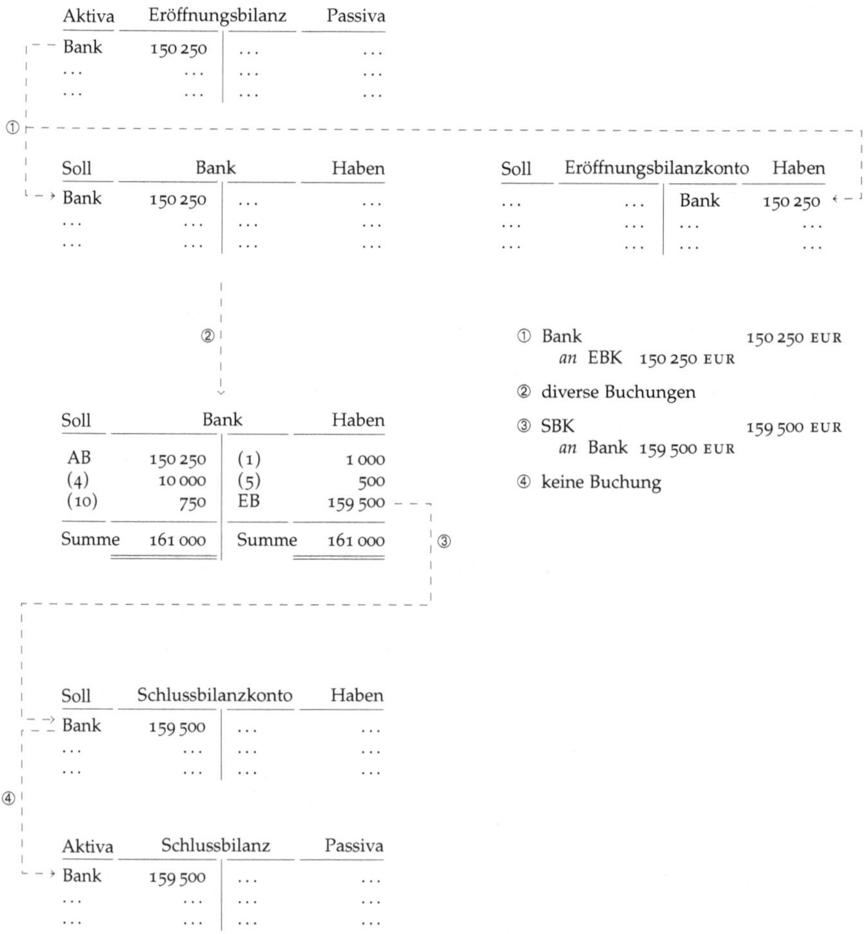

Darstellung 5 Chronologische Skizzierung des Wirtschaftsjahres anhand des T-Kontos *Bank*

Lösung Beispiel 6 I // 1. Erstellung der T-Konten (aktive Bestandskonten)

Soll	Grundstücke/Gebäude		Haben
AB	170 000	EB	170 000
Summe	170 000	Summe	170 000

Soll	Maschinen		Haben
AB	30 000	(10)	2 500
(2)	20 000	EB	47 500
Summe	50 000	Summe	50 000

Soll	BuGA		Haben
AB	6 200	EB	7 700
(3)	1 500		
Summe	7 700	Summe	7 700

Soll	RHB-Stoffe		Haben
AB	21 350	EB	23 000
(1)	1 000		
(8)	650		
Summe	23 000	Summe	23 000

Soll	Fertige Erzeugnisse		Haben
AB	1 500	EB	1 500
Summe	1 500	Summe	1 500

Soll	Forderungen aus L. u. L.		Haben
AB	10 500	(7)	8 500
(10)	1 750	EB	3 750
Summe	12 250	Summe	12 250

102

Lösung Beispiel 6 II // 1. Ermittlung der Endbestände (aktive Bestandskonten)

Soll	Bank		Haben
AB	150 250	(1)	1 000
(4)	10 000	(5)	500
(10)	750	EB	159 500
Summe	161 000	Summe	161 000

Soll	Kasse		Haben
AB	1 475	(8)	650
(7)	8 500	(9)	6 000
		EB	3 325
Summe	9 975	Summe	9 975

103

Lösung Beispiel 6 III // 1. Ermittlung der Endbestände (passive Bestandskonten)

Soll	Eigenkapital		Haben
EB	314 275	AB	314 275
Summe	314 275	Summe	314 275

Soll	Hypothek		Haben
EB	70 000	AB	70 000
Summe	70 000	Summe	70 000

Soll	langfr. Verbindlichkeiten		Haben
EB	500	AB	0
		(6)	500
Summe	500	Summe	500

Soll	Verb. aus L. u. L.		Haben
(5)	500	AB	7 000
(6)	500	(2)	20 000
(9)	6 000	(3)	1 500
EB	21 500		
Summe	28 500	Summe	28 500

Soll	Verb. ggü. KI		Haben
EB	10 000	AB	0
		(4)	10 000
Summe	10 000	Summe	10 000

104

Darstellung 6 skizziert den Ablauf des Geschäftsjahres anhand von Bestandskonten.[42] Ausgehend von der Eröffnungsbilanz erfolgt die Übernahme der Bestände in die aktiven und passiven Bestandskonten unter Bildung des Eröffnungsbilanzkontos. Nach Verbuchen der Geschäftsvorfälle werden die Bestandskonten über das Schlussbilanzkonto abgeschlossen, wobei die Schlussbilanz aus den verdichteten Informationen des Schlussbilanzkontos hervorgeht. *Beispiel* 6 folgt dieser Systematik.

[42] *Die Einführung von Erfolgskonten erfolgt in Abschnitt 3.11 ab Seite 84.*

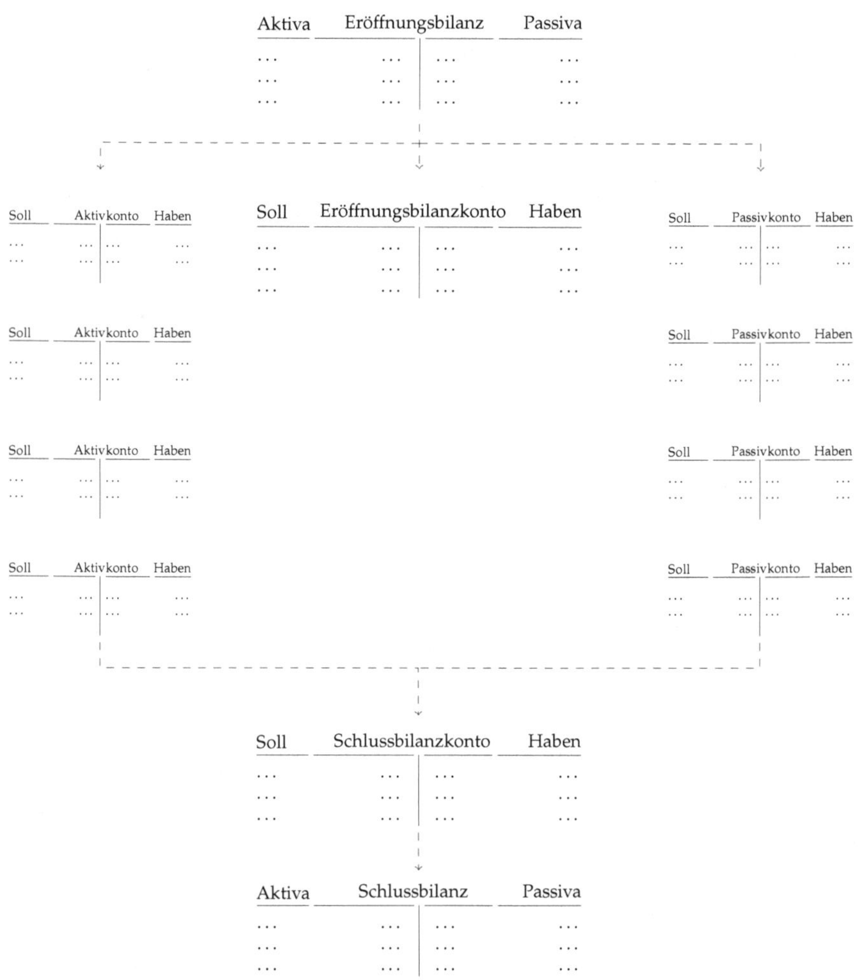

Darstellung 6 Chronologische Skizzierung des Wirtschaftsjahres anhand von T-Konten

Lösung Beispiel 6 IV // 2. Abschluss der Bestandskonten (aktive Bestandskonten)

Schlussbilanzkonto		170 000 EUR	
Schlussbilanzkonto		47 500 EUR	
Schlussbilanzkonto		7 700 EUR	
Schlussbilanzkonto		23 000 EUR	
Schlussbilanzkonto		1 500 EUR	
Schlussbilanzkonto		3 750 EUR	
Schlussbilanzkonto		159 500 EUR	
Schlussbilanzkonto		3 325 EUR	
an	*Grundstücke/Gebäude*		170 000 EUR
	Maschinen		47 500 EUR
	BuGA		7 700 EUR
	RHB-Stoffe		23 000 EUR
	Fertige Erzeugnisse		1 500 EUR
	Forderungen aus L. u. L.		3 750 EUR
	Bank		159 500 EUR
	Kasse		3 325 EUR
		416 275 EUR	416 275 EUR

105

Lösung Beispiel 6 V // 2. Abschluss der Bestandskonten (passive Bestandskonten)

Eigenkapital		314 275 EUR	
Hypothek		70 000 EUR	
Verbindlichkeiten ggü. KI		10 000 EUR	
langfristige Verbindlichkeiten		500 EUR	
Verbindlichkeiten aus L. u. L.		21 500 EUR	
an	*Schlussbilanzkonto*		314 275 EUR
	Schlussbilanzkonto		70 000 EUR
	Schlussbilanzkonto		10 000 EUR
	Schlussbilanzkonto		500 EUR
	Schlussbilanzkonto		21 500 EUR
		416 275 EUR	416 275 EUR

106

Lösung Beispiel 6 VI // 3. Erstellung des Schlussbilanzkontos

Soll	Schlussbilanzkonto		Haben
	EUR		EUR
Grundstücke / Gebäude	170 000	Eigenkapital	314 275
Maschinen	47 500	Hypothek	70 000
BuGA	7 700	Verbindlichkeiten ggü. KI	10 000
RHB-Stoffe	23 000	langfristige Verbindlichkeiten	500
Fertige Erzeugnisse	1 500	Verbindlichkeiten aus L. u. L.	21 500
Forderungen aus L. u. L.	3 750		
Bank	159 500		
Kasse	3 325		
Summe	416 275	Summe	416 275

107

Darstellung 7 zeigt die Vermögensänderungen des August Hobel auf Basis der Anfangsbilanz vom 01.01.2015 und der Schlussbilanz vom 31.12.2015. Aktiva und Passiva verändern sich um denselben Betrag i. H. v. 25 000 EUR. Die Vermögenszunahme auf der Aktivseite geht dabei exakt mit einer Erhöhung der Schulden einher. Das Nettovermögen (Eigenkapital) ist nicht betroffen. Insofern ist August Hobel in 2015 nicht »reicher« geworden.

Aus der reinen Veränderung von Bestandskonten resultiert folglich keine Vermögenszunahme. Eine Vermögenszunahme ergibt sich nur aus erfolgswirksamen Geschäftsvorfällen, die zu einem Zuwachs des Eigenkapitals führen. Erfolgswirksame Geschäftsvorfälle stehen im Fokus der nachfolgenden, dritten Lerneinheit.

	Bestand 01.01.2015 EUR	Bestand 31.12.2015 EUR	Δ EUR
Aktiva			
Grundstücke / Gebäude	170 000	170 000	0
Maschinen	30 000	47 500	17 500
BuGA	6 200	7 700	1 500
RHB-Stoffe	21 350	23 000	1 650
Fertige Erzeugnisse	1 500	1 500	0
Forderungen aus L. u. L.	10 500	3 750	−6 750
Bank	150 250	159 500	9 250
Kasse	1 475	3 325	1 850
Summe	391 275	416 275	25 000
Passiva			
Eigenkapital	314 275	314 275	0
Hypothek	70 000	70 000	0
Verbindlichkeiten ggü. KI	0	10 000	10 000
langfristige Verbindlichkeiten	0	500	500
Verbindlichkeiten aus L. u. L.	7 000	21 500	14 500
Summe	391 275	416 275	25 000

Darstellung 7 Vermögensänderungen

3.9 *Kontrollfragen*

1. Warum ist die doppelte Buchführung »doppelt«?
2. Worin bestehen die Unterschiede zwischen Bilanz und Inventar?
3. Beschreiben Sie den Aufbau einer Bilanz! Gehen Sie dabei auch auf die Struktur einer Bilanz hinsichtlich Liquidität und Fristigkeit ein!

Lösung Beispiel 6 VII // 4. Erstellung der Schlussbilanz

Aktiva — vorläufige Schlussbilanz zum 31.12.2015 — Passiva

	EUR		EUR
Grundstücke/Gebäude	170 000	Eigenkapital	314 275
Maschinen	47 500	Hypothek	70 000
BuGA	7 700	Verbindlichkeiten ggü. KI	10 000
RHB-Stoffe	23 000	langfristige Verbindlichkeiten	500
Fertige Erzeugnisse	1 500	Verbindlichkeiten aus L. u. L.	21 500
Forderungen aus L. u. L.	3 750		
Bank	159 500		
Kasse	3 325		
Summe Aktiva	416 275	Summe Passiva	416 275

108

4. Sind Zwischensummen in der Bilanz in Kontoform möglich?
5. Welche Form der Darstellung einer Bilanz außer derjenigen in Kontoform kennen Sie noch? Welchen Vorteil hat diese Form der Darstellung?
6. Warum bleibt das Gleichgewicht der Bilanz bei der »Aufzeichnung« eines Geschäftsvorfalls immer bestehen?
7. Beschreiben Sie das Prüfungsschema mit den einzelnen Schritten zur Bildung von Buchungssätzen!
8. Warum sind die Vermögensgegenstände des Umlaufvermögens »liquider« als die Vermögensgegenstände Anlagevermögen?
9. Nennen Sie jeweils fünf Positionen des »Umlaufvermögens« und des »Anlagevermögens«!
10. Was versteht man unter »Fristigkeit« der Mittelherkunft?
11. Worin unterscheiden sich Bilanz und Bestandskonto?
12. Wie ermittelt sich das Eigenkapital/Reinvermögen?
13. Was steht bei Bestandskonten im Soll, was im Haben?
14. Bilden Sie anhand eines selbstgewählten Geschäftsvorfalls den zugehörigen einfachen (zusammengesetzten) Buchungssatz!
15. Wozu ist das Eröffnungsbilanzkonto nötig und welche Unterschiede bestehen im Vergleich zur Bilanz?
16. Welche Unterschiede bestehen zwischen Eröffnungs- und Schlussbilanzkonto?

LERNEINHEIT 3

Technik der doppelten Buchführung Teil II

ShortCode App # 1030

109–110 Im Zentrum der vorangegangenen Lerneinheit stand die Technik zur Dokumentation von Geschäftsvorfällen. Die Fallstudie des August Hobel zeigte Ihnen, wie ein Geschäftsjahr buchhalterisch abzubilden ist. Die dabei unterstellten Geschäftsvorfälle haben jedoch das Eigenkapital nicht verändert, d. h. sie haben nicht zu einer Vermögensmehrung in Form von Gewinn beigetragen.

Bevor wir uns mit Geschäftsvorfällen befassen, die das Eigenkapital (erfolgswirksam) verändern, findet zunächst eine Klassifizierung erfolgsneutraler Geschäftsvorfälle statt. Wesentliches Ziel dieser Lerneinheit soll sein, Sie in die Lage zu versetzen, erfolgswirksame Geschäftsvorfälle zu identifizieren und zu verbuchen. Es ist zentral, dass Sie lernen, zwischen erfolgswirksamen und erfolgsunwirksamen Eigenkapitalveränderungen zu differenzieren. Zudem sollen Sie nach Durcharbeiten dieser Lerneinheit in der Lage sein, einen einfachen Jahresabschluss, bestehend aus Bilanz und GuV, zu erstellen.

111 *Übung 7* dient der Wiederholung der Formulierung einfacher Buchungssätze.

3.10 *Typen erfolgsunwirksamer Geschäftsvorfälle*

112 Geschäftsvorfälle, die nicht in einer Zu- oder Abnahme des Periodenerfolgs (Gewinn) resultieren, führen lediglich zu Änderungen der Vermögens- bzw. Kapitalstruktur und lassen sich in nachstehende Kategorien klassifizieren:

1. Aktivtausch,
2. Passivtausch,
3. Aktiv-Passiv-Mehrung und
4. Aktiv-Passiv-Minderung.

113 Geschäftsvorfälle, die zu einer Umschichtung der Vermögensseite führen, die Passivseite jedoch nicht berühren, werden als *Aktivtausch* bezeichnet. Die Umschichtung erfolgt i. d. R. zwischen mehreren Aktivkonten. Sie kann aber auch innerhalb einer Bilanzposition erfolgen. Zum Beispiel würde der Tausch eines alten Kfz gegen ein neues Kfz ohne Hingabe von Barmitteln zum Buchungssatz: »*Fuhrpark (neues Kfz) an Fuhrpark (altes Kfz)*« führen. Der Bilanzleser kann in diesem Fall keine Umschichtung erkennen. Trotzdem zählen diese Geschäftsvorfälle zum Aktivtausch.

Literatur und Lernziele I

1. *Literatur*

   Döring, Ulrich / Buchholz, Rainer (2015): *Buchhaltung und Jahresabschluss*, 14. Auflage, Erich Schmidt, Berlin, 13–14, 29–44.

   Eisele, Wolfgang / Knobloch, Alois Paul (2011): *Technik des betrieblichen Rechnungswesens*, 8. Auflage, Vahlen, München, 645–654, 717–733.

   Wöhe, Günter / Kußmaul, Heinz (2015): *Grundzüge der Buchführung und Bilanztechnik*, 9. Auflage, Vahlen, München, 85–107.

109

Literatur und Lernziele II

2. *Lernziele*

   Nach dieser Lerneinheit sind Sie in der Lage, ...

   - erfolgsunwirksame Geschäftsvorfälle zu klassifizieren,
   - erfolgswirksame Geschäftsvorfälle zu verbuchen,
   - zwischen erfolgsneutralen und erfolgswirksamen Eigenkapitalveränderungen zu differenzieren,
   - den Gewinn über die Gewinn- und Verlustrechnung zu ermitteln,
   - Leistungen zwischen Unternehmen und Eigner zu verbuchen,
   - einen einfachen Jahresabschluss zu bilden.

110

Übung 7 (Wiederholung)

August Hobel erwirbt am 10.10.2015 eine Schleifmaschine von der Firma Clevernix KG für 5 000 EUR auf Ziel. Formulieren Sie den Buchungssatz unter Vernachlässigung der Umsatzsteuer!

Hinweis: Zur Formulierung von Buchungssätzen vgl. Folie 72 ff.

111

114 *Darstellung* 8 skizziert den Aktivtausch, *Darstellung* 9 den Passivtausch. Beim *Passivtausch* erfolgt korrespondierend zum Aktivtausch eine Umschichtung der Kapitalstruktur bei Nichtberührung der Vermögensseite. Insgesamt bleibt die Bilanzsumme analog zum Aktivtausch unverändert. Geschäftsvorfälle, die zu einem Passivtausch führen, kommen i. d. R. seltener vor als Geschäftsvorfälle, die in einem Aktivtausch münden. Beispiele für einen Passivtausch sind:

1. Umwandlung eines kurzfristigen Darlehens in ein langfristiges Darlehen. Dies kommt u. a. dann in Betracht, wenn längerfristig Überziehungszinsen eines Kontokorrentkredits anfallen.[43]
2. Ein Fremdkapitalgeber wandelt seinen Kredit in eine Beteiligung an der Unternehmung um.[44]
3. Es erfolgt eine Kapitalerhöhung aus Gesellschaftsmitteln. Dies kommt insbesondere bei Aktiengesellschaften häufig vor.[45]

[43] *Oder ein etwaiges niedriges Zinsniveau für einen längeren Zeitraum genutzt werden soll.*

[44] *Nur unter bestimmten Voraussetzungen zulässig.*

[45] *Zur Gliederung des Eigenkapitals bei Aktiengesellschaften vgl. Abschnitt 12.7 ab Seite 542.*

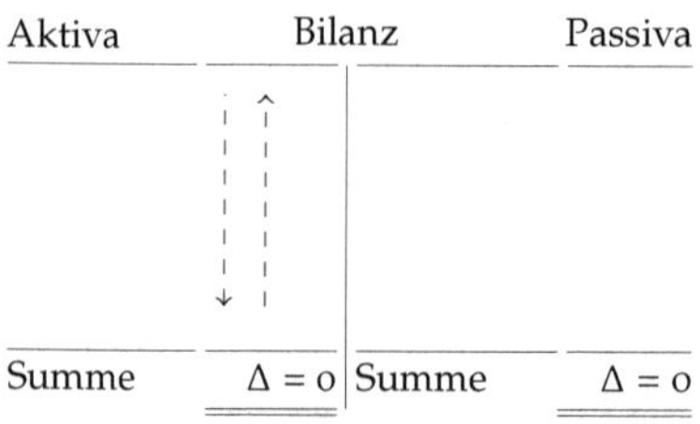

Darstellung 8 Aktivtausch

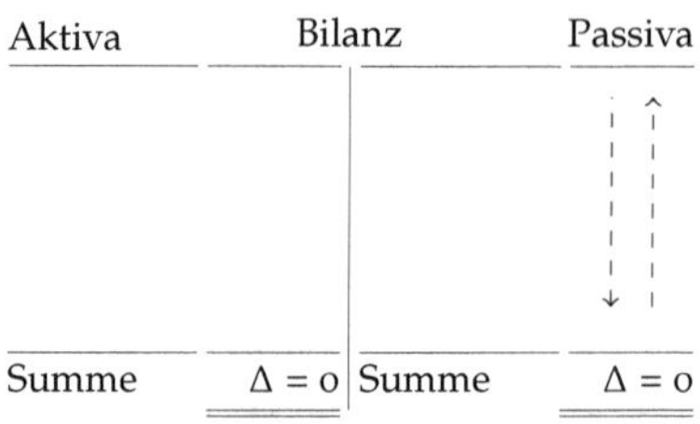

Darstellung 9 Passivtausch

115 Der *Aktiv-Passiv-Mehrung* liegen *erfolgsneutrale* Geschäftsvorfälle zugrunde, die sowohl eine Änderung der Kapitalstruktur als auch der Vermögensstruktur in der Weise zur Folge haben, als dass sowohl Aktiva als auch Passiva zunehmen. Die Zunahme der Bilanzsumme geht jedoch nicht mit einer Nettovermögenszunahme einher. Insbesondere wenn das Eigenkapital berührt wird, bedarf diese Aussage einer Rechtfertigung. Die Aktiv-Passiv-Mehrung lässt sich in *zwei Kategorien* einteilen:

(a) Die Zunahme des Vermögens geht mit einer Zunahme der Schulden einher.
(b) Die Zunahme des Vermögens geht mit einer Zunahme des Eigenkapitals (Nettovermögen) einher.

Fall (a) ist dabei unproblematisch. Nimmt das Vermögen »auf Kredit« zu, wird das Nettovermögen nicht beeinflusst.[46]

[46] *Zur Erinnerung: Das Nettovermögen ergibt sich durch Vermögen (Aktiva) abzüglich der Schulden.*

Typen erfolgsunwirksamer Geschäftsvorfälle I

Insgesamt existieren *vier Grundtypen* erfolgs*un*wirksamer Geschäftsvorfälle und zwar ...

... der Aktivtausch,

... der Passivtausch,

... die Aktiv-Passiv-Mehrung (Bilanzverlängerung) und

... die Aktiv-Passiv-Minderung (Bilanzverkürzung).

112

Typen erfolgsunwirksamer Geschäftsvorfälle II

1. Beim *Aktivtausch*
   - werden nur Aktivkonten berührt.
   - resultiert eine Vermögensumschichtung auf der Aktivseite.
   - bleibt die Bilanzsumme unverändert.
   - bleibt die Veränderung der Vermögensstruktur ohne Veränderung der Kapitalstruktur.

   Beispiel – August Hobel erwirbt ein bebautes Grundstück für 100 000 EUR gegen Banküberweisung.

Grundstücke/Gebäude	*100 000* EUR	
an Bank		*100 000* EUR

113

Typen erfolgsunwirksamer Geschäftsvorfälle III

2. Beim *Passivtausch*
   - werden nur Passivkonten berührt.
   - erfolgt eine Umstrukturierung der Passivseite.
   - bleibt die Bilanzsumme unverändert.
   - ändert sich die Struktur des Kapitals, nicht die des Vermögens.

   Beispiel – Die Clevernix KG stimmt der Umwandlung der Verbindlichkeit aus L. u. L. i. H. v. 5 000 EUR in ein langfristiges Darlehen bei August Hobel zu.

Verbindlichkeiten aus L. u. L.	*5 000* EUR	
an langfristige Verbindlichkeiten		*5 000* EUR

114

Fall (b) ist auf den ersten Blick nicht einsichtig. Das Eigenkapital nimmt zu, dadurch nimmt das Nettovermögen zu. Es entsteht jedoch kein Gewinn. Zum Verständnis müssen die dem Fall (b) zugrunde liegenden Geschäftsvorfälle betrachtet werden. Es handelt sich dabei um Geschäftsvorfälle, die sowohl die Privatsphäre des Unternehmers (Anteilseigners) als auch die Betriebssphäre betreffen. Letztlich geht es um die Umschichtung von Privatvermögen in das Betriebsvermögen.[47] Konkret handelt es sich um Privateinlagen.

[47] *Vgl. hierzu auch Darstellung 12 auf Seite 84.*

Das *Privatvermögen* umfasst die Vermögensteile, die nicht dem Betrieb dienen. Das Problem der Abgrenzung, wann Vermögen zum Privatvermögen und wann zum Betriebsvermögen gehört, stellt im Steuerrecht ein zentrales Problem dar. Letztlich kann der Unternehmer das Vermögen nicht frei zuordnen. Vermögen, ohne das der operative Betrieb nicht ausgeführt werden kann (z. B. die CNC-Maschine eines Fachbetriebs für Feinmechanik), gehört bspw. zwingend zum Betriebsvermögen.

Der Wechsel vom Privatvermögen ins Betriebsvermögen und umgekehrt führt insgesamt nicht dazu, dass der Unternehmer »reicher« i. S. v. vermögender wird. Insofern kann die Einlage von Geld oder Sachmittel in das Unternehmen nicht zu einem Erfolg (Ertrag/Gewinn) führen. *Darstellung* 10 skizziert die Aktiv-Passiv-Mehrung für die beiden identifizierten Fälle.

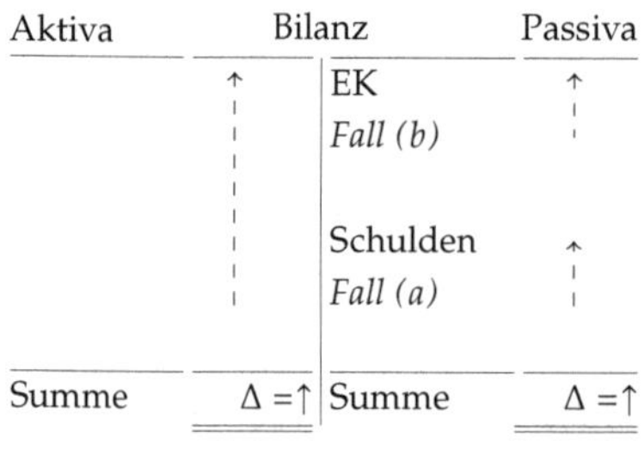

Darstellung 10 Aktiv-Passiv-Mehrung

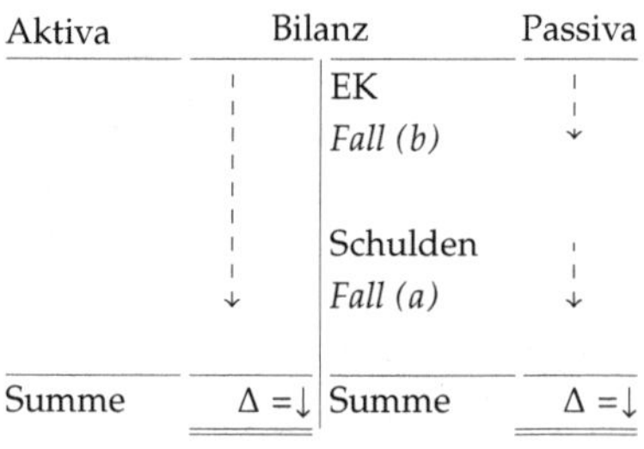

Darstellung 11 Aktiv-Passiv-Minderung

116 Korrespondierend zur Aktiv-Passiv-Mehrung erfolgt bei der *Aktiv-Passiv-Minderung* eine Änderung der Kapitalstruktur bzw. der Vermögensstruktur in der Weise, dass sowohl Aktiva als auch Passiva abnehmen. *Darstellung* 11 skizziert die Aktiv-Passiv-Mehrung als vierten und letzten Typus erfolgsneutraler Geschäftsvorfälle.

*Typen erfolgs**un**wirksamer Geschäftsvorfälle IV*

3. Bei der *Aktiv-Passiv-Mehrung (Bilanzverlängerung)*
   - werden sowohl Aktiv- als auch Passivkonten berührt.
   - erfolgt der Mittelzufluss in gleicher Höhe auf Aktiv- und Passivseite.
   - steigt die Bilanzsumme auf beiden Seiten um den gleichen Betrag, damit die Bilanzgleichung erhalten bleibt.
   - ändert sich sowohl die Vermögens- als auch die Kapitalstruktur.

   Beispiel – August Hobel nimmt am 30.09.2015 ein Tilgungsdarlehen über 15 000 EUR mit einer Laufzeit von drei Jahren zu einem Zinssatz von 6 % auf. Zinsen und Tilgung sind vierteljährlich zu entrichten (zunächst nur Verbuchung der Darlehensaufnahme).

Bank	*15 000* EUR	
an Verbindlichkeiten ggü. KI		*15 000* EUR

115

*Typen erfolgs**un**wirksamer Geschäftsvorfälle V*

4. Bei der *Aktiv-Passiv-Minderung (Bilanzverkürzung)*
   - werden sowohl Aktiv- als auch Passivkonten berührt.
   - erfolgt der Mittelabfluss in gleicher Höhe auf Aktiv- und Passivseite.
   - wird die Bilanzsumme vermindert.
   - ändern sich sowohl Vermögens- als auch Kapitalstruktur.

   Beispiel – Fristgerechte Tilgung des Darlehens (siehe oben) am 31.12.2015 i. H. v. $\frac{15\,000}{4 \times 3} = 1\,250$ EUR durch Banküberweisung.

Verbindlichkeiten ggü. KI	*1 250* EUR	
an Bank		*1 250* EUR

116

Eigenkapitalunterkonten I

- *Bisher* – Betrachtung erfolgsneutraler Geschäftsvorfälle, d. h. solcher, die das Eigenkapital (EK) des Unternehmens nicht verändern.
- Die betrieblichen Umsatzprozesse können durch Bestandskonten bereits vollständig abgebildet werden (vgl. einfache Buchführung, Folie 166).
- Für die Messung des Erfolgs in Form von Gewinn oder Verlust ist die Beschränkung auf Bestandskonten jedoch nicht zweckmäßig, da aus diesen der Erfolg nicht unmittelbar ableitbar ist.
- *Jetzt* – zusätzlich Betrachtung von Geschäftsvorfällen, die das Eigenkapital verändern.
- Von elementarer Bedeutung ist, dass sich das Eigenkapital sowohl durch erfolgswirksame als auch erfolgs*un*wirksame Geschäftsvorfälle verändern kann und zwar . . .

117

3.11 *Eigenkapitalunterkonten*

117 Die bisher betrachteten Geschäftsvorfälle werden der Maxime der Nettovermögensmehrung nicht gerecht. Bloße Umschichtungen der Vermögens- oder Kapitalstruktur sind nicht das primäre Ziel. Das Ziel besteht vielmehr in der Nettovermögensmehrung durch Gewinn (respektive Periodenerfolg) als (wenngleich suboptimales) »Surrogatmaß« [48] konsumfähiger Beträge. Wir werden später sehen, dass die Ermittlung der Vermögensmehrung allein durch Bestandskonten durchaus möglich, aber nicht zweckmäßig ist. [49]

Wie oben schon angedeutet, führen Vermögensumschichtungen von der privaten Ebene des Unternehmers zur betrieblichen Ebene und umgekehrt nicht zu (erfolgswirksamen) Vermögensmehrungen. Zwar vermehrt sich z. B. durch die Einlage von Bargeld in das Unternehmen das Eigenkapital und damit das Nettovermögen des Unternehmens, insgesamt – betrachtet man das Vermögen als Summe aus Privat- und Betriebsvermögen – ändert sich jedoch das Vermögen des Unternehmers nicht. In *Darstellung* 12 sind die Transaktionen zwischen den beiden Vermögensebenen dargestellt.

[48] *Ersatzmaß.*

[49] *Die Nettovermögensmehrung ist aus Bestandskonten nicht unmittelbar ableitbar.*

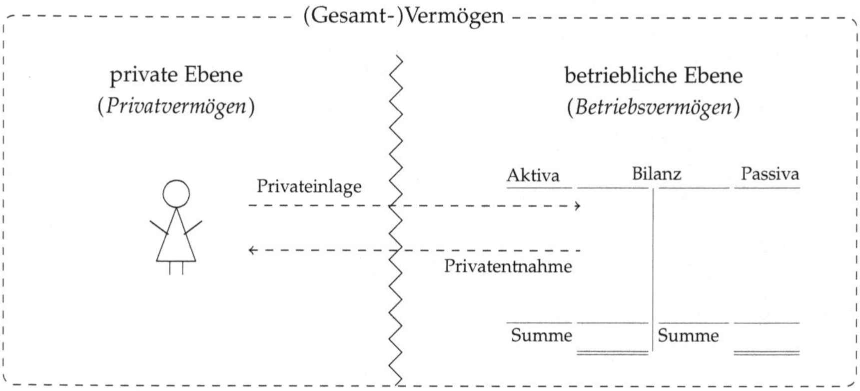

Darstellung 12 Betriebs- und Privatvermögen

118–119 *Erfolgsunwirksame* Nettovermögensänderungen ergeben sich (mit Ausnahmen) also durch Transaktionen zwischen Unternehmen und Unternehmer, während sich *erfolgswirksame* Nettovermögensänderungen durch betriebliche Umsatzprozesse ergeben, d. h. durch Transaktionen mit der geschäftlichen Umwelt. Um Übersichtlichkeit hinsichtlich der Nettovermögensänderungen zu gewährleisten, wird das Eigenkapital in zwei Unterkonten unterteilt. Die Unterteilung ist in *Abb. 9* dargestellt.

Eigenkapitalunterkonten II

1. *erfolgsunwirksam* durch Geschäftsvorfälle, die sowohl die private als auch die betriebliche Sphäre betreffen, sog. private Transaktionen, die auch *Privatentnahme* oder *Privateinlage* genannt werden,
2. oder *erfolgswirksam* als Folge des betrieblichen Umsatzprozesses. Das Eigenkapital mindert sich durch Aufwendungen und erhöht sich durch Erträge.

- *Beispiel* – August Hobel erhält eine Zinsgutschrift per Bank.
  - Das Bankkonto ist ein aktives Bestandskonto und nimmt zu, folglich steht das Konto bei Bildung des Buchungssatzes im Soll.
  - *Problem* – was steht im Haben? Ein aktives Bestandskonto kann nicht im Haben angesprochen werden, da sich dieses dann verringern würde, was nicht dem Geschäftsvorfall entspricht; folglich muss es ein passives Bestandskonto sein, aber welches? ...

118

Eigenkapitalunterkonten III

... *Lösung* – das Eigenkapital steht im Haben.

Zur Trennung dieser beiden Typen und der Gewährleistung der übersichtlichen Darstellung der Geschäftsvorfälle, werden für das Eigenkapital zwei Unterkonten eingeführt und zwar

... das Sammelkonto *Gewinn- und Verlustkonto* (GuV) und

... das *Privatkonto* (auch als Kapitalkonto (KK) bezeichnet).

Abb. 9 Eigenkapitalunterkonten

119

Erfolgswirksame Geschäftsvorfälle I

- Zur buchmäßigen Erfassung von Erträgen und Aufwendungen existieren theoretisch zwei Möglichkeiten:

1. *Direkte Verbuchung* über das Eigenkapitalkonto

   Das EK-Konto erfasst als Passivkonto den AB und alle Zugänge (Erträge) im Haben, Abgänge (Aufwendungen) sowie der EB werden dagegen im Soll erfasst.

   Problem – Das Konto wird schnell *unübersichtlich* und die Quellen des Erfolges werden nicht sichtbar.

2. *Verbuchung über Erfolgskonten*

   Auflösung des EK-Kontos in verschiedene Aufwands- und Ertragskonten, wobei für jede Aufwands- bzw. Ertragsart jeweils ein eigenes Konto gebildet wird.

120

120 Während das *Gewinn- und Verlustkonto* (GuV-Konto) als Sammelkonto alle erfolgswirksamen Geschäftsvorfälle erfasst, werden über das *Privatkonto* die erfolgsneutralen Transaktionen zwischen Unternehmen und Unternehmer erfasst. Letztlich könnten auch alle das Eigenkapital betreffenden Buchungen direkt über das Eigenkapital abgewickelt werden. Eine Zunahme des Eigenkapitals käme dann der Buchung

Sollkonto an Eigenkapital

gleich, während eine Minderung des Eigenkapitals durch

Eigenkapital an Habenkonto

abgebildet werden würde. Diese Vorgehensweise würde jedoch auf Kosten der Übersichtlichkeit gehen.

121 Das GuV-Konto wird wiederum in zwei Kategorien von Unterkonten unterteilt: Aufwandskonten und Ertragskonten. *Aufwands- und Ertragskonten* könnten damit auch als Enkelkonten der Bilanz bezeichnet werden. Letztlich stellt das GuV-Konto die »Bilanz« für die Erfolgskonten dar, da die Erfolgskonten (wie die Bestandskonten über die Bilanz) über die GuV abgeschlossen werden. Das Beziehungsgeflecht von Bilanz, GuV, Privatkonto sowie Aufwands- und Ertragskonten ist in *Darstellung* 13 schematisch abgetragen. Die Beziehungen sind dabei in Abhängigkeit der »Meldung« der Endbestände (Salden) dargestellt.

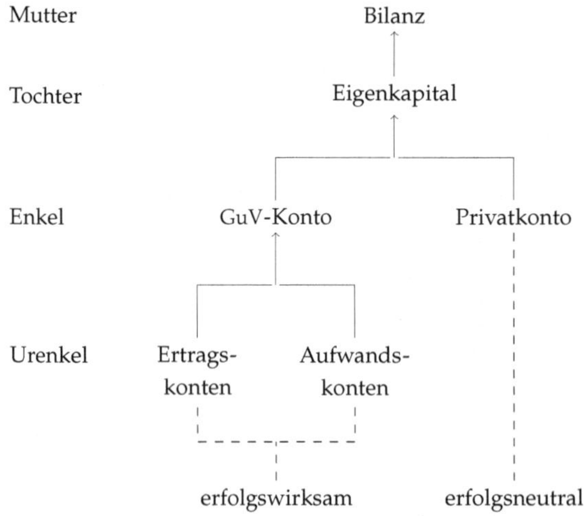

Darstellung 13 Beziehung von Bilanz, Eigenkapital, GuV, Privatkonto und Erfolgskonten

Erfolgswirksame Geschäftsvorfälle II // Erfolgskonten

Soll	Aufwandskonto	Haben	Soll	Ertragskonto	Haben
Aufwand 1				Ertrag 1	
Aufwand 2				Ertrag 2	
⋮				⋮	
Aufwand *m*	(Saldo)		(Saldo)	Ertrag *n*	
Summe ...	Summe	...	Summe ...	Summe	...

Beispiele für Erfolgskonten

- *Ertragskonten* – Umsatzerlöse, Mieterträge, Zinserträge, sonstige betriebliche Erträge (s. b. E.) ...
- *Aufwandskonten* – Mietaufwand, Zinsaufwand, Personalaufwand, Abschreibungen, Steueraufwand, Versicherungsaufwand, sonstige betriebliche Aufwendungen (s. b. A.) ...

121

Erfolgswirksame Geschäftsvorfälle III

Wichtig ...

... bei *Aufwandskonten* → die Aufwendungen stehen immer auf der *Sollseite*.

... bei *Ertragskonten* → die Erträge stehen immer auf der *Habenseite*.

- Erfolgskonten werden ohne Anfangsbestand eröffnet, da Aufwendungen und Erträge *Stromgrößen* sind.
- Die Erfolgskonten werden über das GuV-Konto abgeschlossen.
- bei Aufwandskonten:
  Gewinn- und Verlustkonto
  an Aufwandskonto
- bei Ertragskonten:
  Ertragskonto
  an Gewinn- und Verlustkonto

122

Gewinn- und Verlustkonto I

Vorteile des Abschlusses der Erfolgskonten über das GuV-Konto im Vergleich zum Abschluss über das EK-Konto

1. Übersichtliche Gegenüberstellung aller Aufwendungen und Erträge einer Periode, d. h., Quellen des Erfolges/Misserfolges werden sichtbar.
2. Einfache Berechnung des Periodenerfolges, indem die Differenz sämtlicher Aufwendungen und Erträge (Saldo) gebildet wird und im Anschluss daran auf dem EK-Konto verbucht wird.

123

122 Das Sammelkonto GuV sammelt die Salden der Erfolgskonten, die wiederum Stromgrößen beinhalten. Stromgrößen beinhaltende Konten besitzen weder Anfangs- noch Endbestände. Zu Beginn des Geschäftsjahres kann keine Übernahme von Beständen erfolgen, da die Stromkonten am Ende des Geschäftsjahres ihre Salden an jeweils übergeordnete Konten abgeben.

123–127 Mit dem Vorteil der Übersichtlichkeit und direkten Ermittlung des Periodenerfolgs bei Erfassung erfolgswirksamer Geschäftsvorfälle über Erfolgskonten als Unterkonten des Eigenkapitals geht der Nachteil der mehrstufigen Kontenhierarchie einher, bei der die Konten sukzessive »bottom-up« abgeschlossen werden müssen.[50] Dies soll im nachstehenden Beispiel anhand der Vereinnahmung von Zinsen verdeutlicht werden. Es wird dabei angenommen, dass keine weiteren Geschäftsvorfälle auftreten.

[50] *Vgl. dazu Darstellung 13 auf Seite 86.*

BEISPIEL

Es gehen Zinsen i. H. v. 1 000 EUR auf dem Bankkonto ein.

1. Erfassung der Zinsen über das Erfolgskonto »Zinserträge«

Bank *1 000* EUR
  an *Zinserträge* *1 000* EUR

Soll	Zinserträge		Haben
GuV	1 000	Bank	1 000

①

2. Abschluss des Kontos »Zinserträge« über die GuV (hier: Habensaldo)

Zinserträge *1 000* EUR
  an *GuV* *1 000* EUR

Soll	GuV		Haben
EK	1 000	ZE	1 000

②

3. Abschluss der GuV über das Eigenkapital

GuV *1 000* EUR
  an *Eigenkapital* *1 000* EUR

Soll	Eigenkapital		Haben
SB	1 000	GuV	1 000

③

4. Abschluss des Eigenkapitalkontos über das Schlussbilanzkonto

Eigenkapital *1 000* EUR
  an *SBK* *1 000* EUR

Soll	Schlussbilanz		Haben
Bank	1 000	EK	1 000

Die *Abbildungen* 10 und 11 zeigen den Abschluss des GuV-Kontos im Gewinn- und Verlustfall.

Gewinn- und Verlustkonto II

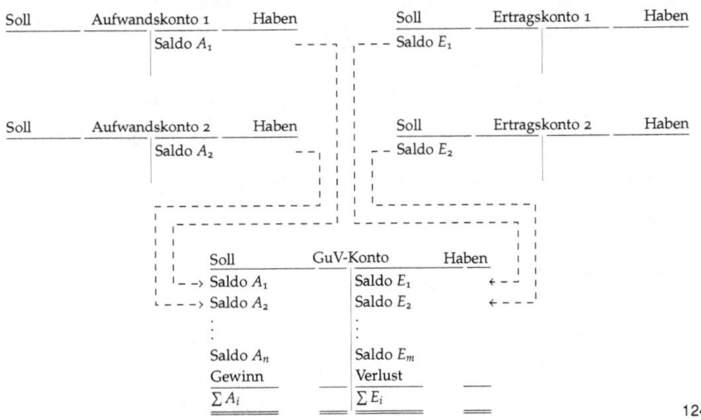

124

Gewinn- und Verlustkonto III // Graphische Darstellung des Gewinnfalls

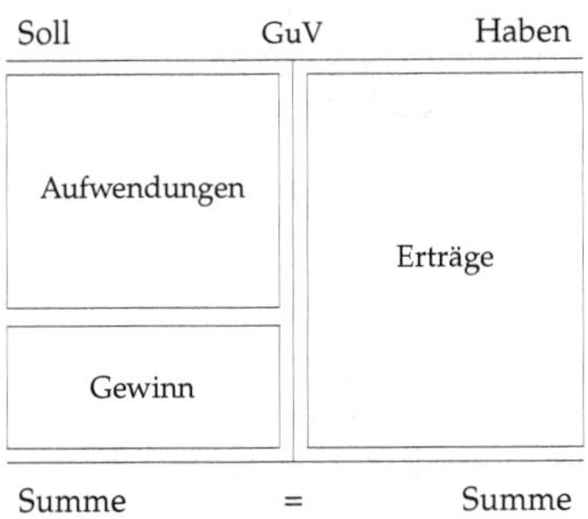

Abb. 10 GuV-Konto, Gewinfall

Habensaldo = Gewinn (Erträge > Aufwendungen)

125

Gewinn- und Verlustkonto IV // Graphische Darstellung des Verlustfalls

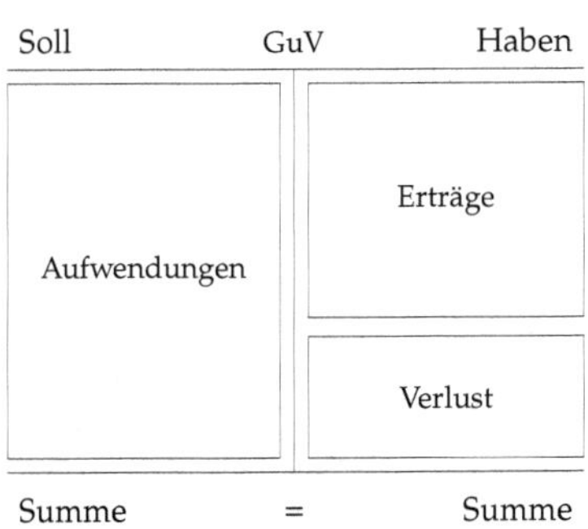

Abb. 11 GuV-Konto, Verlustfall

Sollsaldo = Verlust (Erträge < Aufwendungen)

126

3.12 *Typen erfolgswirksamer Geschäftsvorfälle*

128 Analog zu den Typen erfolgsneutraler Geschäftsvorfälle existieren vier Typen erfolgswirksamer Geschäftsvorfälle.

1. Aufwand verbunden mit Abgang auf aktivem Bestandskonto
2. Aufwand verbunden mit Zugang auf passivem Bestandskonto
3. Ertrag verbunden mit Zugang auf aktivem Bestandskonto
4. Ertrag verbunden mit Abgang auf passivem Bestandskonto

Die technische Abbildung von Geschäftsvorfällen, die

1. einen Aufwand verbunden mit einem Zugang auf einem aktiven Bestandskonto oder
2. einen Ertrag verbunden mit einem Zugang auf einem passiven Bestandskonto

zur Folge hätte, ist nicht möglich, da die entsprechenden Konten entweder nur im Soll oder nur im Haben angesprochen werden. Faktisch existieren keine Geschäftsvorfälle, die diese Dokumentation nach sich ziehen würden.

Im Fall des *Aufwands, verbunden mit einem Abgang auf einem aktiven Bestandskonto*, wird das Aktivvermögen im gleichen Umfang wie das Eigenkapital reduziert. Der Typus erinnert an die Aktiv-Passiv-Minderung als einen der Typen erfolgsneutraler Geschäftsvorfälle, da auch dort eine Veränderung der Vermögensstruktur mit einer Veränderung der Kapitalstruktur einhergeht.

129 Der Fall des *Aufwands, verbunden mit einem Zugang auf einem passiven Bestandskonto* erinnert an den erfolgsneutralen Typus des Passivtauschs, da in beiden Fällen die Veränderung der Kapitalstruktur ohne Veränderung der Vermögensstruktur einhergeht.

Gewinn- und Verlustkonto V

1. Buchung bei *Verlust*: *EK-Konto an GuV-Konto*

Soll GuV-Konto	Haben
Aufwendungen	Erträge
	Saldo (Verlust)

Soll Eigenkapital	Haben
Verlust	AB
EB	

2. Buchung bei *Gewinn*: *GuV-Konto an EK-Konto*

Soll GuV-Konto	Haben
Aufwendungen	Erträge
Saldo (Gewinn)	

Soll Eigenkapital	Haben
EB	AB
	Gewinn

Fakt – Aufgrund der Doppik muss sich sowohl in der Bilanz als auch im GuV-Konto der gleiche Periodenerfolg ergeben!

127

Typen erfolgswirksamer Geschäftsvorfälle I

1. *Aufwand verbunden mit Abgang auf aktivem Bestandskonto*
   - Vermögen nimmt ab,
   - Eigenkapital nimmt ab,
   - Bilanzsumme nimmt ab,
   - Veränderung der Vermögensstruktur führt zur Veränderung der Kapitalstruktur.

Beispiel – Bezahlung der Miete durch August Hobel für die Räumlichkeiten, in denen die Verwaltung untergebracht ist, i. H. v. 3 500 EUR per Banküberweisung.

Mietaufwand	3 500 EUR	
an Bank		3 500 EUR

128

Typen erfolgswirksamer Geschäftsvorfälle II

2. *Aufwand verbunden mit Zugang auf passivem Bestandskonto*
   - Vermögen bleibt unverändert,
   - Eigenkapital nimmt ab, Fremdkapital nimmt zu,
   - Bilanzsumme bleibt konstant,
   - Veränderung der Kapitalstruktur ohne Veränderung der Vermögensstruktur.

Beispiel – Die Zinsaufwendungen am 31.12.2015 für das Darlehen (aus Folie 115) i. H. v. $15\,000 \times 0{,}06 \times \frac{3}{12} = 225$ EUR werden nicht bezahlt, sondern dem Darlehenskonto belastet.

Zinsaufwand	225 EUR	
an Verbindlichkeiten ggü. KI		225 EUR

129

130 Der Typus *Ertrag, verbunden mit einem Zugang auf einem aktiven Bestandskonto* stellt den korrespondierenden Fall zur erfolgsneutralen Aktiv-Passiv-Mehrung dar, da in beiden Fällen die Veränderung der Kapital- und Vermögensstruktur zu einer höheren Bilanzsumme führt.

131 Im letzten Fall des *Ertrags, verbunden mit einem Abgang auf einem passiven Bestandskonto* findet lediglich eine Umschichtung der Kapitalstruktur statt, was abermals dem erfolgsneutralen Fall des Passivtauschs entspricht.

Im Ergebnis lässt sich der erfolgsneutrale Aktivtausch als einziger Typus erfolgsneutraler Geschäftsvorfälle identifizieren, dem kein analoger Typus erfolgswirksamer Geschäftsvorfälle gegenübersteht. *Darstellung* 14 fasst das Ergebnis zusammen.

Veränderung	*erfolgsneutral*	*erfolgswirksam*
ausschließlich Veränderung der Vermögensstruktur	Aktivtausch	-
ausschließlich Veränderung der Kapitalstruktur	Passivtausch	Aufwand, verbunden mit Zugang auf passivem Bestandskonto; Ertrag, verbunden mit Abgang auf passivem Bestandskonto
Veränderung der Vermögens- und Kapitalstruktur bei Erhöhung der Bilanzsumme	Aktiv-Passiv-Mehrung	Ertrag, verbunden mit Zugang auf aktivem Bestandskonto
Veränderung der Vermögens- und Kapitalstruktur bei Minderung der Bilanzsumme	Aktiv-Passiv-Minderung	Aufwand, verbunden mit Abgang auf aktivem Bestandskonto

Darstellung 14 Veränderung der Vermögens- und Kapitalstruktur erfolgsneutraler und erfolgswirksamer Geschäftsvorfälle

Typen erfolgswirksamer Geschäftsvorfälle III

3. *Ertrag verbunden mit Zugang auf aktivem Bestandskonto*
   - Vermögen nimmt zu,
   - Eigenkapital nimmt zu,
   - Bilanzsumme nimmt zu,
   - Veränderung der Vermögensstruktur führt zur Veränderung der Kapitalstruktur.

   Beispiel – Ein Kunde holt seine Bestellung (maßgefertigte Flügeltüren aus tropischen Hölzern) ab und bezahlt die Rechnung i. H. v. 65 000 EUR sofort in bar (die Umsatzsteuer wird vernachlässigt, zur Umsatzsteuer vgl. Abschnitt 4.1.1 ab Folie 189).

Kasse	*65 000* EUR	
an Umsatzerlöse		*65 000* EUR

130

Typen erfolgswirksamer Geschäftsvorfälle IV

4. *Ertrag verbunden mit Abgang auf passivem Bestandskonto*
   - Vermögen bleibt unverändert,
   - Eigenkapital nimmt zu, Fremdkapital nimmt ab,
   - Bilanzsumme bleibt konstant,
   - Veränderung der Kapitalstruktur ohne Veränderung der Vermögensstruktur.

   Beispiel – Als Zeichen seiner Wertschätzung und Interesse an exzellenter zukünftiger Zusammenarbeit erlässt der Sägewerkbesitzer Alois Dübel dem August Hobel Verbindlichkeiten aus L. u. L. im Wert von 5 000 EUR (die Umsatzsteuer wird vernachlässigt).

Verbindlichkeiten aus L. u. L.	*5 000* EUR	
an sonstige betriebliche Erträge		*5 000* EUR

131

Übung 8 (erfolgswirksame Geschäftsvorfälle)

Verbuchen Sie die folgenden Geschäftsvorfälle unter Vernachlässigung der Umsatzsteuer!

1. Am 30.06.2015 bezahlt Hobel Hypothekenzinsen i. H. v. 1 250 EUR per Banküberweisung.
2. Die Löhne in 2015 betragen insgesamt 35 000 EUR und wurden per Banküberweisung bezahlt.
3. Die Umsatzerlöse in 2015 betragen 120 000 EUR, wobei 10% mit Zahlungsziel in 2016 erfolgten und 90% per Banküberweisung in 2015.
4. Am 03.04.2015 veräußert Hobel ein Grundstück, das er bisher zu Lagerzwecken nutzte, für 20 000 EUR in bar. Der Buchwert zum Zeitpunkt der Veräußerung betrug 6 000 EUR.
5. Die Abschreibungen auf Maschinen (Gebäude) betragen in 2015 6 000 EUR (14 000 EUR).

132

132–134 *Übung 8* hat die Verbuchung erfolgswirksamer Geschäftsvorfälle zum Inhalt. Ordnet man die Geschäftsvorfälle in die Kategorien erfolgswirksamer Geschäftsvorfälle ein, erhält man folgendes Ergebnis:

1. Aufwand mit Abgang auf aktivem Bestandskonto.
2. Aufwand mit Abgang auf aktivem Bestandskonto.
3. Ertrag mit Zugang auf aktivem Bestandskonto.
4. Ertrag mit Zugang auf aktivem Bestandskonto.
5. Aufwand mit Abgang auf aktivem Bestandskonto.

3.13 *Privatkonto*

135–139 Transaktionen, die die private Ebene des Unternehmens betreffen, werden über das Eigenkapitalunterkonto »Privatkonto« abgebildet. Die Aufteilung der Vermögenssphären ist in *Darstellung* 12 auf Seite 84 übersichtlich dargestellt. Neben der bloßen Differenzierung eigenkapitalverändernder Geschäftsvorfälle in erfolgswirksame und erfolgsneutrale Geschäftsvorfälle wird deren Dokumentation auch technisch separiert. In *Darstellung* 13 auf Seite 86 stellt dies die »Enkelebene« dar.

Grundsätzlich sind Geschäftsvorfälle, die das Privatkonto berühren, erfolgsneutral. Technisch existieren jedoch Geschäftsvorfälle, bei denen das Privatkonto im Soll (Haben) und das GuV-Konto im Haben (Soll) angesprochen wird. Diese Geschäftsvorfälle sind zwar erfolgswirksam, verändern aber das Eigenkapital nicht. Typen erfolgswirksamer Geschäftsvorfälle, die das Eigenkapital nicht verändern, können sein

1. Aufwand, verbunden mit einem Zugang auf dem Privatkonto,
2. Ertrag, verbunden mit einem Abgang auf dem Privatkonto,
3. Gleichzeitig Aufwand und Ertrag.

Insofern ist die Aussage »Privatentnahmen und Privateinlagen erfolgen immer erfolgsneutral« nicht ganz korrekt.

Lösung Übung 8 I

1. Bezahlung der Hypothekenzinsen i. H. v. 1 250 EUR per Banküberweisung.

2. Bezahlung der Löhne i. H. v. 35 000 EUR per Bank.

3. Umsatzerlöse i. H. v. 120 000 EUR.

133

Lösung Übung 8 II

4. Veräußerung des Grundstücks mit einem Buchwert von 6 000 EUR für 20 000 EUR in bar.

5. Abschreibung der Maschinen (Gebäude) i. H. v. 6 000 EUR (14 000 EUR).

134

Privatkonto | Kapitalkonto I

Das Privatkonto existiert nur bei Personenunternehmen (Einzelunternehmung oder unbeschränkt haftende Gesellschafter einer Offenen Handelsgesellschaft (OHG) bzw. Kommanditgesellschaft (KG), dazu später mehr in Abschnitt 12.1 ab Folie 701.)

- Privatentnahmen und Kapitaleinlagen verändern das Eigenkapital (i. d. R.) erfolgsunwirksam.
- Der *Abschluss* des Privatkontos erfolgt über das Eigenkapital, nicht über die GuV.
- *Probleme* ergeben sich bei der Frage nach dem Wert der Entnahmen/ Einlagen und der umsatzsteuerlichen Behandlung (vgl. dazu die Folien 265 ff.).

135

Der Unternehmer wird ebenfalls als Teil der Umwelt betrachtet, mit der das Unternehmen Transaktionen tätigt. Abstrahiert man von bloßen Bareinlagen und Barentnahmen kann es sein, dass auch der Unternehmer als »Nachfrager« oder »Leistender« angesehen wird. Die Leistungsbeziehungen können unterteilt werden in

1. Entnahme von Sachvermögen
2. Einlage von Sachvermögen
3. Übernahme von Verbindlichkeiten ins Privatvermögen
4. Übertragung von Verbindlichkeiten ins Betriebsvermögen
5. Inanspruchnahme von Dienstleistungen des Unternehmens
6. Dienstleistungen an das Unternehmen

Entnimmt der Unternehmer z. B. Sachvermögen wird unterstellt, dass dieses Sachvermögen zu Marktwerten entnommen wird. Dabei ist zentral zu verstehen, dass die Bilanz (zumindest die nach deutschen Vorschriften erstellte Bilanz) i. d. R. keine Marktwerte enthält, sondern lediglich (fortgeführte) Anschaffungskosten. Das nachstehende Beispiel soll die Auswirkungen verdeutlichen:

BEISPIEL

Unternehmer A erwarb vor 20 Jahren ein Grundstück mitten in Bayreuth für umgerechnet 25 000 EUR. Der Wert des Grundstücks beträgt lt. Gutachten ausgewiesener Experten zum Zeitpunkt der Entnahme ins Privatvermögen 125 000 EUR. Aufgrund des Anschaffungskostenprinzips, d. h., dass in der Bilanz nie mehr als die Anschaffungskosten eines Vermögensgegenstands aktiviert werden dürfen[51], steht das Grundstück in 2015 immer noch mit nur 25 000 EUR in der Bilanz. Einem fremden Dritten würde A das Grundstück für 125 000 EUR verkaufen. Dieser Wert ist auch maßgeblich für den Entnahmewert. Entnommen wird also ein Wert von 125 000 EUR dem lediglich ein Buchwert von 25 000 EUR gegenüber steht. Der Buchungssatz lautet:

[51] *Vgl. Zum Anschaffungskostenprinzip Abschnitt 7.2 ab Seite 324.*

Privatkonto		*125 000* EUR	
an	*Grundstücke/Gebäude*		*25 000* EUR
	sonstige betriebliche Erträge		*100 000* EUR

Das Eigenkapital mindert sich in diesem Fall um 25 000 EUR und nicht in Höhe der Privatentnahme von 125 000 EUR.

Privatkonto | Kapitalkonto II

- *Entnahmen ...*

  ... vermindern das Eigenkapital

  ... können als vorab entnommene Gewinne verstanden werden

  ... stellen keine Aufwendungen dar

  - Zum Beispiel Barentnahmen, Privatsteuern der Eigner, private Nutzung von Vermögensgegenständen, Sachentnahmen.
  - Buchung (z. B)

    Privatkonto
    an Bestandskonto/Erfolgskonto

  - In bestimmten Fällen können Entnahmen auch erfolgswirksam (Ertrag) sein, z. B bei Nutzungsentnahmen (vgl. dazu Beispiel 18 ab Folie 271).

136

Privatkonto | Kapitalkonto III

- *Einlagen ...*

  ... erhöhen das Eigenkapital

  ... stellen keine Erträge dar

  - Zum Beispiel Bareinlage, Sacheinlage, Nutzungseinlage.
  - Buchung (z. B)

    Bestandskonto/Erfolgskonto
    an Privatkonto

  - Auch Einlagen können erfolgswirksam (Aufwand) sein, z. B bei der betrieblichen Nutzung von Vermögensgegenständen, die dem Privatvermögen zugerechnet werden

137

Privatkonto | Kapitalkonto IV

Abschluss des Privatkontos

Soll	Privatkonto	Haben
Entnahme 1	Einlage 1	
Entnahme 2	Einlage 2	
⋮	⋮	
Habensaldo	Sollsaldo	
Summe	Summe	

- Das Privatkonto hat keinen AB und keinen EB, Privatentnahmen und -einlagen sind Stromgrößen (*Hinweis* – Konten, die Stromgrößen abbilden (Erfolgskonten, GuV-Konto) haben keinen Anfangsbestand).
- Das Privatkonto wird über das EK-Konto abgeschlossen.
- Gebucht wird auf dem EK-Konto nur am Ende des Geschäftsjahres (ruhendes Konto).

138

Die Bewertung der Sacheinlage erfolgt analog zur Sachentnahme zu Marktwerten, mit dem Unterschied, dass dem Privatkonto Wertdifferenzen zwischen dem Zeitpunkt der Anschaffung im Privatvermögen und der Einlage zugerechnet werden.

Die Übernahme von Verbindlichkeiten ins Privatvermögen respektive Übertragung privater Schulden in das Betriebsvermögen erfolgt häufig im Zusammenhang mit der Einlage oder Entnahme von Sachvermögen. Wenn bspw. das eingelegte Grundstück fremdfinanziert wurde, wird das Sachvermögen i. d. R. zusammen mit der Schuld eingelegt.

Der Dokumentation einer Sacheinlage oder -entnahme geht nur in wenigen Fällen eine tatsächliche, physische Einlage oder Entnahme voraus. So können bspw. Immobilien nicht physisch überführt werden. Hier findet lediglich eine Entnahme »aus der Bilanz« durch Ausbuchung statt. Bei der künftig ausschließlich privaten Nutzung betrieblicher Kfz lässt sich als Außenstehender ebenfalls nur selten erkennen, ob es sich um ein Kfz handelt, das dem Betriebsvermögen oder dem Privatvermögen zugeordnet ist.

Entnahmen und Einlagen beschränken sich also meist auf die buchhalterische Dokumentation.

In der Praxis treten häufig Schwierigkeiten bei Dienstleistungen an den Unternehmer oder an das Unternehmen auf. Die technische Erfassung dieser Fälle, wie z. B.

1. den Einsatz von im Betrieb angestellter Reinigungskräfte in der Privatwohnung des Unternehmers,
2. den Einsatz des im Betrieb angestellten Gärtners im privaten Garten des Unternehmers,
3. die private Nutzung betrieblicher Kfz,
4. die private Nutzung betrieblicher Infrastruktur wie Telefon, Fax, Computer,
5. die betriebliche Nutzung privater Vermögensgegenstände wie Kfz, Telefon etc.

stellt dabei weniger das Problem dar als vielmehr die Frage der Bewertung der sog. »Nutzungseinlagen« oder »Nutzungsentnahmen«. So erfolgt z. B. die Nutzungsentnahme durch den privaten Einsatz der betrieblichen Reinigungskräfte durch den Buchungssatz

Privatentnahme		100 EUR	
an	*Personalaufwand*		100 EUR

Durch die Privatentnahme wird der im Betrieb entstandene Personalaufwand korrigiert.

Privatkonto | Kapitalkonto V

- Buchung bei Entnahmen > Einlagen (Sollsaldo):

  Eigenkapital
  an Privatkonto

- Buchung bei Entnahmen < Einlagen (Habensaldo):

  Privatkonto
  an Eigenkapital

- Das EK-Konto ändert sich durch den Gewinn oder Verlust des Geschäftsjahres sowie durch Entnahmen oder Einlagen, d. h. das EK ändert sich durch *erfolgswirksame* Geschäftsvorfälle (aus GuV-Konto) und *erfolgsneutrale* Geschäftsvorfälle (aus Privatkonto). 139

Übung 9 (Privatentnahmen/-einlagen)

Verbuchen Sie die folgenden Geschäftsvorfälle (ohne USt)!

1. Am 31.12.2015 legt August Hobel seinen bisher sich im Privatvermögen befindenden, alten VW-Bus in seinen Betrieb ein. Der alte VW-Bus wird im Zeitpunkt der Einlage von einem unabhängigen Gutachter mit 6 800 EUR bewertet.
2. Die im Betrieb angestellte Reinigungskraft macht den Frühjahrsputz in August Hobels Privatwohnung. Die gesamten Personalaufwendungen, die auf den Einsatz in der Privatwohnung entfallen, betragen unstreitig 1 500 EUR.
3. Im Juli 2015 streicht August Hobel Fenster und Türen seiner Privatwohnung und verwendet dabei Farben und Lacke aus seinem Betrieb im Wert von 250 EUR.

140

Lösung Übung 9

1. Verbuchung der Einlage

2. Bei der privaten Inanspruchnahme der Leistung der im Betrieb angestellten Putzfrau handelt es sich um eine Leistungsentnahme.

3. Die private Verwendung der Farben und Lacke stellt eine Entnahme von RHB-Stoffen dar.

141

140–141 In *Übung 9* sollen nun sowohl erfolgswirksame als auch erfolgsneutrale Privateinlagen/-entnahmen dokumentiert werden.

3.14 *Jahresabschluss*

142 Die Erstellung des Jahresabschlusses in Form von Bilanz und GuV orientiert sich an dem im unteren Teil von *Darstellung* 15 abgetragenen Schema. Die Bestands- und Erfolgskonten bzw. Unterkonten werden so abgeschlossen, dass sich letztlich die in der Bilanz »gesammelten« Beträge ausgleichen.

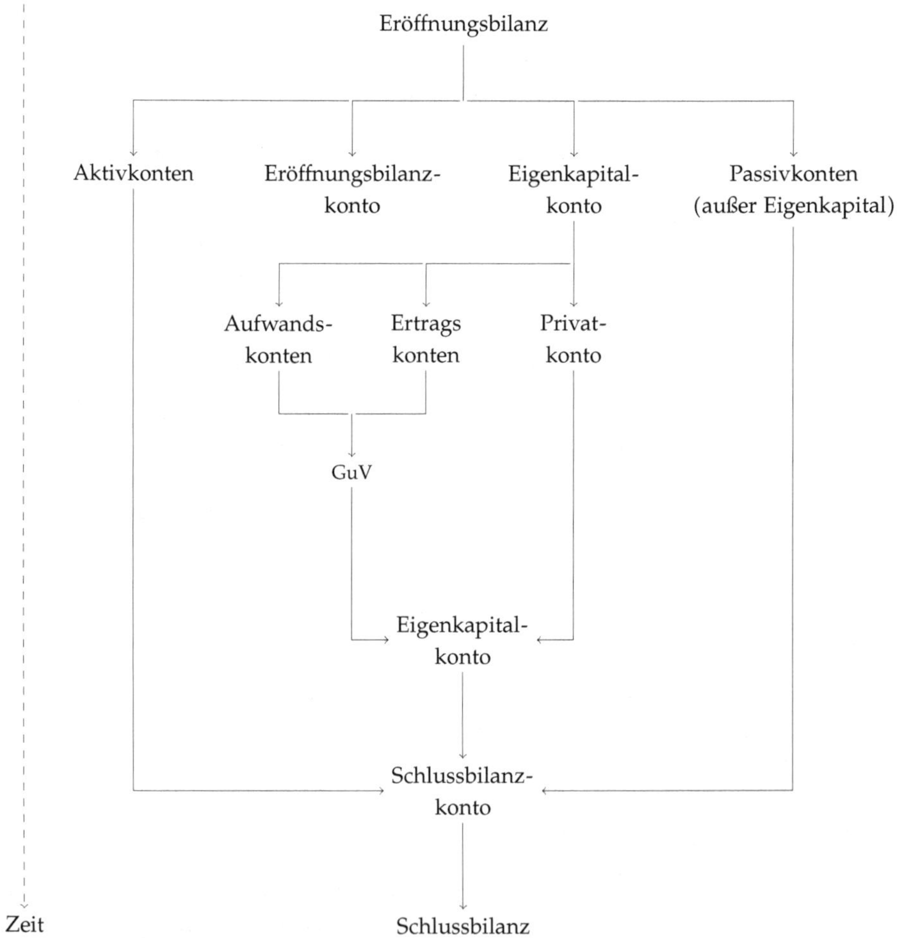

Darstellung 15 Skizzierung eines Wirtschaftsjahres anhand der Eröffnung und des Abschlusses von Konten

Jahresabschluss

Der Jahresabschlusses besteht gem. § 242 Abs. 3 HGB aus ...

... *Bilanz* und

... *GuV*.

Vorgehensweise bei der Erstellung des Jahresabschlusses:

1. Bildung der Salden der Bestandskonten und Abschluss über das Schlussbilanzkonto,
2. Bildung der Salden der Erfolgskonten und Abschluss dieser über die GuV,
3. Ermittlung des Saldos in der GuV und Abschluss der GuV über das Eigenkapitalkonto,
4. Bildung des Saldos auf dem Privatkonto und Abschluss des Privatkontos über das Eigenkapitalkonto,
5. Erstellung der Schlussbilanz. 142

Beispiel 7 (Jahresabschluss)

Erstellen Sie den Jahresabschluss des August Hobel zum 31.12.2015, gehen Sie dabei wie folgt vor:

1. Stellen Sie die bisher getätigten Geschäftsvorfälle in einem Journal dar und nummerieren Sie die Einträge (unter Vernachlässigung der Eröffnungsbuchungen).
2. Ermitteln Sie die Endbestände der Bestandskonten und schließen Sie die Bestandskonten ab.
3. Schließen Sie die Erfolgskonten über die GuV ab.
4. Schließen Sie das Privatkonto und die GuV über das Eigenkapital ab.
5. Erstellen Sie die Schlußbilanz.

143

Lösung Beispiel 7 I // 1. Darstellung der Buchungen im Journal[3]

		Sollbuchungen		an Habenbuchungen	
		Konto	*Betrag*	*Konto*	*Betrag*
#					
1	Folie 73:	RHB-Stoffe	1 000	Bank	1 000
2	Folie 75:	Maschinen	20 000	Verbindlichkeiten aus L. u. L.	20 000
3	Folie 77:	BuGA	1 500	Verbindlichkeiten aus L. u. L.	1 500
4	Folie 78:	Bank	10 000	Verbindlichkeiten ggü. KI	10 000
5	Folie 79:	Verbindlichkeiten aus L. u. L.	500	Bank	500
6	Folie 80:	Verbindlichkeiten aus L. u. L.	500	langfristige Verb.	500
7	Folie 81:	Kasse	8 500	Forderungen aus L. u. L.	8 500
8	Folie 81:	RHB-Stoffe	650	Kasse	650
9	Folie 81:	Verbindlichkeiten aus L. u. L.	6 000	Kasse	6 000
10	Folie 84:	Forderungen aus L. u. L.	1 750	Maschinen	2 500
		Bank	750		
11	Folie 111:	Maschinen	5 000	Verbindlichkeiten aus L. u. L.	5 000
12	Folie 113:	Grundstücke/Gebäude	100 000	Bank	100 000
13	Folie 114:	Verbindlichkeiten aus L. u. L.	5 000	langfristige Verbindlichkeiten	5 000

[3] Die Buchungen 1–10 wurden aus Folie 100 übernommen. 144

143–145 *Beispiel 7* fasst die gesamten Geschäftsvorfälle der Fallstudie des August Hobel zusammen und zeigt vereinfacht und anhand der vorgestellten Vorgehensweise, wie Bilanz und GuV erstellt werden. Dazu findet zunächst eine Zusammenfassung im Journal statt. Die ersten 15 Geschäftsvorfälle stellen die erfolgsneutralen, die restlichen diejenigen, bei denen sich Veränderungen im Eigenkapital ergeben, dar.

146–148 Im Anschluss findet die Übertragung – zunächst auf Bestandskonten – statt. Dabei wird z. B. im Fall des Kontos *Grundstücke und Gebäude* das Journal nach denjenigen Geschäftsvorfällen durchsucht, die dieses Konto betreffen. Fündig wird man in diesem Fall bei den Geschäftsvorfällen (12), (23) und (24). Man übernimmt die entsprechenden Werte in das T-Konto »Grundstücke und Gebäude«. Jetzt kann der Saldo des Kontos ermittelt werden. Dieser Vorgang wird nun für alle aktiven und passiven Bestandskonten wiederholt.

Doppelte Buchführung: Falsch verstanden!

Lösung Beispiel 7 II // 1. Darstellung der Buchungen im Journal

14	Folie 115:	Bank	15 000	Verbindlichkeiten ggü. KI	15 000
15	Folie 116:	Verbindlichkeiten ggü. KI	1 250	Bank	1 250
16	Folie 128:	Mietaufwand	3 500	Bank	3 500
17	Folie 129:	Zinsaufwand	225	Verbindlichkeiten ggü. KI	225
18	Folie 130:	Kasse	65 000	Umsatzerlöse	65 000
19	Folie 131:	Verbindlichkeiten aus L. u. L.	5 000	sonstige betriebliche Erträge	5 000
20	Folie 133:	Zinsaufwand	1 250	Bank	1 250
21	Folie 133:	Personalaufwand	35 000	Bank	35 000
22	Folie 133:	Bank	108 000	Umsatzerlöse	120 000
		Forderungen aus L. u. L.	12 000		
23	Folie 134:	Kasse	20 000	Grundstücke/Gebäude	6 000
				sonstige betriebliche Erträge	14 000
24	Folie 134:	Abschreibungen	20 000	Grundstücke/Gebäude	14 000
				Maschinen	6 000
25	Folie 141:	Fuhrpark	6 800	Privat	6 800
26	Folie 141:	Privat	1 500	sonstige betriebliche Erträge	1 500
27	Folie 141:	Privat	250	RHB-Stoffe	250
		Summe	455 925	Summe	455 925

145

Lösung Beispiel 7 III // 2. Ermittlung der Endbestände (aktive Bestandskonten)

Soll	Grundstücke/Gebäude		Haben
AB	170 000	(23)	6 000
(12)	100 000	(24)	14 000
		EB	250 000
Summe	270 000	Summe	270 000

Soll	Fuhrpark		Haben
AB	0	EB	6 800
(25)	6 800		
Summe	6 800	Summe	6 800

Soll	Maschinen		Haben
AB	30 000	(10)	2 500
(2)	20 000	(24)	6 000
(11)	5 000	EB	46 500
Summe	55 000	Summe	55 000

Soll	BuGA		Haben
AB	6 200	EB	7 700
(3)	1 500		
Summe	7 700	Summe	7 700

Soll	RHB-Stoffe		Haben
AB	21 350	(27)	250
(1)	1 000	EB	22 750
(8)	650		
Summe	23 000	Summe	23 000

Soll	Fertige Erzeugnisse		Haben
AB	1 500	EB	1 500
Summe	1 500	Summe	1 500

146

Lösung Beispiel 7 IV // 2. Ermittlung der Endbestände (aktive Bestandskonten)

Soll	Bank		Haben
AB	150 250	(1)	1 000
(4)	10 000	(5)	500
(10)	750	(12)	100 000
(14)	15 000	(15)	1 250
(22)	108 000	(16)	3 500
		(20)	1 250
		(21)	35 000
		EB	141 500
Summe	284 000	Summe	284 000

Soll	Kasse		Haben
AB	1 475	(8)	650
(7)	8 500	(9)	6 000
(18)	65 000	EB	88 325
(23)	20 000		
Summe	94 975	Summe	94 975

Soll	Forderungen aus L. u. L.		Haben
AB	10 500	(7)	8 500
(10)	1 750	EB	15 750
(22)	12 000		
Summe	24 250	Summe	24 250

147

149–150 Ergebnis der Abschlussbuchungen ist das Schlussbilanzkonto. Im Beispiel sind die Kontenabschlüsse für die aktiven und passiven Bestandskonten getrennt zusammengefasst. Es fällt auf, dass die Summe der Buchungen – 580 825 EUR bei den aktiven Bestandskonten (= Bilanzsumme) und 430 250 EUR bei den passiven Bestandskonten – nicht übereinstimmt. Einziges Bestandskonto, das in den zusammengefassten Buchungssätzen nicht abgeschlossen wurde, ist das Eigenkapitalkonto. Dieses kann erst abgeschlossen werden nachdem dessen beiden Unterkonten GuV und Privatkonto abgeschlossen wurden. Die Differenz i. H. v. 150 575 EUR resultiert also aus dem Bestand des Eigenkapitals, wobei dieser Betrag die erfolgswirksame Eigenkapitalveränderung bereits enthält.

Lösung Beispiel 7 V // 2. Ermittlung der Endbestände (passive Bestandskonten)

Soll	Hypothek		Haben
EB	70 000	AB	70 000
Summe	70 000	Summe	70 000

Soll	langfr. Verbindlichkeiten		Haben
EB	5 500	AB	0
		(6)	500
		(13)	5 000
Summe	5 500	Summe	5 500

Soll	Verb. aus L. u. L.		Haben
(5)	500	AB	7 000
(6)	500	(2)	20 000
(9)	6 000	(3)	1 500
(13)	5 000	(11)	5 000
(19)	5 000		
EB	16 500		
Summe	33 500	Summe	33 500

Soll	Verb. ggü. KI		Haben
(15)	1 250	AB	0
EB	23 975	(4)	10 000
		(14)	15 000
		(17)	225
Summe	25 225	Summe	25 225

148

Lösung Beispiel 7 VI // 2. Abschluss der Bestandskonten (aktive Bestandskonten)

		Soll	Haben
Schlussbilanzkonto		*250 000* EUR	
Schlussbilanzkonto		*6 800* EUR	
Schlussbilanzkonto		*46 500* EUR	
Schlussbilanzkonto		*7 700* EUR	
Schlussbilanzkonto		*22 750* EUR	
Schlussbilanzkonto		*1 500* EUR	
Schlussbilanzkonto		*15 750* EUR	
Schlussbilanzkonto		*141 500* EUR	
Schlussbilanzkonto		*88 325* EUR	
an	*Grundstücke/Gebäude*		*250 000* EUR
	Fuhrpark		*6 800* EUR
	Maschinen		*46 500* EUR
	BuGA		*7 700* EUR
	RHB-Stoffe		*22 750* EUR
	Fertige Erzeugnisse		*1 500* EUR
	Forderungen aus L. u. L.		*15 750* EUR
	Bank		*141 500* EUR
	Kasse		*88 325* EUR
		580 825 EUR	*580 825* EUR

149

Lösung Beispiel 7 VII // 2. Abschluss der Bestandskonten (passive Bestandskonten)

		Soll	Haben
*Eigenkapital**		*314 275* EUR	
Hypothek		*70 000* EUR	
Verbindlichkeiten ggü. KI		*23 975* EUR	
langfristige Verbindlichkeiten		*5 500* EUR	
Verbindlichkeiten aus L. u. L.		*16 500* EUR	
an	*Schlussbilanzkonto*		*314 275* EUR
	Schlussbilanzkonto		*70 000* EUR
	Schlussbilanzkonto		*23 975* EUR
	Schlussbilanzkonto		*5 500* EUR
	Schlussbilanzkonto		*16 500* EUR
		430 250 EUR	*430 250* EUR

*Wert vom 01.01.2015; es fehlen (580 825 – 430 250 =) 150 575 EUR.

150

151–152 Nach Abschluss der Bestandskonten mit Ausnahme des Eigenkapitals lässt sich der Periodenerfolg – unter Berücksichtigung einiger Korrekturen – ermitteln. Aufgrund der Doppik werden erfolgswirksame Geschäftsvorfälle (immer) auf Bestandskonten gegengebucht. Die als »Lücke« beschriebene Position muss sich aus der Summe der Salden des Privatkontos und des GuV-Kontos zusammensetzen. Der auf Basis der Bestandskonten ermittelte Differenzbetrag beträgt 150 575 EUR. Die GuV muss zum selben Ergebnis kommen. *Darstellung* 16 fasst die Vermögensänderungen zusammen. Die Veränderung des Eigenkapitals wurde als Summe aus Aktiva abzüglich Schulden, abzüglich Eigenkapital zu Beginn des Wirtschaftsjahres ermittelt.

	Bestand 01.01.2015 EUR	Bestand 31.12.2015 EUR	Δ EUR
Aktiva			
Grundstücke / Gebäude	170 000	250 000	80 000
Fuhrpark	0	6 800	6 800
Maschinen	30 000	46 500	16 500
BuGA	6 200	7 700	1 500
RHB-Stoffe	21 350	22 750	1 400
Fertige Erzeugnisse	1 500	1 500	0
Forderungen aus L. u. L.	10 500	15 750	5 250
Bank	150 250	141 500	−8 750
Kasse	1 475	88 325	86 850
Summe	391 275	580 825	189 550
Passiva			
Eigenkapital	314 275	314 275	0
Δ–Eigenkapital			*150 575*
Hypothek	70 000	70 000	0
Verbindlichkeiten ggü. KI	0	23 975	23 975
langfristige Verbindlichkeiten	0	5 500	5 500
Verbindlichkeiten aus L. u. L.	7 000	16 500	9 500
Summe	391 275	580 825	189 550

Darstellung 16 Vermögensänderungen

Lösung Beispiel 7 VIII // 2. Schlussbilanzkonto

Soll	EUR	Schlussbilanzkonto	EUR Haben
Grundstücke/Gebäude	250 000	Eigenkapital	314 275
Fuhrpark	6 800	**Lücke**	?
Maschinen	46 500	Hypothek	70 000
BuGA	7 700	Verbindlichkeiten ggü. KI	23 975
RHB-Stoffe	22 750	langfristige Verbindlichkeiten	5 500
Fertige Erzeugnisse	1 500	Verbindlichkeiten aus L. u. L.	16 500
Forderungen aus L. u. L.	15 750		
Bank	141 500		
Kasse	88 325		
Summe Aktiva	580 825	Summe Passiva	580 825

151

Lösung Beispiel 7 IX // 2. vorläufige Schlussbilanz

Aktiva	EUR	vorläufige Schlussbilanz zum 31.12.2015	EUR Passiva
Grundstücke/Gebäude	250 000	Eigenkapital	314 275
Fuhrpark	6 800	**Lücke**	?
Maschinen	46 500	Hypothek	70 000
BuGA	7 700	Verbindlichkeiten ggü. KI	23 975
RHB-Stoffe	22 750	langfristige Verbindlichkeiten	5 500
Fertige Erzeugnisse	1 500	Verbindlichkeiten aus L. u. L.	16 500
Forderungen aus L. u. L.	15 750		
Bank	141 500		
Kasse	88 325		
Summe Aktiva	580 825	Summe Passiva	580 825

152

Lösung Beispiel 7 X // 3. Ermittlung der Salden der Erfolgskonten

Soll	Personalaufwand		Haben
(21)	3 500	GuV	3 500
Summe	3 500	Summe	3 500

Soll	Zinsaufwand		Haben
(17)	225	GuV	1 475
(20)	1 250		
Summe	1 475	Summe	1 475

Soll	Mietaufwand		Haben
(16)	3 500	GuV	3 500
Summe	3 500	Summe	3 500

Soll	Abschreibungen		Haben
(24)	20 000	GuV	20 000
Summe	20 000	Summe	20 000

Soll	Umsatzerlöse		Haben
GuV	185 000	(18)	65 000
		(22)	120 000
Summe	185 000	Summe	185 000

Soll	sonst. betr. Erträge		Haben
GuV	20 500	(19)	5 000
		(23)	14 000
		(26)	1 500
Summe	20 500	Summe	20 500

153

153–155 Analog zum Übertrag der Werte aus dem Journal in die T-(Bestands-)Konten werden die Werte der erfolgswirksamen Konten aus dem Journal in die T-(Erfolgs-)Konten übertragen. Im Anschluss werden die Erfolgskonten über das GuV-Konto abgeschlossen, auf dem sich schließlich der Periodenerfolg in Form des Saldos ergibt. Im Beispiel stellt sich ein Habensaldo i. H. v. 145 525 EUR ein. Da die auf Basis der Bestandskonten ermittelte Differenz des Eigenkapitals 150 575 EUR beträgt, muss die Differenz aus 150 575 EUR und 145 525 EUR (= 5 050 EUR) gerade dem Saldo des Privatkontos entsprechen, also dem Wert der erfolgsneutralen Eigenkapitaländerung.

156 Schließt man das GuV-Konto über das Privatkonto ab, resultiert dort ein Saldo i. H. v. 5 050 EUR. Im letzten Schritt erfolgt der Abschluss des Privatkontos über das Eigenkapital. Der Saldo des Privatkontos beträgt 5 050 EUR und entspricht damit der im vorigen Schritt ermittelten Differenz. Zusammenfassend beträgt die erfolgsunwirksame Änderung des Eigenkapitals 5 050 EUR, während sich der Periodenerfolg als erfolgswirksame Änderung des Eigenkapitals auf 145 525 EUR beziffert.

Die gesamte Reinvermögensänderung setzt sich dann wie folgt zusammen:

	EUR
+ erfolgswirksame Änderung des Eigenkapitals	145 525
+ erfolgsneutrale Änderung des Eigenkapitals	5 050
= (Rein-)Vermögensänderung	150 575

Lösung Beispiel 7 XI // 3. Abschluss der Erfolgskonten

- Abschluss der Aufwandskonten

GuV		59 975 EUR	
an	*Personalaufwand*		35 000 EUR
	Zinsaufwand		1 475 EUR
	Mietaufwand		3 500 EUR
	Abschreibungen		20 000 EUR

- Abschluss der Ertragskonten

Umsatzerlöse		185 000 EUR	
sonstige betriebliche Erträge		20 500 EUR	
an	*GuV*		205 500 EUR

154

Lösung Beispiel 7 XII // 3. Erstellung der GuV

Soll	GuV zum 31.12.2015		Haben
	EUR		EUR
Personalaufwand	35 000	Umsatzerlöse	185 000
Zinsaufwand	1 475	sonstige betriebliche Erträge	20 500
Mietaufwand	3 500		
Abschreibungen	20 000		
Gewinn (Saldo)	145 525		
Summe	205 500	Summe	205 500

Abschluss der GuV über das Eigenkapital

GuV		145 525 EUR	
an	*Eigenkapital*		145 525 EUR

155

Lösung Beispiel 7 XIII // 4. Abschluss des Privatkontos über das Eigenkapital

Soll	Privat		Haben
(26)	1 500	(25)	6 800
(27)	250		
EK	5 050		
Summe	6 800	Summe	6 800

Privat		5 050 EUR	
an	*Eigenkapital*		5 050 EUR

Soll	Eigenkapital		Haben
EB	464 850	AB	314 275
		GuV	145 525
		Privat	5 050
Summe	464 850	Summe	464 850

Eigenkapital		464 850 EUR	
an	*Schlussbilanzkonto*		464 850 EUR

156

157 Bei der Erstellung der Schlussbilanz kann final überprüft werden, ob die Systematik der Doppik im Geschäftsjahr konsequent umgesetzt wurde. Entsprechen sich – wie in unserem Beispiel – die Summen von Aktiva und Passiva wurde diese Konsequenz erfüllt. Dies bedeutet jedoch nicht automatisch, dass die Geschäftsvorfälle korrekt abgebildet wurden. Überprüft werden kann lediglich, ob jeweils Soll- und Habenbeträge übereinstimmen. Wird z. B. ein Zinsertrag als »*Zinserträge 50* EUR *an Kasse 50* EUR« erfasst anstatt in der (korrekten) Form »*Kasse 50* EUR *an Zinserträge 50* EUR«, bleibt das Gleichgewicht der Bilanz erhalten, obwohl der Geschäftsvorfall falsch erfasst wurde.

3.15 *Ermittlung des Periodenerfolgs durch Betriebsvermögensvergleich*

158 Im vorherigen Abschnitt wurde bereits angedeutet, dass der Periodenerfolg auch durch Bestandskonten ermittelt werden kann. Mit »Betriebsvermögensvergleich« ist der Vergleich des Nettovermögens (= Eigenkapital = Reinvermögen) zu Beginn und am Ende eines Wirtschaftsjahres gemeint. Letztlich lässt sich der Erfolg durch die Differenz des Anfangs- und Endbestands unter Korrektur der Privatentnahmen- und -einlagen ableiten.

159 Privatentnahmen- und -einlagen sind zu korrigieren, da der private Bereich (Privatvermögen) vom betrieblichen Bereich (Betriebsvermögen) getrennt werden muss. Privat veranlasste (Geschäfts-)Vorfälle sollen den betrieblichen Erfolg grundsätzlich nicht beeinflussen.

Darstellung 17 fasst die beiden Möglichkeiten der Erfolgsermittlung zusammen:

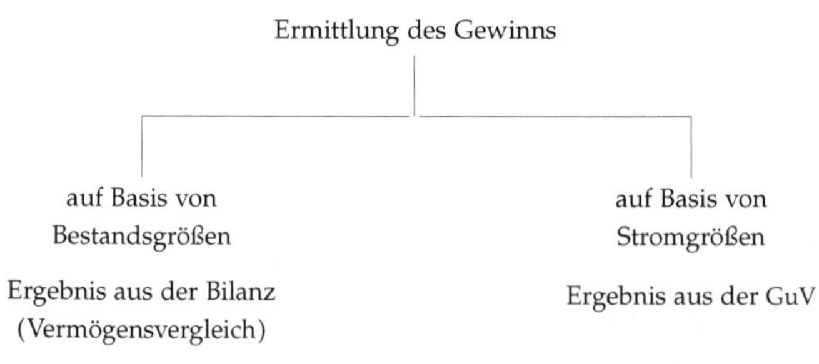

Darstellung 17 Methoden der Gewinnermittlung

Lösung Beispiel 7 XIV // 5. Schlussbilanz

Aktiva	EUR	Schlussbilanz zum 31.12.2015 Passiva	EUR
Grundstücke/Gebäude	250 000	Eigenkapital	464 850
Fuhrpark	6 800		
Maschinen	46 500	Hypothek	70 000
BuGA	7 700	Verbindlichkeiten ggü. KI	23 975
RHB-Stoffe	22 750	langfristige Verbindlichkeiten	5 500
Fertige Erzeugnisse	1 500	Verbindlichkeiten aus L. u. L.	16 500
Forderungen aus L. u. L.	15 750		
Bank	141 500		
Kasse	88 325		
Summe Aktiva	580 825	Summe Passiva	580 825

157

Betriebsvermögensvergleich I

- Aufgrund des Prinzips der Doppik, lässt sich der Gewinn durch ...
  ... den Saldo in der *GuV* oder durch
  ... *Distanzrechnung* (Betriebsvermögensvergleich) ermitteln.
- Bei erfolgswirksamen Buchungen wird immer ein Bestandskonto und ein Erfolgskonto angesprochen, also müssen Bilanz und GuV zwangsläufig zum selben Periodenerfolg führen.

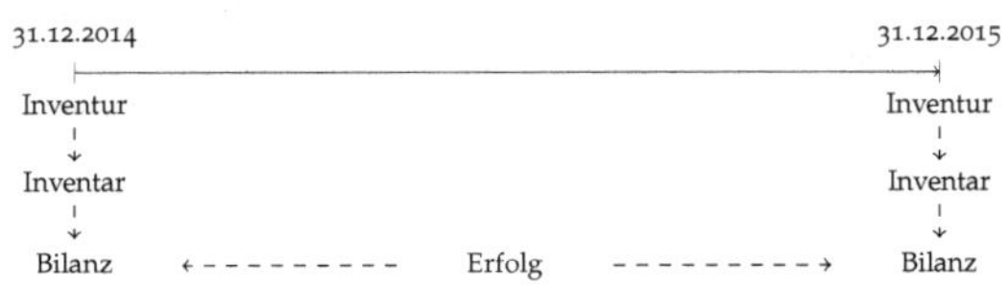

158

Betriebsvermögensvergleich II

- *Ermittlung des Periodenerfolgs (Gewinn)*

  Reinvermögen am Endes des aktuellen Wirtschaftsjahres
  ./. Reinvermögen am Ende des vorangegangenen Wirtschaftsjahres
  \+ Entnahmen
  ./. Einlagen
  = Gewinn des Wirtschaftsjahres

- *Ermittlung des Reinvermögens*

  Vermögen (Aktivseite)
  ./. Schulden
  = Reinvermögen

159

160–161 *Beispiel 8* zeigt die Ermittlung des Periodenerfolgs auf Basis des Betriebsvermögensvergleichs anhand der Fallstudie des August Hobel. Das Reinvermögen (= Eigenkapital) am 31.12.2014 (01.01.2015) resultiert aus der Eröffnungsbilanz der Fallstudie aus Folie 57.

3.16 *Kontrollfragen*

1. Welche Typen erfolgsneutraler Geschäftsvorfälle kennen Sie und wie sind diese charakterisiert?
2. Bilden Sie jeweils ein Beispiel anhand von Buchungssätzen für
   (a) Aktivtausch,
   (b) Passivtausch,
   (c) Aktiv-Passiv-Mehrung,
   (d) Aktiv-Passiv-Minderung,
   (e) Aufwand verbunden mit Abgang auf aktivem Bestandskonto,
   (f) Aufwand verbunden mit Zugang auf passivem Bestandskonto,
   (g) Ertrag verbunden mit Zugang auf aktivem Bestandskonto,
   (h) Ertrag verbunden mit Abgang auf passivem Bestandskonto.
3. Bilden Sie jeweils ein Beispiel anhand von Buchungssätzen im Fall des Aktivtauschs für:
   (a) Zunahme und Abnahme im Anlagevermögen,
   (b) Zunahme im Anlage- und Abnahme im Umlaufvermögen,
   (c) Zunahme und Abnahme im Umlaufvermögen,
   (d) Zunahme im Umlauf- und Abnahme im Anlagevermögen.
4. Bilden Sie jeweils ein Beispiel anhand von Buchungssätzen für:
   (a) Eine Zunahme im Eigenkapital geht mit einer Zunahme im Umlaufvermögen einher.
   (b) Eine Zunahme im Eigenkapital geht mit einer Zunahme im Anlagevermögen einher.
   (c) Eine Zunahme der Schulden geht mit einer Zunahme im Umlaufvermögen einher.
   (d) Eine Zunahme der Schulden geht mit einer Zunahme im Anlagevermögen einher.
5. Geben Sie konkrete Beispiele in Form von Buchungssätzen an für:
   (a) Ertrag, aber keine Einzahlung,
   (b) Einzahlung, aber kein Ertrag,
   (c) Aufwand, aber keine Auszahlung,
   (d) Auszahlung, aber kein Aufwand.
6. Geben Sie zwei Beispiele für erfolgsneutrale Geschäftsvorfälle an, bei denen die Bilanz in allen Positionen wertäquivalent bleibt!
7. Welche beiden Typen von Eigenkapitalveränderungen kennen Sie? Bilden Sie jeweils ein Beispiel!
8. Warum werden für das Eigenkapital Unterkonten gebildet?
9. Geben Sie Beispiele für Geschäftsvorfälle an, die über Erfolgskonten dokumentiert werden, das Eigenkapital aber nicht verändern.

Beispiel 8 (Vermögensvergleich)

Ermitteln Sie den Gewinn des August Hobel im Geschäftsjahr 2015 durch Betriebsvermögensvergleich!

Lösung

1. Reinvermögen am 31.12.2015

	EUR
Vermögen (Aktivseite)	580 825
./. Schulden	115 975
= Reinvermögen am 31.12.2015	464 850

160

Lösung Beispiel 8

2. Reinvermögen am 31.12.2014 bzw. am 01.01.2015

	EUR
Vermögen (Aktivseite)	391 275
./. Schulden	77 000
= Reinvermögen am 31.12.2014	314 275

3. Ermittlung des Gewinns

	EUR
Reinvermögen am 31.12.2015	464 850
./. Reinvermögen am 01.01.2015	314 275
+ Entnahmen	1 750
./. Einlagen	6 800
= Gewinn des Wirtschaftsjahres 2015	145 525

161

10. Sind die folgenden Aussagen wahr oder falsch?
    (a) Die vier Grundtypen erfolgsunwirksamer Geschäftsvorfälle haben gemeinsam, dass durch sie das Eigenkapital nicht verändert wird.
    (b) Erfolgskonten haben im Gegensatz zu Bestandskonten keine Anfangsbestände.
    (c) Erträge stehen im Haben, Aufwendungen im Soll.
    (d) Der Gewinn steht im Soll.
    (e) Leistungsbeziehungen zwischen Unternehmen und Unternehmer sind niemals erfolgswirksam.
    (f) Die GuV wird über das Eigenkapitalkonto abgeschlossen.
    (g) Konten, die Stromgrößen abbilden, verfügen über keinen Anfangsbestand.

(h) Die doppelte Buchführung wird nur für das externe, nicht für das interne Rechnungswesen verwendet.
(i) Bei Veräußerung von Anlagevermögen über Buchwert in bar ist die Veränderung des Zahlungsmittelbestands größer als die Veränderung des Reinvermögens.

11. Welche beiden Möglichkeiten der Gewinnermittlung existieren bei der doppelten Buchführung?
12. Wie lässt sich das Reinvermögen mittels Bilanz ermitteln?
13. Zeigen Sie anhand eines selbstgewählten Beispiels die Veränderung des Reinvermögens anhand des Betriebsvermögensvergleichs.
14. Warum sind Entnahmen und Einlagen bei der Ermittlung des Gewinns mittels Distanzrechnung speziell zu berücksichtigen?
15. Nennen Sie jeweils zwei konkrete Beispiele für
    (a) private Steuern des Unternehmers,
    (b) die private Nutzung betrieblicher Vermögensgegenstände,
    (c) Sachentnahmen,
    (d) Sacheinlagen!
16. Warum ist ein Aktiv- oder Passivtausch erfolgsneutral?
17. Was bedeutet Bilanzverkürzung bzw. -verlängerung?
18. Für welchen Typus erfolgsneutraler Geschäftsvorfälle existiert kein korrespondierender erfolgswirksamer Geschäftsvorfall?
19. Welche Typen erfolgswirksamer Geschäftsvorfälle können als Analogon zum Passivtausch verstanden werden?
20. Welche Geschäftsvorfälle verändern das Eigenkapital und sind trotzdem nicht erfolgswirksam?
21. Geben Sie Beispiele für Privateinlagen/-entnahmen an, die das Eigenkapital in Summe nicht verändern.
22. Geben Sie Beispiele für Privateinlagen/-entnahmen an, die das Eigenkapital nur partiell verändern.
23. Nennen Sie jeweils fünf Aufwandskonten und Ertragskonten!
24. Stellt der buchhalterische Gewinn eine »Zielgröße« dar? Erläutern Sie etwaige Abweichungen des Gewinns von der Zielgröße!
25. Was bedeutet es für die »Zielrelevanz« des buchhalterischen Gewinns, dass Entnahmen des Eigners im Jahresabschluss als »erfolgsneutral« erfasst werden?
26. Was bedeutet »Habensaldo«, was »Sollsaldo«?
27. Warum stellt sich auf dem Schlussbilanzkonto immer ein gleich hoher Erfolgssaldo wie auf dem Gewinn- und Verlustkonto ein?
28. Kann das Eigenkapital auf der Sollseite (Aktivseite) der Bilanz erscheinen? Wie kann es ggf. hierzu kommen?
29. Ein Kenner der doppelten Buchführung behauptet, dass die doppelte Buchführung die korrekte Erfassung der Geschäftsvorfälle gewährleiste, da andernfalls die Summen von Aktiva und Passiva nicht übereinstimmen. Nehmen Sie Stellung zu dieser Aussage!

TEIL III

SPEZIELLE GESCHÄFTSVORFÄLLE

LERNEINHEIT 4

Organisation der Buchführung, Kapitalflussrechnung und spezielle Geschäftsvorfälle Teil I – Umsatzsteuer

3.17 *Zusammenfassung der Technik der doppelten Buchführung*

162–163 Die 4. Lerneinheit fasst zunächst die wesentlichen Erkenntnisse der ersten drei Lerneinheiten zusammen. Zudem werden Sie mit den organisatorischen Grundlagen der doppelten Buchführung vertraut gemacht. Nach der Lektüre dieser Lerneinheit werden Sie in der Lage sein, Geschäftsvorfälle unter Vorgabe eines Kontenrahmens zu verbuchen.

Es wurde mehrfach betont, dass es sich bei der Bilanz und der GuV um Rechenwerke handelt, die dem Grundsatz der Zahlungsverrechnung (Pagatorik) folgen, d. h. Zahlungen »periodisiert« werden. In dieser Lerneinheit werden Sie sehen, dass es möglich ist, die Zahlungen bzw. die Änderung des Zahlungsmittelbestands aus dem im Jahresabschluss aufgeführten Periodenerfolg abzuleiten. D. h. Sie können Geschäftsvorfälle identifizieren, die erfolgs- aber nicht zahlungswirksam sind und umgekehrt.

Das 3. und damit abschließende Lernziel dieser Lerneinheit besteht in der Verbuchung der Umsatzsteuer. Bisher hatten wir die Grundlagen der Technik der doppelten Buchführung kennengelernt. Die Umsatzsteuer stellt den ersten Komplex einer Reihe von speziellen Geschäftsvorfällen dar, die sukzessive in den nachstehenden Abschnitten besprochen werden.

164–165 Die Folien beinhalten eine knappe Zusammenfassung der vorgangegangenen beiden Lerneinheiten. Insbesondere das Verbuchen von (erfolgsneutralen und erfolgswirksamen) Geschäftsvorfällen und die Bildung eines einfachen Jahresabschlusses sollte klar sein, damit Sie die nachstehenden Inhalte verstehen und einordnen können.

Literatur und Lernziele I

1. *Literatur*

   Döring, Ulrich / Buchholz, Rainer (2015): *Buchhaltung und Jahresabschluss*, 14. Auflage, Erich Schmidt, Berlin, 52–55, 179–190.

   Eisele, Wolfgang / Knobloch, Alois Paul (2011): *Technik des betrieblichen Rechnungswesens*, 8. Auflage, Vahlen, München, 39–41, 124–129.

   Wöhe, Günter / Kußmaul, Heinz (2015): *Grundzüge der Buchführung und Bilanztechnik*, 9. Auflage, Vahlen, München, 132–141.

162

Literatur und Lernziele II

2. *Lernziele*

   Nach dieser Lerneinheit ...

   - die Bestandteile der Buchführung und Mindestanforderungen an die Buchführung zu benennen und
   - zu beschreiben, was man unter einem Kontenplan und einem Kontenrahmen versteht.
   - verstehen Sie den Unterschied zwischen der Änderung des Zahlungsmittelbestands und des Gewinns,
   - können Sie den Zahlungsbestand ausgehend vom Gewinn ableiten,
   - können Sie Geschäftsvorfälle unter Berücksichtigung der Umsatzsteuer verbuchen.

163

Zusammenfassung I

- Ausgangspunkt ...

... *Inventar* (Bestandsverzeichnis des Vermögens und der Schulden) und

... *Bilanz* (Kurzdarstellung des Inventars in Kontoform).

- Auflösung der Bilanz in Bestandskonten,
- Bilanzgleichung muss immer erhalten bleiben: *Vermögen = Kapital*,
- Verbuchung laufender Geschäftsvorfälle nach dem Prinzip der Doppik wobei ...

  ... jeder Geschäftsvorfall mindestens zwei Konten berührt,

  ... mindestens ein Konto im Soll und mindestens ein Konto im Haben verändert wird,

  ... ein einfacher Buchungssatz lautet *Soll an Haben, Betrag*,

  ... gilt: $\sum$ Sollbuchungen = $\sum$ Habenbuchungen.

164

3.18 *Einfache Buchführung*

166–167 Kleinere Betriebe mit überschaubaren Geschäftsprozessen wenden die einfache Buchführung an, sofern sie nicht nach gesetzlichen Vorschriften verpflichtet sind, Bücher im Sinne der doppelten Buchführung zu führen. Sie kommt insbesondere bei Freiberuflern und Kleingewerbetreibenden zur Anwendung und stellt letztlich eine Zahlungsrechnung mit einigen Anpassungen dar.

Auch die Unternehmen, die nicht verpflichtet sind, Bücher nach handelsrechtlichen Vorschriften zu führen, müssen ihren Gewinn auf Basis der einfachen Buchführung ermitteln. Dies ergibt sich aus § 4 Abs. 3 EStG. In diesem Zusammenhang wird die einfache Buchführung auch als »Einnahmen-Ausgaben-Rechnung« oder »Einnahmen-Überschuss-Rechnung« bezeichnet.

Bei der einfachen Buchführung werden nur zahlungswirksame Vorgänge aufgezeichnet, d. h. Einzahlungen und Auszahlungen. Dazu werden Konten für gängige Geschäftsvorgänge wie etwa der Kauf von Büromaterialien, Telefonrechnungen, Waren, Erwerb von langfristig genutztem Vermögen etc. eingerichtet.

Bestandskonten werden nicht eingerichtet. Es existieren demnach keine Konten, auf denen die Bestände von Anlagevermögen wie etwa Gebäuden oder Maschinen bzw. Umlaufvermögen wie Waren oder Forderungen aus L. u. L. verzeichnet werden. Ebenso werden keine Konten für Schulden geführt.

Aufgrund der »reinen« Zahlungsverrechnung lässt sich die Veränderung des Betriebsvermögens nur durch Inventur zu Beginn und am Ende des Wirtschaftsjahres feststellen.

Für steuerliche Zwecke ergibt sich der Gewinn aus der Differenz des Zahlungsmittelbestands zu Beginn des Wirtschaftsjahres und am Ende des Wirtschaftsjahres mit drei wesentlichen Ausnahmen. Die Ausnahmen beziehen sich auf Sachverhalte, die nicht erfolgswirksam sind, obwohl Ein- und Auszahlungen vorliegen.

1. Die Kreditaufnahme führt nicht zu einem Ertrag sowie Tilgungen korrespondierend nicht zu Aufwand führen.
2. Auszahlungen für langfristig genutzte Vermögensgegenstände, die dem Anlagevermögen bei der doppelten Buchführung entsprechen, führen nicht sofort zu Aufwendungen, sondern werden in einem gesonderten Verzeichnis geführt und über die betriebsgewöhnliche Nutzungsdauer abgeschrieben.
3. Bareinlagen und -entnahmen führen nicht zu Erträgen bzw. Aufwendungen.

Zusammenfassung II

- Die Konteneröffnung erfolgt über das Eröffnungsbilanzkonto, der Kontenabschluss über das Schlussbilanzkonto.
- Aufwendungen und Erträge werden in gesonderten Konten, in Erfolgskonten, erfasst.
- Es existieren vier Grundtypen erfolgsneutraler Geschäftsvorfälle.
- Es existieren vier Grundtypen erfolgswirksamer Geschäftsvorfälle.
- Der Abschluss der Erfolgskonten erfolgt über das GuV-Konto, der Abschluss des GuV-Kontos erfolgt über das EK-Konto.
- Einlagen und Entnahmen werden über das Privatkonto verbucht, das wiederum über das EK-Konto abgeschlossen wird.

165

Systeme der Buchführung // Merkmale der einfachen und der doppelten Buchführung

einfache Buchführung	*doppelte Buchführung*
1. nur zeitliche Ordnung der Geschäftsvorfälle	1. zeitliche und sachliche Ordnung der Geschäftsvorfälle
2. Buchung aller Geschäftsvorfälle nur im Soll oder im Haben	2. Buchung aller Geschäftsvorfälle im Soll und im Haben
3. nur »Bestandskonten«	3. Bestands- und Erfolgskonten
4. nicht zahlungswirksame Vorgänge werden nicht erfasst	4. zahlungswirksame und -unwirksame Vorgänge werden erfasst
5. Erfolgsermittlung nur durch Betriebsvermögensvergleich	5. Erfolgsermittlung durch Betriebsvermögensvergleich und Gewinn- und Verlustrechnung

166

Einfache Buchführung

- Die einfache Buchführung kommt bei *kleinen Betrieben bzw. Freiberuflern* zum Einsatz (die nicht buchführungspflichtig sind).
- Sie wurde zeitlich erst nach der doppelten Buchführung entwickelt und kommt in Deutschland bei der steuerlichen Gewinnermittlung als sog. »*Einnahmen-Überschuss-Rechnung*« zur Anwendung.
- Es werden grds. *keine Angaben über* das *Betriebsvermögen* (z. B Sachanlagen, Fuhrpark, Forderungen etc.) erfasst.
- Das vollständige Betriebsvermögen lässt sich daher nur durch *Inventur* ermitteln.
- Der *Erfolg* ergibt sich als *Differenz der Zahlungsmittelkonten* zu Beginn bzw. am Ende des Geschäftsjahres.
- *Bereinigt* wird der Erfolg durch Einlagen/Entnahmen sowie Verbindlichkeiten gegenüber Kreditinstituten.

167

Schließlich besteht der Zweck der einfachen Buchführung darin, eine justiziable steuerliche Bemessungsgrundlage zu liefern, die – mit einigen Anpassungen – der Veränderung des Zahlungsvermögens entspricht. Insbesondere für kleinere Betriebe wäre die zwingende Anwendung der doppelten Buchführung schlicht zu teuer. Die Ermittlung eines »echten« Periodenerfolgs (Gewinn) steht nicht im Vordergrund der einfachen Buchführung.

BEISPIEL zur einfachen Buchführung

Friedrich Meisel-Gut ist Zahnarzt und hat seine Einnahmen und Ausgaben wie folgt unterteilt:

Einnahmen	*(Konto-Nr.)*	*Ausgaben*	*(Konto-Nr.)*
Kassenpatienten	(1)	Personalkosten	(4)
Privatpatienten	(2)	Verbrauchsmaterial	(5)
beihilfeberechtigte Patienten	(3)	Miete	(6)
		Anschaffungen	(7)
		Sonstiges	(8)

Folgende Geschäftsvorfälle sollen für 2015 dokumentiert werden:

1. Zahlungen einer allgemein bekannten gesetzlichen Krankenkasse i. H. v. 2 500 EUR gehen ein.
2. Es fallen Personalkosten i. H. v. 15 000 EUR an.
3. Eine private Krankenkasse überweist 80 000 EUR.
4. Das Honorar für die Behandlung eines Beamten i. H. v. 300 EUR geht ein. Das Honorar wird vom Beamten selbst bezahlt.
5. Es wird Material für Zahnfüllungen im Wert von 3 000 EUR per Banküberweisung bezahlt.
6. Die Rechnung für den neuen Zahnarztstuhl i. H. v. 30 000 EUR wird überwiesen.
7. Die Miete wird überwiesen (1 200 EUR).
8. Es wird die Telefonrechnung in bar bezahlt (150 EUR).
9. Es wird die Rechnung für die Praxiscomputer der Sprechstundenhilfe i. H. v. 4 000 EUR in bar bezahlt.

#	Einnahmen			Ausgaben				
	(1)	(2)	(3)	(4)	(5)	(6)	(7)	(8)
1.	2 500							
2.				15 000				
3.		80 000						
4.			300					
5.					3 000			
6.							30 000	
7.						1 200		
8.								150
9.							4 000	
Σ	2 500	80 000	300	15 000	3 000	1 200	34 000	150
	Summe Einnahmen 82 600			*Summe Ausgaben 53 350*				

	SOLLBUCHUNGEN			HABENBUCHUNGEN	
#	*Konto*	*Betrag*	an	*Haben*	*Betrag*
1	RHB-Stoffe	1 000		Bank	1 000
2	Maschinen	20 000		Verbindlichkeiten aus L. u. L.	20 000
3	BuGA	1 500		Verbindlichkeiten aus L. u. L.	1 500
4	Bank	10 000		Verbindlichkeiten ggü. KI	10 000
5	Verbindlichkeiten aus L. u. L.	500		Bank	500
6	Verbindlichkeiten aus L. u. L.	500		langfristige Verb.	500
7	Kasse	8 500		Forderungen aus L. u. L.	8 500
8	RHB-Stoffe	650		Kasse	650
9	Verbindlichkeiten aus L. u. L.	6 000		Kasse	6 000
10	Forderungen aus L. u. L. Bank	1 750 750		Maschinen	2 500
11	Maschinen	5 000		Verbindlichkeiten aus L. u. L.	5 000
12	Grundstücke / Gebäude	100 000		Bank	100 000
13	Verbindlichkeiten aus L. u. L.	5 000		langfristige Verbindlichkeiten	5 000
14	Bank	15 000		Verbindlichkeiten ggü. KI	15 000
15	Verbindlichkeiten ggü. KI	1 250		Bank	1 250
16	Mietaufwand	3 500		Bank	3 500
17	Zinsaufwand	225		Verbindlichkeiten ggü. KI	225
18	Kasse	65 000		Umsatzerlöse	65 000
19	Verbindlichkeiten aus L. u. L.	5 000		sonstige betriebliche Erträge	5 000
20	Zinsaufwand	1 250		Bank	1 250
21	Personalaufwand	35 000		Bank	35 000
22	Bank Forderungen aus L. u. L.	108 000 12 000		Umsatzerlöse	120 000
23	Kasse	20 000		Grundstücke / Gebäude sonstige betriebliche Erträge	6 000 14 000
24	Abschreibungen	20 000		Grundstücke / Gebäude Maschinen	14 000 6 000
25	Fuhrpark	6 800		Privat	6 800
26	Privat	1 500		sonstige betriebliche Erträge	1 500
27	Privat	250		RHB-Stoffe	250
	Summe	455 925		*Summe*	455 925

Darstellung 18 Grundbuch (Journal) des August Hobel

3.19 *Mindestbuchführung*

168 Die *Bestandteile der Mindestbuchführung* ergeben sich insbesondere aus den steuerlichen Vorschriften. Eine explizite Kodifizierung für das Handelsrecht besteht nicht. Das, was dokumentiert wird, muss belegbar sein bzw. durch Belege nachgewiesen werden. Die Buchführung darf nicht nach »Gutdünken« erfolgen.

Mindestbuchführung ... // bei doppelter Buchführung

1. Belege
   (Aufzeichnung sämtlicher Geschäftsfälle)
2. Kassenbuch
   (Tagesein- und ausgaben), § 146 Abs. 1 Abgabenordnung (AO)
3. Wareneingangs- und ausgangsbuch
4. Kontokorrentbuch
   (Debitoren und Kreditoren)
5. Inventarverzeichnis
   (jährliche Bestandsaufnahme)
6. Bestandsverzeichnis
   (Anlagenkartei des beweglichen Anlagevermögens)

168

169–170 Das *Grundbuch* (Journal) des August Hobel für das Wirtschaftsjahr 2015 ist in *Darstellung* 18 auf Seite 121 dargestellt und entspricht der Struktur aus *Abb. 12*. Aus Vereinfachungsgründen wurde auf Datumsangaben verzichtet.[52]

171 Die Darstellung der Geschäftsvorfälle auf Sachkonten in T-Form erfolgte bereits in Beispiel 7 auf den Folien 146 ff. Die Zusammenfassung in Sachkonten bedeutet, dass z. B. alle Geschäftsvorfälle, die das Konto »Bank« berühren, auf dem Sachkonto *Bank* zusammengefasst werden. Die Auflistung der Geschäftsvorfälle in Sachkonten bezeichnet man als *Hauptbuch*. Das Hauptbuch stellt daher die Gesamtheit aller verwendeten Konten bzw. Kontenblätter dar. Als Kontenblätter werden die (Papier-)Blätter bezeichnet, auf denen die T-Konten abgetragen sind. Es wurde früher tatsächlich in Form eines Buches geführt.[53]

Das Hauptbuch kann nicht als solches losgelöst vom Grundbuch erstellt werden, sondern ergibt sich selbst durch die Dokumentation der Geschäftsvorfälle in Form von Buchungen auf die Konten. Als Ergänzung sind die Geschäftsvorfälle aus *Darstellung* 18 im Hauptbuch in *Darstellung* 19 und *Darstellung* 20 auf den Seiten 124 und 125 in Reihenform (Spaltenform) dargestellt.

Häufig sind zur Dokumentationen von Geschäftsvorfällen Buchungen erforderlich, die sehr viele Konten betreffen. Aus diesem Grund existieren neben Grundbuch und Hauptbuch noch Nebenbücher. So werden bspw. in der Lohn- und Gehaltsbuchhaltung für jeden einzelnen Mitarbeiter Datenblätter geführt. Auf Basis dieser Datenblätter wird der zu zahlende Lohn sowie die Zahllast an das Finanzamt oder an die Träger der Sozialversicherungen ermittelt.[54]

[52] *Die Anforderungen an die Einträge im Grundbuch und im Hauptbuch sind: Datum, Beleg-Nr., Art des Geschäftsvorfalls, Buchungssatz mit Konto, Gegenkonto und Betrag.*

[53] *Die Bücher werden heutzutage i. d. R. nicht mehr tatsächlich als gebundenes Buch geführt, sondern EDV-gestützt dargestellt.*

[54] *Beispiele für Nebenbücher sind Debitoren-Nebenbuch oder Debitorenbuchhaltung, Kreditoren-Nebenbuch oder Kreditorenbuchhaltung, Lohnbuchhaltung, Lagerbuch oder Lagerbuchhaltung und Anlagebuch oder Anlagebuchhaltung. Letztlich beschreiben die Nebenbücher die im Hauptbuch zusammengefassten Sachverhalte nochmals detaillierter. Einen Eindruck der Komplexität der Lohnbuchhaltung als eines der Nebenbücher vermittelt Abschnitt 5.*

Bestandteile der Buchführung I

1. *Beleg*
   - Belege sind Schriftstücke, die die Richtigkeit der Verbuchung der Geschäftsvorfälle nachweisen.
   - Belegzwang: »*Keine Buchung ohne Beleg*« (§ 257 Abs. 1 Nr. 4 HGB).
   - Man unterscheidet zwischen externen Belegen (Rechnungen, Quittungen etc.) und internen Belegen (Lohn- und Gehaltslisten, Materialentnahmescheine etc.).
   - Es gelten strenge Anforderungen an externe Belege, § 14 UStG.
2. Das *Grundbuch* ...

   ... wird auch als Journal (Tagebuch) bezeichnet.

   ... enthält Eintragungen auf Grundlage der Belege.

   ... nimmt alle Geschäftsvorfälle unabhängig von ihrer sachlichen Zugehörigkeit in chronologischer Reihenfolge auf. 169

Bestandteile der Buchführung II

Für die vorliegende Lektüre verwendetes Journal (Grundbuch):

Journal

	Sollbuchungen			Habenbuchungen	
#	Konten	Beträge	an	Konten	Beträge

Abb. 12 Struktur eines Grundbuches (Journal) 170

Bestandteile der Buchführung III

3. *Hauptbuch*

   Das Hauptbuch fasst die Geschäftsvorfälle aus dem Journal auf den Konten des Kontenplans (z. B Kasse, Bank, Warenforderungen, Umsatzsteuer ...) unter sachlichen Aspekten zusammen und wurde früher als *Konto in Reihenform* geführt.
4. *Nebenbücher* (Hilfsbücher) ...

   ... werden außerhalb des Kontensystems in einer eigenständigen Nebenbuchhaltung geführt.

   ... stellen z. B Warenforderungen (Debitorenkonto) und Warenverbindlichkeiten (Kreditorenkonto) nach Kunden sortiert dar sowie die Lohn- und Anlagenbuchführung; zudem dienen die Nebenbücher der Bereitstellung von Unterlagen für die Kostenrechnung.

171

	G. u. G.		Fuhrpark		Maschinen		BuGA		RHB-Stoffe		FE		Ford. aus L. u. L.		Bank		Kasse		Hypothek	
#	Soll	Haben	Soll	Haben	Soll	Haben	Soll	Haben	Soll	Haben	Soll	Haben	Soll	Haben	Soll	Haben	Soll	Haben	Soll	Haben
AB	170 000		0		30 000		6 200		21 350		1 500		10 500		150 250		1 475			70 000
1									1 000							1 000				
2					20 000															
3							1 500													
4															10 000					
5																500				
6																				
7														8 500			8 500			
8									650									650		
9																		6 000		
10						2 500							1 750		750					
11					5 000															
12	100 000															100 000				
13																				
14															15 000					
15																1 250				
16																3 500				
17																				
18																	65 000			
19																				
20																1 250				
21																35 000				
22													12 000		108 000					
23		6 000															20 000			
24		14 000				6 000														
25			6 800																	
26																				
27										250										
Σ	270 000	20 000	6 800	0	55 000	8 500	7 700	0	23 000	250	1 500	0	24 250	8 500	284 000	142 500	94 975	6 650	0	70 000
Saldo		250 000		6 800		46 500		7 700		22 750		1 500		15 750		141 500		88 325	70 000	

G. u. G. = Grundstücke und Gebäude, FE = Fertige Erzeugnisse

Darstellung 19 Hauptbuch des August Hobel in Spaltenform (Teil I)

#	langfr. Verb. Soll	langfr. Verb. Haben	Verb. aus L. u. L. Soll	Verb. aus L. u. L. Haben	Verb. ggü. KI Soll	Verb. ggü. KI Haben	PA Soll	PA Haben	ZA Soll	ZA Haben	MA Soll	MA Haben	AfA Soll	AfA Haben	UE Soll	UE Haben	s. b. E. Soll	s. b. E. Haben	Privat Soll	Privat Haben
AB		0		7 000		0														
1																				
2				20 000																
3				1 500																
4						10 000														
5			500																	
6		500	500																	
7																				
8																				
9			6 000																	
10																				
11				5 000																
12																				
13		5 000	5 000																	
14						15 000														
15					1 250															
16											3 500									
17						225			225											
18																65 000				
19			5 000															5 000		
20									1 250											
21							35 000													
22																120 000				
23																		14 000		
24													20 000							
25																				6 800
26																		1 500	1 500	
27																			250	
Σ	0	5 500	17 000	33 500	1 250	25 225	35 000	0	1 475	0	3 500	0	20 000	0	0	185 000	0	20 500	1 750	6 800
Saldo	5 500		16 500		23 975			35 000		1 475		3 500		20 000	185 000		20 500		5 050	

PA = Personalaufwand, ZA = Zinsaufwand, MA = Mietaufwand, AfA = Absetzung für Abnutzung (Abschreibungen), UE = Umsatzerlöse

Darstellung 20 Hauptbuch des August Hobel in Spaltenform (Teil II)

3.20 *Kontenplan und Kontenrahmen*

172–176 Grundlage der Buchhaltung sind die Konten, die vor Implementierung der doppelten Buchführung für jeden Betrieb identifiziert werden müssen. Selbst wenn in jedem Unternehmen individuelle Konten eingerichtet werden würden, käme man in vielen Fällen zu ähnlichen Ergebnissen. Die meisten Unternehmen würden Konten wie etwa *Betriebs- und Geschäftsausstattung* oder *Fuhrpark* haben. Um Einheitlichkeit hinsichtlich der Kontenrahmen und -umfänge zu gewährleisten, wurden einheitliche »Kontensammlungen« entwickelt, die als »Kontenrahmen« bezeichnet werden.

Zur Vereinfachung der Dokumentationsabläufe wurden in der Vergangenheit branchen- und rechtsformübergreifende Kontenrahmen entwickelt. Die Kontenrahmen enthalten Vorschläge für Kontenbezeichnungen und -gliederung auf Basis derer die unternehmensspezifischen Kontenpläne entwickelt werden. Der Vorteil in der einheitlichen Kontensystematik besteht insbesondere für externe Adressaten, wie etwa Betriebsprüfer oder Wirtschaftsprüfer, die so innerhalb kurzer Zeit die Daten analysieren können und sich nicht in einem langwierigen Prozess aneignen müssen, was sich hinter den einzelnen Konten verbirgt. Zudem erleichtert die einheitliche Systematik neuen Mitarbeitern die Einarbeitung, wenn ähnliche Konten oder Kontenklassen verwendet werden.

Die bestehenden Kontenrahmen beinhalten Kontengruppen, die nach einem Zahlensystem mit der Grundzahl 10 (dekadisches System) geordnet sind. Die übergeordneten Konten werden dabei in Klassen mit Ziffern von 0 bis 9 eingeteilt, die untergeordneten Konten folgen demselben Schema. Das Verhältnis von Kontenrahmen und Kontenplan kommt in *Darstellung* 21 zum Ausdruck.[55]

[55] *In den unternehmensspezifischen Kontenplan werden nur die Konten aus dem Kontenrahmen übernommen, die zur Dokumentation der betrieblichen Abläufe erforderlich sind.*

Kontenrahmen		*Kontenplan*
Immaterielle Wirtschaftsgüter		
Bebaute Grundstücke	→	Bebaute Grundstücke
unbebaute Grundstücke		
Hof- / Wegbefestigungen		
Wohnbauten		
Maschinen / Anlagen	→	Maschinen / Anlagen
Fuhrpark	→	Fuhrpark
Büroeinrichtung		
BuGA	→	BuGA
Gebäude im Bau		
…		…

Darstellung 21 Verhältnis von Kontenrahmen und Kontenplan

Kontenplan

- Der *Kontenplan* beinhaltet die Auflistung sämtlicher Konten, die für ein bestimmtes Unternehmen wichtig sind, d. h., er dient der unternehmensindividuellen Kontensystematisierung, da eine einheitliche Grundordnung für die Gliederung und Bezeichnung der Konten geschaffen wird.
- *Vorteile*
  - Beschleunigung des Buchungsablaufes,
  - Erleichterung der Einarbeitung für Dritte und neue Mitarbeiter.
- *Nachteil* – Entwicklung einer eigenen Kontensystematik ist zeit- und kostenaufwendig für die Unternehmen.
- *Lösung* – die Wirtschaftsverbände entwickelten aus Rationalisierungsgründen einheitliche *Kontenrahmen*.

172

Kontenrahmen I

- Der Kontenrahmen beinhaltet eine einheitliche Grundordnung, die sämtliche möglichen Konten beinhaltet, als Hilfe zur Aufstellung betriebsindividueller Kontenpläne.
- Keine bis ins Detail gehende Kontengliederung.
- *Stattdessen* – grundsätzliche Kontensystematik, bei der i. d. R. ein *dekadisches System* verwendet wird.
- Entweder nach dem Abschlussgliederungs- oder Prozessgliederungsprinzip aufgebaut.
- Die *Abschlussgliederung* folgt den gesetzlichen Vorschriften für Bilanz und GuV (§ 266 HGB (Bilanz); § 275 HGB (GuV).
- Die *Prozessgliederung* folgt dem betrieblichen Leistungsprozess.

173

Kontenrahmen II

- *Aufbau* des Kontenrahmens
  - Ausgegangen wird von zehn Kontenklassen (0 bis 9),
  - Jede Kontenklasse unterteilt sich in zehn Kontengruppen,
  - Diese unterteilen sich jeweils wiederum in Kontenarten.
  - Eine Kontenart kann wieder in zehn Konten unterteilt werden.
- *Beispiele* für Kontenrahmen
  - Gemeinschaftskontenrahmen (GKR) des Bundesverbandes der deutschen Industrie (veraltet)
  - Industriekontenrahmen (IKR)
  - DATEV-Kontenrahmen (SKR 03, SKR 04, SKR = Standardkontenrahmen)

174

Bezüglich der Gliederung der Konten unterscheidet man Kontenrahmen, die der Prozessgliederung bzw. der Abschlussgliederung folgen. Beispiele für Kontenrahmen, die der Abschlussgliederung folgen sind der Industriekontenrahmen (IKR) und der DATEV Standardkontenrahmen SKR 04. Die Gliederung des Industriekontenrahmens ist in *Darstellung* 22 abgebildet. Die Kontensystematik ist nach dem Jahresabschluss, d. h. in Bestands- und Erfolgskonten sowie spezifischer Konten für den Jahresabschluss gegliedert.

Der SKR 04 ist detailliert in den *Darstellungen* 23 und 24 auf den Seiten 130 und 131 abgetragen.[56] Man erkennt deutlich den dekadischen Aufbau sowie die Orientierung der Konten am Jahresabschluss.

[56] *Nutzen Sie den dort abgebildeten Kontenrahmen um Beispiel 9 nachzuvollziehen!*

Kontenklasse	*Kontengruppen*	*Systematik*
0	immaterielle VG und Sachanlagen	Aktivkonten
1	Finanzanlagen	
2	Umlaufvermögen und aktive RAP	
3	Eigenkapital und Rückstellungen	Passivkonten
4	Verbindlichkeiten und passive RAP	
5	Erträge	Erfolgskonten
6	Betriebliche Aufwendungen	
7	Weitere Aufwendungen	
8	Ergebnisrechnung	Abschlusskonten
9	Frei für Kostenrechnung	

Darstellung 22 Industriekontenrahmen (Abschlussgliederung)

Kontenrahmen, die der *Abschlussgliederung* folgen, werden als *Zweikreissysteme* bezeichnet. Zur Abbildung des internen Rechnungswesens stellen die Kontenrahmen, die der Abschlussgliederung folgen, keine separaten Kontengruppen zur Verfügung. Geschäftsvorfälle müssen daher doppelt erfasst werden – zum einen für die Erstellung des Jahresabschlusses (externes Rechnungswesen) und zum anderen für interne Kontrollzwecke (internes Rechnungswesen).

Folgen Kontenrahmen der *Prozessgliederung*, liegen *Einkreissysteme* vor. Das bedeutet, dass Geschäftsvorfälle für das interne und das externe Rechnungswesen nur ein einziges Mal erfasst werden. Zur Trennung von Geschäftsvorfällen, die niemals für externe Zwecke dokumentiert werden dürfen[57], werden spezielle Konten eingerichtet.

[57] *Zum Beispiel bei Geschäftsvorfällen, die nichtpagatorischer Natur sind (kalkulatorische Kosten).*

Kontenrahmen III

Der DATEV-Kontenrahmen SKR 04 (Abschlussgliederung)

Kontenklasse	Kontengruppen
0	Anlagevermögen
1	Umlaufvermögen
2	Eigenkapitalkonten
3	Fremdkapitalkonten
4	betriebliche Erträge
5	betriebliche Aufwendungen
6	betriebliche Aufwendungen
7	weitere Erträge und Aufwendungen
8	freigehalten
9	Vortrags-, Kapital- und statische Konten

175

Beispiel 9 (Buchen mit Kontenrahmen)

Bilden Sie den nachstehenden Buchungssatz unter Verwendung des DATEV Kontenrahmens SKR 04 ab!

RHB-Stoffe	5 000 EUR	
an Verbindlichkeiten aus L. u. L.		5 000 EUR

Lösung

1000	5 000 EUR	
an 3300		5 000 EUR

oder

1000/3300 5 000 EUR 176

0 Anlagevermögen	1 Umlaufvermögen	2 Eigenkapital	3 Fremdkapital	4 Erträge
0100 Immaterielle Wirtschaftsgüter	1000 Bestand Rohstoffe	2000 Festkapital	3020 Steuerrückstellungen	4000 Umsatzerlöse
	1010 Bestand Hilfsstoffe	2010 Variables Kapital (EK)	3070 Sonstige Rückstellungen	
0215 Unbebaute Grundstücke	1020 Bestand Betriebsstoffe			4125 Steuerfreie i. g. L.
0235 Bebaute Grundstücke	1050 Bestand unfertige Erzeugnisse	2100 Privatentnahmen	3150 Verbindlichkeiten	4405 Erlöse aus Leasing
0240 Geschäftsbauten		2150 Privatsteuern	Kreditinstitute	
0285 Hof- / Wegebefestigung	1100 Bestand fertige Erzeugnisse	2180 Privateinlagen		4500 Provisionserlöse
	1140 Bestand Waren		3250 Erhaltene Anzahlungen	4510 Erlöse Abfallverwertung
0300 Wohnbauten	1180 Geleistete Anzahlungen UV	2200 Sonderausgaben		4520 Erlöse Leergut
			3300 Verbindlichkeiten aus L. u. L.	
0400 Maschinen / Anlagen	1200 Forderungen aus L. u. L.	2980 Sonderposten	3350 Schuldwechsel	4620 Entnahmen durch Unter-
	1230 Besitzwechsel	RLA / Rücklage		nehmer mit Umsatzsteuer
0520 Fuhrpark	1240 Zweifelhafte Forderungen		3500 Sonstige Verbindlichkeiten	4639 Verwendung VG durch Unter-
	1246 Einzelwertberichtigung			nehmer ohne Umsatzsteuer
0620 Werkzeuge	1248 Pauschalwertberichtigung		3700 Verbindlichkeiten	4640 Verwendung von VG durch Unter-
0650 Büroeinrichtung			Betriebssteuern	Unternehmer mit Umsatzsteuer
0670 GWG	1300 Sonstiges Vermögen / Forderung		3720 Verbindlichkeiten Lohn /	4660 Unentgeltliche Erbringung
0675 GWG > 150 EUR bis 1.000 EUR	1340 Forderungen gegen Personal		Gehalt	einer sonstigen Leistung
(Sammelposten)	1370 Durchlaufende Posten		3730 Verbindlichkeiten LSt / KiSt	mit Umsatzsteuer
			3740 Verbindlichkeiten	
0690 Betriebs- und	1401 Vorsteuer 7 %		Sozialversicherung	4700 Erlösschmälerungen
Geschäftsausstattung	1404 Vorsteuer aus i. g. E. 19 %		3760 Verbindlichkeiten	4730 Gewährte Skonti
	1405 Vorsteuer aus i. g. E. 7 %		Einbehaltungen	4740 Gewährte Boni
0710 Gebäude im Bau	1406 Vorsteuer 19 %		3770 Verbindlichkeiten	4770 Gewährte Rabatte
0720 Geleistete Anzahlungen AV	1433 Einfuhrumsatzsteuer bezahlt		Vermögenswirksame Leistungen	
	1434 Vorsteuer im Folgejahr abzugsfä-		3790 Lohn / Gehaltsverrechnung	4800 Bestandsveränderung
	hig			
0820 Beteiligungen	1460 Geldtransit			fertige Erzeugnisse
			3801 Umsatzsteuer 7 %	4810 Bestandsveränderung
0900 Wertpapiere des AV	1510 Sonstige Wertpapiere		3804 USt aus i g. E. 19 %	unfertige Erzeugnisse
0960 Darlehen an Gesellschafter	1511 Zinsscheine		3805 USt aus i. g. E. 7 %	4820 Aktivierte Eigenleistungen
			3806 Umsatzsteuer 19 %	4830 Sonstige betriebliche Erträge
	1600 Kasse		3820 USt-Vorauszahlungen	4840 Erträge Kursdifferenzen
			3840 Verrechnungskonto	4845 Erlöse Anlagenverkauf
	1700 Postbank			(bei Buchgewinn)
	1800 Bank		3900 Passive Rechnungsabgrenzung	4855 Anlageabgänge Rest-
				Buchwert bei Buchgewinn
	1900 Aktive Rechnungsabgrenzung			4860 Grundstückserträge
	1940 Damnum			

GWG = Geringwertige Wirtschaftsgüter, i. g. E. = innergemeinschaftlicher Erwerb, i. g. L. = innergemeinschaftliche Lieferung, LSt = Lohnsteuer, KiSt = Kirchensteuer, RLA = Rücklagenanteil, VG = Vermögensgegenstände

Darstellung 23 DATEV Kontenrahmen SKR 04 (Teil I)

4 Erträge	5 Aufwendungen	6 Aufwendungen	6 Aufwendungen	7 Erträge / Aufwendungen
4900 Erträge aus dem Abgang AV	5000 Aufwendungen für Rohstoffe	6000 Löhne / Gehälter	6600 Werbekosten	7100 Zins- und ähnliche Erträge
4901 Erträge Veräußerung KapGes stfr	5010 Aufwendungen für Hilfsstoffe	6030 Aushilfslöhne	6610 Geschenke abzugsfähig	7101 Dividendenerträge (stpfl.)
4905 Erträge aus dem Abgang von UV	5020 Aufwendungen für Betriebsstoffe	6040 Pauschale LSt / Aushilfen	6620 Geschenke nicht abzugsfähig	7102 Dividendenerträge (stfr.)
4910 Erträge aus Zuschreibungen	5200 Wareneinkauf	6060 Freiwillige soz. Aufwendungen mit LSt	6640 Bewirtungskosten	7300 Zinsaufwendungen / ähnliche Aufwendungen
4920 Erträge aus Herabsetzung PWB	5425 Innergemeinschaftlicher Erwerb (i. g. E.)	6080 Vermögenswirksame Leistungen	6644 Nicht abzf. Bewirtungskosten	7320 Zinsaufwendungen langfristig
4925 Erträge aus abgeschriebenen Forderungen	5700 Nachlässe	6110 Gesetzliche soz. Aufwendungen	6645 Nicht abzf. Betriebsausgaben	7340 Diskontaufwendungen
4930 Erträge aus Auflösung von Rückstellungen	5730 Erhaltene Skonti	6120 Beiträge Berufsgenossenschaft	6650 Reisekosten Arbeitnehmer	7400 Außerordentliche Erträge
4935 Erträge Auflösung Sonderposten RLA	5740 Erhaltene Boni	6130 Freiwillige soz. Aufwendungen o. LSt	6670 Reisekosten Arbeitgeber	7500 Außerordentliche Aufwendungen
4945 Sachbezüge mit Umsatzsteuer	5770 Erhaltene Rabatte	6220 Abschreibungen	6700 Kosten der Warenabgabe	7600 Körperschaftsteuer
4949 Sachbezüge ohne Umsatzsteuer	5800 Anschaffungsnebenkosten	6240 Sonderabschreibungen	6740 Ausgangsfrachten	7610 Gewerbesteuer
4950 Steuererstattungen Vorjahre (Ertragsteuern)	5820 Leergut	6260 Sofortabschreibung GWG	6770 Verkaufsprovisionen	7630 Kapitalertragsteuer
4955 Steuererstattungen Vorjahre (sonstige Steuern)	5840 Zölle	6264 AfA auf Sammelposten GWG	6800 Porto	7633 Solidaritätszuschlag
4960 Periodenfremde Erträge	5880 Bestandsveränderung Roh-/Hilfs-/Betriebsstoffe	6300 Sonstige Betriebliche Aufwendungen	6805 Telefon	7640 Steuernachzahlungen Vorjahre (Ertragsteuern)
4970 Versicherungsentschädigungen	5900 Fremdleistungen	6305 Raumkosten	6815 Bürobedarf	7642 Steuererstattungen Vorjahre (Ertragsteuern)
4975 Investitionszuschüsse (stpfl.)		6310 Miete	6825 Rechts- und Beratungskosten	7650 Sonstige Steuern
4980 Investitionszulagen (stfr.)		6320 Heizung	6840 Mietleasing	7680 Grundsteuer
		6325 Gas, Strom, Wasser	6845 Werkzeuge und Kleingeräte	7685 Kraftfahrzeugsteuer
		6330 Reinigung	6850 Sonstiger Betriebsbedarf	7690 Steuernachzahlungen Vorjahre (Sonstige Steuern)
		6335 Instandhaltung Betriebsräume	6855 Nebenkosten des Geldverkehrs	
		6340 Abgaben für betrieblichen Grundbesitz	6857 Aufwendungen Veräußerung KapGes stfr.	
		6345 Sonstige Raumkosten	6860 Nicht abziehbare VorSt	
		6350 Sonstige Grst.aufw.	6880 Aufwendungen Kursdifferenzen	
		6400 Versicherungen	6885 Erlöse Anlagenverkäufe (Verlust)	
		6420 Beiträge	6895 Anlagenabgang Restbuchwert (Buchverlust)	
		6430 Sonstige Abgaben	6905 Verluste Abgang UV	
		6450 Reparaturen von Bauten	6910 Abschreibungen auf UV	
		6460 Reparaturen von Maschinen	6920 Einstellung in PWB	
		6500 Kfz-Kosten	6923 Einstellung in EWB	
			6925 Einstellung Sonderposten mit Rücklagenanteil	
			6930 Forderungsverluste	
			6960 Periodenfremde Aufwendungen	

PWB = Pauschalwertberichtigung, EWB = Einzelwertberichtigung, KapGes = Kapitalgesellschaft

Darstellung 24 DATEV Kontenrahmen SKR 04 (Teil II)

Der Vorteil von *Einkreissystemen* liegt auf der Hand. Sie verursachen weniger Kosten, da sowohl das interne als auch das externe Rechnungswesen abgebildet wird. Es stellt sich dann die Frage, warum Zweikreissysteme überhaupt Anwendung finden. Der Grund liegt darin, dass viele kleine Betriebe kein internes Rechnungswesen pflegen. In diesem Fall werden die Kontengruppen, die ausschließlich das interne Rechnungswesen betreffen, überflüssig. Man greift auf einen kompakteren, übersichtlicheren Kontenrahmen zurück.

Beispiele für Kontenrahmen, die der Prozessgliederung folgen sind der Gemeinschaftskontenrahmen (GKR) und der DATEV-Kontenrahmen SKR 03, die in *Darstellung* 25 und *Darstellung* 26 abgebildet sind.

Kontenklasse	Kontengruppen
0	Anlagevermögen und langfristiges Kapital
1	Umlaufvermögen und kurzfristige Verbindlichkeiten
2	neutrale Aufwendungen und Erträge
3	Material- und Warenbestände
4	Kostenarten
5	freigehalten für Kostenstellenrechnung
6	freigehalten für Kostenstellenrechnung
7	Bestände an fertigen und unfertigen Erzeugnissen
8	Erlöse und andere betriebliche Erträge
9	Abschlusskonten (GuV-Konten, Bilanzkonten)

Darstellung 25 Gemeinschaftskontenrahmen (Prozessgliederung)

Kontenklasse	Kontengruppen
0	Anlage- und Kapitalkonten
1	Finanz- und Privatkonten
2	außerordentliche Aufwendungen / Erträge
3	Wareneingangs- und Bestandskonten
4	betriebliche Aufwendungen
5	freigehalten
6	freigehalten
7	Bestände an fertigen und unfertigen Erzeugnissen
8	Erlöse und andere betriebliche Erträge
9	Vortrags-, Kapital- und statische Konten

Darstellung 26 DATEV-Kontenrahmen SKR 03 (Prozessgliederung)

DIE RECHNUNGSWESENMASCHINE

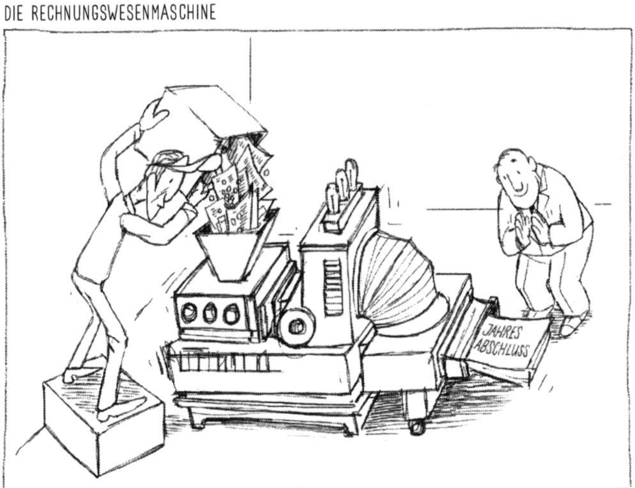

SK 2014

3.21 *Vom Periodenerfolg zu Zielgrößen*

177–185 Während die Gewinn- und Verlustrechnung als Stromgrößenrechnung die transparente Darstellung von erfolgswirksamen Eigenkapitalveränderungen zum Ziel hat, wird die Kapitalflussrechnung zur transparenten Darstellung von Zielgrößen (Zahlungen) verwendet. Als zusätzliches Informationsinstrument ist die Erstellung einer Kapitalflussrechnung für bestimmte Unternehmen zwingend. Letztlich dient die Kapitalflussrechnung als Kontrollinstrument der Überwachung der Liquidität (Zahlungsfähigkeit) des Unternehmens und bietet außenstehenden Adressaten die Möglichkeit der ex post (im Nachhinein) Erklärung der Veränderung der liquiden Mittel.

Das Verhältnis der Rechenwerke Bilanz, GuV und Kapitalflussrechnung (stellvertretend für Zahlungsmittel) ist in *Darstellung* 27 skizziert. Während der Gewinn auch nicht zahlungsgleiche Elemente enthält und daher keine Zielgröße darstellt, dient die Kapitalflussrechnung der Zielgrößenrechnung. Da die Bilanz zu den pagatorischen Rechenwerken zählt, muss eine Möglichkeit der Überleitung des Periodenerfolgs zur Veränderung des Zahlungsmittelbestands möglich sein.

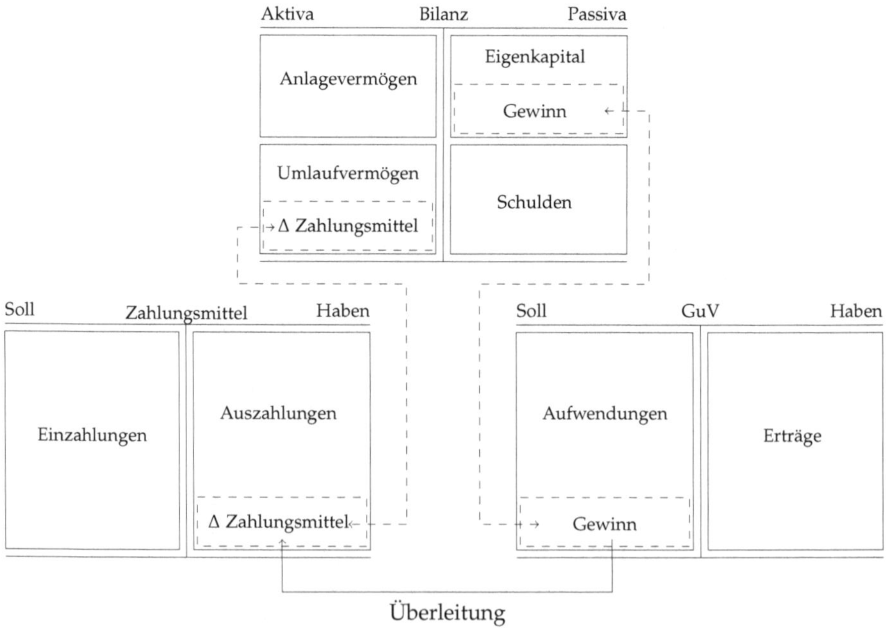

Darstellung 27 Verhältnis der Rechenwerke Bilanz, GuV und Zahlungsrechnung

Verhältnis von Periodenerfolg und Zielgröße I

- Die Stromgröße Gewinn (Periodenerfolg) entspricht i. d. R. nicht der Änderung des Zahlungsmittelbestands, es gilt

  Gewinn $\neq \Delta$ Zahlungsmittelbestand.

- Folglich sagt der Gewinn nichts über die Veränderung des Konsumpotentials des Unternehmers aus.
- Die *nichtzahlungsgleichen Elemente* in der GuV lassen sich in zwei Kategorien klassifizieren ...

  ... (1) Ertrag, aber keine Einzahlung,

  ... (2) Aufwand, aber keine Auszahlung.

- Zusätzlich ändert sich der Zahlungsmittelbestand ohne Berührung der GuV durch ...

177

Verhältnis von Periodenerfolg und Zielgröße II

... (3) Auszahlungen für Verbindlichkeiten,

... (4) Einzahlung für Forderungen,

... (5) Auszahlungen für Investitionen und Tilgung von Fremdkapital,

... (6) Einzahlungen aus Desinvestitionen und Kreditaufnahme.

- Im Folgenden ist das Schema der *Überleitungsrechnung* vom Gewinn zum Zahlungsmittelbestand *vereinfachend* dargestellt ...

178

Verhältnis von Periodenerfolg und Zielgröße III

Gewinn des Geschäftsjahres	=	Erträge ./. Aufwendungen
	./.	(1) Ertrag, aber keine Einzahlung
	+	(2) Aufwand, aber keine Auszahlung
	=	zahlungswirksamer Erfolg
	./.	(3) Auszahlungen für Verbindlichkeiten
	+	(4) Einzahlungen für Forderungen
	./.	(5) Auszahlung für Investitionen und Tilgung von Fremdkapital
	+	(6) Einzahlungen aus Desinvestitionen und Kreditaufnahme
Δ *Zahlungsmittelbestand*	=	Einzahlungen ./. Auszahlungen

In Anlehnung an Coenenberg et al. (2012): Jahresabschluss und Jahresabschlussanalyse, 22., überarbeitete Auflage, Schäffer-Poeschel, Stuttgart, S. 794.

179

Ausgehend vom Periodenerfolg lässt sich die Veränderung des Zahlungsmittelbestands durch wenige Anpassungen ableiten. Der Periodenerfolg muss dabei um solche Vorgänge korrigiert werden, die erfolgs-, aber nicht zahlungswirksam bzw. zahlungswirksam, aber nicht erfolgswirksam sind. In *Darstellung* 28 sind die Geschäftsvorfälle, die diesen Voraussetzungen gerecht werden, in vier Kategorien unterteilt.

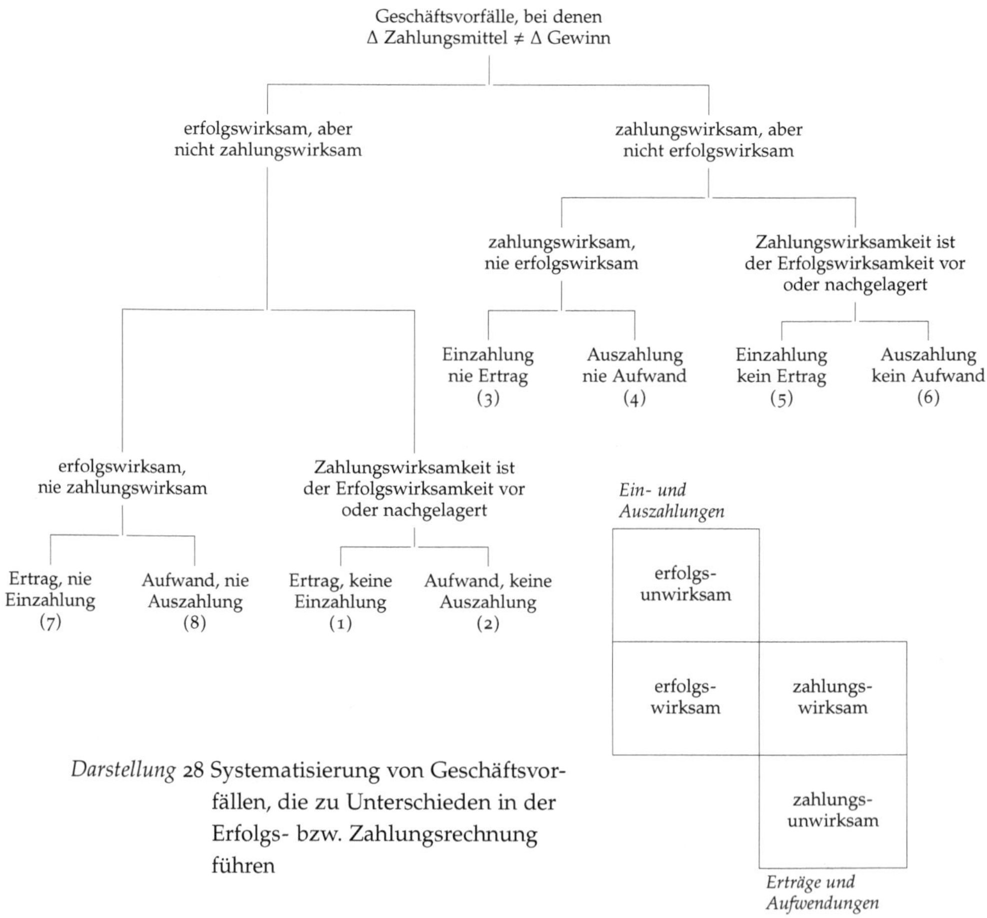

Darstellung 28 Systematisierung von Geschäftsvorfällen, die zu Unterschieden in der Erfolgs- bzw. Zahlungsrechnung führen

Beispiele für Geschäftsvorfälle der Kategorie (1) sind der Verkauf von Waren auf Ziel[58] (Zielverkauf) und der Fall, in dem ein Mieter die Miete erst im nachfolgenden Wirtschaftsjahr bezahlt. Beispiele der korrespondierenden Kategorie (2) wären die Bezahlung der Miete im nachfolgenden Wirtschaftsjahr oder die Abschreibung von Anlagevermögen[59].

[58] *Über den Bilanzstichtag hinaus.*

[59] *Da Abschreibungen nicht zahlungsgleiche Größen darstellen.*

Beispiel 10 (Kapitalflussrechnung)

Ermitteln Sie ausgehend von den Journalbuchungen für Beispiel 7 auf den Folien 144 f. die Veränderung des Zahlungsmittelbestands in 2015. Ermitteln Sie dabei ...

1. den Wert der Erträge, die in 2015 zu keinen Einzahlungen führen!
2. den Wert der Aufwendungen, die in 2015 zu keinen Auszahlungen führen!
3. den Zahlungsausgang für Verbindlichkeiten!
4. den Zahlungseingang für Forderungen!
5. Auszahlungen für Investitionen!
6. Einzahlungen aus Desinvestitionen und Kreditaufnahme!
7. die Änderung des Zahlungsmittelbestands auf Basis der Bestandskonten Kasse / Bank!
8. die Änderung des Zahlungsmittelbestands ausgehend vom Gewinn in 2015!

180

Lösung Beispiel 10 I

(1) *Ertrag, keine Einzahlung*

	#	Konto	EUR
+	19	Verbindlichkeiten aus L. u. L.	5 000
+	22	Forderungen aus L. u. L.	12 000
+	26	Privat	1 500
=			18 500

(2) *Aufwand, keine Auszahlung*

	#	Konto	EUR
+	17	Zinsaufwand	225
+	24	Abschreibungen	20 000
=			20 225

181

Lösung Beispiel 10 II

(3) *Zahlungsausgang für Verbindlichkeiten*

	#	Konto	EUR
+	5	Verbindlichkeiten aus L. u. L.	500
+	9	Verbindlichkeiten aus L. u. L.	6 000
+	15	Verbindlichkeiten ggü. KI	1 250
=			7 750

(4) *Zahlungseingang für Forderungen*

	#	Konto	EUR
+	7	Kasse	8 500
=			8 500

182

Geschäftsvorfälle, die zwar zahlungswirksam sind, jedoch nicht erfolgswirksam, lassen sich in zwei Unterkategorien differenzieren. Die Fälle (3) und (4) repräsentieren bspw. die Kreditaufnahme oder die Tilgung von Bankkrediten. Die Kreditaufnahme stellt zwar eine Einzahlung dar, die Einzahlung führt jedoch niemals zu einem Ertrag.[60]

[60] *Selbstverständlich sind Zinszahlungen erfolgswirksam.*

Die Kategorien (5) und (6) repräsentieren korrespondierend zu den Kategorien (1) und (2) Geschäftsvorfälle, bei denen die Zahlungswirksamkeit der Erfolgswirksamkeit entweder vor- oder nachgelagert ist. Ein Beispiel für Kategorie (3) wäre die Bezahlung einer Forderungen durch den Kunden. In diesem Fall ist die Zahlung dem Erfolg nachgelagert. Der Kauf von Anlagevermögen – als Beispiel für Kategorie (6) – führt zu Auszahlungen, aber erst nachgelagert durch Abschreibungen zu Aufwendungen. Die Auszahlung ist dem Aufwand vorgelagert.

Erinnert man sich an den Grundsatz der Pagatorik[61], erscheinen die Kategorien (7) und (8) suspekt. Diesen Kategorien müssen Geschäftsvorfälle zugrunde liegen, die zwar erfolgswirksam sind, das Eigenkapital jedoch insgesamt nicht verändern. Dies können nur Geschäftsvorfälle sein, die zugleich Betriebs- und Privatsphäre des Unternehmers betreffen. Beispiele wären also Entnahmen zum Zeitwert, wobei dieser den Buchwert übersteigt oder Nutzungsentnahmen. Die Buchungssätze würden in diesen Fällen lauten:

[61] *Grundsatz der Zahlungsverrechnung, der besagt, dass im externen Rechnungswesen ausschließlich Vorgänge dokumentiert werden, die früher oder später mit Ein- oder Auszahlungen einhergehen.*

Privatkonto		*100* EUR	
an	*Erträge*		*100* EUR

bzw.

Aufwendungen		*100* EUR	
an	*Privatkonto*		*100* EUR

Beispiel 10 zeigt anhand der Geschäftsvorfälle aus der Fallstudie August Hobel, wie die Veränderung des Zahlungsmittelbestands ausgehend vom Gewinn ermittelt werden kann.

186–187 Bisher haben wir die reine Buchungstechnik (Soll an Haben, Abschluss der Bestands- und Erfolgskonten, Abschluss des Privatkontos) mit dem Ziel der Ermittlung des Periodenerfolgs kennengelernt. Die bisher dokumentierten Geschäftsvorfälle waren grundlegender Natur. In den folgenden Abschnitten werden wir uns mit häufig auftretenden speziellen Geschäftsvorfällen und deren Dokumentation befassen. Beginnen werden wir mit der Berücksichtigung der Umsatzsteuer.

Lösung Beispiel 10 III

(5) *Auszahlungen für Investitionen*

	# Konto	EUR
+	1 RHB-Stoffe	1 000
+	8 RHB-Stoffe	650
+	12 Grundstücke / Gebäude	100 000
=		101 650

(6) *Einzahlungen für Desinvestitionen und Kreditaufnahme*

	# Konto	EUR
+	4 Bank	10 000
+	10 Bank	750
+	14 Bank	15 000
+	23 Kasse	6 000
=		31 750

183

Lösung Beispiel 10 IV

(7) *Änderung des Zahlungsmittelbestands auf Basis der Bestandskonten Kasse/Bank*

		EUR
+	Bank am 31.12.2015 (vgl. Folie 157)	141 500
+	Kasse am 31.12.2015 (vgl. Folie 157)	88 325
./.	Bank am 01.01.2015 (vgl. Folie 57)	150 250
./.	Kasse am 01.01.2015 (vgl. Folie 57)	1 475
=	Veränderung des Zahlungsmittelbestands	78 100

184

Lösung Beispiel 10 V

(8) *Ermittlung der Veränderung des Zahlungsmittelbestands ausgehend vom Gewinn in 2015*

		EUR
	Periodenerfolg (Gewinn)	145 525
./.	Ertrag, keine Einzahlung	18 500
+	Aufwand, keine Auszahlung	20 225
./.	Auszahlung für Verbindlichkeiten	7 750
+	Einzahlung für Forderungen	8 500
./.	Auszahlung für Investitionen	101 650
+	Desinvestitionen und Kreditaufnahme	31 750
=	Veränderung des Zahlungsmittelbestands	78 100

185

ShortCode App # 1031

3.22 System der Umsatzsteuer

188–189 Die Umsatzsteuer wird im Volksmund als »*Mehrwertsteuer*« bezeichnet und stellt eine bundesgesetzliche Steuer dar. Die Gesetzgebungshoheit hat der Bund. Durch das Finanzreformgesetz von 1969 wurde in Artikel 106 Abs. 3 des Grundgesetzes bestimmt, dass die Umsatzsteuer eine Gemeinschaftsteuer darstellt. Das Steueraufkommen wird aufgeteilt auf

- Bund
- Länder und
- Gemeinden.

Der Umsatzsteuer unterliegen nach § 1 UStG die Lieferungen und sonstigen Leistungen, die ein Unternehmer im Inland gegen Entgelt im Rahmen seines Unternehmens ausführt. Die *Steuerbefreiungen* sind in § 4 UStG aufgeführt.[62] Der Steuerbefreiung bestimmter Lieferungen oder Leistungen liegen differenzierte Überlegungen zugrunde. So spielen bei der Steuerbefreiung der klassischen Miete soziale Überlegungen eine Rolle. Insbesondere Niedrigverdiener wären durch die Umsatzsteuerpflicht von Mieten übermäßig belastet. Gleiches gilt für ärztliche Leistungen. Immobiliengeschäfte sind von der Umsatzsteuer befreit, da sie bereits der Grunderwerbsteuer unterliegen. Ebenfalls sind Versicherungen von der Umsatzsteuer befreit, da diese der Versicherungsteuer unterliegen.

Ein zentrales systematisches Element der Umsatzsteuer ist die *Steuerbefreiung von Ausfuhrumsätzen*. Wird ins Ausland geliefert, erfolgen die Lieferungen ohne Umsatzsteuer. Trotz Befreiung von der Umsatzsteuer, kann die Vorsteuer auf die für die Ausfuhrumsätze in Anspruch genommenen Vorleistungen abgezogen werden. Ansonsten gilt der Grundsatz, dass für Vorleistungen kein Vorsteuerabzug gewährt wird, wenn die Umsätze des Unternehmers steuerbefreit sind.[63]

Der Regelsteuersatz beträgt 19% während der ermäßigte Satz 7% beträgt. Die dem *ermäßigten Steuersatz* unterliegenden Umsätze betreffen i. d. R. Grundnahrungsmittel und sind in Anlage 2 des Umsatzsteuergesetzes aufgeführt. Ursprüngliche Idee der Ermäßigung waren abermals soziale Erwägungen, da Niedrigverdiener i. d. R. einen wesentlich höheren Anteil ihres Einkommens für (Grund-)Nahrungsmittel ausgeben (müssen), wären diese bei Erhebung des vollen Satzes im Vergleich zu Hochverdienern benachteiligt. Dieser Grundgedanke ist jedoch durch erfolgreiche Lobbyarbeit erheblich erodiert. Die Sammlung in Anlage 2 erweckt den Eindruck der Willkür.[64]

[62] *Die Prüfung der Steuerbarkeit eines Vorfalls (Frage: Ist das Umsatzsteuergesetz anwendbar?), geht der Frage nach der Steuerbefreiung voraus. Eine Steuerbefreiung kommt nur für steuerbare Vorfälle in Betracht.*

[63] *Klassisches Beispiel hierfür sind die Leistungen der Ärzte. Da diese von der Umsatzsteuer befreit sind, sind Ärzte nicht zum Vorsteuerabzug berechtigt.*

[64] *Warum z. B. Umsätze mit Wasser grundsätzlich ermäßigt besteuert werden, aber Trinkwasser davon ausgenommen wird, erscheint nicht einsichtig. Vgl. dazu Anlage 2 zum UStG Ziffer 34.*

Wo stehen wir?

186

Stand und weitere Vorgehensweise

- *Bisher* – Kennenlernen der reinen Buchungstechnik (T-Konten, Bestands- und Erfolgskonten, Bilanz, GuV, Privatkonto) und einfache Ermittlung des Gewinns.
- *Im Folgenden* – Erfassung von Besonderheiten wie ...
  ... Umsatzsteuer,
  ... Verbuchung des Warenverkehrs,
  ... Verbuchung von Retouren und Preisnachlässen,
  ... Behandlung des Eigenverbrauchs,
  ... Anzahlungen,
  ... Verbrauch von Stoffen,
  ... Bestandsveränderungen,
  ... Lohn und Gehalt. 187

Das System der Umsatzsteuer I

- Die Umsatzsteuer (USt) wird im Volksmund als »*Mehrwertsteuer*« bezeichnet; die steuerbaren Umsätze sind in § 1 Abs. 1 Umsatzsteuergesetz (UStG) abschließend aufgeführt.

  (1) Der Umsatzsteuer unterliegen die folgenden Umsätze:
  1. Die Lieferungen und sonstigen Leistungen, die ein Unternehmer im Inland gegen Entgelt im Rahmen seines Unternehmens ausführt [...]

- *Lieferungen* betreffen körperliche Gegenstände.
- Unter *Sonstige Leistungen* fallen z. B Dienstleistungen, die auch aus Duldungsleistungen wie z. B der Vermietung bestehen können.
- Ausgenommen von der Umsatzsteuer sind u. a. ...
  ... Bankgeschäfte (z. B Aufnahme und Tilgung von Darlehen, Zinszahlungen),
  ... Mieten (sofern nicht gewerblich wie z. B bei Hotels),
  ... Dividenden und der Erwerb von Beteiligungen, 188

Die Umsatzsteuer stellt neben der Einkommensteuer die Steuer mit dem höchsten Steueraufkommen dar. Die Entwicklung des Steueraufkommens der Umsatz- und Einkommensteuer ist in *Darstellung* 29 abgebildet. Die Einkommensteuer enthält dabei die Lohnsteuer, die veranlagte Einkommensteuer, die nicht veranlagte Steuern vom Ertrag, die Abgeltungsteuer sowie die Körperschaftsteuer.

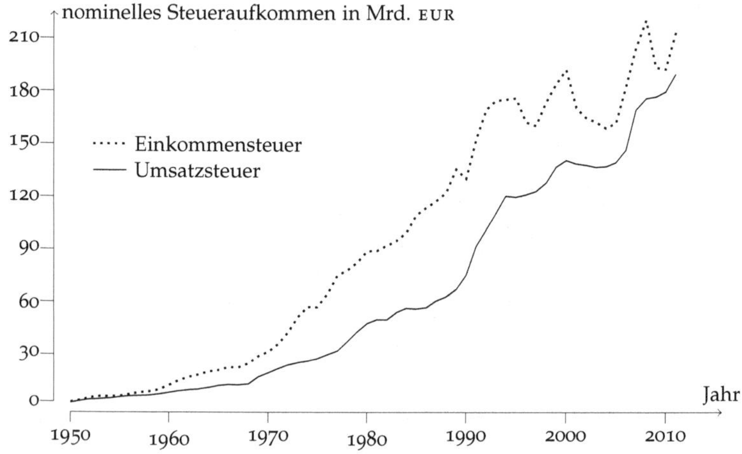

Darstellung 29 Entwicklung des Umsatz- und Einkommensteueraufkommens seit 1950

190 Der aktuelle Regelsteuersatz beträgt 19 %, der ermäßigte Satz, der i. d. R. auf Grundnahrungsmittel Anwendung findet, beträgt 7 %. Die nachstehende Tabelle fasst die Entwicklung der Umsatzsteuersätze zusammen.

gültig ab …	Regelsatz	ermäßigter Satz
01.01.1968	10 %	5,0 %
01.07.1968	11 %	5,5 %
01.01.1978	12 %	6,0 %
01.07.1979	13 %	6,5 %
01.07.1983	14 %	7,0 %
01.01.1993	15 %	7,0 %
01.04.1998	16 %	7,0 %
01.01.2007	19 %	7,0 %

Das System der Umsatzsteuer II

... Immobiliengeschäfte (Veräußerung/Erwerb von Grundstücken und Gebäuden),

... ärztliche Leistungen (außer plastische Chirurgie).

- Der Regelsteuersatz beträgt 19%, der ermäßigte Satz beträgt 7%.
- Die ermäßigte Steuer entfällt hauptsächlich auf Grundnahrungsmittel, aber lt. Anlage 2 zum UStG auch z. B auf ...

... Nr. 1 lebende Tiere,

... Nr. 48 Holz,

... Nr. 49 Bücher, Zeitungen ...,

... Nr. 51 Rollstühle,

... Nr. 52 Körperersatzstücke,

... Nr. 53 Kunstgegenstände. 189

Das System der Umsatzsteuer III

Dauth

Hafengasse 3-5
D-72070 Tübingen
Tel: 07071 / 9297-0

Beleg-Nr. : 5014227

22398458	
Einlegepuzzle E	6,99 EUR
22398466	
Pz.Schichten Ja	7,99 EUR
23214184	
Meine Ersten Bi	9,95 EUR
Total 3	24,93 EUR
EC-Karte	24,93 EUR
USt 19,00 % = 2,39 von	14,98 EUR
USt 7,00 % = 0,65 von	9,95 EUR
Steuernummer	: 143/182/10757

Es bediente Sie Frau Riesterer
Vielen Dank für Ihren Einkauf
Umtausch nur mit Kassenbon!

07.07.12 14:18 5017328 5 1 0 533

Die beiden Puzzle werden mit 19% besteuert, das Buch wird mit 7% belegt. 190

Das System der Umsatzsteuer IV

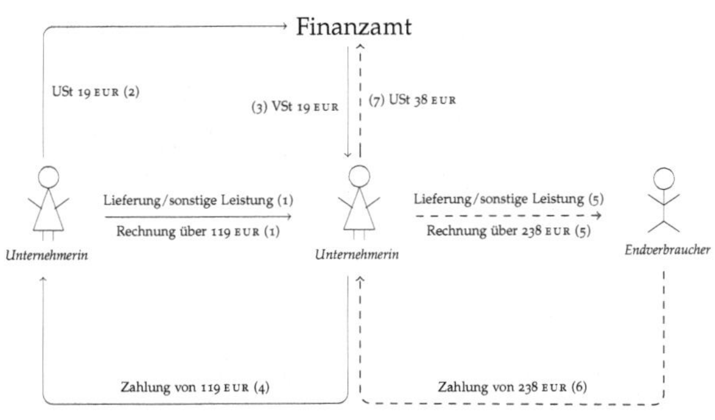

Abb. 13 Das System der Umsatzsteuer

191

Die Umsatzsteuer wird auf den Belegen (Quittungen) separat nach Umsätzen mit *Regelsteuersatz* und Umsätzen mit *ermäßigtem Steuersatz* ausgewiesen. So lässt sich z. B. auf Basis eines Supermarktbons (Kaufbeleg) nachvollziehen, welche der erworbenen Produkte ermäßigt und welche regelbesteuert wurden.

Nicht zu verwechseln ist der Kaufbeleg mit der Rechnung zu Vorsteuerzwecken, an die hohe Anforderungen gestellt werden.

191–192 Die Umsatzsteuer ist in Deutschland als sog. *Allphasennetto-Umsatzsteuer* mit Vorsteuerabzug implementiert. Diese gewährleistet, dass auf jeder Wertschöpfungsstufe letztlich nur der Mehrwert besteuert wird. Daher resultiert die Bezeichnung als »Mehrwertsteuer«.

Die an das Finanzamt abzuführende Umsatzsteuer der aktuellen Wertschöpfungsstufe stellt gleichzeitig die Vorsteuer der nachgelagerten Wertschöpfungsstufe dar. Die letzte Stufe ist der Endverbraucher, der als Nichtunternehmer nicht zum Vorsteuerabzug berechtigt ist, mit dem Resultat, dass der Endverbraucher die Umsatzsteuer der gesamten Wertschöpfungskette trägt.

Die Umsatzsteuer entsteht mit Ablauf des Voranmeldezeitraums. *Voranmeldezeitraum* ist i. d. R. der Kalendermonat. Die Umsatzsteuer ist bis zum 10. des Nachfolgemonats – auf Basis der in Form der Umsatzsteuervoranmeldung vorher getätigten Steuererklärung – an das Finanzamt abzuführen. Es kann daher sein, dass die Umsatzsteuer bereits an das Finanzamt abgeführt wurde, bevor die Rechnung durch den Kunden bezahlt wurde. Umgekehrt kann es sein, dass der Kunde die Vorsteuer vom Finanzamt erstattet bekommt, bevor er die Rechnung bezahlt hat. Dies wird in *Abb. 13* mit der Reihenfolge der Zahlungen symbolisiert. Letztlich wird der Endverbraucher final mit Umsatzsteuer belastet.

193 Aus *juristischer Sicht* zählt die Umsatzsteuer – wie etwa auch die Grunderwerbsteuer – zu den *Verkehrsteuern*, da sie auf die Teilnahme am Rechts- und Wirtschaftsverkehr erhoben wird und als solche an den Leistungsaustausch in Form der Übertragung von Gütern oder Dienstleistungen geknüpft ist.

Aus *ökonomischer Sicht* stellt die Umsatzsteuer eine *Verbrauchsteuer* dar, da sie den Verbrauch von Gütern oder Dienstleistungen in Form von Konsum belastet. Die Steuerlast sollen bei Verbrauchsteuern die Verbraucher tragen, d. h. die Steuerlast soll auf die Verbraucher »abgewälzt« werden. Der Grundgedanke der Belastung des Verbrauchers greift jedoch dann ins Leere, wenn die Steuer – etwa aus Wettbewerbsgründen oder Gründen der Nachfrageelastizität – nicht auf die Verbraucher »abgewälzt« werden kann und somit die Gewinnmarge des Unternehmers schmälert.[65]

[65] *Zum Beispiel wird die Nachfrage nach Luxusgütern bei Erhöhung der Umsatzsteuer zurückgehen (elastische Nachfrage), während Grundnahrungsmittel trotz höherer Preise nachgefragt werden (müssen; unelastische Nachfrage).*

Das System der Umsatzsteuer V

- *Grundgedanke* der Umsatzsteuer

  Durch die Abführung der USt und den Abzug der VSt wird gewährleistet, dass letztlich die erbrachte Wertschöpfung (der Mehrwert) auf jeder einzelnen Umsatzstufe besteuert wird, sog. *Allphasen-Nettoumsatzsteuer*.

  Mehrwert = Verkaufspreis ./. Einkaufspreis

  Umsatzsteuerschuld = Mehrwert × USt-Satz

- Die Umsatzsteuer der Produktionsstufe entspricht zugleich der Vorsteuer der nachfolgenden Produktionsstufe.

192

Das System der Umsatzsteuer VI

- Aus *juristischer Sicht* ist die USt eine *Verkehrsteuer*, da sie an Tauschvorgängen des Wirtschaftsverkehrs anknüpft.
- Aus *wirtschaftlicher Sicht* stellt die USt eine *Verbrauchsteuer* mit ausschließlicher Belastung des Endverbrauchers (Steuerdestinatar) dar, während der Unternehmer (Steuerschuldner) unbelastet bleibt.
- *Bemessungsgrundlage* für die Umsatzsteuer ist das Entgelt, § 10 Abs. 1 Sätze 1 und 2 UStG.

  (1) [1]Der Umsatz wird bei Lieferungen und sonstigen Leistungen (§ 1 Abs. 1 Nr. 1 Satz 1) und bei dem innergemeinschaftlichen Erwerb (§ 1 Abs. 1 Nr. 5) nach dem Entgelt bemessen. [2]Entgelt ist alles, was der Leistungsempfänger aufwendet, um die Leistung zu erhalten, jedoch abzüglich der Umsatzsteuer ...

193

Das System der Umsatzsteuer VII

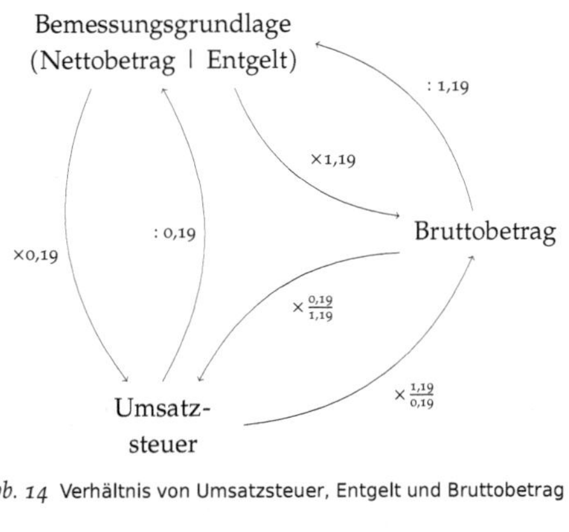

Abb. 14 Verhältnis von Umsatzsteuer, Entgelt und Bruttobetrag

194

Bemessungsgrundlage für die Umsatzsteuer ist alles, was der Leistungsempfänger aufwendet, jedoch abzüglich der Umsatzsteuer. In Deutschland erfolgt der Ausweis der Beträge i. d. R. »brutto« also inklusive Umsatzsteuer. In anderen Ländern, wie z. B. den USA, erfolgt der Ausweis traditionell »netto«, also ohne Umsatzsteuer.

Die Ermittlung der Bemessungsgrundlage erscheint einfach, wenn Leistung und Gegenleistung konkret dokumentiert werden. Zum Beispiel wird bei Abschluss eines Kaufvertrags i. d. R. der zu zahlende Betrag festgelegt.

Probleme bereitet die Ermittlung der Bemessungsgrundlage, wenn Lieferungen oder sonstige Leistung der Umsatzsteuer unterliegen, denen kein Verpflichtungsgeschäft zugrunde liegt. Dies ist etwa bei Sach- oder Nutzungsentnahmen der Fall. In der Regel wird hier der Marktwert der Lieferung oder sonstigen Leistung zugrunde gelegt. Aber auch hier stellt sich die Frage nach dem Marktwert, wenn für Lieferungen oder sonstige Leistungen kein Markt existiert.

194 Die Ermittlung der Umsatzsteuer in Abhängigkeit der Angaben »brutto«, »netto« bzw. Umsatzsteuer zeigt *Abb. 14*. Die zugrundeliegende Arithmetik geht über einen einfachen Dreisatz nicht hinaus.

195–197 Die Anforderung für die dem Vorsteuerabzug zugrundeliegenden Rechnungen sind vergleichsweise streng. § 14 UStG listet die Merkmale auf, die eine Rechnung enthalten muss, um zum Vorsteuerabzug zugelassen zu werden. Fehlt eines der Merkmale, darf die Vorsteuer auf Basis dieser Rechnung nicht »gezogen« werden. Trotz der Anfälligkeit des Systems z. B. durch fingierte Rechnungen hat sich das System bewährt.[66]

198–199 *Beispiel 12* skizziert das System der Allphasennetto-Umsatzsteuer anhand einer fünfstufigen Wertschöpfungskette. In Stufe (1) wird unterstellt, dass keine Vorleistungen in Anspruch genommen werden.[67] Dies wäre etwa bei einem Bauer der Fall, der Gras mäht und dieses weiterveräußert. Die Umsatzsteuerzahllast beträgt deshalb 190 EUR. Die Umsatzsteuer der ersten Stufe entspricht der abzugsfähigen Vorsteuer der zweiten Stufe. Die Wertschöpfung der Veredelung I (Trocknung des Grases) beträgt (1 200 – 1 000 =) 200 EUR. Die Zahllast beträgt entsprechend 200 EUR × 19% = 38 EUR. Die Umsatzsteuer der Veredelung I i. H. v. 228 EUR entspricht wiederum der abzugsfähigen Vorsteuer der Veredelung II (Pressen des getrockneten Grases). Nach Veräußerung an den Großhandel, gelangt es durch erneute Veräußerung in den Einzelhandel. Die Umsatzsteuer auf die gesamte Wertschöpfung beträgt (2 500 EUR × 19% =) 475 EUR und wird gänzlich vom Endverbraucher getragen.

[66] *Beispiel 11 zeigt eine exemplarische Rechnung mit den Merkmalen des § 14 UStG.*

[67] *Einstandspreis = 0 EUR.*

Das System der Umsatzsteuer VIII

- Der Unternehmer kann die gesetzlich geschuldete Steuer für Lieferungen und sonstige Leistungen, die von einem anderen Unternehmer für sein Unternehmen ausgeführt worden sind *(Vorsteuer)*, abziehen, § 15 Abs. 1 Satz 1 Nr. 1 UStG.

> *(1) [1]Der Unternehmer kann die folgenden Vorsteuerbeträge abziehen:*
> *1. die gesetzlich geschuldete Steuer für Lieferungen und sonstige Leistungen, die von einem anderen Unternehmer für sein Unternehmen ausgeführt worden sind. [2]Die Ausübung des Vorsteuerabzugs setzt voraus, dass der Unternehmer eine nach den §§ 14, 14a ausgestellte Rechnung besitzt. [3]Soweit der gesondert ausgewiesene Steuerbetrag auf eine Zahlung vor der Ausführung dieser Umsätze entfällt, ist er bereits abziehbar, wenn die Rechnung vorliegt und die Zahlung geleistet worden ist; ...*

- Sofern die Vorsteuer vom Finanzamt erstattet wird, gehört sie *nicht* zu den Anschaffungskosten.

195

Das System der Umsatzsteuer IX

- Die Anforderungen an eine *korrekte Rechnung als Grundlage für den Vorsteuerabzug* sind in § 14 Abs. 4 UStG aufgeführt. Insbesondere muss eine Rechnung enthalten ...
  ❶ Name und Anschrift des leistenden Unternehmers,
  ❷ Steuernummer,
  ❸ Ausstellungsdatum (Rechnungsdatum),
  ❹ fortlaufende Nummer,
  ❺ Menge und Art der Lieferung oder sonstigen Leistung,
  ❻ Zeitpunkt der Lieferung oder sonstigen Leistung,
  ❼ das Entgelt,
  ❽ den anzuwendenden Steuersatz und den Steuerbetrag.

196

Beispiel 11 (Rechnung)

Holz & Hölzer | Honecker Strasse 3 | 04157 Leipzig ❶ — *www.hoelzer.de*

Herrn August Hobel
Magdeburger Str. 5
39108 Magdeburg

Holz & Hölzer GmbH
Honecker Str. 3
04157 Leipzig
holz@hoezler.de

RECHNUNGS-NR.	KUNDEN-NR.	DATUM	BERATER	ZAHLUNGSWEISE	LIEFERDATUM
518249-2012291 ❹	518249	25.01.2015 ❸	Max May	Lastschrift	28.01.2015 ❻

NR.	ARTIKELNAME	❺ ANZAHL	EINZELPREIS	ENDPREIS
1	imprägnierte Latten	10	2,50 EUR	25,00 EUR
2	gehobelte Bretter	25	13,90 EUR	347,50 EUR
3	Tropenholz (extra)	3	42,50 EUR	127,50 EUR

USt 19% 79,83 EUR ❽ — **Rechnungsbetrag** 500,00 EUR
Netto 420,17 EUR ❼
Steuernummer 102/142/02358 ❷

197

3.22.1 *Verbuchung der Umsatzsteuer*

200–202 Zur Verbuchung der Umsatzsteuer werden zwei neue Bestandskonten eingeführt. Das Konto »Vorsteuer« und das Konto »Umsatzsteuer«. Der Bestandscharakter der beiden Konten zeigt, dass die Verbuchung der Umsatzsteuer ohne Berührung der Gewinn- und Verlustrechnung erfolgt. Man bezeichnet die Umsatzsteuer deshalb umgangssprachlich als »durchlaufenden Posten«.[68]

Die Umsatzsteuer hat Verbindlichkeitscharakter, da sie an das Finanzamt abzuführen ist. Die Vorsteuer stellt quasi eine Forderung gegenüber dem Finanzamt dar. In der Regel ergibt sich am Ende des Wirtschaftsjahres[69] eine Verbindlichkeit gegenüber dem Finanzamt, da die Umsatzsteuerverpflichtungen die Vorsteuerforderungen übersteigen. In besonderen Fällen, z. B. wenn ein Unternehmer überwiegend ins Ausland liefert[70], ergibt sich ein Vorsteuerüberhang. Das Vorsteuerkonto wird am Ende des Wirtschaftsjahres über das Umsatzsteuerkonto abgeschlossen und saldiert ausgewiesen.[71]

Korrekturen der Umsatzsteuer z. B. im Fall der Änderung der Bemessungsgrundlage in Form von Boni oder Skonti werden in Abschnitt 4.2 ab Seite 184 ausführlich behandelt.

203–204 Der Abschluss des Vorsteuerkontos über das Umsatzsteuerkonto wird als »Zwei-Konten-Methode« bezeichnet. Der saldierte Ausweis ist für außenstehenden Bilanzleser nachteilhaft, da Informationen – insbesondere über das Niveau der Vorsteuer bzw. Umsatzsteuer – verloren gehen.

Die Vorgehensweise beim Abschluss nach der Zwei-Konten- bzw. Drei-Konten-Methode ist in *Darstellung* 30 abgebildet.

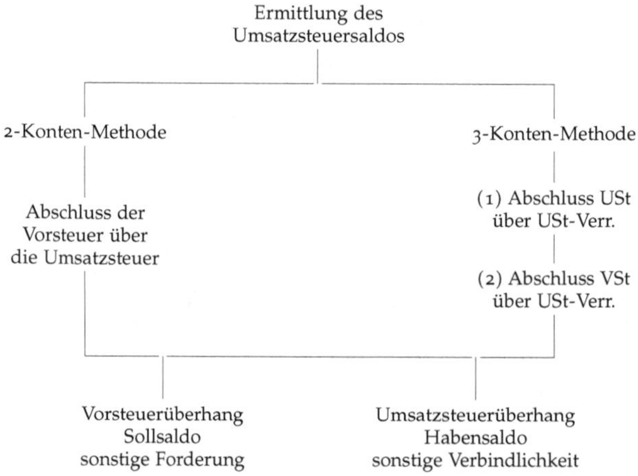

Darstellung 30 Ermittlung des Umsatzsteuersaldos nach der Zwei- bzw. Drei-Konten-Methode

[68] *Durchlaufende Posten sind Einnahmen oder Ausgaben, die im Namen und für Rechnung eines anderen vereinnahmt oder verausgabt werden. Für steuerliche Zwecke stellt die Umsatzsteuer keinen durchlaufenden Posten dar, da sie im Namen des Unternehmers vereinnahmt bzw. verausgabt wird und nicht im Namen eines anderen.*

[69] *Respektive am Ende des Voranmeldezeitraumes.*

[70] *Ausfuhren sind umsatzsteuerfrei.*

[71] *Dies stellt eine der wenigen Ausnahmen dar, in denen Bilanzpositionen saldiert ausgewiesen werden dürfen.*

Beispiel 12 (Umsatzsteuer)

Stufen	VP	EP	MW	USt	VSt	Δ
(1) Urproduktion	1 000	0	1 000	190	0	190
(2) Veredelung I	1 200	1 000	200	228	−190	38
(3) Veredelung II	1 500	1 200	300	285	−228	57
(4) Großhandel	2 000	1 500	500	380	−285	95
(5) Einzelhandel	2 500	2 000	500	475	−380	95
Σ				1 558	−1 083	= 475

MW = Mehrwert; USt = 0,19 × VP; VSt = Vorsteuer = Umsatzsteuer der Vorstufe bzw. 0,19 × EP;
Δ = USt ./. VSt = Zahllast

Der Endverbraucher zahlt 2 500 + 475 = 2 975 EUR. 198

Verbuchung der Umsatzsteuer I

Umsatzsteuer-Zahllast

- Die *Umsatzsteuer* (Vorsteuer) stellt eine *Verbindlichkeit* (Forderung) des Unternehmens gegenüber dem Finanzamt dar.
- Das heißt, die Zahllast (bzw. der Vorsteuerüberhang) ergibt sich aus der Differenz von Umsatzsteuer und Vorsteuer.

		EUR
	USt auf Ausgangsrechnungen (Stufe (3) in Beispiel 12)	285
./.	Vorsteuer auf Eingangsrechnungen	228
=	USt-Zahllast	57

- Die Zahllast ist dem Finanzamt i. d. R. in Form einer *Umsatzsteuervoranmeldung* vierteljährlich bzw. monatlich mitzuteilen.

199

Verbuchung der Umsatzsteuer II

- Fällig wird die ermittelte Zahllast dann am 10. Tag des Ablaufs der Voranmeldefrist.

Einführung zwei neuer Konten:

- Das Konto »*Vorsteuer*« ...
  ... wird angesprochen, wenn ein Unternehmer *Waren* am Beschaffungsmarkt *erwirbt*, die der USt unterliegen (ausgewiesen auf Eingangsrechnungen).
  ... weist *Forderungscharakter* gegenüber dem Finanzamt auf, da das Unternehmen die gezahlte VSt bei der Berechnung der eigenen USt-Schuld geltend machen kann.
  ... ist ein *aktivisches Bestandskonto*.

200

Bei der »Zwei-Konten-Methode« ergibt sich der Saldo auf dem Umsatzsteuerkonto. Der Saldo wird entweder als *sonstige Forderung* oder *sonstige Verbindlichkeit* in die Schlussbilanz übernommen. Die »Drei-Konten-Methode« kommt zum selben Ergebnis wie die Zwei-Konten-Methode, das bedeutet, dass auch hier im Ergebnis eine *sonstige Forderung* oder *sonstige Verbindlichkeit* bilanziert wird. Allerdings mit dem Unterschied, dass mehr Buchungsschritte bestehen als bei der Zwei-Konten-Methode. Es stellt sich dann die Frage, weshalb die Drei-Konten-Methode zur Anwendung kommt, wenn sie aufwendiger ist. In der Praxis existieren i. d. R. nicht nur die beiden Konten *Vorsteuer* und *Umsatzsteuer*, sondern es wird insbesondere bei der Umsatzsteuer differenziert zwischen Umsätzen, die dem Regelsteuersatz unterliegen und Umsätzen, die dem ermäßigten Steuersatz unterliegen. Hinzu kommen Umsätze, die steuerbefreit sind, oder sonstige besondere Tatbestände erfüllen.[72] Im Kontenrahmen SKR 04 sind das die Kontengruppen 14 für die Vorsteuer und 38 für die Umsatzsteuer. Das Umsatzsteuerverrechnungskonto stellt dann quasi ein Sammelkonto für alle Umsatz- und Vorsteuersalden dar. Letztlich erhöht die Drei-Konten-Methode die Übersichtlichkeit.

[72] *Vgl. dazu die Konten 3801 ff. des SKR 04 in Darstellung 23 auf Seite 130.*

205–209 *Übung 10* hat die Verbuchung der Umsatzsteuer in Abhängigkeit der Brutto- bzw. Nettobeträge sowie den Abschluss der Konten *Vorsteuer* und *Umsatzsteuer* zum Inhalt. Das nachstehende Beispiel dokumentiert die Behandlung der Umsatzsteuer von der Realisierung des Umsatzes bis zur Zahlung an das Finanzamt. Nachstehend ist die Dokumentation aus Sicht des A erfasst.

BEISPIEL

Am 09.12.2015 schließen A und B einen Kaufvertrag ab, der die Lieferung fränkischen Hopfens von A an B im Wert von 1 000 EUR zzgl. USt zum Inhalt hat. Die Lieferung des A an den B erfolgt am 23.12.2015 auf Ziel. B bezahlt die Rechnung per Banküberweisung am 25.01.2016.

Der Abschluss des Kaufvertrags (Verpflichtungsgeschäft) am 09.12.2015 verursacht keine buchhalterischen Dokumentationsverpflichtungen. Der Umsatz wurde noch nicht realisiert.

Mit der Lieferung an B am 23.12.2015 erfüllt A seinen (wesentlichen) Teil des Kaufvertrags (Erfüllungsgeschäft), der Umsatz ist damit realisiert. A dokumentiert eine Forderung unter Berücksichtigung der Umsatzsteuer.

Forderungen aus L. u. L.		1 190 EUR	
an	*Umsatzerlöse*		1 000 EUR
	Umsatzsteuer		190 EUR

Verbuchung der Umsatzsteuer III

- Das Konto »(berechnete) Umsatzsteuer« …
  … enthält die volle Verbuchung der USt, die bei *Veräußerung* der *Waren* den Kunden in Rechnung gestellt wird (ausgewiesen auf Ausgangsrechnungen).
  … besitzt *Verbindlichkeitscharakter*.
  … ist ein *passivisches Bestandskonto*.

201

Verbuchung der Umsatzsteuer IV

Soll	Vorsteuer Haben	Soll	Umsatzsteuer Haben
Steuerbeträge für in Eingangsrechnungen gesondert ausgewiesene Vorsteuern	Berichtigungen für Rücksendungen an Lieferanten, Gutschriften von Lieferanten, erhaltene Skonti und Boni[4]	Berichtigungen für Rücksendungen von Kunden, Gutschriften an Kunden, gewährte Skonti und Boni[4]	Steuerbeträge für in Ausgangsrechnungen gesondert ausgewiesene Umsatzsteuer
	Saldo: Forderung gegenüber dem Finanzamt	*Saldo:* Verbindlichkeit gegenüber dem Finanzamt	

[4] Vgl. dazu Abschnitt 4.2.11 ab Folie 247.

202

Buchtechnische Ermittlung der Zahllast I // 1. Zwei-Konten-Methode

- Das VSt-Konto wird über das USt-Konto abgeschlossen.
- Der Saldo des VSt-Kontos wird dabei auf das Konto *»(berechnete) Umsatzsteuer«* gebucht.

  Umsatzsteuer
  an Vorsteuer
- Der auf dem Konto *»Umsatzsteuer«* ermittelte Saldo entspricht der Höhe der Zahllast, die später an das Finanzamt überwiesen werden muss; Abschlussbuchung bei Zahllast (VSt < USt):

  Umsatzsteuer
  an sonstige Verbindlichkeiten
- bzw. bei Vorsteuerüberhang (VSt > USt):

  sonstige Forderungen
  an Umsatzsteuer

203

Am Abschlussstichtag (31.12.2015) erfolgt der Ausweis der noch zu entrichtenden Umsatzsteuer in der Bilanz über das Konto *sonstige Verbindlichkeiten.*

Umsatzsteuer		190 EUR	
an	*sonstige Verbindlichkeiten*		190 EUR

Obwohl B die Rechnung noch nicht beglichen hat, muss A die Umsatzsteuer bis zum 10.01.2016 an das Finanzamt abführen.

sonstige Verbindlichkeiten		190 EUR	
an	*Bank*		190 EUR

Schließlich geht der Rechnungsbetrag am 25.01.2016 bei A auf dem Bankkonto ein.

Bank		1 190 EUR	
an	*Forderungen aus L. u. L.*		1 190 EUR

3.22.2 *Tausch*

210–212 Unter Tausch versteht man den gegenseitigen Austausch unbarer Vermögensgegenstände. Aus umsatzsteuerlicher Sicht liegen zwei Lieferungen bzw. sonstige Leistungen vor, für die jeweils Umsatz- bzw. Vorsteuer anfällt. Anders ausgedrückt: Die Gegenleistung einer Lieferung oder sonstigen Leistung besteht ebenfalls in einer Lieferung oder sonstigen Leistung. *Darstellung* 31 skizziert die Lieferungen beim klassischen Tausch ohne Baraufgabe.

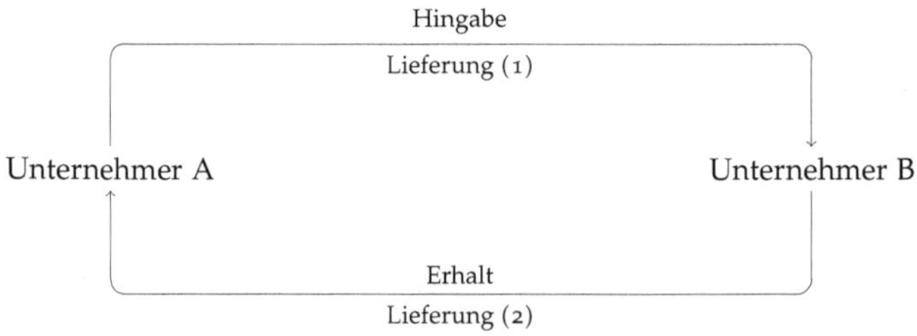

Darstellung 31 Tausch ohne Baraufgabe

Baraufgabe bedeutet, dass eine der Parteien einen Wertausgleich in bar oder per Banküberweisung zu leisten hat. Dies ist immer dann der Fall, wenn die getauschten Vermögensgegenstände nicht wertäquivalent sind.

Buchtechnische Ermittlung der Zahllast II // 2. Drei-Konten-Methode

- Beide Konten werden über ein drittes Konto abgeschlossen: »*USt-Verrechnung*«.
- Auf diesem Konto erscheint per Saldo die USt-Zahllast.
- Es existieren zwei denkbare Fälle:
  (a) *Habensaldo* (VSt < USt; Zahllast); Verbindlichkeit gegenüber dem Finanzamt; Abschlussbuchung:

  USt-Verrechnung
  an sonstige Verbindlichkeiten

  (b) *Sollsaldo* (VSt > USt; Vorsteuerüberhang); Erstattungsanspruch (Forderung) gegenüber dem Finanzamt; Abschlussbuchung:

  sonstige Forderungen
  an USt-Verrechnung

204

Übung 10 (Umsatzsteuer)

Verbuchen Sie die folgenden Geschäftsvorfälle von August Hobel. Erstellen Sie die T-Konten »Vorsteuer« und »Umsatzsteuer« und schließen Sie diese Konten nach der 2-Konten-Methode bzw. nach der 3-Konten-Methode ab.

1. Warenverkäufe i. H. v. 10 000 EUR (netto), die zu 60% per Bank und zu 40% auf Ziel getätigt werden.
2. Mieterträge i. H. v. 2 300 EUR (netto) gehen per Bank ein.
3. Es werden RHB-Stoffe für 4 046 EUR (brutto) per Bank eingekauft.
4. Eine Maschine (Buchwert = 5 000 EUR) wird für 6 500 EUR (netto) per Bank verkauft.
5. Eine neue Maschine wird für 3 570 EUR (brutto) per Bank erworben.

205

Lösung Übung 10 I

Verbuchung der Geschäftsvorfälle

1. Warenverkauf

2. Miete

206

In *Darstellung* 32 sind die beiden Grundformen des Tauschs (Tausch mit und ohne Baraufgabe) nochmals in jeweils drei denkbare Kategorien unterteilt. Bei der korrekten Dokumentation der Geschäftsvorfälle ist dabei häufig nicht die Identifizierung der Konten (samt des Ansprechens der Konten im Soll oder Haben) das Problem, sondern die Ermittlung der zu dokumentierenden Beträge.

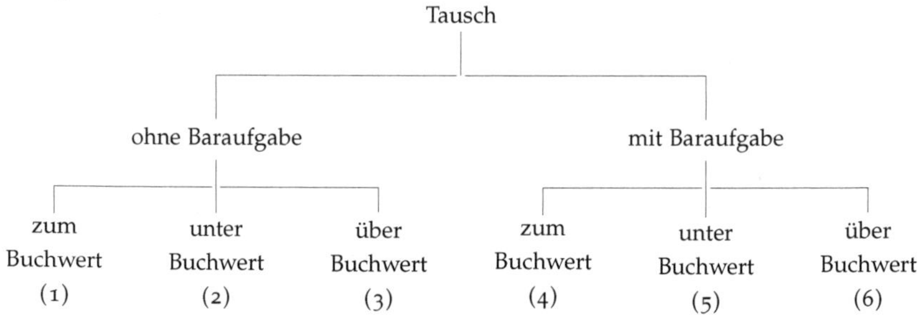

Darstellung 32 Arten des Tauschs

213 Beim nicht wertäquivalenten Tausch wird zwischen zwei Anlässen des Tausches differenziert. Erfolgt der Tausch aus privatem Anlass, wird angenommen, dass die getauschten Vermögensgegenstände zunächst ins Privatvermögen entnommen werden, der Tausch im zweiten Schritt auf privater Ebene vollzogen wird und die Vermögensgegenstände im dritten Schritt wieder eingelegt werden. Die Privateinlage ist dabei nicht umsatzsteuerpflichtig. Diese Behandlung gewährleistet, dass im Fall der Hergabe des wertvolleren Vermögensgegenstands kein Aufwand entsteht respektive beim Empfänger kein Ertrag dokumentiert wird.

Darstellung 33 skizziert die Fiktion beim Tausch aus privatem Anlass.

Darstellung 33 Tausch aus privatem Anlass

Lösung Übung 10 II

3. Einkauf RHB-Stoffe

4. Verkauf einer Maschine

5. Erwerb einer Maschine

207

Lösung Übung 10 III // Abschluss über die 2-Konten-Methode

Vorsteuer

Soll			Haben
(3)	646	Umsatzsteuer	1 216
(5)	570		
Summe	1 216	Summe	1 216

Umsatzsteuer

Soll			Haben
Vorsteuer	1 216	(1)	1 900
so. Verb.	1 919	(4)	1 235
Summe	3 135	Summe	3 135

Buchung

Umsatzsteuer *1 216* EUR
an *Vorsteuer* *1 216* EUR

Umsatzsteuer *1 919* EUR
an *sonstige Verbindlichkeiten* *1 919* EUR 208

Lösung Übung 10 IV // Abschluss über die 3-Konten-Methode

Vorsteuer

Soll			Haben
(3)	646	USt-Verr.	1 216
(5)	570		
Summe	1 216	Summe	1 216

Umsatzsteuer

Soll			Haben
USt-Verr.	3 135	(1)	1 900
		(4)	1 235
Summe	3 135	Summe	3 135

USt-Verrechnung

Soll			Haben
Vorsteuer	1 216	Umsatzsteuer	3 135
so. Verb.	1 919		
Summe	3 135	Summe	3 135

USt-Verrechnung *1 216* EUR
an *Vorsteuer* *1 216* EUR

Umsatzsteuer *3 135* EUR
an *USt-Verrechnung* *3 135* EUR

USt-Verrechnung *1 919* EUR
an *sonstige Verbindlichkeiten* *1 919* EUR 209

BEISPIEL

A gibt aufgrund einer verlorenen Fußballwette seinen Ferrari (Buchwert = 50 000 EUR, Zeitwert = 200 000 EUR) dem Geschäftsfreund B hin und erhält von diesem einen VW-Käfer mit einem Zeitwert von 20 000 EUR. Baraufgaben finden nicht statt. A bucht in diesem Fall:

Fuhrpark (VW-Käfer)		*20 000* EUR	
Privatentnahme		*218 000* EUR	
an	*Fuhrpark (Ferrari)*		*50 000* EUR
	Umsatzsteuer		*38 000* EUR
	sonstiger betrieblicher Ertrag		*150 000* EUR

Würde der Tausch aus betrieblichem Anlass erfolgen (z. B. aufgrund einer langjährigen Geschäftsbeziehung), würde A buchen:

Fuhrpark (VW-Käfer)		*20 000* EUR	
Vorsteuer		*3 800* EUR	
sonstiger betrieblicher Aufwand		*64 200* EUR	
an	*Fuhrpark (Ferrari)*		*50 000* EUR
	Umsatzsteuer		*38 000* EUR

Umfassendes *Beispiel* zum wertäquivalenten Tausch: Unternehmer A liefert an Unternehmer B einen Audi (alt) und erhält im Gegenzug einen Nissan (neu). Der Tausch erfolgt aus betrieblichem Anlass.

(1) Der Buchwert entspricht dem Zeitwert und beträgt 2 000 EUR. Buchung bei A:

Fuhrpark (Nissan)		*2 000* EUR	
Vorsteuer		*380* EUR	
an	*Fuhrpark (Audi)*		*2 000* EUR
	Umsatzsteuer		*380* EUR

(2) Der Buchwert beträgt 2 000 EUR, der Zeitwert 1 000 EUR. Buchung bei A:

Fuhrpark (Nissan)		*1 000* EUR	
Vorsteuer		*190* EUR	
sonstiger betrieblicher Aufwand		*1 000* EUR	
an	*Fuhrpark (Audi)*		*2 000* EUR
	Umsatzsteuer		*190* EUR

Tausch im wirtschaftlichen Verkehr

- Im allgemeinen wirtschaftlichen Verkehr ist der Tausch von Vermögensgegenständen *keine Seltenheit*.
- Ein *klassisches Beispiel* stellt der Tausch eines alten Kfz gegen ein neueres Kfz dar. Dabei werden die alten Kfz i. d. R. in Zahlung gegeben.
- Es wird unterschieden in ...

  (a) *Tausch ohne Baraufgabe* und

  (b) *Tausch mit Baraufgabe*.
- Dabei wird grds. unterstellt, dass der Tausch wertäquivalent ist, d. h., dass sich die Marktwerte (*gemeinen Werte*) der getauschten Gegenstände entsprechen.
- Bei der Verbuchung stellt sich generell die Frage, mit welchem Wert der erhaltene Vermögensgegenstand aktiviert wird.

210

Anschaffungskosten beim Tausch // Schema zur Ermittlung der Anschaffungskosten

	gemeiner Wert (Wert inkl. USt) des hingegebenen Vermögensgegenstands
+	Nebenkosten (inkl. USt)
+	Hingabe von Zahlungsmitteln (inkl. USt)
./.	Erhalt von Zahlungsmitteln (ink. USt)
=	Summe
./.	in der Rechnung an uns enthaltene VSt
=	Anschaffungskosten

211

Verbuchung des Tausches // Zusammenfassung

Aktiva (erhaltenes Gut)
Vorsteuer
(Zahlungsmittelkonto)
(Forderungen aus L. u. L.)
(s. b. A.)
an Aktiva (hergegebenes Gut)
Umsatzsteuer
(Zahlungsmittelkonto)
(Verbindlichkeiten aus L. u. L.)
(s. b. E.)

212

(3) Der Buchwert beträgt 1 000 EUR, der Zeitwert 2 000 EUR. Buchung bei A:

Fuhrpark (Nissan)	*2 000* EUR	
Vorsteuer	*380* EUR	
an Fuhrpark (Audi)		*1 000* EUR
Umsatzsteuer		*380* EUR
sonstiger betrieblicher Ertrag		*1 000* EUR

(4) Der Buchwert (Zeitwert) des Audi beträgt 1 000 EUR (1 000 EUR), der Zeitwert des Nissan beträgt 2 000 EUR. A zahlt 1 190 EUR in bar dazu. Buchung bei A:

Fuhrpark (Nissan)	*2 000* EUR	
Vorsteuer	*380* EUR	
an Fuhrpark (Audi)		*1 000* EUR
Umsatzsteuer		*190* EUR
Kasse		*1 190* EUR

(5) Der Buchwert (Zeitwert) des Audi beträgt 1 500 EUR (1 000 EUR), der Zeitwert des Nissan beträgt 2 000 EUR. A zahlt 1 190 EUR in bar dazu. Buchung bei A:

Fuhrpark (Nissan)	*2 000* EUR	
Vorsteuer	*380* EUR	
sonstiger betrieblicher Aufwand	*500* EUR	
an Fuhrpark (Audi)		*1 500* EUR
Umsatzsteuer		*190* EUR
Kasse		*1 190* EUR

(6) Der Buchwert (Zeitwert) des Audi beträgt 1 000 EUR (1 500 EUR), der Zeitwert des Nissan beträgt 2 000 EUR. A zahlt 595 EUR in bar dazu. Buchung bei A:

Fuhrpark (Nissan)	*2 000* EUR	
Vorsteuer	*380* EUR	
an Fuhrpark (Audi)		*1 000* EUR
Umsatzsteuer		*285* EUR
Kasse		*595* EUR
sonstiger betrieblicher Ertrag		*500* EUR

Zu den oben beschriebenen Fällen ist zusätzlich der Tausch auf Ziel zu beachten, wonach Leistung und Gegenleistung zeitlich auseinanderfallen.

Besonderheit nicht wertäquivalenter Tausch

- Im Fall des nicht wertäquivaltenten Tauschs wird unterschieden in
  (a) Tausch aus *privatem Anlass*
  (b) Tausch aus *betrieblichem Anlass*
- Ist der Wert des hingegebenen (erhaltenen) Vermögensgegenstands höher als der Wert des erhaltenen (hingegebenen) Vermögensgegenstands, stellt die Wertdifferenz beim Tausch ...
  ... aus *privatem Anlass* eine Privatentnahme (Privateinlage) dar.
  ... aus *betrieblichem Anlass* einen Aufwand (Ertrag) dar.
- *Beispiel privater Anlass* – Aufgrund einer verlorenen Fußballwette tauscht A seinen Geschäftswagen (Mercedes S-Klasse) gegen den VW-Käfer des B ein und nutzt diesen künftig als Geschäftswagen.

213

Beispiel 13 (Tausch mit Baraufgabe)

August Hobel kauft am 26.04.2015 einen nagelneuen Lieferwagen für 20 000 EUR zzgl. USt. Er gibt dafür seinen alten Lieferwagen in Zahlung und zahlt noch 7 140 EUR in bar. Der Buchwert des alten Lieferwagens zum Zeitpunkt des Kaufs des neuen Lieferwagens betrug 12 000 EUR.

Verbuchen Sie den Geschäftsvorfall aus Sicht des August Hobel!

214

Lösung Beispiel 13 I

1. Da der gemeine Wert des alten Lieferwagens nicht explizit erwähnt wird, muss dieser zunächst ermittelt werden, um den Veräußerungsgewinn ermitteln zu können.

		EUR
	Nettokaufpreis des neuen Lieferwagens	20 000
+	Umsatzsteuer	3 800
=	gemeiner Wert des neuen Lieferwagens	23 800
./.	Baraufgabe (Auszahlung)	7 140
=	gemeiner Wert des alten Lieferwagens	16 660

215

214–218 *Beispiel 13* stellt die Wertermittlung im Falle eines Tausches dar, bei dem der zur Ermittlung eines etwaigen Veräußerungsgewinns erforderliche Veräußerungspreis des hergegebenen Vermögensgegenstands durch Rückwärtsrechnung ermittelt werden muss.

3.23 *Kontrollfragen*

1. Worin unterscheiden sich einfache und doppelte Buchführung im Wesentlichen?
2. Für welchen Zweck wird die einfache Buchführung in der Regel eingesetzt?
3. Welcher der Vermögensebenen (Zahlungsmittel, Geldvermögen, Reinvermögen) entspricht die durch die einfache Buchführung ermittelte Vermögensänderung am ehesten?
4. Wie lässt sich die Reinvermögensänderung bei der einfachen Buchführung bestimmen?
5. Welche Anpassungen zur Ermittlung der steuerlichen Bemessungsgrundlage sind ausgehend von der einfachen Buchführung durchzuführen?
6. Was versteht man unter einem Kontenplan?
7. In welchem Verhältnis stehen Kontenrahmen und Kontenplan?
8. Welche Vor- bzw. Nachteile bringt ein allgemeiner Kontenrahmen mit sich?
9. Was versteht man unter einem Grundbuch, was unter einem Hauptbuch? Was verbindet diese Bücher?
10. Was ist unter einem Nebenbuch zu verstehen? Geben Sie zwei konkrete Beispiele an!
11. Worin besteht der Unterschied zwischen der Abschlussgliederung und der Prozessgliederung eines Kontenrahmens?
12. Was versteht man unter einem »Einkreissystem« was unter einem »Zweikreissystem« bezüglich der Organisation der Buchhaltung?
13. In welchen Fällen erscheint es sinnvoll, Kontenrahmen mit Einkreissystem zu verwenden?
14. Kann es sein, dass ein Unternehmer trotz hoher Gewinne seine Miete nicht bezahlen kann?
15. Worin besteht der wesentliche Unterschied zwischen Verbindlichkeiten ggü. Kreditinstituten und Verbindlichkeiten aus L. u. L.?
16. Erläutern Sie, inwiefern der Grundsatz der Pagatorik durch Geschäftsvorfälle, die erfolgswirksam sind, aber niemals zahlungswirksam werden, durchbrochen wird!
17. Was versteht man unter einer Verbrauchsteuer, was unter einer Verkehrsteuer?
18. Was bedeutet »Vorsteuer«, was »Umsatzsteuer«?

Lösung Beispiel 13 II

2. Ermittlung des Veräußerungsgewinns

		EUR
	gemeiner Wert des alten Lieferwagens	16 660
./.	darin enthaltene Umsatzsteuer	2 660
=	Veräußerungspreis des alten Lieferwagens	14 000
./.	Buchwert des alten Lieferwagens	12 000
=	Veräußerungsgewinn	2 000

3. Die Anschaffungskosten des neuen Lieferwagens betragen lt. Aufgabenstellung 20 000 EUR.

216

Lösung Beispiel 13 III

Zusammenfassung der »Rückwärtsrechnung«

		EUR
	gemeiner Wert (Wert inkl. USt) des erhaltenen Vermögensgegenstands	23 800
./.	Baraufgabe (inkl. USt)	7 140
=	Summe (gemeiner Wert des hingegebenen Vermögensgegenstands)	16 660
./.	in der Rechnung an den Kfz-Händler enthaltene USt $\left(\frac{16\,660}{1{,}19} \times 0{,}19 =\right)$	2 660
=	Veräußerungspreis des alten Lieferwagens	14 000

217

Lösung Beispiel 13 IV

Buchungssatz

Fuhrpark	*20 000* EUR	
Vorsteuer	*3 800* EUR	
an Fuhrpark		*12 000* EUR
Kasse		*7 140* EUR
Umsatzsteuer		*2 660* EUR
s. b. E.		*2 000* EUR

218

19. Geben Sie jeweils ein Beispiel an für
    (a) Ertrag vor Einzahlung,
    (b) Einzahlung vor Ertrag,
    (c) Aufwand vor Auszahlung,
    (d) Auszahlung vor Aufwand,
    (e) Einzahlung, niemals Ertrag,
    (f) Auszahlung, niemals Aufwand,
    (g) Aufwand, nie Auszahlung,
    (h) Ertrag, nie Einzahlung.
20. Warum lässt sich die Umsatzsteuer nicht immer vollständig auf den Endverbraucher »überwälzen«? Geben Sie ein konkretes Beispiel an, anhand dessen Sie erläutern, welche Auswirkungen es auf das Unternehmen hat, wenn der Umsatzsteuersatz steigt und sich die Erhöhung nicht auf den Endverbraucher »überwälzen« lässt.
21. Welche Überlegungen liegen der Implementierung eines ermäßigten Umsatzsteuersatzes zugrunde?
22. Was versteht man unter »Allphasen-Nettoumsatzsteuer«?
23. Erläutern Sie in formaler Schreibweise die Beziehung zwischen Bemessungsgrundlage, Umsatzsteuer und Nettobetrag!
24. Welche Umsätze sind von der Umsatzersteuer ausgenommen? Nennen Sie mindestens 5 Beispiele!
25. Welche Voraussetzungen müssen von einem »externen« Beleg in Form einer Rechnung gem. § 14 UStG erfüllt sein?
26. Warum gehört die Umsatzsteuer grundsätzlich nicht zu den Anschaffungskosten?
27. In welchen Fällen stellt die Umsatzsteuer Anschaffungskosten dar? Geben Sie ein konkretes Beispiel an!
28. Was versteht man unter einem durchlaufenden Posten?
29. Welcher Nachteil ergibt sich durch die Saldierung der Umsatzsteuer und Vorsteuer am Jahresende?
30. Warum ist der saldierte Ausweis von Vermögen und Schulden generell nicht sinnvoll?
31. Welche Vor- bzw. Nachteile bestehen bei der Ermittlung der Umsatzsteuer-Zahllast mittels der »Drei-Konten-Methode« im Vergleich zur »Zwei-Konten-Methode«?
32. Was versteht man unter einem Voranmeldezeitraum bei der Umsatzsteuer? Welche Voranmeldezeiträume existieren?
33. Wann »entsteht« die Umsatzsteuer aus steuerlicher Sicht?
34. Wann ist die Umsatzsteuer / Vorsteuer buchhalterisch zu dokumentieren? Gehen Sie insbesondere auf den Zeitpunkt der Realisation ein.
35. Erläutern Sie, welche Liquiditätsvor- und -nachteile mit der Abführung der Umsatzsteuer bzw. Abzug der Vorsteuer einhergehen!

36. Was versteht man unter einem Tausch?
37. Wie ermitteln sich Anschaffungskosten, Umsatzsteuer und Vorsteuer beim Tausch?
38. Was versteht man unter einer Baraufgabe im Zusammenhang mit einem Tausch?
39. Verbuchen Sie anhand selbstgewählter Beispiele
    (a) den Tausch ohne Baraufgabe
        (1) zum Buchwert
        (2) unter Buchwert
        (3) über Buchwert
    (b) den Tausch mit Baraufgabe
        (1) zum Buchwert
        (2) unter Buchwert
        (3) über Buchwert
40. Welche Fälle werden beim nicht wertäquivalenten Tausch unterschieden? Erläutern sie die buchhalterischen Auswirkungen jeweils anhand eines selbstgewählten Beispiels!

LERNEINHEIT 5
Spezielle Geschäftsvorfälle Teil II – Warenverkehr

4 *Besondere Geschäftsvorfälle*

EXKURS – WECHSEL

Der Wechsel ist ein *Wertpapier*, das als bargeldloses Zahlungsmittel verwendet wird. Er enthält eine Zahlungsverpflichtung, welche von dem ursprünglichen Verpflichtungsgrund (z.B. dem Kauf von Waren) losgelöst ist. Für denjenigen, der die Zahlung leisten muss, liegt ein *Schuldwechsel* vor. Wer die Zahlung verlangen kann, hat einen *Besitzwechsel*. Der eigene, selbst ausgestellte Wechsel enthält das Versprechen des Ausstellers, an den Wechselnehmer bei Fälligkeit eine bestimmte Geldsumme zu zahlen (*Solawechsel*). Der gezogene Wechsel enthält die Anweisung des Ausstellers an den Bezogenen, bei Fälligkeit eine bestimmte Geldsumme an einen im Wechsel genannten Dritten zu zahlen (*Tratte*).

Die gesetzlichen Bestandteile des Wechsels sind in Artikel 1 des Wechselgesetzes von 1933 aufgeführt. Unter anderem müssen das Wort »Wechsel« im Text der Urkunde, die unbedingte Anweisung, eine bestimmte Geldsumme zu zahlen, der Zahlende (Bezogener, Trassat), der Name des Wechselnehmers (Remittent), an den oder an dessen Order gezahlt werden soll, der Ausstellungstag und -ort und die Unterschrift des Ausstellers (Trassant) enthalten sein. In *Darstellung* 34 ist die Form eines Wechsels beispielhaft dargestellt. Dabei ist A der Wechselnehmer (an den gezahlt wird), B der Aussteller des Wechsels und C der Zahlende (Bezogene).
Die *Verwendungsmöglichkeiten* des Wechsels bestehen

1. in dessen *Aufbewahrung* im Portefeuille und Vorlage gegenüber dem Bezogenen am Fälligkeitstag.
2. im *Verkauf des Wechsels* vor Verfall durch den Wechselnehmer an die Hausbank (Diskontierung) unter Abzug des für die Zeitspanne zwischen Einreichung und Fälligkeit anfallenden Wechselzinses (Diskont). Unter *Diskontierung* versteht man also die Einlösung eines Wechsels bei einem Kreditinstitut. Bei einer Einlösung zum Laufzeitende berechnet das Kreditinstitut dem Wechselgläubiger nur Spesen, insbesondere die Inkassoprovision. Wird der Wechsel bereits vor Laufzeitende eingelöst, fallen zudem Zinsen an.
3. in der *Weitergabe des Wechsels* an einen Lieferanten zur Begleichung eigener Verbindlichkeiten (Indossierung).

Unterschrift des Bezogenen C

Magdeburg, den 20.6.2015

Gegen diesen *Wechsel zahlen* Sie *am 20.9.2015*
an die Order von *Fabrikant A 11 900* EUR *(elftausendneunhundert Euro)*
in *Dessau, Lehrer-Decker-Weg 2.*

Bezogener

Einzelhändler C
– Anschrift –

Unterschrift des Ausstellers

(Großhändler B)

Darstellung 34 Beispiel eines Wechsels

Die Anforderungen an einen rediskontfähigen Wechsel sind:

1. drei »gute« Unterschriften (Bonität),
2. Restlaufzeit nicht mehr als drei Monate und
3. zahlbar an einem Bankplatz und kein Sichtwechsel. *Sichtwechsel* sind fällig bei Vorlage, spätestens jedoch ein Jahr nach Ausstellung.

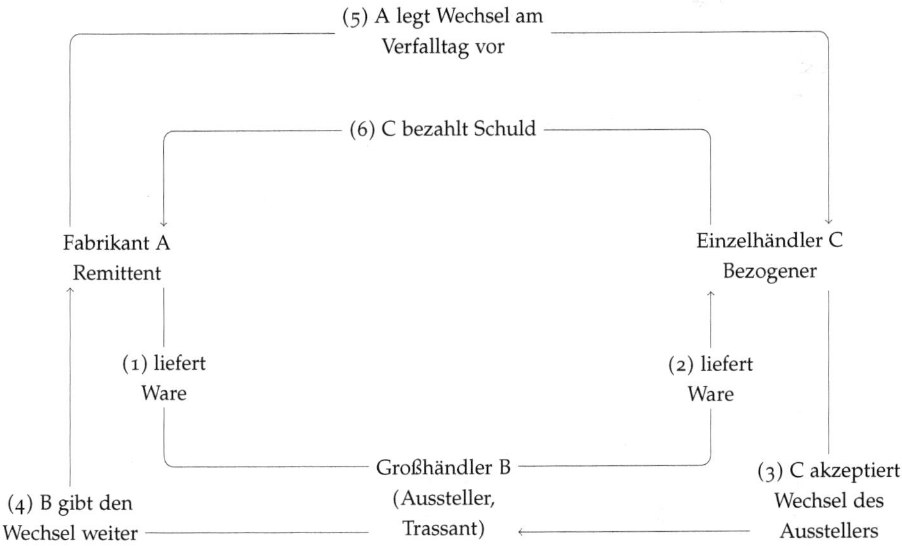

Darstellung 35 Kreislauf des Wechsels[73]

BEISPIEL

Das nachstehende Beispiel skizziert den Verlauf eines Wechselgeschäfts und ist schematisch in *Darstellung* 35 abgetragen.

(1) Ein Fabrikant A liefert Waren an den Großhändler B für 10 000 EUR (netto),

(2) der diese an den Einzelhändler C weiterveräußert. C kann auf Grund eines Liquiditätsengpasses erst in drei Monaten zahlen.

(3) Er akzeptiert einen Wechsel, den B ausstellt.

(4) B gibt seinerseits diesen Wechsel zahlungshalber an A weiter.

(5) Bei Fälligkeit legt A den Wechsel dem Wechselschuldner C vor.

(6) C zahlt die Schuld an A.

Ist der Bezogene bei Fälligkeit des Wechsels nicht zahlungsfähig, bestehen zwei Möglichkeiten:

1. Der Wechsel wird durch einen neuen Wechsel ersetzt. Es erfolgt eine Umbuchung auf das Konto *Prolongationswechsel*.
2. Ist der Wechselgläubiger zur Prolongation nicht bereit, geht der Wechsel zu Protest. Hierfür muss der letzte Inhaber des Wechsels für Rückgriffszwecke Protest erheben. Der Wechselprotest ist eine öffentliche Urkunde, in welcher ein Gerichtsvollzieher oder ein Notar bestätigt, dass der Bezogene den Wechsel nicht vollständig bezahlt hat. Für diese Bestätigung fallen Gebühren an, die zunächst der Wechselgläubiger zu tragen hat. Der zu Protest gegangene Wechsel wird vom Wechselgläubiger auf das Konto Protestwechsel umgebucht.

Wenn der Wechselinhaber (im obigen Beispiel der Fabrikant A) nicht der Bezogene (C) ist – er also den Wechsel vom Aussteller oder einem weiteren Vormann (B) erhalten hat – kann der Inhaber eines Protestwechsels auf diese Personen zurückgreifen. Neben der eigentlichen Wechselsumme kann der Wechselgläubiger dem Vormann weitere Beträge wie z. B. Zinsen, Auslagen, Provision aus der Wechselsumme oder Kosten des Protests in Rechnung stellen.

Der Zahlungsverkehr mittels Wechsel erreichte in den 1990er Jahren seinen Höhepunkt. Seit dem 1. Januar 1999 findet eine Refinanzierung von Wechseln zu vorteilhaften Zinskonditionen durch die Deutsche Bundesbank allerdings nicht mehr statt. Zwar rediskontiert die Bundesbank noch Handelswechsel, allerdings zu Marktkonditionen, was eine Verteuerung des Diskontgeschäfts für Kreditinstitute bedeutet.

In *Darstellung* 36 ist die Bedeutung des Wechsels als Zahlungsmittel im Zeitraum von 1950 bis 2013 dargestellt. Auf der Ordinate ist dabei das Kreditvolumen an inländische Nichtbanken in Form von Wechseln ausgewiesen. Es ist ersichtlich, dass der Wechsel als Zahlungsmittel inzwischen bedeutungslos geworden ist.

Trotz der faktischen Bedeutungslosigkeit des Wechsels als Zahlungsmittel ist die Verbuchung des Wechselverkehrs (immer) noch fester Bestandteil in vielen Lehrbüchern. Aufgrund mangelnder praktischer Bedeutung und der vergleichsweise aufwändigen Verbuchung, wird hier nicht weiter auf die buchhalterische Erfassung des Wechselverkehrs eingegangen.

Kreditvolumen in Form von Wechseln an inländische Nichtbanken in Mrd. EUR

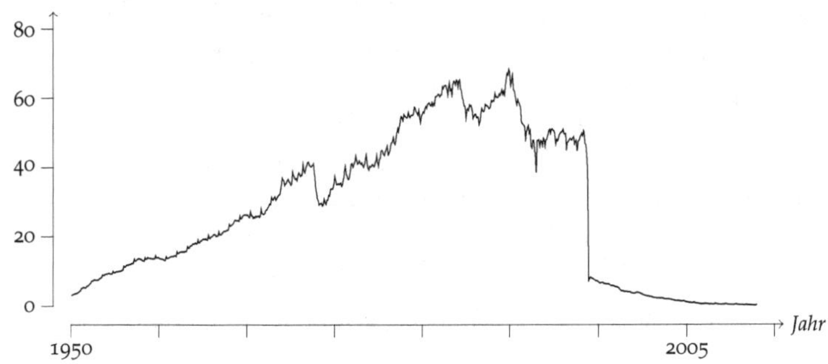

Darstellung 36 Entwicklung des Kreditvolumens in Form von Wechseln an inländische Nichtbanken in Milliarden EUR im Zeitraum von 1950 bis 2013

– EXKURS ENDE –

219–221 Lerneinheit 5 hat die Verbuchung spezieller Geschäftsvorfälle, insbesondere des Warenverkehrs, zum Inhalt. Der Fokus liegt dabei auf der Verbuchung der Geschäftsvorfälle, die mit dem Ein- und Verkauf von Waren einhergehen. Betriebe, die sich auf den Kauf und Verkauf von Waren spezialisiert haben, werden als Handelsbetriebe bezeichnet. Sie stellen, anders als Industriebetriebe, keine neuen Produkte her. Ein klassisches Beispiel für Handelsbetriebe sind Supermärkte.

Zunächst wird die Verbuchung des Warenverkehrs auf dem gemischten Warenkonto bzw. dem getrennten Wareneinkaufs- und Warenverkaufskonto vorgestellt, bevor die Frage beantwortet wird, mit welchem Wert die angeschafften Waren zu bilanzieren sind. Nachfolgend wird dann auf die Besonderheiten des Warenverkehrs, insbesondere auf Boni, Skonti und Rabatte eingegangen.

Neben dem Warenverkauf an Dritte, werden auch Leistungsbeziehungen zwischen Unternehmen und Unternehmer thematisiert. Diese Leistungsbeziehung wird als Eigenverbrauch bezeichnet. Der Eigenverbrauch stellt dabei kein Spezifikum des Warenverkehrs dar, er kann auch in Industrie- oder Dienstleistungsbetrieben auftreten.

Insgesamt wird in den nächsten Abschnitten die Verbuchung besonderer Geschäftsvorfälle betreffend

- Warenverkehr,
- Steuern,
- Anzahlungen,
- Materialwirtschaft sowie
- Lohn und Gehalt

behandelt.

Literatur und Lernziele I

1. *Literatur*

   Döring, Ulrich / Buchholz, Rainer (2015): *Buchhaltung und Jahresabschluss*, 14. Auflage, Erich Schmidt, Berlin, 45–51, 56–57.

   Eisele, Wolfgang / Knobloch, Alois Paul (2011): *Technik des betrieblichen Rechnungswesens*, 8. Auflage, Vahlen, München, 120–124, 129–153.

   Wöhe, Günter / Kußmaul, Heinz (2015): *Grundzüge der Buchführung und Bilanztechnik*, 9. Auflage, Vahlen, München, 109–132, 141–158.

219

Literatur und Lernziele II

2. *Lernziele*

   Nach dieser Lerneinheit ...

   - können Sie den Warenverkehr bei getrenntem und gemischtem Warenkonto verbuchen,
   - können Sie den Warenbezugsaufwand bzw. den Versandaufwand buchhalterisch erfassen,
   - können Sie Retouren und Preisnachlässe verbuchen,
   - sind Sie in der Lage, den Eigenverbrauch konkret zu berechnen und buchhalterisch zu erfassen.

220

Roter Faden durch die 5. Lerneinheit

4.2 Erfassung des Warenverkehrs ...
1. Gemischtes Warenkonto
2. Getrenntes Wareneinkaufs- und Warenverkaufskonto
3. Anschaffungskosten
4. Anschaffungsnebenkosten
5. Warenversandaufwand
6. Barkauf- / verkauf von Waren
7. Zielkauf- / verkauf von Waren
8. Retouren und Preisnachlässe
   8.1 Retouren
   8.2 Preisnachlässe
      8.2.1 Rabatte
      8.2.2 Boni
      8.2.3 Skonti
9. Eigenverbrauch

221

4.1 *Erfassung des Warenverkehrs*

222 Die aus buchhalterischer Sicht wichtigsten Elemente des Warenverkehrs sind in *Darstellung* 37 skizziert und werden in den nachstehenden Abschnitten erläutert.

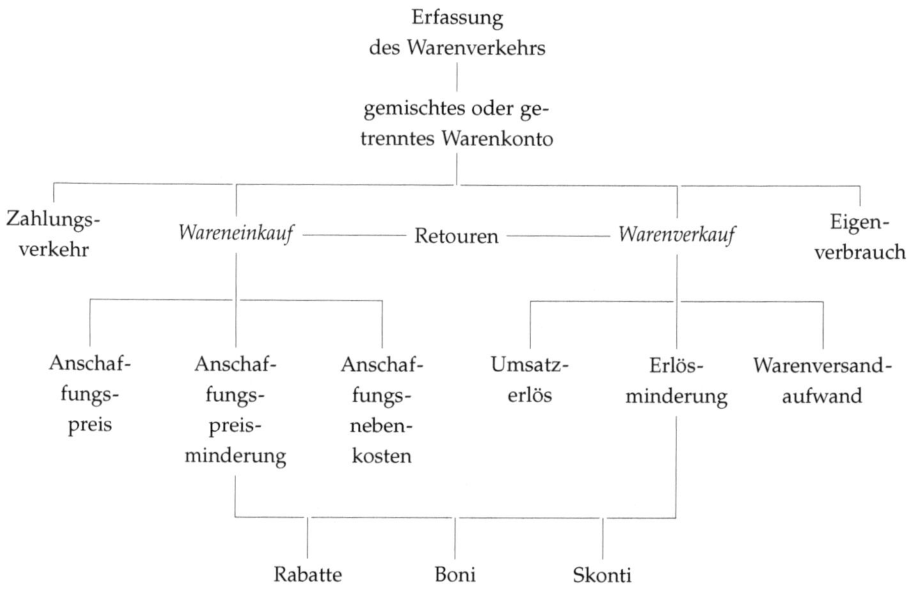

Darstellung 37 Erfassung des Warenverkehrs

Das Geschäft des klassischen *Handelsbetriebs* besteht im Kauf und Verkauf von Handelswaren. Ein Transformationsprozess[74] findet – anders als im Industriebetrieb – nicht statt. Reine Handelswaren unterscheiden sich deshalb im Vergleich zu Erzeugnissen des produzierenden Gewerbes (Industriebetrieb) dadurch, dass sie ohne Veränderungen (Transformationen) weiterveräußert werden. Der Prozess im Handelsbetrieb ist in *Darstellung* 38 skizziert.

[74] *Prozess der Umwandlung i. S. v. Be- und Verarbeitung von Rohstoffen und Erzeugnissen.*

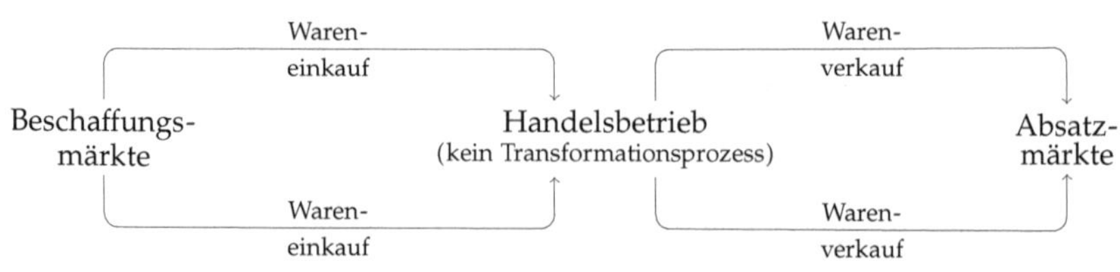

Darstellung 38 Prozess eines Handelsbetriebs[75]

[75] In Anlehnung an *Eisele/Knobloch* (2011), S. 395.

Erfassung des Warenverkehrs

- *Handelswaren* sind materielle Wirtschaftsgüter, die ohne weitere Wertschöpfung etwa durch Be- oder Verarbeitung weiterverkauft werden (z. B Bücher).
- Der Verkauf von (Handels-)Waren erfolgt i. d. R. zu einem Preis, der über den Anschaffungskosten liegt; die Differenz zwischen Verkaufspreis und Anschaffungskosten bezeichnet man als *Warenrohgewinn/-verlust (Warenbruttoerfolg)*.
- Es bestehen *zwei Möglichkeiten* der buchhalterischen Behandlung des Warenverkehrs und zwar in Form …

  … des *gemischten* Warenkontos und des

  … *getrennten* Wareneinkaufs- und Warenverkaufskontos.

222

Gemischtes Warenkonto I

- Beim gemischten Warenkonto werden Wareneinkäufe und -verkäufe auf ein- und demselben Konto »*Warenkonto*« verbucht.
- Das Konto »*Warenkonto*« wird als *Mischkonto* bezeichnet, da es zugleich Bestands- und Erfolgskonto darstellt (sog. Bestandskonto mit Erfolgscharakter).
- Der Saldo muss in eine Bestands- und Erfolgskomponente unterteilt werden.
- *Problem* – unterschiedliche Bewertung der Waren und damit verbundene Unübersichtlichkeit, denn …

  … AB, Zugänge und EB werden zu Anschaffungskosten bewertet,

  … Abgänge werden dagegen zu Verkaufspreisen bewertet.

223

Gemischtes Warenkonto II

./.	EB (lt. Inventur)
+	Warenrohgewinn/-verlust
=	Saldo

Soll	Warenkonto		Haben
AB (zu AK)		Abgänge (zu VP)	
Zugänge (zu AK)			
Saldo			
Summe	…	Summe	…

- Das Konto ist zunächst unausgeglichen, sofern am Abschlussstichtag noch Warenbestände vorhanden sind.
- Ein Saldo (ohne Kenntnis des EB lt. Inventur) würde eine nicht-interpretierbare Mischung aus Strom- und Bestandsgröße nach sich ziehen.
- *Abschluss* des Warenkontos *in zwei Schritten*:

  1. Zunächst *Ermittlung des Endbestands lt. Inventur* (außerhalb der doppelten Buchführung); dieser geht in die Schlussbilanz ein. 224

Die Wertschöpfung beim Handelsbetrieb besteht z. B. in der Zurverfügungstellung von Lager- oder Verkaufsfläche wie etwa bei Supermärkten. Supermärkte verkaufen ihre Waren i. d. R. in der Form, in der sie sie erwerben. Gewinn entsteht bei diesem Geschäft aus der Differenz von Verkaufspreisen und Anschaffungskosten. Diese Differenz wird als Warenrohgewinn bezeichnet. Die Anschaffungskosten sind dabei i. d. R. nicht äquivalent zu den Einstandspreisen.[76]

[76] *Dazu mehr in Abschnitt 4.1.3 ab Seite 180.*

Die buchhalterische Erfassung des Warenverkehrs in Handelsbetrieben erfolgt grundsätzlich entweder auf einem einzigen Konto, dem *gemischten Warenkonto*, oder auf zwei Konten, bei denen der Wareneinkauf und -verkauf auf getrennten Konten erfasst wird (sog. *getrenntes Warenkonto*).

4.1.1 *Gemischtes Warenkonto*

223–226 Beim gemischten Warenkonto werden sowohl die Zugänge mit Einstandspreisen (im Soll) als auch die Abgänge mit Verkaufspreisen (im Haben) erfasst. Das gemischte Warenkonto ist Bestandskonto und Erfolgskonto in einem und wird deshalb auch als Bestandskonto mit Erfolgscharakter (»Mischkonto«) bezeichnet. Der Abschluss des Warenkontos erfolgt – unabhängig von der Führung des Warenkontos in getrennter oder gemischter Form – in zwei Schritten. Zum einen müssen die – durch Inventur ermittelten – Endbestände an die Schlussbilanz »übergeben« werden. Zum anderen muss der Saldo über die GuV verbucht werden.

BEISPIEL

Zu Beginn des Geschäftsjahres werden 5 Mengeneinheiten (ME) Waren zu einem Stückpreis von 10 EUR (netto) erworben. Im Laufe des Geschäftsjahres werden 3 ME zu je 25 EUR das Stück verkauft. Am Ende des Geschäftsjahres sind noch 2 ME zu je 10 EUR auf Lager. Vor Abschluss des gemischten Warenkontos hat dieses folgendes Aussehen:

Soll	gemischtes	Warenkonto	Haben
	EUR		EUR
Anfangsbestand	0	Warenausgang	75
Wareneingang	50		
Summe	...	Summe	...

Es ergibt sich ein Habensaldo von 25 EUR, der im Soll steht. Würde das Warenkonto durch einen einzigen Buchungssatz abgeschlossen werden, müsste der Buchungssatz »*Warenkonto an* ...« lauten.

Gemischtes Warenkonto III

2. Der *Ausgleich* des Kontos erfolgt im Anschluss *durch* den *Warenrohgewinn/-verlust*, der erst ermittelt werden kann, wenn der EB lt. Inventur feststeht.

- *Ergebnis* – zum Abschluss des gemischten Warenkontos sind zwei Buchungen erforderlich!

1. Abschluss über das SBK:

   SBK
   an Warenkonto (EB lt. Inventur)

2. Abschluss über die GuV:

   Warenkonto (Warenrohgewinn)
   an GuV

225

Gemischtes Warenkonto IV

- Keine Probleme ergeben sich bei Endbestand = 0, da der Saldo dann eine reine Erfolgsgröße darstellt (Warenrohgewinn/-verlust).
- Ebenfalls keine Probleme ergeben sich bei *Anschaffungskosten = Veräußerungspreis*, da dann keine Erfolgswirkung eintritt, der Saldo stellt dann eine Bestandsgröße (in Form des Endbestands) dar.

226

Beispiel 14 (Gemischtes Warenkonto)

Neben seinem Stammgeschäft der Kunstschreinerei handelt August Hobel noch in beschränktem Maße mit Edelhölzern. Der Anfangsbestand an Kirschholz am 01.01.2015 betrug 10 Festmeter à 1 500 EUR/m^3 (netto). Der Warenzukauf per Banküberweisung in 2015 betrug 2 m^3 zu 1 300 EUR/m^3 (netto). Hobel veräußerte in 2015 9 m^3 zu 2 000 EUR/m^3 (netto).

Ermitteln Sie ...

1. den Endbestand lt. Inventur unter Verwendung der lifo (last-in first-out)-Methode,
2. den Rohgewinn und
3. verbuchen Sie die Geschäftsvorfälle und den Warenkontenabschluss unter der Maßgabe der Verwendung eines gemischten Warenkontos!

227

Würde das Schlussbilanzkonto (GuV-Konto) im Haben angesprochen werden, käme dies einer Erhöhung des Eigenkapitals um 25 EUR gleich.[77] Der Gewinn aus den veräußerten ME beträgt jedoch $3 \times (25 - 10) = 45$ EUR. Reduziert um die Anschaffungskosten der noch auf Lager liegenden ME ergäbe sich ein Gewinn von $(45 - 2 \times 10 =)$ 25 EUR. Das bedeutet, dass der gesamte Wareneinkauf aufwandswirksam berücksichtigt werden würde, was aber nicht sein kann, da ja noch zwei Mengeneinheiten auf Lager liegen.

[77] *Dabei würde unterstellt werden, dass alle im Geschäftsjahr erworbenen Waren erfolgswirksam geworden sind.*

Im Ergebnis muss der Abschluss des Warenkontos in zwei Schritten erfolgen, wobei im ersten Schritt (1) der Endbestand lt. Inventur ermittelt wird und im zweiten Schritt (2) sich dann der Saldo als Warenrohgewinn/-verlust ergibt. Für das Beispiel führt dies zu nachstehendem Abschluss des Warenkontos:[78]

[78] *Der Endbestand ergibt sich aus 2 × 10 EUR = 20 EUR. Der Saldo ermittelt sich als 75 + 20 − 50 = 45 EUR.*

Soll	Warenkonto		Haben
	EUR		EUR
Anfangsbestand	0	Warenausgang	75
Wareneingang	50	Endbestand (1)	20
Saldo (2)	45		
Summe	95	Summe	95

227–231 *Beispiel 14* zeigt den Abschluss des gemischten Warenkontos in einem etwas erweiterten Fall. Anders als im obigen Beispiel beträgt der Anfangsbestand nicht null. Des Weiteren erfolgt der Einkauf zu unterschiedlichen Preisen.[79] Letztlich ergeben sich bei schwankenden Einstandspreisen Probleme bei der Bewertung am Ende des Geschäftsjahres. Dies folgt aus der Tatsache, dass gleiche Güter – wie etwa Benzin – kontinuierlich zu anderen Preisen erworben werden und am Ende des Geschäftsjahres niemand genau sagen kann, von welcher Charge wie viel am Ende noch vorhanden ist, da die einzelnen Chargen untrennbar vermischt sind. Im Fall des Benzins wird man zwingend auf sog. Bewertungsvereinfachungsverfahren zurückgreifen, bei denen z. B. angenommen werden kann, dass die zuletzt erworbenen Mengen zuerst veräußert werden (last-in first-out- bzw. lifo-Methode).[80]

[79] *Das Problem unterschiedlicher Preise wird später in Abschnitt 8.5 ab Seite 434 noch detailliert aufgegriffen.*

[80] *Zu den Bewertungsvereinfachungsverfahren vgl. Abschnitt 8.5 ab Seite 434.*

Bei bestimmten Handelswaren – wie etwa Joghurt – besteht dieses Problem nicht. Man könnte hier aufgrund des Scanvorgangs an der Kasse schon genau nachvollziehen aus welcher Charge der verkaufte Joghurt stammt. Dieses exakte – wenngleich aufwändige – Nachvollziehen für buchhalterische Zwecke wird als *Skontrationsmethode* bezeichnet. In diesem Fall wäre eine Inventur der Handelswaren obsolet, da sich über die Buchhaltung der Lagerbestand am Ende des Geschäftsjahres ermitteln lässt.

Lösung Beispiel 14 I // 1. Ermittlung des Endbestands lt. Inventur

- Der Endbestand (lt. Inventur!) beträgt (10 + 2 – 9 =) 3 m^3.
- Die Bewertung erfolgt zu 1 500 EUR / m^3 (lifo-Methode; zur Technik der Bewertung und gesetzlicher Konformität derselben vgl. dazu später Kapitel 8.5.1 ab Folie 594).

	m^3	EUR / m^3	EUR
Anfangsbestand	10	1 500	15 000
+ Wareneingang	2	1 300	2 600
./. Warenverkauf	9	2 000	18 000
Endbestand	3	1 500	4 500

- Der Endbestand ergibt sich durch Ermittlung *außerhalb* der doppelten Buchführung und wird mit EB = 3 × 1 500 = 4 500 EUR bewertet.

228

Lösung Beispiel 14 II // 2. Ermittlung des Warenrohgewinns

- Es wurden 2 Einheiten zu 1 300 EUR / m^3 und 7 Einheiten zu 1 500 EUR / m^3 verkauft (lifo-Methode).
- Ermittlung des Warenrohgewinns:
  Rohgewinn = Umsatzerlöse – Anschaffungskosten
  = 18 000 – 2 × 1 300 – 7 × 1 500 = 4 900
- Ergebnis ohne Kenntnis des Endbestands lt. Inventur und ohne Kenntnis des Warenrohgewinns:

Soll	Warenkonto		Haben
AB	15 000	Abgang	18 000
Zugang	2 600		
Saldo	400		
Summe	18 000	Summe	18 000

229

Lösung Beispiel 14 III // 3. Buchungssätze und Abschluss des Warenkontos

- *Buchhalterische Abbildung*
  Verbuchung des Wareneinkaufs:

Warenkonto	*2 600* EUR	
Vorsteuer	*494* EUR	
an Bank		*3 094* EUR

Verbuchung des Warenverkaufs:

Bank	*21 420* EUR	
an Warenkonto		*18 000* EUR
Umsatzsteuer		*3 420* EUR

230

Da die Skontrationsmethode ohne Inventur auskommt, wird diese Methode auch als inventurunabhängiges Verfahren bezeichnet. Das bedeutet, dass der Abschluss des Warenkontos auch ohne Inventur erfolgen kann.

Die Inventur an sich – unabhängig von der buchhalterischen Erfassung des Abgangs – erfolgt außerhalb der doppelten Buchführung.

4.1.2 *Getrenntes Warenkonto*

232 Beim getrennten Warenkonto enthält das *Wareneinkaufskonto* auf der Sollseite neben dem Anfangsbestand die Zugänge zu *Einkaufspreisen* sowie die Bezugsausgaben. Auf der Habenseite werden Rücksendungen gegen Gutschrift sowie gewährte Preisnachlässe berücksichtigt. Ferner wird dort der festgestellte Periodenendbestand an Waren gebucht. Das Wareneinkaufskonto wird entweder über das Warenverkaufskonto (Nettoabschluss) oder über das GuV-Konto (Bruttoabschluss) abgeschlossen. Das Wareneinkaufskonto selbst ist ein Mischkonto. Zum Abschluss des Kontos sind wiederum zwei Buchungen erforderlich.

Das *Warenverkaufskonto* repräsentiert den Warenverkehr mit den Kunden und wird zu *Verkaufspreisen* geführt. Es enthält auf der Habenseite die eigentlichen Verkäufe; Rücksendungen von Kunden sowie an Kunden gewährte Preisnachlässe werden auf der Sollseite verbucht. Es handelt sich damit um ein (reines) Erfolgskonto, das über das GuV-Konto abgeschlossen wird.

233 Der Abschluss des getrennten Warenkontos und Ermittlung des Rohgewinns / -verlusts können entweder nach der Brutto- oder nach der Nettomethode erfolgen. Beim Abschluss nach der *Bruttomethode* wird der Wareneinsatz und der Warenverkauf an die GuV gebucht. Der Saldo (Warenrohgewinn / -verlust) wird anschließend auf dem GuV-Konto ersichtlich.

Lösung Beispiel 14 IV // 3. Buchungssätze und Abschluss des Warenkontos

Abschluss des Warenkontos:

SBK 4 500 EUR
an Warenkonto 4 500 EUR

Warenkonto 4 900 EUR
an GuV 4 900 EUR

- Darstellung des Warenkontos nach Abschluss:

Soll	Warenkonto		Haben
AB	15 000	Abgang	18 000
Zugang	2 600	EB (lt. Inventur)	4 500
Rohgewinn	4 900		
Summe	22 500	Summe	22 500

231

Getrenntes Warenkonto

Das Warenkonto ist getrennt in ein *Wareneinkaufs-* und ein *Warenverkaufskonto*.

1. Das *Wareneinkaufskonto* ...
   ... ist ein Bestandskonto mit Erfolgscharakter (Mischkonto).
   ... enthält AB, Zugänge und EB zu Einstandspreisen.
2. Das *Warenverkaufskonto* ...
   ... ist ein Erfolgskonto.
   ... enthält die Abgänge zu Verkaufspreisen.

   Das *Wareneinkaufskonto* wird (beim Abschluss nach der Bruttomethode) über die GuV abgeschlossen, jedoch handelt es sich deshalb nicht um ein typisches Mischkonto, da unterjährig keine erfolgswirksamen Geschäftsvorfälle über das *Wareneinkaufskonto* dokumentiert werden. 232

Warenkontenabschluss I // (bei getrenntem Warenkonto)

Bruttomethode (Abschluss beider Konten über die GuV)

- Der Wareneinsatz wird als Aufwand aus dem Wareneinkaufskonto direkt auf das GuV-Konto gebucht:

  GuV
  an Wareneinkauf

- Der Warenumsatz (Warenverkauf) wird als Ertrag aus dem Warenverkaufskonto direkt auf das GuV-Konto gebucht:

  Warenverkauf
  an GuV

- Der Erfolg (Warenrohgewinn / -verlust) ergibt sich aus dem Saldo in der GuV. 233

234–235 Bei der *Nettomethode* wird der Wert der veräußerten Handelswaren (sog. Wareneinsatz) an das Warenverkaufskonto weitergegeben. Auf dem Warenverkaufskonto entsteht dann der Warenrohgewinn/-verlust. Der Warenrohgewinn/-verlust wiederum wird an die GuV weitergegeben.

236 Der Abschluss des *Warenverkaufskontos* findet unabhängig von der Brutto- oder Nettomethode über die GuV statt. Allerdings unterscheiden sich die gebuchten Beträge. Während bei der Bruttomethode der gesamte Umsatz an die GuV weitergegeben wird, erfolgt bei der Nettomethode die Weitergabe des Gewinns/Verlusts aus dem Handelsgeschäft. Ebenso wird der Endbestand lt. Inventur unabhängig von der Brutto- oder Nettomethode an das Schlussbilanzkonto gebucht. Dies wird noch einmal aus *Darstellung* 39 deutlich.

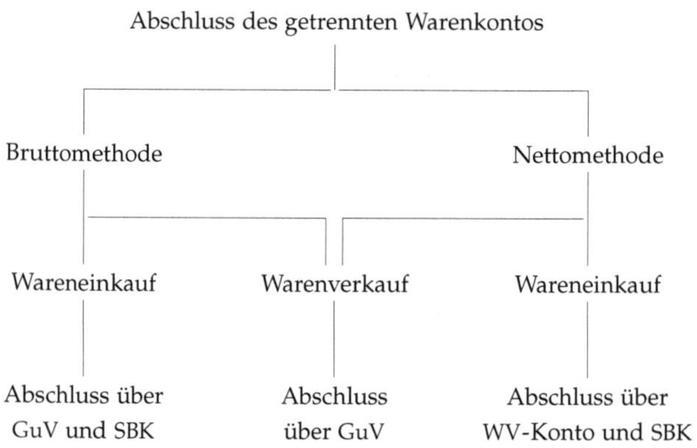

Darstellung 39 Abschluss des getrennten Warenkontos

Eine Zusammenfassung des Abschlusses des Warenkontos im Fall des gemischten bzw. getrennten Warenkontos liefert *Abb. 15*.

Warenkontenabschluss II // (bei getrenntem Warenkonto)

Nettomethode

- Der Saldo des Wareneinkaufskontos (Wareneinsatz) wird nicht auf dem GuV-Konto, sondern auf dem Warenverkaufskonto gegengebucht.

  Warenverkauf
  an Wareneinkauf

- Der Saldo des Warenverkaufskontos (Warenrohgewinn / -verlust) wird dann im GuV-Konto gegengebucht.

  Warenverkauf (bei Warenrohgewinn)
  an GuV

  GuV
  an Warenverkauf (bei Warenrohverlust) 234

Warenkontenabschluss III // (bei getrenntem Warenkonto)

- *Problem der Nettomethode* – Verlust wertvoller Informationen, da der Bilanzleser nur die Höhe des Warenerfolgs, jedoch nichts über dessen Zusammensetzung erfährt.
- Der Bruttomethode sollte daher der Vorzug gegeben werden (beachte das Saldierungsverbot des § 246 Abs. 2 HGB; vgl. Folie 412).

Generelles Problem beider Methoden:

- Ermittlung des Warenbestandes und damit des Wareneinsatzes erst am Jahresende durch Inventur möglich.
- Daher existieren keine laufenden Informationen über die Höhe ...

  ... des Warenbestandes (zur Lagerdisposition).

  ... die Höhe des bislang erwirtschafteten Erfolges (Erfolgskontrolle).

235

Zusammenfassung Warenkontenabschluss

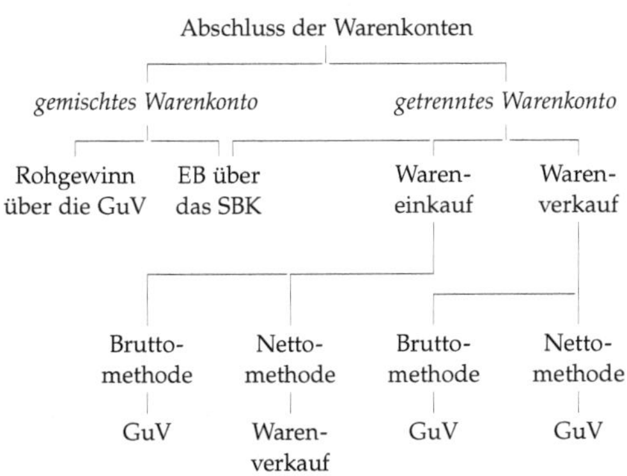

Abb. 15 Zusammenfassung des Warenkontenabschlusses 236

237–238 *Beispiel 15* zeigt den Abschluss des getrennten Warenkontos im Fall der Brutto- bzw. Nettomethode. Dabei wird die Verbuchung des Endbestands lt. Inventur als erster Schritt vernachlässigt. Bei der Bruttomethode ergibt sich der Gewinn als Saldo aus Wareneinsatz und Warenverkauf in der GuV, während sich der Gewinn bei der Nettomethode auf dem Warenverkaufskonto einstellt.

In den nachstehenden Abschnitten werden die in *Darstellung 37* auf Seite 170 abgebildeten Elemente des Warenverkehrs erläutert. Nachstehend sind die wichtigsten Bestandteile des Warenkontos nochmals zusammengefasst.

Soll	Warenkonto		Haben
	EUR		EUR
Anfangsbestand		Endbestand	
Zugänge		Abgänge	
Anschaffungsnebenkosten		Rücksendungen an Lieferanten	
Erlösminderungen		Anschaffungspreisminderungen	
Warenbezugsaufwand			
Summe		Summe	

4.1.3 *Anschaffungskosten*

239 In Abschnitt 4.1 wurde der Warenrohgewinn/-verlust vereinfacht als Differenz zwischen Anschaffungskosten und Verkaufspreis bezeichnet. Die Anschaffungskosten repräsentieren dabei nicht nur den Kaufpreis der Vermögensgegenstände[81], vielmehr sind Anschaffungskosten »*Aufwendungen, die geleistet werden, um einen Vermögensgegenstand zu erwerben und ihn in einen betriebsbereiten Zustand zu versetzen, soweit sie dem Vermögensgegenstand einzeln zugerechnet werden können. Zu den Anschaffungskosten gehören auch die Nebenkosten sowie die nachträglichen Anschaffungskosten. Anschaffungspreisminderungen sind abzusetzen*«, § 255 Abs. 1 HGB.

Die gesetzliche Definition der Anschaffungskosten wirkt sich insbesondere auf den Wertansatz der auf Lager liegenden Waren aus. Alle Aufwendungen zur Beschaffung der Waren, abzüglich der Anschaffungspreisminderungen, müssen aktiviert werden und werden erst erfolgswirksam, wenn die zugrundeliegenden Vermögensgegenstände (hier: Waren) veräußert werden.

[81] *Welche Merkmale für das Vorliegen eines Vermögensgegenstands vorliegen müssen, wird in Abschnitt 6.5.2 ab Seite 304 erläutert.*

Beispiel 15 (getrenntes Warenkonto) I

Warenkontenabschluss *brutto* auf Basis von Beispiel 14 auf Folie 227.

Soll	Wareneinkauf		Haben
AB	15 000	EB	4 500
Zugang	2 600	GuV	13 100
Summe	17 600	Summe	17 600

Soll	Warenverkauf		Haben
GuV	18 000	Verkauf	18 000
Summe	18 000	Summe	18 000

Soll	GuV		Haben
Wareneinsatz	13 100	Warenverkauf	18 000
Gewinn	4 900		
Summe	18 000	Summe	18 000

GuV *13 100* EUR
an *Wareneinkauf* *13 100* EUR

Warenverkauf *18 000* EUR
an *GuV* *18 000* EUR

237

Beispiel 15 (getrenntes Warenkonto) II

Warenkontenabschluss *netto* auf Basis von Beispiel 14 auf Folie 227.

Soll	Wareneinkauf		Haben
AB	15 000	EB	4 500
Zugang	2 600	Warenverkauf	13 100
Summe	17 600	Summe	17 600

Soll	Warenverkauf		Haben
Wareneinsatz	13 100	Verkauf	18 000
GuV	4 900		
Summe	18 000	Summe	18 000

Soll	GuV		Haben
Gewinn	4 900	Warenverkauf	4 900
Summe	4 900	Summe	4 900

Warenverkauf *13 100* EUR
an *Wareneinkauf* *13 100* EUR

Warenverkauf *4 900* EUR
an *GuV* *4 900* EUR

238

Anschaffungskosten

- Die *Anschaffungskosten*[5] (AK) ergeben sich als ...

  Anschaffungspreis
  \+ Anschaffungsnebenkosten
  ./. Anschaffungspreisminderungen
  = Anschaffungskosten

- Zu den *Nebenkosten der Anschaffung* gehört bspw. der Bezugsaufwand (Transport, Versicherung).
- Unter *Anschaffungspreisminderungen* versteht man z. B Boni, Skonti und Rabatte (vgl. Kapitel 4.2.9 ab Folie 244).
- An dieser Stelle wird lediglich Bezug auf die Verbuchung des Warenverkehrs genommen, zur Ermittlung der Anschaffungskosten vgl. Kapitel 7.2 ab Folie 434.

[5] Vgl. dazu später ausführlicher auf Folien 436 ff.

239

4.1.4 *Anschaffungsnebenkosten*

240 *Anschaffungsnebenkosten* erhöhen die Anschaffungskosten und lassen sich in

- Nebenkosten des Erwerbs
- Nebenkosten des Transports und
- Nebenkosten der Inbetriebnahme

unterteilen. Für den Bezug von Handelswaren sind insbesondere die Nebenkosten des Transports von Bedeutung.[82] Kosten der Inbetriebnahme entstehen z. B. bei der verpflichtenden Abnahme einer Anlage durch den TÜV.

Die Anschaffungsnebenkosten beim Bezug von Waren werden auf einem gesonderten Konto *Bezugsaufwand* erfasst. Der Bezugsaufwand wird am Ende des Geschäftsjahres über das Warenkonto abgeschlossen.

Bei umfangreichen Warenbewegungen ist die einzelne Zuordnung der Nebenkosten häufig nicht mehr möglich. Die Praxis behilft sich dadurch, dass die Bezugsaufwendungen – auch wenn grds. nicht ganz korrekt – über die GuV abgeschlossen werden und die Endbestände quotal um die Nebenkosten aufgestockt werden. Die Zuschlagssätze beruhen dabei auf Erfahrungen der Vergangenheit.

[82] *Nebenkosten des Erwerbs und der Inbetriebnahme kommen eher im Anlagevermögen vor. Kosten des Erwerbs können z. B. Maklergebühren oder Grunderwerbsteuer beim Kauf von Immobilien sein.*

4.1.5 *Warenversandaufwand*

241 Anders als beim Bezugsaufwand beinflusst der *Warenversandaufwand* keine Bestandsgrößen. Das Konto »Warenversandaufwand« wird am Ende des Geschäftsjahres über das *GuV-Konto* abgeschlossen.

4.1.6 *Barkauf/-verkauf*

242 Der Barkauf bzw. Barverkauf kommt im Vergleich zum Zielkauf/-verkauf weniger häufig vor. In der Regel erhält der Empfänger der Ware bei Wareneingang eine Rechnung. Der Barkauf stellt eine erfolgsneutrale Vermögensumschichtung in Form des Aktivtauschs dar. Da das Konto Bezugsaufwand über das Warenkonto abgeschlossen wird, resultiert keine Erfolgswirkung. Der Barverkauf stellt hingegen einen erfolgswirksamen Geschäftsvorfall dar.

Der Zeitpunkt der buchhalterischen Abbildung von Bargeschäften hängt von der Erfüllung des Verpflichtungsgeschäfts ab. Die bloße Unterzeichnung eines Kaufvertrags (= Verpflichtungsgeschäft) führt nicht zu einer Realisation. Erst durch Lieferung oder Zahlung erfüllt eine Vertragspartei das ihrerseits Erforderliche. Der Geschäftsvorfall findet nun Eingang in die Bücher.

Anschaffungsnebenkosten // Warenbezugsaufwand

- *Anschaffungsnebenkosten* werden aus Gründen der Transparenz über ein *gesondertes Aufwandskonto »Bezugsaufwand«* erfasst, welches ein Unterkonto des *»Wareneinkaufskontos«* darstellt. Das bedeutet, dass das Konto *»Bezugsaufwand«* über das Konto *»Wareneinkauf«* abgeschlossen wird.
- Alternativ können die Anschaffungsnebenkosten direkt über das Konto *»Wareneinkauf«* (getrenntes Warenkonto) verbucht werden.
- Verbuchung des Abschlusses des Kontos *»Bezugsaufwand«*:

Wareneinkauf
an *Bezugsaufwand*

240

Warenversandaufwand

- Aufwendungen für den Versand fallen an, wenn der Lieferer die Versandaufwendungen dem Kunden nicht in Rechnung stellt.
- Dies geschieht z. B im Fall der »Lieferung frei Haus«.
- Versandaufwendungen können z. B Transportkosten, Versicherungen und Kosten für Verpackungsmittel darstellen.
- Die Aufwendungen werden über das Konto *»Warenversandaufwand«* erfasst.
- Das Konto *»Warenversandaufwand«* wird nicht über das Warenverkaufskonto abgeschlossen, sondern direkt über die GuV.
- Verbuchung des Abschlusses des Kontos *»Warenversandaufwand«*

GuV
an *Warenversandaufwand* 241

Barkauf/-verkauf

- Der *Barkauf* bzw. *Barverkauf* wurde implizit schon verbucht. Nachstehend sind die Buchungen bei getrenntem Warenkonto der Vollständigkeit halber (ohne Retouren oder Preisnachlässe) aufgeführt.
- Verbuchung *Barkauf*

Wareneinkauf
Bezugsaufwand
Vorsteuer
an *Kasse/Bank*

- Verbuchung *Barverkauf*

Kasse/Bank
an *Warenverkauf*
Warenversandaufwand
Umsatzsteuer 242

4.1.7 *Zielkauf/-verkauf*

243 Der *Zielkauf* stellt analog zum Barkauf einen erfolgsneutralen Geschäftsvorfall in Form einer Aktiv-Passiv-Mehrung dar, der eine Änderung der Vermögensstruktur und der Kapitalstruktur zur Folge hat. Der *Zielverkauf* ist erfolgswirksam, wobei der Ertrag mit einer Zunahme eines aktiven Bestandskontos (z. B. Forderungen aus L. u. L. oder Bank) einhergeht.[83] Der Zeitpunkt der buchhalterischen Erfassung ergibt sich analog zum Bargeschäft.

[83] *Fallweise findet eine Ausbuchung bereits bilanzierter Waren statt.*

4.2 *Retouren und Preisnachlässe*

244 *Retouren* unterscheiden sich von *Preisnachlässen* dahingehend, dass bei Retouren eine Rücksendung der Waren erfolgt, während bei Preisnachlässen die Kosten der angeschafften Waren vermindert werden.

In beiden Vorfällen kommen i. d. R. Umsatz- bzw. Vorsteuerkorrekturen zum Tragen. Da die Umsatzsteuer i. d. R. nicht zu den Anschaffungskosten zählt, erfolgt in Höhe der Umsatzsteuerberichtigung keine Reduktion der Anschaffungskosten.

4.2.1 *Retouren*

245–246 Die Rücksendung von Waren an Lieferanten oder durch den Kunden wird buchhalterisch als sog. Storno erfasst. Eine »Streichung« der ursprünglichen Buchung kommt nicht in Betracht. Dies würde gegen die Grundsätze ordnungsmäßiger Buchführung, mit denen wir uns in Abschnitt 6.5.1 ab Seite 302 noch näher befassen werden, verstoßen. Entstehen bei der Rücksendung an den Lieferanten Aufwendungen für den Transport, die vom Kunden getragen werden müssen, so finden diese Aufwendungen nicht Eingang in das Warenkonto. Sie vermindern nicht die Anschaffungskosten der noch auf Lager liegenden Waren. Vielmehr werden die Aufwendungen über die GuV gesammelt.

Bei den Retouren unterscheidet man die in *Darstellung* 40 separierten Fälle der Rücksendung an Lieferanten und Rücksendung durch Kunden.

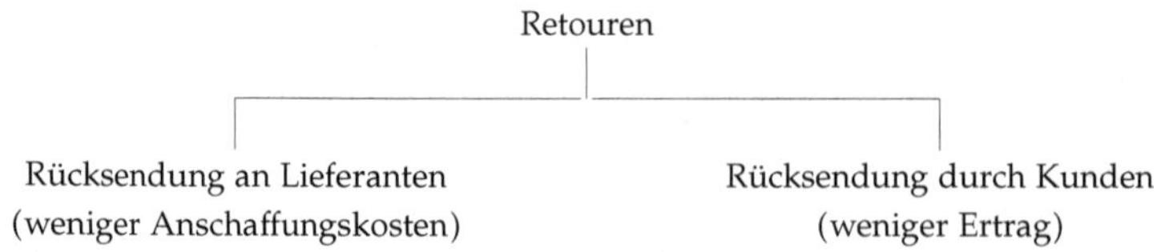

Darstellung 40 Retouren

Zielkauf/-verkauf

- Der Zielkauf respektive Zielverkauf erfolgt analog zum Barkauf-/verkauf.
- *Zielkauf* (Versandkosten werden in Rechnung gestellt)

  Wareneinkauf
  Bezugsaufwand
  Vorsteuer
  an Verbindlichkeiten aus L. u. L.

- *Zielverkauf*

  Forderungen aus L. u. L.
  an Warenverkauf
  Warenversandaufwand
  Umsatzsteuer

243

Retouren und Preisnachlässe

- *Problem* – bei Warenrücksendungen (Retouren), Gutschriften und Preisnachlässen ändert sich die Bemessungsgrundlage der USt.
- Gem. § 17 Abs. 1 UStG ist zwingend eine *Berichtigung* durchzuführen.

  (1) [1]Hat sich die Bemessungsgrundlage für einen steuerpflichtigen Umsatz im Sinne des § 1 Abs. 1 Nr. 1 geändert, hat der Unternehmer, der diesen Umsatz ausgeführt hat, den dafür geschuldeten Steuerbetrag zu berichtigen. [2]Ebenfalls ist der Vorsteuerabzug bei dem Unternehmer, an den dieser Umsatz ausgeführt wurde, zu berichtigen.

- *Korrekturbuchungen* sind zwingend durchzuführen.
- Zu den Auswirkungen auf die Anschaffungs- und Herstellungskosten vgl. Abschnitt 7.2 ab Folie 434.

244

Retouren I

1. *Rücksendung an einen Lieferanten*

   Verbuchung der Eingangsrechnung

   Wareneinkauf
   Bezugsaufwand
   Vorsteuer
   an Verbindlichkeiten aus L. u. L.

   Verbuchung der Rücksendung

   Verbindlichkeiten aus L. u. L.
   an Wareneinkauf
   Vorsteuer

245

4.2.2 *Preisnachlässe*

247 Preisnachlässe werden in Rabatte, Boni und Skonti unterteilt, wobei lediglich Boni und Skonti eine separate buchhalterische Erfassung nach sich ziehen. *Darstellung* 41 fasst die wesentlichen Preisnachlässe zusammen und zeigt die Alternativen der Verbuchung im Fall der Skonti.

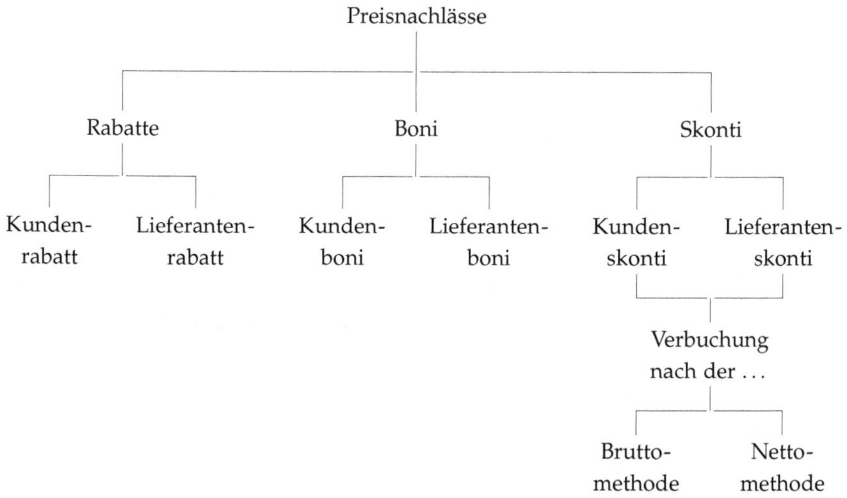

Darstellung 41 Zusammenfassung der Preisnachlässe

(a) Rabatte

248 Rabatte stellen Preisnachlässe dar, die schon beim Verpflichtungsgeschäft (Vertragsabschluss) vereinbart werden und deshalb keine nachträglichen Änderungen der Anschaffungskosten nach sich ziehen. Die buchhalterische Erfassung erfolgt also schon beim Erfüllungsgeschäft.

Retouren II

2. *Rücksendung vom Kunden*

   ursprüngliche Verbuchung der Ausgangsrechnung

   Forderungen aus L. u. L.
   an Warenverkauf
   Umsatzsteuer

   Verbuchung der Rücksendung aufgrund unserer Gutschriftsanzeige

   Warenverkauf
   Umsatzsteuer
   an Forderungen aus L. u. L.

246

Preisnachlässe

- Bei *Preisnachlässen* ist zu unterscheiden zwischen …

  … Rabatten,

  … Boni und

  … Skonti.
- Preisnachlässe mindern die Anschaffungskosten, sofern sie *einzeln zurechenbar* sind (vgl. hierzu auch Abschnitt 7.2 ab Folie 434).
- Die einzelne Zurechenbarkeit ist insbesondere bei Boni problematisch.

247

Rabatte

- *Rabatte* sind Nachlässe auf den Kaufpreis, die bei Rechnungserstellung bereits feststehen und vom Verkaufspreis subtrahiert werden, der daraus entstehende Nettobetrag wird mit der USt belegt.
- *Beispiele*
  - Barzahlungsrabatt,
  - Mengenrabatt,
  - Treuerabatt,
  - Sonderrabatt (z. B bei Kauf zu bestimmten Zeitpunkten).
- Es ist keine gesonderte buchtechnische Erfassung notwendig, insbesondere keine Korrekturbuchung bzgl. der USt.

248

249 *Beispiel 16* illustriert die Verbuchung von Rabatten anhand eines Mengenrabatts. Dabei wird unterstellt, dass der Zeitpunkt des Kaufs dem Zeitpunkt der Lieferung entspricht. Die Umsatzsteuer auf der Rechnung wurde bereits unter Berücksichtigung des Rabatts ausgewiesen. Eine nachträgliche Korrektur der Umsatzsteuer (wie bei den Boni oder Skonti) kommt deshalb nicht in Betracht.

(b) Boni

250–252 Anders als Rabatte werden Boni i. d. R. nachträglich gewährt und führen beim Kunden nachträglich sowohl zu einer Minderung der Anschaffungskosten als auch zu einer Korrektur der Vorsteuer. Beim Lieferanten mindert sich korrespondierend der Erlös, was wiederum eine Korrektur der Umsatzsteuer zur Folge hat.

Boni, die Kunden gewährt werden, werden über das Aufwandskonto »*Kundenboni*« erfasst, das am Ende des Geschäftsjahres über das Konto »*Warenverkauf*« abgeschlossen wird. Entsprechend erfolgt eine Minderung der Umsatzsteuer. Anders verhält es sich beim Erfolgskonto »*Lieferantenboni*«. Lieferantenboni führen als Reduktion einer Zahlungsverpflichtung grds. zu einem Ertrag bzw. zu einer Reduktion der Vorsteuer. Sofern die einzelne Zurechnung zu den erworbenen Waren gegeben ist, verringern sie die Anschaffungskosten. Aus diesem Grund stellt das Konto »*Lieferantenboni*« ein Unterkonto des Waren(einkaufs-)kontos dar, d. h. es wird über das Waren(einkaufs-)konto abgeschlossen und nicht über die GuV. *Darstellung* 42 fasst die beiden Typen von Boni zusammen.

Boni

Kundenboni
(Aufwand, Verminderung
der Umsatzsteuer)

Lieferantenboni
(Ertrag, Verminderung
der Vorsteuer)

Darstellung 42 Boni

In der Praxis besteht aufgrund umfangreicher Warenbewegungen jedoch häufig das Problem, dass Boni (Gutschriften) den einzelnen Waren nicht zugerechnet werden können. Aus diesem Grund wird das Konto in der Praxis nicht selten über die GuV abgeschlossen und der Warenbestand am Ende des Geschäftsjahres auf Basis von Erfahrungswerten um einen Pauschalbetrag gekürzt, d. h. aufwandswirksam abgeschrieben. Dieses Problem besteht beim Konto »*Kundenboni*« nicht, da durch Kundenboni i. d. R. keine Bestände beeinflusst werden. Eine Verrechnung mit bestehenden Forderungen aus L. u. L. wäre allerdings denkbar.

Beispiel 16 (Rabatte)

August Hobel kauft am 24.05.2015 10 kg Holzleim beim Großhändler in bar ein. Der Kaufpreis beträgt grds. 3,00 EUR/kg zzgl. USt. Aufgrund der Menge erhält Hobel einen Rabatt i. H. v. 10% auf den Nettobetrag.

		EUR
	Listenpreis	30,00
./.	10% Mengenrabatt	3,00
=	Nettobetrag	27,00
+	19% USt	5,13
=	Rechnungsbetrag brutto	32,13

Buchungssatz

RHB-Stoffe	*27,00* EUR	
Vorsteuer	*5,13* EUR	
an Kasse		*32,13* EUR

249

Boni I

- *Boni* sind Preisnachlässe, die i. d. R. erst nachträglich gewährt werden, wenn in einem vereinbarten Zeitraum bestimmte Voraussetzungen erfüllt sind (z. B bei Erreichen eines bestimmten Jahresumsatzes).
- Sie führen zu Korrekturen in der Buchhaltung, da die Rechnungen i. H. d. Bruttobetrags (vor Abzug des Nachlasses) gebucht wurden.
- Die Korrektur erfolgt nicht durch direkte Korrekturbuchungen in Form der Minderung der Anschaffungskosten, sondern aus Gründen der Transparenz auf eigenen Erfolgskonten und zwar

  (1) »*Kundenboni*« als Aufwandskonto,

  (2) »*Lieferantenboni*« als Ertragskonto.

250

Boni II

- Das Konto »*Kundenboni*« wird als Erfolgskonto über das Konto »*Warenverkauf*« abgeschlossen.
- Das Konto »*Lieferantenboni*« stellt ein Unterkonto des Warenkontos dar und wird deshalb über das Warenkonto anstatt über die GuV abgeschlossen.
- *Problem* – Nur sofern die einzelne Zurechenbarkeit der Boni gewährleistet ist, mindern sie die Anschaffungskosten. In der Praxis werden die Lieferantenboni deshalb häufig über die GuV abgeschlossen und ein Pauschalbetrag vom Inventurbestandswert der Waren abgezogen, um eine korrekte Bewertung der Waren zu erreichen.

251

253 *Beispiel 17* zeigt die buchhalterische Erfassung eines Lieferantenbonus mit Korrektur der Vorsteuer.

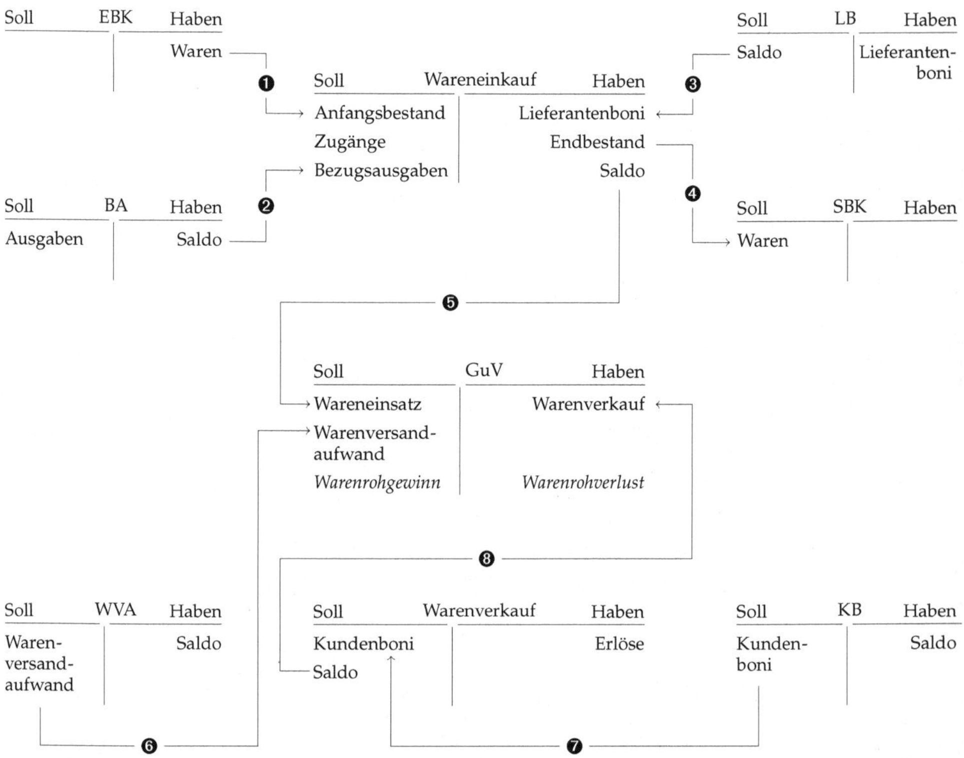

Legende: BA = Bezugsaufwand, KB = Kundenboni, LB = Lieferantenboni,
WA = Warenversandaufwand

Darstellung 43 Zusammenfassende Darstellung der Verbuchung von Boni bei getrennten Warenkonten

254–255 *(c) Skonti*

Lieferantenskonti stellen nachträgliche Preisminderungen dar und sind als Anschaffungskostenminderungen von den Anschaffungskosten abzusetzen. Analog zu den Lieferantenboni werden sie über das Konto *Skontoerträge* als Unterkonto des Warenkontos (Wareneingangskonto) erfasst. Das Konto *Skontoerträge* wird nicht über die GuV, sondern über das Waren(eingangs-)konto abgeschlossen.

Boni III

- Da Boni als nachträgliche Preisnachlässe gelten, muss die Umsatzsteuer korrigiert werden. § 17 Abs. 4 UStG besagt:

  (4) Werden die Entgelte für unterschiedlich besteuerte Lieferungen oder sonstige Leistungen eines bestimmten Zeitabschnitts gemeinsam geändert (z. B. Jahresboni, Jahresrückvergütungen), so hat der Unternehmer dem Leistungsempfänger einen Beleg zu erteilen, aus dem zu ersehen ist, wie sich die Änderung der Entgelte auf die unterschiedlich besteuerten Umsätze verteilt.

252

Beispiel 17 (Boni)

August Hobel bezog von einem Großhändler in 2015 Pressspanplatten (hier: Handelsware) für 40 000 EUR (netto) mit einem Zahlungsziel in 2016. In den Verträgen mit dem Großhändler ist vermerkt, dass ab einem Bestellwert von 40 000 EUR (netto) ein Preisnachlass i. H. v. 5% gewährt wird. Der Bonus wird Hobel am 31.12.2015 gutgeschrieben.

Verbuchung des Wareneingangs

RHB-Stoffe	*40 000* EUR	
Vorsteuer	*7 600* EUR	
an Verbindlichkeiten aus L. u. L.		*47 600* EUR

Verbuchung der Gutschrift

Verbindlichkeiten aus L. u. L.	*2 380* EUR	
an Lieferantenboni		*2 000* EUR
Vorsteuer		*380* EUR

253

Skonti I (scontare = abrechnen, abziehen)

- *Skonti* stellen Preisabzüge dar, die dem Käufer für frühzeitige Zahlung gewährt werden (z. B Zahlung innerhalb von acht Tagen abzgl. 2% Skonto, innerhalb 30 Tagen netto Kasse).
- Unterscheidung in ...
  - ... *Kundenskonto* – Gewährung von Skonto gegenüber einem Kunden; das Kundeskonto hat Aufwandscharakter und wird über das Konto »*Skontoaufwand*« erfasst.
  - ... *Lieferantenskonto* – Inanspruchnahme von Skonto, der vom Lieferanten gewährt wird; es hat Ertragscharakter und wird über das Konto »*Skontoertrag*« erfasst.
- Skonti führen zu Anschaffungspreisminderungen, die von den Anschaffungskosten abzusetzen sind.

254

Lieferantenskonti mindern die Anschaffungskosten. Damit teilen sie quasi das »Schicksal der Ausgangsbuchung«. Die Ausgangsbuchung erfolgt aufgrund der Aktivierung erfolgsneutral. Aus diesem Grund sind nachträgliche Minderungen ebenfalls erfolgsneutral zu erfassen.

Werden Skonti gegenüber Kunden gewährt, werden diese über das Aufwandskonto *Kundenskonti* erfasst, welches über das Konto »*Warenverkauf*« abgeschlossen wird. Auch hier teilen die Skonti das »Schicksal der Ausgangsbuchung«. Der Verkauf von Waren wird erfolgswirksam über das Konto Warenverkauf erfasst. Entsprechend werden Minderungen erfolgswirksam verbucht.

Skonti – als nachträgliche Preisminderung – führen analog zu den Boni zu Umsatz- bzw. Vorsteuerkorrekturen.

256–257 Zur buchtechnischen Erfassung von Skonti existieren zwei Methoden. Bei der Verbuchung nach der *Bruttomethode* wird das Skonto als nachträglicher Preisnachlass interpretiert, mit der Folge, dass zum Zeitpunkt der Gewährung von Skonto der Bruttowarenwert (Warenwert inklusive Skonto, jedoch ohne Umsatzsteuer) ausgewiesen wird. Der durch den Skonto begründete Erfolg stellt sich erst bei Inanspruchnahme desselben ein. *Darstellung* 44 skizziert die beiden Alternativen.

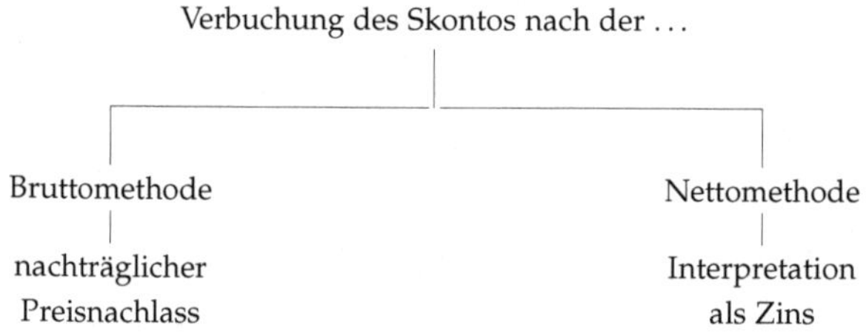

Darstellung 44 Interpretation des Skontos

Skonti II

- Interpretation des Skontos als
  ... *Preisnachlass* bei besonders schneller Bezahlung oder als
  ... *Kredit* des Verkäufers an den Käufer.
- Je nach Interpretation erfolgt die Verbuchung in Form der Brutto- oder Nettomethode.
- Buchungstechnische Idee nach der *Bruttomethode*:
  - Der Preis einer Ware wird zum angegebenen Zahlungsziel fällig.
  - Die Inanspruchnahme des Skontos (frühzeitige Zahlung) führt zu einem Preisnachlass, der
    ... beim Waren**ein**kauf als Skontoertrag und
    ... beim Waren**ver**kauf als Skontoaufwand zu buchen ist.

255

Skonti III // Bruttomethode

- Buchung im Fall des *Lieferantenskontos* bei ...
  ... Rechnungseingang

  Wareneinkauf
  Vorsteuer
  an Verbindlichkeiten aus L. u. L.

  ... Inanspruchnahme des Skontos durch »uns«

  Verbindlichkeiten aus L. u. L.
  an Bank
  Skontoertrag
  Vorsteuer
- Es besteht dasselbe Problem wie bei Boni, da Skonti ebenfalls Anschaffungskostenminderungen darstellen.

256

Skonti IV // Bruttomethode

- Buchung im Fall des *Kundenskontos* bei ...
  ... Rechnungsausgang

  Forderungen aus L. u. L.
  an Warenverkauf
  Umsatzsteuer

  ... Inanspruchnahme des Skontos durch den Kunden

  Bank
  Skontoaufwand
  Umsatzsteuer
  an Forderungen aus L. u. L.

257

258–261 Bei der Verbuchung nach der *Nettomethode* wird der Skonto als Zins interpretiert, mit der Folge, dass zum Zeitpunkt der Gewährung von Skonto der Nettowarenwert (Warenwert abzüglich Skonto, ohne Umsatzsteuer) ausgewiesen wird. Trotz Interpretation als Zins, der grundsätzlich nicht der Umsatzsteuer unterliegt, wird zum Zeitpunkt der Gewährung von Skonto die Umsatzsteuer auf den fiktiven Zins nicht korrigiert. Der durch den Skonto begründete Erfolg wird zum Zeitpunkt der Gewährung ausgewiesen und im Fall der Inanspruchnahme storniert.

Die Interpretation des Skontos als fiktiver Zins, zieht ökonomische Überlegungen der Inanspruchnahme nach sich. Lohnt sich die Inanspruchnahme des Skontos? Das nachstehende Beispiel zeigt, wie zur Ermittlung der Vorteilhaftigkeit der Inanspruchnahme vorzugehen ist.

BEISPIEL

Unternehmer Schlau (S) unterzeichnet am 1. März einen Kaufvertrag über den Kauf von Waren im Wert von 1 000 EUR (netto), die noch am selben Tag geliefert werden, mit den Modalitäten: Zahlung innerhalb von 14 Tagen 2 % Skonto, Zahlung innerhalb von 21 Tagen netto Kasse. Zur Inanspruchnahme des Skontos müsste S einen kurzfristigen (Kontokorrent-)Kredit zu einem Zinssatz von 15 % p. a. aufnehmen. Den Kredit kann S sicher am 20. März wieder zurückzahlen. Lohnt sich die Inanspruchnahme des Skontos durch S?

LÖSUNG

Die Inanspruchnahme des Skontos lohnt sich dann, wenn die Kreditzinsen für die Inanspruchnahme des Kontokorrentkredits niedriger sind als das Skonto. Der Wert des Skontos beträgt 1 190 × 0,02 = 23,80 EUR. Da die Vorsteuer erst am 10. des Folgemonats[84] erstattet wird, muss sie auch fremdfinanziert werden.

Zur Finanzierung der vorzeitigen Ablösung der Verbindlichkeit müsste S spätestens am 14. Tag einen Kredit über (1 190 × (1 – 0,02) =)1 166,20 EUR aufnehmen. Am 21. Tag müsste S definitiv bezahlen. Die Kreditlaufzeit beträgt damit maximal 7 Tage. Da am 20. März jedoch schon ausreichend liquide Mittel zur Verfügung stehen, müsste S nur 6 Tage überbrücken. Die Zinsen für 6 Tage betragen $(1\,166{,}20 \times 0{,}15 \times \frac{6}{360} =)$ 2,92 EUR. Da die Zinsen des Kontokorrentkredits (2,92 EUR) niedriger ausfallen als der Skontoertrag (23,80 EUR), wird S die Verbindlichkeit vorzeitig am 14. Tag ablösen.

Der Jahreszins, der sich hinter dem Skonto von 2 % für 14 Tage verbirgt, beträgt nach der kaufmännischen Zinsmethode[85] $0{,}02 \times \frac{360}{14} = 51{,}43\,\%$.

84 *Als Voranmeldezeitraum wird der Monat unterstellt.*

85 *Bei der kaufmännischen Zinsmethode wird unterstellt, dass jeder Monat 30 Tage hat und das Kalenderjahr aus 360 Tagen besteht.*

Skonti V // Nettomethode

- Buchungstechnische Idee nach der *Nettomethode* (getrennte Verbuchung von Warenwert und Skonto) ...
  - Das Skonto wird als *Zins* für spätere Zahlungen interpretiert.
  - Tatsächlich wird bei der Entscheidung zur Inanspruchnahme des Skontos auf Basis des »fiktiven« Zinssatzes entschieden.
  - Der Warenpreis wird in Warenwert und Zinsaufwand bzw. -ertrag aufgespalten.
  - Der (geringere) Warenwert wird bei Erhalt/Lieferung der Waren gebucht (als Nettobetrag, d. h. ohne Skonto).

258

Skonti VI // Nettomethode

- Buchung im Fall des *Lieferantenskontos* bei ...

  ... Rechnungseingang

  Wareneinkauf
Vorsteuer
Skontoaufwand
    an Verbindlichkeiten aus L. u. L.

  ... Inanspruchnahme des Skontos durch »uns«

  Verbindlichkeiten aus L. u. L.
    an Bank
        Skontoaufwand
        Vorsteuer

259

Skonti VII // Nettomethode

- Buchung im Fall des *Kundenskontos* bei ...

  ... Rechnungsausgang

  Forderungen aus L. u. L.
    an Warenverkauf
        Skontoertrag
        Umsatzsteuer

  ... Inanspruchnahme des Skontos durch den Kunden

  Bank
Skontoertrag
Umsatzsteuer
    an Forderungen aus L. u. L.

260

Problematisch bei der Interpretation des Skonto als Zins ist die umsatzsteuerliche Behandlung. Grundsätzlich sind Zinszahlungen von der Umsatzsteuer befreit. Da der Skonto allerdings Umsatzsteuer enthält, kann im umsatzsteuerlichen Sinne nicht von einem Zins die Rede sein.

Die Rechtfertigung der Nettomethode hat seinen Ursprung in der Periodenabgrenzung. Demnach sind Aufwendungen und Erträge dem Wirtschaftsjahr zuzurechnen, in dem sie wirtschaftlich entstanden sind.[86] Wird Skonto für einen Zeitraum gewährt, der über den Abschlussstichtag hinaus geht, kann bei Anwendung der Nettomethode eine einfachere zeitliche Abgrenzung der Erträge / Aufwendungen erfolgen.

[86] *Zur Periodenabgrenzung vgl. Abschnitt 6.5.3 ab Seite 310.*

262–264 In *Übung 11* soll das Skonto anhand eines Lieferantenskontos jeweils nach der Brutto- und Nettomethode verbucht werden. *Darstellung* 45 skizziert die Verbuchung nach der Brutto- bzw. Nettomethode in Form von T-Konten im Fall des Lieferantenskontos.

1. Bruttomethode

Soll	Wareneinkauf		Haben
AB	0	SE	20
Zugang	1 000	EB	980
Summe	1 000	Summe	1 000

Soll	Skontoertrag (SE)		Haben
Saldo	20	Bank	20
Summe	20	Summe	20

2. Nettomethode

Soll	Wareneinkauf		Haben
AB	0	EB	980
Zugang	980		
Saldo SA	0		
Summe	980	Summe	980

Soll	Skontoaufwand (SA)		Haben
Verb.	20	Bank	20
		Saldo	0
Summe	20	Summe	20

Darstellung 45 Darstellung der Brutto- und Nettomethode in T-Kontenform bei der Skontoverbuchung

Bei der Verbuchung der Inanspruchnahme des Skontos muss beachtet werden, dass im Fall der Bruttomethode das Konto *Skontoertrag* angesprochen wird, während bei der Nettomethode durch das Storno das Konto *Skontoaufwand* angesprochen wird.

Skonti VIII // Nettomethode

- *Problem bei der Nettomethode* – der Wareneinkauf wird nur mit dem »Warenwert« angesetzt (d. h. netto unter Abzug des Skontos).
- Die Inanspruchnahme des Skontos führt bei der Nettomethode zu einer Stornobuchung.
- *Rechtfertigung* der Nettomethode:

  Reicht der Kreditzeitraum über den Abschlussstichtag hinaus, erfolgt mit der Nettomethode automatisch die korrekte periodengerechte Zuweisung von Aufwand und Ertrag. (Vgl. zur Periodenabgrenzung auch Folien 647 ff.)

261

Übung 11 (Skonto)

August Hobel kauft am 11.11.2015 bei seinem Hauptlieferanten Schiffsparkett (hier: Handelsware) für 1 000 EUR (netto) ein. Der Lieferant gewährt Hobel 2% Skonto bei Zahlung innerhalb von 14 Tagen. Hobel bezahlt die Rechnung am 15.11.2015 per Banküberweisung unter Abzug von 2% Skonto.

Verbuchen Sie den Geschäftsvorfall ...

1. nach der Bruttomethode!
2. nach der Nettomethode!

262

Lösung Übung 11 (Skonto) I

1. *Bruttomethode*

263

4·3 *Eigenverbrauch*

265–270 Zu Beginn der ersten Lerneinheit[87] haben wir das Verhältnis von Unternehmen und (Anteils-)Eigner kennengelernt. Dieses Verhältnis wird noch einmal in *Darstellung* 46 skizziert. Die »Unternehmung« dient dem Anteilseigner als Mittel, Zielgrößen in Form von konsumfähigen Beträgen zu generieren. Diese fließen ihm in Form von Entnahmen respektive (Dividenden-)Ausschüttungen zu. Aus ökonomischer Sicht stellen der Anteilseigner als natürliche Person und »das Unternehmen« eine Einheit dar, wobei die *Einkommenserzielung* auf Ebene des Unternehmens und die *Einkommensverwendung* auf Ebene der natürlichen Person formal voneinander getrennt sind.

[87] *Vgl. Seite 2.*

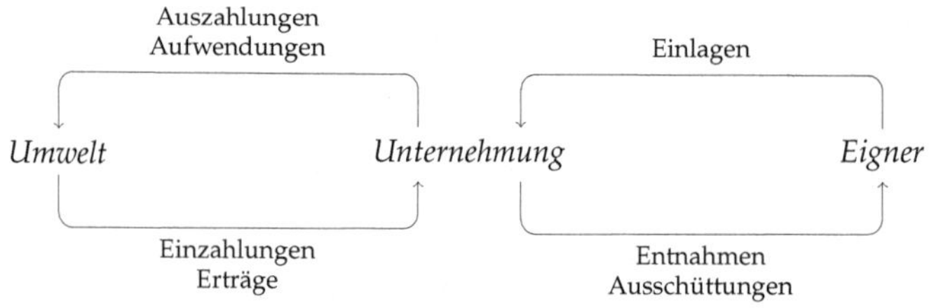

Darstellung 46 Verhältnis zwischen Eigner, Unternehmung und Umwelt

Insbesondere die Abgrenzung des Privatbereichs (als Bereich der Einkommensverwendung) vom betrieblichen Bereich (der Einkommenserzielung) ist für steuerliche Zwecke relevant. Da der Betrieb als »Unternehmer« vorsteuerabzugsberechtigt ist, muss geprüft werden, ob die Vorleistung, für die die Vorsteuer »gezogen« wird, auch tatsächlich für die Wertschöpfung des Betriebs in Anspruch genommen wurde oder doch den privaten Bereich (Bereich der Einkommensverwendung) des Unternehmers betrifft. Im letzteren Fall wäre ein Vorsteuerabzug nämlich nicht zulässig.

Der Unternehmer könnte die Umsatzsteuer für seinen Konsumbereich leicht umgehen, indem er die Güter über sein Unternehmen bezieht, die Vorsteuer abzieht und dann entnimmt. Der Pkw, der beim Händler inkl. USt 11 900 EUR kostet, würde nach Erstattung der Vorsteuer durch das Finanzamt lediglich noch 10 000 EUR kosten. Würde der Pkw dann ins Privatvermögen entnommen werden, hätte sich der Unternehmer die Umsatzsteuer »gespart«.

Lösung Übung 11 (Skonto) II

2. *Nettomethode*

264

Eigenverbrauch I

- Der Eigenverbrauch stellt einen Sonderfall dar. Die Leistungsbeziehung zwischen Unternehmen und Unternehmer wird dabei fremden Dritten gleichgestellt.
- *Bisher* – Vernachlässigung der Umsatzsteuer bei Privatentnahmen/-einlagen, vgl. dazu Folien 135 ff.
- *Jetzt* – Berücksichtigung der Umsatzsteuer und Beantwortung der Frage nach dem Wert von Einlagen/Entnahmen.

Eigenverbrauch liegt vor bei ...

... der Entnahme betrieblicher Gegenstände (z. B. Waren) für private Zwecke,

... der privaten Nutzung von Betriebsgegenständen (z. B. Pkw),

... Nutzungsentnahmen (z. B. Instandsetzung des Privathauses des Unternehmers durch den eigenen Betrieb). 265

Eigenverbrauch II

⇒ Die Gegenbuchung muss auf dem Privatkonto erfolgen, da der Unternehmer (i. d. R.) keine Zahlung für diesen Eigenverbrauch leistet.

Umsatzsteuer

- Der Eigenverbrauch unterliegt i. d. R. der USt gem. § 3 Abs. 1b UStG, die auf dem Entnahmebeleg gesondert ausgewiesen werden muss.

  (1b) [1] Einer Lieferung gegen Entgelt werden gleichgestellt

  1. die Entnahme eines Gegenstands durch einen Unternehmer aus seinem Unternehmen für Zwecke, die außerhalb des Unternehmens liegen; ...

  [2] Voraussetzung ist, dass der Gegenstand oder seine Bestandteile zum vollen oder teilweisen Vorsteuerabzug berechtigt haben.

- Ebenso unterliegt die private Verwendung betrieblicher Gegenstände bzw. der Einsatz von Mitarbeitern für private Belange der Umsatzsteuer gem. § 3 Abs. 9a UStG.

266

Nun darf der Unternehmer als Konsument nicht besser gestellt werden als der Nichtunternehmer. Aus diesem Grund ist zum einen die Vorsteuer auf Leistungen, die der Unternehmer offensichtlich für seine private Lebensführung bezieht, nicht abzugsfähig.[88] Zum anderen unterliegen alle Lieferungen und sonstigen Leistungen, die das Unternehmen an den Unternehmer erbringt, der Umsatzsteuer.

[88] *Der unbesteuerte Letztverbrauch soll vermieden werden.*

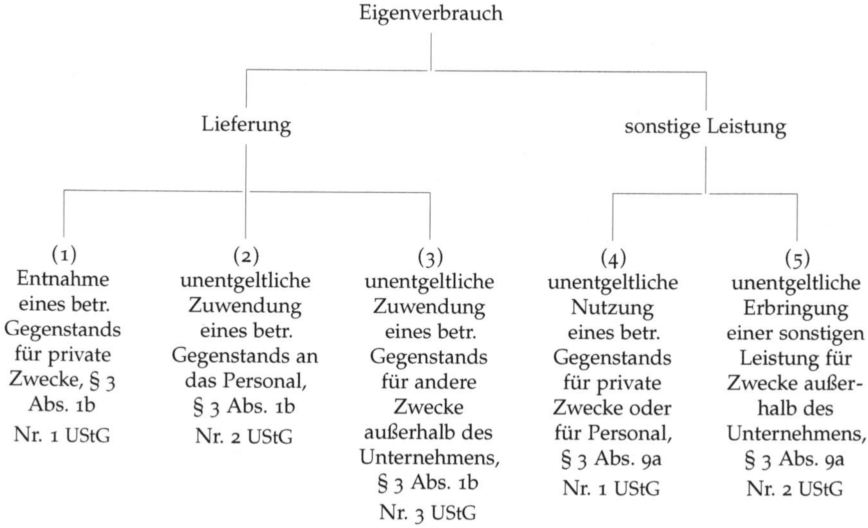

Darstellung 47 Klassifizierung des Eigenverbrauchs

Das Umsatzsteuergesetz differenziert fünf Fälle des umsatzsteuerpflichtigen Eigenverbrauchs. Diese sind in *Darstellung* 47 abgetragen. Die Fälle (1) bis (3) betreffen die Verwendung körperlicher Gegenstände für Zwecke außerhalb des Unternehmens. Die Zwecke außerhalb des Unternehmens sind dabei unterteilt in Entnahmen für private Zwecke, Zuwendungen an Arbeitnehmer und Zuwendungen an fremde Dritte.

Die Entnahme eines Rasenmähers aus dem Betriebsvermögen für künftig ausschließlich private Zwecke fällt unter Kategorie (1). Schenkt der Unternehmer den Rasenmäher einem Angestellten, fällt dies unter Kategorie (2). Die Schenkung eines Rasenmähers an einen Geschäftspartner für die gute Zusammenarbeit in der Vergangenheit wäre schließlich Kategorie (3) zuzuordnen.

Eigenverbrauch III

(9a) [1]Einer sonstigen Leistung gegen Entgelt werden gleichgestellt

1. *die Verwendung eines dem Unternehmen zugeordneten Gegenstands, der zum vollen oder teilweisen Vorsteuerabzug berechtigt hat, durch einen Unternehmer für Zwecke, die außerhalb des Unternehmens liegen, ...*
2. *die unentgeltliche Erbringung einer anderen sonstigen Leistung durch den Unternehmer für Zwecke, die außerhalb des Unternehmens liegen ...*

- Folglich wird der Unternehmer einem privaten Konsumenten gleichgestellt.
- Der Unternehmer kann keine Waren erhalten, die nicht der USt unterliegen.
- Der Eigenverbrauch erhöht die Steuerschuld gegenüber dem Finanzamt.

267

Eigenverbrauch IV

- Die Bemessungsgrundlage für den *umsatzsteuerlichen* Eigenverbrauch ist der Einkaufspreis zzgl. der Nebenkosten bzw. der Selbstkostenpreis zum Zeitpunkt der Entnahme, § 10 Abs. 4 UStG.

(4) [1]Der Umsatz wird bemessen

1. *... bei Lieferungen im Sinne des § 3 Abs. 1b nach dem Einkaufspreis zuzüglich der Nebenkosten für den Gegenstand oder für einen gleichartigen Gegenstand oder mangels eines Einkaufspreises nach den Selbstkosten, jeweils zum Zeitpunkt des Umsatzes;*
2. *bei sonstigen Leistungen im Sinne des § 3 Abs. 9a Nr. 1 nach den bei der Ausführung dieser Umsätze entstandenen Ausgaben, soweit sie zum vollen oder teilweisen Vorsteuerabzug berechtigt haben. Zu diesen Ausgaben gehören auch die Anschaffungs- oder Herstellungskosten eines Wirtschaftsguts, ...*
3. *bei sonstigen Leistungen im Sinne des § 3 Abs. 9a Nr. 2 nach den bei der Ausführung dieser Umsätze entstandenen Ausgaben.*

[2]Die Umsatzsteuer gehört nicht zur Bemessungsgrundlage.

268

Eigenverbrauch V

- Die *Bewertung von Entnahmen und Einlagen* ist im HGB nicht geregelt, deshalb erfolgt der Rückgriff auf das Steuerrecht, nach dem die Entnahmen im Entnahmezeitpunkt grundsätzlich mit dem *Teilwert* anzusetzen sind, § 6 Abs. 1 Nr. 4 EStG.
- Der *Teilwert* wird in § 6 Abs. 1 Nr. 1 Satz 3 EStG definiert:

  [3]Teilwert ist der Betrag, den ein Erwerber des ganzen Betriebs im Rahmen des Gesamtkaufpreises für das einzelne Wirtschaftsgut ansetzen würden; dabei ist davon auszugehen, dass der Erwerber den Betrieb fortführt.

- Faktisch stellen die *Wiederbeschaffungskosten* die Bewertungsobergrenze und der *Einzelveräußerungspreis* die -untergrenze dar.
- Die Begrenzung trägt der Tatsache Rechnung, dass der Erwerber zur Fortführung des Unternehmens nicht mehr als die Kosten der Wiederbeschaffung am Markt zahlen würde.

269

Die Fälle (4) und (5) betreffen sonstige Leistungen. Die sonstige Leistung kann dabei in der Nutzung eines betrieblichen Gegenstands bestehen (Fall (4)) oder in einer Dienstleistung, die z. B. durch Angestellte erbracht wird (Fall (5)).

Wenn der betriebliche Rasenmäher einmalig zum Mähen des Privatgrundstücks des Unternehmers verwendet wird, stellt dies eine sonstige Leistung im Sinne der Kategorie (4) dar. Wird der Betriebsgärtner zum Jäten von Unkraut auf dem Privatgrundstück des Unternehmers eingesetzt, fällt dies unter Kategorie (5).

Die Leistungsbeziehung zwischen Unternehmen und Unternehmer sind nicht nur für umsatzsteuerliche Zwecke, sondern auch für ertragsteuerliche Zwecke (etwa für die Einkommen-, Körperschaft- und Gewerbesteuer) relevant. Hier wird das eigentliche Problem des Eigenverbrauchs deutlich, denn wenn die unentgeltliche Leistungsbeziehung mit einer entgeltlichen Lieferung oder sonstigen Leistung gleichgestellt werden soll, stellt sich die Frage, welchen Wert diese Leistung hat.

Das Bewertungsproblem ist ein originär steuerliches Problem, denn realisierte Wertsteigerungen im Betriebsvermögen unterliegen i. d. R. der Besteuerung während realisierte Wertsteigerungen im Privatvermögen i. d. R. von der Besteuerung ausgenommen sind. Wenn bspw. der Buchwert des betrieblichen Kfz 1 000 EUR beträgt, am Gebrauchtwagenmarkt aber für 10 000 EUR veräußert werden kann, müsste bei einer Veräußerung des Kfz durch den Betrieb eine sog. stille Reserve i. H. v. (10 000 – 1 000 =) 9 000 EUR realisiert werden, d. h. es entsteht ein Veräußerungsgewinn, welcher steuerbar und steuerpflichtig ist. Um dies zu umgehen, könnte der Unternehmer das Kfz zum Buchwert (= 1 000 EUR) in sein Privatvermögen entnehmen und »privat« veräußern. In diesem Fall entsteht zwar auch ein Gewinn i. H. v. 9 000 EUR, dieser unterliegt jedoch nicht der Besteuerung.

Um diese Ausweichhandlung zu unterbinden, müssen Gegenstände bzw. Dienstleistungen zum Marktwert – genauer zum Teilwert – entnommen werden. Dies führt zu einer Gleichstellung einer Entnahme mit dem Verkauf an einen fremden Dritten.

Die *Bemessungsgrundlage* des Eigenverbrauchs für *umsatzsteuerliche Zwecke* ist in § 10 Abs. 4 UStG bestimmt. Demnach ist im Fall der Entnahme von Gegenständen (Lieferungen) deren Einkaufspreis zuzüglich der Nebenkosten zum Zeitpunkt des Umsatzes anzusetzen. Bei sonstigen Leistungen sind die entstandenen Ausgaben anzusetzen. Für ertragsteuerliche Zwecke ist der Teilwert anzusetzen. [89]

[89] *Als Teilwert versteht der Gesetzgeber »den Betrag, den ein Erwerber des ganzen Betriebs im Rahmen des Gesamtkaufpreises für das einzelne Wirtschaftsgut ansetzen würde; dabei ist davon auszugehen, dass der Erwerber den Betrieb fortführt«, § 6 Abs. 1 Nr. 1 Satz 3 EStG.*

Eigenverbrauch VI

- Für nicht benötigte Wirtschaftsguter würde er gerade den Kaufpreis akzeptieren, den er bei der Einzelveräußerung wieder erlösen könnte.
- Die Bemessungsgrundlage für die USt und der Teilwert können unterschiedlich hoch sein!

Verbuchung

- § 22 Abs. 2 Nr. 3 UStG schreibt den getrennten Ausweis des Eigenverbrauchs von Umsätzen vor (Konto »*Eigenverbrauch*« bzw. »*Warenentnahmen*« anstatt »*Warenverkauf*«).

270

Beispiel 18 (Eigenverbrauch mit Umsatzsteuer)

August Hobel erwarb am 22.02.2015 edle Hölzer aus Brasilien von einem deutschen Zwischenhändler für 5 950 EUR (brutto). Der Spediteur, der die Hölzer lieferte, stellte 200 EUR (netto) in Rechnung.

Am 12.12.2015 entnimmt Hobel die edlen Hölzer, um diese bei seiner Freundin als hochwertiges Parkett zu verlegen. Aufgrund der stark gestiegenen Nachfrage müsste Hobel zum Zeitpunkt der Entnahme für die Hölzer 9 520 EUR (brutto) zzgl. 200 EUR (netto) Transportkosten entrichten.

Verbuchen Sie die Entnahme am 12.12.2015!

271

Lösung Beispiel 18 I

1. *Ermittlung der Umsatzsteuer*

   die Umsatzsteuer berechnet sich auf den Einkaufspreis zzgl. Nebenkosten

		EUR
	Einkaufspreis	5 950
+	Nebenkosten (200 EUR × 1,19 =)	238
=	Summe	6 188
./.	enthaltene USt	988
=	Bemessungsgrundlage	5 200
	× 19% = USt =	988

272

Würde man den Begriff des Teilwerts wörtlich nehmen, müsste bei jeder Entnahme eine Unternehmensbewertung durchgeführt werden, auf deren Grundlage der anteilige Wert, der auf den Gegenstand entfällt, bestimmt wird. Da diese Vorgehensweise offensichtlich nicht praktikabel ist, wird der Teilwert in der Praxis auf Basis sog. Teilwertvermutungen ermittelt. Der vermutete Teilwert insbesondere bei Umlaufvermögen besteht in den Wiederbeschaffungskosten.[90]

[90] *R. 6.7 (Teilwertvermutungen, Nr. 4) Einkommensteuerrichtlinien.*

Die *buchhalterische Abbildung des Eigenverbrauchs* ist im Vergleich zur Ermittlung der zu verbuchenden Beträge einfach. Aus Transparenzgründen schreibt der Gesetzgeber die Verbuchung des Eigenverbrauchs über ein gesondertes Konto vor. Zu beachten ist, dass bei einer Einlage keine Vorsteuer anfällt und deshalb auch nicht abgezogen werden kann, da der Unternehmer, der den Gegenstand einlegt, als Privatperson keinen »Unternehmer« im umsatzsteuerlichen Sinne darstellt.

Die Verbuchung des Eigenverbrauchs (Entnahme) erfolgt im ...
... Gewinnfall durch

Privatkonto
an *Anlagevermögen/Umlaufvermögen*
Umsatzsteuer
sonstige betriebliche Erträge

... Verlustfall durch

Privatkonto
sonstiger betrieblicher Aufwand
an *Anlagevermögen/Umlaufvermögen*
Umsatzsteuer

271–273 *Beispiel 18* bildet Fall (1) aus *Darstellung* 47 auf Seite 200 ab, zeigt die Ermittlung der Bemessungsgrundlage und stellt die Verbuchung des Falles dar.

Abschließend sei darauf hingewiesen, dass die Bewertung der Entnahme davon abhängt, ob der entnommene Gegenstand selbst hergestellt oder als Ware bezogen wurde. Im Fall der eigenen Herstellung muss der Gegenstand zu den Selbstkosten entnommen werden, während im Fall von bezogenen Waren der Einkaufspreis maßgeblich ist.

Entnimmt bspw. der Konditor selbst hergestellte Pralinen, werden die Selbstkosten angesetzt. Hat der Konditor hingegen Pralinen von anderen Herstellern bezogen und entnimmt diese, werden die entnommenen Pralinen mit dem Einkaufspreis angesetzt. *Darstellung* 48 fasst die beiden Fälle zusammen.

Lösung Beispiel 18 II

2. *Ermittlung des Teilwerts*

   Der Teilwert stellt hier die Kosten der Wiederbeschaffung dar, diese betragen (netto):

   $$\text{Teilwert} = \frac{9\,520}{1{,}19} + 200 = 8\,200 \text{ EUR}$$

3. *Verbuchung*

Privatkonto		9 758 EUR	
an	*Eigenverbrauch*		5 200 EUR
	sonstige betriebliche Erträge		3 000 EUR
	Umsatzsteuer		1 558 EUR

Der Ertrag beträgt 8 200 – 5 200 = 3 000 EUR. 273

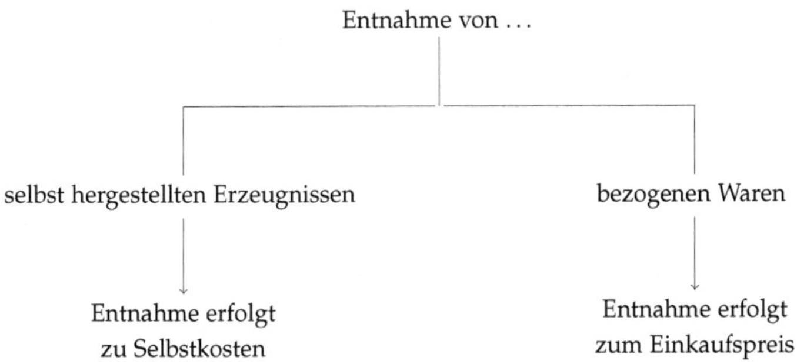

Darstellung 48 Bewertung von Entnahmen

4.4 *Kontrollfragen*

1. Sind folgende Aussagen wahr oder falsch?
   (a) Ein Warenrohgewinn ergibt sich beim gemischten Warenkonto auf der Habenseite.
   (b) Es gibt Unternehmen, die über Jahre hinweg einen Vorsteuerüberhang haben.
   (c) Das gemischte Warenkonto kann mittels Brutto- oder Nettomethode abgeschlossen werden.
   (d) Im Fall, dass $EB = 0$ ergibt sich ein Warenrohgewinn wenn gilt: $AB + Zugänge < Abgänge$.
2. Worin besteht das Problem des gemischten Warenkontos?
3. Unter welchen Voraussetzungen besteht das Problem beim gemischten Warenkonto nicht mehr?
4. Was versteht man unter Bestandskonten mit Erfolgscharakter, was unter Erfolgskonten mit Bestandscharakter? Nennen Sie jeweils ein Beispiel!
5. Ist die Inventur Bestandteil der doppelten Buchführung? Warum?
6. Erläutern Sie anhand eines selbstgewählten Beispiels die beiden Fälle, bei denen beim gemischten Warenkonto keine Probleme bei der Interpretation eines Saldos (ohne Inventur) bestehen!
7. Worin besteht der Unterschied zwischen der Brutto- bzw. Nettomethode beim getrennten Warenkonto? Welche Methode ist für den Bilanzleser aufschlussreicher und warum?
8. Worin besteht der Unterschied zwischen Rabatten und Boni?
9. Welches Problem besteht bei der erfolgswirksamen Verbuchung von Preisnachlässen (Boni, Skonti)?
10. Verbuchen Sie einen Lieferantenbonus (Kundenbonus) anhand eines selbstgewählten Beispiels!
11. Welche Verfahren der Skontoverbuchung existieren? Welche Vor- und Nachteile bestehen bei diesen Verfahren?
12. Was versteht man unter dem Begriff des »Teilwerts«?
13. Welche Probleme ergeben sich in der Praxis bei der Bestimmung des Teilwerts?
14. Welche Auswirkungen auf den Gewinn hätte es, wenn der Begriff des Teilwerts als Bruttogröße, d. h. mit Umsatzsteuer, verstanden werden würde?
15. Sind Privatentnahmen immer erfolgsneutral? Warum?
16. Nennen Sie mindestens 5 Beispiele des Eigenverbrauchs!
17. Erläutern Sie den Grund der Umsatzsteuerpflicht des Eigenverbrauchs!
18. Verbuchen Sie den Fall, bei dem August Hobel afrikanisches Tropenholz aus seinem Betrieb zur Täfelung seiner Privatwohnung entnimmt, das er zu 1 000 EUR (netto) angeschafft hatte und

dessen Teilwert zum Zeitpunkt der Entnahme 3 500 EUR beträgt!

19. Verbuchen Sie den Fall einer Entnahme, bei der der Unternehmer nur einen Teil des Teilwertes dem Unternehmen vergütet!
20. Geben Sie Beispiele im Fall des Eigenverbrauchs an, bei denen kein Marktwert existiert!
21. Wie erfolgt die Bewertung des Eigenverbrauchs im Fall (a) selbsthergestellter bzw. (b) von fremden Dritten bezogener Güter?

SICH VERBUCHEN (METAMORPHOSE STYLE)

SK 2014

LERNEINHEIT 6

Spezielle Geschäftsvorfälle Teil III Steuern und Materialwirtschaft

274–275 In Lerneinheit 6 wird die buchhalterische Erfassung spezieller Geschäftsvorfälle fortgeführt. Im Vordergrund steht dabei die Verbuchung von Steuerzahlungen und Anzahlungen sowie die Verbuchung typischer Geschäftsvorfälle im Industriebetrieb. Insbesondere die Verbuchung des Verbrauchs von Stoffen und die Abbildung der Verbuchung von Aufwendungen zur Herstellung der auf Lager liegenden Erzeugnisse im Industriebetrieb setzen souveräne Kenntnisse der doppelten Buchführung voraus.

ShortCode App # 1041

4.5 *Steuerarten und ihre buchtechnische Behandlung*

276 Die buchhalterische Erfassung von Steuern als eine Form von Abgaben[91] lässt sich – wie in *Abb. 16* dargestellt in die vier nachstehend beschriebenen Kategorien unterteilen:

ANSCHAFFUNGS(NEBEN)KOSTEN

Stellen Steuern Anschaffungsnebenkosten dar (z. B. in Form der Grunderwerbsteuer), finden sie Eingang in die Bilanz. Bei der Grunderwerbsteuer muss eine Aufteilung auf den Grund und Boden sowie das Gebäude erfolgen. Auch die Umsatzsteuer kann zu Anschaffungskosten führen und zwar dann, wenn der Unternehmer nicht zum Vorsteuerabzug berechtigt ist. Alle Steuern, die als Anschaffungskosten aktiviert wurden, führen im Zeitablauf zu Aufwendungen bzw. verringern den Veräußerungsgewinn.

AUFWANDSTEUERN

Steuern, die unter diese Kategorie fallen, führen i. d. R. sofort zu Aufwendungen bzw. im Fall der Erstattung zu Erträgen. Zu den Aufwandsteuern zählen i. d. R. die turnusmäßig zu zahlenden Steuern wie z. B. die Kfz-Steuer und die Grundsteuer.

FORDERUNGEN / VERBINDLICHKEITEN

Steuern, die niemals erfolgswirksam werden, werden bilanziell als Forderung oder Verbindlichkeit gegenüber dem Finanzamt ausgewiesen. Klassisches Beispiel hierfür ist die Umsatzsteuer (sofern der Unternehmer zum vollen Vorsteuerabzug berechtigt ist). Die Umsatzsteuer wird auch als »durchlaufender Posten«[92] bezeichnet, da durch ihre Vereinnahmung und Verausgabung die GuV nicht tangiert wird.

[91] *Zur Systematisierung von Abgaben vgl. Darstellung 57 auf Seite 244.*

[92] *Hat das Unternehmen bezüglich der Steuern lediglich eine »Vermittlerposition« inne, ist zwischen neutralen und erfolgswirksamen Steuerzahlungen zu unterscheiden. Zum Beispiel vereinnahmt das Unternehmen die Umsatzsteuer des Endverbrauchers und führt diese an das Finanzamt ab. Auch die Steuern aus der Lohn- und Gehaltsabrechnung werden für den jeweiligen Arbeitnehmer durch das Unternehmen an das Finanzamt abgeführt. Ein sog. »durchlaufender Posten« liegt jedoch nur dann vor, wenn es sich um Beträge handelt, »die der Unternehmer im Namen und für Rechnung eines anderen vereinnahmt und verausgabt, § 10 Abs. 1 Satz 6 UStG «. Dies trifft jedoch weder für die Umsatzsteuer noch für die Steuern, die für Arbeitnehmer entrichtet werden, zu. Zum Beispiel wird die Umsatzsteuer im eigenen Namen und für eigene Rechnung vereinnahmt. Ungeachtet dessen wird die Umsatzsteuer erfolgsneutral »durch das Unternehmen geschleust«, während die die Arbeitnehmer betreffenden Steuern letztlich erfolgswirksam sind.*

Literatur und Lernziele I

1. *Literatur*

   Döring, Ulrich / Buchholz, Rainer (2015): *Buchhaltung und Jahresabschluss*, 14. Auflage, Erich Schmidt, Berlin, 77–98.

   Eisele, Wolfgang / Knobloch, Alois Paul (2011): *Technik des betrieblichen Rechnungswesens*, 8. Auflage, Vahlen, München, 136–153, 1002–1003.

   Wöhe, Günter / Kußmaul, Heinz (2015): *Grundzüge der Buchführung und Bilanztechnik*, 9. Auflage, Vahlen, München, 159–172.

274

Literatur und Lernziele II

2. *Lernziele*

   Nach dieser Lerneinheit ...

   - können Sie die wesentlichen Steuerarten verbuchen,
   - sind Sie in der Lage, Anzahlungen zu verbuchen,
   - können Sie den prozessualen Vorgang im Industriebetrieb beschreiben,
   - wissen Sie, was unter Bestandsmehrungen und Bestandsminderungen zu verstehen ist,
   - können Sie den Kontenabschluss nach dem Gesamt- und Umsatzkostenverfahren verbuchen.

275

Buchhalterische Erfassung der Steuerarten

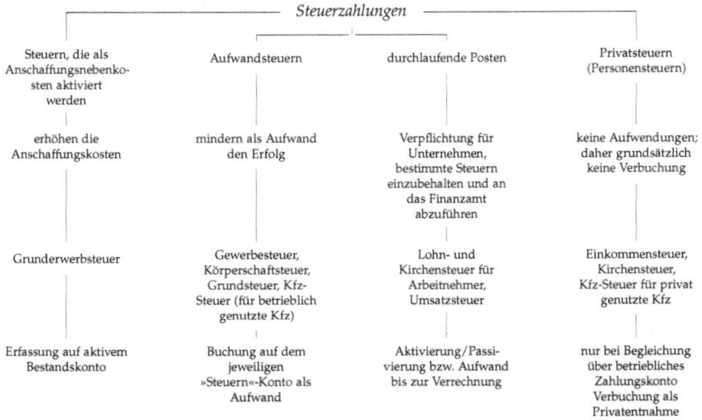

Abb. 16 Buchhalterische Erfassung der Steuerarten[6]

[6]In Anlehnung an *Sigloch* (2012), S. 123.

276

PRIVATENTNAHMEN / EINLAGEN

Grundsätzlich darf bei Geschäftsvorfällen, die private Steuern des Unternehmers betreffen, keine buchhalterische Erfassung erfolgen. Werden bspw. private Steuern vom betrieblichen Konto bezahlt, liegt eine Privatentnahme vor.

Die für die buchhalterische Erfassung steuerlicher Sachverhalte maßgeblichen Zeitpunkte können nachstehender *Darstellung* 49 entnommen werden.

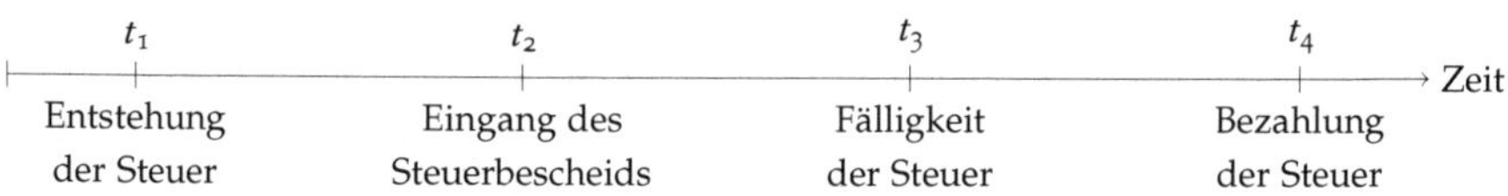

Darstellung 49 Maßgebliche Zeitpunkte für die Verbuchung von Steuern

Mit der *Entstehung* der Steuer hat der Fiskus grundsätzlich einen Anspruch auf Bezahlung dieser. Zum Beispiel entsteht die Einkommensteuer mit Ablauf des Kalenderjahres. Sie wird i. d. R. aber erst später bezahlt. Zum Zeitpunkt der Entstehung ist i. d. R. noch nicht klar, wie hoch genau die zu bezahlende Steuer ist. Liegt die Konkretisierung der Steuerzahlung erst im nachfolgenden Wirtschaftsjahr, erfolgt am Abschlussstichtag im Rahmen der periodengerechten Gewinnermittlung eine aufwandswirksame Rechnungsabgrenzung in Form einer Rückstellung.[93]

[93] *Vgl. dazu Abschnitt 10.2 ab Seite 486.*

Erst bei Eingang des *Steuerbescheids* konkretisiert sich die Schuld und es wird eine Verbindlichkeit passiviert. Die Steuer muss bis zum Zeitpunkt der *Fälligkeit* bezahlt werden. Sofern dies nicht geschieht, können Verzugszinsen anfallen.

Bei der Beurteilung der buchhalterischen Erfassung von Steuern ist zudem zwischen Personenunternehmungen und Kapitalgesellschaften zu differenzieren. Insbesondere bei *Personenunternehmungen* (Einzelunternehmung, offene Handelsgesellschaft, Kommanditgesellschaft) ist auf die Art der Steuer und die Bezahlung der Steuer zu achten. Werden private Steuern vom *Privatkonto* der (Mit-)Unternehmer bezahlt, wird die betriebliche Sphäre nicht tangiert. Insofern findet auch keine Verbuchung statt. Lediglich im Fall der Entrichtung privater Steuern von betrieblichen Konten erfolgt eine buchhalterische Erfassung.

Übung 12 (Verbuchung von Steuern)

Verbuchen Sie die nachstehenden Geschäftsvorfälle!

1. August Hobel erwirbt ein Grundstück am 01.03.2015 auf Ziel. Der Kaufpreis beträgt 50 000 EUR. Besitz, Nutzen und Lasten gehen am selben Tag auf ihn über. Die Grunderwerbsteuer beträgt 3,5 % vom Kaufpreis.
2. Hobel bezahlt die Grundsteuer für sein Privathaus i. H. v. 200 EUR vom betrieblichen Konto.
3. Am 25.03.2015 geht der Kfz-Steuerbescheid i. H. v. 600 EUR für den Geschäftswagen ein.
4. Am 15.02.2015 wird Körperschaftsteuer i. H. v. 12 500 EUR per Überweisung vom betrieblichen Konto bezahlt. Der Vorauszahlungsbescheid ging am 30.01.2015 ein und wurde bereits buchhalterisch erfasst. 277

Lösung Übung 12 I

1. Erwerb des Grundstücks

2. Bezahlung der Grundsteuer

278

Lösung Übung 12 II

3. Eingang des Kfz-Steuerbescheids

4. Bezahlung der Körperschaftsteuer

279

Bei *Kapitalgesellschaften* (GmbH, AG) ist eine Privatentnahme oder Privateinlage nicht möglich.[94] Häufig ist der Gesellschafter bei »seiner« Kapitalgesellschaft als Geschäftsführer angestellt. Alle Steuern, die das Anstellungsverhältnis betreffen (Lohnsteuer, Solidaritätszuschlag, Kirchensteuer), stellen in diesem Fall Personalaufwendungen dar. Nachstehend sind die buchhalterischen Auswirkungen von Ertragsteuern bei Personenunternehmungen und Kapitalgesellschaften im Fall der Entrichtung der Steuern vom *betrieblichen Konto* zusammenfassend dargestellt.

[94] *Vgl. hierzu die Ausführungen zu Kapitalgesellschaften in Abschnitt 12.1 ab Seite 518.*

Steuerart	*Personenunternehmungen*	*Kapitalgesellschaften*
Einkommensteuer	Entnahme	-
Lohnsteuer	Aufwand	Aufwand
Körperschaftsteuer	-	Aufwand
Gewerbesteuer	Aufwand	Aufwand
Solidaritätszuschlag	Entnahme bzw. Aufwand	Aufwand
Kirchensteuer	Entnahme bzw. Aufwand	Aufwand

Darstellung 50 Steuern in Personenunternehmen und Kapitalgesellschaften

Die *Lohnsteuer* stellt eine besondere Erhebungsform der Einkommensteuer dar und wird vom Unternehmen für alle Arbeiter und Angestellten bezahlt.[95] *Körperschaftsteuer* wird nur von Kapitalgesellschaften entrichtet. Die *Gewerbesteuer* stellt im Handelsrecht sowohl für Personenunternehmungen als auch für Kapitalgesellschaften Aufwand dar. Der *Solidaritätszuschlag* wird als Zuschlagsteuer auf die Körperschaft- und Einkommen- bzw. Lohnsteuer erhoben. Bei Personenunternehmen kommt es darauf an, ob der Solidaritätszuschlag auf die Einkommensteuer des Unternehmers (Entnahme) oder der Arbeitnehmer (Aufwand) gezahlt wird. Dasselbe gilt für die *Kirchensteuer*.

[95] *Zur Ermittlung der Lohnsteuer siehe Abschnitt 5 ab Seite 242.*

277–279 *Übung 12* beinhaltet die buchhalterische Erfassung von Steuern. Dabei ist zunächst zu klären, ob Anschaffungskosten, Aufwendungen / Erträge, Forderungen / Verbindlichkeiten oder Entnahmen bzw. Einlagen vorliegen.

280–284 *Übung 13* vertieft die Verbuchung von Steuern. Nach Durcharbeiten der Übung sollen Sie in der Lage sein, die buchhalterischen Auswirkungen von Steuern zu beurteilen.

Übung 13 (Verbuchung von Steuern) I

Geben Sie an, ob in den nachstehenden Fällen die jeweilige Steuer ...

(a) Ertrag,
(b) Aufwand,
(c) Privatentnahme,
(d) Privateinlage,
(e) Anschaffungskosten,
(f) Forderungen bzw.
(g) Verbindlichkeiten darstellt oder
(h) die betriebliche Sphäre nicht berührt.

Annahmen: Es handelt sich (außer im Fall 16.) um eine Personenunternehmung; Steuerentstehung, -bescheid und -bezahlung fallen auf denselben Zeitpunkt. 280

Übung 13 (Verbuchung von Steuern) II

	(a)	(b)	(c)	(d)	(e)	(f)	(g)	(h)
1. Am Geschäftsjahresende besteht ein Vorsteuerüberhang.								
2. Es wird ESt des Unternehmers von dessen privaten Bankkonto bezahlt.								
3. Kfz-Steuer des Geschäftswagens wird vom betrieblichen Konto bezahlt.								
4. Kirchensteuer des Unternehmers wird vom betrieblichen Konto bezahlt.								
5. Grunderwerbsteuer beim Kauf einer betrieblichen Immobilie.*								

* Bezahlung erfolgt vom betrieblichen Konto. 281

Übung 13 (Verbuchung von Steuern) III

	(a)	(b)	(c)	(d)	(e)	(f)	(g)	(h)
6. Vorsteuer beim Kauf eines Wachhundes für betriebliche Zwecke.								
7. Einkommensteuer des Unternehmers, die vom privaten Konto bezahlt wird.								
8. Grundsteuer einer betrieblichen Immobilie.*								
9. SolZ des Unternehmers, der vom betrieblichen Konto bezahlt wird.								
10. Gewerbesteuerzahlung vom betrieblichen Konto.								

* Bezahlung erfolgt vom betrieblichen Konto. 282

Bei der Bearbeitung der Übung ist zu beachten, dass auch mehrere Kategorien gleichzeitig zutreffen können. So stellt die Bezahlung der Kfz-Steuer für das betriebliche Kfz vom Privatkonto des Unternehmers gleichzeitig eine Privateinlage und einen Aufwand dar.

Im Fall 12. ist mit »Verwehrung des Vorsteuerabzugs« gemeint, dass die im Zusammenhang mit dem Geschäftsvorfall an den Lieferanten bezahlte Umsatzsteuer (Vorsteuer) nicht vom Finanzamt erstattet wird. Hier kommt es auf den erworbenen Vermögensgegenstand an. Gehört der Vermögensgegenstand zum Anlagevermögen, wird die Umsatzsteuer aktiviert, sie erhöht also die Anschaffungskosten. Bei Vermögensgegenständen, die nicht abgeschrieben werden können, wie etwa bei Grundstücken, vermindert die Steuer im Fall der Veräußerung des Grundstücks den Veräußerungsgewinn. Im Fall von abnutzbaren Vermögensgegenständen wird die Umsatzsteuer im Zeitablauf durch die höheren Abschreibungen erfolgswirksam erfasst. Wird Umlaufvermögen erworben und wird die Umsatzsteuer nicht erstattet, erhöht die Umsatzsteuer z. B. den Wareneinsatz und ist daher erfolgswirksam.

In Fall 20. wird unterstellt, dass die bezahlte Umsatzsteuer erstattet wird.

4.6 *Anzahlungen*

285 Anzahlungen werden häufig in Fällen geleistet, in denen die in Auftrag gegebene Lieferung bzw. Leistung die finanziellen Möglichkeiten des Leistungsverpflichteten übersteigt. Dies ist insbesondere bei Großprojekten wie etwa im Schiffsbau, bei Flugzeugen oder Großimmobilien der Fall. Anders als bei klassischen Leistungsbeziehungen erfolgt bei Anzahlungen ein Teil der Hauptleistung durch den Auftraggeber zuerst, d. h. Teil des Erfüllungsgeschäfts ist zunächst die Bezahlung, erst im Anschluss erfolgt dann die Lieferung oder Leistung.

Der Auftraggeber beteiligt sich durch Vorausleistungen in Form von Anzahlungen bei der Finanzierung des Auftrags. Die geleistete Anzahlung kann deshalb aus ökonomischer Sicht als Kreditgewährung, die erhaltene Anzahlung als Inanspruchnahme eines Kredits interpretiert werden.

286 Der *ökonomischen Sicht* der Anzahlung als Kreditgeschäft folgt die Umsatzsteuer nicht. Umsatzsteuerrechtlich sind Kreditgeschäfte von der Umsatzsteuer befreit. Anzahlungen für Lieferungen oder sonstige Leistungen stellen aus umsatzsteuerlicher Sicht kein klassisches Kreditgeschäft dar. Sie unterliegen der Umsatzsteuer.[96]

[96] *Ausnahmen stellen Lieferungen oder sonstige Leistungen dar, die von der Umsatzsteuer befreit sind, wie z. B. der Erwerb von Grundstücken.*

Übung 13 (Verbuchung von Steuern) IV

	(a)	(b)	(c)	(d)	(e)	(f)	(g)	(h)
11. ESt-erstattung des Unternehmers auf das betriebliche Konto.*								
12. Umsatzsteuer im Fall der Verwehrung des Vorsteuerabzugs.								
13. Gewerbesteuererstattung auf das betriebliche Konto.								
14. Gewerbesteuererstattung auf das private Bankkonto.								
15. ESt-erstattung des Unternehmers auf das private Konto.*								

* ESt = Einkommensteuer

283

Übung 13 (Verbuchung von Steuern) V

	(a)	(b)	(c)	(d)	(e)	(f)	(g)	(h)
16. Körperschaftsteuer								
17. Solidaritätszuschlag eines Arbeiters.								
18. Kirchensteuer eines Arbeitnehmers.								
19. Lohnsteuer eines Angestellten.								
20. Umsatzsteuer beim Verkauf von Waren.								
21. Hundesteuer des Wachhundes aus 6.								

284

Anzahlungen I

Geleistete Anzahlungen

- Sind Anzahlungen von »uns«, die als Forderung besonderer Art gegenüber »unserem« Lieferanten angesehen werden und erst mit der (Waren)Lieferung aufgelöst werden.
- Dazu Einrichtung eines Aktivkontos »*geleistete Anzahlungen*«.

Erhaltene Anzahlungen

- Sind Anzahlungen, die der Kunde an »uns« leistet und die als Verbindlichkeit besonderer Art gegenüber dem Kunden angesehen wird, die erst mit der (Waren)Lieferung getilgt wird.
- Dazu Einrichtung eines Passivkontos »*erhaltene Anzahlungen*«.

285

Darstellung 51 fasst die beiden Fälle von Anzahlungen zusammen.

Anzahlungen

geleistete Anzahlung, Kreditvergabe, quasi Forderung, Ausweis als: geleistete Anzahlung	erhaltene Anzahlung, Inanspruchnahme eines Kredits, quasi Verbindlichkeit, Ausweis als: erhaltene Anzahlung

Darstellung 51 Anzahlungen

287–288 *Übung 14* hat die Verbuchung einer *geleisteten Anzahlung* zum Inhalt. Bei der Verbuchung der Endabrechnung muss berücksichtigt werden, dass sich die verbleibende Vorsteuer auf den noch ausstehenden Betrag bemisst und die bisher geleisteten Anzahlungen in Form eines Aktivtauschs ausgebucht werden.

BEISPIEL für *erhaltene Anzahlungen*

Wir werden mit der Konstruktion einer Spezialmaschine beauftragt und vereinbaren mit dem Auftraggeber eine Vorauszahlung i. H. v. 200 000 EUR netto per Banküberweisung. Die Endrechnung erfolgt über insgesamt 250 000 EUR (netto) und wird sofort nach Erhalt per Banküberweisung beglichen.

LÖSUNG

Zunächst erfolgt die Verbuchung der Anzahlungsrechnung durch Passivierung der Anzahlung.

Bank		*238 000* EUR	
an	*erhaltene Anzahlungen*		*200 000* EUR
	Umsatzsteuer		*38 000* EUR

Der bei der Endabrechnung noch ausstehende Betrag beläuft sich auf 50 000 EUR zzgl. USt. Der Buchungssatz lautet:

Bank		*59 500* EUR	
erhaltene Anzahlungen		*200 000* EUR	
an	*Umsatzerlöse*		*250 000* EUR
	Umsatzsteuer		*9 500* EUR

Anzahlungen II

Besonderheit

Die Umsatzsteuerschuld bzw. die Möglichkeit zum Vorsteuerabzug entsteht gem. § 13 Abs. 1 Nr. 1 Buchst. a Satz 4 UStG bereits bei der Anzahlung.

[4]Wird das Entgelt oder ein Teil des Entgelts vereinnahmt, bevor die Leistung oder die Teilleistung ausgeführt worden ist, so entsteht insoweit die Steuer mit Ablauf des Voranmeldezeitraums, in dem das Entgelt oder das Teilentgelt vereinnahmt worden ist.

286

Übung 14 (Anzahlungen)

Am 24.05.2015 beauftragt August Hobel die Bau-Löwe-GmbH mit dem Bau einer neuen Lagerhalle in Leichtbauweise und zahlt nach Erhalt der Anzahlungsrechnung noch am selben Tag 20 000 EUR (netto) per Banküberweisung an. Die Halle wird bereits am 23.11.2015 fertiggestellt. Die Endrechnung über 70 000 EUR (zzgl. USt) geht am 24.11.2015 mit einem Zahlungsziel in 2016 ein und beinhaltet die Anzahlung vom 24.05.2015.

Verbuchen Sie die Anzahlung sowie die Endabrechnung!

287

Lösung Übung 14

1. Buchung lt. Anzahlungsrechnung

2. Verbuchung der Endabrechnung

288

ShortCode App # 1042

4.7 *Materialwirtschaft im Industriebetrieb*

289 Bisher wurde die buchhalterische Erfassung der prozessualen Geschäftsvorfälle im *Handelsbetrieb* betrachtet.[97] Anders als im Handelsbetrieb, findet im *Industriebetrieb* im Rahmen der Produktion ein Transformationsprozess statt, bei dem durch den Einsatz von Stoffen und Personal neue Erzeugnisse geschaffen und am Markt veräußert werden. *Abb. 17* skizziert den Ablauf im Industriebetrieb.

Die Kategorisierung der im Produktionsprozess verwendeten Stoffe fasst *Abb. 18* zusammen. *Rohstoffe* stellen wesentliche Bestandteile des Endprodukts (z. B. Holz bei Möbeln, Aluminium bei Fahrrädern, Stahl beim Schiffbau) dar. *Hilfsstoffe* gehen zwar in das Endprodukt ein, sind aber von untergeordneter Bedeutung (z. B. Farben, Lacke). *Betriebsstoffe* werden für den Produktionsprozess benötigt, gehen aber nicht direkt in das Endprodukt ein (z. B. Strom, Schmieröl, Wasser).

290 Eine mögliche Kategorisierung der Erzeugnisse liefert *Abb. 19*. Die sich in Arbeit befindlichen Fertigungsaufträge stellen bis zur Abnahme durch den Kunden *unfertige Erzeugnisse* dar. Dazu gehören auch unfertige Bauten. *Zwischenprodukte* entstehen im Zuge eines mehrstufigen Produktionsprozesses nach Durchlauf jeder Produktionsstufe, die vor der Endproduktionsstufe liegt. Zwischenprodukte haben daher erst einen bestimmten Grad der Fertigstellung erreicht und werden deswegen auch als Halbfabrikate bezeichnet. Unter *Fertigerzeugnissen* versteht man Produkte, die den Produktionsprozess vollständig durchlaufen haben und zum Absatz am Markt bereitstehen.

291 Die Verbuchung von Stoffen (Einkauf, Verzehr / Verbrauch, Entnahme etc.) erfolgt analog zum Warenverkehr. Auch hier sind Anschaffungsnebenkosten, Preisminderungen etc. zu erfassen.

Der wesentliche Unterschied zum Handelsbetrieb besteht in der Zweistufigkeit des Prozesses. Die aus dem Lager entnommenen Rohstoffe, die in die Produktion eingehen, befinden sich möglicherweise am Ende des Geschäftsjahres in Form von Fertigerzeugnissen noch auf Lager und müssen am Abschlussstichtag bewertet werden.

Die Verbuchung des Verbrauchs kann durch die *Skontrationsmethode* oder *Inventurmethode* erfolgen. Die Skontrationsmethode ist inventurunabhängig. Das bedeutet, dass das Rohstoffkonto am Ende des Geschäftsjahres ohne Durchführung einer Inventur abgeschlossen werden kann. Die Inventur dient in diesem Fall nur zum Abgleich der Werte aus der Buchhaltung.

97 *Zu den Abläufen im Handelsbetrieb vgl. Darstellung 38 auf Seite 170.*

Materialwirtschaft im Industriebetrieb

- *Bisher* wurde der *Handelsbetrieb* des August Hobel betrachtet, der lediglich Waren weiterverkauft.
- *Jetzt* betrachten (verbuchen) wir die Herstellung von Erzeugnissen im *Industriebetrieb*, wobei in den Herstellungsprozess Produktionsfaktoren (z. B Stoffe (RHB) sowie Arbeitskräfte und Maschinen) einfließen.

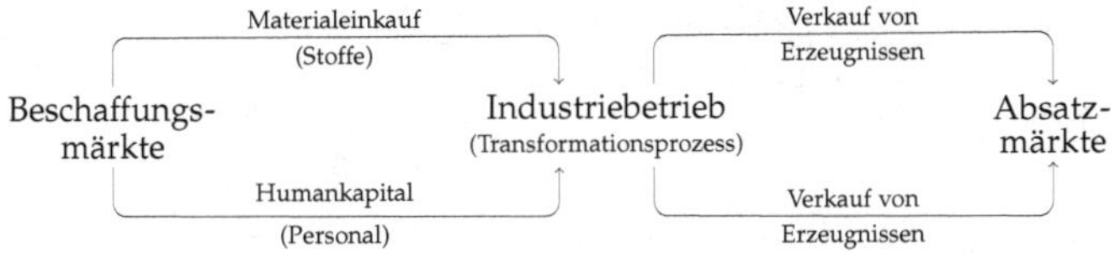

Abb. 17 Prozess eines Industriebetriebs

289

Stoffe und Erzeugnisse im Industriebetrieb

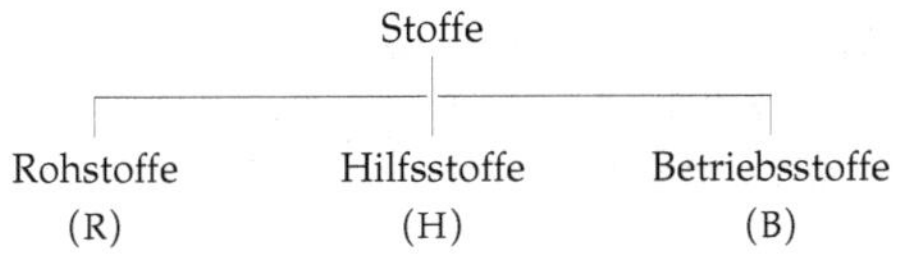

Abb. 18 Stoffe

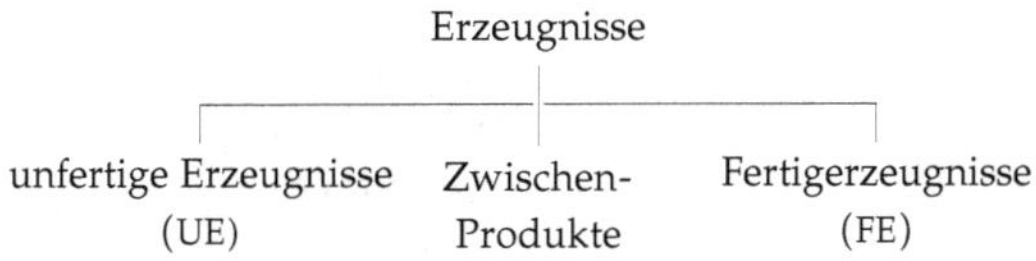

Abb. 19 Erzeugnisse im Industriebetrieb

290

Verbrauch von Stoffen I

- Die Materialbeschaffung ist erfolgsneutral, da die Stoffe aktiviert werden.
- Aufwand entsteht erst bei Verbrauch bzw. körperlichem Verzehr.
- Der Materialverbrauch kann erfasst werden durch die ...

  ... *Skontrationsmethode*

  Erfassung jedes einzelnen Abgangs

  Verbrauch = Entnahme 1 + Entnahme 2 + ... + Entnahme n

  ... *Inventurmethode*

  die Verbrauchsermittlung erfolgt am Periodenende

  Verbrauch = AB + Zugänge ./. EB

291

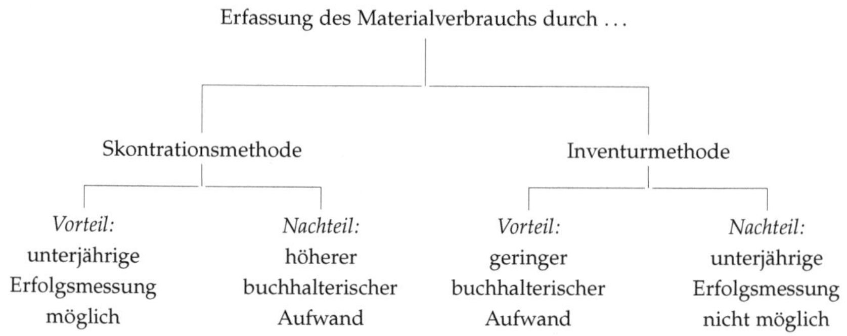

Darstellung 52 Erfassung des Materialverbrauchs

292 Sobald die Rohstoffe in den Produktionsprozess eingehen, werden sie im Fall der Skontrationsmethode über das Konto »Rohstoffaufwand« erfolgswirksam ausgebucht. Bei der Inventurmethode erfolgt die Ausbuchung am Ende des Geschäftsjahres in Höhe der Differenz zwischen Anfangsbestand zzgl. Zugängen und dem durch Inventur ermittelten Endbestand.

Der Verkauf der Erzeugnisse erfolgt nicht wie im Handelsbetrieb über das Warenkonto, sondern über das Erfolgskonto »Umsatzerlöse«.

293 *Beispiel 19* zeigt die Verbuchung des Verbrauchs von Stoffen mittels Skontrationsmethode und Inventurmethode. Es wird deutlich, dass der buchhalterische Aufwand der Skontrationsmethode wesentlich höher ist, als bei der Inventurmethode. Vom Problem der Bewertung des einzelnen Verbrauchs wird hier abstrahiert. Die Einstandspreise bleiben über das Wirtschaftsjahr konstant. Insofern ergeben sich keine Zuordnungsprobleme bei der Verbuchung des Verbrauchs. Die Umsatzsteuer wird vernachlässigt.

294 Bei der *Skontrationsmethode* wird jeder Zu- und Abgang erfasst. Bei schwankenden Preisen ergeben sich bei jedem Abgang Bewertungsprobleme, die i. d. R. durch Anwendung von Bewertungsvereinfachungsverfahren[98] eingeschränkt werden. Der Vorteil der Skontrationsmethode wird schon nach der Verbuchung des 1. Verbrauchs deutlich. Durch die buchhalterische Erfassung jedes einzelnen Verbrauchs kann jederzeit der bis dahin erwirtschaftete Periodenerfolg ermittelt werden. Im Fall der Inventurmethode müsste man zunächst eine Inventur durchführen, um den Wert des 1. Verbrauchs beziffern zu können.

[98] *Bewertungsvereinfachungsverfa werden in Abschnitt 8.5 ab Seite 434 vorgestellt.*

Verbrauch von Stoffen II

- Verbuchung des Verbrauchs / Verzehrs

  Aufwand RHB
  an RHB

  Der Verbrauch / Verzehr findet in dem Moment statt, in dem die Stoffe in den Produktionsprozess eingehen. Hierbei ist zunächst irrelevant, ob die Erzeugnisse, in die die Stoffe eingehen veräußert werden oder nicht.
- Die Verbuchung der Veräußerung der Fertigen Erzeugnisse erfolgt über das Ertragskonto »*Umsatzerlöse*«.

  Forderungen aus L. u. L.
  an Umsatzerlöse
  Umsatzsteuer

292

Beispiel 19 (Erfassung des Materialverbrauchs)

Die Entwicklung des Bestands an Fichtenholz in laufenden Metern (lfdm.) in 2015 ergibt sich wie folgt

			EUR
	Anfangsbestand Fichtenholz	(400 m à 10 EUR / lfdm.)	4 000
./.	1. Verbrauch	(200 m à 10 EUR / lfdm.)	2 000
+	Einkauf Fichtenholz	(300 m à 10 EUR / lfdm.)	3 000
./.	2. Verbrauch	(220 m à 10 EUR / lfdm.)	2 200
=	Endbestand	(280 m à 10 EUR / lfdm.)	2 800

Verbuchen Sie den Materialverbrauch ...

1. nach der Skontrationsmethode.
2. nach der Inventurmethode.

293

Lösung Beispiel 19 I // 1. Verbuchung nach der Skontrationsmethode

Bei Anwendung der *Skontrationsmethode* werden sowohl die Zugänge als auch die Abgänge buchhalterisch erfasst. Es wird daher wie folgt gebucht:

	Soll	Haben
Rohstoffaufwand	2 000 EUR	
an Rohstoffe		2 000 EUR
Rohstoffe	3 000 EUR	
an Zahlungsmittel		3 000 EUR
Rohstoffaufwand	2 200 EUR	
an Rohstoffe		2 200 EUR

294

295 Die Verbuchung jedes einzelnen Verbrauchs lässt sich aus den Einträgen im Rohstoffkonto nachvollziehen. Der Endbestand des Rohstoffkontos ergibt sich als Saldo von Zugängen (einschließlich Anfangsbestand) und Abgängen. Aus diesem Grund erfolgt der Abschluss des Rohstoffkontos bei der Skontrationsmethode durch nur einen einzigen Buchungssatz. Eine Inventur ist nicht erforderlich bzw. würde letztlich nur zur Bestätigung (oder Ablehnung) der Werte aus der Buchhaltung dienen.

296–297 Bei der *Inventurmethode* werden nur die Zugänge erfasst. Nach Durchführung der Inventur, wird der Endbestand ermittelt. Auf Basis dessen wird der Wert des Verbrauchs bestimmt.

Zum Abschluss des Rohstoffkontos sind bei der Inventurmethode zwei Buchungen erforderlich. Zum einen die Verbuchung des Endbestands an die Schlussbilanz und zum anderen der Rohstoffverbrauch an die GuV. Nach Abschluss ergibt sich bei der Inventurmethode nachstehendes Rohstoffkonto:

Soll	Rohstoffe		Haben
AB	4 000	Rohstoffaufwand	4 200
Zugang	3 000	EB	2 800
Summe	7 000	Summe	7 000

Während bei der Skontrationsmethode also die Bewertung der Abgänge erfolgt, findet bei der Inventurmethode eine Bewertung des Endbestands statt, wobei sich der Wert des Verbrauchs als Restgröße ergibt.

Bei beiden Verfahren ergibt sich die Bewertung der Abgänge (Skontrationsmethode) bzw. des Endbestands (Inventurmethode) außerhalb der doppelten Buchführung. Das bedeutet, dass die Wertermittlung Gesetzmäßigkeiten folgt, die nicht auf dem Prinzip der doppelten Buchführung basieren. Dabei kommen i. d. R. *Verbrauchsfiktionen* zum Einsatz, die eine Vereinfachung der Bewertung ermöglichen.[99]

99 *Vgl. hierzu die in Abschnitt 8.5 ab Seite 434 vorgestellten Verfahren zur Bewertungsvereinfachung.*

Lösung Beispiel 19 II // 1. Verbuchung nach der Skontrationsmethode

Das Konto »*Rohstoffe*« stellt sich wie folgt dar:

Soll	Rohstoffe		Haben
AB	4 000	1. Verbrauch	2 000
Zugang	3 000	2. Verbrauch	2 200
		EB	2 800
Summe	7 000	Summe	7 000

Der Endbestand ergibt sich dabei nicht auf Basis der Inventur, sondern direkt durch die doppelte Buchführung! Abschluss des Rohstoffkontos nach Anwendung der Skontrationsmethode:

Schlussbilanzkonto	*2 800* EUR	
an Rohstoffe		*2 800* EUR

295

Lösung Beispiel 19 III // 2. Verbuchung nach der Inventurmethode

Bei Anwendung der *Inventurmethode* werden lediglich die Zugänge buchhalterisch erfasst. Der Abgang wird nach Durchführung der Inventur durch Differenz des Anfangsbestands zzgl. Zugänge und dem Ergebnis der Inventur (außerhalb der doppelten Buchführung) ermittelt. Verbuchung der Zugänge:

Rohstoffe	*3 000* EUR	
an Zahlungsmittel		*3 000* EUR

296

Lösung Beispiel 19 IV // 2. Verbuchung nach der Inventurmethode

Durch Inventur wird ein Endbestand im Wert von (280 m à 10 EUR/lfdm. =) 2 800 EUR festgestellt. Der Verbrauch ermittelt sich dann wie folgt:

		EUR
	Anfangsbestand Fichtenholz am 01.01.2015	4 000
+	Einkauf Fichtenholz in 2015	3 000
./.	Endbestand lt. Inventur am 31.12.2015	2 800
=	Verbrauch	4 200

Abschluss des Rohstoffkontos nach der Inventurmethode:

Rohstoffaufwand	*4 200* EUR	
an Rohstoffe		*4 200* EUR
Schlussbilanzkonto	*2 800* EUR	
an Rohstoffe		*2 800* EUR

297

4.8 *Gewinn- und Verlustrechnung*

298 Neben dem bilanziellen Vermögensvergleich lässt sich der Periodenerfolg über das GuV-Konto als Unterkonto des Eigenkapitals in Form einer Zeitraumrechnung ermitteln. Der Grundsatz der Doppik gewährleistet die identischen Ergebnisse der Zeitpunkt- und Zeitraumrechnung. Dabei besteht die originäre Aufgabe der GuV nicht darin, den Erfolg als absolute Größe zu ermitteln, sondern in der Sichtbarmachung der Erfolgsquellen des Betriebs.

299 Die Möglichkeiten der Differenzierung des Erfolgs sind in *Abb. 20* dargestellt. Bei der Gliederung nach der *Art der Erträge* kann grundsätzlich unterschieden werden in

- solche aus dem originären, operativen Geschäft (z. B. Umsatzerlöse),
- Eigenleistungen (z. B. Entwicklungen einer Anlagen oder Patente bzw. Erhöhung des Lagerbestands),
- Finanzergebnis, d. h. Erträge aus Kreditgeschäften oder
- sonstige Leistungen.

Die korrespondierenden Aufwendungen werden i. d. R. nach deren Art in Form von Produktionsfaktoren (Personal, Material, Kapital) gegliedert.

Sofern eine *Gliederung nach den Bereichen der Entstehung* (i. S. v. Verantwortungsbereichen der Erträge) erfolgt, können die Erträge bspw. den einzelnen Funktionen (Beschaffung, Produktion, Vertrieb, Verwaltung, Forschung & Entwicklung) oder den geographischen Bereichen zugeordnet werden.

Im Fall der Gliederung nach der *Regelmäßigkeit* wird unterschieden zwischen ordentlichen (das operative Geschäft betreffenden) und außerordentlichen Erträgen und Aufwendungen. Schließlich könnte die *Periodenverursachung*, bei der zwischen periodenzugehörigen und periodenfremden Erträgen und Aufwendungen differenziert wird, als Gliederungsalternative herangezogen werden.

4.8.1 *Form und Aufgliederung der GuV*

300 *Abb. 21* systematisiert Form und Verfahren der Gewinn- und Verlustrechnung und stellt die Zusammenhänge dar. Die formale Darstellung der GuV kann in *Kontoform* oder *Staffelform* erfolgen. Bei der Bilanzierung nach deutschem Handelsrecht (HGB) ist gem. § 275 Abs. 1 HGB nur für Kapitalgesellschaften zwingend die Staffelform vorgeschrieben.

Aufbau der GuV (im Industriebetrieb)

- Insbesondere im Industriebetrieb erscheint eine detaillierte Betrachtung der GuV aufgrund der komplexen Prozesse und differenzierten Aufwendungen und Erträge sinnvoll.
- *Wiederholung:* Der Periodenerfolg kann durch …

  … Gegenüberstellung von Reinvermögensbeständen (Bilanz) oder

  … Gegenüberstellung von Erträgen und Aufwendungen (GuV)

  am Ende und zu Beginn einer Rechnungsperiode ermittelt werden.
- Die *Hauptaufgabe der GuV* als Unterkonto des Eigenkapitals besteht dabei nicht in der Ermittlung des Gewinns, sondern in der *Darstellung der Erfolgsquellen*.

298

Erfolgsdifferenzierung in der GuV

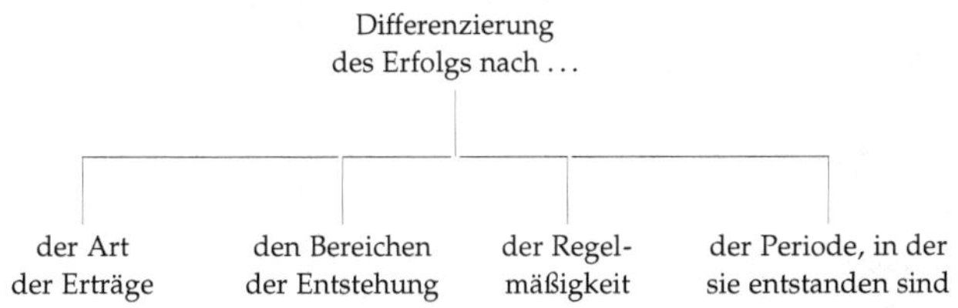

Abb. 20 Mögliche Unterscheidungskriterien bei der Erfolgsspaltung

299

Form und Verfahren der GuV

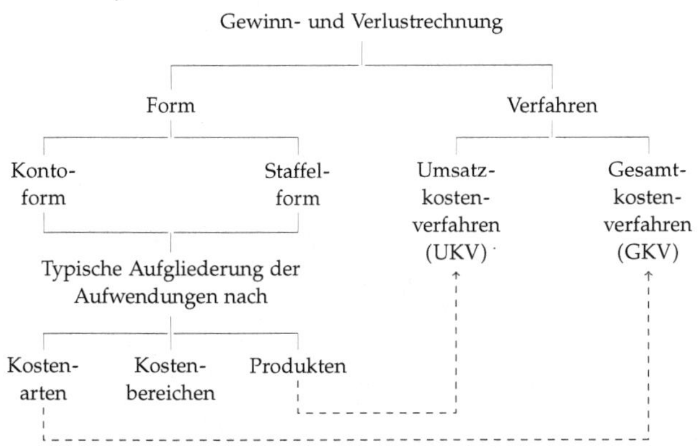

Abb. 21 Rechnungstechnischer Aufbau der GuV

300

301 In *Beispiel 20* ist in *Abb. 22* die GuV in *Kontoform* dargestellt.[100] Auf der Sollseite ist die Aufgliederung der Aufwendungen beispielhaft nach Kostenarten, Kostenbereichen und Produkten aufgeteilt. Auf der Habenseite wird zwischen ordentlichen Erträgen (Umsatzerlösen) und sonstigen Erträgen differenziert. Für die Produkte A, B und C wurden nachstehende Werte unterstellt, die zur Ermittlung der Werte in den nachfolgenden Beispielen benötigt werden.

[100] *Die Doppelstriche markieren das T-Konto.*

	Produktion in Stück	*Kosten/ Stück*	*Kosten gesamt*	*Umsatz/ Stück*	*Umsatz gesamt*	*Gewinn*
Produkt A	160	1	160	1,5	240	80
Produkt B	48	2	96	1	48	−48
Produkt C	8	3	24	4	32	8
Summe	216		280		320	

Darstellung 53 Ausgangswerte für die Beispiele 20 ff.

302 *Beispiel 21* zeigt die GuV in *Staffelform* im Fall der Gliederung der Aufwendungen nach Kostenbereichen ausgehend von den Werten aus Beispiel 20. Der Vorteil der Staffelform (Reihenform) ist die Gliederung der Aufwendungen und Erträge nach einer vorgegebenen Reihenfolge mit der Möglichkeit der Bildung von Zwischensummen respektive Zwischenergebnissen. Aus *Abb. 23* ist schnell ersichtlich, welcher Teil des Periodenüberschusses (Gewinn) i. H. v. insgesamt 75 EUR auf das ordentliche Ergebnis (Betriebsergebnis) und das sonstige (außerordentliche) Ergebnis entfällt.

Die Staffelform ist für den Bilanzleser insofern informativer als die Kontoform, als dass schnell erkennbar ist, wie sich der Erfolg zusammensetzt. Ist das Unternehmen in seinem Kerngeschäft erfolgreich, oder resultiert der Erfolg aus außerordentlichen Erträgen oder Finanzgeschäften?

4.8.2 *Verfahren der GuV*

303 Zur Ermittlung des Periodenerfolgs existieren zwei vom Gesetzgeber normierte Verfahren, die sich letztlich durch den Aufbau der GuV unterscheiden: das *Gesamtkostenverfahren* (GKV) und das *Umsatzkostenverfahren* (UKV). Beide Verfahren führen zum selben Gesamtperiodenerfolg. Sie unterscheiden sich lediglich in der unterschiedlichen Vorgehensweise bei der Erfolgsermittlung.

Beispiel 20 (GuV in Kontoform)

Soll	Gewinn- und Verlustrechnung						Haben
Aufgliederung der Aufwendungen (Sollseite) nach ...						Aufgliederung der Erträge (Habenseite)	
Kostenarten		*Kostenbereichen*		*Produkten*			
Material	80	Produktion	210	Produkt A	160	Umsatzerlöse	320
Abschreibungen	170	Verwaltung	45	Produkt B	96	Sonstige Erträge	55
Personal	30	Vertrieb	25	Produkt C	24		
Sonstiges	20	Sonstiges	20	Sonstiges	20		
Summe Au	300	Summe Au	300	Summe Au	300	Summe Er	375
Gewinn	75	Gewinn	75	Gewinn	75	Verlust	-
Summe	375	Summe	375	Summe	375	Summe	375

Abb. 22 Aufgliederung der GuV in Kontoform[7]

[7]In Anlehnung an *Sigloch* (2011), S. 427.

301

Beispiel 21 (GuV in Staffelform) // Hier: Aufgliederung nach Kostenbereichen

			EUR
(1)	+	Umsatzerlöse	320
	./.	Produktionsaufwendungen	210
(2)	=	Rohgewinn vom Umsatz	110
	./.	Verwaltungsaufwendungen	45
	./.	Vertriebsaufwendungen	25
(3)	=	*Betriebsergebnis*	40
	+	Sonstige Erträge	55
	./.	Sonstige Aufwendungen	20
(4)	=	Periodenüberschuss (Gewinn)	75

Abb. 23 Aufgliederung der GuV nach Kostenbereichen in Staffelform[8]

[8]In Anlehnung an *Sigloch* (2011), S. 428.

302

Kontenabschluss nach dem GKV I

- Die GuV kann nach dem *Gesamtkostenverfahren* (GKV) oder dem *Umsatzkostenverfahren* (UKV) organisiert werden, wobei *unabhängig vom verwendeten Verfahren* ein *identischer Jahreserfolg* resultiert!
- Beim *Gesamtkostenverfahren* entspricht der

  ... Aufwand dem Produktionsaufwand der Periode und ist nach Kostenarten gegliedert (*kostenartenorientiert*).

  ... Ertrag der Gesamtleistung der Periode, die sich ergibt aus:

  Umsatz
  \+ Bestandserhöhung
  ./. Bestandsminderung
  = Gesamtleistung

303

(a) Gesamtkostenverfahren

Beim Gesamtkostenverfahren werden die Aufwendungen der Rechnungsperiode *nach Kostenarten* (Materialaufwand, Personalaufwand, Abschreibungen) *gegliedert* ausgewiesen. Auf der Ertragsseite werden neben den Umsatzerlösen Erträge aus Eigenleistungen wie z. B. (Lager)Bestandserhöhungen oder andere aktivierte Eigenleistungen (z. B. selbst erstellte immaterielle Vermögensgegenstände wie Patente oder Sachanlagen) ausgewiesen. Das GKV ist ertrags- bzw. kostenartenorientiert.[101]

304 Die Gliederung bei Anwendung des Gesamtkostenverfahrens ist im Fall der Rechnungslegung nach deutschen Vorschriften in § 275 Abs. 2 HGB gesetzlich festgelegt. Der Gesamterfolg lässt sich – unabhängig von der Anwendung des GKV oder UKV – in die in *Darstellung* 54 aufgeführten Teilerfolge untergliedern.

Darstellung 54 Erfolgsspaltung der GuV nach HGB

305 In *Abb.* 24 ist die GuV für das *Betriebsergebnis* im Fall der Anwendung des GKV dargestellt. Dabei wurden die Ausgangswerte von Beispiel 20 aus Folie 293 übernommen. Die Umsätze der einzelnen Produkte ergeben sich aus den Werten von *Darstellung* 53 auf Seite 226. Eine Zuordnung der Aufwendungen zu den einzelnen Produkten ist beim GKV nicht möglich.

306 *(b) Umsatzkostenverfahren*

Beim Umsatzkostenverfahren werden nur die am Markt getätigten Umsätze ausgewiesen. Erfolge aus Bestandsveränderungen oder anderen Eigenleistungen sind aus der GuV nicht ersichtlich. Korrespondierend zu den Umsätzen werden nur die umsatzbezogenen Aufwendungen ausgewiesen. Anders als beim GKV werden die Aufwendungen beim UKV nach (Funktions- bzw. Kosten-)Bereichen gegliedert. Das Umsatzkostenverfahren ist *kostenträgerorientiert*, d. h. Ziel der buchhalterischen Organisation ist die Zurechnung der Aufwendungen (Kosten) zu den einzelnen Produkten (Kostenträger).

[101] *Dies spiegelt sich insbesondere in den Positionen 4. bis 8. wider. Die Positionen 1. bis 8. ergeben das Betriebsergebnis, d. h. stellen den operativen Erfolg als Inhalt des Kerngeschäfts des Unternehmens dar. Position 11. repräsentiert das Finanzergebnis.*

Kontenabschluss nach dem GKV II

Bei Anwendung des *Gesamtkostenverfahrens* ergibt sich nachstehende (vereinfachte) *Gliederung der GuV* gem. § 275 Abs. 2 HGB:

Betriebsergebnis

	1. Umsatzerlöse
+/./.	2. Bestandsveränderungen
+	4. sonstige betriebliche Erträge
./.	5. Materialaufwand
./.	6. Personalaufwand
./.	7. Abschreibungen
./.	8. sonstige betriebliche Aufwendungen
	Finanzergebnis
+	11. sonstige Zinsen und ähnliche Erträge
=	14. *Ergebnis der gewöhnlichen Geschäftstätigkeit*
+	15. außerordentliche Erträge
./.	16. außerordentliche Aufwendungen
=	17. *außerordentliches Ergebnis*
./.	18. Steuern vom Einkommen und vom Ertrag
./.	19. sonstige Steuern
=	20. *Jahresüberschuss/Jahresfehlbetrag*

304

Kontenabschluss nach dem GKV III

Gliederung der GuV auf Basis von Beispiel 20 aus Folie 301 bei Anwendung des GKV

Soll	Gewinn- und Verlustrechnung		Haben
Gesamtherstellungsaufwand	280	Umsatzerlöse	320
nach Kostenarten		*nach Produkten*	
– Materialaufwand 80		– Produkt A 240	
– Personalaufwand 170		– Produkt B 48	
– Abschreibungen 30		– Produkt C 32	
Betriebsüberschuss	40		
Summe	320	Summe	320

Abb. 24 Gliederung der GuV in Kontoform im Fall des Gesamtkostenverfahrens ohne Bestandsveränderungen[9]

[9] In Anlehnung an *Sigloch* (2011), S. 430.

305

Kontenabschluss nach dem UKV I

- Beim *Umsatzkostenverfahren* entspricht der
  … *Aufwand* dem Umsatzaufwand bzw. den Kosten der einzelnen Kostenträger (*kostenträgerorientiert*).
  … *Ertrag* den Umsatzerlösen der Periode, die sich ergeben aus:

	Produktionsaufwand
+	Bestandsminderung
./.	Bestandserhöhung
=	Gesamtleistung

- Bei Aufgliederung der Umsatzerlöse nach Produktgruppen, könnte man bei Anwendung des UKV die Gewinne der einzelnen Produktgruppen ableiten.

306

307 Die Gliederung im Fall der Anwendung des Umsatzkostenverfahrens ist in § 275 Abs. 3 HGB festgelegt. Hinsichtlich der Erfolgsspaltung existiert kein Unterschied zum GKV.

308 In *Abb. 25* ist die GuV für das *Betriebsergebnis* im Fall der Anwendung des UKV dargestellt. Dabei wurden die Ausgangswerte von Beispiel 20 aus Folie 293 übernommen. Die Umsätze der einzelnen Produkte ergeben sich aus den Werten von *Darstellung* 53 auf Seite 226. Aufgrund der Gliederung der Umsätze nach den einzelnen Produkten lässt sich der Erfolg der einzelnen Produkte bestimmen. Zudem wird deutlich, dass der Betriebsüberschuss im Fall des GKV mit dem Betriebsergebnis im Fall des UKV übereinstimmt.

4.9 *Bestandsveränderungen von Erzeugnissen*

309 *Abb. 26* skizziert den Prozess im Industriebetrieb unter Berücksichtigung der Lagerung von Stoffen bzw. Erzeugnissen. Sofern Stoffe auf dem Beschaffungsmarkt bezogen werden, aber nicht direkt in die Produktion eingehen, müssen sie zwischengelagert werden. Im vorangehenden Abschnitt haben wir uns mit der Verbuchung des Verbrauchs von Stoffen – also mit der Verbuchung der Lagersituation im linken Teil der Abbildung – befasst. Ein viel größeres Problem stellt die Verbuchung der Lagersituation im rechten Teil der Abbildung dar, nämlich dann, wenn die Stoffe durch den Transformationsprozess bereits in die Erzeugnisse eingegangen sind, die Erzeugnisse aber noch auf Lager liegen. Es lassen sich dabei drei Fälle des Verhältnisses von Produktion (P) und Absatz (A) identifizieren:

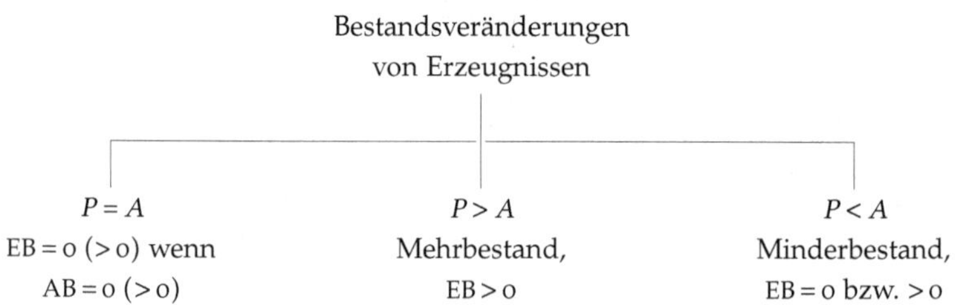

Darstellung 55 Bestandsveränderungen von Erzeugnissen

310 Im Fall $P = A$ existiert das Problem der Bewertung von auf Lager liegenden Erzeugnissen nicht, sofern sich zu Beginn des Geschäftsjahres keine Erzeugnisse auf Lager befanden.

Kontenabschluss nach dem UKV II

Bei Anwendung des *Umsatzkostenverfahrens* ergibt sich nachstehende (vereinfachte) *Gliederung der GuV* gem. § 275 Abs. 3 HGB:

Betriebsergebnis

1. Umsatzerlöse
./. 2. Herstellungskosten der Umsatzerlöse
= 3. Bruttoergebnis vom Umsatz
./. 4. Vertriebskosten
./. 5. allgemeine Verwaltungskosten
\+ 6. sonstige betriebliche Erträge
./. 7. sonstige betriebliche Aufwendungen

Finanzergebnis

\+ 10. sonstige Zinsen und ähnliche Erträge
= 13. *Ergebnis der gewöhnlichen Geschäftstätigkeit*
\+ 14. außerordentliche Erträge
./. 15. außerordentliche Aufwendungen
= 16. *außerordentliches Ergebnis*
./. 17. Steuern vom Einkommen und vom Ertrag
./. 18. sonstige Steuern
= 19. *Jahresüberschuss/Jahresfehlbetrag*

307

Kontenabschluss nach dem UKV III

Gliederung der GuV auf Basis von Beispiel 20 aus Folie 301 bei Anwendung des UKV

Soll	Gewinn- und Verlustrechnung			Haben
Aufwand des Umsatzes	280	Umsatzerlöse		320
nach Produkten		*nach Produkten*		
– Produkt A 160		– Produkt A	240 (80)	
– Produkt B 96		– Produkt B	48 (–48)	
– Produkt C 24		– Produkt C	32 (8)	
Betriebsüberschuss	40			
Summe	320	Summe		320

Abb. 25 Gliederung der GuV in Kontoform im Fall des Umsatzkostenverfahrens ohne Bestandsveränderungen[10]

[10] In Anlehnung an *Sigloch* (2011), S. 430.

308

Bestandsveränderungen von Erzeugnissen I

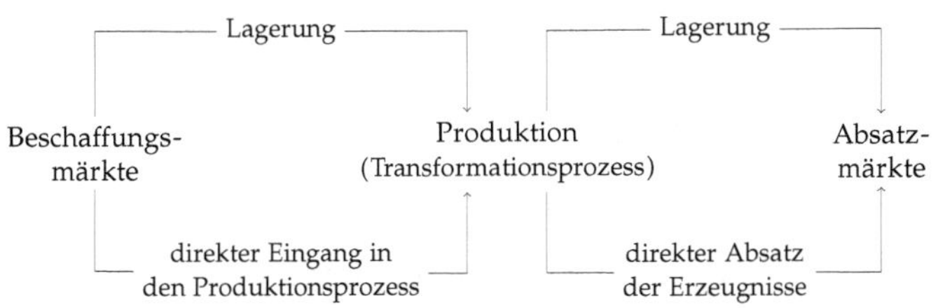

Abb. 26 Prozess und Lagerung eines Industriebetriebs

309

311 Im Fall von *Bestandsmehrungen* ($P > A$) erfolgt eine Aktivierung der zu viel produzierten Einheiten. Durch die Aktivierung werden letztlich die in Form von »Verbrauch« aufwandswirksamen Stoffe und Dienstleistungen storniert, d. h. die GuV »entlastet«. Je höher die Aktivierung ausfällt, desto höher der Ertrag, der in der GuV gegengebucht wird.[102]

Bestandsminderungen ($P < A$) können nur auftreten, wenn in vorangegangenen Wirtschaftsjahren ein Mehrbestand verzeichnet wurde. Anders als bei den Mehrbeständen ergeben sich bei Minderbeständen keine Bewertungsprobleme.

[102] *Die Wertober- und untergrenzen dieser sog. Herstellungskosten, zu denen die Aktivierung stattzufinden hat, werden in Abschnitt 8.2.1 ab Seite 394 detailliert erläutert.*

312 Die Verbuchung von Bestandsmehrungen und Bestandsminderungen erfolgt auf der Grundlage der Ermittlung eines periodengerechten Erfolgs. Unterlässt man die Aktivierung von Mehrbeständen würde in den Perioden, in denen $P > A$ gilt, der Verbrauch von Stoffen bzw. der Einsatz von Personal ein überproportionaler Aufwand verbucht werden. Umgekehrt stünde in den Perioden in denen $P < A$ gilt, den hohen Umsatzerlösen ein verhältnismäßig niedriger Aufwand entgegen. Letztlich soll aber in jeder Periode nur der zu den Umsätzen korrespondierende Aufwand Eingang in die GuV finden.

Neben der »richtigen« periodischen Zurechnung der Aufwendungen zu den korrespondierenden Umsätzen muss zudem der Tatsache Rechnung getragen werden, dass Erzeugnisse bilanzierungspflichtige Vermögensgegenstände[103] darstellen.

Darstellung 56 zeigt die Auswirkung auf Bilanz und Erfolg bei Bestandsveränderungen, wobei die Bestandsmehrung im linken und die Bestandsminderung im rechten Teil abgetragen ist.

[103] *Zum Begriff des Vermögensgegenstands vgl. Abschnitt 6.5.2 ab Seite 304.*

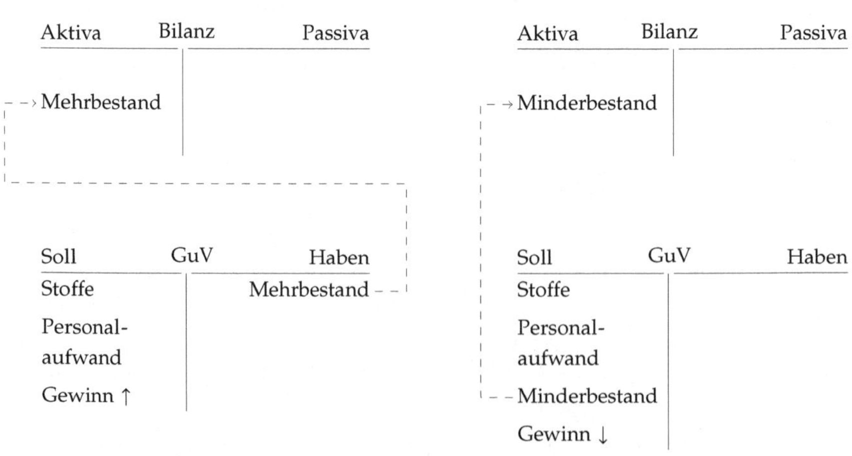

Darstellung 56 Auswirkungen von Mehr- und Minderbeständen

Bestandsveränderungen von Erzeugnissen II

Bisherige Annahme: Produktion = Absatz ($P = A$)

- Zur Ermittlung des *Erfolgs einer Rechnungsperiode* müssen bei $P = A$ nur die Umsatzerlöse (abgesetzte Leistungseinheiten) den Herstellungsaufwendungen (der produzierten Leistungseinheiten) im GuV-Konto gegenübergestellt werden.
- Im Fall $P = A$ existiert die Position »*Fertige Erzeugnisse*« in der Schlussbilanz nicht.
- *Problem* – i. d. R. gilt Produktion ≠ Absatz; die Folge sind Lagerbestände und -bestandsänderungen bei fertigen und unfertigen Erzeugnissen (FE und UE). Da die Lagerbestände einen Vermögenswert darstellen, müssen sie entsprechend bewertet werden.

310

Bestandsveränderungen von Erzeugnissen III

- *Mehrbestände* (Produktion > Absatz) treten dann auf, wenn im Wirtschaftsjahr mehr produziert als abgesetzt wurde und stehen im *Soll* des aktiven Bestandskontos »*Fertige Erzeugnisse*«.
- *Minderbestände* (Produktion < Absatz) treten dann auf, wenn im Wirtschaftsjahr mehr abgesetzt als produziert wurde. Dies ist nur bei positivem Anfangsbestand an Erzeugnissen zu Beginn des Wirtschaftsjahres möglich. Minderbestände stehen im *Haben* des Bestandskontos »*Fertige Erzeugnisse*«.
- Die Verbuchung von Beständen / Änderungen bei *unfertigen* Erzeugnissen erfolgt analog.

311

Bestandsveränderungen von Erzeugnissen IV

Bestandsmehrung ($P > A$ und $EB > AB$)

- Der Aufwand wird im Jahr der Produktion verbucht, der Ertrag aber erst im Jahr des Verkaufs, mit der Folge, dass der Aufwand den Jahreserfolg im Jahr der Produktion mindert.
- *Aber* – Die auf Lager produzierten Erzeugnisse stellen Werte dar, die bei Unterlassung der Aktivierung mit Null bewertet würden. Erfolg und Vermögen würden zu niedrig ausgewiesen werden.
- *Lösung* – Aktivierung der Bestandserhöhung zu Herstellungskosten.

Bestandsminderung ($P < A$ und $EB < AB$)

- Der Aufwand wurde bereits in den Vorperioden (bei Produktion und damit Verbrauch von RHB) erfasst, der Ertrag erst im Jahr des Verkaufs.
- *Folge* – Der Aufwand der laufenden Periode entspricht nicht den Herstellungskosten der Erlöse, der Aufwand der Periode ist zu niedrig.
- *Lösung* – Wert der Lagerbestandsminderung wird als Aufwand erfasst.

312

313 Die buchhalterische Darstellung von Mehr- oder Minderbeständen erfolgt im GKV und UKV unterschiedlich. Im Fall des *Gesamtkostenverfahrens* erfolgt die Anpassung aufgrund von Mehr- oder Minderbeständen ertragswirksam über das Erfolgskonto »Bestandsveränderungen«, während die gesamten Herstellungsaufwendungen ausgewiesen werden. Beim *Umsatzkostenverfahren* findet eine Anpassung der Höhe der Aufwendungen statt. *Abb.* 27 fasst die Verfahrensunterschiede im Fall von Bestandsveränderungen zusammen.

314–315 In den *Abbildungen* 28 und 29 sind die Unterschiede des GKV und UKV bei Bestandsveränderungen dargestellt. Ausgehend von den Ausgangswerten aus *Darstellung* 53 auf Seite 226 wurde ein Mehrbestand von Produkt A i. H. v. 30 Stück angenommen. Korrespondierend fallen die Umsatzerlöse um 30 Stück × 1,5 EUR/Stück = 45 EUR niedriger aus. Der Anfangsbestand von Produkt A betrage 35 Stück. Die Aktivierung erfolgt zu 30 Stück × 1 EUR/Stück = 30 EUR und wirkt sich in dieser Höhe beim GKV ertragswirksam aus. Im Fall des GKV verändert sich durch die Bestandsveränderung der Ausweis der Aufwendungen nicht.

Die Kosten des Mehrbestands betragen 30 EUR, entsprechend werden beim UKV die herstellungsbezogenen Umsätze um 30 EUR niedriger ausgewiesen. Die Summe der GuV Positionen fallen beim UKV mit 275 EUR um 30 EUR und damit um die Höhe des Mehrbestands niedriger aus als beim GKV. Zusätzlich ist beim UKV der Erfolgsbeitrag des Produktes A (65 EUR) aus der GuV eindeutig ablesbar.

Bestandsveränderungen im GKV und UKV I // Verfahrensunterschiede

Gesamtkostenverfahren	*Umsatzkostenverfahren*
Veränderungen im Lagerbestand beeinflussen die Betriebsleistung.	Bestandsveränderungen werden als positiver / negativer Aufwand erfasst.
Anpassung der Ertragsseite an die Gesamtaufwendungen.	Anpassung der Gesamtaufwendungen an die Umsatzerlöse.
Erträge werden über das Erfolgskonto »*Bestandsveränderungen*« angepasst.	In der GuV werden nur die Herstellungsaufwendungen ausgewiesen.

Abb. 27 Verfahrensunterschiede beim GKV und UKV bei Bestandsänderungen

313

Bestandsveränderungen im GKV und UKV II

Bestandsveränderungen beim GKV auf Basis von Beispiel 20 aus Folie 301

Soll	Gewinn- und Verlustrechnung		Haben
Gesamtherstellungsaufwand	280	Umsatzerlöse	275
nach Kostenarten		+ *Bestandserhöhung*	
– Materialaufwand 80		Endbestand 65	
– Personalaufwand 30		./. Anfangsbestand 35	
– Abschreibungen 170		= Bestandserhöhung 30	30
– weitere Aufwendungen 20			
Betriebsüberschuss	25		
Summe	305	Summe	305

Abb. 28 Gliederung der GuV in Kontoform im Fall des Gesamtkostenverfahrens mit Bestandsveränderungen

314

Bestandsveränderungen im GKV und UKV III

Bestandsveränderungen beim UKV auf Basis von Beispiel 20 aus Folie 301

Soll	Gewinn- und Verlustrechnung		Haben
Aufwand des Umsatzes	250	Umsatzerlöse	275
nach Produkten		*nach Produkten*	
– Produkt A 130		– Produkt A 195 (65)	
– Produkt B 96		– Produkt B 48 (–48)	
– Produkt C 24		– Produkt C 32 (8)	
Betriebsüberschuss	25		
Summe	275	Summe	275

Abb. 29 Gliederung der GuV in Kontoform im Fall des Umsatzkostenverfahrens mit Bestandsveränderungen

315

316–318 *Beispiel 22* zeigt die Berechnung und Verbuchung von Bestandsveränderungen. Im Beispiel gilt $P < A$, das bedeutet, dass ein Teil (25 Stück) der zu Beginn des Geschäftsjahres auf Lager liegenden Kiefernholztische aufwandswirksam ausgebucht werden muss. Der Gesamtaufwand der Periode ergibt sich daher aus der Summe der Herstellungskosten der 25 Tische, die im Geschäftsjahr produziert wurden, und aus der Bestandsveränderung durch den Minderbestand von 45 Tischen. Die Kosten der verkauften Mengeneinheiten ergeben sich deshalb als:

	EUR
+ Aufwand der Produktion (25 × 50 =)	1 250
+ Aufwand Bestandsminderung (45 × 50 =)	2 250
= Summe der Aufwendungen	3 500

Aus Gründen der Übersichtlichkeit werden Mehr- bzw. Minderbestände an FE/UE (bei Anwendung des GKV) nicht unmittelbar auf das GuV-Konto gebucht, sondern zunächst auf dem Erfolgskonto Bestandsveränderungen gesammelt. Dieses erfasst die Minderbestände im Soll und die Mehrbestände im Haben, die dann miteinander verrechnet werden, der Saldo des Kontos Bestandsveränderungen wird an das GuV-Konto gebucht. Buchungssatz bei Bestandserhöhungen (Aktivierung zu Herstellungskosten):

Fertige Erzeugnisse
an Bestandsveränderung Fertige Erzeugnisse

Buchungssatz bei Bestandsminderungen fertiger Erzeugnisse:

Bestandsveränderung Fertige Erzeugnisse
an Fertige Erzeugnisse

Nachstehend sind die Buchungen in den T-Konten *Fertige Erzeugnisse* und *GuV* zusammengefasst:

Soll	Fertige Erzeugnisse		Haben
AB	5 000	Bestandsveränderung	2 250
		EB	2 750
Summe	5 000	Summe	5 000

Soll	GuV		Haben
div. Aufwendungen	1 250	Umsatzerlöse	17 500
Bestandsveränderung	2 250		
Gewinn	14 000		
Summe	17 500	Summe	17 500

Beispiel 22 (Bestandsveränderungen)

August Hobel stellt in 2015 25 Tische aus Kiefernholz her. Die Herstellungskosten betragen 50 EUR/Stück. Am 01.01.2015 waren 100 Tische auf Lager, die zu 50 EUR/Stück bewertet wurden. In 2015 konnte Hobel 70 Tische zu 250 EUR/Stück (netto) per Bank verkaufen. Der Endbestand wird zu Herstellungskosten bewertet.

Ermitteln Sie Anfangs- und Endbestand der fertigen Erzeugnisse, verbuchen Sie die Geschäftsvorfälle (die Verbuchung des Abschlusses der Konten ist nicht erforderlich) und stellen Sie das Konto »Fertige Erzeugnisse« sowie das GuV-Konto zum Bilanzstichtag dar.

316

Lösung Beispiel 22 I

1. Ermittlung von Anfangs- und Endbestand

	ME	EUR/ME	EUR
Anfangsbestand	100	50	5 000
+ Produktion	25	50	1 250
./. Abgang	70	250	17 500
= Endbestand	55	50	2 750

Die Bestandsveränderung (BV) beträgt:

$BV = |(\text{Zugänge in ME} - \text{Abgänge in ME})| \times \text{EUR/ME}$

$BV = |(25 - 70)| \times 50 = 2\,250$

317

Lösung Beispiel 22 II

2. Buchungssätze

Bank	20 825 EUR	
an Umsatzerlöse		17 500 EUR
Umsatzsteuer		3 325 EUR

»div. Aufwendungen«	1 250 EUR	
an Bank		1 250 EUR

Bestandsveränderung Fertige Erzeugnisse	2 250 EUR	
an Fertige Erzeugnisse		2 250 EUR

318

Das Grundproblem von Mehr- und Minderbeständen wurde im vorangehenden Abschnitt ausführlich erläutert. Dabei wurde das zentrale Problem von Mehr- und Minderbeständen, nämlich deren Bewertung, bisher außen vor gelassen. Bewertet wird das durch Mehr- oder Minderbestände betroffene Umlaufvermögen zu den Herstellungskosten. Die Ermittlung der Herstellungskosten ist in § 255 Abs. 2 HGB geregelt. Sie stellt hohe Anforderungen an die Buchhaltung und ist Bestandteil von Abschnitt 8.2.1 ab Seite 394.

Eine Besonderheit bei »Bestandsveränderungen« stellen Eigenleistungen des Unternehmens dar. Eigenleistungen stellen Erträge aus selbst erstelltem Anlagevermögen dar, die im Gegensatz zu Waren im Unternehmen verbleiben und längerfristig genutzt werden. Die Aktivierung der Eigenleistung erfolgt durch Ansprechen des Erfolgskontos »andere aktivierte Eigenleistungen« im Haben. Buchungssatz:

Anlagen im Bau		*100 000* EUR	
an	*andere aktivierte Eigenleistungen*		*100 000* EUR

Bei Fertigstellung erfolgt die Umbuchung. Buchungssatz:

Grundstücke und Gebäude		*100 000* EUR	
an	*Anlagen im Bau*		*100 000* EUR

319 *Beispiel 23* bildet die buchhalterischen Unterschiede zwischen Gesamtkosten- und Umsatzkostenverfahren anhand von Buchungssätzen und T-Konten ab.

320–321 *Abb. 30* skizziert die Kontenabschlüsse nach dem Gesamtkostenverfahren. Die Darstellung folgt nachstehender Vorgehensweise:

1. Ermittlung des Endbestands der (Fertig-)Erzeugnisse und Abschluss der Fertigen Erzeugnisse über das Schlussbilanzkonto.
2. Der Saldo des Kontos »Fertige Erzeugnisse« wird – nach Ermittlung des Endbestands laut Inventur – auf das Konto »Bestandsveränderungen« gebucht. Auf dem Konto »Bestandsveränderungen« werden dabei die Bestandsveränderungen aller Erzeugniskonten gesammelt.
3. Der Saldo des Kontos »Bestandsveränderungen« wird an die GuV verbucht.
4. Das Konto »Umsatzerlöse« wird über die GuV abgeschlossen.
5. Schließlich werden die gesamten Aufwendungen der Periode für Stoffe und Personal in die GuV gebucht.

Beispiel 23 (GKV und UKV)

Ermitteln Sie auf Basis nachstehender Informationen schematisch den Periodenerfolg gem. GKV und UKV und verbuchen Sie die Kontenabschlüsse!

in 2015 produzierte Menge	150 Stück
in 2015 abgesetzte Menge	120 Stück
diverse Aufwendungen	1 500 EUR
Herstellungskosten pro Stück (1 500 EUR / 150 Stück =)	10 EUR
Umsatzerlöse (120 Stück à 20 EUR)	2 400 EUR
Anfangsbestand FE (100 Stück à 10 EUR)	1 000 EUR
Endbestand FE (130 Stück à 10 EUR)	1 300 EUR
Bestandsmehrung (30 Stück à 10 EUR)	300 EUR

319

Lösung Beispiel 23 I // Gesamtkostenverfahren

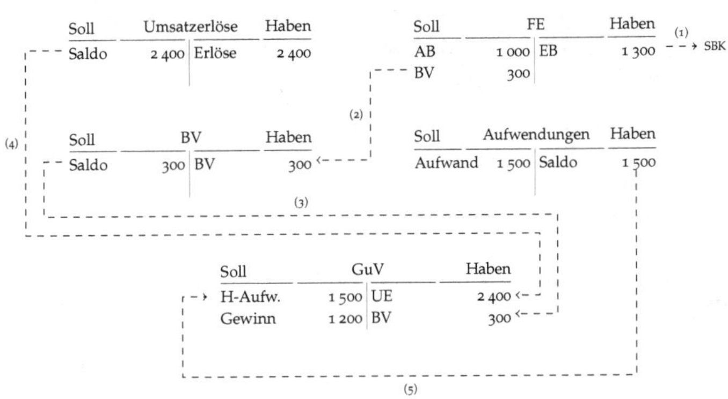

Abb. 30 Kontenabschlüsse beim Gesamtkostenverfahren 320

Lösung Beispiel 23 II // Buchungen Gesamtkostenverfahren

(1) Abschluss des Kontos »Fertige Erzeugnisse« über das SBK

SBK	1 300 EUR	
an Fertige Erzeugnisse		1 300 EUR

(2) Verbuchung der Bestandsveränderung

Fertige Erzeugnisse	300 EUR	
an Bestandsveränderungen		300 EUR

(3) Abschluss des Kontos »Bestandsveränderungen« über die GuV

Bestandsveränderungen	300 EUR	
an GuV		300 EUR

(4) Abschluss des Kontos »Umsatzerlöse« über die GuV

Umsatzerlöse	2 400 EUR	
an GuV		2 400 EUR

(5) Abschluss des Kontos »Aufwendungen« über die GuV

GuV	1 500 EUR	
an Aufwendungen		1 500 EUR

321

322–323 *Abb. 31* skizziert die Kontenabschlüsse nach dem Umsatzkostenverfahren. Anders als beim Gesamtkostenverfahren existiert hier das Konto »Bestandsveränderungen« nicht. Die Darstellung folgt nachstehender Vorgehensweise:

1. Die gesamten Aufwendungen der Periode werden an das Konto »Fertige Erzeugnisse« verbucht.
2. Nach Feststellung des Endbestands laut Inventur, können die umsatzbezogenen Herstellungskosten an die GuV verbucht werden.
3. Kein Unterschied zum Gesamtkostenverfahren gibt es beim Abschluss des Kontos »Umsatzerlöse«, dieses wird auch beim UKV über die GuV abgeschlossen.

4.10 *Kontrollfragen*

1. In welche Kategorien lässt sich die Erfassung von Steuern grundsätzlich einteilen?
2. Wie lässt sich die zeitliche Erfassung von Steuern aus buchhalterischer Sicht untergliedern?
3. Inwiefern bestehen Unterschiede bei der Erfassung von Steuern bei Personenunternehmungen und Kapitalgesellschaften?
4. Geben Sie jeweils einen Geschäftsvorfall samt Buchungssatz an, bei dem die Erfassung der Steuer zu
   (a) einem Ertrag,
   (b) einem Aufwand,
   (c) einer Privatentnahme,
   (d) einer Privateinlage,
   (e) Anschaffungkosten,
   (f) Forderungen bzw.
   (g) Verbindlichkeiten führt bzw.
   (h) die betriebliche Sphäre nicht berührt.
5. Erläutern Sie die Behandlung von geleisteten (erhaltenen) Anzahlungen anhand von Buchungssätzen jeweils zum Zeitpunkt der Anzahlung und der Endabrechnung!
6. Warum stellen Anzahlungen aus umsatzsteuerlicher Sicht kein Kreditgeschäft dar?
7. Erläutern Sie die Unterschiede zwischen Handelsbetrieben und Industriebetrieben!
8. Worin bestehen die Unterschiede zwischen Skontrationsmethode und Inventurmethode? Erläutern Sie jeweils Vor- und Nachteile! Gehen Sie auch auf die unterschiedliche Vorgehensweise bei der Bewertung des Verbrauchs ein!
9. Erläutern Sie die Vorteile der Staffelform gegenüber der Kontenform bei der Darstellung der GuV.

Lösung Beispiel 23 III // Umsatzkostenverfahren

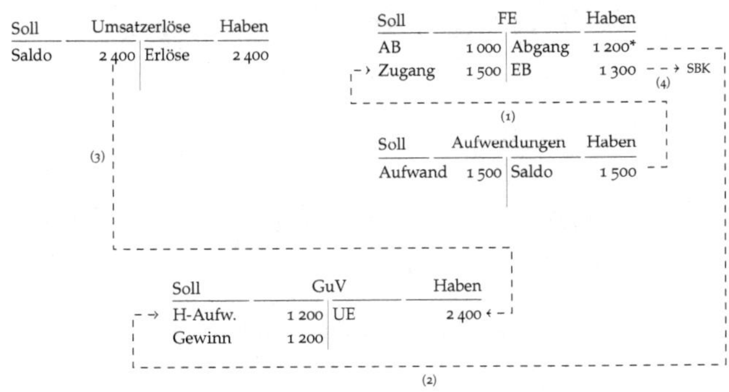

Abb. 31 Kontenabschlüsse beim Umsatzkostenverfahren

*120 Stück à 10 EUR/Stück = 1 200 EUR 322

Lösung Beispiel 23 IV // Buchungen Umsatzkostenverfahren

(1) Abschluss des Kontos »Aufwendungen« über das Konto »Fertige Erzeugnisse«

Fertige Erzeugnisse	1 500 EUR	
an Aufwendungen		1 500 EUR

(2) Abschluss des Kontos »Fertige Erzeugnisse« über die GuV

GuV	1 200 EUR	
an Fertige Erzeugnisse		1 200 EUR

(3) Abschluss des Kontos »Umsatzerlöse« über die GuV

Umsatzerlöse	2 400 EUR	
an GuV		2 400 EUR

(4) Abschluss des Kontos »Fertige Erzeugnisse« über das SBK

SBK	1 300 EUR	
an Fertige Erzeugnisse		1 300 EUR

323

10. Welche Aufgliederungen der GuV sind denkbar?
11. In welche Kategorien lässt sich der Gesamterfolg aufgespalten?
12. Was spricht dafür, das Betriebsergebnis und das Finanzergebnis getrennt auszuweisen?
13. Worin besteht der Unterschied zwischen Gesamtkostenverfahren und Umsatzkostenverfahren?
14. Wann entstehen Bestandsmehrungen (Bestandsminderungen)? Welchen Zweck erfüllt ihre Verbuchung?
15. Welche Probleme außerhalb der doppelten Buchführung ergeben sich bei Bestandsmehrungen?

LERNEINHEIT 7
Spezielle Geschäftsvorfälle Teil IV

5 *Lohn und Gehalt*

ShortCode App # 1050

324–326 Lerneinheit 7 befasst sich mit dem Nebenbuch der Lohnbuchhaltung und soll Ihnen ein Grundverständnis für dieses vermitteln. Konkret sollen Sie nach dieser Lerneinheit die wichtigsten Sozialversicherungsbeiträge und Steuern berechnen und verbuchen können. Wir werden sehen, dass die technische Dokumentation in Form der Identifizierung der korrekten Konten nicht das Problem darstellt. Problematisch ist vielmehr die Ermittlung der zu dokumentierenden Beträge, da deren Ermittlung von einer Vielzahl von Gesetzen, Richtlinien, Verordnungen und Erlassen abhängt und zudem erfahrungsgemäß äußerst dynamischer Natur ist.

Die Komplexität der Lohnbuchhaltung erfordert spezielle Software. Insbesondere kleinere Unternehmen sind aufgrund der Komplexität nicht in der Lage, die Lohnbuchhaltung im eigenen Haus durchzuführen. Vielmehr müssen sie die Dienstleistung der Lohnbuchhaltung z. B. bei Steuerberatern oder Lohnbüros einkaufen. Die nachstehenden Ausführungen gehen teilweise sehr tief in die Materie des Steuer- und Sozialversicherungsrechts ein.

5.1 *Grundbegriffe*

327 Für die nachstehenden Ausführungen ist die Differenzierung zwischen Löhnen und Gehältern irrelevant. In der Regel beziehen Angestellte ein mehr oder weniger fixes Gehalt bei feststehender Arbeitszeit. Die Übergänge zu Lohnbeziehern sind jedoch fließend, da der Stundennachweis durch Stempelkarten oder Ähnliches sowohl von Lohn- als auch Gehaltsbeziehern erbracht werden muss.

Die Entlohnung der Arbeitnehmer stellt für den Arbeitgeber (vereinfacht) Personalaufwand dar. Es ist dabei irrelevant, in welcher Form die Zahlungen anfallen, sei es für Sozialversicherung, Steuern oder sonstige Abgaben. Für die Empfänger stellen die Zahlungen Einkommen[104] dar. Der Lohn bzw. das Gehalt muss dabei nicht immer zwingend mit Zahlungen einhergehen, da auch Leistungen des Unternehmers in unbarer Form wie z. B. die Zurverfügungstellung eines Geschäftswagens, Teil der Entlohnung sein kann.

[104] *Genauer: Einkünfte aus nichtselbständiger Arbeit gem. § 19 EStG.*

Wo stehen wir?

324

Literatur und Lernziele I

1. *Literatur*

Döring, Ulrich / Buchholz, Rainer (2015): *Buchhaltung und Jahresabschluss*, 14. Auflage, Erich Schmidt, Berlin, 72–76.

Eisele, Wolfgang / Knobloch, Alois Paul (2011): *Technik des betrieblichen Rechnungswesens*, 8. Auflage, Vahlen, München, 317–338.

Wöhe, Günter / Kußmaul, Heinz (2015): *Grundzüge der Buchführung und Bilanztechnik*, 9. Auflage, Vahlen, München, 202–215.

325

Literatur und Lernziele II

2. *Lernziele*

Nach dieser Lerneinheit ...

- haben Sie ein Grundverständnis für die Lohnbuchhaltung.
- können Sie die Sozialversicherungsbeiträge ermitteln und verbuchen.
- können Sie die Lohnsteuer, den Solidaritätszuschlag sowie die Kirchensteuer ermitteln und verbuchen.

326

328 Wie eingangs angedeutet, ergibt sich die Komplexität der Lohnbuchhaltung aus dem Zusammenspiel zahlreicher Normen die einem kontinuierlichen Wandel unterliegen. Zudem spielen die persönlichen Verhältnisse der Arbeitnehmer bei der Ermittlung der durch den Arbeitgeber abzuführenden Beträge eine Rolle. Von der Komplexität der technischen Abwicklung bekommen die Arbeitnehmer i. d. R. nichts mit, da sie letztlich nur den Zahlungseingang auf ihrem Bankkonto zur Kenntnis nehmen.

Zur Vereinfachung wird nachstehend nur auf die wichtigsten Abzüge eingegangen. Des Weiteren wird unterstellt, dass keine unbaren Lohn- oder Gehaltszahlungen vorliegen. Namentlich werden die betriebliche Altersvorsorge und die Gewährung geldwerter Vorteile ausgeklammert.

329 Die *Abzüge vom Arbeitslohn* lassen sich in Beiträge zur (gesetzlichen) Sozialversicherung und Steuern unterteilen. Neben den Beiträgen zur gesetzlichen Renten-, Kranken-, Arbeitslosen- und Pflegeversicherung sind zusätzlich Unfallversicherung, Insolvenzgeldumlage sowie die Umlage U1 als Versicherung der Entgeltfortzahlung im Krankheitsfall sowie Umlage U2 für Mutterschaftsaufwendungen zu berücksichtigen.

Anders als bei den Abgaben in Form von Beiträgen zur Sozialversicherung, erfolgt die Bezahlung von Steuern ohne Anspruch auf eine konkrete Gegenleistung. *Darstellung* 57 systematisiert die verschiedenen Abgaben.

Im Folgenden finden mit der Lohnsteuer, dem Solidaritätszuschlag und der Kirchensteuer alle, die Arbeitnehmer betreffenden Steuern, Berücksichtigung. Bei der Lohnsteuer ist zu erwähnen, dass diese keine eigene Steuer begründet, sondern lediglich eine besondere Erhebungsform der Einkommensteuer darstellt, deren Pflicht zur Abführung an das Finanzamt dem Arbeitgeber obliegt.

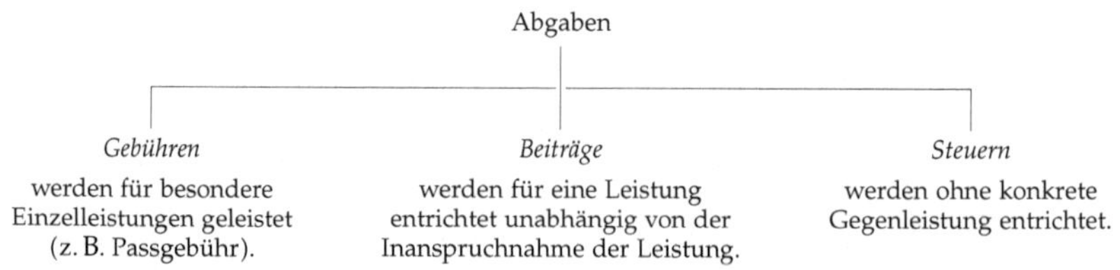

Darstellung 57 Differenzierung von Abgaben

Grundbegriffe

- Der *Lohn* stellt das Arbeitsentgelt eines Arbeiters dar.
- Das *Gehalt* ist das Arbeitsentgelt eines Angestellten.
- Der *Arbeiter* bekommt seinen Lohn (i. d. R.) auf Basis seiner abgeleisteten Stunden (Stundenlohn), die z. B durch eine Stempelkarte nachgewiesen werden, ausbezahlt; der Lohn kann stark schwanken, z. B wenn Nachtschichten geleistet werden, für die der Arbeiter einen höheren Lohn bekommt; der *Angestellte* bekommt ein fixes Gehalt.
- Löhne und Gehälter sind für den Arbeitnehmer (AN) *Einkommen*, für den Arbeitgeber (AG) *Personalaufwand*.
- Die AN erhalten für ihre Tätigkeit im Unternehmen nicht das gesamte tariflich festgesetzte oder frei vereinbarte Bruttoarbeitsentgelt ausbezahlt, sondern einen nach Vornahme bestimmter Abzüge verbleibenden Nettobetrag. 327

Lohnbuchhaltung

- Die Lohnbuchhaltung ist *äußerst komplex*, da bei ihr teilweise für jeden einzelnen Mitarbeiter individuell insbesondere detaillierte steuerrechtliche sowie sozialversicherungsrechtliche Aspekte Berücksichtigung finden müssen.
- Die Komplexität beschränkt sich dabei vor allem auf die Ermittlung der vom Arbeitgeber an das Finanzamt und an die Sozialversicherungsträger abzuführenden Beträge. Die Verbuchung der Beträge selbst ist vergleichsweise einfach.
- Im Folgenden werden vor allem die *steuerrechtlichen* und die *sozialversicherungsrechtlichen* Aspekte besprochen.
- Die betriebliche Altersvorsorge wird vernachlässigt.

328

Abzüge vom Arbeitslohn

1. Abzug von Beiträgen zur Sozialversicherung
   Für den AN besteht grds. Versicherungspflicht für die gesetzliche ...
   ... Rentenversicherung (RV),
   ... Arbeitslosenversicherung (ALV),
   ... Krankenversicherung (KV),
   ... Pflegeversicherung (PV).
2. Steuerabzüge werden einbehalten für
   ... Lohnsteuer (Einkommensteuer),
   ... Solidaritätszuschlag und
   ... Kirchensteuer.

329

330 Die *Unfallversicherung* wurde als zweite gesetzliche Versicherung erstmals im Rahmen der Bismarck'schen Sozialgesetzgebung im Jahr 1884 eingeführt. Die Beiträge zur Unfallversicherung werden, anders als bei den meisten Sozialversicherungsbeiträgen, nicht von den Krankenkassen eingezogen. Träger der gesetzlichen Unfallversicherung sind die gewerblichen Berufsgenossenschaften und die Unfallkassen deren Dachverband die Deutsche Gesetzliche Unfallversicherung (DGUV) in Form eines rechtsfähigen Vereins darstellt.

Es existiert eine Vielzahl von Unfallversicherern, wobei sich die Beiträge nach der Gefahrenklasse, dem Arbeitsentgelt der Versicherten und dem Finanzbedarf des Versicherungsträgers richten.

331 Seit dem 1. Januar 2009 ist die *Insolvenzgeldumlage*, die vormals einmal jährlich von den Berufsgenossenschaften im Auftrag der Bundesagentur für Arbeit erhoben und eingezogen wurde, nunmehr monatlich mit dem Gesamtsozialversicherungsbeitrag an die Krankenkassen abzuführen, welche die Umlage dann an die Bundesagentur für Arbeit weiterleiten. Auf Antrag wird Arbeitnehmern Insolvenzgeld zum Ausgleich ihres im Falle einer Insolvenz des Arbeitgebers ausgefallenen Arbeitsentgeltes von der Bundesagentur für Arbeit gezahlt. Der Umlagesatz wird durch Rechtsverordnung des Bundesministeriums für Arbeit und Sozialordnung festgelegt.

Die *Umlage U1* wird seit dem 1. Januar 2006 erhoben und stellt einen Pflichtbeitrag von Arbeitgebern mit wenigen Arbeitnehmern zur solidarischen Finanzierung eines Ausgleichs für die Arbeitgeberaufwendungen im Falle der Entgeltfortzahlung im Krankheitsfall an Arbeitnehmer dar. Durch die Umlage soll verhindert werden, dass kleinere Arbeitgeber durch Entgeltfortzahlungsansprüche finanziell überlastet werden. Sind die Arbeitgeber zur Entgeltfortzahlung im Krankheitsfall verpflichtet, erstatten ihnen die Krankenkassen auf Antrag aus der Umlage zwischen 40% und 80% der Aufwendungen. Die Höhe der Erstattung ist abhängig vom gewählten Tarif des Arbeitgebers.[105] Höhere Erstattungen bringen höhere Versicherungsbeiträge mit sich.

Die ebenfalls mit Wirkung zum 1. Januar 2006 eingeführte *Umlage U2* für Mutterschaftsaufwendungen wird zum Ausgleich finanzieller Belastungen durch den Mutterschutz erhoben. Im Rahmen dieses durch Umlage finanzierten Ausgleichsverfahrens erhalten die Arbeitgeber die nach dem Mutterschutzgesetz zu zahlenden Bezüge von der Krankenkasse der jeweiligen Arbeitnehmerin erstattet.

[105] *Die Krankenkasse wird vom Arbeitnehmer gewählt, während der Arbeitgeber die Höhe des ihm im Krankheitsfall des Arbeitnehmers durch die Krankenkasse zu erstatteten Anteils der Lohn bzw. Gehaltszahlung wählt.*

Abgaben für den Arbeitgeber I

- Der Arbeitgeber hat zusätzlich zum Bruttolohn seinen Anteil an den *Sozialversicherungsbeiträgen* zu tragen.
- Die Beiträge zur *gesetzlichen Unfallversicherung* hat der Arbeitgeber allein aufzubringen und an die zuständige Berufsgenossenschaft abzuführen; die Beiträge sind abhängig von Gefahrklassen (§ 153 SGB VII), die für den Betrieb gelten; Beitragsbemessungsgrenzen gibt es in der Unfallversicherung nicht, es gibt aber eine Höchstjahresarbeitsverdienstgrenze.
- Der Beitrag zur Unfallversicherung errechnet sich aus

  Lohnsumme × *Gefahrklasse* × *Umlageziffer*

  und beträgt etwa zwischen 1 % – 2 % des Arbeitsentgelts.

330

Abgaben für den Arbeitgeber II

- Bei Zahlungsunfähigkeit des Arbeitgebers hat der Arbeitnehmer einen Anspruch auf Ersatz des Arbeitslohns, den ihm der Arbeitgeber für die letzten 3 Monate vor Eröffnung des Insolvenzverfahrens noch nicht gezahlt hat (§ 165 SGB III).
- Zur Finanzierung des Arbeitslohnersatzes wird die vom Arbeitgeber zu tragende *Insolvenzgeldumlage* i. H. v. *0,15 %* des Arbeitsentgelts erhoben.
- Zudem sind noch die *Umlagen* (U1 und U2) zu entrichten, U1 – Entgeltfortzahlung im Krankheitsfall (zwischen 1,3% und 3,3%, AOK Bayern), U2 – Mutterschaftsaufwendungen (0,39%, AOK Bayern).

331

Rentenversicherung (RV)

- Die *Rentenversicherung* ist im Sozialgesetzbuch (SGB) VI (*»Sechstes Buch Sozialgesetzbuch, Gesetzliche Rentenversicherung«*) geregelt.
- Der *Beitragssatz* zur RV wird gem. § 158 SGB VI i.V. m. § 160 SGB VI von der Bundesregierung durch Verordnung festgesetzt und beträgt in 2015 *18,7 %* vom Bruttolohn, wobei gem. § 168 Abs. 1 Nr. 1 SGB VI *9,35 %* auf den *AG* und *9,35 %* auf den *AN* entfallen.
- Die monatliche *Beitragsbemessungsgrenze* (BBG) in 2015 beträgt *6 050* EUR *(West)* bzw. *5 200* EUR *(Ost)* und wird gem. § 159 SBG VI i. V. m. § 160 SGB XI zu Beginn des Kalenderjahrs von der Bundesregierung durch Verordnung festgelegt.
- Arbeitsentgelt über der BBG ist nicht beitragspflichtig.

332

332 Die *Rentenversicherung* stammt als »erste Säule« der gesetzlichen Sozialversicherungen noch aus der Zeit von Otto von Bismarck. Sie wurde 1881 eingeführt. Die deutsche gesetzliche Rentenversicherung ist als umlagefinanzierte Alterssicherung implementiert und wird von der Deutschen Rentenversicherung (vormals Bundesversicherungsanstalt für Angestellte (BfA)) getragen.

Beitragspflichtig sind nur Entgelte bis zur Beitragsbemessungsgrenze, die jährlich durch Rechtsverordnung festgelegt wird. Für darüber liegende Beträge müssen keine Sozialversicherungsbeiträge entrichtet werden. Teilweise differieren die Beitragsbemessungsgrenzen zwischen Ost und West sowie zwischen den einzelnen Sozialversicherungen.

333 Die *Arbeitslosenversicherung* wurde in Deutschland 1927 eingeführt. Träger ist die Bundesagentur für Arbeit in Nürnberg. Die Beiträge zur Arbeitslosenversicherung werden je zur Hälfte von Arbeitgeber und Arbeitnehmer getragen. Die Beitragsbemessungsgrenze der Arbeitslosenversicherung entspricht der Beitragsbemessungsgrenze der Rentenversicherung.

334 Die gesetzliche *Krankenversicherung* stellt die »zweite Säule« der gesetzlichen Sozialversicherungen dar und stammt ebenfalls noch aus Bismarck'scher Zeit. Sie wurde zwei Jahre nach der Rentenversicherung, im Jahr 1883, eingeführt und war die zweite Leistung der heute bestehenden Sozialversicherungen.

Seit dem 1. Januar 2009 gilt aufgrund der Einführung des »Gesundheitsfonds« nunmehr für die *Krankenversicherung* ein einheitlich, paritätisch[106] finanzierter Beitragssatz. Die Krankenkassen entscheiden mithin nicht mehr selbst über den Beitragssatz ihrer Versicherten, vielmehr wird dieser künftig von der Bundesregierung durch Rechtsverordnung festgelegt. Zum einheitlichen Beitragssatz kommt der im Rahmen der Gesundheitsreform 2004 eingeführte zusätzliche Beitragssatz von 0,9 Prozentpunkten hinzu, den die Mitglieder der gesetzlichen Krankenversicherung zu tragen haben. Der Zusatzbeitrag wird ausschließlich von den Arbeitnehmern getragen.

[106] *Gemeinschaftlich zur Hälfte.*

Nach dem Beschluss des Bundestages zur Gesundheitsreform 2011 können die Krankenversicherungen zur Kostendeckung beliebig hohe Zusatzbeiträge verlangen, die ausschließlich von den Versicherten getragen werden sollen.

Arbeitslosenversicherung (ALV)

- Die *Arbeitslosenversicherung* ist im SGB III (*»Drittes Buch Sozialgesetzbuch, Arbeitsförderung«*) geregelt.
- Der *Beitragssatz* zur ALV beträgt gem. § 341 Abs. 2 SGB III in 2015 *3 %* vom Bruttolohn, wobei *1,5 %* auf den *AG* und *1,5 %* auf den *AN* entfallen (§ 346 Abs. 1 Satz 1 SGB III).
- Die Beitragsbemessungsgrenze (BBG) in 2015 ist identisch zur BBG der Rentenversicherung.

333

Krankenversicherung (KV)

- Die *Krankenversicherung* ist im SGB V (*»Fünftes Buch Sozialgesetzbuch, Gesetzliche Krankenversicherung«*) geregelt.
- Der Beitragssatz zur gesetzlichen Krankenkasse beträgt gem. § 241 SGB V seit dem 01.07.2009 einheitlich *14,6 %* des Arbeitslohns, wobei nach § 249 SGB V auf den AG *7,3 %* und auf den AN *8,2 %* entfallen.
- Der Zusatzbeitrag aller Mitglieder beträgt seit dem 01.07.2005 *0,9 %*; dieser ist voll von den AN zu zahlen (der AG-Anteil ermittelt sich deshalb aus $\frac{14{,}6-0{,}9}{2} = 7{,}3$).
- Die Beitragsbemessungsgrenze in 2015 ist für Ost und West identisch und beträgt *4 125,00* EUR monatlich.

334

Pflegeversicherung (PV)

- Die *Pflegeversicherung* ist im SGB XI (*»Elftes Buch Sozialgesetzbuch, Soziale Pflegeversicherung«*) geregelt.
- Der Beitragssatz zur PV in 2015 beträgt gem. § 55 Abs. 1 SGB XI *2,35 %* vom Bruttolohn und wird je zur Hälfte vom Arbeitgeber und Arbeitnehmer getragen.
- Ein zusätzlicher Beitrag für Kinderlose wird i. H. v. *0,25 %* erhoben, sofern sie das 23. Lebensjahr vollendet haben und ist voll vom AN zu zahlen (§ 55 Abs. 3 SGB XI).
- Die Beitragsbemessungsgrenze der PV folgt der BBG der KV.

335

335 Die gesetzliche *Pflegeversicherung* wurde mit Wirkung zum 1. Januar 1995, als »jüngste« und fünfte Säule, neben der gesetzlichen Renten-, Kranken-, Unfall- und Arbeitslosenversicherung, in Form einer im »Elften Buch Sozialgesetzbuch« verankerten umlagefinanzierten Pflichtversicherung eingeführt. Die Ausgestaltung als kapitalgedeckte Versicherung fand im Bundestag keine Mehrheit. Träger sind die bei den Krankenkassen angesiedelten, als eigenständige rechtsfähige Körperschaften des öffentlichen Rechts errichteten, Pflegekassen.

Mit dem am 1. Januar 2005 in Kraft getretenen Gesetz zur Berücksichtigung von Kindererziehung im Beitragsrecht der sozialen Pflegeversicherung zahlen kinderlose Beitragspflichtige über 23 und unter 65 Jahren zudem einen Beitragszuschlag zur Pflegeversicherung i. H. v. 0,25 Prozentpunkten. Der Arbeitgeber beteiligt sich an diesem Zuschlag nicht.

Die Beiträge zur Renten-, Kranken-, Arbeitslosen- und Pflegeversicherung sind grundsätzlich vom Arbeitgeber und Arbeitnehmer je zur Hälfte zu tragen. Die Beiträge zur gesetzlichen Unfallversicherung (Berufsgenossenschaft), die Insolvenzgeldumlage, sowie die Umlagen U1 und U2 lasten allein auf dem Arbeitgeber und sind – wie der Arbeitgeberanteil zur Renten-, Kranken-, Arbeitslosen- und Pflegeversicherung – daher nicht in der Lohn- und Gehaltsabrechnung ausgewiesen.

Löhne und Gehälter werden in Deutschland traditionell »brutto« verhandelt. Das bedeutet, dass ausgehend von den verhandelten Entgelten die Arbeitnehmerbeiträge zur Sozialversicherung sowie die Steuerzahlungen noch abgezogen werden müssen, um den Auszahlungsbetrag zu ermitteln.

Für die Arbeitgeber macht es i. d. R. einen Unterschied, ob sie die Beiträge allein zu tragen haben, oder ob sie zwischen Arbeitgeber und Arbeitnehmer aufgeteilt werden. Ausgehend vom Bruttolohn als fixer Größe erhöhen die vom Arbeitgeber zu tragenden Beiträge den Personalaufwand, während die vom Arbeitnehmer zu tragenden Beiträge den Nettolohn reduzieren.

Die Umlagen U1 und U2 werden, ebenso wie die Insolzvenzgeldumlage und die Unfallversicherung, in den nachstehenden Beispielen vernachlässigt.

336–337 Die vom Arbeitgeber zu leistenden Zahlungen sind – der Vollständigkeit halber unter Berücksichtigung der Steuern – in *Darstellung* 58 zusammengefasst. Es wird deutlich, dass die Krankenkassen lediglich einen Teil der Zahlungen einbehalten und den Rest an die Träger der jeweiligen Versicherungen weiterreichen.

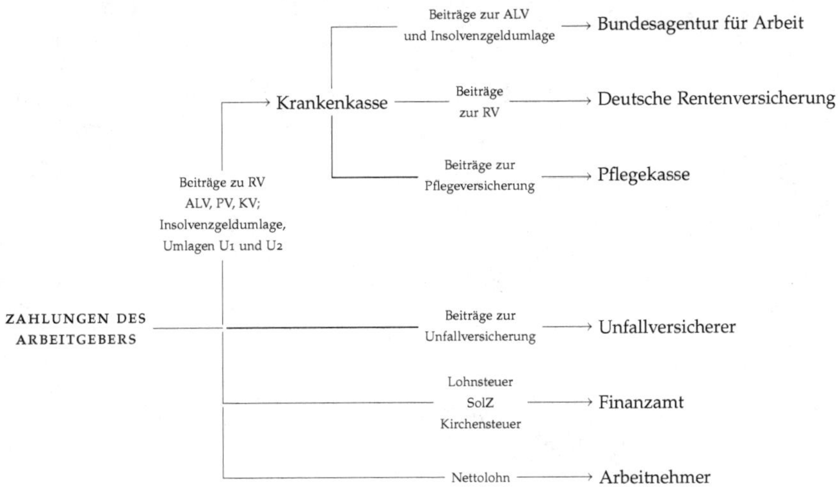

Darstellung 58 Zahlungen des Arbeitgebers

In der Zusammenfassung wird deutlich, welche Belastungen durch die Sozialversicherung entstehen. In der Praxis differenzieren Arbeitnehmer jedoch nicht zwischen Sozialversicherungsbeiträgen und Steuern.

Um die Wahrnehmung der Einkommensteuerbelastung in Deutschland festzustellen, wurden an der Otto-von-Guericke-Universität Magdeburg Studierende im 1. und 3. Semester befragt, wie hoch sie die durchschnittliche Belastung durch die Einkommensteuer in Deutschland in 2012 ausgehend von Bruttoarbeitslöhnen i. H. v. 10 000 EUR, 20 000 EUR, 30 000 EUR, 50 000 EUR, 80 000 EUR, 500 000 EUR und 1 000 000 EUR einschätzen.

Konkret lautete die Frage »*Was glauben Sie, wie hoch die prozentuale durchschnittliche Einkommensteuerbelastung im Jahr 2012 in Deutschland für einen ledigen Steuerpflichtigen ausfällt, wenn sein Bruttojahresarbeitslohn die folgenden Werte annimmt?*«. Insgesamt nahmen 607 Studierende an der Umfrage teil. Die Studierenden hatten keine steuerlichen Vorkenntnisse und in dem Fragebogen war kein Hinweis auf Beiträge zur Sozialversicherung enthalten. Wählen konnten die Studierenden jeweils aus 20 vorgegebenen Prozentsätzen, die sich, beginnend mit 0%, in Schritten von fünf Prozentpunkten auf 100% addierten.

Die Ergebnisse der Befragung sind in *Darstellung* 59 abgetragen. Die durchgezogene Linie bildet den Durchschnitt der von den Studierenden gemachten Angaben ab. Bspw. schätzten die Studierenden, dass die durchschnittliche einkommensteuerliche Belastung bei einem Bruttolohn von 10 000 EUR etwa 20% beträgt.

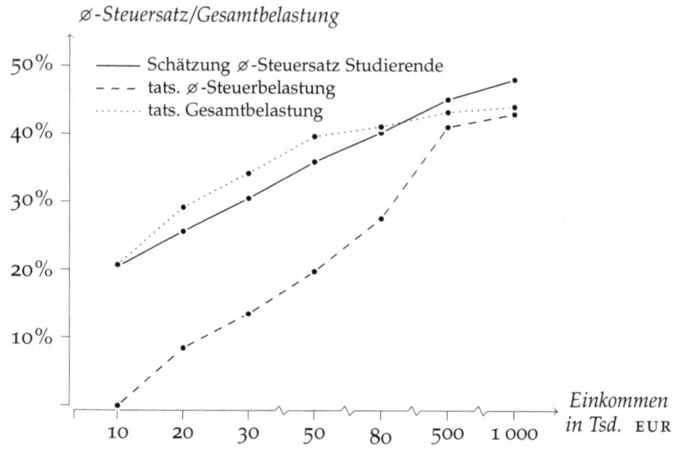

Darstellung 59 Ergebnisse der Befragung Studierender zur durchschnittlichen Steuerbelastung in Deutschland

Die gestrichelte Linie gibt die tatsächliche durchschnittliche Belastung mit Einkommensteuer wieder. Es zeigt sich, dass die Belastung durch die Einkommensteuer insbesondere für niedrige Einkommen weit überschätzt wird. Erst bei sehr hohen Einkommen nimmt die Differenz zwischen tatsächlicher und geschätzter steuerlicher Belastung deutlich ab.

Interessant wird es, wenn zusätzlich zur Einkommensteuer die Beiträge zur Sozialversicherung Berücksichtigung finden. Die Gesamtbelastung mit Einkommensteuer und Sozialversicherungsbeiträgen wird durch die gepunktete Linie abgebildet. Es zeigt sich, dass die Studierenden bei einem Einkommen von 10 000 EUR fast exakt die korrekte Gesamtbelastung geschätzt haben. Insgesamt ist der Schätzfehler nicht so gravierend wie im Fall der Vernachlässigung der Sozialversicherungsbeiträge. Dies legt den Schluss nahe, dass die Beiträge zur Sozialversicherung bei der Wahrnehmung der einkommensteuerlichen Belastung implizit mitberücksichtigt werden und es deshalb zu einer erheblichen Überschätzung der einkommensteuerlichen Belastung kommt.

In einer zweiten Befragung wurden 203 Studierende ohne steuerliche Vorkenntnisse im 4. Semester im Bachelorstudiengang Wirtschaftswissenschaften der Otto-von-Guericke-Universität Magdeburg nach ihrer Einschätzung der Gesamtbelastung mit Einkommensteuer und Sozialversicherungsabgaben befragt.

Zusammenfassung

- Die Sozialversicherungsbeiträge für den einzelnen Arbeitnehmer werden *je zur Hälfte* vom AN und AG getragen (Ausnahme KV und Zusatzbeitrag bei PV).
- Der AN-Anteil wird vom Bruttoverdienst einbehalten.
- Der AG-Anteil stellt zusätzlichen Personalaufwand für das Unternehmen dar, d. h. über das Bruttoarbeitsentgelt hinaus fallen für den AG noch der AG-Anteil zur SV sowie weitere Beiträge wie z. B zur gesetzlichen Unfallversicherung und freiwillige Sozialleistungen an.
- Das monatliche Arbeitsentgelt ist nur bis zur Beitragsbemessungsgrenze sozialversicherungspflichtig.
- Gleich bleibende Arbeitsentgelte sind zum drittletzten Bankarbeitstag des laufenden Monats fällig.
- Variable Entgeltbestandteile sind zum drittletzten Bankarbeitstag des Folgemonats fällig. 336

Zusammenfassung SV-Beiträge

SV-Beiträge für ein kinderloses »Mitglied«, das das 23. Lebensjahr vollendet hat

	AG	AN	Zusatz	Summe	West		Ost	
					Jahr	Monat	Jahr	Monat
RV	9,350%	9,350%		18,700%	72 600	6 050,00	62 400	5 200,00
ALV	1,500%	1,500%		3,000%	72 600	6 050,00	62 400	5 200,00
KV	7,300%	8,200%		15,500%	49 500	4 125,00	49 500	4 125,00
PV	1,175%	1,175%	0,250%	2,600%	49 500	4 125,00	49 500	4 125,00
Σ	19,325%	20,225%		39,800%				

337

Übung 15 (Ermittlung der SV-Beiträge)

Erwin und Traude Gamsbacher sind verheiratet, Mitglieder der katholischen Kirche und leben zusammen mit ihrer gemeinsamen Tochter Annelise in Nürnberg. Traude arbeitet bei August Hobel im Vertrieb, während Ehemann Erwin sich um Haushalt und Tochter kümmert.

Ermitteln Sie die von August Hobel für Traude Gamsbacher monatlich abzuführenden Beiträge zur Renten-, Arbeitslosen-, Kranken- und Pflegeversicherung jeweils getrennt nach Arbeitgeber- und Arbeitnehmeranteil, wenn das monatliche Bruttogehalt von Traude Gamsbacher 3 500 EUR (12 Gehälter) beträgt!

338

Die konkrete Frage lautete »*Was glauben Sie, wie hoch die prozentuale durchschnittliche Belastung mit Einkommensteuer und Sozialversicherungsabgaben im Jahr 2012 in Deutschland für einen ledigen Steuerpflichtigen ausfällt, wenn sein Bruttojahresarbeitslohn die folgenden Werte (jeweils in* EUR*) annimmt?*« Die Ergebnisse sind in *Darstellung* 60 abgetragen. Die gestrichelte Linie bildet wie in *Darstellung* 59 die tatsächliche Gesamtbelastung mit Einkommensteuer und Sozialversicherungsbeiträgen ab. Die durchgezogene Linie enthält die durchschnittlichen Angaben der Befragten. Interessant ist, dass sich die durchgezogene Linie in *Darstellung* 60 kaum von derjenigen in *Darstellung* 59 abhebt. Die Differenz zwischen der geschätzten *Gesamt*belastung und der tatsächlichen Gesamtbelastung in *Darstellung* 60 ist dabei fast zu der Differenz der geschätzten *Einkommensteuer*belastung und der tatsächlichen Gesamtbelastung in *Darstellung* 59 identisch.

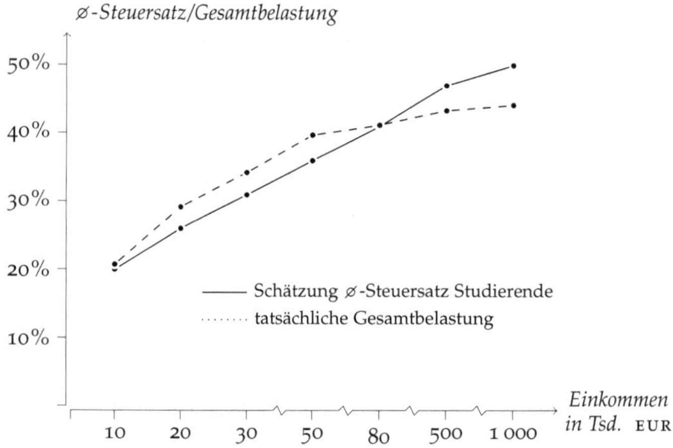

Darstellung 60 Ergebnisse der Befragung Studierender zur Belastung mit Einkommensteuer und Sozialversicherungsbeiträgen in Deutschland

Insgesamt zeigen die Ergebnisse der beiden Befragungen, dass die Sozialversicherungsbeiträge zunächst implizit den Steuern zugeschlagen werden und es dadurch zu einer starken Überschätzung der einkommensteuerlichen Belastung kommt. Interessant ist, dass bei den Befragungen nach der gesamten Belastung durch Einkommensteuer und Sozialversicherungsabgaben einerseits sowie der ausschließlichen Frage nach der einkommensteuerlichen Belastung andererseits das gleiche Ergebnis hinsichtlich der durchschnittlichen steuerlichen Belastung resultiert.

Lösung Übung 15

monatliches Gehalt = 3 500 EUR	AN | EUR	AG | EUR
Jahresarbeitslohn	....	
RV AN	....	
+ RV AG		....
+ ALV AN	....	
+ ALV AG		....
+ KV AN	....	
+ KV AG		....
+ PV AN	....	
+ PV AG	____	____
= Summe SV-Beiträge / Jahr		____
= Summe SV-Beiträge / Monat		____
Gesamt SV-Beiträge / Jahr		====

339

Steuerabzüge

- Im Folgenden wird auf die Ermittlung der nachstehenden Steuerabzüge eingegangen:
  - Lohnsteuer
  - Solidaritätszuschlag
  - Kirchensteuer
- Der Steuerabzug ist jeweils vom Arbeitgeber vorzunehmen, dazu müssen diesem die individuellen Verhältnisse der Arbeiter und Angestellten bekannt sein.
- Insbesondere muss dem Arbeitgeber für die korrekte Ermittlung der Steuerabzüge der Familienstand (ledig, verheiratet), die Anzahl der Kinder sowie die Zugehörigkeit zu einer Religionsgemeinschaft bekannt sein.

340

Lohnsteuer I

- Die Lohnsteuer ist keine eigenständige Steuer, sondern eine *besondere Erhebungsform* der Einkommensteuer, die sich auf Einkünfte aus nichtselbständiger Arbeit bezieht.
- Sie stellt faktisch nur eine *vorläufige* Einkommensteuervorauszahlung dar, erst mit der Veranlagung zur Einkommensteuer im folgenden Kalenderjahr wird die tatsächlich zu zahlende Einkommensteuer ermittelt und mit der bereits im Voraus entrichteten Lohnsteuer verrechnet.
- Die Lohnsteuer gehört zu den *Personensteuern*, da die persönlichen Verhältnisse des Steuerpflichtigen (z. B Familienstand, Kinder etc.) gemäß den elektronischen Lohnsteuerabzugsmerkmalen Berücksichtigung finden.

341

338–339 In *Übung 15* sollen die Anteile der Sozialversicherungsbeiträge getrennt nach Arbeitgeber und Arbeitnehmer ermittelt werden. Es soll deutlich werden, wie hoch die sozialversicherungsinduzierten Abzüge sind. Der Fall der Traude Gamsbacher wird im Folgenden fortgeführt. Nach und nach werden alle relevanten Steuerabzüge ermittelt und die Lohnbuchungen gänzlich abgebildet.

5.2 *Steuerabzüge*

Im Folgenden werden wir die Abzüge hinsichtlich

1. Lohnsteuer (Einkommensteuer)
2. Solidaritätszuschlag und
3. Kirchensteuer

ermitteln.

5.2.1 *Lohnsteuer*

340–342 Die *Lohnsteuer* stellt eine besondere Erhebungsform der Einkommensteuer dar, die i. d. R. monatlich im Voraus auf die jährlich fällige Einkommensteuer durch den Arbeitgeber an das Finanzamt abgeführt wird. Um den Lohnsteuerabzug korrekt durchführen zu können, benötigt der Arbeitgeber einige individuelle, persönliche Daten wie etwa zum Familienstand, zur Konfession oder zur Anzahl der Kinder. Da diese Informationen für jeden einzelnen Arbeitnehmer vorliegen bzw. durch diesen nachgewiesen werden müssen, lässt sich erahnen, welchen Verwaltungsaufwand die Lohnbuchhaltung mit sich bringt.

343 Um die Berechnung der Vorauszahlung zu vereinfachen, werden die Steuerpflichtigen in Abhängigkeit ihres Familienstandes bzw. hinsichtlich der Anzahl der Erwerbstätigen in einer Ehegemeinschaft in Steuerklassen unterteilt. Die monatliche Lohnsteuer wird dann in Abhängigkeit der Steuerklassen ermittelt. Am Ende des Jahres wird dann im Rahmen der Steuererklärung der Arbeitnehmer überprüft, ob zu viel oder zu wenig Lohnsteuer entrichtet wurde. Im Fall zu viel entrichteter Lohnsteuer resultiert eine Steuererstattung, während im Fall zu wenig entrichteter Lohnsteuer eine Nachzahlung erfolgt.

344 Die Ermittlung der *Lohnsteuer* erfolgt nach dem angegebenen Schema. Die Steuerzahlung wird dabei auf Basis des abgerundeten zu versteuernden Jahresbetrags ermittelt und nicht direkt anhand des Jahresarbeitslohns.

Lohnsteuer II

- Die Höhe der Lohnsteuer bemisst sich somit nach ...
  - der Höhe des Arbeitsentgelts,
  - der Lohnsteuerklasse,
  - der Konfession,
  - der Anzahl der Kinder und
  - sonstigen Freibeträgen (z. B für Behinderte).
- Die Vorschriften zum Lohnsteuerabzug befinden sich in den §§ 38 bis 42f EStG und sind sehr detailliert.
- Zur »Vereinfachung« des Lohnsteuerabzugs werden die Steuerpflichtigen in sog. *Lohnsteuerklassen* eingeteilt (§ 38b EStG).
- Der monatliche Lohnsteuerabzug wird unter Berücksichtigung der Lohnsteuerklasse dann nach sog. Lohnsteuertabellen ermittelt. 342

Lohnsteuer III

Steuerklasse	Zuordnung der Arbeitnehmer
I	ledige, verwitwete, geschiedene und dauernd getrennt lebende Steuerpflichtige
II	wie I, wenn alleinerziehend
III	verheiratete Steuerpflichtige mit nur einem Verdiener bzw., wenn der Zweitverdiener Klasse V wählt
IV	verheiratete Steuerpflichtige mit zwei Verdienern
V	wie Klasse IV, aber ein Verdiener wird auf Antrag nach Klasse III besteuert
VI	Bezug von Arbeitslohn von mehr als einem AG

- Die Lohnsteuer wird direkt vom AG vom Arbeitslohn abgezogen (Quellenabzugsverfahren). 343

Ermittlung der Lohnsteuer I

Schema zur Ermittlung der Lohnsteuer

		EUR
	Jahresarbeitslohn	JAL
./.	Werbungskostenpauschale gem. § 9a Abs. 1 EStG	1 000
./.	Sonderausgabenpauschale gem. § 10c EStG	36
./.	Rentenversicherungsbeiträge (JAL × 9,350% × 60%[11] =)	RVAbz
./.	Kranken- und Pflegeversicherung (grds. ermäßigter Beitragssatz i. H. v. 7,9%, mindestens jedoch 12% des Arbeitslohns, höchstens 1 900 EUR in den Stkl I, II, IV, V und höchstens 3 000 EUR in Stkl III[12])	KVAbz
=	zu versteuernder Jahresbetrag abgerundet	zvJB

[11] § 39b Abs. 2 Satz 5 Nr. 3 Buchstabe a) i. V. m. Abs. 4 EStG.
[12] § 39b Abs. 2 Satz 5 Nr. 3 Buchstaben b) und c) i. V. m. Nr. 3 Satz 2 EStG. 344

Der Jahresarbeitslohn stellt das auf das Kalenderjahr hochgerechnete Arbeitsentgelt dar.[107] Vom Jahresarbeitslohn sind die Kosten abzugsfähig, die zur Erwerbung, Sicherung und Erhaltung der Einnahmen getätigt werden (sog. Werbungskosten). Es darf dabei mindestens eine Pauschale von 1 000 EUR [108] abgezogen werden.

Sonderausgaben stellen Ausgaben, dar die eigentlich die privaten Belange der Steuerpflichtigen betreffen[109] und nicht originär zur Erwerbung, Sicherung und Erhaltung der Einnahmen dienen. Aus »Kulanz« lässt der Gesetzgeber jedoch ausdrücklich einige dieser Ausgaben zum Abzug zu. Dazu gehören auch in bestimmten Grenzen die Beiträge zu den Sozialversicherungen. Grundsätzlich kann neben dem eingeschränkten Abzug der Sozialversicherungsbeiträge ein geringer Pauschalsatz abgezogen werden.

Die Abzugsfähigkeit der Beiträge zur Rentenversicherung ist auf den Arbeitnehmeranteil beschränkt und folgt der Systematik der nachgelagerten Rentenbesteuerung. Dabei sind die Beiträge zur Rentenversicherung abzugsfähig, während im Gegenzug die Rentenbezüge im Rentenalter der Besteuerung unterliegen. Bis zum Jahr 2005 waren die Beiträge zur Rentenversicherung nicht abzugsfähig, korrespondierend waren die Rentenbezüge steuerfrei. Aufgrund des Systemwechsels bei der Rentenbesteuerung wird die Abzugsfähigkeit der Arbeitnehmerbeiträge zur gesetzlichen Rentenversicherung in einem Übergangszeitraum bis 2025 sukzessive auf 100 % angehoben. In 2015 sind 60 % des Arbeitnehmeranteils abzugsfähig. Der Anteil steigt jährlich um 4 Prozentpunkte.

Auch der Abzug der Beiträge zur *Kranken- und Pflegeversicherung* ist eingeschränkt. Bei der Ermittlung der Lohnsteuer müssen bestimmte Höchstbeträge der Kranken- und Pflegeversicherung berücksichtigt werden.

Die Beiträge zur *Arbeitslosenversicherung* sind grundsätzlich ebenfalls abzugsfähig. Die Abzugsfähigkeit kommt aufgrund von Höchstbetragsregelungen jedoch nur in Ausnahmefällen zum Tragen.

345 Der Steuersatz, der auf den versteuernden Jahresbetrag Anwendung findet, ergibt sich aus dem Einkommensteuertarif. Dieser Tarif ist progressiver Natur. Das bedeutet, dass der Grenzsteuersatz bei steigendem zvJB ansteigt. Genauer: der Grenzsteuersatz steigt ab dem sog. Grundfreibetrag i. H. v. 8 472 EUR (obere Grenze des I. Intervalls) bis zur oberen Grenze des III. Intervalls an. Grundfreibetrag bedeutet, dass bis zu einem zu versteuernden Jahresbetrag in Höhe des Grundfreibetrags keine Einkommensteuer bezahlt werden muss. Nur für jeden Euro, der den Grundfreibetrag übersteigt, muss Einkommensteuer bezahlt werden.

Der (Grenz-)Steuersatz i. H. v. 45 % des V. Intervalls wird im Volksmund auch als »Reichensteuer« bezeichnet. Der Eingangs-

[107] *Das Arbeitsentgelt kann dabei aus Lohn- oder Gehaltszahlungen, aber auch aus geldwerten Vorteilen bestehen.*

[108] *Sog. Arbeitnehmer-Pauschbetrag.*

[109] *Sog. Einkommensverwendung.*

grenzsteuersatz beträgt 15 %. Technisch stellt der Grenzsteuersatz das 1. Differential der Tariffunktion dar und drückt aus, mit wieviel Prozent der nächste verdiente Euro besteuert wird. Formal:

$$Grenzsteuersatz = \frac{\partial S(zvJB)}{\partial zvJB}.$$

Betrachtet man die einzelnen Tarifintervalle, ergibt sich hinsichtlich des Grenzsteuersatzes nebenstehendes Bild:

Der Grenzsteuersatz im ersten Tarifintervall beträgt null. Lediglich im II. und III. Intervall verläuft der Einkommensteuertarif progressiv. Das bedeutet, dass mit steigendem zu versteuerndem Einkommen der Grenzsteuersatz zunimmt. In den Intervallen IV und V ist der Grenzsteuersatz jeweils konstant.

Intervall	Verlauf
I	$\frac{\partial S(zvJB)}{\partial zvJB} = 0$
II	$\frac{\partial S(zvJB)}{\partial zvJB} > 0$
III	$\frac{\partial S(zvJB)}{\partial zvJB} > 0$
IV	$\frac{\partial S(zvJB)}{\partial zvJB} = 0{,}42$
V	$\frac{\partial S(zvJB)}{\partial zvJB} = 0{,}45$

BEISPIEL

Es soll der Grenzsteuersatz des IV. Tarifintervalls ermittelt werden:

$$S(zvJB) = 0{,}42 \times zvJB - 8\,261$$

$$\frac{\partial S(zvJB)}{\partial zvJB} = 0{,}42.$$

In *Darstellung* 61 auf Seite 260 ist der Grenzsteuersatz in Abhängigkeit des zu versteuernden Jahresbetrags als gepunktete Linie abgetragen. Man erkennt, dass bis einschließlich III. Intervall der Grenzsteuersatz mit steigendem zu versteuerndem Einkommen steigt. Im IV. und V. Intervall verläuft der Grenzsteuersatz parallel zur Abszisse.

Im Gegensatz zum Grenzsteuersatz drückt der Durchschnittssteuersatz aus, mit wieviel Prozent jeder einzelne Euro mit Einkommensteuer belastet wird. Formal ergibt sich der Durchschnittssteuersatz als

$$Durchschnittssteuersatz = \frac{S(zvJB)}{zvJB}.$$

Darstellung 61 zeigt den Verlauf der Durchschnittssteuer- und Grenzsteuersätze. Man erkennt, dass der Durchschnittssteuersatz immer kleiner ist als der Grenzsteuersatz. Das liegt am Grundfreibetrag, da bis zu diesem Betrag keine Einkommensteuer bezahlt werden muss.

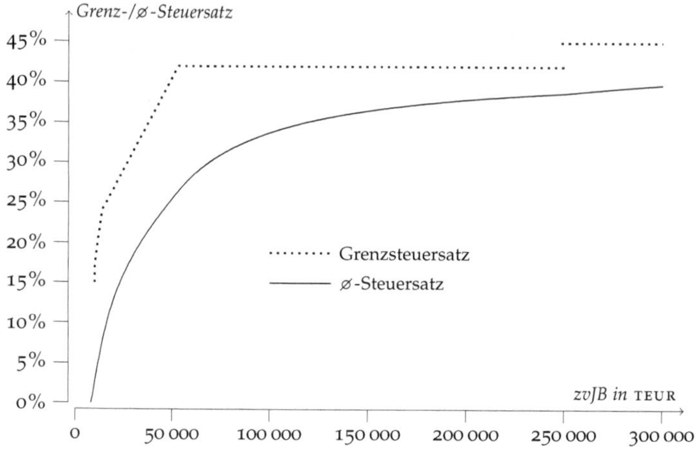

Darstellung 61 Grenz- und Durchschnittssteuersatz

346–347 In *Übung 16* soll die Ermittlung der abzugsfähigen Sozialversicherungsbeiträge sowie der Lohnsteuer für unser Ausgangsbeispiel nachvollzogen werden. Dazu muss im ersten Schritt die Lohnsteuerklasse von Traude bestimmt werden, bevor die Abzugsbeträge determiniert werden können. Im Fall der Rentenversicherung sind in 2015 lediglich 60% ihrer tatsächlich gezahlten Beiträge abzugsfähig.

Großes Brutto, kleines Netto

Ermittlung der Lohnsteuer II

Der Einkommensteuertarif gem. § 32a Abs. 1 EStG

$$S(zvJB) = \begin{cases} 0 & \text{für} \quad 0 \leq zvJB < 8\,472 \quad \text{I} \\ (997{,}60 \times y + 1\,400) \times y & \text{für} \quad 8\,473 \leq zvJB \leq 13\,469 \quad \text{II} \\ (228{,}74 \times z + 2\,397) \times z + 948{,}68 & \text{für} \quad 13\,470 \leq zvJB \leq 52\,882 \quad \text{III} \\ 0{,}42 \times zvJB - 8\,261{,}29 & \text{für} \quad 52\,883 \leq zvJB \leq 250\,730 \quad \text{IV} \\ 0{,}45 \times zvJB - 15\,783{,}19 & \text{für} \quad zvJB \geq 250\,731 \quad \text{V} \end{cases}$$

$$y = \frac{(zvJB - 8\,472)}{10\,000} \qquad z = \frac{(zvJB - 13\,469)}{10\,000}$$

mit $zvJB$ = zu versteuernder Jahresbetrag

345

Übung 16 (Lohnsteuerabschlag)

Ermitteln Sie die monatliche Lohnsteuer für Traude Gamsbacher aus Übung 15 auf Folie 338, die August Hobel an das Finanzamt abzuführen hat, wenn sich die Eheleute Gamsbacher zusammenveranlagen lassen! Gehen Sie dabei wie folgt vor:

1. In welche Steuerklasse ist Traude einzuordnen?
2. Ermittlung der abzugsfähigen Rentenversicherungsbeiträge
3. Ermittlung der abzugsfähigen Beiträge zur Kranken- und Pflegeversicherung
4. Ermittlung des zu versteuernden Jahresbetrags
5. Ermittlung der Jahreslohnsteuer und der monatlichen Lohnsteuer

346

Lösung Übung 16 I

1. *Steuerklasse*

2. *abzugsfähige Rentenversicherungsbeiträge*

347

348 Die Abzugsbeträge bei der Krankenversicherung werden unabhängig von den tatsächlich zu zahlenden Beiträgen typisierend für einen Arbeitnehmeranteil für die Krankenversicherung eines pflichtversicherten Arbeitnehmers berechnet, wenn der Arbeitnehmer in der gesetzlichen Krankenversicherung pflichtversichert ist. Grundlage ist dabei der ermäßigte Beitragssatz (§ 39b Abs. 2 Satz 5 Nr. 3 Buchstabe b EStG).

Die Mindestvorsorgepauschale i. H. v. 12 % des Arbeitslohns und einem Höchstbetrag von jährlich 1 900 EUR bzw. 3 000 EUR ist anzusetzen, wenn sie höher ist als die Summe der Teilbeträge für die gesetzliche Kranken- und Pflegeversicherung. Formal gilt für unser Beispiel:

$$\begin{aligned}&\text{maximal abzugsfähige Beträge für die KV/PV}\\&= \max\{3\,811{,}50\text{ EUR}; \min\{12\,\%\text{ von }42\text{ TEUR}; 3\,000\text{ EUR}\}\} = 3\,811{,}50\text{ EUR}\end{aligned}$$

349 Berücksichtigt man neben den abzugsfähigen Sozialversicherungsbeiträgen noch die Pauschalen für Werbungskosten und Sonderausgaben, erhält man den zu versteuernden Jahresbetrag, der nach Abrundung auf den vollen Euro-Betrag Eingang in die Tariffunktion findet.

350 Zur Ermittlung der tariflichen Steuer muss zunächst geprüft werden, ob der Grundtarif oder der Splittingtarif zur Anwendung kommt. Verheiratete Paare genießen auf Antrag in Deutschland das sog. Splittingprivileg. Hier werden die Einkünfte beider Ehegatten zusammengelegt und der Steuersatz, der auf die Hälfte der gesamten Einkünfte entfällt, auf die gesamten Einkünfte angewendet. Faktisch wird dadurch der Progressionseffekt gemildert.[110] Nachstehend sind die Schritte zur Ermittlung der Jahreslohnsteuer bei Anwendung des Splittingverfahrens beschrieben.

[110] *Unter Progressionseffekt versteht man die steigende Durchschnittssteuerbelastung bei zunehmendem zvJB.*

1. Einkünfte Ehefrau
2. + Einkünfte Ehemann
3. = Summe
4. Ermittlung der Hälfte davon
5. Steuer auf die Hälfte
6. Verdopplung der Steuer auf die Hälfte

Lösung Übung 16 II

3. *abzugsfähige Beiträge zur Kranken- und Pflegeversicherung*

	EUR	EUR
Beiträge zur KV		
+ Beiträge zur PV		
= Summe		
... oder ...		
mindestens (grundsätzlich)		
maximal (in Klasse III)		
=		
= maximal abzugsfähige Beiträge zur KV/PV		

348

Lösung Übung 16 III

4. *Ermittlung des zu versteuernden Jahresbetrags*

	EUR	EUR
Bruttolohn	42 000,00	
./. Werbungskostenpauschale		
./. Sonderausgabenpauschale		
=		
abzugsfähige Beiträge zur RV		
+ abzugsfähige Beiträge zur KV und PV		
= ./. aufgerundete abzugsfähige Beiträge		
= zu versteuernder Jahresbetrag		
abgerundet		

349

Lösung Übung 16 IV

5. *Ermittlung der Jahreslohnsteuer*

Da Traude und Erwin verheiratet sind, kommt das Splittingverfahren gem. § 32a Abs. 5 EStG zur Anwendung. Demnach wird zunächst die Steuer auf die Hälfte des zu versteuernden Jahresbetrags ermittelt und anschließend die Steuer mit dem Faktor 2 multipliziert.

350

5.2.2 *Solidaritätszuschlag*

351 Der *Solidaritätszuschlag* wird als Ergänzungsabgabe zur Einkommensteuer und Körperschaftsteuer erhoben und soll zur Bewältigung der finanziellen Lasten in Zusammenhang mit der Herstellung der Einheit Deutschlands dienen. Die Anfang der 1990er Jahre zunächst befristete Einführung wurde nach zeitweiliger Aussetzung ab 1995 verstetigt. Der Solidaritätszuschlag betrug zeitweise 7,5% und wird heute mit 5,5% veranschlagt. Nachstehend ist die Entwicklung des Solidaritätszuschlags abgetragen:

Zeitraum	Höhe
1. Juli 1991 – 30. Juni 1992	7,5%
1. Juli 1992 – 31. Dezember 1994	0,0%
1995 – 1997	7,5%
1998 – heute	5,5%

Bemessungsgrundlage für den Solidaritätszuschlag ist die unter Berücksichtigung von Kinderfreibeträgen ermittelte Lohnsteuer. Um insbesondere Bezieher vergleichsweise niedriger Einkommen nicht übermäßig zu belasten, existiert sowohl eine Freigrenze als auch eine Überleitungsregel – auch als Einschleif- oder Härtefallregel bezeichnet – bei geringfügiger Überschreitung der Freigrenze. Unter Freigrenze im steuerlichen Sinne versteht man – anders als beim Freibetrag (wie z. B. bei der Einkommensteuer) – die Besteuerung des gesamten Betrags bei Überschreiten der Grenze. Die Härtefallregelung wurde implementiert, um bei geringfügigem Überschreiten der Freigrenze keine übermäßige Belastung durch den SolZ herbeizuführen. Die Ermittlung des SolZ wird in *Darstellung* 63 auf Seite 268 näher erläutert.

352–353 Für die Ermittlung des Solidaritätszuschlags muss die (fiktive) Lohnsteuer quasi neu ermittelt werden und zwar unter Berücksichtigung etwaiger Kinderfreibeträge. Die Kinderfreibeträge ergeben sich aus § 32 Abs. 6 EStG und finden bei der Einkommensteuer erst im Zeitpunkt der Veranlagung (Steuererklärung) zur Einkommensteuer Berücksichtigung. Bei der Veranlagung zur Einkommensteuer wird dann geprüft, ob Kindergeld oder die Kinderfreibeträge zu einer insgesamt niedrigeren Steuerbelastung führen. Im Wege des Lohnsteuerabzugsverfahrens finden Kinderfreibeträge hingegen keine Berücksichtigung. Unabhängig von der Vorteilhaftigkeit von Kindergeld oder Kinderfreibeträgen finden diese jedoch im Wege des Abzugsverfahrens bei der Ermittlung des Solidaritätszuschlags unmittelbar Berücksichtigung.

Solidaritätszuschlag I

- Der Solidaritätszuschlag beträgt gem. § 4 Satz 1 Solidaritätszuschlagsgesetz (SolZG) 5,5 % der Lohnsteuer.

  [1] Der Solidaritätszuschlag beträgt 5,5 Prozent der Bemessungsgrundlage. [2] Er beträgt nicht mehr als 20 Prozent des Unterschiedsbetrages zwischen der Bemessungsgrundlage, vermindert um die Einkommensteuer nach § 32d Absatz 3 und 4 des Einkommensteuergesetzes, und der nach § 3 Absatz 3 bis 5 jeweils maßgebenden Freigrenze. [3] Bruchteile eines Cents bleiben außer Ansatz …

- Für Niedrigverdiener existiert eine Freigrenze gem. § 3 Abs. 3 SolZG.

  (3) [1] Der Solidaritätszuschlag ist von einkommensteuerpflichtigen Personen nur zu erheben, wenn die Bemessungsgrundlage nach Absatz 1 Nummer 1 und 2, vermindert um die Einkommensteuer nach § 32d Abs. 3 und 4 des Einkommensteuergesetzes,
  1. in den Fällen des § 32a Abs. 5 und 6 des Einkommensteuergesetzes 1 944 Euro,
  2. in anderen Fällen 972 Euro
  übersteigt …

351

Solidaritätszuschlag II

- Anders als bei der Ermittlung der Bemessungsgrundlage für die Lohnsteuer, finden bei der Ermittlung des SolZ die *Kinderfreibeträge* Berücksichtigung, dies ergibt sich aus § 51a Abs. 2 Satz 1 EStG.

  [1] Bemessungsgrundlage ist die Einkommensteuer, die abweichend von § 2 Absatz 6 unter Berücksichtigung von Freibeträgen nach § 32 Absatz 6 in allen Fällen des § 32 festzusetzen wäre.

- Die *Kinderfreibeträge* ergeben sich aus § 32 Abs. 6 EStG.

  (6) [1] Bei der Veranlagung zur Einkommensteuer wird für jedes zu berücksichtigende Kind des Steuerpflichtigen ein Freibetrag von 2 256 Euro für das sächliche Existenzminimum des Kindes (Kinderfreibetrag) sowie ein Freibetrag von 1 320 Euro für den Betreuungs- und Erziehungs- oder Ausbildungsbedarf des Kindes vom Einkommen abgezogen. [2] Bei Ehegatten, die nach den §§ 26, 26b zusammen zur Einkommensteuer veranlagt werden, verdoppeln sich die Beträge nach Satz 1, wenn das Kind zu beiden Ehegatten in einem Kindschaftsverhältnis steht.

352

Solidaritätszuschlag III

- Die Freibeträge *pro Kind* betragen in 2015 demnach …

		EUR
	Kinderfreibetrag	2 256
+	Freibetrag für Betreuungs-, Erziehungs- und Ausbildungsbedarf	1 320
=	Freibetrag pro Kind	3 576
	bei Verheirateten das Doppelte	7 152

353

354–355 Für unser Beispiel muss bei der Ermittlung des Solidaritätszuschlags in *Übung 17* zunächst die fiktive Lohnsteuer unter Berücksichtigung der Freibeträge für das Kind ermittelt werden. Da die zusätzliche Berücksichtigung des Kindes keine Auswirkungen auf die abzugsfähigen Sozialversicherungsbeiträge bzw. Pauschalen für Werbungskosten und Sonderausgaben hat, kann der oben ermittelte zu versteuernde Jahresbetrag übernommen und ausgehend von diesem, der zu versteuernde Jahresbetrag zur Ermittlung der (fiktiven) Lohnsteuer unter Abzug der Kinderfreibeträge ermittelt werden.

356 Die Ermittlung der Jahreslohnsteuer auf Basis des Einkommensteuertarifs unter Berücksichtigung des Splittingverfahrens (§ 32a Abs. 5 EStG) erfolgt analog zum Verfahren bei der obigen Ermittlung der Jahreslohnsteuer. Die Ermittlung des Splittingvorteils ist dabei in *Darstellung* 62 skizziert. Die Lohnsteuer, die sich ohne Anwendung des Splittingverfahrens ergeben würde ist mit LSt* markiert. Die Gerade, ausgehend vom Ursprung durch den Punkt A, stellt den Durchschnittssteuersatz an der Stelle $\frac{zvJB}{2}$ dar. Es ist zu erkennen, dass die Steigung und damit der Durchschnittssteuersatz niedriger ist, im Vergleich zur (imaginären) Geraden ausgehend vom Ursprung durch Punkt B. Die Lohnsteuer beim Splittingverfahren stellt gerade LSt = $2 \times \frac{LSt}{2}$ dar.

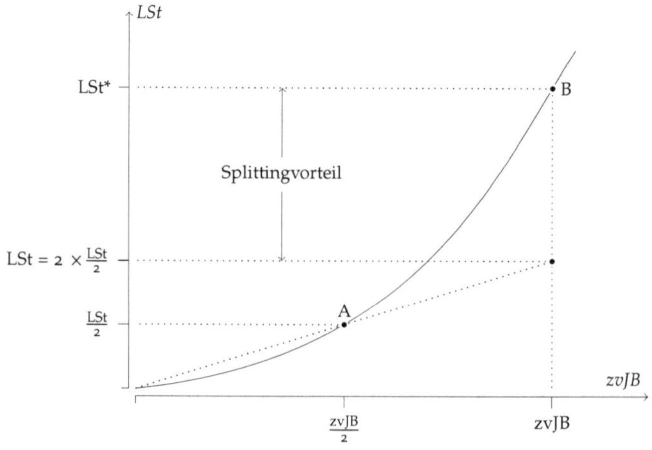

Darstellung 62 Ermittlung des Splittingvorteils

Übung 17 (Solidaritätszuschlag)

Ermitteln Sie für Traude den monatlichen Solidaritätszuschlag, den August Hobel an das Finanzamt abzuführen hat. Gehen Sie dabei wie folgt vor:

1. Ermitteln Sie zunächst den fiktiven zu versteuernden Jahresbetrag unter Berücksichtigung der Kinderfreibeträge!
2. Ermitteln Sie dann die fiktive Jahreslohnsteuer und die monatliche Lohnsteuer!
3. Ermitteln Sie den SolZ!

354

Lösung Übung 17 I

1. *fiktiver zu versteuernder Jahresbetrag*

		EUR
	zu versteuernder Jahresbetrag (s. o. Folie 349)	
./.	Kinderfreibetrag (1 Kind)	
=	zu versteuernder Jahresbetrag gerundet	

355

Lösung Übung 17 II

2. *Ermittlung der Jahreslohnsteuer*

   Da Traude und Erwin verheiratet sind, kommt das Splittingverfahren gem. § 32a Abs. 5 EStG zur Anwendung. Demnach wird zunächst die Steuer auf die Hälfte des fiktiven zu versteuernden Jahresbetrags ermittelt und anschließend die Steuer mit dem Faktor 2 multipliziert.

356

357 Bei der Ermittlung des monatlich zum Abzug kommenden Solidaritätszuschlags kommt in unserem Fall die Härtefallregelung bzw. Einschleifregel zur Anwendung. *Darstellung* 63 zeigt die Wirkung der Einschleifregel in Form des Vergleichs des tatsächlich zu zahlenden Solidaritätszuschlags (durchgezogene Linie), des Solidaritätszuschlags, der sich ohne Freibetrags- und Härtefallregelung (gepunktete Linie) ergeben würde sowie des Solidaritätszuschlags, der sich unter Berücksichtigung des Freibetrags (FB), aber ohne Anwendung der Härtefallregelung (gestrichelte Linie) ergeben würde.

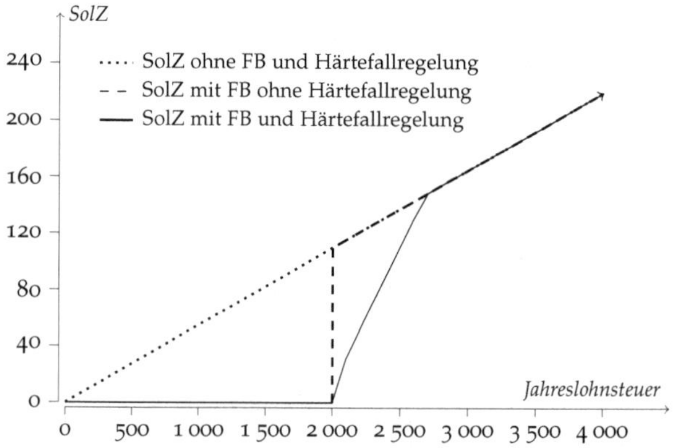

Darstellung 63 Solidaritätszuschlag mit und ohne Freibetrag und Härtefallregelung

5.2.3 *Kirchensteuer*

358 Wer Mitglied im wohl ältesten »Unternehmen« der Welt ist, ist kirchensteuerpflichtig. Die Kirchensteuer, wird ebenfalls als Annexsteuer (Zuschlagsteuer) auf Basis der Einkommensteuer (Lohnsteuer) ermittelt. In der Regel wird die Kirchensteuer über die Finanzämter eingezogen und an die jeweilige Institution weitergeleitet. Für diese vom staatlichen Fiskus erbrachte Dienstleistung muss der kirchliche Fiskus einen Obolus entrichten. Die Trennung von Staat und Kirche ist damit formal gewährleistet. Insgesamt werden durch diese Regelung die Verwaltungskosten niedrig gehalten.

Als einziges Bundesland wendet Bayern die oben beschriebene Vorgehensweise nicht an. In Bayern wird die Kirchensteuer durch die Kirchensteuerämter eingezogen. Auch hier stellt die Einkommensteuer die Bemessungsgrundlage für die Kirchensteuer dar. Die Bemessungsgrundlage wird von den Finanzämtern an die Kirchensteuerämter übermittelt. Wie beim Solidaritätszuschlag finden auch hier Kinderfreibeträge Berücksichtigung.

Lösung Übung 17 III

3. *Ermittlung des SolZ*

	EUR
Jahreslohnsteuer	
SolZ	
maximal	
= SolZ	
monatlicher SolZ	

357

Kirchensteuer (KiSt) I

- Die Bemessungsgrundlage der Kirchensteuer entspricht der Bemessungsgrundlage des SolZ (§ 51a Abs. 2 Satz 1 EStG).
- Die Kirchensteuer wird vom AG an das Finanzamt abgeführt, sofern der AN Mitglied einer anerkannten religiösen Gemeinschaft ist.
- Das Finanzamt leitet die KiSt an die entsprechende Religionsgemeinschaft weiter.
- In Baden-Württemberg und Bayern beträgt die KiSt 8% der Lohn- bzw. Einkommensteuer, in den übrigen Bundesländern 9% der Lohn- bzw. Einkommensteuer.

358

Kirchensteuer (KiSt) II

- *Beispiel* – Bayern

  In der *»Ordnung über die Erhebung von Kirchensteuern in den bayerischen (Erz-) Diözesen (DKirchStO)«* heisst es in Art. 6 (Höhe des Umlagesatzes) ...

  > *(1) Die Kircheneinkommen-, die Kirchenlohn- und die Kirchenkapitalertragsteuer werden von den bayerischen (Erz-) Diözesen nach einem einheitlichen Umlagesatz erhoben. Der Umlagesatz beträgt acht v. H. der veranlagten und im Abzugsverfahren erhobenen Einkommen-, Lohn- und Kapitalertragsteuer. Die Kirchenkapitalertragsteuer ist nach dem Umlagesatz der außerhalb Bayerns umlageerhebenden Gemeinschaft zu erheben, wenn der Gläubiger der Kapitalerträge dieser Gemeinschaft angehört.*

Der AG (Steuerzahler) muss die für den AN (Steuerschuldner) einbehaltenen Steuern spätestens 10 Tage nach Ablauf eines Kalendermonats an das Finanzamt abführen (§ 41a Abs. 1 EStG und § 51 Abs. 4 Satz 1 EStG).

359

359–360 In *Übung 18* soll nun die Kirchensteuer für Traude Gamsbacher ermittelt werden. Die Jahreslohnsteuer als Bemessungsgrundlage muss hier nicht neu ermittelt werden, da sie identisch zur Bemessungsgrundlage für den Solidaritätszuschlag ist. Im Ergebnis fällt die Belastung mit Kirchensteuer höher aus als die Belastung durch den Solidaritätszuschlag.

361 *Darstellung* 64 fasst die gesamten Abzüge schematisch zusammen. Insgesamt lässt sich sagen, dass der Anteil der gesamten Abzüge bezogen auf den gesamten Personalaufwand mit steigendem Arbeitsentgelt sinkt. Insbesondere niedrige Entgelte werden überproportional belastet.

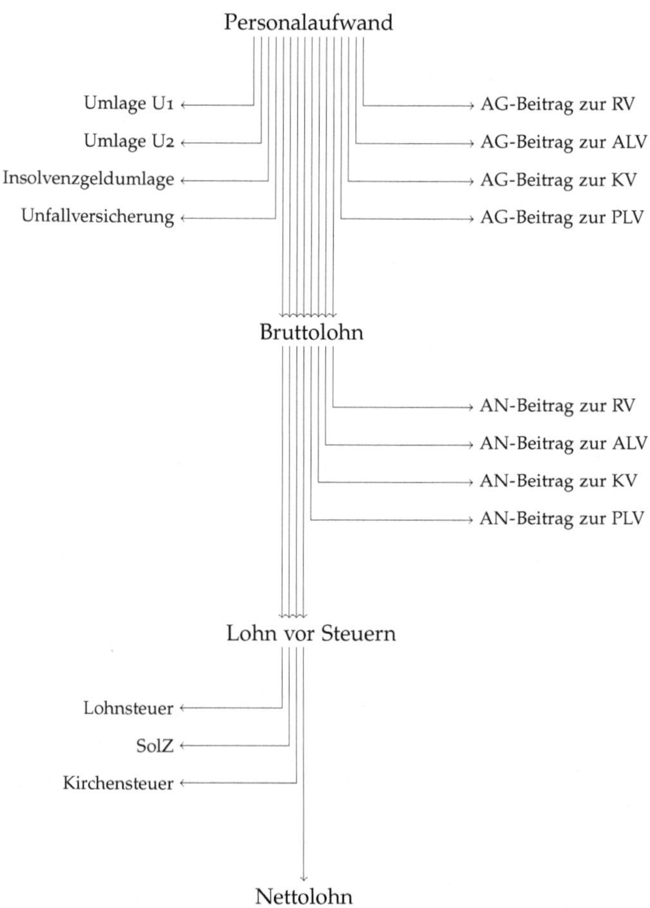

Darstellung 64 Vom Personalaufwand zum Lohn / Gehalt vor Steuern

Übung 18 (Kirchensteuer)

Ermitteln Sie die von August Hobel in 2015 monatlich abzuführende Kirchensteuer für Traude Gamsbacher aus Übung 15 auf Folie 338.

360

Lösung Übung 18

- Traude wohnt in Nürnberg (Bayern) und gehört der katholischen Kirche an,
- der Kirchensteuersatz beträgt 8 %,
- die Bemessungsgrundlage ist die beim SolZ ermittelte fiktive Jahreslohnsteuer.

	EUR
Jahreslohnsteuer	
= davon	
monatliche Kirchensteuer	

361

Berechnungsschema für die Abzüge

Arbeitnehmer (AN)	Arbeitgeber (AG)
Bruttoarbeitsentgelt	Bruttoarbeitsentgelt
./. Sozialversicherungsbeiträge (AN-Anteil)	+ Sozialversicherungsbeiträge (AG-Anteil)
./. Solidaritätszuschlag	+ vertragliche Sozialleistungen
./. Kirchensteuer	
./. Lohnsteuer	
	= vorläufiger Personalaufwand
	+ freiwillige Sozialleistungen
= Auszahlungsbetrag	= gesamter Personalaufwand

Abb. 32 Berechnungsschema für den Nettolohn und den Personalaufwand

Entnommen aus *Eisele/Knobloch* (2011), S. 317.

362

362 Das *Berechnungsschema* in *Abb.* 32 zeigt die Aufteilung der Abzüge auf Arbeitgeber und Arbeitnehmer. Zusätzlich aufgeführt sind vertragliche Sozialleistungen, zu denen im Rahmen von Tarifverträgen z. B. das Urlaubsgeld oder das Weihnachtsgeld zählen, und freiwillige Sozialleistungen unter die z. B. die Übernahme von Fort- und Weiterbildungskosten, die betriebliche Altersversorgung oder die Kostenübernahme des Arbeitgebers für die Unterbringung (Betreuung, Unterkunft und Verpflegung) von nicht schulpflichtigen Kindern Betriebsangehöriger zählen.

363 Die Arbeitgeber- und Arbeitnehmerbeiträge zur Sozialversicherung werden vom Arbeitgeber an die Krankenkasse überwiesen.[111] Die Krankenkassen behalten lediglich die Beiträge zur Krankenversicherung ein und leiten die anderen Beiträge an die jeweiligen Versicherungen weiter. Am fünftletzten Bankarbeitstag des Monats muss der Arbeitgeber die Informationen über die von ihm zu entrichtenden Beträge an die Krankenkassen (ausschließlich) auf elektronischem Wege übermitteln. Spätestens am drittletzten Bankarbeitstag müssen sich die gemeldeten Beträge dann im Verfügungsbereich der Krankenkassen befinden.

[111] *Vgl. dazu auch Darstellung 58 auf Seite 251.*

Die Lohnsteuer entsteht in dem Zeitpunkt, in dem der Arbeitslohn dem Arbeitnehmer zufließt (§ 38 Abs. 2 Satz 2 EStG). Bis zum 10. des Folgemonats muss der Arbeitgeber dem Finanzamt eine Lohnsteuererklärung übermitteln und die einbehaltene Lohnsteuer an das Finanzamt abführen.

Nach § 51a Abs. 1 EStG sind auf die Zuschlagsteuern zur Einkommensteuer die Vorschriften des EStG entsprechend anzuwenden. Dies gilt insbesondere für die Entstehung und Abführung. Die Behandlung des Solidaritätszuschlags als Zuschlagsteuer folgt somit der Behandlung der Einkommensteuer.

364–365 *Beispiel 24* beinhaltet die Zusammenfassung der abzuführenden Beträge unseres Fallbeispiels. Bei Betrachtung der Steuerabzüge und der Abzüge für die Sozialversicherungen wird deutlich, dass die Beiträge zur Sozialversicherung im Vergleich zu den Steuerabzügen den weitaus höheren Anteil ausmachen.

Zahlungsempfänger der Abzüge

Zahlungszeitpunkt	*Komponenten*	*Empfänger*
Drittletzter Bankarbeitstag des Monats[13]	Beiträge zur KV	Krankenkasse des AN
	Beiträge zur PV	Pflegekasse der Krankenkasse
	Beiträge zur RV	Deutsche Rentenversicherung Bund
	Beiträge zur ALV	Bundesanstalt für Arbeit (BfA)
Monatsletzte[14]	Nettogehalt	Arbeitnehmer
10. des Folgemonats[15]	Lohnsteuer	Finanzamt
	Solidaritätszuschlag	Finanzamt
	Kirchensteuer	Finanzamt

[13] § 23 Abs. 1 SGB IV.
[14] Hier Annahme, kann im Arbeitsvertrag auch anders geregelt werden.
[15] § 41a Abs. 1 Satz 1 i.V.m. Abs. 2 Satz 1 EStG, § 51a Abs. 4 Satz 1 EStG. 363

Beispiel 24 (Nettolohn und Personalaufwand)

Ermitteln Sie das monatliche Nettogehalt, das Traude Gamsbacher aus Übung 15 auf Folie 338 von August Hobel in 2015 erhält sowie die Personalaufwendungen für August Hobel!

364

Lösung Beispiel 24

	Σ EUR	AN EUR	AG EUR
Bruttolohn pro Monat in 2015		3 500,00	3 500,00
Steuern			
./. LSt (vgl. Folie 350)	320,96		
./. SolZ (vgl. Folie 357)	2,03		
./. KiSt (vgl. Folie 361)	13,77		
= Steuern	336,76	./. 336,76	
SV-Beiträge			
./. AN-Anteil (vgl. Folie 339)		./. 707,88	
./. AG-Anteil (vgl. Folie 339)			+ 676,38
= Nettolohn		2 455,36	
= Personalaufwand			4 176,38

365

Zum Vergleich sind nachstehend für die Fallstudie der Traude Gamsbacher nochmals die tatsächlich von ihr bezahlten Sozialversicherungsbeiträge den von der steuerlichen Bemessungsgrundlage im Wege des Lohnsteuerabzugs abzugsfähigen Beiträge gegenübergestellt:

	gezahlt	*abzugsfähig*	*nicht abzugsfähig*
+ RV	3 927,00	2 356,20	1 570,80
+ ALV	630,00	0,00	630,00
+ KV	3 444,00	3 318,00	126,00
+ PV	493,50	493,50	0,00
= Summe	8 494,56	6 167,70	2 326,86

5.3 *Verbuchung von Lohn und Gehalt*

366 Gemessen am Aufwand der Ermittlung der abzuführenden Beträge ist die Verbuchung dieser vergleichsweise einfach. Letztlich stellen alle Zahlungen an die Versicherungen und den Fiskus Personalaufwand dar. Die Verbindlichkeiten an die Sozialversicherungsträger entstehen mit der Meldung der Beträge an die zuständigen Krankenkassen, die bis zur Zahlung der Beträge (spätestens bis zum drittletzten Bankarbeitstag) zu passivieren sind. Mit Auszahlung des Arbeitslohns entstehen die Steuerschulden, die bis zur Abführung an das Finanzamt als Verbindlichkeit zu passivieren sind.

367–369 *Beispiel 25* widmet sich der Verbuchung des Lohnaufwands in unserem Fallbeispiel. Unterstellt man, dass die Lohnzahlung am 31. März erfolgt, folgt die Verbuchung der Lohnabrechnung für Traude nachstehender chronologisch geordneter Folge:

1. *Meldung* der SV-Beiträge (Arbeitgeber- und Arbeitnehmeranteil) an die Krankenkasse (Entstehung der SV-Verbindlichkeit)

2. *Überweisung* der SV-Beträge an die Krankenkasse (Auszahlung und Ausbuchung der Verbindlichkeit)

3. *Auszahlung* des Lohns und gleichzeitige Entstehung der Verbindlichkeit ggü. dem Finanzamt

4. *Abführung* der einbehaltenen Steuern an das Finanzamt (Ausbuchung der Verbindlichkeit)

Verbuchung von Lohn und Gehalt

1. *Aufwandskonten*
   - Das Konto »*Lohn- und Gehaltsaufwand*« erfasst monatlich die Bruttolöhne und -gehälter.
2. *Bestandskonten*
   - Das Konto »*Finanzamt-Verbindlichkeiten*« erfasst die Lohn- und Kirchensteuer sowie den Solidaritätszuschlag, die bis zum 10. des Folgemonats an das Finanzamt abzuführen sind.
   - Das Konto »*Sozialversicherungs-Verbindlichkeiten*« erfasst den Anteil an der Sozialversicherung, der bis zum drittletzten Bankarbeitstag des laufenden Monats an die gesetzliche Krankenversicherung zu überweisen ist.

366

Beispiel 25 (Verbuchung von Gehalt)

Führen Sie die notwendigen Buchungen der Lohnabrechnung für März 2015 für Traude Gamsbacher aus Übung 15 auf Folie 338 durch!

367

Lösung Beispiel 25 I

Verbuchung des Arbeitnehmeranteils zur SV am 26.03.2015

Lohn- und Gehaltsaufwand	*707,88* EUR	
an SV-Verbindlichkeiten		*707,88* EUR

Verbuchung des Arbeitgeberanteils zur SV am 26.03.2015

Lohn- und Gehaltsaufwand	*676,38* EUR	
an SV-Verbindlichkeiten		*676,38* EUR

Bezahlung der Beiträge zur SV am 28.03.2015

SV-Verbindlichkeiten	*1 384,26* EUR	
an Bank		*1 384,26* EUR

368

5.4 *Vorschüsse und Abschlagszahlungen*

370–371 *Vorschüsse* werden – anders als Abschlagszahlungen – ohne rechtliche Verpflichtung gewährt. Sofern Vorschüsse kurzfristig gewährt werden und sich betragsmäßig im Verhältnis zum Monatslohn in kleinerem Rahmen halten, werden diese i. d. R. mit dem Lohn oder Gehalt am Monatsende verrechnet. Findet die Rückzahlung über mehrere Lohnabrechnungszeiträume oder gar über den Bilanzstichtag hinweg statt, muss zur korrekten Zurechnung des Erfolgs der Vorschuss zunächst erfolgsneutral als Forderung ausgewiesen werden.

Forderungen an Mitarbeiter	1 000 EUR	
an Zahlungsmittelkonto		1 000 EUR

Im Rahmen der späteren Tilgung durch die Verrechnung mit dem Monatslohn (-gehalt) findet die erfolgswirksame Berücksichtigung statt.

Personalaufwand	1 000 EUR	
an Forderungen an Mitarbeiter		1 000 EUR

Formal stellen Vorschüsse an Mitarbeiter Kredite dar, die in Form der Arbeitsleistung durch den Mitarbeiter getilgt werden. Der Geschäftsvorfall trägt die Züge eines Tausches.

Abschlagszahlungen werden auf Basis vertraglicher Absprachen entrichtet. Die Leistung – i. d. R. in Form der Arbeitsleistung durch den Mitarbeiter – wurde hier schon erbracht. Gründe für Abschlagszahlungen können z. B. sein:

- Probleme bei der Ermittlung der korrekten Lohn- bzw. Gehaltszahlung etwa durch fehlende Stundennachweise oder fehlende Angaben des Mitarbeiters.
- Besondere Umstände wie etwa die Übernahme der Kosten des Umzugs wenn der Umzug schon durchgeführt wurde, die Endabrechnung aber noch nicht vorliegt.

Die Abschlagszahlungen sind i. d. R. niedriger als der tatsächlich zu leistende Betrag. Die Differenz zwischen Abschlagszahlung und dem tatsächlich zu leistenden Betrag stellt faktisch eine Verbindlichkeit gegenüber dem betreffenden Mitarbeiter dar.

Lösung Beispiel 25 II

Verbuchung der Auszahlung des Nettogehalts am 31.03.2015

Lohn- und Gehaltsaufwand		2 792,12 EUR	
an	*Bank*		2 455,36 EUR
	Finanzamt-Verbindlichkeiten		336,76 EUR

Abführung der Steuern an das Finanzamt am 10.04.2015

Finanzamt-Verbindlichkeiten		336,76 EUR	
an	*Bank*		336,76 EUR

369

Vorschüsse

- *Vorschüsse* sind Vorauszahlungen auf den Arbeitslohn, die Arbeitnehmern kurzfristig gewährt und mit späteren Lohn- oder Gehaltszahlungen verrechnet werden.
- Man unterscheidet zwischen ...
  ... Vorschüssen, die bei Fälligkeit der Lohn- oder Gehaltsauszahlung vollständig ausgeglichen werden und
  ... Vorschüssen, die erst im Laufe der Zeit ausgeglichen werden.
- Die Verbuchung der Vorschüsse erfolgt auf dem Konto »*Forderungen an Mitarbeiter*« (Sonstige Forderungen).

370

Abschlagszahlungen

- *Abschlagszahlungen* sind grundsätzlich *vertraglich* vorgesehene Vorwegzahlungen auf den *bereits teilweise fällig gewordenen Arbeitslohn* zum Zwecke der Arbeitsersparnis in der Lohnbuchführung (z. B wöchentliche Abschlagszahlungen auf den Monatslohn).
- Die genaue Lohnabrechnung erfolgt zu einem späteren Zeitpunkt.
- Die Differenz zwischen Abschlag und effektiv ermitteltem Arbeitslohn wird an dem der Abrechnung folgenden Zahltag ausgezahlt.
- Die Verbuchung erfolgt über das Konto »*Abschlagszahlungen*« (Aufwandskonto), das dann über das Konto »*Lohn- und Gehaltsaufwand*« abgeschlossen wird.

371

5.5 *Sachbezüge*

372–373 Die Beurteilung und Abwicklung von Sachbezügen gehört mit zur kompliziertesten Materie der Lohnbuchhaltung. Sofern vorgegebene Schemata zur Ermittlung von Beträgen existieren[112], kann die konkrete Berechnung der exakten Werte zumindest unter Verwendung spezieller Software gemeistert werden. Das Problem der Sachbezüge ist deren Abgrenzung, d. h. die Beantwortung der Frage, ab wann ein Sachbezug vorliegt. Die Beurteilung allein, ob dem Grunde nach ein Sachbezug vorliegt, mag schon schwierig genug sein. Ausufernd wird das Problem bei der Bewertung des identifizierten Sachbezugs. Wie hoch ist der geldwerte Vorteil der privaten Nutzung betrieblicher Computer? Was ist die Teilnahme an einer Betriebsfeier wert? Wie viel ist eine Kantinenmahlzeit wert?

[112] *Auch wenn diese mal mehr oder weniger willkürlich erscheinen.*

Grundsätzlich unterliegen diese Vorteile sowohl der Steuer als auch der Sozialversicherung. Für häufig auftretende geldwerte Vorteile sind aus Vereinfachungsgründen typisierende Sätze durch den Gesetzgeber bestimmt wie z. B. für die verbilligte Überlassung von Mahlzeiten. Diese Werte ergeben sich aus der Sozialversicherungsentgeltverordnung (SvEV).

5.6 *Freiwillige sonstige Leistungen*

374 Freiwillige sonstige Leistungen wie die betriebliche Altersvorsorge, bei der den Arbeitnehmern eine Betriebsrente zugesagt wird, sind für die Buchführung in zweierlei Hinsicht eine Herausforderung. Zum einen stellt die Bewertung an sich hohe Anforderungen an die Versicherungsmathematik. Dies zeigt vor allem die Tatsache, dass Unternehmen existieren, deren Dienstleistung in nichts anderem besteht, als in der Ermittlung der zukünftigen Belastungen, die aus den an die Belegschaft zugesagten Rentenansprüchen resultieren, wobei sich die Komplexität der Rechnungen insbesondere aus den beiden Unbekannten Lebensalter und Betriebszugehörigkeit ergibt.

Zum anderen stellt sich die Frage der Höhe der Bilanzierung der ungewissen Verbindlichkeit (Rückstellung). Diesbezüglich bestehen Spielräume hinsichtlich der Annahmen über Preis- und Kostensteigerungen.

Sachbezüge I

- Durch den Bezug von Sachleistungen anstatt von Geldzahlungen könnte der Arbeitnehmer die Lohnsteuer und SV-Beiträge und der Arbeitgeber die Lohnnebenkosten (SV-Beiträge) umgehen.
- Aus diesem Grund zählt der Wert von Sachbezügen als sog. geldwerter Vorteil zum Bruttolohn, muss versteuert werden und erhöht die SV-Beiträge.
- *Beispiele*
  - private Nutzung von Dienstfahrzeugen / Diensttelefon,
  - freie oder verbilligte Mahlzeiten / Wohnung,
  - kostenlose Überlassung von eigenen Erzeugnissen (Deputate, wie z. B die Überlassung von Bier einer Brauerei an ihre Mitarbeiter).

372

Sachbezüge II

- Sachbezüge erhöhen die lohnsteuer- und versicherungspflichtigen Bruttobezüge.
- Für den Arbeitgeber ist die Gewährung solcher geldwerten Vorteile i. d. R. umsatzsteuerpflichtig (Ausnahmen sind umsatzsteuerfreie Leistungen wie z. B Vermietung von Wohnraum).
- Die Einführung neuer Konten ist nicht erforderlich.
- Die Bewertung der Sachbezüge erfolgt nach der Sozialversicherungsentgeltverordnung (SvEV), dies wird hier nicht weiter thematisiert.

373

Freiwillige sonstige Leistungen

Freiwillige sonstige Leistungen des Arbeitgebers können z. B sein ...
- vermögenswirksame Leistungen und
- betriebliche Altersvorsorge.

Freiwillige sonstige Leistungen werden hier nicht weiter behandelt.

374

5.7 *Kontrollfragen*

1. Worin unterscheiden sich Arbeiter und Angestellte?
2. In welche Kategorien lassen sich die Personalaufwendungen grundsätzlich einteilen?
3. Wofür stehen die »fünf Säulen« der deutschen Sozialversicherung? Benennen Sie die Säulen!
4. Welche Beiträge trägt ausschließlich der Arbeitgeber?
5. Was versteht man unter Umlage U1 und Umlage U2?
6. Beschreiben Sie den technischen Ablauf der Bezahlung der Sozialversicherungsbeiträge!
7. Worin besteht der Unterschied zwischen Beiträgen zur Sozialversicherung und Steuern?
8. Wie hoch sind jeweils die SV-Beiträge für den AN und den AG und insgesamt in Prozent für einen ledigen Arbeitnehmer mit (ohne) Kind?
9. Was besagt die Beitragsbemessungsgrenze?
10. Was versteht man unter Lohnsteuerklassen und warum werden sie gebildet?
11. Ermitteln und verbuchen Sie die SV-Beiträge, getrennt für einen verheirateten AN mit drei Kindern und den AG bei monatlichen Bruttogehältern (12 Gehälter) von
    (a) 1 500 EUR
    (b) 3 500 EUR
    (c) 4 000 EUR bzw.
    (d) 6 000 EUR
12. Zeigen Sie anhand eines selbstgewählten Beispiels, was unter einer Freigrenze bzw. einem Freibetrag zu verstehen ist!
13. Warum wurde beim Solidaritätszuschlag eine Härtefallregel (Einschleifregel) implementiert?
14. Ermitteln und verbuchen Sie ausgehend von 11. die Lohnsteuer, den Solidaritätszuschlag sowie die Kirchensteuer, wenn der Ehemann keiner Arbeit nachgeht!
15. Was versteht man unter einem Sachbezug bzw. einem geldwerten Vorteil?
16. Worin besteht das Problem bei Sachbezügen?
17. Weshalb sind Sachbezüge i. d. R. sowohl sozialversicherungspflichtig als auch steuerpflichtig?
18. Nennen Sie mindestens 5 Beispiele für Sachbezüge, die die sozialversicherungspflichtigen und lohnsteuerpflichtigen Bruttobezüge erhöhen.

TEIL IV

GRUNDLAGEN DES JAHRESABSCHLUSSES NACH HGB

LERNEINHEIT 8

Buchführungspflicht nach HGB und allgemeine Ansatz- und Bewertungsvorschriften

6 *Jahresabschluss nach HGB*

ShortCode App # 1060

375–376 Bisher erfolgte die Heranführung an die Technik der doppelten Buchführung in ihren Grundzügen als Methode der Dokumentation und Vermögensermittlung. Die Möglichkeiten der buchhalterischen Erfassung von Geschäftsvorfällen und periodenübergreifenden Ereignissen sind vielfältig. Ob ein Geschäftsvorfall erfolgsneutral oder erfolgswirksam erfasst werden soll, wird von der reinen Technik der doppelten Buchführung nicht beantwortet. Vielmehr bedarf es eines gesetzlichen Normenkatalogs zur Bestimmung, *wie* zu dokumentieren ist.

Der zweite Teil dieser Lektüre befasst sich mit der Frage, *wie* zu dokumentieren ist. Dabei ist zu erwähnen, dass für das »Wie« nicht die eine einzige »Wahrheit« existiert. Wie Geschäftsvorfälle zu dokumentieren sind, ist letztlich eine Frage der Zielsetzung der Rechnungslegung. So besteht die Zielsetzung in Deutschland insbesondere darin, die Gläubiger zu schützen. Der Gläubigerschutz soll dabei so umgesetzt werden, dass der Zahlungsstrom der Unternehmen an die Anteilseigner reglementiert wird. Die Idee, die dabei im Hintergrund steht, ist recht einfach. Je mehr Geld im Unternehmen vorhanden (gebunden) ist, desto geringer ist die Wahrscheinlichkeit, dass die Schulden nicht mehr bezahlt werden können.

Der Grundsatz des Gläubigerschutzes steht in anderen Ländern nicht im Vordergrund. So besteht die Zielsetzung der Rechnungslegung in den USA etwa darin, die Vermögensverhältnisse im Rahmen des Grundsatzes *»true and fair view«* besonders realitätsnah abzubilden.

377–379 In Lerneinheit 8 wird zunächst auf die Frage eingegangen, warum der Periodenerfolg überhaupt ermittelt werden soll. Erst wenn die Zwecke der Rechnungslegung festgelegt sind, lässt sich dementsprechend ein gesetzlicher Rahmen bestimmen. Im Anschluss wird dann zunächst geklärt, für wen die deutschen Rechnungslegungsvorschriften nach dem Handelsgesetzbuch überhaupt gelten. Wir werden sehen, dass nicht jedes Unternehmen verpflichtet ist, Bücher zu führen. Wenn die Frage der Buchführungspflicht geklärt ist, befassen wir uns mit den Grundsätzen der Buchführung, d. h. mit den grundlegenden Fragen, was in die Bilanz aufzunehmen ist und wie die Gegenstände bzw. Schulden zu bewerten sind. Dabei wird auch auf die Inventur eingegangen.

Wo stehen wir?

375

Literatur und Lernziele I

1. *Literatur*

Döring, Ulrich / Buchholz, Rainer (2015): *Buchhaltung und Jahresabschluss*, 14. Auflage, Erich Schmidt, Berlin, 5–9.

Eisele, Wolfgang / Knobloch, Alois Paul (2011): *Technik des betrieblichen Rechnungswesens*, 8. Auflage, Vahlen, München, 26–36, 42–52.

Wöhe, Günter / Kußmaul, Heinz (2015): *Grundzüge der Buchführung und Bilanztechnik*, 9. Auflage, Vahlen, München, 37–68.

ergänzende Literatur zu den Grundsätzen ordnungsmäßiger Buchführung

Schildbach, Thomas / Stobbe, Thomas / Brösel, Gerrit (2013): *Der handelsrechtliche Jahresabschluss*, 10. Auflage, Verlag Wissenschaft & Praxis, Sternenfels, 140–162.

376

Literatur und Lernziele II

2. *Lernziele*

Nach dieser Lerneinheit ...

- haben Sie ein Grundverständnis für die Interpretation des Periodenerfolgs.
- können Sie die Buchführungspflicht nach HGB beurteilen.
- kennen Sie die Grundsätze ordnungsmäßiger Buchführung.
- kennen Sie die allgemeinen Vorschriften zur Buchführung und zum Inventar.
- kennen Sie die allgemeinen Ansatz- und Bewertungsvorschriften nach HGB.

377

Zuvor sei aber nochmals daran erinnert, dass der Totalerfolg immer, also unabhängig vom gesetzlichen Rahmen, identisch ist, da letztlich ausschließlich Zahlungen periodisiert werden.

380 *Beispiel 26* zeigt die Auswirkungen alternativer Periodisierungen in ihren extremen Formen anhand eines fiktiven Beispiels. In allen Beispielen ist die Summe der Periodenerfolge über die drei Perioden identisch. Dabei werden in Fall (1) die Zahlungen in der ersten Periode erfolgswirksam, in Fall (2) in der zweiten Periode, in Fall (3) in der dritten und in Fall (4) über die Teilperioden gleichverteilt.

6.1 *Zweck des Periodenerfolgs*

381–382 Die Frage der »richtigen« Bewertung und damit der Ermittlung des Periodenerfolgs ist eine philosophische Frage, wobei klarzustellen ist, dass es keinen »echten« bzw. »wahren« Gewinn (Erfolg) geben kann. Der Wert der Wiese (und damit der Gewinn) im Beispiel mit dem Landwirt kann erst bei Veräußerung derselben exakt bestimmt werden. Allerdings spielt dann der Wert der Wiese für die Bilanzierung beim Veräußerer keine Rolle mehr, da diese sich dann nicht mehr in seinem Eigentum befindet. Aufgrund des Bewertungsproblems sind pragmatische Normen notwendig, die aus Gründen der (nationalen) Vergleichbarkeit gesetzlich festgelegt werden müssen.

Der Wert, mit dem die Wiese aus dem Ausgangsbeispiel in der Bilanz anzusetzen ist, hängt vom Zweck der Rechnungslegung ab. Dabei können die Zwecke von Staat zu Staat unterschiedlich sein. Die Bilanzierung (Gewinnermittlung) in Deutschland hat im Wesentlichen die Kapitalerhaltung aus Gründen des Gläubigerschutzes zum Inhalt. Demnach dient der Gewinn als Bemessung der Ausschüttung (Ausschüttungsbemessungsfunktion) also der Zahlung, die maximal das Unternehmen verlassen darf, ohne die Ansprüche Dritter (Gläubiger) zu gefährden.[113]

Würde die Bilanzierung den Zweck verfolgen, Informationen zur Entscheidungsfindung zu vermitteln, wobei der Zweck durch die Bilanzierung von Marktwerten erreicht werden soll, würde die Wiese im Ausgangsbeispiel auf Basis eines geschätzten Marktwerts bilanziert werden. Welcher Wert (40 Mio., 50 Mio. oder ein Zwischenwert) dann genau zum Ansatz kommen soll, lässt sich schwer begründen. Auch hier muss zwangsweise auf pragmatische Vereinfachungen zurückgegriffen bzw. müssen entsprechende Bewertungsstandards implementiert werden.

[113] *Vgl. dazu Abb. 33 und Wagner (1982), S. 750 ff.*

Roter Faden für die 8. Lerneinheit

Reflexion Periodenerfolg → Folien 379 – 382

↓

Deutsche Regeln (HGB) Buchführungspflicht → Folien 383 – 392

↓

Allgemeine Regeln zum Führen von Büchern → Folien 394 – 403

↓

Allgemeine Regeln für den Jahresabschluss → Folien 404 – 427

378

Zahlungen und Periodenerfolg

- *Bisher* – Kennenlernen der reinen Technik der doppelten Buchführung als ein »Handwerkszeug« der Rechnungslegung bzw. der Periodisierung.
- Bisherige Erkenntnisse
  - Periodisiert werden ausschließlich Zahlungen.
  - Periodisieren bedeutet, die Erfolgswirksamkeit von Zahlungen vom Zeitpunkt der Zahlung zu entkoppeln.
  - Die Zahlungsüberschüsse und Periodenerfolge sind in den Teilperioden verschieden, aber in Summe über die Teilperioden – also in der Totalperiode – identisch. Dies soll nachstehendes Beispiel nochmals verdeutlichen.

379

Beispiel 26 (Periodisierung)

(1) Gewinn fällt in $t=0$ an

t	1	2	3	Σ
AZ	−120			−120
+ EZ			150	150
=				30
Au	−120			−120
+ Er	150			150
= G	30			30

(2) Gewinn fällt in $t=1$ an

t	1	2	3	Σ
AZ	−120			−120
+ EZ			150	150
=				30
Au		−120		−120
+ Er		150		150
= G		30		30

(3) Gewinn fällt in $t=2$ an

t	1	2	3	Σ
AZ	−120			−120
+ EZ			150	150
=				30
Au			−120	−120
+ Er			150	150
= G			30	30

(4) Gewinn fällt gleichverteilt an

t	1	2	3	Σ
AZ	−120			−120
+ EZ			150	150
=				30
Au	−40	−40	−40	
+ Er	50	50	50	150
= G	10	10	10	30

380

Es existiert eine Vielfalt an national begrenzten Zwecken und Interessen zur Ermittlung des Gewinns. Die deutschen Vorschriften zur Gewinnermittlung sind im Handelsgesetzbuch (HGB) gesetzlich geregelt (kodifiziert), sog. German-GAAP. Der nach deutschen Vorschriften ermittelte Erfolg eines inländischen Unternehmens ist jedoch aufgrund des philosophischen Charakters des Periodenerfolgs nur schwer mit dem (nach jeweiligen landesspezifischen Vorschriften ermittelten) Erfolg eines ausländischen Unternehmens vergleichbar. Insbesondere auf globalen Märkten ist jedoch die Vergleichbarkeit und damit Transparenz der Rechnungslegung von enormer Bedeutung. Aus diesem Grund wurden internationale Standards erarbeitet, die sog. International Financial Reporting Standards (IFRS).[114] Der Zweck der IFRS besteht in der Informationsfunktion, nicht im Gläubigerschutz. Weitere bedeutende Vorschriften stellen die United States Generally Accepted Accounting Principles (US-GAAP) dar.[115]

[114] *Vgl. umfassend dazu Pellens et al. (2014).*

[115] *Unabhängig vom verwendeten Rechnungslegungsstandard bleibt der Totalerfolg jedoch gleich, da immer nur Zahlungen periodisiert werden.*

Dem bisher verwendeten Vermögensbegriff und der Ermittlung des Gewinns als Vermögensänderung stehen alternative Konzepte gegenüber:

1. Ermittlung von Vermögensänderungen auf Basis von Zahlungsgrößen, wobei der »Gewinn« aus der Differenz von Ein- und Auszahlungen resultiert. Diese Form der Gewinnermittlung kommt in bestimmten Fällen bei der steuerlichen Gewinnermittlung – wenngleich nicht in absolut reiner Form – zur Anwendung.
2. Ermittlung des Gewinns auf Basis von Zahlungsgrößen zuzüglich Forderungen, abzüglich Verbindlichkeiten (Geldvermögen).
3. Das ökonomische Konzept der Ermittlung des Gewinns als Verzinsung des Ertragswerts bzw. als Zahlungen abzüglich Ertragswertabschreibung (sog. ökonomischer Gewinn). Der Ertragswert stellt dabei den abgezinsten Wert künftiger Zahlungen dar, während die Ertragswertabschreibung die Differenz der Ertragswerte aus Periode t und $t-1$ darstellt.

ZUSAMMENFASSUNG

Das hehre Ziel der Ermittlung eines »echten« Gewinns kann nicht erreicht werden, da dieser nicht existieren kann. Ansatz und Bewertung richten sich demnach nach den Zwecken der Bilanzierung, die von Staat zu Staat unterschiedlich sein können. In Deutschland besteht der Hauptzweck der Bilanzierung in der Ausschüttungsbemessung als Maßgröße des Gläubigerschutzes. Die in den nachstehenden Abschnitten behandelten Ansatz- und Bewertungsvorschriften müssen daher immer vor diesem Hintergrund ausgelegt werden.

Zweck des Periodenerfolgs I

- Wir sind jetzt in der Lage, den Periodenerfolg technisch zu ermitteln, aber was sagt die von uns ermittelte Vermögensänderung (Gewinn / Periodenerfolg) aus? Welcher Zweck soll erfüllt werden?
- *»Gewinn ist nicht gleich Gewinn«*

  Da die Bilanzierung nicht ausschließlich auf Zahlungsvorgängen basiert, sondern auch nichtzahlungswirksame Änderungen des Reinvermögens berücksichtigt, besteht immer die Frage, mit welchem Wert die Vermögensgegenstände in der Bilanz bewertet werden sollen.

  Beispiel – Landwirt A erwarb vor 80 Jahren eine grüne Wiese für 100 Reichsmark, auf der seine Schafe grasen; die Wiese ist heute lt. diverser Gutachten ausgewiesener Experten zwischen 40 und 50 Mio. EUR wert, zu welchem Wert hat A die Wiese in seiner Bilanz anzusetzen? 381

Zweck des Periodenerfolgs II

- Die Beantwortung der Frage nach dem Bilanzansatz der Wiese hängt letztlich vom Zweck der Bilanzierung ab.
- Besteht der Zweck in der *Erhaltung der Unternehmung* (Kapitalerhaltung), sollten nicht realisierte Gewinne nicht ausgewiesen werden, der Ansatz zu historischen Anschaffungskosten wäre zweckmäßig.

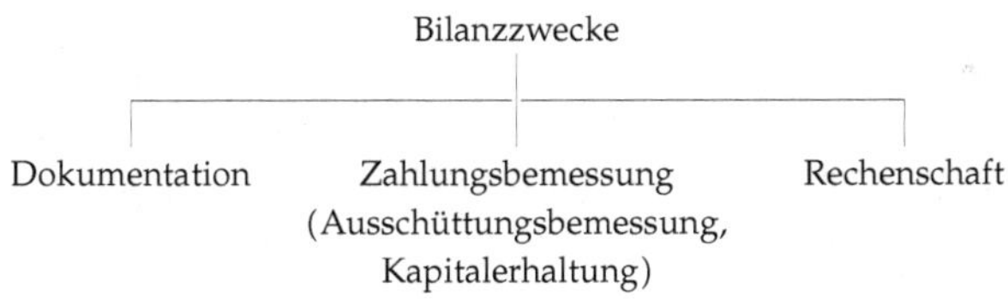

Abb. 33 Zwecke der Bilanzierung nach HGB 382

Der Jahresabschluss nach HGB // Vorgehensweise

1. Klärung der Frage, wer überhaupt verpflichtet ist, Bücher zu führen.
2. Wie sind die Bücher grundsätzlich zu führen? Welche (vor die Klammer gezogenen) Vorschriften sind zu beachten?
3. Betrachtung spezieller Vorschriften für die einzelnen Bilanzpositionen und Beantwortung der Frage der Bilanzierung dem Grunde nach (was muss bilanziert werden?) und der Höhe nach (zu welchem Wert muss bilanziert werden?)

383

6.2 *Buchführungspflicht*

383–385 Der Jahresabschluss nach deutschen Rechnungslegungsnormen besteht im Wesentlichen aus einer Bilanz und einer GuV. Zur Erstellung dieser Rechenwerke ist eine systematische Dokumentation der zahlungsbasierten Geschäftsvorfälle notwendig. Diese Dokumentation erfolgt durch das »Führen von Büchern«, wobei man sich dabei der Technik der doppelten Buchführung bedient.

Nicht jeder »Unternehmer« ist verpflichtet, Bücher nach den Vorschriften des HGB zu führen. Verpflichtet, Bücher zu führen, sind nur Kaufleute. Dazu muss zunächst geklärt werden, wer i. S. d. Handelsgesetzbuches überhaupt Kaufmann ist.[116] Diese Frage beantworten die Vorschriften §§ 1 bis 7 HGB. Demnach ist Kaufmann kraft Betätigung, also kraft seiner ausgeübten Tätigkeit, derjenige, der die Merkmale des § 1 HGB erfüllt. Diese Kaufleute werden als *Istkaufleute* bezeichnet. § 1 HGB besagt:

[116] *Vgl. dazu Abb. 34.*

(1) Kaufmann im Sinne dieses Gesetzbuches ist, wer ein Handelsgewerbe betreibt.
(2) Handelsgewerbe ist jeder Gewerbebetrieb, es sei denn, dass das Unternehmen nach Art und Umfang einen in kaufmännischer Weise eingerichteten Geschäftsbetrieb nicht erfordert.

Als *Kaufleute kraft Eintragung* bezeichnet man Kaufleute, die im Handelsregister eingetragen sind, auch wenn sie die Voraussetzungen des § 1 Abs. 2 HGB nicht erfüllen. In § 2 HGB heißt es:

[1]Ein gewerbliches Unternehmen, dessen Gewerbebetrieb nicht schon nach § 1 Abs. 2 Handelsgewerbe ist, gilt als Handelsgewerbe im Sinne dieses Gesetzbuchs, wenn die Firma des Unternehmens in das Handelsregister eingetragen ist. [2]Der Unternehmer ist berechtigt, aber nicht verpflichtet, die Eintragung nach den für die Eintragung kaufmännischer Firmen geltenden Vorschriften herbeizuführen. [3]Ist die Eintragung erfolgt, so findet eine Löschung der Firma auch auf Antrag des Unternehmers statt, sofern nicht die Voraussetzung des § 1 Abs. 2 eingetreten ist.

Wer einen land- oder forstwirtschaftlichen Betrieb unterhält ist grundsätzlich kein Kaufmann, es sei denn, er lässt sich ins Handelsregister eintragen. Land- und Forstwirte werden deshalb als *Kannkaufleute* bezeichnet. § 3 HGB besagt dazu:

(1) Auf den Betrieb der Land- und Forstwirtschaft finden die Vorschriften des § 1 keine Anwendung.
(2) Für ein land- oder forstwirtschaftliches Unternehmen, das nach Art und Umfang einen in kaufmännischer Weise eingerichteten Geschäftsbetrieb erfordert, gilt § 2 mit der Maßgabe, dass nach Eintragung in das Handelsregister eine Löschung der Firma nur nach den allgemeinen Vorschriften stattfindet, welche für die Löschung kaufmännischer Firmen gelten.
(3) Ist mit dem Betrieb der Land- oder Forstwirtschaft ein Unternehmen verbunden, das nur ein Nebengewerbe des land- oder forstwirtschaftlichen Unternehmens darstellt, so finden auf das im Nebengewerbe betriebene Unternehmen die Vorschriften der Absätze 1 und 2 entsprechende Anwendung.

Buchführungspflicht I

- *Handelsrechtlich* verpflichtet zum Führen von Büchern ist *jeder Kaufmann*, § 238 Abs. 1 Satz 1 HGB.

  (1) [1]Jeder Kaufmann ist verpflichtet, Bücher zu führen und in diesen seine Handelsgeschäfte und die Lage seines Vermögens nach den Grundsätzen ordnungsmäßiger Buchführung ersichtlich zu machen …

- Die Frage, wer Kaufmann i. S. d. HGB ist, beantworten die §§ 1 bis 7 HGB.

384

Buchführungspflicht II

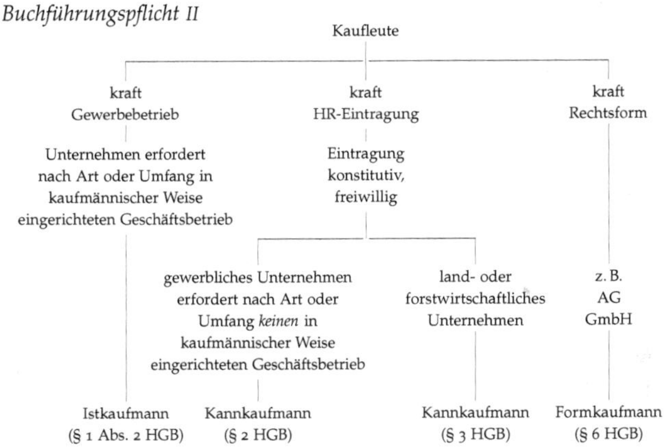

Abb. 34 Kaufmannseigenschaft von Unternehmen 385

Buchführungspflicht III

- Bestimmte *Einzelkaufleute* sind von der Buchführungspflicht entbunden, § 241a HGB.

  [1]Einzelkaufleute, die an den Abschlussstichtagen von zwei aufeinander folgenden Geschäftsjahren nicht mehr als 500 000 Euro Umsatzerlöse und 50 000 Euro Jahresüberschuss aufweisen, brauchen die §§ 238 bis 241 nicht anzuwenden. [2]Im Fall der Neugründung treten die Rechtsfolgen schon ein, wenn die Werte des Satzes 1 am ersten Abschlussstichtag nach der Neugründung nicht überschritten wurden.

- Die Kaufmannseigenschaft bleibt jedoch erhalten.
- § 241a HGB wurde im Zuge des Bilanzrechtsmodernisierungsgesetzes (BilMoG) in 2009 eingeführt und die Grenzen an die steuerlichen Grenzen des § 141 AO angepasst.
- § 141a Satz 1 HGB ist so zu verstehen, dass im Fall des Überschreitens einer Grenze das Wahlrecht nicht mehr zur Verfügung steht, d. h. dann zwingend Buchführungspflicht besteht!

386

Die Vorschriften für die Kaufleute gelten auch für Handelsgesellschaften (→ sog. Formkaufleute, da sich die Pflicht, Bücher zu führen aus der Rechtsform ableitet), § 6 Abs. 1 HGB.

(1) Die in Betreff der Kaufleute gegebenen Vorschriften finden auch auf die Handelsgesellschaften Anwendung.

Handelsgesellschaften sind z. B. die Gesellschaft mit beschränkter Haftung (GmbH) und die Aktiengesellschaft (AG).[117]

[117] *Vgl. Dazu Die Abschnitte 12.6 und 12.7 ab Seite 12.6 bzw. 542.*

386 Für *Einzelkaufleute* existieren hinsichtlich der Buchführungspflicht Ausnahmen in Abhängigkeit der Höhe von Jahresüberschuss oder Umsatz. Die Regelung in § 241a HGB ist dabei so zu verstehen, dass nur im Fall des Vorliegens von *nicht mehr als* 500 000 EUR Umsatz *und nicht mehr als* 50 000 EUR Jahresüberschuss an den Abschlussstichtagen von zwei aufeinander folgenden Geschäftsjahren das Wahlrecht zum Führen von Büchern besteht. *Darstellung* 65 zeigt das Prüfungsschema des § 241a HGB.

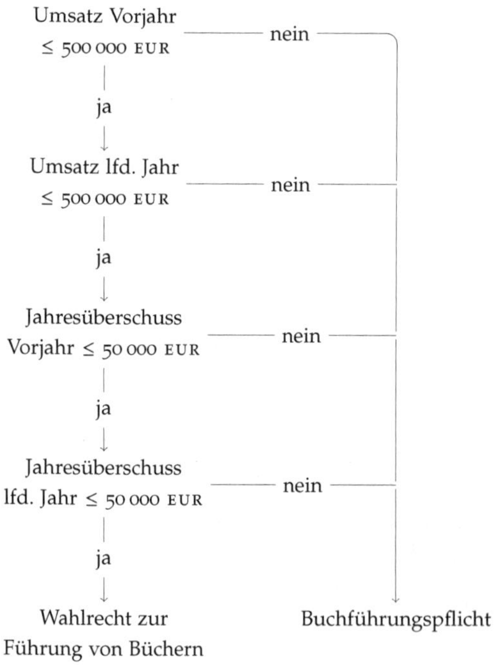

Darstellung 65 Prüfungsschema des § 241a HGB

387 Keine Kaufmannseigenschaft und damit keine Verpflichtung zum Führen von Büchern besteht bei Freiberuflern und grundsätzlich bei Kleingewerbetreibenden sowie Land- und Forstwirten.

Buchführungspflicht IV

- *Ausgenommen* von der Pflicht, nach handelsrechtlichen Vorschriften Bücher zu führen sind ...
  - ... *Freiberufler* (Ärzte, Rechtsanwälte, Steuerberater, Wirtschaftsprüfer, Apotheker, Architekten, Kunst- und Kulturschaffende etc.),
  - ... *Land- und Forstwirte*, da sie *kein Handelsgewerbe* betreiben, dies ergibt sich aus den §§ 1 und 3 HGB und
  - ... *Kleingewerbetreibende*, deren Art oder Umfang keinen in kaufmännischer Weise eingerichteten Geschäftsbetrieb erfordert.

387

Übung 19 (Buchführungspflicht) I

Beurteilen Sie, ob in den folgenden Fällen Buchführungspflicht in 2015 nach HGB besteht!

1. Der Eisverkäufer Guiseppe Ferrara betreibt seit fünf Jahren mehrere Eisdielen in und um München. Die Umsätze haben schon im ersten Jahr weit über 1 Mio. EUR betragen und sind seither stetig gestiegen. Sein Geschäftsbetrieb ist in kaufmännischer Weise eingerichtet.
2. Die Schriftstellerin Nele Althaus erhielt in den letzten Jahren und in 2015 für ihre Krimiserie Honorare in Millionenhöhe pro Jahr.
3. Der im Handelsregister eingetragene Landwirt Adolf Müller setzte in den vergangenen Jahren jährlich mehr als 700 000 EUR um.
4. Die A-GmbH erzielte in 2014 einen Umsatz (Jahresüberschuss) von 250 000 EUR (40 000 EUR) und in 2015 einen Umsatz (Jahresüberschuss) i. H. v. 450 000 EUR (45 000 EUR).

388

Übung 19 (Buchführungspflicht) II

5. Nachstehend sind die Umsätze und Jahresüberschüsse des Würstchenbudenbesitzers und Einzelkaufmanns Georg von Hans-Wurst dargestellt:

	Fall (a)		Fall (b)	
	2014	2015	2014	2015
Umsatz	700 000	200 000	500 000	200 000
Jahresüberschuss	45 000	70 000	45 000	50 000

389

Bei Freiberuflern und Land- und Forstwirten ist dabei unerheblich, welchen Umfang die jeweiligen Tätigkeiten haben.

388–392 In *Übung 19* soll die Buchführungspflicht in den beschriebenen Fällen beurteilt werden, dazu muss jeweils geprüft werden, ob es sich um Kaufleute handelt. Liegt Kaufmannseigenschaft vor, besteht – außer bei Erfüllung der Merkmale gem. § 241a HGB – Pflicht zum Führen von Büchern.[118]

[118] *Bei der Prüfung, ob ein Wahlrecht zur Buchführung vorliegt, ist das Schema aus Darstellung 65 auf Seite 290 zu verwenden.*

6.3 *Prinzip der Maßgeblichkeit*

393–394 Durch das Prinzip der Maßgeblichkeit wird im Steuerrecht grundsätzlich auf die handelsrechtlichen Vorschriften bzw. auf die handelsrechtlichen Grundsätze ordnungsmäßiger Buchführung zurückgegriffen. Das bedeutet, dass der nach handelsrechtlichen Vorschriften ermittelte Periodenerfolg (unter Berücksichtigung steuerrechtlicher Korrekturen) Bemessungsgrundlage für die Einkommen-, Gewerbe- und Körperschaftsteuer darstellt. Insofern hat die Kaufmannseigenschaft und die damit einhergehende Verpflichtung zum Führen von Büchern über das Handelsrecht hinaus weitreichende Konsequenzen. Aus diesem Grund sind Kenntnisse des Ansatzes und der Bewertung nach HGB auch dann notwendig, wenn man sich mit steuerrechtlichen Fragen der Bilanzierung beschäftigt.

Die Verpflichtung zum Führen von Büchern für steuerrechtliche Zwecke, sofern handelsrechtlich bereits *Buchführungspflicht* besteht, wird als *derivative* (aus dem Handelsrecht abgeleitete) Buchführungspflicht bezeichnet und ergibt sich aus § 140 AO. Die *originäre* Buchführungspflicht – d. h. die Verpflichtung zur Buchführung ausschließlich für steuerliche Zwecke – ergibt sich aus § 141 AO. Dies betrifft Gewerbetreibende oder Land- und Forstwirte jedoch nicht Freiberufler. Die in § 141 AO bestimmten Grenzen für Umsatz und Jahresüberschuss entsprechen denjenigen nach § 241a HGB. Im Ergebnis findet die Technik der doppelten Buchführung für Freiberufler nur in Ausnahmefällen Anwendung.

Die Maßgeblichkeit der Handelsbilanz für die Steuerbilanz besteht sowohl *dem Grunde nach* – d. h. wenn nach Handelsrecht aktiviert oder passiviert werden muss, dann gilt das auch für das Steuerrecht – als auch *der Höhe nach* – d. h. die Höhe der Ansätze im Handelsrecht werden für das Steuerrecht übernommen. Im Ergebnis hat die handelsrechtliche Buchführung Einfluss auf die Einkommen- bzw. Körperschaftsteuer, da der Gewinn (nach Anpassungen) die einkommen- bzw. körperschaftsteuerliche Bemessungsgrundlage bildet.

Lösung Übung 19 I

1.

2.

390

Lösung Übung 19 II

3.

4.

391

Lösung Übung 19 III

5. (a)

5. (b)

392

Die Verknüpfung von Handelsbilanz und Steuerbilanz wird auch als *»one-book-accounting«* bezeichnet, da letztlich nur ein Rechenwerk erstellt wird. In der Literatur wird dieses eine Rechenwerk für handels- und steuerrechtliche Zwecke auch als »Einheitsbilanz« bezeichnet. Der Vorteil liegt auf der Hand: es müssen keine separaten Bücher geführt werden, dies spart Kosten. Allerdings besteht das *»one-book-accounting«* nicht in seiner reinen Form. Nach Übernahme von Bilanz und GuV in das Steuerrecht, finden noch separate steuerliche Wahlrechte und andere Anpassungen statt. Dies ist in *Abb. 35* skizziert.

Der Nachteil bei der Erstellung einer Einheitsbilanz ist die mögliche »Verfälschung« der Handelsbilanz, da die Wahlrechte in der Handelsbilanz schon mit der Maßgabe eines optimalen (i. d. R. möglichst niedrigen) steuerlichen Gewinns ausgeübt werden. Das bedeutet, dass handelsrechtlich nicht der »periodengerechte« Erfolg ausgewiesen wird, sondern ein möglichst niedriger, da bei Übernahme des niedrigen handelsrechtlichen Gewinns ins Steuerrecht eine niedrige Steuerzahlung resultiert.

Durch die Maßgeblichkeit ist es – trotz unterschiedlicher Zielsetzungen im Handelsrecht und Steuerrecht – nicht möglich, konträre Ziele zu verfolgen. Während die Rechnungslegung nach Handelsrecht dem Zweck der Kapitalerhaltung, d. h. Ausschüttungsbemessung, dient, erfolgt die Ermittlung des Steuerbilanzgewinns als Bemessungsgrundlage für die Steuerzahlung lediglich aus Praktikabilitätsgründen. Gesucht wird im Steuerrecht demnach eine »justiziable« Größe auf Basis derer »objektiv« die zu entrichtende Steuerzahlung abgeleitet wird.

In angelsächsischen Ländern ist das sog. »two-book-accounting« vorherrschend, das auch als *»separate accounting«* bezeichnet wird. Der handelsrechtliche Periodenerfolg und der steuerliche Gewinn werden dabei nach getrennten Vorschriften ermittelt. Der Vorteil besteht darin, dass sich die im Handelsrecht getroffenen Wahlrechte nicht auf den steuerlichen Gewinn auswirken. Dieser Vorteil wird durch höhere Kosten erkauft, die durch die Pflege von zwei unabhängigen Rechensystemen anfallen. Der dadurch erreichbare »unverfälschte« handelsrechtliche Ansatz wird jedoch mit der Möglichkeit erkauft, in der Handelsbilanz für Zwecke der Attraktivität für Investoren einen hohen Gewinn auszuweisen, während in der Steuerbilanz durch die Motivlage niedriger Steuerzahlungen ein Verlust berichtet werden kann. Welches der beiden Systeme besser ist, wird in der Literatur kontrovers diskutiert. Eine einheitliche Meinung hierzu besteht bis heute nicht.

Prinzip der Maßgeblichkeit I

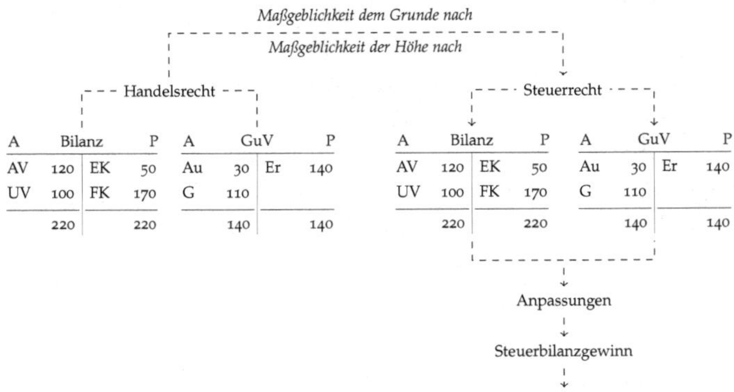

Abb. 35 Prinzip der Maßgeblichkeit

393

Prinzip der Maßgeblichkeit II

- Wer *handelsrechtlich* verpflichtet ist, Bücher zu führen, ist auch für *steuerrechtliche* Zwecke verpflichtet, Bücher zu führen, § 140 AO.

> *Wer nach anderen Gesetzen als den Steuergesetzen Bücher und Aufzeichnungen zu führen hat, die für die Besteuerung von Bedeutung sind, hat die Verpflichtung, die ihm nach den anderen Gesetzen obliegen, auch für die Besteuerung zu erfüllen.*

- Handelsrecht (Handelsbilanz) und Steuerrecht (Steuerbilanz) sind dabei dermaßen verknüpft, dass die Handelsbilanz maßgeblich ist für die Steuerbilanz, § 5 Abs. 1 Satz 1 EStG.

> *(1) [1]Bei Gewerbetreibenden, die auf Grund gesetzlicher Vorschriften verpflichtet sind, Bücher zu führen und regelmäßig Abschlüsse zu machen, oder die ohne eine solche Verpflichtung Bücher zu führen und regelmäßig Abschlüsse machen, ist für den Schluss des Wirtschaftsjahres das Betriebsvermögen anzusetzen (§ 4 Abs. 1 Satz 1), das nach den handelsrechtlichen Grundsätzen ordnungsmäßiger Buchführung auszuweisen ist, es sei denn, im Rahmen der Ausübung eines steuerlichen Wahlrechts wird oder wurde ein anderer Ansatz gewählt.*

394

Grundsätze der Buchführung I

- Mit der Buchführungspflicht sind *weitere Verpflichtungen* verbunden.
- Insbesondere müssen die Bücher bestimmten Anforderungen entsprechen; die Form der Buchführung darf nicht nach »*Gutdünken*« erfolgen.
- Nach § 238 Abs. 1 HGB muss die »*Ordnungsmäßigkeit*« Grundlage für jede kaufmännische Buchführung sein.

> *(1) [1]Jeder Kaufmann ist verpflichtet, Bücher zu führen und in diesen seine Handelsgeschäfte und die Lage seines Vermögens nach den Grundsätzen ordnungsmäßiger Buchführung ersichtlich zu machen. [2]Die Buchführung muss so beschaffen sein, dass sie einem sachverständigen Dritten innerhalb angemessener Zeit einen Überblick über die Geschäftsvorfälle und über die Lage des Unternehmens vermitteln kann. [3]Die Geschäftsvorfälle müssen sich in ihrer Entstehung und Abwicklung verfolgen lassen.*

395

6.4 *Allgemeine Grundlagen der Buchführung und des Jahresabschlusses*

6.4.1 *Grundsätze der Buchführung*

395–396 Exakte Vorgaben zum (grundsätzlichen) Führen von Büchern werden im Handelsrecht nicht gemacht. Auf die Bedeutung und den Inhalt der Grundsätze ordnungsmäßiger Buchführung wird in Abschnitt 6.5.1 ab Seite 302 noch genauer eingegangen. Die Grundsätze, die das Führen von Büchern betreffen, sind in § 239 HGB aufgeführt und beinhalten im Wesentlichen:

- Verwendung einer lebenden Sprache,
- Verwendung eindeutiger Symbole und Abkürzungen,
- keine Löschungen, nur Stornobuchungen,
- Sorgfalt bei der Archivierung der Aufzeichnungen.

6.4.2 *Inventar und Inventur*

397–398 Die ordnungsmäßige Durchführung der Inventur ist Bestandteil der Grundsätze ordnungsmäßiger Buchführung. *Abb. 36* zeigt die Vorgehensweise bei körperlichen (materiellen) und nicht körperlichen (immateriellen) Gegenständen bzw. Schulden.

Die Inventur erfolgt durch *körperliche Bestandsaufnahme* (i. d. R. bei Vorratsvermögen) und *Buchinventur* (i. d. R. bei Anlagevermögen, Forderungen und Schulden). Die *körperliche Bestandsaufnahme* erfolgt durch Inaugenscheinnahme und stellt die mengenmäßige Erfassung aller körperlichen Vermögensgegenstände durch Zählen, Messen, Wiegen und notfalls durch Schätzen mit nachfolgender Bewertung in EUR dar. Sie bedarf sorgfältiger Vorbereitung und Durchführung.

Die *wertmäßige Bestandsaufnahme* (Buchinventur) wird bei den Vermögensgegenständen angewendet, bei denen aufgrund ihrer Natur die körperliche Bestandsaufnahme ausscheidet. Sie ist nicht explizit im HGB geregelt und erstreckt sich vor allem auf alle nicht körperlichen (immateriellen) Vermögensteile und Schulden (z. B. Forderungen, Bankguthaben, Darlehensverbindlichkeiten). Die durch Buchinventur erfasste Vermögensteile und Schulden sind wertmäßig aufgrund der buchhalterischen Aufzeichnungen und Belege (z. B. Kontoauszüge) festzustellen und nachzuweisen. Auf die jährliche körperliche Bestandsaufnahme des *beweglichen Anlagevermögens* kann verzichtet werden, wenn für jeden Anlagegegenstand eine gesonderte Anlagenkartei geführt wird, § 241 Abs. 2 HGB. Im Allgemeinen gilt der *Grundsatz der Einzelbewertung*. Lediglich bei gleichartigen Vermögensgegenständen können unter bestimmten Voraussetzungen *Bewertungsvereinfachungsverfahren* Anwendung finden.

Grundsätze der Buchführung II

- § 239 HGB: Grundlagen zur Führung der Handelsbücher:

(1) [1]Bei der Führung der Handelsbücher und bei den sonst erforderlichen Aufzeichnungen hat sich der Kaufmann einer lebenden Sprache zu bedienen. [2]Werden Abkürzungen, Ziffern, Buchstaben oder Symbole verwendet, muss im Einzelfall deren Bedeutung eindeutig festliegen.

(2) Die Eintragungen in Büchern und die sonst erforderlichen Aufzeichnungen müssen vollständig, richtig, zeitgerecht und geordnet vorgenommen werden.

(3) [1]Eine Eintragung oder eine Aufzeichnung darf nicht in einer Weise verändert werden, dass der ursprüngliche Inhalt nicht mehr feststellbar ist. [2]Auch solche Veränderungen dürfen nicht vorgenommen werden, deren Beschaffenheit es ungewiß läßt, ob sie ursprünglich oder erst später gemacht worden sind.

(4) [1]Die Handelsbücher und die sonst erforderlichen Aufzeichnungen können auch in der geordneten Ablage von Belegen bestehen oder auf Datenträgern geführt werden, soweit diese Formen der Buchführung einschließlich des dabei angewandten Verfahrens den Grundsätzen ordnungsmäßiger Buchführung entsprechen. [2]Bei der Führung der Handelsbücher und der sonst erforderlichen Aufzeichnungen auf Datenträgern muss insbesondere sichergestellt sein, dass die Daten während der Dauer der Aufbewahrungsfrist verfügbar sind und jederzeit innerhalb angemessener Frist lesbar gemacht werden können. [3]Absätze 1 bis 3 gelten sinngemäß. 396

Inventur I

Die Inventur erfolgt durch ...

körperliche Bestandsaufnahme	wertmäßige Bestandsaufnahme
bei	*bei*
materiellen Vermögensgegenständen	immateriellen Vermögensgegenständen
durch	*durch*
Inaugenscheinnahme	Buchinventur
z. B in Form von	*z. B durch Erfassung von*
zählen, messen, wiegen	Kontoauszügen

Abb. 36 Durchführung der Inventur

397

Inventur II

Arten der Inventur

Bilanzstichtags-inventur	Stichproben-inventur	permanente Inventur	Vor- oder nachverlagerte Stichtagsinventur
§ 240 Abs. 1, 2 HGB	§ 241 Abs. 1 HGB	§ 241 Abs. 2 HGB	§ 241 Abs. 3 HGB
ausgeweitete Stichtagsinventur			

Abb. 37 Arten der Inventur

- *Inventurtag* ist der Tag, an dem die Inventur durchgeführt wird (i. d. R. durch körperliche Bestandsaufnahme).
- *Inventarstichtag* ist der Stichtag, für den das Inventar aufgestellt wird.
- *Bilanzstichtag* ist der Stichtag, für den die Bilanz aufgestellt wird (i. d. R. der 31.12. und damit das Ende des Kalenderjahres; Abweichungen sind zulässig). 398

399 Die klassische Form der Inventur stellt die *Bilanzstichtagsinventur* dar.[119] Diese war insbesondere vor der EDV-gestützten Buchhaltung weit verbreitet. Die Inventur findet am oder sehr nahe um den Bilanzstichtag statt. Die noch vor einigen Jahren häufig anzutreffenden Schilder »wegen Inventur geschlossen« charakterisieren das Problem dieser Inventurform. Da die Inventur geballt durchgeführt wird, ruht der Geschäftsbetrieb während der Inventur. Andererseits erspart man sich (aufwendige) Vor- und Rückwärtsrechnungen bzw. eine umfangreiche Dokumentation.

400 Die *Stichprobeninventur* kommt vor allem bei der Vorratsinventur zur Anwendung. Zu beachten ist dabei, dass die Grundgesamtheit homogen und der Stichprobenumfang ausreichend ist.

401–403 Mit der *permanenten Inventur* umgeht man die Ballung der Inventur und Aussetzen des Geschäftsbetriebs an bestimmten Tagen als wesentliche Nachteile der Bilanzstichtagsinventur. Der Vorteil wird jedoch mit umfangreicheren Aufzeichnungspflichten erkauft. Während bei der Bilanzstichtagsinventur lediglich die zugegangene Menge samt Wert und der Bestand lt. Inventur erforderlich ist, muss bei der permanenten Inventur die zugegangene Menge, samt Art und Wert sowie bei jedem einzelnen Abgang, die Art, die Menge und der Wert buchhalterisch erfasst werden. Letztlich dient die Inventur nur noch der Überprüfung der Werte aus der Buchhaltung, da sich faktisch das Inventar jederzeit aus der Buchhaltung ableiten lässt.

[119] *Die nach HGB zulässigen Formen der Inventur sind in Abb. 37 zusammengefasst.*

BEISPIEL

Nachstehend ist die Entwicklung einer Vorratsart aufgeführt. Die Mengeneinheiten (ME) des Abgangs 1 (2) werden zu 3 EUR/ME (4 EUR/ME) veräußert. Die Umsatzsteuer wird vernachlässigt. Bei den Abgängen wird fiktiv angenommen, dass die zuletzt zugegangenen Mengeneinheiten zuerst veräußert werden.[120]

[120] *Diese Fiktion wird auch als last-in first-out (lifo) Methode bezeichnet. Vgl. dazu detailliert Abschnitt 8.5 ab Seite 434.*

	ME	EUR/ME	EUR
+ Anfangsbestand	100	1	100
+ Zugang	20	2	40
./. Abgang 1	10	2	20
./. Abgang 2	20	2 bzw. 1	30
= Endbestand	90	1	90

Nachstehend ist die buchhalterische Abbildung im Fall der Anwendung der Bilanzstichtagsinventur bzw. der permanenten Inventur abgetragen. Die Konten sind dabei in Staffelform dargestellt. Zunächst steht die buchhalterische Erfassung im Fall der Bilanzstichtagsinventur im Vordergrund. Der Wareneinsatz i. H. v. 50 EUR ergibt sich als Saldo nach Ermittlung des Werts des Endbestands laut Inventur.

Bilanzstichtagsinventur

- Die gesetzliche Vorschrift zur Stichtagsinventur ist § 240 HGB.

> *(1) Jeder Kaufmann hat zu Beginn seines Handelsgewerbes seine Grundstücke, seine Forderungen und Schulden, den Betrag seines baren Geldes sowie seine sonstigen Vermögensgegenstände genau zu verzeichnen und dabei den Wert der einzelnen Vermögensgegenstände und Schulden anzugeben.*
>
> *(2) [1]Er hat demnächst für den Schluss eines jeden Geschäftsjahrs ein solches Inventar aufzustellen. [2]Die Dauer des Geschäftsjahres darf zwölf Monate nicht überschreiten. [3]Die Aufstellung des Inventars ist innerhalb der einem ordnungsmäßigen Geschäftsgang entsprechenden Zeit zu bewirken.*

- Die *Bilanzstichtagsinventur* findet am Bilanzstichtag oder innerhalb eines zeitlich eng begrenzten Zeitraumes (i. d. R. weniger als zehn Tage) um den Bilanzstichtag statt (ausgeweitete Stichtagsinventur).
- *Vorteil* – exakte Kontrolle des tatsächlichen Bestandes möglich; keine (oder nur geringfügige) buchmäßige Fortschreibung auf den Bilanzstichtag erforderlich. *Nachteil* – Zusammenballung der Inventurarbeiten um den Bilanzstichtag. 399

Stichprobeninventur

- Teilweise erfolgt zur Vereinfachung lediglich eine *Stichprobeninventur*, d. h. aus einer Grundgesamtheit werden mehrmals jährlich Stichproben entnommen, anhand derer mit Hilfe mathematisch statistischer Verfahren der Bestand zum Stichtag hochgerechnet wird.
- Die Legitimation erfolgt durch § 241 Abs. 1 HGB

> *(1) [1]Bei der Aufstellung des Inventars darf der Bestand der Vermögensgegenstände nach Art, Menge und Wert auch mit Hilfe anerkannter mathematisch-statistischer Methoden auf Grund von Stichproben ermittelt werden. [2]Das Verfahren muss den Grundsätzen ordnungsmäßiger Buchführung entsprechen. [3]Der Aussagewert des auf diese Weise aufgestellten Inventars muss dem Aussagewert eines auf Grund einer körperlichen Bestandsaufnahme aufgestellten Inventars gleichkommen.*

400

Permanente Inventur

- Die *permanente Inventur* erfolgt auf Basis des § 241 Abs. 2 HGB.

> *(2) Bei der Aufstellung des Inventars für den Schluss eines Geschäftsjahrs bedarf es einer körperlichen Bestandsaufnahme der Vermögensgegenstände für diesen Zeitpunkt nicht, soweit durch Anwendung eines den Grundsätzen ordnungsmäßiger Buchführung entsprechenden anderen Verfahrens gesichert ist, dass der Bestand der Vermögensgegenstände nach Art, Menge und Wert auch ohne die körperliche Bestandsaufnahme für diesen Zeitpunkt festgestellt werden kann.*

- Inventurtag und Inventarstichtag fallen (> zehn Tage) auseinander.
- Die körperliche Bestandsaufnahme erfolgt (zu beliebigem Zeitpunkt) einmal im Jahr.
- *Fortschreibung* auf den Inventarstichtag *nach Art, Menge und Wert.*
- *Vorteil* – Inventurarbeiten werden über längeren Zeitraum verteilt.
- *Nachteil* – Bestand zum Inventarstichtag kann nur unter Zuhilfenahme buchmäßiger Aufzeichnungen vorgenommen werden. 401

#	Geschäftsvorfall	ME	EUR/ME	*Warenkonto* Soll	Haben	*Bank* Soll	Haben	*GuV* Soll	Haben
1	Anfangsbestand	100	1	100					
2	Zugang	20	2	40			40		
3	Umsatzerlöse 1	10	3			30			30
4	Umsatzerlöse 2	20	4			80			80
5	Wareneinsatz				50			50	
6	EB/Salden (Inventur)	90			90		70	60	
	Summe			140	140	110	110	110	110

Im Fall der *permanenten Inventur* ergibt sich der Wareneinsatz direkt aus der Buchhaltung und nicht als Restgröße nach Durchführung der Inventur. Da sich der Wareneinsatz aus der Buchhaltung ergibt, kann automatisch – ohne vorherige Durchführung einer Inventur – der Endbestand ermittelt werden.[121] Die Inventur dient lediglich der Überprüfung der Werte aus der Buchhaltung.

[121] *Anders als bei der Bilanzstichtagsinventur, muss bei der permanenten Inventur auch die Art der Vermögensgegenstände erfasst werden.*

#	Geschäftsvorfall	Art	ME	EUR/ME	*Warenkonto* Soll	Haben	*Bank* Soll	Haben	*GuV* Soll	Haben
1	Anfangsbestand	Buch	100	1	100					
2	Zugang	Buch	20	2	40			40		
3	Umsatzerlöse 1		10	3			30			30
4	Abgang 1	Buch	10	2		20			20	
5	Umsatzerlöse 2		20	4			80			80
6	Abgang 2	Buch	20	1,5		30			30	
7	EB/Salden		90			90		70	60	
	Summe				140	140	110	110	110	110

6.5 *Allgemeine Vorschriften zum Jahresabschluss*

404 Die allgemeinen Vorschriften zum Jahresabschluss – nicht zu verwechseln mit den allgemeinen Vorschriften zum Führen von Büchern – sind in den §§ 242 – 245 HGB hinterlegt. *Abb. 38* zeigt, wie sich die allgemeinen Vorschriften zum Jahresabschluss in die speziellen Ansatz- und Bewertungsvorschriften zum Jahresabschluss insgesamt einfügen. Wesentlicher Bestandteil der allgemeinen Vorschriften zur Erstellung des Jahresabschlusses bilden die *Grundsätze ordnungsmäßiger Buchführung*.

Vor- oder nachverlagerte Stichtagsinventur I

- Die *vor- oder nachverlagerte Stichtagsinventur* erfolgt auf Basis von § 241 Abs. 3 Nr. 2 HGB.

> *(3) In dem Inventar für den Schluss eines Geschäftsjahrs brauchen Vermögensgegenstände nicht verzeichnet zu werden, wenn*
>
> ...
>
> *2. auf Grund des besonderen Inventars durch Anwendung eines den Grundsätzen ordnungsmäßiger Buchführung entsprechenden Fortschreibungs- oder Rückrechnungsverfahrens gesichert ist, dass der am Schluss des Geschäftsjahrs vorhandene Bestand der Vermögensgegenstände für diesen Zeitpunkt ordnungsgemäß bewertet werden kann.*

- Bilanzstichtag und Inventarstichtag fallen auseinander, wobei der Inventarstichtag innerhalb der letzten drei Monate vor oder der beiden ersten Monate nach dem Bilanzstichtag liegen muss.

402

Vor- oder nachverlagerte Stichtagsinventur II

- Das auf den Inventarstichtag aufgestellte Inventar wird *»besonderes Inventar«* genannt:

	Bestände lt. »besonderes Inventar«
+/./.	wertmäßige Bestandsveränderungen zwischen Inventarstichtag und Bilanzstichtag
=	Bestände am Bilanzstichtag

- Es ergeben sich *Vor- und Nachteile* wie bei der permanenten Inventur.
- *Zusätzlicher Vorteil* – zwischen Inventarstichtag und Bilanzstichtag ist nur eine wertmäßige Fortschreibung (bzw. Zurückschreibung) notwendig, keine mengenmäßige Fortschreibung.

403

Allgemeine Vorschriften zum Jahresabschluss

Vorschriften zum Jahresabschluss

Allgemeine Vorschriften	Ansatzvorschriften	Allgemeine Bewertungsgrundsätze
§§ 242–245 HGB	§§ 246–251 HGB	§ 252 HGB

Abb. 38 Vorschriften zum Jahresabschluss

Der Jahresabschluss ...

... besteht aus Bilanz und GuV, § 242 Abs. 3 HGB
... ist nach den GoB zu erstellen, § 243 Abs. 1 HGB
... muss klar und übersichtlich sein, § 243 Abs. 2 HGB
... ist in deutscher Sprache und in EUR aufzustellen, § 244 HGB
... muss vom Kaufmann unterzeichnet werden, § 245 HGB

404

6.5.1 *Grundsätze ordnungsmäßiger Buchführung*

405–408 Bei den Grundsätzen ordnungsmäßiger Buchführung handelt es sich um einen unbestimmten Rechtsbegriff. Er taucht zwar an mehreren Stellen des HGB[122] auf, ist aber an keiner Stelle definiert. In der Literatur besteht weitgehend Konsens über die in *Darstellung* 66 skizzierten Methoden zur Entstehung eines »Grundsatzes ordnungsmäßiger Buchführung«.[123] Die Methoden können dabei nicht losgelöst von der Entstehungsgeschichte betrachtet werden. Während die *induktive Methode* von der Fiktion eines »ehrbaren Kaufmanns« ausgeht, wonach ein Grundsatz nach dessen (ehrbaren) Vorgehensweisen entsteht, wird bei der *deduktiven Methode* ein GoB aus den übergeordneten Zwecken der Rechnungslegung abgeleitet. Bei der deduktiven Methode wird die Entstehung von GoB durch Induktion insbesondere deshalb abgelehnt, weil (auch) dem »ehrbaren Kaufmann« Interessenskollision unterstellt wird, d. h. die Fiktion von der »Ehrbarkeit« der Kaufleute als abwegig angenommen wird.

[122] *Zum Beispiel in § 238 Abs. 1 Satz 1 HGB, § 239 Abs. 4 Satz 1 HGB und § 241 Abs. 1 Satz 2 HGB.*

[123] *Eine umfassende Beschreibung der Grundsätze ordnungsmäßiger Buchführung erfolgt in Leffson (1987).*

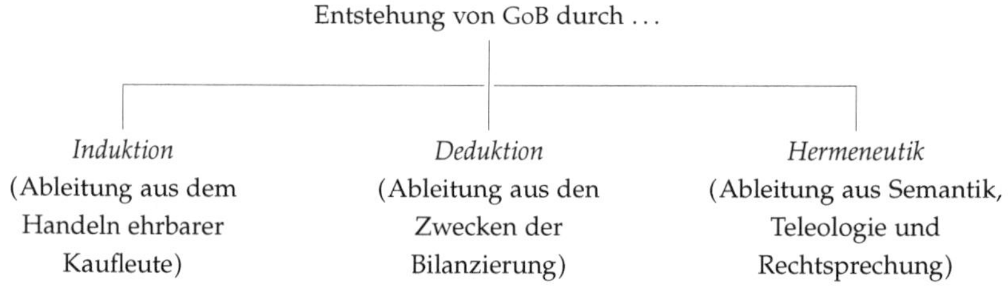

Darstellung 66 Entstehung von GoB

Die *hermeneutische Methode* zur Ableitung von GoB ist eine im Vergleich zur induktiven und deduktiven Methode vielschichtigere Vorgehensweise, die sich in den Rechtswissenschaften durchgesetzt hat. Demnach werden neben der *grammatikalischen Auslegung* nach Wortlaut und Wortsinn der Normen, der *systematischen Auslegung* i. S. d. Stellung im Rechtssystem und des Bedeutungszusammenhangs, der *historischen Auslegung*, die die Entstehungsgeschichte und den Willen des Gesetzgebers berücksichtigt auch die *teleologische Auslegung*, also die Frage nach dem Sinn und Zweck des Gesetzes, berücksichtigt.

Schwierig wird es, die in den allgemeinen Vorschriften des Jahresabschlusses verankerten Grundsätze in Zusammenhang zu bringen. Da die Zwecke der Rechnungslegung nach HGB (Dokumentation, Kapitalerhaltung, Rechenschaft) nebeneinander als gleichberechtigt angesehen werden, existieren zwangsläufig Interdependenzen zwischen den einzelnen Grundsätzen, d. h. es existiert keine klare Hierarchie der Grundsätze ordnungsmäßiger Buchführung.

Grundsätze ordnungsmäßiger Buchführung I

- *Aufgaben* der Grundsätze ordnungsmäßiger Buchführung (GoB):
  - Erfassung und Darstellung des Buchungsstoffes vereinfachen
  - Unternehmenseigner und Gläubiger des Unternehmens vor falschen Informationen und Verlusten schützen
- Die GoB in dieser Form sind ein *unbestimmter Rechtsbegriff* ...

  ... der von Rechtsprechung und Verwaltung jeweils für den *Einzelfall* auszulegen und anzuwenden ist.

  ... der *nur zu Teilen* im Gesetz *kodifiziert* ist, da die GoB dauerndem Wandel und damit ständigen Anpassungsvorgängen unterliegen.

405

Grundsätze ordnungsmäßiger Buchführung II

- Die GoB *ergänzen Rechtsvorschriften*, an denen ein Kaufmann seine Buchhaltung auszurichten hat und bilden einen Wertmaßstab, von dem nur ein geringer Teil auch schriftlich im Gesetzestext fixiert ist und ein großer Teil interpretationsbedürftig ist.
- Die wichtigsten GoB sind in den §§ 238, 239, 243, 246 und 252 HGB kodifiziert.

  Materielle Ordnungsmäßigkeit (»vollständig und richtig«)
  - materiell = inhaltlich,
  - lückenlose und vollständige Aufzeichnung aller Geschäftsvorfälle einer Periode,
  - die Geschäftsvorfälle sind auf den richtigen Konten, in der richtigen Art und Weise zu buchen.

406

Grundsätze ordnungsmäßiger Buchführung III

- *Saldierungsverbot*, d. h. mehrere gleichartige Vorgänge dürfen nicht zu einer Buchung zusammengefasst werden, Soll und Haben auf einem Konto dürfen nicht gegeneinander aufgerechnet werden,
- keine nachträgliche Änderung der Aufzeichnung,
- nicht stattgefundene Geschäftsvorfälle dürfen nicht erfasst werden.

formelle Ordnungsmäßigkeit (»klar und übersichtlich«)
- formell = äußere Form,
- *keine Buchung ohne Beleg* (Belegarten: z. B Rechnung, Quittung, Materialentnahmeschein, Lohnabrechnung),
- zeitnahe Verbuchung,

407

Eine mögliche Systematisierung der GoB liefern *Baetge / Kirsch / Thiele* (2012). Das Ergebnis ist in *Darstellung* 67 festgehalten.

Zwecke der Bilanzierung nach HGB

DOKUMENTATIONSGRUNDSÄTZE

- Systematischer Aufbau der Buchführung
- Vollständigkeit der Konten
- Vollständige und verständliche Aufzeichnung
- Keine Buchung ohne Beleg
- Einhaltung von Fristen

RAHMENGRUNDSÄTZE

- Richtigkeit i. S. v. Willkürfreiheit und Objektivität
- Vergleichbarkeit i. S. v. Stetigkeit bzw. Erläuterung von Unstetigkeiten
- Klarheit und Übersichtlichkeit
- Vollständigkeit

SYSTEMGRUNDSÄTZE

- Fortführung der Unternehmenstätigkeit (going concern)
- Grundsatz der Pagatorik
- Einzelbewertung

ANSATZGRUNDSÄTZE (FÜR DIE BILANZ)

- Aktivierungsgrundsatz: Prinzip der selbständigen Verwertbarkeit
- Passivierungsgrundsatz: Prinzip der Verpflichtung, der wirtschaftlichen Belastung und Quantifizierbarkeit

GRUNDSÄTZE ZUR ERMITTLUNG DES JAHRESERFOLGS

- Realisationsprinzip (AHK-Prinzip)
- Abgrenzung der Sache und der Zeit nach

KAPITALERHALTUNGSGRUNDSÄTZE

- Imparitätsprinzip
- Vorsichtsprinzip

Darstellung 67 System der handelsrechtlichen GoB[124]

[124] *In Anlehnung an Baetge/Kirsch/Thiele (2012), S. 144.*

6.5.2 *Ansatzvorschriften*

409–411 Die Ansatzvorschriften der §§ 246 – 251 HGB beantworten die Frage, ob ein Gegenstand (materiell oder immateriell) zu aktivieren bzw. eine Schuld zu passivieren ist und legt Ansatzpflichten, Ansatzwahlrechte und Ansatzverbote fest.

Grundsätze ordnungsmäßiger Buchführung IV

- so übersichtlich, dass sich ein *sachverständiger Dritter* in angemessener Zeit zurechtfinden kann (systematischer, übersichtlicher Aufbau der Buchführung unter Anwendung eines Kontenplans),
- Buchführung in *lebender Sprache* abgefasst,
- Abkürzungen nur, wenn ihre Bedeutung aus dem Zusammenhang eindeutig hervorgeht,
- keine Löschungen, sondern *Stornobuchungen*,
- Aufbewahrungspflicht für Buchungsunterlagen (z. B Bücher und Bilanzen 10 Jahre, sonstige Unterlagen 6 Jahre), die auf Verlangen z. B den Steuerbehörden zur Verfügung zu stellen sind.

408

Ansatzvorschriften I // Vermögensgegenstände

- Der Jahresabschluss muss *vollständig* sein, § 246 Abs. 1 Sätze 1 bis 3 HGB

  (1) [1] Der Jahresabschluss hat sämtliche Vermögensgegenstände, Schulden, Rechnungsabgrenzungsposten sowie Aufwendungen und Erträge zu enthalten, soweit gesetzlich nichts anderes bestimmt ist. [2] Vermögensgegenstände sind in der Bilanz des Eigentümers aufzunehmen; ist ein Vermögensgegenstand nicht dem Eigentümer, sondern einem anderen wirtschaftlich zuzurechnen, hat dieser ihn in seiner Bilanz auszuweisen. [3] Schulden sind in die Bilanz des Schuldners aufzunehmen …

- *Definition Vermögensgegenstand:* ein Vermögensgegenstand liegt vor, sofern …

  … ein wirtschaftlicher Vorteil (i. S. v. künftigem Nutzen),

  … selbständige Bewertbarkeit (i. S. v. Vorliegen von Aufwand) und

  … selbständige Verkehrsfähigkeit (i. S. v. Einzelveräußerbarkeit oder selbständiger Verwertbarkeit) vorliegt.

409

Ansatzvorschriften II // zivilrechtliches und wirtschaftliches Eigentum

- Nach § 242 Abs. 1 HGB hat der Kaufmann *sein* Vermögen und *seine* Schulden zu bilanzieren.
- Es wird sowohl auf das *zivilrechtliche* als auch auf das *wirtschaftliche* Eigentum abgestellt.
- Fallen zivilrechtliches und wirtschaftliches Eigentum auseinander, muss der wirtschaftliche Eigentümer bilanzieren.
- Merkmale für *wirtschaftliches* Eigentum:
  1. Ausübung der tatsächlichen Herrschaft über ein Wirtschaftsgut in der Weise,
  2. dass der zivilrechtliche Eigentümer
  3. für die Zeit der betriebsgewöhnlichen Nutzungsdauer
  4. von der Einwirkung auf das Wirtschaftsgut wirtschaftlich ausgeschlossen werden kann

410

Die wohl wichtigste Frage ist, was im Allgemeinen bilanziert werden darf. Nach § 242 Abs. 1 Satz 1 HGB muss der Kaufmann *sein* Vermögen und *seine* Schulden ausweisen. Dies wird in § 246 Abs. 1 Satz 1 HGB konkretisiert. Demnach müssen (sämtliche) *Vermögensgegenstände* und *Schulden* ausgewiesen werden. »Harte« Merkmale[125], wann genau ein Vermögensgegenstand vorliegt, liefert das Gesetz nicht. Allerdings wird die Frage geklärt, wer bei Auseinanderfallen von zivilrechtlichem und wirtschaftlichem Eigentum zu bilanzieren hat. Demnach muss der *wirtschaftliche Eigentümer* bilanzieren, wenn wirtschaftliches und zivilrechtliches Eigentum auseinanderfallen. Entspricht der wirtschaftliche Eigentümer dem zivilrechtlichen Eigentümer, ergeben sich keine Zurechnungsprobleme.

[125] *Juristen sprechen hier von »Tatbestandsmerkmalen«.*

Beispiele, bei denen zivilrechtliches und wirtschaftliches Eigentum auseinanderfallen sind neben dem Eigentumsvorbehalt:

KOMMISSIONSGESCHÄFTE

Der Kommissionär ist zivilrechtlicher Eigentümer der Ware gem. § 929 BGB. Da der Kommissionär verpflichtet ist, dem Kommittenten dasjenige herauszugeben, was er aus der Geschäftsbesorgung erlangt hat (§ 384 Abs. 2 HGB), ist der Kommittent als wirtschaftlicher Eigentümer zu qualifizieren und ihm die Ware zuzurechnen, § 246 Abs. 1 Satz 2 2. Halbsatz HGB.

SICHERUNGSÜBEREIGNUNG

Bei Sicherungsübereignung wird (i. d. R.) die Bank durch Einigung und Vereinbarung eines Besitzkonstituts, § 930 BGB, zivilrechtliche Eigentümerin, sodass gem. zivilrechtlichen Eigentumsgrundsätzen der Bank der Vermögengegenstand zuzurechnen ist. Allerdings übt die Bank nicht die tatsächliche Herrschaft über das Wirtschaftsgut aus. Der Schuldner kann den zivilrechtlichen Eigentümer von einer Einwirkung während der betriebsgewöhnlichen Nutzungsdauer des Vermögensgegenstands ausschließen. Der Schuldner als Sicherungsgeber ist somit wirtschaftlicher Eigentümer und hat den Vermögensgegenstand zu bilanzieren, § 246 Abs. 1 Satz 2 2. Halbsatz HGB.

TREUHANDVERHÄLTNISSE

In diesem Fall ist der Treuhänder der zivilrechtliche Eigentümer und der Treugeber der wirtschaftliche Eigentümer, der zu bilanzieren hat.[126]

[126] *Der Treuhänder erwirbt das Eigentum an einem Vermögensgegenstand vom Treugeber. Der Treuhänder verwaltet es im Namen und für Rechnung des Treugebers.*

Das wirtschaftliche Eigentum ist Voraussetzung für die Aufnahme in die Bilanz. Dies ist jedoch nachteilig für den Gläubigerschutz, da im Insolvenzfall das zivilrechtliche Eigentum und nicht das wirtschaftliche Eigentum maßgeblich für die Haftungsmasse ist.

Ansatzvorschriften III // zivilrechtliches und wirtschaftliches Eigentum

Beispiel – Lieferung unter Eigentumsvorbehalt

Der Gläubiger (Verkäufer) ist *zivilrechtlicher* Eigentümer des Vermögensgegenstandes, allerdings nur unter der aufschiebenden Bedingung der vollständigen Kaufpreiszahlung (§ 449 BGB).

Der Schuldner (Käufer) ist jedoch *wirtschaftlicher* Eigentümer, weil er die tatsächliche Herrschaft über den Vermögensgegenstand ausübt und den zivilrechtlichen Eigentümer von einem Einwirken auf den Vermögensgegenstand während der betriebsgewöhnlichen Nutzungsdauer ausschließen kann.

Im Ergebnis bilanziert der wirtschaftliche Eigentümer obwohl ihm der Vermögensgegenstand (zivilrechtlich) noch nicht gehört.

411

Ansatzvorschriften IV // Saldierungsverbot und Inhalt der Bilanz

- Es gilt das *Saldierungsverbot*, § 246 Abs. 2 Satz 1 HGB.

  (2) [1] Posten der Aktivseite dürfen nicht mit Posten der Passivseite, Aufwendungen nicht mit Erträgen, Grundstücksrechte nicht mit Grundstückslasten verrechnet werden ...

- Der *Inhalt der Bilanz* ist in § 247 HGB beschrieben.

  (1) In der Bilanz sind das Anlage- und das Umlaufvermögen, das Eigenkapital, die Schulden sowie die Rechnungsabgrenzungsposten gesondert auszuweisen und hinreichend aufzugliedern.
  (2) Beim Anlagevermögen sind nur Gegenstände auszuweisen, die dazu bestimmt sind, dauernd dem Geschäftsbetrieb zu dienen.

- Wie die in § 247 Abs. 1 HGB grob umschriebene Gliederung der Bilanz im Detail (für Kapitalgesellschaften) auszusehen hat, beschreibt § 266 HGB.

412

Ansatzvorschriften V // Bilanzierungsverbote- und wahlrechte

- *Bilanzierungsverbote und -wahlrechte* gem. § 248 HGB:

  (1) In die Bilanz dürfen nicht als Aktivposten aufgenommen werden:
  1. die Aufwendungen für die Gründung eines Unternehmens,
  2. Aufwendungen für die Beschaffung des Eigenkapitals und
  3. Aufwendungen für den Abschluss von Versicherungsverträgen.
  (2) [1] Selbst geschaffene immaterielle Vermögensgegenstände des Anlagevermögens können als Aktivposten in die Bilanz aufgenommen werden. [2] Nicht aufgenommen werden dürfen selbst geschaffene Marken, Drucktitel, Verlagsrechte, Kundenlisten oder vergleichbarer immaterielle Vermögensgegenstände des Anlagevermögens.

- Selbst geschaffene immaterielle Vermögensgegenstände des Anlagevermögens können z. B Patente oder sonstige Rechte sein.
- Eine selbst geschaffene Marke kann z. B der *originäre Firmenwert* sein (vgl. dazu Folien 447 ff.).

413

412 Das in § 246 Abs. 2 HGB verankerte *Saldierungsverbot* verpflichtet zum »Bruttoausweis« von korrespondierenden Forderungen und Verbindlichkeiten. Zum einen entstehen dadurch mehr Informationen für den Bilanzleser, zum anderen wird verhindert, dass unterschiedliche Risiken miteinander vermengt werden. Wird z. B. ein Schuldner insolvent, gegen den in gleicher Höhe eine Forderung und eine Verbindlichkeit besteht, so wird die Forderung i. d. R. uneinbringlich, während der Insolvenzverwalter des Schuldners dafür Sorge trägt, dass die Verbindlichkeit gegenüber dem Schuldner bezahlt wird.[127]

Eine *Grobgliederung der Bilanz* für alle Kaufleute gibt § 247 Abs. 1 HGB vor. Insbesondere für Kapitalgesellschaften ist mit § 266 HGB ein detaillierteres Gliederungsschema (in Abhängigkeit der Größe der Kapitalgesellschaft) zwingend vorgeschrieben. § 247 Abs. 2 HGB konkretisiert die Zuordnung der Vermögensgegenstände zum Anlagevermögen. Demnach gehören nur Vermögensgegenstände, die dazu bestimmt sind, dauerhaft dem Geschäftsbetrieb zu dienen, dem Anlagevermögen an. Dabei ist unerheblich wie lange der Gegenstand tatsächlich im Betrieb verweilt. Es kommt auf die Absicht an, den Gegenstand langfristig zu nutzen. Wenn z. B. ein Geschäftswagen erworben wird, der nach nur drei Monaten wieder veräußert wird, stellt dieser in den drei Monaten trotzdem Anlagevermögen dar. Die Zuordnung spielt insbesondere bei der Folgebewertung (z. B. bei der Bestimmung der Höhe der Abschreibungen) eine entscheidende Rolle.

Anders als das Anlagevermögen, wird in § 247 HGB nicht weiter bestimmt, welche Vermögensgegenstände dem Umlaufvermögen zuzuordnen sind. Implizit ergibt sich das jedoch als Umkehrschluss aus § 247 Abs. 2 HGB. Demnach sind alle Vermögensgegenstände, die *nicht* dazu bestimmt sind, dem Geschäftsbetrieb dauernd zu dienen, dem Umlaufvermögen zuzurechnen.

413 Derartige *Bilanzierungsverbote und -wahlrechte* sind in § 248 HGB aufgelistet. Bilanzierungsverbote treten dem Anreiz entgegen, Aufwendungen zu aktivieren und dadurch insbesondere in den Gründungsjahren einen höheren Gewinn ausweisen zu können.[128] Zu den Kosten der Gründung zählen etwa Notarkosten oder Aufwendungen für die Eintragung im Handelsregister. Aufwendungen zur Beschaffung von Eigenkapital können z. B. die Bankgebühren bei der Ausgabe neuer Aktien im Fall einer Kapitalerhöhung einer Aktiengesellschaft sein.

414–416 In *Übung 20* sollen die Verstöße gegen allgemeine Ansatzvorschriften anhand konkreter Fälle identifiziert werden.

[127] *Wäre die Forderung mit der Verbindlichkeit saldiert worden, wäre das Risiko der (uneinbringlichen) Forderung nicht ersichtlich gewesen.*

[128] *Allerdings liegt hier meist kein Vermögensgegenstand vor, d. h. die getätigten Aufwendungen führen nicht zu einem einzelveräußerbaren Gegenstand, der im Falle einer Insolvenz verwertbar wäre.*

Übung 20 (Ansatzvorschriften) I

Verstoßen die nachstehend aufgeführten Geschäftsvorfälle gegen *Ansatzvorschriften* zur Erstellung des Jahresabschlusses nach HGB? Begründen Sie Ihre Antwort!

1. Die X-OHG nimmt bei einer berüchtigten Bank ein Darlehen auf und überträgt eine wertvolle Maschine sicherungshalber. Buchhalterisch wird – außer der Erfassung des Darlehens – nichts weiter veranlasst.
   LÖSUNG:

2. Am 25.03.2015 wird der Gesellschaftsvertrag der Gesellschafter der X-GmbH notariell beglaubigt. Die Kosten dafür betragen 1 500 EUR (brutto) und werden von der X-GmbH aktiviert.
   LÖSUNG:

414

Übung 20 (Ansatzvorschriften) II

3. Der bilanzierende Landwirt Hansherrmann Bull-Shit (HBS) züchtet Kälber, die er nach einem Jahr weiterverkauft. Die Kälber bilanziert HBS im Anlagevermögen.
   LÖSUNG:

4. Ein unabhängiger Experte schätzt den Wert des Mandantenstamms der Steuerberatungs-GmbH auf 1,2 Mio EUR woraufhin die GmbH den Mandantenstamm zu diesem Wert aktiviert.
   LÖSUNG:

415

Übung 20 (Ansatzvorschriften) III

5. Die Power-OHG erwirbt eine Lizenz zur Herstellung eines aufputschenden Brausegetränks. Die OHG macht von dem Wahlrecht gem. § 248 Abs. 2 Satz 1 HGB Gebrauch und aktiviert die Aufwendungen für die Anschaffung nicht.
   LÖSUNG:

6. Die Aufwendungen für die Ausgabe neuer Aktien (Eigenkapital) der A-AG belaufen sich auf 500 000 EUR. Die Aufwendungen werden von der A-AG aktiviert.
   LÖSUNG:

416

6.5.3 *Allgemeine Bewertungsgrundsätze*

417–418 Die Vorschriften zur allgemeinen Bewertung sind in § 252 Abs. 1 HGB festgehalten und verhalten sich untereinander gleichrangig. Die Identität der Wertansätze für die Eröffnungs- und Schlussbilanz ist in § 252 Abs. 1 Nr. 1 festgehalten. Nach dem *Grundsatz der formellen Bilanzkontinuität* sind somit keine Änderungen des Bilanzinhalts »über Nacht« zulässig. Zudem wird die korrekte, kontinuierliche Erfolgsermittlung sichergestellt. Aus ökonomischer Sicht ist dies insbesondere für das Kongruenzprinzip, wonach über die Totalperiode die Summe der Zahlungen der Summe der Periodenerfolge übereinstimmen muss, essentiell. Durch die Übernahme der Werte aus der Schlussbilanz in die Anfangsbilanz wird zusätzlich ausgeschlossen, dass der Kaufmann für jedes Jahr eine »neue« Eröffnungsbilanz zu erstellen hat.

Bei der Bewertung ist nach § 252 Abs. 1 Nr. 2 von der *Fiktion der Fortführung der Unternehmenstätigkeit* (going-concern principle) auszugehen. Dies hat zur Folge, dass die Bilanzansätze nicht zu Einzelveräußerungswerten, also Liquidationswerten, anzusetzen sind. Beim Ansatz zu Liquidationswerten fiele der Ansatz des Aktivvermögens aufgrund des (unten beschriebenen) Vorsichtsprinzips höher aus, als ein Bilanzansatz zu den fortgeführten historischen Anschaffungskosten zur Folge hätte. Zum Beispiel besteht der Fortführungswert eines vor Jahren zu 100 000 EUR erworbenen Grundstücks gerade in diesem Wert, während im Fall des Ansatzes zu Liquidationswerten etwaige Wertsteigerungen zu berücksichtigen sind. Liegt der Marktwert bei 120 000 EUR, müsste beim Ansatz zu Liquidationswerten das Grundstück mit 120 000 EUR angesetzt werden.

Der in § 252 Abs. 1 Nr. 3 verankerte *Grundsatz der Einzelbewertung* ergibt sich als Konsequenz des in § 246 Abs. 2 Satz 1 HGB kodifizierten Verrechnungs- bzw. Saldierungsverbots. Dabei ist zum einen zu prüfen, ob ein Vermögensgegenstand selbständig nutzbar ist, oder nur mit anderen Gegenständen zusammen als selbständiger Vermögensgegenstand zu betrachten ist. Zum Beispiel ist die Computermaus oder die Computertastatur nicht selbständig nutzbar. Erst aus der Gesamtheit mit dem Computer zusammen resultiert deren Nutzbarkeit. Zum anderen muss bei strenger Auslegung des Grundsatzes der Einzelbewertung jede Schraube und jede Charge Benzin einzeln bewertet werden. Dies stößt in der Praxis auf erhebliche Probleme, insbesondere beim Vorratsvermögen, da der Aufwand zur einzelnen Erfassung in bestimmten Fällen unverhältnismäßig, oder schlicht unmöglich wäre.[129]

[129] *Im Fall des Benzins könnte bspw. am Bilanzstichtag nicht geklärt werden, aus welchen unzähligen, über das ganze Wirtschaftsjahr verteilten und zu unterschiedlichen Preisen erworbenen Lieferungen sich der Endbestand zusammensetzt.*

Allgemeine Bewertungsvorschriften I

Die allgemeinen Bewertungsgrundsätze ergeben sich aus § 252 HGB.

(1) Bei der Bewertung der im Jahresabschluss ausgewiesenen Vermögensgegenstände und Schulden gilt insbesondere folgendes:

1. Die Wertansätze in der Eröffnungsbilanz des Geschäftsjahrs müssen mit denen der Schlußbilanz des vorhergehenden Geschäftsjahrs übereinstimmen.

2. Bei der Bewertung ist von der Fortführung der Unternehmenstätigkeit auszugehen, sofern dem nicht tatsächliche oder rechtliche Gegebenheiten entgegenstehen.

3. Die Vermögensgegenstände und Schulden sind zum Abschlußstichtag einzeln zu bewerten.

4. Es ist vorsichtig zu bewerten, namentlich sind alle vorhersehbaren Risiken und Verluste, die bis zum Abschlußstichtag entstanden sind, zu berücksichtigen, selbst wenn diese erst zwischen dem Abschlußstichtag und dem Tag der Aufstellung des Jahresabschlusses bekanntgeworden sind; Gewinne sind nur zu berücksichtigen, wenn sie am Abschlußstichtag realisiert sind.

5. Aufwendungen und Erträge des Geschäftsjahrs sind unabhängig von den Zeitpunkten der entsprechenden Zahlungen im Jahresabschluß zu berücksichtigen.

6. Die auf den vorhergehenden Jahresabschluss angewandten Bewertungsmethoden sind beizubehalten.

(2) Von den Grundsätzen des Absatzes 1 darf nur in begründeten Ausnahmefällen abgewichen werden.

417

Allgemeine Bewertungsvorschriften II

- Interpretation des § 252 Abs. 1 HGB ...

Nr. 1 *Bilanzidentität*

Die Ansätze in der Eröffnungsbilanz müssen wert- und »mengenmäßig« mit den Ansätzen der vorangegangenen Schlussbilanz übereinstimmen.

Nr. 2 *»going-concern-principle«*

Dies bedeutet, dass nicht die Liquidationswerte der einzelnen Vermögensgegenstände und Schulden bilanziert werden, sondern die fortgeführten Anschaffungs- oder Herstellungskosten (AHK).

Nr. 3 *Grundsatz der Einzelbewertung*

Vermögensgegenstände und Schulden sind einzeln zu bewerten → Saldierungsverbot und grds. Verbot der Sammelbewertung.

418

Allgemeine Bewertungsvorschriften III

Nr. 4 *»Vorsichtsprinzip«* in der Ausprägung des »Realisationsprinzips« sowie des »Imparitätsprinzips«.

Realisationsprinzip Nicht realisierte Gewinne dürfen nicht ausgewiesen werden (bspw. wird eine Forderung erst bilanziert, wenn »der Kaufmann das seinerseits Erforderliche erbracht hat«; nicht realisierte Kursgewinne dürfen nicht ausgewiesen werden).

Imparitätsprinzip Im Gegensatz zu nicht realisierten Gewinnen sind nicht realisierte Verluste auszuweisen.

Wertaufhellung und Wertbegründung (Wertbeeinflussung)

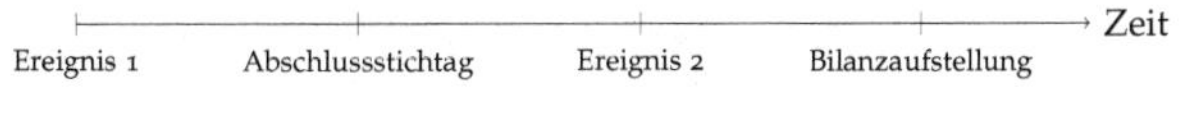

419

Aus diesem Grund lässt der Gesetzgeber in bestimmten Fällen eine Abkehr vom Grundsatz der Einzelbewertung zu.[130]

[130] *Vgl. dazu die Bewertungsvereinfachungsverfahren in Abschnitt 8.5 ab Seite 434.*

419 Das *Vorsichtsprinzip*, wonach letztlich das Aktivvermögen eher zu niedrig und die Schulden eher zu hoch zu bewerten sind, trägt dem Grundgedanken des Gläubigerschutzes Rechnung. Bei tendenziell zu niedrigem Aktivvermögen würde im Insolvenzfall ein die bilanzierten Werte übersteigender Liquidationserlös resultieren. Zusätzlich fällt bei dieser Vorgehensweise der Gewinn niedriger aus, was zu weniger Kapitalabfluss im Fall von Kapitalgesellschaften führt, da die Ausschüttungen dort an den Periodenerfolg gekoppelt sind (sog. Ausschüttungsbemessungsfunktion des Jahresabschlusses nach HGB).[131]

[131] *Zur Auskehrung von Kapital durch Kapitalgesellschaften vgl. auch Abschnitt 12.5 ab Seite 536.*

Als Ausfluss des Vorsichtsprinzips ist das *Imparitätsprinzip* (Prinzip der Ungleichbehandlung) zu verstehen, welches die asymmetrische Behandlung von Gewinnen und Verlusten vorschreibt. Nicht realisierte Gewinne dürfen nicht ausgewiesen werden, während nicht realisierte Verluste bilanziell abzubilden sind. Konkret gilt für Vermögensgegenstände das Niederstwertprinzip, während etwa bei Schulden das Höchstwertprinzip Anwendung findet.

Ebenfalls kann das in § 252 Abs. 1 Nr. 5 2. Halbsatz HGB verankerte *Realisationsprinzip* als Teil des Vorsichtsprinzips verstanden werden, wobei das Realisationsprinzip im Gegensatz zum Imparitätsprinzip auf den Zeitpunkt der Erfolgswirkung abzielt. *Darstellung* 68 skizziert denkbare Realisationszeitpunkte in chronologischer Reihenfolge.

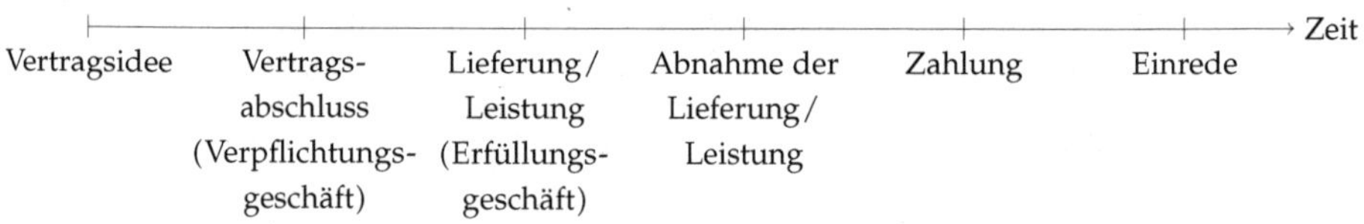

Darstellung 68 Denkbare Realisationszeitpunkte

Der Zeitpunkt der Erfolgswirkung bei *Veräußerungsgeschäften* liegt nicht bei der Vertragsunterzeichnung (Verpflichtungsgeschäft), sondern beim Erfüllungsgeschäft, d. h. wenn die Ware geliefert wurde. Bei *Dienstverträgen*, bei denen die Dienstleistung geschuldet wird, ist der Gewinn realisiert, wenn der Hauptteil der Leistung erbracht wurde. Zum Beispiel stellt der Mandatsvertrag mit einem Rechtsanwalt (etwa bei Gewährleistungsstreitigkeiten) einen Dienstvertrag dar.

Allgemeine Bewertungsvorschriften IV

Wertaufhellung

»Wertaufhellende« Informationen sind Informationen nach dem Abschlussstichtag über Ereignisse, die vor dem Bilanzstichtag eingetreten sind und die zum Bilanzstichtag eindeutig hätten bekannt sein können. Diese »wertaufhellenden« Informationen *müssen* am Abschlussstichtag *berücksichtigt werden.*

Beispiel

Informationen im Februar über den Konkurs eines Schuldners Anfang Dezember des Vorjahres (Ereignis 1).

Hier findet eine Berücksichtigung im Jahresabschluss des Vorjahres statt, da der Sachverhalt vor dem Bilanzstichtag am 31.12. bekannt sein hätte können.

420

Allgemeine Bewertungsvorschriften V

Wertbegründung (Wertbeeinflussung)

»Wertbegründende« (wertbeeinflussende) Informationen sind Informationen über Ereignisse, die nach dem Bilanzstichtag eingetreten sind. Diese Informationen *dürfen* bei der Erstellung des Jahresabschlusses *nicht berücksichtigt werden.*

Beispiel

Information im Februar über den Konkurs eines Schuldners im Januar (Ereignis 2). Die Bilanzaufstellung findet erst im März statt.

Hier findet keine Berücksichtigung zum 31.12. des Vorjahres statt, da der Sachverhalt nicht vor dem Bilanzstichtag am 31.12. bekannt sein hätte können.

421

Allgemeine Bewertungsvorschriften VI

Nr. 5 *Periodenabgrenzung* (vgl. dazu Abschnitt 10 ab Folie 647)

Nr. 6 *Bewertungskontinuität (Stetigkeitsprinzip)*

Die im vorhergehenden Jahresabschluss angewandten Bewertungsmethoden sind beizubehalten.

422

Bei *Werkverträgen* wird, anders als bei Dienstverträgen, nicht die Dienstleistung, sondern ein konkretes »Werk« geschuldet, das vom Auftraggeber abgenommen werden muss. Der Gewinn wird demnach dann realisiert, wenn das Werk abgenommen wurde. Zum Beispiel stellen die Verträge, die die Erstellung von Gebäuden oder die Erstellung des Jahresabschlusses zum Inhalt haben, Werkverträge dar.

420–422 Das Vorsichtsprinzip findet auch Anwendung auf Sachverhalte, die vor dem Bilanzstichtag realisiert wurden, von denen aber erst nach dem Bilanzstichtag (bis zur Aufstellung des Jahresabschlusses) Kenntnis genommen wurde (Wertaufhellung). Demgegenüber finden Sachverhalte, die zwischen Abschlussstichtag und Erstellung des Jahresabschlusses auftreten, keine Berücksichtigung (Wertbegründung). Wertbegründende Ereignisse finden in dem wertbegründenen Ereignis folgenden Abschlussstichtag Berücksichtigung.

Das Prinzip der *Periodenabgrenzung* ist in § 252 Abs. 1 Nr. 5 HGB verankert und gliedert sich nach der Abgrenzung der Sache bzw. der Zeit nach. Die *Abgrenzung der Sache* nach basiert auf dem Grundsatz, dass die Aufwendungen mit den zugehörigen Erträgen (in derselben Periode) verrechnet werden.[132] Wenn in Periode 0 Vorräte erworben werden, die in Periode 1 veräußert werden, dann sind den Erlösen in Periode 1 auch die für die veräußerten Vorräte getätigten Aufwendungen aus Periode 0 entgegenzustellen.

[132] *Aufwendungen, die nicht einzelnen Erträgen zugerechnet werden können, werden nach dem Grundsatz der zeitlichen Abgrenzung verrechnet.*

Bei der *Abgrenzung der Zeit* nach wird verhindert, dass durch vorgelagerte oder nachgelagerte Zahlung der Periodenerfolg beeinflusst werden kann. Wenn z. B. die Miete im Dezember für ein Jahr im Voraus bezahlt wird, dann darf nur der Teil der Auszahlung im laufenden Jahr auch aufwandswirksam werden, der auf den Dezember entfällt. Diese Form der Abgrenzung wird als Rechnungsabgrenzung bezeichnet und in Abschnitt 10.1 ab Seite 476 detailliert erläutert.

Abschließend ist das *Prinzip der Stetigkeit* in § 252 Abs. 1 Nr. 6 HGB verankert. Demnach sind die auf den vorhergehenden Jahresabschluss angewandten Bewertungsmethoden beizubehalten. Die Bewertungsstetigkeit soll einen besseren Vergleich aufeinander folgender Jahresabschlüsse liefern und zugleich der Willkür, die Bewertungs- und Ansatzmethoden nach Gutdünken bzw. Interessenslage anzupassen, entgegentreten.

Übung 21 (Bewertungsvorschriften) I

Gegen welches Prinzip der allgemeinen *Bewertungsvorschriften* zur Erstellung des Jahresabschlusses nach HGB wird in den nachstehend aufgeführten Fällen verstoßen? Der Bilanzstichtag ist der 31.12.2015.

1. Am Bilanzstichtag wechselt der e. Kfm. Alois Un-Stetig sein Bewertungsvereinfachungsverfahren für seine Vorräte, da dann ein höherer Gewinn in 2015 resultiert.
   LÖSUNG:

2. Der Toni Tutnix e. Kfm. (T) erwarb vor zwei Jahren Aktien im Wert von 100 EUR, die am Bilanzstichtag zu 120 EUR an der Börse gehandelt werden. T bilanziert die Aktien am Bilanzstichtag zu 120 EUR.
   LÖSUNG:

423

Übung 21 (Bewertungsvorschriften) II

3. Die A-GmbH hat gegenüber der B-GmbH Forderungen i. H. v. insgesamt 2 000 EUR. Die B-GmbH hat gegenüber der A-GmbH Forderungen i. H. v. insgesamt 1 300 EUR. Am Bilanzstichtag weist die A-GmbH die Forderung gegenüber der B-GmbH mit 700 EUR aus.
   LÖSUNG:

4. Die X-GmbH unterzeichnet am 05.03.2015 einen Kaufvertrag, in dem sie sich verpflichtet, in zwei Monaten 20 Tonnen Kies zu liefern. Die GmbH verbucht am selben Tag noch eine Forderung.
   LÖSUNG:

424

Übung 21 (Bewertungsvorschriften) III

5. Die Leistnix-AG nahm am 01.10.2015 einen Kredit über 10 000 EUR zu 5% Zinsen p. a. und einer Laufzeit von 5 Jahren auf. Zins und Tilgung sind jährlich zum 30.09. fällig. Der Kredit wurde zu 100% ausbezahlt. Am Bilanzstichtag finden keine weiteren Buchungen statt.
   LÖSUNG:

6. Die »Wohlsortiertebuchstaben GmbH« erwirbt im März 2015 Bücher für 20 EUR/Stück (netto). Aufgrund einer neuen Auflage können die Bücher nur noch für 18 EUR/Stück (netto) verkauft werden. Am Bilanzstichtag werden die Bücher zu 20 EUR/Stück ausgewiesen.
   LÖSUNG:

425

423 In *Übung 21* soll anhand konkreter Beispiele identifiziert werden, gegen welche allgemeinen Bewertungsprinzipien des § 252 HGB verstoßen wird. Da sich die Prinzipien gegenseitig nicht eindeutig ausschließen, kann gleichzeitig auch ein Verstoß gegen mehr als ein Prinzip vorliegen.

Zu 1.: Der (willkürliche) Wechsel von Bewertungs- und Ansatzmethoden verstößt gegen das Prinzip der Stetigkeit gem. § 252 Abs. 1 Nr. 5 HGB. Nach § 252 Abs. 2 HGB kann zwar grundsätzlich ein Wechsel der Bewertungsmethoden stattfinden. Allerdings müssen dafür gewichtige Gründe, wie etwa Änderungen im Produktionsablauf, vorliegen. Zudem muss klar sein, dass die neue Bewertungsmethode langfristig zum Einsatz kommt.

Zu 2.: Durch den Ansatz mit 120 EUR würde es zu einem Gewinnausweis i. H. v. 20 EUR kommen, der jedoch noch nicht realisiert ist (die Aktien wurden noch nicht veräußert). Der Ausweis nicht realisierter Gewinne verstößt gegen das Vorsichts- bzw. Realisationsprinzip gem. § 252 Abs. 1 Nr. 4 HGB.

424 Zu 3.: Das Zusammenfassen (Saldieren) von Forderungen und Verbindlichkeiten verstößt gegen das Prinzip der Einzelbewertung gem. § 252 Abs. 1 Nr. 3 HGB bzw. gegen das Saldierungsverbot des § 246 Abs. 2 Satz 1 HGB. Würden alle Schulden mit Aktivvermögen saldiert werden, würde auf der Passivseite nur noch das Eigenkapital ausgewiesen werden.

Zu 4.: Bei Kaufverträgen gilt der Gewinn dann als realisiert, wenn das Erfüllungsgeschäft erfolgt ist, d. h. zum Zeitpunkt der Lieferung oder der Bezahlung. Die Aktivierung der Forderung zum Zeitpunkt des Verpflichtungsgeschäfts verstößt deshalb gegen das Realisationsprinzip gem. § 252 Abs. 1 Nr. 4 HGB. Nicht realisierte Gewinne dürfen nicht ausgewiesen werden.

425 Zu 5.: Da die Sollzinsen teilweise auf das Jahr 2015 entfallen, müssen sie im Rahmen einer transitorischen (passiven) Rechnungsabgrenzung[133] im Jahresabschluss als sonstige Verbindlichkeit ausgewiesen werden. Das Unterlassen der Passivierung verstößt gegen das Prinzip der Periodenabgrenzung gem. § 252 Abs. 1 Nr. 5 HGB.

[133] *Zur transitorischen Rechnungsabgrenzung vgl. Abschnitt 10.1.1 (»Abgrenzung der Zeit nach«) ab Seite 476.*

Zu 6.: Nach dem Imparitätsprinzip müssen nicht realisierte Verluste berücksichtigt werden, § 252 Abs. 1 Nr. 4 HGB. Die Bücher müssen deshalb mit dem niedrigeren Wert angesetzt werden.

Übung 21 (Bewertungsvorschriften) IV

7. Am 25.01.2016, noch vor der Bilanzaufstellung, sank der Container-Frachter »Natalia« der Cargo-GmbH. In ihrer Bilanz zum 31.12.2015 schreibt die Cargo-GmbH das Schiff voll ab.

   LÖSUNG:

8. Die Bau-KG erwirbt in 2015 eine Lagerhalle und unterlässt die planmäßige Abschreibung in 2015.

   LÖSUNG:

426

Übung 21 (Bewertungsvorschriften) V

9. Die π-Rat OHG, entwickelte in 2015 ein neues Produkt. Im Januar 2016, noch vor der Bilanzaufstellung, wird klar, dass bei der Produktentwicklung ein Patentrecht verletzt wurde. Es werden ernsthafte Ansprüche des Rechteinhabers angemeldet. Der Schaden beträgt voraussichtlich 100 000 EUR. Die OHG veranlasst diesbezüglich keine weiteren Anpassungen der Bilanz zum 31.12.2015.

   LÖSUNG:

427

426 Zu 7.: Da der Frachter in 2016 sinkt, handelt es sich um ein wertbegründendes Ereignis, welches im Jahresabschluss zum 31.12.2015 nicht zu berücksichtigen ist, § 252 Abs. 1 Nr. 4 HGB. Die Abschreibung ist demnach nicht zulässig.

Zu 8.: Das Unterlassen der planmäßigen Abschreibung verstößt gegen den Grundsatz der Annahme der Fortführung des Unternehmens, § 252 Abs. 1 Nr. 2 HGB. Der Plan wird bei Erwerb unter der Maßgabe der langfristigen Nutzung erstellt.

427 Zu 9.: Das Ereignis der Patentverletzung erfolgte in 2015. Es wurde in 2016 noch vor Aufstellung des Jahresabschlusses zur Kenntnis genommen. Daher handelt es sich um ein werterhellendes Ereignis, das im Jahresabschluss zum 31.12.2015 zu berücksichtigen ist, § 252 Abs. 1 Nr. 4 HGB.

Luftnummer

6.6 *Kontrollfragen*

1. Welche internationalen Rechnungslegungsstandards existieren? Nennen Sie Gründe zur Entstehung dieser Normen.
2. Warum stellt der Gewinn eine »philosophische Größe« dar?
3. Wer ist nach handelsrechtlichen Vorschriften verpflichtet, Bücher zu führen?
4. Was besagt das Maßgeblichkeitsprinzip? Welche Vor- und Nachteile bestehen dabei im Gegensatz zum »separate accounting«?
5. Erläutern Sie die wichtigsten Grundsätze ordnungsmäßiger Buchführung! Welchem Zweck dienen diese?
6. Erläutern Sie die Vor- und Nachteile der Bilanzstichtagsinventur und der permanenten Inventur!
7. Was versteht man unter zivilrechtlichem und wirtschaftlichem Eigentum? Nennen Sie Beispiele, bei denen zivilrechtliches und wirtschaftliches Eigentum auseinanderfallen. Wer muss jeweils bilanzieren? Welche Probleme treten dabei auf?
8. Erläutern Sie den Grundsatz der Einzelbewertung allgemein und anhand von Beispielen!
9. Was besagt das Vorsichtsprinzip und welche weiteren Prinzipien lassen sich daraus ableiten?
10. Wie lässt sich das Imparitätsprinzip aus der Sicht einzelner Bilanzadressaten rechtfertigen? Unterscheiden Sie zwischen Gläubigern und Eignern!
11. Erläutern Sie das »going-concern-principle«. Welche Auswirkungen auf die Bilanzansätze hätte die Annahme der Nichtfortführung der Unternehmung?
12. Erläutern Sie, inwiefern die Nettomethode bei der Verbuchung von Skonti der »richtigen« Periodenabgrenzung eher entspricht als die Bruttomethode!
13. Welche Realisationszeitpunkte für die Gewinnrealisierung wären denkbar? Wägen Sie diese im Hinblick auf die Kriterien
    (a) Sicherheit / Vorsicht,
    (b) Informationsgehalt und
    (c) Manipulationsfähigkeit gegeneinander ab!
14. Erläutern Sie die Bedeutung »wertaufhellender« und »wertbeeinflussender« Informationen für den Jahresabschluss anhand von jeweils zwei Beispielen!
15. Erläutern Sie das Realisationsprinzip konkret am Beispiel von Forderungen!
16. Worin unterscheiden sich werterhellende und wertbegründende Informationen?

LERNEINHEIT 9

Bilanzierung des Anlagevermögens nach HGB – Teil I

428–430 Mit der Bilanzierung des Anlagevermögens erfolgt in Lerneinheit 9 der Einstieg in die detaillierten Regelungen zum Ausweis von Vermögen und Schulden nach deutschem Handelsrecht. Neben der Erstbewertung von Anlagevermögen im Allgemeinen, liegt der Schwerpunkt dieser Lerneinheit in der Ermittlung des Geschäfts- oder Firmenwerts und in der Anwendung planmäßiger Abschreibungsmethoden. Nach dieser Lerneinheit sind Sie in der Lage, die verschiedenen Arten planmäßiger Abschreibung hinsichtlich ihrer Zulässigkeit im Handelsrecht und Steuerrecht zu beurteilen sowie die konkreten Abschreibungsbeträge zu berechnen.

7 *Anlagevermögen*

ShortCode
App # 1070

431 Nachdem Sie in Kapitel die allgemeinen Ansatz- und Bewertungsvorschriften kennen gelernt haben, widmen wir uns nun den speziellen Vorschriften einzelner Bilanzpositionen.[134]

Unter *immateriellen Vermögensgegenständen* werden selbst geschaffene bzw. entgeltlich erworbene Rechte, der Geschäfts- oder Firmenwert sowie geleistete Anzahlungen zusammengefasst. Die Kategorisierung von Rechten als immaterielle Einzelwerte ist in *Darstellung* 69 abgebildet.

[134] *Abb. 39 zeigt eine vereinfachte Gliederung der Bilanz nach § 266 Abs. 2 HGB. Die Gliederung ist nur für Kapitalgesellschaften verbindlich. Aus didaktischen Gründen orientiert sich die vorliegende Lektüre an dieser Gliederung.*

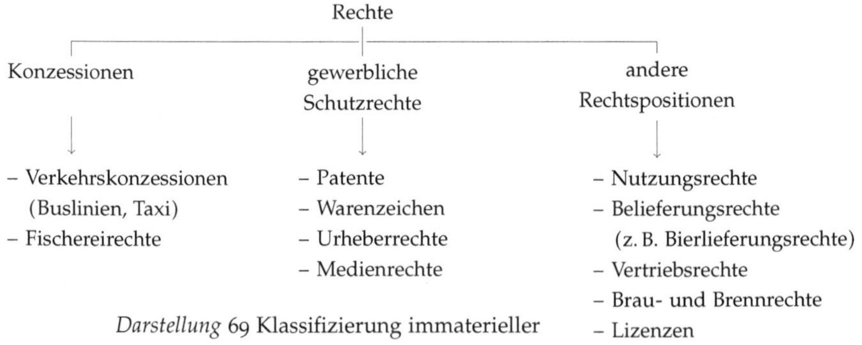

Darstellung 69 Klassifizierung immaterieller Einzelwerte[135]

Unter die Position *Sachanlagen* fallen im Wesentlichen Grundstücke, Gebäude, technische Anlagen, Maschinen sowie die Betriebs- und Geschäftsausstattung. Die Position *Finanzanlagen* besteht im Wesentlichen aus Beteiligungen, Wertpapieren und langfristigen Kapitalüberlassungen.

[135] *In Anlehnung an Sigloch (2011), S. 268.*

Wo stehen wir?

428

Literatur und Lernziele I

1. *Literatur*

Döring, Ulrich / Buchholz, Rainer (2015): *Buchhaltung und Jahresabschluss*, 14. Auflage, Erich Schmidt, Berlin, 101–109.

Eisele, Wolfgang / Knobloch, Alois Paul (2011): *Technik des betrieblichen Rechnungswesens*, 8. Auflage, Vahlen, München, 428–450.

Friedl, Gunther / Hofmann, Christian / Pedell, Burkhard (2014): *Kostenrechnung, eine entscheidungsorientierte Einführung*, 46–202 Vahlen, München, 173–181.

Wöhe, Günter / Kußmaul, Heinz (2015): *Grundzüge der Buchführung und Bilanztechnik*, 9. Auflage, Vahlen, München, 245–249.

429

Literatur und Lernziele II

2. *Lernziele*

Nach dieser Lerneinheit ...

- können Sie beurteilen, welche Vermögensgegenstände dem Anlagevermögen zuzurechnen sind,
- können Sie die Anschaffungskosten der Vermögensgegenstände des Anlagevermögens ermitteln,
- wissen Sie, was unter stillen Reserven zu verstehen ist,
- können Sie den Geschäfts- oder Firmenwert ermitteln,
- kennen Sie die Arten und Methoden der planmäßiger Abschreibung,
- sind Sie in der Lage, die planmäßigen Abschreibungen konkret zu berechnen.

430

7.1 *Begriff und Umfang*

432–433 Die Legaldefinition für Anlagevermögen ist in § 247 Abs. 2 HGB kodifiziert. Demnach gehören Vermögensgegenstände, die dazu *bestimmt* sind, langfristig dem Unternehmen zu dienen, zum Anlagevermögen. Für die Zuordnung zum Anlagevermögen ist demnach die Bestimmung des Vermögensgegenstandes maßgeblich.[136] Wenn ein Vermögensgegenstand mit der Absicht erworben wird, diesen langfristig zu nutzen, ist dieser – auch wenn er unerwartet nach kurzer Zeit wieder veräußert wird – dem Anlagevermögen zuzuordnen.

[136] *Die Nutzung soll sich dabei auf einen Zeitraum von mehr als ein Jahr erstrecken. Unerheblich ist, ob der Vermögensgegenstand unerwartet früher aus dem Unternehmen ausscheidet.*

Aufgrund des Tatbestandsmerkmals der Langfristigkeit liegt es nicht in der Natur des einzelnen Vermögensgegenstands, ob er dem Anlagevermögen oder etwa dem Umlaufvermögen zugeordnet wird.[137] So stellt z. B. der Geschäftswagen eines Kfz-Händlers Anlagevermögen dar, während die zum Verkauf bestimmten Fahrzeuge dem Umlaufvermögen zuzuordnen sind. Immobilien gehören i. d. R. zum Anlagevermögen. Im Fall eines Grundstücksmaklers stellen sie allerdings Umlaufvermögen dar, wenn sie zur Weiterveräußerung erworben werden.

[137] *Maßgeblich ist die Verwendungsabsicht des »Unternehmens«, d. h. für welchen Zweck der Vermögensgegenstand verwendet wird.*

Eine im Detail gegliederte Vorstellung, was genau unter Anlagevermögen zu verstehen ist, liefert der Gesetzgeber in § 266 Abs. 2 HGB. Eine Klassifizierung von Anlagevermögen samt Beispielen liefert *Darstellung* 70.

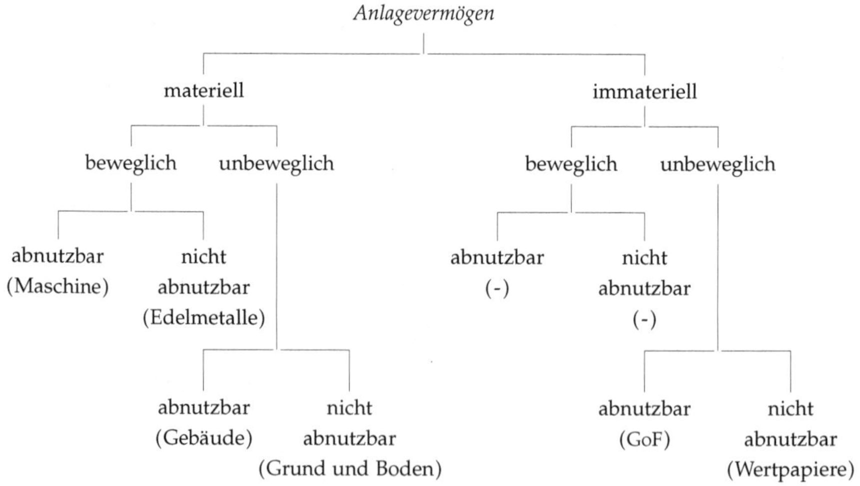

Darstellung 70 Klassifizierung von Anlagevermögen

Anlagevermögen

Aktiva	Gliederung der Bilanz gem. § 266 HGB	Passiva
A. Anlagevermögen		A. Eigenkapital
I. Immaterielle Vermögensgegenstände		*I. Gezeichnetes Kapital*
II. Sachanlagen		*II. Kapitalrücklage*
III. Finanzanlagen		*III. Gewinnrücklage*
B. Umlaufvermögen		*IV. Gewinnvortrag/Verlustvortrag*
I. Vorräte		*V. Jahresüberschuss/Jahresfehlbetrag*
II. Forderungen, sonstige VG		B. Rückstellungen
III. Wertpapiere		C. Verbindlichkeiten
IV. Kasse, Bank		D. Rechnungsabgrenzungsposten
C. Rechnungsabgrenzungsposten		E. Passive latente Steuern
D. Aktive latente Steuern		
Bilanzsumme		Bilanzsumme

Abb. 39 Gliederung der Bilanz nach § 266 Abs. 2 HGB.

431

Begriff und Umfang I

- Zum *Anlagevermögen* gehören Vermögensgegenstände, die dazu bestimmt sind, dem Unternehmen *langfristig* zu dienen, § 247 Abs. 2 HGB.
- Kriterien, nach denen Vermögensgegenstände des Anlagevermögens unterschieden werden können:

  ... materiell (z. B Maschinen),

  ... immateriell (z. B Rechte, Patente),

  ... beweglich (z. B Kfz),

  ... unbeweglich (z. B Grundstücke, Gebäude, Wertpapiere[15]),

  ... abnutzbar (z. B Gebäude) und

  ... nicht abnutzbar (z. B Grundstücke, Wertpapiere[15]).

[15] jeweils Wertpapiere des Anlagevermögens

432

Begriff und Umfang II

- *Grobgliederung* des Anlagevermögens nach § 266 Abs. 2 HGB

  I. Immaterielle Vermögensgegenstände

  z. B Rechte, Patente, Lizenzen, Geschäfts- oder Firmenwert, geleistete Anzahlungen

  II. Sachanlagen

  z. B Grundstücke, Gebäude, Maschinen, technische Anlagen, geleistete Anzahlungen und Anlagen im Bau

  III. Finanzanlagen

  z. B Anteile an verbundenen Unternehmen, Beteiligungen, Wertpapiere des Anlagevermögens

433

Die Klassifizierung des Vermögens ist insbesondere für steuerrechtliche Zwecke relevant. So ist z. B. die anzuwendende Abschreibungsart von der Klassifikation eines Vermögensgegenstands des Anlagevermögens (beweglich, unbeweglich etc.) abhängig. [138]

[138] *So ist z. B. im Steuerrecht die leistungsabhängige Abschreibung auf bewegliche Wirtschaftsgüter des Anlagevermögens beschränkt (§ 7 Abs. 1 Satz 6 EStG).*

7.2 *Erstbewertung*

434 Sofern »das Unternehmen« das zivilrechtliche (juristische) und wirtschaftliche Eigentum erlangt oder ausschließlich das wirtschaftliche Eigentum erlangt, muss der Vermögensgegenstand des Anlagevermögens bilanziell erfasst werden. Die Erst- oder Zugangsbewertung erfolgt entweder zu Anschaffungskosten oder zu Herstellungskosten.

435 Bei der Bewertung gilt für das deutsche Handelsrecht der Grundsatz der Pagatorik (Grundsatz der Zahlungsverrechnung), d. h., dass nur »Kosten« aktiviert werden dürfen, die entweder in der Vergangenheit oder in der Zukunft zahlungswirksam sind. Die klassischen, aus der Kostenrechnung bekannten, kalkulatorischen Kosten (Opportunitätskosten), wie etwa der kalkulatorische Unternehmerlohn, kalkulatorische Zinsen oder kalkulatorische Mieten dürfen keinen Eingang in die Handelsbilanz finden. Die Anschaffungs- oder Herstellungskosten (historische Kosten) bilden gleichzeitig die absolute Bewertungsobergrenze für die zukünftige Behandlung.

436 Die schematische Ermittlung von Anschaffungskosten ist in nachstehender Tabelle dargestellt. Die Kosten müssen dabei jeweils einzeln zurechenbar sein.

	Anschaffungspreis
+	Anschaffungsnebenkosten
+	nachträgliche Anschaffungskosten
./.	Anschaffungspreisminderungen
=	Anschaffungskosten

437–438 Die Umsatzsteuer (Vorsteuer) gehört dann nicht zu den Anschaffungskosten, wenn das Unternehmen zum Vorsteuerabzug berechtigt ist. Dies ist z. B. bei Banken dann nicht der Fall, wenn die Anschaffungen im Zusammenhang mit umsatzsteuerbefreiten Umsätzen ohne Vorsteuerabzug – wie z. B. bei Kreditgeschäften – stehen. Wird für die Kreditabteilung eine neue Büro- und Geschäftsausstattung angeschafft, ist die Vorsteuer auf die Ausstattung nicht abzugsfähig. Folglich gehört sie zu den Anschaffungskosten.

Erstbewertung I

- Anlagevermögen muss zu
  ... Anschaffungskosten (§ 255 Abs. 1 HGB) *oder*
  ... Herstellungskosten (§ 255 Abs. 2, 2a HGB; vgl. Folien 530 ff.)
  aktiviert werden (Erstbewertung).
- Der *Anschaffungsvorgang* stellt (außer beim Zielkauf) eine erfolgsneutrale *Vermögensumschichtung* dar (es sind lediglich Bestandskonten betroffen)
- *Beispiel:*

Anlagevermögen
Vorsteuer
an Zahlungsmittelkonto/Verbindlichkeiten

434

Erstbewertung II

- Es gilt der *Grundsatz der Pagatorik* (Grundsatz der Zahlungsverrechnung), es dürfen nur aufwandsgleiche Kosten aktiviert werden, keine Zusatzkosten wie z. B kalkulatorische Wagnisse für den Transport oder kalkulatorischer Unternehmerlohn.
- Die Anschaffungs- bzw. Herstellungskosten stellen die absolute Bewertungsobergrenze dar (*Anschaffungswertprinzip/Anschaffungskostenprinzip*), § 253 Abs. 1 Satz 1 HGB.

  (1) [1] Vermögensgegenstände sind höchstens mit den Anschaffungs- oder Herstellungskosten, vermindert um die Abschreibungen nach den Absätzen 3 bis 5, anzusetzen ...

- § 255 Abs. 1 HGB besagt:

  (1) [1] Anschaffungskosten sind die Aufwendungen, die geleistet werden, um einen Vermögensgegenstand zu erwerben und ihn in einen betriebsbereiten Zustand zu versetzen, soweit sie dem Vermögensgegenstand einzeln zugeordnet werden können. [2] Zu den Anschaffungskosten gehören auch die Nebenkosten sowie die nachträglichen Anschaffungskosten. [3] Anschaffungspreisminderungen sind abzusetzen.

435

Erstbewertung III

- Zu den *Anschaffungskosten* gehören demnach
  ... *Anschaffungspreis,*
  ... *Anschaffungsnebenkosten* (z. B Montage, Fracht- und Transportkosten, Versicherungskosten, Zölle, Grunderwerbsteuer, Maklergebühren, Gutachtergebühren, Notariats- und Grundbuchgebühren, Bankprovisionen),
  ... *nachträgliche Anschaffungskosten* (Erschließungs- und Anliegerbeiträge bei Erwerb von Grundstücken) und
  ... *Anschaffungspreisminderungen* (Boni, Skonti, Rabatte; vgl. Abschnitt 4.2.9 Folien 244 ff.).
- Es gehören ausschließlich Einzelkosten (direkt zurechenbare Kosten) zu den Anschaffungskosten, keine Gemeinkosten.

436

Da die Anschaffung und die Finanzierung als wirtschaftlich getrennte Vorgänge betrachtet werden, gehören Finanzierungskosten nicht zu den Anschaffungskosten. Dies ist insbesondere für Finanzierungen in fremder Währung von Bedeutung, da im Ergebnis Währungsschwankungen die Anschaffungskosten nicht beeinflussen.[139]

[139] *Dazu mehr in Abschnitt 8.4.4 ab Seite 428.*

Bei *selbsterstellten Vermögensgegenständen des Anlagevermögens* muss differenziert werden zwischen materiellen und immateriellen Vermögensgegenständen. Während für selbsterstellte *materielle* Vermögensgegenstände Aktivierungspflicht besteht, liegt bei selbsterstellten *immateriellen* Vermögensgegenständen ein Aktivierungswahlrecht vor. *Darstellung* 71 fasst die Behandlung zusammen.

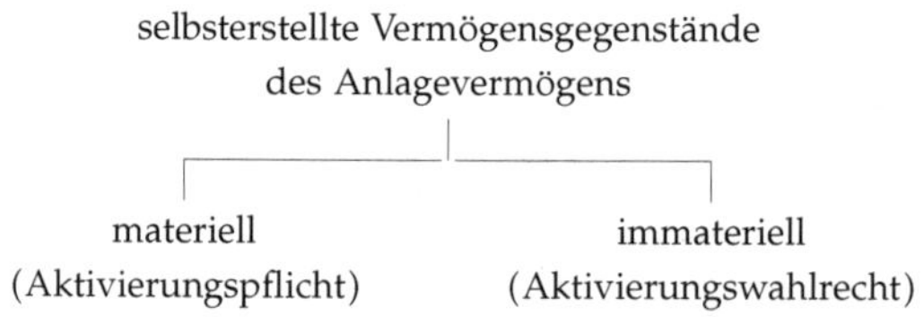

Darstellung 71 Selbsterstellte Vermögensgegenstände des Anlagevermögens

Für selbstgeschaffene Marken oder vergleichbare immaterielle Vermögensgegenstände liegt ein Aktivierungsverbot vor. Der Grund liegt hier in der schwer objektivierbaren Wertfeststellung. Wie hoch sind die Aufwendungen für eine selbstgeschaffene Marke?

Im Fall selbsterstellter immaterieller Vermögensgegenstände des Anlagevermögens sind lediglich Entwicklungskosten aktivierbar. Für Forschungskosten besteht Aktivierungsverbot.[140] Ist eine Trennung von Forschungs- und Entwicklungskosten nicht möglich, können die Kosten nicht aktiviert werden. Für die Praxis hat diese Regelung erhebliche Auswirkungen, da Forschung- und Entwicklung organisatorisch getrennt werden müssen, sofern das Aktivierungswahlrecht ausgeübt werden soll.

[140] *Dies ergibt sich aus § 255 Abs. 2 HGB. Für Anlagevermögen spielt die Bestimmung der Herstellungskosten eine nur untergeordnete Rolle. Die Ermittlung der Herstellungskosten wird aus diesem Grund beim Umlaufvermögen in Abschnitt 8.2.1 ab Seite 394 erläutert.*

439 Der *Zeitpunkt der Anschaffung* ist insbesondere für den Beginn der Folgebewertung (Abschreibung) von Bedeutung. Maßgeblich ist dafür der Zeitpunkt, zu dem der Vermögensgegenstand bestimmungsgemäß genutzt werden kann. Wird z. B. eine Druckmaschine erworben und muss hierfür noch ein spezieller Betonsockel gegossen werden, ist die Betriebsbereitschaft erst dann hergestellt, wenn die Maschine auf dem Sockel verankert ist und, sofern erforderlich, eine Abnahme durch den TÜV erfolgt ist.

Erstbewertung IV

- *Nicht* zu den Anschaffungskosten gehören …
  … die *Vorsteuer* (sofern abzugsfähig) und
  … *Finanzierungskosten*, da sie mit dem Anschaffungsvorgang nicht wirtschaftlich im Zusammenhang stehen, sondern mit der Finanzierung des erworbenen Vermögensgegenstandes (es handelt sich um eine selbständige Vertragsbeziehung (mit der Bank) neben dem Kaufvertrag).
- Bei selbsterstellten immateriellen Vermögensgegenständen des *Anlagevermögens* besteht ein *Aktivierungswahlrecht*, § 248 Abs. 2 HGB.

  (2) [1]Selbst geschaffene immaterielle Vermögensgegenstände des Anlagevermögens können als Aktivposten in die Bilanz aufgenommen werden. [2]Nicht aufgenommen werden dürfen selbst geschaffene Marken, Drucktitel, Verlagsrechte, Kundenlisten oder vergleichbare immaterielle Vermögensgegenstände des Anlagevermögens.

437

Erstbewertung V

- Bei der Bewertung selbsterstellter immaterieller Vermögensgegenstände des Anlagevermögens ist § 255 Abs. 2a HGB zu beachten.

  (2a) [1]Herstellungskosten eines selbst geschaffenen immateriellen Vermögensgegenstands des Anlagevermögens sind die bei dessen Entwicklung anfallenden Aufwendungen nach Absatz 2. [2]Entwicklung ist die Anwendung von Forschungsergebnissen oder von anderem Wissen für die Neuentwicklung von Gütern oder Verfahren oder die Weiterentwicklung von Gütern oder Verfahren mittels wesentlicher Änderungen. [3]Forschung ist die eigenständige und planmäßige Suche nach neuen wissenschaftlichen oder technischen Erkenntnissen oder Erfahrungen allgemeiner Art, über deren technische Verwertbarkeit und wirtschaftliche Erfolgsaussichten grundsätzlich keine Aussagen gemacht werden können. [4]Können Forschung und Entwicklung nicht verlässlich voneinander unterschieden werden, ist eine Aktivierung ausgeschlossen.

- Im Ergebnis *dürfen* nur *Entwicklungskosten* aktiviert werden während für *Forschungskosten* ein *Aktivierungsverbot* besteht.

438

Zeitpunkt der Anschaffung

- Der Zeitpunkt der Anschaffung (und damit der Aktivierung) ist der Zeitpunkt der Lieferung bzw. der Fertigstellung.
- Die Fertigstellung ist erfolgt, wenn das Anlagegut bestimmungsgemäß genutzt werden kann.
- Auf die tatsächliche Ingebrauchnahme kommt es nicht an.

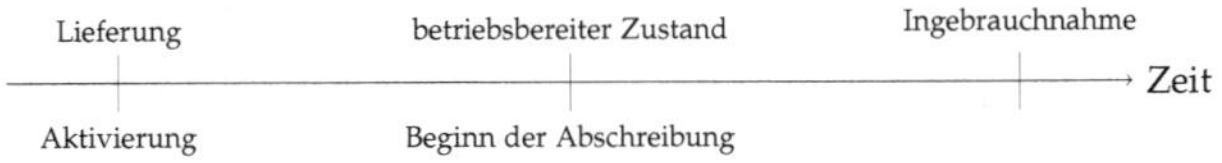

439

440–441 Die *Übungen* 22 und 23 beinhalten die Ermittlung von Anschaffungskosten. Es wird unterstellt, dass die CopyFix AG zum Vorsteuerabzug berechtigt ist. Im Ergebnis müssen die Nettowerte ermittelt werden.

442–443 Die Besonderheit in *Übung 23* besteht in der Trennung der Anschaffungskosten für Grund und Boden sowie Gebäude. Grund und Boden stellt materielles, nicht abnutzbares Vermögen dar, das keiner planmäßigen Abschreibung unterliegt. Die betriebsgewöhnliche Nutzungsdauer ist (sofern keine Veräußerung oder Liquidation stattfindet) zeitlich unbegrenzt. Dagegen stellen Gebäude materielles, abnutzbares Vermögen dar, das (sofern es nicht dem Umlaufvermögen zugeordnet wird) einer planmäßigen Abschreibung unterliegt.

Auch hier gehört die Vorsteuer nicht zu den Anschaffungskosten. Umsätze mit Immobilien sind (i. d. R.) von der Umsatzsteuer befreit, sodass der Kaufpreis immer einen Nettowert darstellt. Die Grunderwerbsteuer gehört zu den Anschaffungsnebenkosten.[141] Zudem muss beachtet werden, dass die Grunderwerbsteuer nicht der Umsatzsteuer unterliegt.

141 *Vgl. hierzu die Erläuterungen in Abschnitt 4.5 ab Seite 208.*

Die Vorgehensweise bei der Ermittlung der Anschaffungskosten des Gebäudes ist in *Darstellung* 72 abgebildet und besteht (a) in der Aufsummierung des Kaufpreises und der Anschaffungsnebenkosten und (b) der anschließenden Aufteilung der Kosten auf Grund und Boden. Keinesfalls dürfen die Maklergebühren oder Gutachterkosten nur einem der beiden Vermögensgegenstände zugerechnet werden.

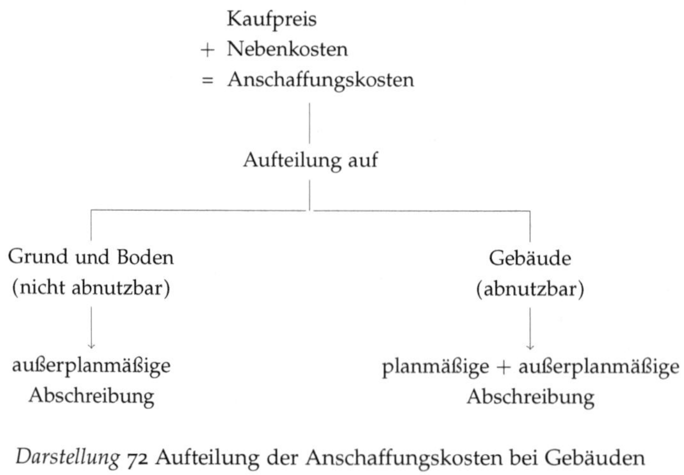

Darstellung 72 Aufteilung der Anschaffungskosten bei Gebäuden

Übung 22 (Anschaffungskosten)

Am 05.01.2015 kauft die CopyFix AG eine moderne Fertigungsstraße zur Herstellung von Kopiergeräten für 119 000 EUR (inkl. USt). Der Spediteur, der die Fertigungsstraße am 25.01.2015 liefert, stellt 5 950 EUR (inkl. USt) in Rechnung. Die Montage erfolgt schließlich am 26.01.2015 durch eine Fremdfirma, die dafür 5 712 EUR (inkl. USt) in Rechnung stellt. Nach der Abnahme durch den TÜV, die 2 618 EUR (inkl. USt) kostet, ist die Fertigungsstraße am 31.01.2015 in betriebsbereitem Zustand.

Ermitteln Sie die Anschaffungskosten der Fertigungsstraße!

440

Lösung Übung 22

		EUR	EUR
	Anschaffungspreis Maschine		
./.		....	
=			....
+		....	
./.		....	
=			....
+		....	
./.		....	
=			....
+		....	
./.		....	
=			________
=	Anschaffungskosten		========

441

Übung 23 (Anschaffungskosten Grundstück)

Die CopyFix AG erwirbt am 25.03.2015 (Datum des Kaufvertrags) durch notariell beurkundeten Kaufvertrag ein Grundstück in Bayreuth. Der Übergang von Besitz, Nutzen und Lasten erfolgt am 01.04.2015. Der Kaufpreis beträgt 120 000 EUR und entfällt zu 60% auf den Grund und Boden. Der Rest entfällt auf das Gebäude. Maklergebühren fallen i. H. v. 2,38% (brutto) des Kaufpreises an. Für ein im Vorhinein eingeholtes Bodengutachten zahlt die CopyFix AG 1 000 EUR (netto). Die Grunderwerbsteuer beträgt 3,5%.

Ermitteln Sie die Anschaffungskosten des Gebäudes!

442

7.3 *(Stille) Rücklagen*

444 Ein Sonderproblem der Erstbewertung stellt der Geschäfts- oder Firmenwert (GoF) dar. Um dessen Entstehung besser zu verstehen, erfolgt nachstehend zunächst eine knappe Einführung in das Thema Rücklagen.

Unter Rücklagen versteht man »Reserven«, die sich grob in Rücklagen, die aus der Bilanz ersichtlich sind (offene Rücklagen) und Rücklagen, die nicht aus der Bilanz ersichtlich sind, (stille Rücklagen) gliedern lassen.

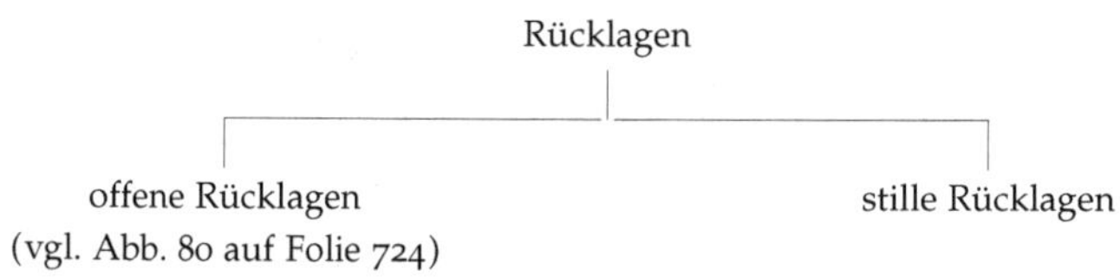

Darstellung 73 Klassifizierung von Reserven

445–446 *Stille Rücklagen* (stille Reserven) resultieren aus dem Vorsichtsprinzip als eines der zentralen Prinzipien des deutschen Handelsrechts. (Nicht zuletzt) aufgrund des Niederstwertprinzips (als einer Ausprägung des Vorsichtsprinzips) ist das Vermögen tendenziell zu niedrig bewertet. Zusätzlich ist dem Wertansatz mit den historischen Anschaffungskosten eine Grenze nach oben gesetzt. Die (zwingend entstehenden) Differenzen zwischen Buchwerten und tatsächlichen Werten (Marktwerten) werden als stille Reserven bezeichnet. Hohe stille Reserven treten i. d. R. vor allem bei Immobilien auf.

Die Vermögensstruktur liefert allerdings nur einen Anhaltspunkt über stille Reserven. Ist das Kapital insbesondere in Form von Immobilien gebunden, lässt sich vermuten, dass wesentlich hohe stille Reserven vorhanden sind, während im Fall der überwiegenden Kapitalbindung in Form von Sachanlagen eine solche Vermutung nicht zutreffend wäre.

Lösung Übung 23

		EUR	EUR
	Anschaffungspreis Grundstück	120 000	
./.	Umsatzsteuer	....	
=			....
+	Maklergebühren	....	
./.	Umsatzsteuer	....	
=			....
+	Gutachten	....	
./.	Umsatzsteuer	....	
=			....
+	Grunderwerbsteuer	....	
./.	Umsatzsteuer	....	
=			
=	Anschaffungskosten Gebäude (60%)		

443

Rücklagen

Zunächst erfolgt die Erläuterung von Rücklagen/stillen Reserven, um die Entstehung eines Geschäfts- oder Firmenwerts verstehen zu können.

Bei den Rücklagen unterscheidet man zwischen ...

... offenen Rücklagen und

... stillen Rücklagen (stille Reserven).

1. *Offene Rücklagen* werden in der Bilanz ausgewiesen und gehören zum Eigenkapital (dazu später mehr in Kapitel 12).
2. *Stille Reserven* sind nicht aus der Bilanz ersichtlich und können sich sowohl auf der Vermögensseite als auch bei den Schulden befinden.

444

Stille Reserven (Stille Rücklagen) I

- Eine wesentliche Auswirkung des *Vorsichtsprinzips* (§ 252 Abs. 1 Nr. 4 HGB) ist die Entstehung stiller Reserven.
- *Stille Reserven* bzw. stille Rücklagen (StR) entstehen dann, wenn der nach (handels-)rechtlichen Vorschriften ermittelte Wertansatz in der Bilanz unter dem am Markt erzielbaren Preis liegt.
- Formal:

	Marktwert (Substanzwert)
./.	Buchwert (Wert aus der Bilanz)
=	stille Reserve/stille Last

- *Stille Lasten* treten aufgrund des Vorsichtsprinzips seltener auf (zu niedrig ausgewiesene Schulden) als stille Reserven.

445

7.4 *Geschäfts- oder Firmenwert*

447–448 Der (derivative) Geschäfts- oder Firmenwert entsteht beim Erwerb von Personenunternehmungen, wenn der Kaufpreis das Reinvermögen (und die darin enthaltenen stillen Reserven) übersteigt. Man differenziert zwischen derivativem und originärem Geschäfts- oder Firmenwert.

Der *derivative* Geschäfts- oder Firmenwert wird auch als entgeltlich erworbener Geschäfts- oder Firmenwert bezeichnet. Er kann beim Erwerb eines Unternehmens, genauer eines Personenunternehmens oder grundsätzlich beim Unternehmenskauf in Form eines sog. »Asset Deals« entstehen, bei dem nicht das Unternehmen an sich, sondern die Summe der einzelnen Vermögensgegenstände und Schulden entgeltlich erworben werden. Der derivative Firmenwert wird aus dem Kaufpreis (eines Unternehmens) abgeleitet und stellt die Differenz zwischen Kaufpreis und Marktwert der einzelnen Vermögensgegenstände und Schulden dar.

Bei der Frage der Bilanzierungsfähigkeit des derivativen (abgeleiteten, entgeltlich erworbenen) Geschäfts- oder Firmenwertes gab es in der Literatur bis zum Bilanzrechtsmodernisierungsgesetz (kurz BilMoG) unterschiedliche Auffassungen. Grundsätzlich fehlt es dem GoF am Merkmal der Einzelveräußerbarkeit, um als Vermögensgegenstand anerkannt zu werden.[142] Diesen Streit hat der Gesetzgeber durch das BilMoG im Jahr 2009 beendet, indem er den GoF kurzer Hand per Gesetz zum Vermögensgegenstand erhoben hat.[143] Damit besteht für den derivativen Geschäfts- oder Firmenwert Ansatzpflicht. *Darstellung* 74 fasst die unterschiedliche Behandlung zusammen.

[142] *Die Merkmale für Vermögensgegenstände werden in Abschnitt 6.5.2 ab Seite 304 erläutert.*

[143] *§ 246 Abs. 1 Satz 4 HGB.*

Geschäfts- oder Firmenwert

derivativ	originär
aus dem Kaufpreis abgeleitet (entgeltlich erworben)	selbst geschaffen
Aktivierungspflicht	Aktivierungsverbot

Darstellung 74 Geschäfts- oder Firmenwert

Anders als der entgeltlich erworbene, derivative GoF stellt der *originäre*, selbst geschaffene GoF keinen bilanzierungsfähigen Vermögensgegenstand dar. Ihm mangelt es an hinreichender Konkretisierung. Unter einem originärem GoF sind z. B. selbst geschaffene Marken, Kunden- oder Mandantenstämme zu verstehen. Diese Werte sind nicht aktivierungsfähig.

Stille Reserven (Stille Rücklagen) II

- *Beispiel* – Ein Unternehmen erwarb vor 20 Jahren ein Grundstück für umgerechnet 50 000 EUR und nutzt dieses als Lagerplatz. Aufgrund von Wertsteigerungen würde ein fremder Dritter heute 125 000 EUR für dieses Grundstück bezahlen.

  Aufgrund des Anschaffungskostenprinzips (§ 253 Abs. 1 Satz 1 HGB), muss das Grundstück zu 50 000 EUR bilanziert werden, obwohl der Marktwert 125 000 EUR beträgt. Die StR betragen 75 000 EUR.

  Würde das Unternehmen lediglich aus diesem Grundstück bestehen, würde ein fremder Dritter bereit sein, 125 000 EUR für das Unternehmen zu bezahlen anstatt nur den Buchwert i. H. v. 50 000 EUR.
- In der Praxis existieren allerdings auch Fälle, in denen mehr als der Marktwert gezahlt wird! Dieser »Mehrpreis« wird als *Geschäfts- oder Firmenwert* bezeichnet.

446

Geschäfts- oder Firmenwert (GoF) I

- Ein (derivativer – aus dem Kaufpreis abgeleiteter) GoF kann beim Erwerb von *Personenunternehmen* (Kommanditgesellschaft, offene Handelsgesellschaft, Einzelunternehmung) entstehen (sog. Asset Deal).[16]
- Er stellt die Differenz zwischen Marktwert des Eigenkapitals und Kaufpreis dar.
- Der *Marktwert des Eigenkapitals* (Substanzwert) ergibt sich als Wert der einzelnen Vermögensgegenstände abzüglich Schulden zum Zeitpunkt des Kaufs.
- *Beispiele*, warum ein Käufer bereit ist, mehr zu bezahlen als der Marktwert des Eigenkapitals:
  - Mitarbeiterstamm, Mandantenstamm,
  - Marken (z. B Coca Cola).

[16] Zu den einzelnen Unternehmensformen vgl. Abschnitt 12.1 ab Folie 701.

447

Geschäfts- oder Firmenwert (GoF) II

- Der formale Zusammenhang zwischen Buchwert und Kaufpreis ergibt sich wie folgt:

  Buchwert des Eigenkapitals
  \+ stille Reserven
  = Substanzwert (Marktwert)
  \+ Geschäfts- oder Firmenwert
  = Kaufpreis

- Der GoF ist (immaterieller) *Vermögensgegenstand kraft Gesetz* (§ 246 Abs. 1 Satz 4 HGB); grds. fehlt das Merkmal der Einzelveräußerbarkeit (zu den Merkmalen für Vermögensgegenstände vgl. Folie 409).
- Man unterscheidet zwischen

  ... *derivativem* Firmenwert (entgeltlich erworben) und

  ... *originärem* Firmenwert (selbst erstellt).

448

449–450 *Beispiel* 27 hat die formelle Ermittlung des GoF zum Inhalt.[144] In der Schlussbilanz der DigitalDruck OHG zum 31.12.2014 sind sowohl die Buch- als auch die Marktwerte ausgewiesen.

Der Buchwert des Eigenkapitals wird durch die Kapitalkonten repräsentiert und beträgt 175 000 EUR. Der Wert des Unternehmens auf Basis der Marktwerte ergibt sich als Differenz des Markwerts des Vermögens und des Marktwerts der Schulden und besteht gerade im Marktwert der Kapitalkonten, er beträgt also 328 000 EUR.

451 Die stillen Reserven der einzelnen Bilanzpositionen ergeben sich jeweils aus der Differenz der Buch- und Marktwerte. Zusätzlich könnten hier nicht aktivierte Vermögenswerte wie z. B. selbsterstellte immaterielle Vermögensgegenstände eine Rolle spielen, deren fiktiver Buchwert 0 EUR betragen würde.

Stille Lasten können ebenfalls vorkommen, sind aber aufgrund des Vorsichtsprinzips eher selten.

452 Wird ein Kaufpreis von 680 000 EUR bezahlt, müssen buchhalterisch zunächst die einzelnen Vermögensgegenstände um die stillen Reserven aufgestockt werden, der übersteigende Betrag wird dann als GoF ausgewiesen. Im Ergebnis entsteht die Bilanz der DigitalDruck OHG nach Erwerb durch folgenden Buchungssatz:

GoF	*352 000* EUR	
Patente	*100 000* EUR	
Grund und Boden	*175 000* EUR	
Fuhrpark	*1 400* EUR	
Vorräte	*10 000* EUR	
Forderungen	*62 000* EUR	
Bank	*17 000* EUR	
an Kapitalkonto		*680 000* EUR

Für die Altgesellschafter resultiert aus dieser Transaktion ein (i. d. R. steuerpflichtiger) Veräußerungsgewinn von (680 000 – 175 000 =) 505 000 EUR. Der Buchwert des Kapitalkontos stellt hier die (fortgeführten) Anschaffungskosten der Altgesellschafter dar.

Der Firmenwert (GoF) ermittelt sich als Differenz zwischen Kaufpreis und Marktwert des Eigenkapitals.

[144] *Da die AG fortan als Alleingesellschafter fungiert, würde die OHG automatisch zum Einzelunternehmen werden. Dieser Umstand hat hier keinen Einfluss auf das Ergebnis und wird vernachlässigt.*

Beispiel 27 (Ermittlung des GoF) I

Die Zeichen bei der CopyFix AG stehen auf Wachstum. Um im Offsetdruck expandieren zu können, erwirbt die CopyFix AG zum 01.01.2015 alle Anteile an der DigitalDruck OHG. Im Folgenden ist die vereinfachte Schlussbilanz der DigitalDruck OHG zum 31.12.2014 dargestellt:

Aktiva	SB DigitalDruck OHG 31.12.2014				Passiva
	BW	MW		BW	MW
Patente	5 000	100 000	Kapitalkonten	175 000	328 000
Grund und Boden	120 000	175 000	Schulden	50 000	50 000
Fuhrpark	13 000	14 000			
Vorräte	10 000	10 000			
Forderungen	60 000	62 000			
Bank	17 000	17 000			
Summe	225 000	378 000	Summe	225 000	378 000

BW = Buchwert, MW = Marktwert

449

Beispiel 27 (Ermittlung des GoF) II

1. Wie hoch ist der Buchwert des Eigenkapitals?
2. Welchen Preis würde ein Käufer zahlen müssen, wenn er den Marktwert der einzelnen Vermögensgegenstände und Schulden vergütet?
3. Ermitteln Sie die stillen Reserven in den einzelnen Bilanzpositionen!
4. Wie hoch ist der derivative Firmenwert, wenn die CopyFix AG für die DigitalDruck OHG einen Preis von 680 000 EUR bezahlt?
5. Erstellen Sie die Bilanz nach Erwerb!

450

Lösung Beispiel 27 I

1. Der BW des Eigenkapitals ermittelt sich als Residualgröße aus dem BW des Vermögens abzüglich des BW der Schulden. Der BW des Eigenkapitals beträgt hier (225 000 – 50 000 =) 175 000 EUR.
2. Die Differenz der Marktwerte beträgt (Vermögen abzüglich Schulden) (378 000 – 50 000 =) 328 000 EUR.
3. Ermittlung der stillen Reserven (StR):

	BW	MW	StR
Patente	5 000	100 000	95 000
+ Grund und Boden	120 000	175 000	55 000
+ Fuhrpark	13 000	14 000	1 000
+ Vorräte	10 000	10 000	0
+ Forderungen	60 000	62 000	2 000
+ Bank	17 000	17 000	0
=	225 000	378 000	153 000

451

7.5 *Folgebewertung*

453–454 Sofern sich die Vermögensgegenstände am Bilanzstichtag noch im wirtschaftlichen Eigentum des Unternehmens befinden, stellt sich die Frage nach dem der Anschaffungsbewertung folgenden Wertansatz (Folgebewertung). Mit der Folgebewertung wird insbesondere im Zeitablauf planmäßig oder außerplanmäßig auftretenden Wertminderungen Rechnung getragen. Wertminderungen betreffen alle Arten von Anlagevermögen, wobei bei nichtabnutzbaren Vermögensgegenständen ausschließlich außerplanmäßige Wertminderungen erfasst werden.

Die *handelsrechtliche* (buchhalterische) Wertentwicklung ist überwiegend von der tatsächlichen Wertentwicklung losgelöst. Der Grundgedanke der Abschreibungen liegt darin begründet, dass irgendwann – nämlich am Ende der betriebsgewöhnlichen Nutzungsdauer – der zugrundeliegende (abnutzbare) Vermögensgegenstand nichts mehr wert ist. Den »echten« Folgewert[145] zu bestimmen scheitert an dem Problem, dass der »echte« Wert erst durch Veräußerung bestimmt werden kann, eine Folgebewertung dann aber überflüssig ist. Ziel ist es deshalb, Konventionen zu beschreiben, nach denen die Wertentwicklung der Vermögensgegenstände objektiv überprüfbar wird. Man distanziert sich also von dem originären Ziel einer besonders »wahrheitsgetreuen« i. S. v. »tatsächlichen« Vermögensaufstellung zugunsten eines »einfacheren« (kostengünstigeren) Ansatzes, der insbesondere dem Gläubigerschutz dienen soll. Die buchhalterischen Wertminderungen werden als Buchverluste bezeichnet.

[145] *Wert zwischen dem Zeitpunkt der Anschaffung und dem Zeitpunkt, an dem der Vermögensgegenstand das Unternehmen verlässt.*

Abschreibungen aus *steuerlicher Sicht* suggerieren Steuerersparnisse. Diese werden aufgrund einer verminderten steuerlichen Bemessungsgrundlage auch realisiert. Strikt zu trennen sind jedoch Buchverluste von tatsächlichen Verlusten. Freut man sich als Steuerzahler etwa über hohe Sonderabschreibungen auf Immobilien im Beitrittsgebiet (neue Bundesländer) aufgrund der damit einhergehenden Steuerersparnisse, kommt das böse Erwachen dann, wenn die hohen Sonderabschreibungen dem tatsächlichen Wertverlust, z. B. durch gesunkene Wiederverkaufspreise, entsprechen.

Die Folgebewertung ist nicht allein auf Wertminderungen begrenzt. Auch Wertzuschreibungen (wenn die Gründe für die vorangegangene außerplanmäßige Abschreibung entfallen sind) sind möglich. Eine detaillierte Erläuterung dazu befindet sich in Abschnitt 7.5.7 ab Seite 378.

Lösung Beispiel 27 II

4. Ermittlung des Firmenwertes:

		EUR
	Kaufpreis	680 000
./.	Marktwert Eigenkapital	328 000
=	Firmenwert	352 000

5. Bilanz nach Erwerb:

Aktiva — Bilanz nach Erwerb — Passiva

	EUR		EUR
Firmenwert	352 000	Kapitalkonto	680 000
Patente	100 000	Schulden	50 000
Grund und Boden	175 000		
Fuhrpark	14 000		
Vorräte	10 000		
Forderungen	62 000		
Bank	17 000		
Summe Aktiva	730 000	Summe Passiva	730 000

452

Folgebewertung I

- *Bis hier* – Erstbewertung, d. h. Beantwortung der Frage mit welchem Wert die Vermögensgegenstände bei Zugang zu bewerten sind (Zugangsbewertung), *jetzt* – Folgebewertung.
- Bei *Sachanlagen* treten im Zeitablauf Wertminderungen auf durch
  ... Verbrauch / Abnutzung,
  ... Zeitverschleiß (z. B Rost),
  ... technischen Fortschritt,
  ... außergewöhnliche Ereignisse (Katastrophenverschleiß).
- Diesen Wertminderungen wird durch ...
  ... *planmäßige* bzw.
  ... *außerplanmäßige*
  Abschreibungen Rechnung getragen.

453

Folgebewertung II

- Auch immaterielles Anlagevermögen muss ggf. abgeschrieben werden.
- *Handelsrechtlich* sollen die Abschreibungen den »tatsächlichen« Wertverlust widerspiegeln (*Problem* – der »tatsächliche« Wert ist erst im Zeitpunkt der Veräußerung bekannt).
- *Steuerrechtlich* ist i. d. R. eine schnellstmögliche Abschreibung erwünscht.
- Die Möglichkeiten der Abschreibung im Steuerrecht sind im Vergleich zum Handelsrecht (trotz Maßgeblichkeitsprinzip) stark eingeschränkt.
- Vollständig abgeschriebene Anlagen bleiben – bei Anwendung der *direkten Abschreibungsmethode* (dazu später mehr) – i. d. R. mit einem *Erinnerungswert* von 1 EUR in den Büchern.

454

7.5.1 *Planmäßige Abschreibungen*

455 In den nachstehenden Ausführungen wird der handelsrechtliche Begriff der »Abschreibung« dem steuerlichen *terminus technicus* »Absetzung für Abnutzung« – kurz: AfA – gleichgesetzt. Grundsätzlich ist jedoch zu beachten, dass im Fall der Rede von AfA, steuerliche Abschreibungen gemeint sind.[146]

Eine Systematisierung der Wertminderung in Form von Abschreibungen ist in *Darstellung* 75 abgebildet. Nachstehend werden wir uns genauer mit der Zeit- und Leistungsabschreibung befassen. Sonderabschreibungen treten ausschließlich im Steuerrecht auf.

[146] *Der Begriff der AfA ist enger gefasst als der Begriff der Abschreibung.*

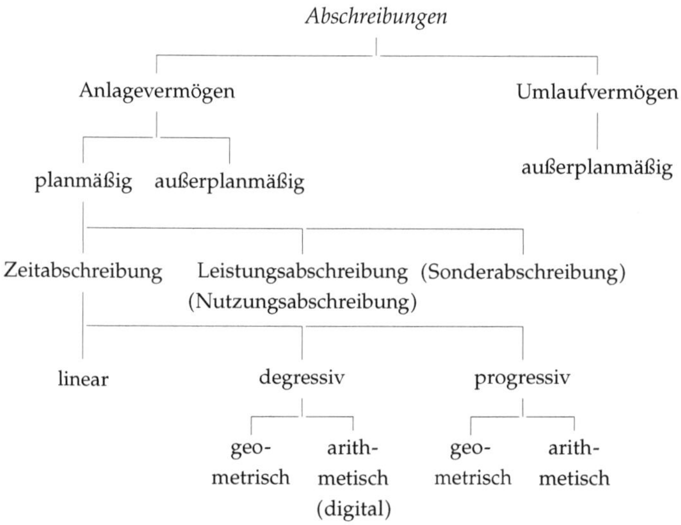

Darstellung 75 Erfassung von Wertminderungen

Das Handelsrecht verlangt, dass den Wertminderungen im abnutzbaren Anlagevermögen durch planmäßige Abschreibungen über die betriebsgewöhnliche Nutzungsdauer Rechnung zu tragen ist (§ 253 Abs. 2 HGB). Die Planmäßigkeit soll dafür sorgen, dass Wertminderungen nicht nach Erfolgslage durchgeführt werden, d. h. nicht willkürlich (nach Gutdünken) den Wünschen des »ehrbaren Kaufmanns« nach Ausweis eines »optimalen« Gewinns ausgeliefert sind.

456 Der *Beginn der Abschreibung* ist weder im Handelsrecht noch im Steuerrecht kodifiziert.[147] Maßgeblich ist jedoch, wie oben auf Folie 439 bereits erwähnt, der Zeitpunkt der Anschaffung- oder Herstellung in Form des Zeitpunkts, zu dem der Vermögensgegenstand betriebsbereit ist. Keine Rolle spielt das Verpflichtungsgeschäft, also der Zeitpunkt des Abschlusses des Kaufvertrags.

[147] *Im Steuerrecht befindet sich lediglich in den Richtlinien ein Hinweis darauf, dass der Beginn der AfA grundsätzlich mit dem Beginn der Lieferung einhergeht (R 7.4 EStR).*

Planmäßige Abschreibungen I

- Die Verpflichtung zu *planmäßigen Abschreibungen* (steuerlich »*Absetzung für Abnutzung*« (AfA)) ergibt sich aus § 253 Abs. 3 HGB. Dort heißt es:

  > *(3) [1]Bei Vermögensgegenständen des Anlagevermögens, deren Nutzung zeitlich begrenzt ist, sind die Anschaffungs- oder die Herstellungskosten um planmäßige Abschreibungen zu vermindern. [2]Der Plan muss die Anschaffungs- oder Herstellungskosten auf die Geschäftsjahre verteilen, in denen der Vermögensgegenstand voraussichtlich genutzt werden kann ...*

- Ein »Plan« für den Abschreibungsverlauf wird verlangt, um die *Manipulationsmöglichkeiten* des Periodenerfolgs *einzuschränken* (Abschreibungen sind aufwandswirksam und vermindern folglich den Gewinn).

455

Planmäßige Abschreibungen II

- *Beginn der Abschreibung*

  (a) Handelsrechtlich (nicht kodifiziert)

  Vereinfachungsregel bei unterjährigem Zugang: Die Abschreibung erfolgt für volle Monate einschließlich des Zugangsmonats (p. r. t. = pro rata temporis [zeitanteilig]).

  Beispiel – Wird der Vermögensgegenstand am 31.12.2015 angeschafft, beträgt die Abschreibung in 2015 $\frac{1}{12}$ der Jahresabschreibung.

  (b) Steuerrechtlich

  Bei unterjähriger Anschaffung besagt § 7 Abs. 1 Satz 4 EStG:

  > *[4]Im Jahr der Anschaffung oder Herstellung vermindert sich für dieses Jahr der Absetzungsbetrag nach Satz 1 um jeweils ein Zwölftel für jeden vollen Monat, der dem Monat der Anschaffung oder Herstellung vorangeht.*

456

Planmäßige Abschreibungen III

Beispiel – Die Anschaffung und Inbetriebnahme erfolgt am 31.03.2015 → die Abschreibung in 2015 beträgt $\frac{10}{12}$ der Jahresabschreibung.

- *Ende der Abschreibung*
  (weder im Handelsrecht noch im Steuerrecht kodifiziert)

  Vereinfachungsregel bei unterjährigem Abgang: Die Abschreibung erfolgt für volle Monate *einschließlich des Abgangsmonats* (p. r. t.), vgl. Richtlinie 7.4 Abs. 8 Einkommensteuerrichtlinien (im Handelsrecht ist diese Vorgehensweise umstritten).

  Im Jahr der Veräußerung ist es für den Periodenerfolg unerheblich, ob die Abschreibung den Monat der Veräußerung beinhaltet oder nicht, da eine höhere Abschreibung einen höheren Veräußerungsgewinn zur Folge hat.

457

457 Weniger relevant als der Beginn der Abschreibung ist das *Ende der Abschreibung*. Auch dieses ist weder im Handels- noch im Steuerrecht bestimmt.[148] Die geringere Relevanz ist darin begründet, dass im letzten Jahr der Abschreibung eine höhere Abschreibung zu einem höheren Veräußerungsgewinn führen würde. Umgekehrt führt eine geringere Abschreibung zu einem geringeren Veräußerungsgewinn. Für die Höhe des Periodenerfolgs ist der exakte Zeitpunkt des Endes der Abschreibung innerhalb eines Wirtschaftsjahres deshalb nicht relevant.

Grundsätzlich muss die Wertminderung *zeitanteilig*, d. h. taggenau erfasst werden. Eine Vereinfachungsregel findet sich explizit nur im Steuerrecht, wo von der taggenauen Erfassung abstrahiert wird und der Zeitanteil in Monaten gemessen wird. Demnach wird ab dem Monat zeitanteilig abgeschrieben, in dem der Vermögensgegenstand angeschafft oder hergestellt wurde.[149] Diese Regelung wird auch im Handelsrecht anerkannt.

458 Unabhängig vom Handelsrecht oder Steuerrecht ist die *Summe der Abschreibungen* auf die (historischen) Anschaffungs- oder Herstellungskosten begrenzt.[150] In der Kostenrechnung wird häufig von den – die historischen Anschaffungskosten übersteigenden – Wiederbeschaffungskosten abgeschrieben. Diese Vorgehensweise ist für handels- und steuerrechtliche Zwecke unzulässig.

(a) Lineare Abschreibung

459–460 Eine Form der Zeitabschreibung stellt die lineare Abschreibung dar. Bei Anwendung der linearen Abschreibung werden die AHK gleichmäßig über die betriebsgewöhnliche Nutzungsdauer verteilt.

Bei unterjähriger Anschaffung ermittelt sich die Abschreibung im ersten Wirtschaftsjahr, sofern α dem Monat[151] der Anschaffung entspricht, als

$$AfA_1 = \frac{A_0}{n} \times \frac{12 - \alpha + 1}{12}$$

Die Ermittlung der *betriebsgewöhnlichen Nutzungsdauer* ist in der Praxis nicht ganz einfach. Die Schätzung beruht i. d. R. auf Erfahrungswerten. Inbesondere im Handelsrecht existieren hier keine normierten Vorgaben. Anders haben Abschreibungen im Steuerrecht erheblichen Einfluss auf das Steueraufkommen. Aus diesem Grund existieren dort vergleichsweise strikte Vorgaben über den Zeitraum der Abschreibung der einzelnen Vermögensgegenstände (Wirtschaftsgüter). Diese strikten Vorgaben finden sich in den sog. »AfA-Tabellen« wieder, in denen sich vom Computer bis zum Löschteich der Feuerwehr detaillierte Vorgaben über die Nutzungsdauern der einzelnen Vermögensgegenstände befinden.[152]

[148] *Im Steuerrecht befindet sich lediglich in den Richtlinien ein Hinweis darauf, dass im Jahr des Ausscheidens aus dem Betriebsvermögen die AfA zeitanteilig zu berechnen ist, R 7.4 Abs. 8 EStR.*

[149] *Dabei ist es unerheblich wann genau innerhalb des Monats die Anschaffung oder Herstellung erfolgte.*

[150] *Sofern keine Wertaufholungen durchgeführt werden. Im Fall von Wertaufholungen entspricht die Summe der planmäßigen und außerplanmäßigen Abschreibungen den historischen Anschaffungskosten zuzüglich der Wertaufholungen.*

[151] *Kalendermonat, sofern das Wirtschaftsjahr dem Kalenderjahr entspricht.*

[152] *In der Regel werden diese Vorgaben auch für das Handelsrecht übernommen.*

Planmäßige Abschreibungen IV

- *Für alle Abschreibungsarten gilt:*
  Die Summe der Abschreibungen entspricht maximal den Anschaffungs- oder Herstellungskosten.
  $$\sum_{t=1}^{n} AfA_t = A_0$$
- *Arten planmäßiger Abschreibung*
  (a) lineare Abschreibung
  (b) leistungsabhängige (nutzungsabhängige) Abschreibung
  (c) geometrisch-degressive Abschreibung
  (d) digitale Abschreibung
  (e) progressive Abschreibung
  (f) Abschreibung in Staffelsätzen 458

(a) Lineare Abschreibung I

- Gleichmäßige Verteilung der Anschaffungskosten über die betriebsgewöhnliche Nutzungsdauer (n),
- Abschreibungsbasis sind die Anschaffungskosten (A_0),
- Formal (AfA = const.):

$$AfA_t = \frac{\text{Anschaffungskosten}}{\text{Nutzungsdauer}} = \frac{A_0}{n} = AfA$$

$$RBW_t = A_0 - t \times AfA$$

mit RBW = Restbuchwert, n = betriebsgewöhnliche Nutzungsdauer und t = Zeitindex (time).

- Die lineare Abschreibung stellt den Normalfall der Abschreibung dar und ist sowohl handelsrechtlich als auch steuerrechtlich zulässig. 459

(a) Lineare Abschreibung II

- Die steuerrechtliche Zulässigkeit der linearen Abschreibung ergibt sich aus § 7 Abs. 1 Satz 1 EStG.

  (1) [1] Bei Wirtschaftsgütern, deren Verwendung oder Nutzung durch den Steuerpflichtigen zur Erzielung von Einkünften sich erfahrungsgemäß auf einen Zeitraum von mehr als einem Jahr erstreckt, ist jeweils für ein Jahr der Teil der Anschaffungs- oder Herstellungskosten abzusetzen, der bei gleichmäßiger Verteilung dieser Kosten auf die Gesamtdauer der Verwendung oder Nutzung auf ein Jahr entfällt (Absetzung für Abnutzung in gleichen Jahresbeträgen). [2] Die Absetzung bemisst sich hierbei nach der betriebsgewöhnlichen Nutzungsdauer des Wirtschaftsgutes.

- Auf den Unterschied zwischen dem handelsrechtlichen Begriff des »*Vermögensgegenstandes*« und dem steuerrechtlichen Begriff des »*Wirtschaftsguts*« wird hier nicht näher eingegangen.

460

Verbleibt der Vermögensgegenstand die gesamte betriebsgewöhnliche Nutzungsdauer über im Unternehmen, ermittelt sich die Abschreibung im letzten Jahr als

$$AfA_n = \frac{A_0}{n} \times \frac{\alpha - 1}{12}.$$

BEISPIEL

A schafft am 30.04. einen Pkw für 5 000 EUR (netto) an. Der Pkw hat eine betriebsgewöhnliche Nutzungsdauer von 10 Jahren. Es wird linear abgeschrieben. Die Abschreibung im ersten Jahr beträgt

$$AfA_1 = \frac{5\,000}{10} \times \frac{12 - 4 + 1}{12} = 375.$$

Die Abschreibung im letzten Jahr beträgt

$$AfA_n = \frac{5\,000}{10} \times \frac{\alpha - 1}{12} = 125.$$

461–463 *Beispiel 28* dient als Ausgangsbeispiel für die nachfolgenden vier Beispiele. Inhalt von *Beispiel 28* ist die Ermittlung der Abschreibungsbeträge und Restbuchwerte im Fall der linearen Abschreibung.

Da angenommen wird, dass die CopyFix AG vorsteuerabzugsberechtigt ist, gehört die Vorsteuer nicht zu den Anschaffungskosten, d. h. es müssen zur Bestimmung der Abschreibungsbasis die Nettoanschaffungskosten bestimmt werden.

Trotz Anschaffung am 30.01. können für den gesamten Januar bereits Abschreibungen geltend gemacht werden. Dies führt dazu, dass die CopyFix AG bereits im Jahr der Anschaffung die volle Jahresabschreibung geltend machen kann. Die Abschreibungsbeträge der einzelnen Geschäftsjahre sind identisch.

Die Entwicklung des Restbuchwerts ist in *Abb. 40* dargestellt. Die konstanten Abschreibungsbeträge werden in der Abbildung durch die Gerade bzw. die konstante Größe der gestrichelten Boxen wiedergegeben. Für buchhalterische Zwecke ist ausschließlich der Restbuchwert in den einzelnen Zeitpunkten – für den Ansatz in der Bilanz – von Bedeutung. Die durchgezogene Linie beschreibt die Entwicklung des Restbuchwerts innerhalb der einzelnen Wirtschaftsjahre.

Beispiel 28 (Lineare Abschreibung)

Die CopyFix AG erwirbt am 30.01.2014 einen Gebrauchtwagen der Marke VW für 2 856 EUR (inkl. USt), der künftig als Geschäftswagen der Unternehmensleitung dienen soll. Die betriebsgewöhnliche Nutzungsdauer beträgt voraussichtlich 6 Jahre.

Ermitteln Sie die Abschreibungsbeträge (AfA_t) sowie den Restbuchwert (RBW_t) in den Perioden $t = 1, \ldots, 6$ im Fall der linearen Abschreibung. Stellen Sie die Entwicklung der Abschreibungen und des Restbuchwerts graphisch dar!

461

Lösung Beispiel 28 (Lineare Abschreibung) I

Die Abschreibung findet auf Basis der Anschaffungskosten statt. Diese betragen $\frac{2\,856}{1{,}19} = 2\,400$ EUR.

$$AfA_t = AfA = \frac{A_0}{n} = \frac{2\,400}{6} = 400$$

t	RBW_{t-1}	AfA	RBW_t
1	2 400	400	2 400 − 400 = 2 000
2	2 000	400	2 000 − 400 = 1 600
3	1 600	400	1 600 − 400 = 1 200
4	1 200	400	1 200 − 400 = 800
5	800	400	800 − 400 = 400
6	400	400	400 − 400 = 0

462

Lösung Beispiel 28 (Lineare Abschreibung) II // graphische Darstellung

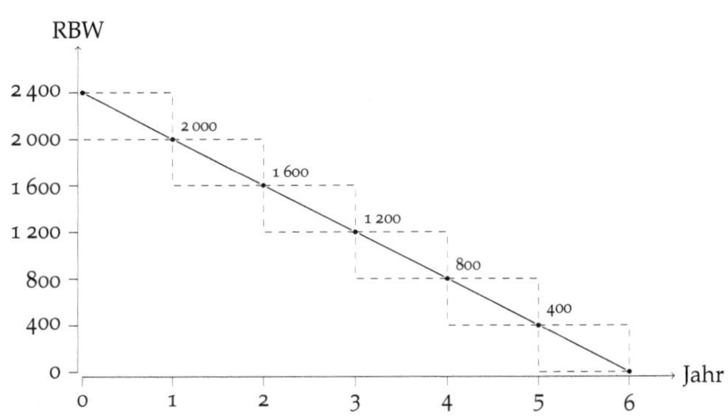

Abb. 40 Lineare Abschreibung

463

(b) Leistungsabhängige Abschreibung

464–465 Anders als die lineare Abschreibung gehört die leistungs- oder nutzungsabhängige Abschreibung nicht zu den Zeitabschreibungen, sondern bildet eine eigene Kategorie. Die leistungsabhängig Abschreibung ist sowohl handels- als auch steuerrechtlich[153] zulässig, spielt insgesamt jedoch eine untergeordnete Rolle.

Ein zentrales Problem stellt die Bestimmung der Gesamtleistung des Vermögensgegenstands im Vorhinein dar. Nach Kenntnis der Gesamtleistung ist die Arithmetik zur Ermittlung der periodischen Abschreibungsbeträge vergleichsweise einfach. Zur Ermittlung der Abschreibung wird ein Abschreibungsbetrag pro Leistungseinheit durch

$$\frac{\text{Leistung in t}}{\text{Gesamtleistung}} = \frac{L_t}{\sum_{t=1}^{n} L_t}$$

ermittelt.

Der Verlauf der leistungsabhängigen Abschreibung kann linearer, degressiver oder progressiver Natur sein, d. h. die Abschreibungsbeträge können im Zeitablauf konstant sein, fallen oder steigen. Auch partielle Linearität, Degression oder Progression ist möglich. So können bspw. die Abschreibungsbeträge in den ersten Perioden linearer Natur (konstant) sein und dann fallen.

466–468 *Beispiel 29* baut auf den Ausgangsdaten des vorangehenden Beispiels auf. Nach Bestimmung der Gesamtleistung lassen sich die periodischen Abschreibungsbeträge ermitteln. Der Verlauf der Abschreibung, dargestellt in *Abb. 41*, ist dabei in den ersten Perioden progressiver Natur – die Abschreibungsbeträge steigen an – während gegen Ende Degression – die Abschreibungsbeträge nehmen ab – zu beobachten ist.

(c) Geometrisch-degressive Abschreibung

469–471 Die geometrisch-degressive Abschreibung gehört, wie die lineare Abschreibung, zu den Zeitabschreibungen. Hier wird unterstellt, dass die Wertminderung im Zeitablauf der betriebsgewöhnlichen Nutzungsdauer abnimmt. Formal ermittelt sich die Abschreibung in t als $RBW_{t-1} \times g$, wobei g den Degressionssatz[154] darstellt. Für $t = 0$ gilt $RBW_0 = A_0$. Der Restbuchwert in $t = k$ ermittelt sich wie folgt:

$$RBW_1 = A_0 \times (1 - g) \tag{1}$$

$$RBW_2 = RBW_1 \times (1 - g) \tag{2}$$

$$\vdots \tag{3}$$

$$RBW_k = RBW_{k-1} \times (1 - g). \tag{4}$$

[153] *Im Steuerrecht ist die Anwendung auf bewegliche Wirtschaftsgüter (Vermögensgegenstände) des Anlagevermögens begrenzt.*

[154] *Fester Abschreibungssatz bei geometrisch-degressiver Abschreibung.*

(b) Leistungsabhängige Abschreibung I

- Die *leistungsabhängige Abschreibung* wird in der Literatur auch als »nutzungsabhängige« Abschreibung bezeichnet.
- Die leistungsabhängige Abschreibung ist sowohl *handelsrechtlich als auch steuerrechtlich* zulässig; die *steuerrechtliche* Zulässigkeit ergibt sich aus § 7 Abs. 1 Satz 6 EStG.

  [6]Bei beweglichen Wirtschaftsgütern des Anlagevermögens, bei denen es wirtschaftlich begründet ist, die Absetzung für Abnutzung nach Maßgabe der Leistung des Wirtschaftsguts vorzunehmen, kann der Steuerpflichtige dieses Verfahren statt der Absetzung für Abnutzung in gleichen Jahresbeträgen anwenden, wenn er den auf das einzelne Jahr entfallenden Umfang der Leistung nachweist.

- In Deutschland ist die leistungsabhängige Abschreibung nur dann zulässig, wenn die jährliche Leistung starken Schwankungen unterliegt.
- Die jährliche Abschreibung ergibt sich als ...

464

(b) Leistungsabhängige Abschreibung II

$$AfA_t = \frac{\text{Leistung in t}}{\text{Gesamtleistung}} \times \text{Anschaffungskosten}$$

$$AfA_t = \frac{L_t}{\sum_{t=1}^{n} L_t} \times A_0$$

mit A_0 = Anschaffungskosten in $t = 0$, L_t = Leistung in t.

- Die Gesamtleistung wird z. B in km, Maschinenstunden, Flugstunden etc. angegeben.
- Der Restbuchwert (RBW) am Ende von Periode t ergibt sich als

$$RBW_t = A_0 - \sum_{k=0}^{t} AfA_k.$$

- Der Abschreibungsverlauf bei der nutzungsabhängigen Abschreibung kann linear, degressiv oder progressiv erfolgen.

465

Beispiel 29 (Leistungsabhängige AfA)

Ermitteln Sie analog zu Beispiel 28 auf Folie 461 die Abschreibungen und die Restbuchwerte im Fall der leistungsabhängigen Abschreibung wobei die gefahrenen Kilometer in den einzelnen Jahren voraussichtlich t_1 = 10 000 km, t_2= 30 000 km, t_3 = 40 000 km, t_4 = 20 000 km, t_5 = 15 000 km, t_6 = 5 000 km betragen.

466

Gleichungen (1) bis (4) lassen sich zusammenfassen zu

$$RBW_k = A_0 \times (1-g) \times (1-g) \times (1-g) \times \dots$$
$$RBW_k = A_0 \times (1-g)^k. \tag{5}$$

Gleichung (5) besitzt nur Gültigkeit, sofern eine Anschaffung zu Beginn der Rechnungsperiode[155] erfolgt ist. Erfolgt eine unterjährige Anschaffung (Veräußerung) im α-ten (β-ten) Monat[156], ermittelt sich der Restbuchwert in $t = k < n$ als

[155] *Im ersten Monat.*

[156] *Wobei $\alpha > 1$ und $\beta > 1$.*

$$RBW_k = A_0 \times \left(1 - \frac{12-\alpha+1}{12} \times g\right) \times (1-g)^{k-2} \times \left(1 - \frac{12-\beta+1}{12} \times g\right). \tag{6}$$

Bereits anhand von Gleichung (5) wird deutlich, dass eine Abschreibung auf $RBW_k = 0$ nicht möglich ist, da hierzu $k \to \infty$ gelten müsste. Die betriebsgewöhnliche Nutzungsdauer bei planmäßigen Abschreibungen muss jedoch endlich sein.[157]

[157] *Bei Grundstücken ist die betriebsgewöhnliche Nutzungsdauer unendlich. Daher wird keine planmäßige Abschreibung vorgenommen.*

Für den Degressionssatz gilt im Fall $n > 1$: $g \in]0,1[$. Im Fall $g = 0$ würde der Vermögensgegenstand gar nicht abgeschrieben werden. Im Fall $g = 1$ beträgt die betriebsgewöhnliche Nutzungsdauer ein Jahr.

Wird auf einen bestimmten Restbuchwert in $t = k < n$ abgeschrieben, bestimmt sich der Degressionssatz ausgehend von (4) als[158]

[158] *Annahme: Anschaffung im ersten und Veräußerung im letzten Monat der entsprechenden Rechnungsperiode.*

$$(1-g)^k = \frac{RBW_k}{A_0}$$
$$(1-g) = \sqrt[k]{\frac{RBW_k}{A_0}}$$
$$g = 1 - \sqrt[k]{\frac{RBW_k}{A_0}}. \tag{7}$$

Im Fall einer unterjährigen Anschaffung bzw. Veräußerung lässt sich g nur noch näherungsweise bestimmen.[159]

[159] *Auflösung von Gleichung ((c)) nach g.*

Darstellung 76 auf Seite 348 zeigt die Entwicklung der Restbuchwerte ausgehend von den Annahmen in Beispiel 29 auf Folie 466. Anhand der gestrichelten Linie ist zu erkennen, dass mit sinkendem Degressionssatz die Restabschreibung am Ende der betriebsgewöhnlichen Nutzungsdauer steigt.

Die Abschreibung hoher Restwerte am Ende der betriebsgewöhnlichen Nutzungsdauer lässt sich jedoch mit den Grundsätzen ordnungsmäßiger Buchführung nicht vereinbaren. Aus diesem Grund erfolgt in der Praxis in der Regel ein Übergang zur linearen Abschreibung spätestens in dem Zeitpunkt, in dem der Abschreibungsbetrag auf Basis der linearen Abschreibung den Betrag bei geometrisch-degressiver Abschreibung übersteigt.

Lösung Beispiel 29 (Leistungsabhängige AfA) I

Gesamtleistung = $10' + 30' + 40' + 20' + 15' + 5' = 120'$

$$RBW_t = RBW_{t-1} - AfA_t \quad t = 1, \ldots, n$$

t	RBW_{t-1}	AfA_t	RBW_t
1	2 400	$\frac{10}{120} \times 2\,400 = 200$	$2\,400 - 200 = 2\,200$
2	2 200	$\frac{30}{120} \times 2\,400 = 600$	$2\,200 - 600 = 1\,600$
3	1 600	$\frac{40}{120} \times 2\,400 = 800$	$1\,600 - 800 = 800$
4	800	$\frac{20}{120} \times 2\,400 = 400$	$800 - 400 = 400$
5	400	$\frac{15}{120} \times 2\,400 = 300$	$400 - 300 = 100$
6	100	$\frac{5}{120} \times 2\,400 = 100$	$100 - 100 = 0$

467

Lösung Beispiel 29 (Leistungsabhängige AfA) II // graphische Darstellung

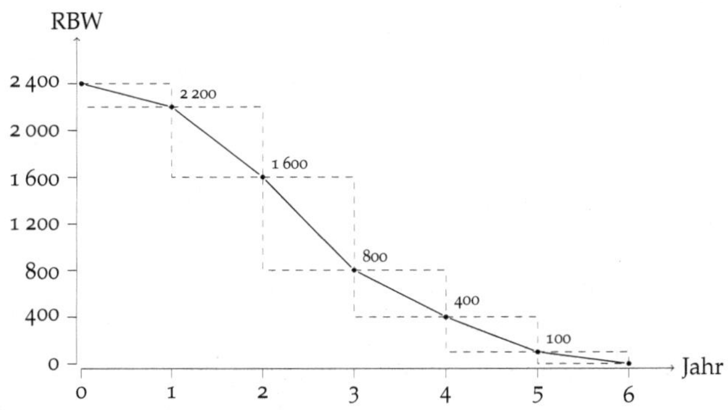

Abb. 41 Leistungsabhängige Abschreibung

468

(c) Geometrisch-degressive Abschreibung I

- Abschreibung in fallenden Jahresbeträgen (steuerlich unzulässig),
- Abschreibungsbasis ist der Restbuchwert der Vorperiode,
- Formal:

  $$AfA_t = RBW_{t-1} \times g$$

  $$RBW_t = A_0 \times (1-g)^t$$

  mit g = geometrisch-degressiver Abschreibungssatz.
- Die geometrisch-degressive Abschreibung in Periode t beträgt

  $$AfA_t = A_0 \times (1-g)^{t-1} \times g.$$

- *Problem* – Abschreibung auf Null nur für $n \rightarrow \infty$ (oder $g = 1$) möglich.

469

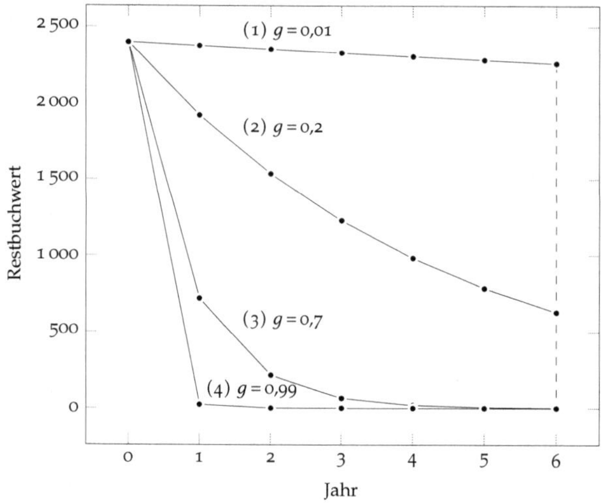

Darstellung 76 Geometrisch-degressive Abschreibung ohne Übergang zur linearen Abschreibung bei alternativen Degressionssätzen und Abschreibung auf null in $t = n$

Zur Ermittlung des Zeitpunkts des Übergangs zur linearen Abschreibung muss formal gelten:

$$RBW_{t-1} \times g \leq \frac{RBW_{t-1}}{n+1-t} \quad \text{für} \quad 1 < t < n. \tag{8}$$

Der linke Teil von Gleichung (8) repräsentiert die geometrisch-degressive Abschreibung, während der rechteTeil die lineare Abschreibung darstellt. Der Term $n + 1 - t$ stellt die Restnutzungsdauer aus Sicht des Bilanzstichtags in $t - 1$ dar.

Mit $RBW_{t-1} = A_0 \times (1 - g)^{t-1}$ ergibt sich dann ausgehend von Gleichung (8)[160]

[160] *Hier wird angenommen, dass die Anschaffung zu Beginn der Rechnungsperiode erfolgt.*

$$\begin{aligned} A_0 \times (1-g)^{t-1} \times g &\leq \frac{A_0 \times (1-g)^{t-1}}{n+1-t} \\ g &\leq \frac{1}{n+1-t} \\ g \times (n+1-t) &\leq 1 \\ 1-t &\leq \frac{1}{g} - n \\ t-1 &\geq n - \frac{1}{g} \\ t^* &\geq \left(n - \frac{1}{g}\right) + 1, \end{aligned} \tag{9}$$

wobei t^* den optimalen Zeitpunkt des Übergangs darstellt.

(c) Geometrisch-degressive Abschreibung II

- *Lösung* durch
  (1.) vollständige Abschreibung des Restbuchwerts in $t = n$,
  (2.) Abschreibung auf vorher festgelegten Wert oder
  (3.) Wechsel zur linearen Abschreibung und Abschreibung auf Null.

(1.) *Abschreibung des Restbuchwerts in $t = n$*

Die Abschreibung des Restbuchwerts in $t = n$ würde vor allem bei kurzen Nutzungsdauern zu unverhältnismäßig hohen Abschreibungen führen. Die Methode des Wechsels zur linearen Abschreibung entspricht eher den GoB.

470

(c) Geometrisch-degressive Abschreibung III

(2.) *Abschreibung auf vorher festgelegten Wert*

Abschreibung auf vorher festgelegten Wert RBW_k mit $k < n$, $RBW_k > 0$ und Abschreibungsrate g (für $k = n$ gilt $RBW = 0$).

$$g = 1 - \sqrt[k]{\frac{RBW_k}{A_0}}$$

(3.) Der *Wechsel zur linearen Abschreibung* erfolgt idealerweise in dem Zeitpunkt, ab dem die lineare Abschreibung die degressive Abschreibung übersteigt. Es muss gelten:

$$t^* \geq \left(n - \frac{1}{g}\right) + 1$$

471

Beispiel 30 (Geometrisch-degressive AfA)

Ermitteln Sie analog zu Beispiel 28 auf Folie 461 die Abschreibungen und die Restbuchwerte im Fall der geometrisch-degressiven Abschreibung

(a) ohne Übergang zur linearen Abschreibung ($RBW_n = 0$) bzw.

(b) mit Übergang zur linearen Abschreibung mit der Maßgabe der maximal möglichen Abschreibung in den einzelnen Perioden.

Der degressive Abschreibungssatz betrage $g = 30\%$.

472

Für sehr kleine Degressionssätze, formal

$$\left(n - \frac{1}{g}\right) \leq 0 \quad \rightarrow \quad g \leq \frac{1}{n} \tag{10}$$

führt die lineare Abschreibung von Beginn an zu höheren Abschreibungsbeträgen als die geometrisch-degressive Abschreibung.

Da der Wechsel nicht unterjährig erfolgen kann, muss letztlich t^* aufgerundet werden. Bei unterjähriger Anschaffung muss beachtet werden, dass in diesem Fall das Nutzungsjahr nicht mit dem Kalenderjahr bzw. Wirtschaftsjahr übereinstimmt. Um das korrekte *Wirtschaftsjahr* des Übergangs zu ermitteln, muss zu t^* der Jahresanteil aus dem Jahr der Anschaffung hinzuaddiert und dann aufgerundet werden. Gleichungen (8) und (9) verändern sich in diesem Fall zu

$$\begin{aligned} A_0 \times \left(1 - \frac{12 - \alpha + 1}{12} \times g\right) \times (1 - g)^{t-2} \times g \quad &\leq \quad \frac{A_0 \times \left(1 - \frac{12-\alpha+1}{12} \times g\right) \times (1 - g)^{t-2}}{n + (1 + \alpha) - t} \\ t^* \quad &\geq \quad \left(n - \frac{1}{g}\right) + (1 + \alpha), \end{aligned} \tag{11}$$

wobei α für den Jahresanteil im Wirtschaftsjahr der Anschaffung steht, für den keine Abschreibung geltend gemacht werden kann. Erfolgt z. B. die Anschaffung im vorliegenden Beispiel[161] erst im Dezember, beträgt $\alpha = \frac{11}{12}$ und das Wirtschaftsjahr des Übergangs ermittelt sich als

[161] *Die Ausgangsdaten resultieren aus Beispiel 29.*

$$t^* = 6 - \frac{1}{0{,}3} + 1 + \frac{11}{12} = 4{,}58 \rightarrow 5.$$

472–477 In *Beispiel 30* wird zunächst davon ausgegangen, dass kein Übergang zur linearen Abschreibung stattfindet. Dies hat zur Folge, dass in $t = 6$ ein Restbetrag i. H. v. 403,37 EUR abzuschreiben ist. *Abb. 42* stellt den Fall ohne Übergang zur linearen Abschreibung dar.

Sofern zur linearen Abschreibung übergegangen werden soll, erfolgt dies in $t = 4$, da hier die lineare Abschreibung (274,40 EUR) zum ersten Mal die degressive Abschreibung (246,96 EUR) übersteigt. Anhand der Größe der gestrichelten Boxen lässt sich in *Abb. 43* die Phase der linearen Abschreibung gut erkennen.

In *Abb. 44* sind die beiden Abschreibungsvarianten nochmals zusammen dargestellt.

Lösung Beispiel 30 I

(a) Geometrisch-degressive Abschreibung ohne Übergang zur lin. Abschreibung

$AfA_t = RBW_{t-1} \times g \qquad RBW_t = RBW_{t-1} \times (1 - g)$

t	RBW_{t-1}	AfA_t	RBW_t
1	2 400,00	2 400,00 × 0,3 = 720,00	2 400,00 − 720,00 = 1 680,00
2	1 680,00	1 680,00 × 0,3 = 504,00	1 680,00 − 504,00 = 1 176,00
3	1 176,00	1 176,00 × 0,3 = 352,80	1 176,00 − 352,80 = 823,20
4	823,20	823,20 × 0,3 = 246,96	823,20 − 246,96 = 576,24
5	576,24	576,24 × 0,3 = 172,87	576,24 − 172,87 = 403,37
6	403,37	403,37	403,37 − 403,37 = 0,00

473

Lösung Beispiel 30 II // (a) ohne Übergang zur linearen Abschreibung

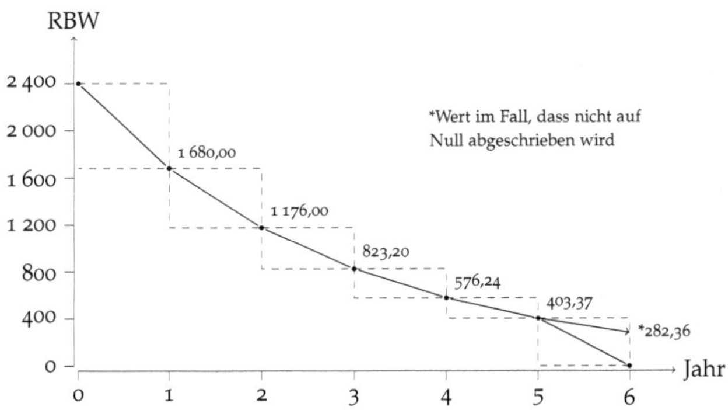

Abb. 42 Geometrisch-degressive Abschreibung ohne Übergang

474

Lösung Beispiel 30 III // (b) mit Übergang zur linearen Abschreibung

degressive AfA $= RBW_{t-1} \times g$ Übergang in $t = n - \frac{1}{0{,}3} + 1 = 3{,}67 \rightarrow 4$

$$\text{lineare AfA} = \frac{RBW_{t-1}}{n - t + 1}$$

$$AfA_t = \max\{\text{degressive AfA}; \text{lineare AfA}\}$$

t	RBW_{t-1}	*degressive AfA*	*lineare AfA*	AfA_t	RBW_t
1	2 400,00	720,00	400,00	720,00	1 680,00
2	1 680,00	504,00	336,00	504,00	1 176,00
3	1 176,00	352,80	294,00	352,80	823,20
4	823,20	246,96	274,40	274,40	548,80
5	548,80	164,64	274,40	274,40	274,40
6	274,40	82,32	274,40	274,40	0,00

475

(d) Arithmetisch-degressive Abschreibung

478–480 Charakteristisch für die arithmetisch-degressive Abschreibung ist, dass die jährlichen Abschreibungsbeträge jeweils um einen konstanten Betrag fallen. Wie bei der geometrisch-degressiven Methode müssen auch hier grundsätzlich zwei Fälle unterschieden werden.[162] Diese sind in *Darstellung* 77 abgetragen. Die digitale Abschreibung stellt eine Sonderform der arithmetisch-degressiven Abschreibung dar.[163]

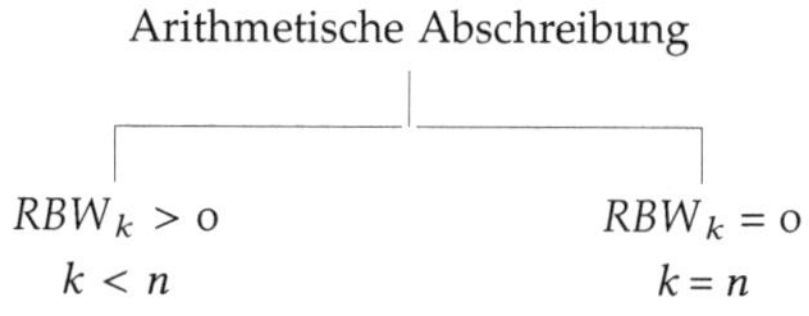

Darstellung 77 Fälle der arithmetischen Abschreibung

Bei der Herleitung der Formel für die digitale Abschreibung stellt man zunächst den gesamten Abschreibungsbetrag $(A_0 - RBW_n)$ der Summe der Abschreibungsbeträge gegenüber, wobei Δ_{AfA} den konstanten Betrag darstellt, um den die Abschreibungsbeträge jährlich sinken (Degressionsbetrag).

$$\begin{aligned}(A_0 - RBW_n) = AfA_1 & \\ &+ (AfA_1 - \Delta_{AfA}) \\ &+ (AfA_1 - 2 \times \Delta_{AfA}) \\ &+ (AfA_1 - 3 \times \Delta_{AfA}) + \ldots \\ &+ (AfA_1 - (n-1) \times \Delta_{AfA}).\end{aligned} \tag{12}$$

Es gilt $AfA_2 = (AfA_1 - \Delta_{AfA})$, $AfA_3 = (AfA_1 - 2 \times \Delta_{AfA})$ usw. Die Vereinfachung von (12) liefert

$$\begin{aligned}(A_0 - RBW_n) = AfA_1 + AfA_1 + AfA_1 + AfA_1 + \ldots + AfA_1 & \\ - \Delta_{AfA} - 2 \times \Delta_{AfA} - 3 \times \Delta_{AfA} - \ldots & \\ - (n-1) \times \Delta_{AfA}. &\end{aligned} \tag{13}$$

Vereinfacht man (13) weiter, erhält man

$$(A_0 - RBW_n) = n \times AfA_1 - \Delta_{AfA} \times \underbrace{(1 + 2 + 3 + \ldots + (n-1))}_{\Psi}. \tag{14}$$

Vereinfachung von Ψ (Psi) aus (14): Angenommen es gelte $n = 10$, in diesem Fall ergibt Ψ

$$\Psi = \sum_{t=1}^{n-1} t = 1 + 2 + 3 + 4 + 5 + 6 + 7 + 8 + 9. \tag{15}$$

[162] *Behalten des Vermögensgegenstands bis zum Ende der betriebsgewöhnlichen Nutzungsdauer ($k = n$) oder vorzeitiges Verlassen des Unternehmens ($k < n$).*

[163] *Der letzte Abschreibungsbetrag entspricht in diesem Fall gerade dem Degressionsbetrag.*

Lösung Beispiel 30 IV // (b) mit Übergang zur linearen Abschreibung

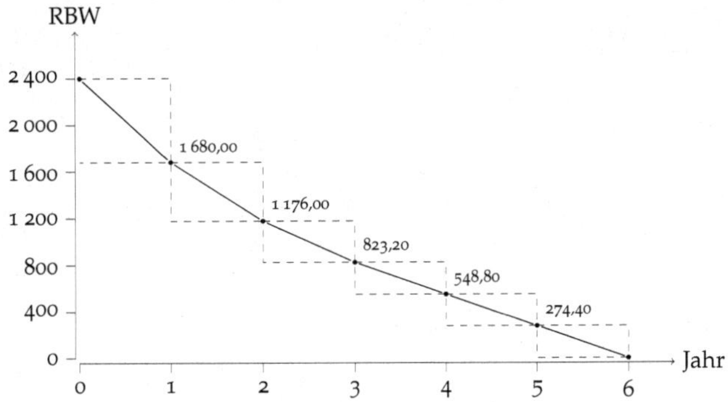

Abb. 43 Geometrisch-degressive Abschreibung mit Übergang zur linearen Abschreibung I

476

Lösung Beispiel 30 V // (b) mit Übergang zur linearen Abschreibung

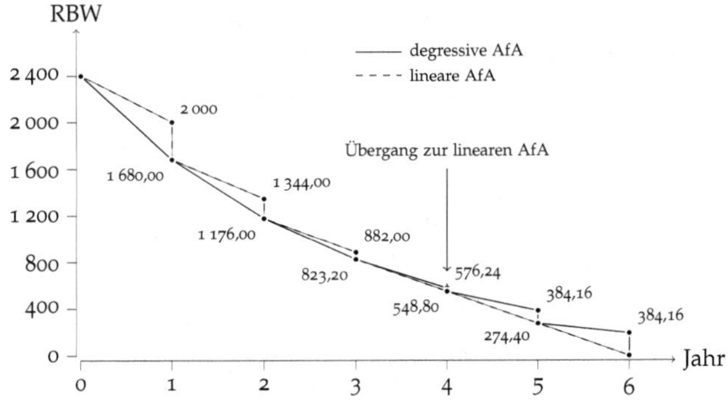

Abb. 44 Geometrisch-degressive Abschreibung mit Übergang zur linearen Abschreibung II

477

(d) Arithmetisch-degressive Abschreibung I

- Die arithmetisch-degressive Abschreibung kommt i. d. R. in Form der *digitale Abschreibung* (engl. *sum of digits-method*) zur Anwendung und ist steuerlich unzulässig.
- Abschreibung in fallenden Jahresbeträgen, wobei die Jahresbeträge jährlich jeweils um einen konstanten Betrag (Degressionsbetrag) d fallen.
- Der Degressionsbetrag ermittelt sich formal als

$$d = \frac{A_0 - RBW_n}{S} = \frac{A_0 - RBW_n}{\sum_{t=1}^{n} t} = \frac{A_0 - RBW_n}{\frac{n \times (n+1)}{2}}$$

mit S = Summe der Jahresordnungszahlen.

478

Umformen von (15) ergibt:

$$\underbrace{(1+9)}_{10}+\underbrace{(2+8)}_{10}+\underbrace{(3+7)}_{10}+\underbrace{(4+6)}_{10}+\underbrace{5}_{\frac{10}{2}}. \tag{16}$$

Unter Verwendung von (16) kann Ψ vereinfacht werden zu

$$\Psi=\left(\frac{n-2}{2}\right)\times n+\frac{n}{2}=\frac{n\times(n-1)}{2}. \tag{17}$$

Unter Verwendung von (17) kann (14) vereinfacht werden zu

$$(A_0-RBW_n)=n\times AfA_1-\Delta_{AfA}\times\frac{n\times(n-1)}{2}. \tag{18}$$

Auflösung von (18) nach Δ_{AfA} ergibt

$$\Delta_{AfA}=\frac{(A_0-RBW_n)-n\times AfA_1}{-\frac{n\times(n-1)}{2}}. \tag{19}$$

Sofern A_0, n und RBW_n determiniert sind, stellt sich die Frage, wie hoch AfA_1 ist. Löst man (19) nach AfA_1 auf, erhält man

$$AfA_1=\frac{\Delta AfA\times\left(-\frac{n\times(n-1)}{2}\right)-(A_0-RBW_n)}{-n}. \tag{20}$$

Sofern gilt $AfA_1=\frac{(A_0-RBW_n)}{n}$, liegt lineare Abschreibung vor.[164] In diesem Fall beträgt $\Delta AfA=0$. Der Degressionsbetrag wird maximal im Fall

[164] *Dazu: $\Delta_{AfA}=0$ in Gleichung (19) einfügen und nach AfA_1 auflösen.*

$$\Delta AfA=\frac{(A_0-RBW_n)}{\frac{n\times(n-1)}{2}}. \tag{21}$$

In diesem Fall gilt $AfA_n=0$.

BEISPIEL

Das nachstehende Beispiel soll die Auswirkungen alternativer Degressionsbeträge darstellen: Ausgehend von Beispiel 29 aus Folie 442 sollen die Anschaffungskosten i. H. v. $A_0=2\,400$ EUR auf einen Restbuchwert von 600 EUR in $n=6$ abgeschrieben werden. Um die Auswirkung alternativer Degressionsbeträge darzustellen, wurden vier alternative Abschreibungspfade gewählt, die in *Darstellung* 78 auf Seite 356 dargestellt sind. Im Fall (1) wurde der Degressionsbetrag so gewählt, dass die Abschreibungsbeträge im Zeitablauf konstant bleiben. Fall (1) stellt die obere Randlösung dar und entspricht dem Pfad der linearen Abschreibung. Fall (4) bildet den unteren Rand, wobei der Degressionsbetrag so gewählt wurde, dass der Abschreibungsbetrag in n gerade null beträgt. Bei den Fällen (2) und (3) handelt es sich um »innere« Lösungen.

(d) Arithmetisch-degressive Abschreibung II

- Der Abschreibungsbetrag in t ergibt dann

$$AfA_t = \frac{n+1-t}{S} \times (A_0 - RBW_n)$$

mit $(n+1-t)$ = Restnutzungsdauer $(t > 0)$.

- *Alternativ* lässt sich der Abschreibungsbetrag in t ermitteln als:

$$AfA_t = (n+1-t) \times d = (A_0 - RBW_n) \times \frac{n+1-t}{S} \quad \text{für} \quad 0 < t < n.$$

- Bei der digitalen Abschreibung gilt $AfA_n = d$.
- Beispiel – $A_0 = 2\,400$, $RBW_n = 0$, $n = 6$

479

(d) Arithmetisch-degressive Abschreibung III

- *Lösung:* $S = \frac{n \times (n+1)}{2} = \frac{6 \times 7}{2} = 21$

$AfA_1 = \frac{6}{21} \times 2\,400 = 685{,}71$

$AfA_2 = \frac{5}{21} \times 2\,400 = 571{,}43$

$AfA_3 = \frac{4}{21} \times 2\,400 = 457{,}14$

...

- *Alternativ:* $d = \frac{A_0 - RBW_n}{S} = \frac{A_0 - RBW_n}{\frac{n \times (n+1)}{2}} = \frac{2\,400}{21} = 114{,}29$

$AfA_1 = 6 \times 114{,}29 = 685{,}71$

$AfA_2 = 5 \times 114{,}29 = 571{,}43$

$AfA_3 = 4 \times 114{,}29 = 457{,}14$

...

480

	(1) $\Delta AfA = 0$		(2) $\Delta AfA = 40$		(3) $\Delta AfA = 80$		(4) $\Delta AfA = 120$	
Jahr	RBW	AfA	RBW	AfA	RBW	AfA	RBW	AfA
1	2 100	300	2 000	400	1 900	500	1 800	600
2	1 800	300	1 640	360	1 480	420	1 320	480
3	1 500	300	1 320	320	1 140	340	960	360
4	1 200	300	1 040	280	880	260	720	240
5	900	300	800	240	700	180	600	120
6	600	300	600	200	600	100	600	0

Darstellung 78 Beispiel zur arithmetisch-degressiven Abschreibung bei alternativen Degressionsbeträgen

In *Darstellung* 79 ist die Entwicklung der Restbuchwerte bei alternativen Abschreibungspfaden der arithmetisch-degressiven Abschreibung abgetragen. Es ist deutlich zu erkennen, dass die Degression im Fall (4) am stärksten ausfällt.[165]

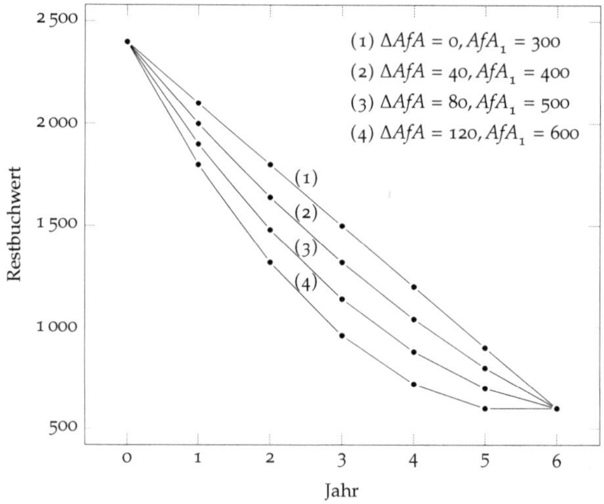

Darstellung 79 Arithmetisch-degressive Abschreibung bei alternativen Degressionsbeträgen

Ein Spezialfall der arithmetisch-degressiven Abschreibung stellt die digitale Abschreibung[166] dar.

Im Fall der *digitalen* Abschreibung besteht die Abschreibung in der ersten Periode aus einem Vielfachen des Degressionsbetrags.

165 *Problematisch bei diesem Fall ist, dass faktisch auf eine Nutzungsdauer von $t = n - 1$ Perioden abgeschrieben wird.*

166 *Im Englischen wird diese Abschreibungsform als »sum-of-digits method« bezeichnet. Namensgeber ist dabei die Summe der Jahresziffern (Jahresordnungszahlen).*

Für AfA_1 muss also gelten

$$AfA_1 = n \times \Delta_{AfA}, \tag{22}$$

da in $t = n$ gelten muss: $AfA_n = \Delta_{AfA}$, um eine konstante Veränderung zu gewährleisten. Die Zusammenführung von (19) und (6) liefert

$$\Delta_{AfA} = \frac{(A_0 - RBW_n) - n \times n \times \Delta_{AfA}}{-\frac{n\times(n-1)}{2}}. \tag{23}$$

Die Auflösung von (6) nach Δ_{AfA} ergibt

$$\begin{aligned}
\Delta_{AfA} &= \frac{(A_0 - RBW_n)}{-\frac{n\times(n-1)}{2}} + \frac{n \times \Delta_{AfA}}{\frac{(n-1)}{2}} \\
\Delta_{AfA} - \frac{n \times \Delta_{AfA}}{\frac{(n-1)}{2}} &= \frac{(A_0 - RBW_n)}{-\frac{n\times(n-1)}{2}} \\
\frac{\Delta_{AfA} \times \frac{(n-1)}{2} - n \times \Delta_{AfA}}{\frac{(n-1)}{2}} &= \frac{(A_0 - RBW_n)}{-\frac{n\times(n-1)}{2}} \\
\frac{\frac{\Delta_{AfA}\times(n-1)}{2} - \frac{2\times n\times\Delta_{AfA}}{2}}{\frac{(n-1)}{2}} &= \frac{(A_0 - RBW_n)}{-\frac{n\times(n-1)}{2}} \\
\frac{\Delta_{AfA} \times (n-1) - 2 \times n \times \Delta_{AfA}}{(n-1)} &= \frac{(A_0 - RBW_n)}{-\frac{n\times(n-1)}{2}} \\
\frac{\Delta_{AfA} \times (n - 1 - 2 \times n)}{(n-1)} &= \frac{(A_0 - RBW_n)}{-\frac{n\times(n-1)}{2}} \\
\frac{\Delta_{AfA} \times (-n-1)}{(n-1)} &= \frac{(A_0 - RBW_n)}{-\frac{n\times(n-1)}{2}} \\
\Delta_{AfA} &= \frac{(A_0 - RBW_n)}{-\frac{n\times(n-1)}{2}} \times \frac{(n-1)}{(-n-1)} \\
\Delta_{AfA} &= \frac{(A_0 - RBW_n)}{-\frac{n\times(-n-1)}{2}} \\
\Delta_{AfA} &= \frac{(A_0 - RBW_n)}{\frac{n\times(n+1)}{2}}.
\end{aligned} \tag{24}$$

Verwendet man $\Delta AfA = d$ und drückt man die Summe der Jahresordnungszahlen als

$$S = \sum_{t=1}^{n} t = \frac{n \times (n+1)}{2} \tag{25}$$

aus, vereinfacht sich (24) zu

$$d = \frac{A_0 - RBW_n}{S}.$$

Da $AfA_1 = n \times d$, ergibt sich für AfA_t (für $t > 1$)

$$AfA_t = n \times d - (t-1) \times d$$
$$AfA_t = (n - t + 1) \times d$$

Im Fall der unterjährigen Anschaffung gilt bei der digitalen Abschreibung zu beachten, dass anders als im Fall der geometrisch-degressiven Abschreibung das Abschreibungsjahr (= Nutzungsjahr (Nj)) über das Ende des Kalenderjahres hinausgeht. Würde im Ausgangsbeispiel der Pkw z. B. im Mai 2014 angeschafft werden, würden sich die Anschaffungskosten wie folgt auf die einzelnen Kalenderjahre (= Wirtschaftsjahre (Wj)) verteilen:

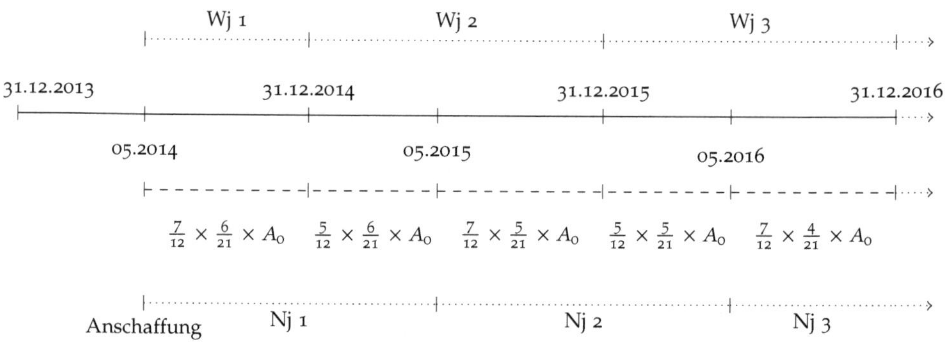

Darstellung 80 Digitale Abschreibung bei unterjähriger Anschaffung

Im Kalenderjahr 2015 (= Wirtschaftsjahr 2) ergibt sich folglich eine Abschreibung i. H. v.

$$AfA_2 = \left(\frac{5}{12} \times \frac{6}{21} + \frac{7}{12} \times \frac{5}{21}\right) \times A_0$$

anstatt $\frac{5}{21} \times A_0$. $\frac{5}{12} \times \frac{6}{21}$ entsprechen den 5 letzten Monaten des 1. Nutzungsjahres (Nj 1), die auf das 2. Wirtschaftsjahr (Wj 2) entfallen während $\frac{7}{12} \times \frac{5}{21}$ gerade 7 Monate des 2. Nutzungsjahres entsprechen, die auf das 2. Wirtschaftsjahr entfallen.

481–483 *Beispiel 31* zeigt die Funktionsweise der digitalen Abschreibung als Sonderform der arithmetisch-degressiven Abschreibung. Die Abschreibung der ersten Periode beträgt das Sechsfache des Degressionsbetrags. *Abb. 45* zeigt den Verlauf des Restbuchwerts der einzelnen Perioden. Insgesamt stellt die digitale Abschreibung eine »innere« Form der arithmetisch-degressiven Abschreibung dar, da weder $d = 0$ noch $AfA_{n-1} = 0$ gilt.

Beispiel 31 (Digitale Abschreibung)

Ermitteln Sie analog zu Beispiel 28 auf Folie 461 die Abschreibungen und die Restbuchwerte im Fall der arithmetisch-degressiven (digitalen) Abschreibung

481

Lösung Beispiel 31 (Digitale Abschreibung) I

$$d = \frac{A_0}{\frac{n \times (n+1)}{2}} = \frac{2\,400}{\frac{6 \times (6+1)}{2}} = 114{,}29$$

$$AfA_1 = n \times d = 6 \times 114{,}29 = 685{,}74$$

$$AfA_t = AfA_1 - (t-1) \times d \quad \text{für} \quad t = 2, \ldots, n$$

t	RBW_{t-1}	AfA_t	RBW_t
1	2 400,00	685,74	1 714,26
2	1 714,26	571,45	1 142,81
3	1 142,81	457,16	685,65
4	685,65	342,87	342,78
5	342,78	228,58	114,20
6	114,20	114,20	0,00

482

Lösung Beispiel 31 (Digitale Abschreibung) II // graphische Darstellung

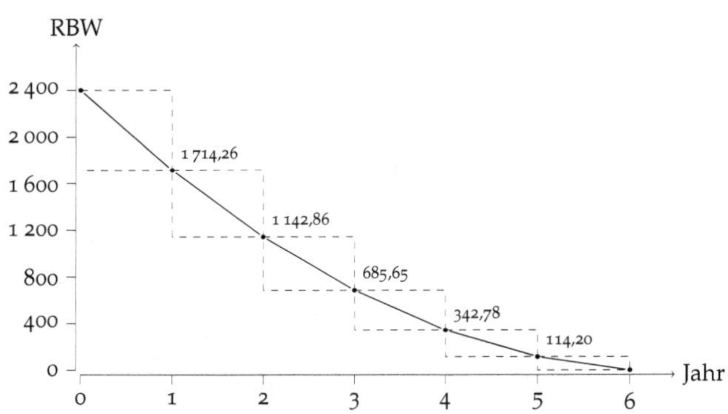

Abb. 45 Digitale Abschreibung

483

484–486 *Beispiel 32* fasst die graphische Darstellung der Methoden planmäßiger Abschreibung aus den vorangehenden Beispielen zusammen. In *Abb. 46* ist die Entwicklung der Abschreibungsbeträge dargestellt. Hier ist deutlich zu erkennen, dass die Abschreibungsbeträge der geometrisch-degressiven Methode beinahe diametral zu den Beträgen der leistungsabhängigen Methode verlaufen. Diese extremen Unterschiede werden in *Abb. 47* relativiert. Man erkennt, dass in allen Varianten am Ende der betriebsgewöhnlichen Nutzungsdauer stets ein Restbuchwert von null resuliert. Insgesamt über die Totalperiode betrachtet werden bei allen Methoden in Summe jeweils die historischen Anschaffungskosten abgeschrieben. Die erfolgswirksame Gesamtwirkung jeder einzelnen Methode bleibt über die Totalperiode gesehen also gleich. Allerdings sind in den einzelnen Perioden erhebliche Unterschiede zu erkennen.

Schließlich wurde in *Abb. 48* eine andere Form der Darstellung der Entwicklung der Abschreibungsbeträge gewählt. Die einzelnen Perioden sind durch unterschiedliche Muster gekennzeichnet. Man erkennt, dass die Unterschiede der degressiven Methoden (geometrisch-degressiv mit Übergang zur linearen Abschreibung, geometrisch-degressiv ohne Übergang zur linearen Abschreibung sowie digitale Abschreibung) untereinander im Vergleich zur linearen- oder leistungsabhängigen Abschreibung wesentlich geringer ausfallen.

Ermittlung der betriebsgewöhnlichen Nutzungsdauer: Mal anders!

Beispiel 32 (Graphischer Vergleich) I // Graphischer Vergleich der AfA-Methoden

Entwicklung der Abschreibungsbeträge

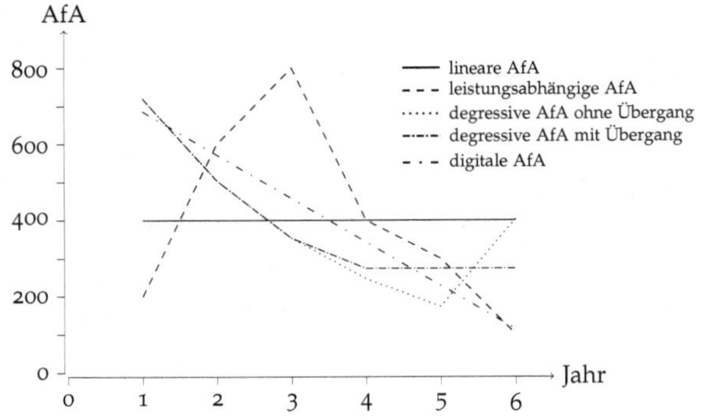

Abb. 46 Graphischer Vergleich der AfA-Methoden I 484

Beispiel 32 (Graphischer Vergleich) II // Graphischer Vergleich der AfA-Methoden

Entwicklung der Restbuchwerte

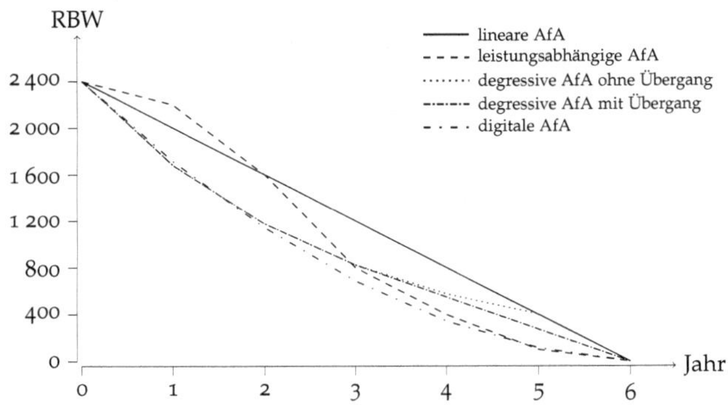

Abb. 47 Graphischer Vergleich der AfA-Methoden II 485

Beispiel 32 (Graphischer Vergleich) III // Graphischer Vergleich der AfA-Methoden

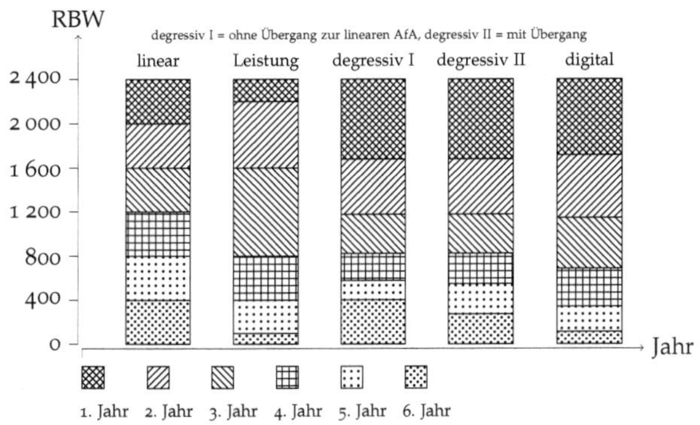

Abb. 48 Graphischer Vergleich der AfA-Methoden III 486

(e) Progressive Abschreibung

487 Die progressive Abschreibung gehört zu den Zeitabschreibungen. Bei ihr erfolgt – anders als bei den degressiven Methoden – eine Erhöhung der periodischen Abschreibung im Zeitablauf. In den vorhergehenden Beispielen wurde ein teilweise progressiver Verlauf bei der leistungsabhängigen Abschreibung gezeigt. Die progressive Abschreibung ist handelsrechtlich zulässig. Steuerrechtlich ist die progressive Abschreibung unzulässig. Wie oben beschrieben kann jedoch die Leistungsabschreibung in progressiver Form auftreten.

Ökonomisch wird die progressive Abschreibung z. B. mit im Zeitablauf zunehmender Auslastung des Anlagevermögens begründet. Sie spielt jedoch in der Praxis eine eher untergeordnete Rolle.

(f) Abschreibung in Staffelsätzen

488 Als steuerliche Sonderform der Abschreibung gilt die Abschreibung in Staffelsätzen. Dabei werden die in den einzelnen Perioden anzuwendenden Abschreibungssätze gesetzlich vorgeschrieben. Beschränkt ist diese Sonderform auf Gebäude. Sie trägt charakteristische Züge der degressiven Abschreibung, da die Abschreibungssätze im Zeitablauf sinken. Sie findet nur noch bei Altfällen[167] Anwendung.

[167] *Bei Gebäuden mit Bauanträgen bis 2005.*

7.5.2 *Kontrollfragen*

1. Wann ist ein Vermögensgegenstand dem Anlagevermögen zuzurechnen?
2. In welche Kategorien lassen sich die Vermögensgegenstände des Anlagevermögens einteilen? Geben Sie jeweils Beispiele an!
3. Was versteht man unter historischen Anschaffungskosten? Wie lautet das buchhalterische Gegenstück zu den historischen Anschaffungskosten?
4. Erläutern Sie, was unter dem »Anschaffungskostenprinzip« zu verstehen ist!
5. Zu welchen Werten erfolgt die Erstbewertung des Anlagevermögens?
6. Welche Vermögensgegenstände des Anlagevermögens können nicht hergestellt werden? Geben Sie mindestens zwei Beispiele an!
7. Erläutern Sie die Vorgehensweise zur Ermittlung von Anschaffungskosten!
8. Liegen im Folgenden Anschaffungsnebenkosten vor? Begründen Sie Ihre Antwort!
   (a) Kosten für das Fundament einer Maschine
   (b) Makler-, Gutachter-, und Vermessungsgebühren bei Grundstücken

(e) Progressive Abschreibung

- Die progressive Abschreibung ist *steuerlich unzulässig*.
- Die Abschreibung steigt im Zeitablauf.
- In der Praxis kommt sie *eher selten* zur Anwendung.
- Die progressive Abschreibung kommt z. B bei Kraftwerken oder Rechenzentren, deren Auslastung im Zeitablauf steigt, zur Anwendung.
- Kann bei der leistungsabhängigen Abschreibung auftreten.

487

(f) Abschreibung in Staffelsätzen

- Staffelung der Abschreibungen,
- i. d. R. Anfänglich hohe im Zeitablauf dann sinkende Abschreibungsbeträge,
- Findet hauptsächlich für steuerliche Zwecke für Altfälle Anwendung (§ 7 Abs. 5 EStG),
- *Beispiel* – unter bestimmten Voraussetzungen können Gebäude steuerrechtlich gem. § 7 Abs. 5 Satz 1 Nr. 1 EStG wie folgt abgeschrieben werden:

		Σ
im Jahr der Fertigstellung und in den folgenden drei Jahren	jeweils 10%	40%
in den darauf folgenden drei Jahren	jeweils 5%	15%
in den darauf folgenden 18 Jahren	jeweils 2,5%	45%
	gesamt	100%

488

(c) Kosten für einen Probelauf unter Aufsicht des TÜV
(d) Zinskosten für die Finanzierung einer Maschine
(e) Planungskosten für die Beratung durch ein Ingenieurbüro bei Errichtung einer Walzstraße
(f) Transportkosten

9. Gehen Sie auf die Rolle der Umsatzsteuer und Finanzierungsaufwendungen im Zusammenhang mit Anschaffungskosten ein!
10. Was ist unter nachträglichen Anschaffungskosten zu verstehen? Geben Sie zwei Beispiele an!
11. Was versteht man unter offenen Rücklagen?
12. Wann können auch in der Bilanzposition *Bank* stille Reserven vorhanden sein?

13. Geben Sie Beispiele an für die Entstehung stiller Reserven.
14. Wann müssen bei Anwendung des Realisationsprinzips stille Reserven entstehen?
15. Ist es buchungstechnisch möglich, ein negatives Eigenkapitalkonto durch eine Einlage in Höhe des negativen Kontostandes auszugleichen? Wie kann der Ausgleich noch erfolgen?
16. Wodurch unterscheiden sich der *derivative* und *originäre* Geschäfts- oder Firmenwert?
17. Warum besteht für den originären Geschäfts- oder Firmenwert Aktivierungsverbot?
18. Erfüllt der derivative Geschäfts- oder Firmenwert die Merkmale eines Vermögensgegenstands? Begründen Sie Ihre Antwort!
19. Wäre es möglich, im Rahmen des Kaufpreises für eine Unternehmung
    (a) einen erworbenen Mitarbeiterstamm,
    (b) erworbene Patente,
    (c) einen übernommenen Kundenstamm,
    als derivativen Geschäfts- oder Firmenwert zu aktivieren, wenn der Kaufpreis über der Summe der Werte der einzelbewertungsfähigen Vermögensgegenstände abzüglich Schulden liegt?
20. Erläutern Sie an einem selbstgewählten Beispiel des Erwerbs einer Unternehmung in Bezug auf selbstgewählte Angaben die Aktivierung eines Firmenwertes, wenn der Substanzwert der Vermögensgegenstände die Buchwerte in der Schlussbilanz des Veräußerers übersteigt. Erläutern Sie hierbei den Unterschied zwischen Firmenwert und stillen Rücklagen.
21. Zu welchen Werten erfolgt die Folgebewertung beim Anlagevermögen?
22. Warum kann es im Interesse des Unternehmers liegen (a) besonders hoch bzw. (b) eher niedrig abzuschreiben?
23. Warum verlangt das HGB eine »planmäßige« Abschreibung?
24. Worin besteht der Zweck planmäßiger Abschreibungen?
25. Beurteilen Sie die Konventionen bezüglich der Ermittlung planmäßiger Abschreibung hinsichtlich des Ausweises der »tatsächlichen Vermögens und Ertragslage«!
26. Wie erfolgt die Bestimmung der Nutzungsdauer?
27. Zeigen Sie anhand eines selbstgewählten Beispiels, dass es im Wirtschaftsjahr der Veräußerung von Anlagevermögen hinsichtlich des Periodenerfolgs unerheblich ist, ob im Monat der Veräußerung noch planmäßige Abschreibungen vorgenommen werden oder nicht?
28. Ausgehend von 27., erläutern Sie, inwiefern die Vornahme planmäßiger Abschreibung im Monat der Veräußerung Auswirkungen auf die Erfolgsquellen hinsichtlich der Erfolgsspaltung in der GuV hat!

29. Welche Formen der Zeitabschreibung kennen Sie?
30. Was versteht man unter »Sonderabschreibungen«?
31. Worin besteht der Unterschied zwischen der geometrisch-degressiven und der arithmetisch-degressiven Abschreibung?
32. Zu welchem Problem führt die Anwendung der geometrisch-degressiven Abschreibung in ihrer reinen Form und welche Möglichkeiten zur Lösung des Problems sind denkbar? Diskutieren Sie die Vor- und Nachteile der Lösungsmöglichkeiten!
33. Wie hoch ist die Abschreibung bei geometrisch-degressiver AfA bei $A_0 = 100\,000$ EUR, $n = 20$ und $g = 0{,}15$ in $t = 13$?
34. Wie hoch muss der Degressionssatz g im Allgemeinen sein, damit von Beginn an die lineare Abschreibung in jeder Periode zu höheren Abschreibungsbeträgen führt als die geometrisch-degressive Abschreibung?
35. Welche Probleme bringen unterjährige Anschaffungen und Veräußerungen hinsichtlich der Ermittlung der Abschreibungsbeträge bei den alternativen Methoden planmäßiger Abschreibung mit sich?
36. Worin bestehen die wesentlichen Unterschiede zwischen linearer, leistungsabhängiger, geometrisch-degressiver und digitaler Abschreibung?
37. In welchem Verhältnis stehen arithmetisch-degressive und digitale Abschreibung?
38. Welcher Wert muss im Fall der digitalen Abschreibung der Degressionsbetrag d im Allgemeinen annehmen, damit
    (a) lineare Abschreibung vorliegt,
    (b) die Abschreibung in $t = n$ gerade null beträgt?
39. Ermitteln Sie anhand eines selbstgewählten Beispiels für einen Vermögensgegenstand des Anlagevermögens mit einer betriebsgewöhnlichen Nutzungsdauer von $n = 5$ Jahren die planmäßige Abschreibung im Fall der (a) leistungsabhängigen, (b) linearen, (c) geometrisch-degressiven (mit Übergang zur linearen AfA) und (d) digitalen Abschreibung.
40. Was versteht man unter (a) progressiver Abschreibung und (b) Abschreibung in fallenden Staffelsätzen? Geben Sie jeweils zwei Beispiele für deren Verwendung an!

LERNEINHEIT 10
Bilanzierung des Anlagevermögens nach HGB – Teil II

489–490 Lerneinheit 10 befasst sich mit Sonderfragen der Bilanzierung von Anlagevermögen. Insbesondere werden die Folgebewertung des Geschäfts- oder Firmenwertes, die aus dem Steuerrecht stammenden Regelungen zur Bilanzierung geringwertiger Wirtschaftsgüter, außerplanmäßige Abschreibungen, Zuschreibungen und Offenlegungspflichten im Anlagevermögen erläutert. ShortCode App # 1070

7.5.3 *Abschreibung des Geschäfts- oder Firmenwerts*

491 Grundsätzlich ist das Handelsrecht bei der Folgebewertung von Vermögensgegenständen wenig spezifisch. Sofern es sich bei dem bilanzierenden Kaufmann nicht um eine Kapitalgesellschaft handelt, existiert keine Vorgabe über die betriebsgewöhnliche Nutzungsdauer des GoF. Anders bei Kapitalgesellschaften, hier bedarf es gem. § 285 Abs. 1 Nr. 13 HGB einer Begründung, sofern eine über 5 Jahre hinausgehende betriebsgewöhnliche Nutzungsdauer angenommen wird.

Betrachtet man neben den handelsrechtlichen Vorschriften zusätzlich die steuerrechtlichen Regelungen, werden die unterschiedlichen Zielsetzungen der Rechenwerke Handelsbilanz und Steuerbilanz deutlich. Die Zielsetzung des Gläubigerschutzes im Handelsrecht gebietet eine besonders schnelle Abschreibung des GoF, da er – wenngleich bilanzierbar – aufgrund des Mangels an der Einzelveräußerbarkeit nicht wirklich ein Vermögensgegenstand darstellt und damit Unsicherheiten bezüglich seines tatsächlichen Wertes bestehen könnten. Für den Fiskus würde eine besonders schnelle Abschreibung hohe Steuerausfälle zur Folge haben. Um dies zu vermeiden, ist der GoF steuerrechtlich gem. § 7 Abs. 1 EStG verpflichtend über 15 Jahre abzuschreiben. Zusätzlich wird im Steuerrecht mit der linearen Abschreibungsmethode die Art der planmäßigen Abschreibung vorgegeben, während im Handelsrecht keine diesbezüglichen Vorgaben existieren.

Abschreibung des Geschäfts- oder Firmenwerts

Handelsrecht	*Steuerrecht*
Kapitalgesellschaften: 5 Jahre, andere Kaufleute: nicht bestimmt; keine Vorgabe der AfA-Methode	Abschreibung linear über 15 Jahre

Darstellung 81 Abschreibung des GoF im Handels- und Steuerrecht

Literatur und Lernziele I

1. *Literatur*

   Döring, Ulrich / Buchholz, Rainer (2015): *Buchhaltung und Jahresabschluss*, 14. Auflage, Erich Schmidt, Berlin, 109–115.

   Eisele, Wolfgang / Knobloch, Alois Paul (2011): *Technik des betrieblichen Rechnungswesens*, 8. Auflage, Vahlen, München, 460–464.

   Wöhe, Günter / Kußmaul, Heinz (2015): *Grundzüge der Buchführung und Bilanztechnik*, 9. Auflage, Vahlen, München, 250–257.

489

Literatur und Lernziele II

2. *Lernziele*

   Nach dieser Lerneinheit ...

   - kennen Sie die handelsrechtliche und steuerrechtliche Regelung zur Abschreibung des Geschäfts- oder Firmenwertes,
   - wissen Sie, was unter »geringwertigen Wirtschaftsgütern« zu verstehen ist und können deren Bilanzansatz beurteilen,
   - können Sie planmäßige Abschreibungen nach der direkten und indirekten Methode verbuchen,
   - können Sie außerplanmäßige Abschreibungen für das Anlagevermögen beurteilen, ermitteln und verbuchen,
   - sind Sie in der Lage, zu beurteilen, ob Zuschreibungen erforderlich sind, können die Zuschreibungen ermitteln und verbuchen,
   - können Sie die Werte des Anlagevermögens im Anlagegitter fortschreiben. 490

Abschreibung des GoF

- *Handelsrechtlich*
  - Eine Abschreibungsmethode (z. B linear oder degressiv) ist nicht vorgegeben.
  - Die betriebsgewöhnliche Nutzungsdauer ist nicht vorgegeben.
  - Allerdings müssen Kapitalgesellschaften Gründe angeben, sofern der GoF über mehr als *fünf Jahre* abgeschrieben wird; § 285 Nr. 13 HGB besagt:

    Ferner sind im Anhang anzugeben ...
    13. die Gründe, welche die Annahme einer betrieblichen Nutzungsdauer eines entgeltlich erworbenen Geschäfts- oder Firmenwertes von mehr als fünf Jahren rechtfertigen; [...]

- *Steuerrechtlich* ist der GoF über 15 *Jahre* (linear) abzuschreiben, § 7 Abs. 1 Satz 3 EStG.

  [3]Als betriebsgewöhnliche Nutzungsdauer des Geschäfts- oder Firmenwertes eines Gewerbebetriebs oder eines Betriebs der Land- und Forstwirtschaft gilt ein Zeitraum von 15 Jahren. 491

7.5.4 *Geringwertige Wirtschaftsgüter (GWG)*

492–493 Für bewegliche, abnutzbare Wirtschaftsgüter des Anlagevermögens mit geringem Wert, die einer selbständigen Nutzung fähig sind, gelten besondere *steuerrechtliche* Regelungen:[168]

1. Wirtschaftsgüter mit Anschaffungs- oder Herstellungskosten bis 150 EUR (netto) – auch als *geringstwertige Wirtschaftsgüter* bezeichnet – können zum Zeitpunkt der Anschaffung oder Herstellung direkt als Aufwand erfasst werden.
2. Wirtschaftsgüter mit Anschaffungs- oder Herstellungskosten zwischen 150 EUR und 410 EUR (netto) können aktiviert oder im Jahr der Anschaffung oder Herstellung, spätestens aber im Rahmen der vorbereitenden Abschlussbuchungen sofort abgeschrieben werden.
3. Wirtschaftsgüter mit Anschaffungs- oder Herstellungskosten zwischen 150 EUR und 1 000 EUR (netto) können in einem Sammelposten (»Pool«) aktiviert werden.[169] Der Sammelposten ist einheitlich linear über 5 Jahre im Rahmen der »Poolabschreibung« abzuschreiben. Abgänge der im Sammelposten erfassten GWG werden nicht durch Abschreibung, sondern zunächst ertragswirksam erfasst. Die spätere vollständige Abschreibung des Sammelpostens sorgt für eine – wenngleich zeitversetzte – Korrektur des gebuchten Ertrags.

Für Wirtschaftsgüter bis 410 EUR (ohne USt) ist die Sofortabschreibung immer besser. Der *Sammelposten* lohnt sich nur für Wirtschaftsgüter, deren Anschaffungs- oder Herstellungskosten zwischen 410 EUR und 1 000 EUR liegen und deren betriebsgewöhnliche Nutzungsdauer 5 Jahre übersteigt.[170]

Handelsrechtlich bestehen für die Behandlung von GWG keine expliziten Normen. Eine Anwendbarkeit der steuerlichen Regelungen ist grundsätzlich möglich, sofern diese nicht gegen den Grundsatz der Einzelbewertung verstoßen, und sofern die Vermögens-, Finanz- und Ertragslage nicht zutreffend dargestellt wird. Aus Wirtschaftlichkeitsgründen können Wirtschaftsgüter von geringstem Wert sofort als Aufwand verrechnet werden – eine Übernahme der steuerlichen Wertgrenzen von 150 EUR (netto) wird als unproblematisch angesehen. Darüber hinaus erscheint eine Sofortabschreibung für Wirtschaftsgüter bis 1 000 EUR (netto) als mit den GoB vereinbar.

494 *Übung 24* dient der Prüfung der Tatbestandsmerkmale für geringwertige Wirtschaftsgüter.

495–496 *Übung 25* zeigt, wie bei »Poolabschreibungen« vorgegangen wird.

[168] *Vgl. hierzu auch Sigloch (2011), S. 90f. Abb. 49 fasst die Fälle zusammen.*

[169] *Dieses Wahlrecht ist in § 6 Abs. 2a EStG kodifiziert.*

[170] *Bei der Ermittlung der Vorteilhaftigkeit müssen etwaige geplante Veräußerungen mitberücksichtigt werden, da die Ausbuchung des Restbuchwerts erst im Zeitablauf über die AfA erfolgt und nicht im Zeitpunkt der Veräußerung.*

Geringwertige Wirtschaftsgüter I

- Eine aus dem Steuerrecht resultierende, besondere Behandlung besteht für *abnutzbare, bewegliche* Wirtschaftsgüter des *Anlagevermögens*, die *selbständig nutzbar* sind und *bestimmte Wertgrenzen* nicht überschreiten (sog. geringwertige Wirtschaftsgüter (GWG)).
- Eine selbständige Nutzungsfähigkeit liegt nicht vor, wenn die Wirtschaftsgüter nur zusammen mit anderen Wirtschaftsgütern genutzt werden können (z. B Drucker oder der Bildschirm eines Computers).
- Grundsätzlich lassen sich drei Kategorien identifizieren, Anschaffungskosten
  (a) bis 150 EUR,
  (b) zwischen 150 EUR und 410 EUR sowie
  (c) zwischen 150 EUR und 1 000 EUR. 492

Geringwertige Wirtschaftsgüter II

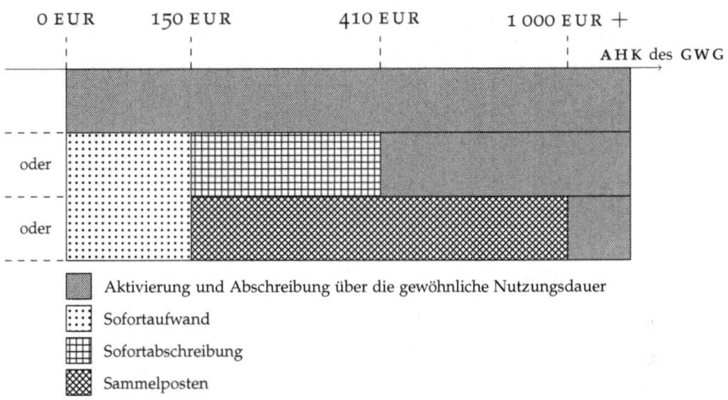

Abb. 49 Bilanzierung geringwertiger Wirtschaftsgüter[17]

[17]In Anlehnung an *Sigloch* (2012), S. 91. 493

Übung 24 (Geringwertige Wirtschaftsgüter)

Beurteilen Sie, ob es sich bei nachstehenden Wirtschaftsgütern um geringwertige Wirtschaftsgüter handelt! (ja = GWG; nein = kein GWG)

	ja	*nein*
1. Angeschaffte Wiese (Lagerplatz) für 300 EUR (netto)		
2. Hammer für 250 EUR (netto)		
3. Computer Mouse für 400 EUR (netto)		
4. Wertpapier für 200 EUR (netto)		
5. Kreissäge für 476 EUR (brutto)		
6. Diamantbohrer für 350 EUR (netto)		
7. Legehenne für 170 EUR (netto)		
8. Bettbezug eines Hotels für 120 EUR (netto)		

494

7.5.5 *Verbuchung planmäßiger Abschreibungen*

497 Die buchhalterische Erfassung planmäßiger Abschreibungen kann nach der direkten oder der indirekten Methode erfolgen. Bei Anwendung der *direkten Methode* wird das Anlagevermögen um den Betrag der Abschreibung reduziert, während im Fall der *indirekten Methode* die historischen Anschaffungskosten des Anlagevermögens in der Bilanz erhalten bleiben und gleichzeitig eine passivische Wertkorrektur durch Bildung eines Passivpostens, der die gesammelten Abschreibungsbeträge enthält, erfolgt.

498–499 In *Übung 26* sollen anhand eines Beispiels die beiden Alternativen der buchhalterischen Erfassung von Abschreibungen dargestellt werden. Nachstehend sind die Auswirkungen der Verbuchung nach der *direkten Methode* anhand von T-Konten dargestellt. Man erkennt, dass durch die direkte Abschreibung die Bilanzsumme sinkt.

Soll	Fuhrpark zum 31.12.2015		Haben
AB	10 000	AfA	400
Zugang	2 400	SBK	12 000
Summe	12 400	Summe	12 400

Soll	SBK zum 31.12.2015		Haben
Fuhrpark	12 000	...	...
...	...	...	...
Summe		Summe	

Bei Anwendung der *indirekten Methode* erfolgt zusätzlich die Einrichtung des Kontos »Wertberichtigungen auf Anlagevermögen«. Der Buchungsaufwand ist höher als bei der direkten Methode. Im Gegensatz zur direkten Methode bleibt die Bilanzsumme bei Anwendung der indirekten Methode unverändert. Für den Bilanzleser enthält die Bilanz bei Anwendung der indirekten Methode mehr Informationen als bei der direkten Methode, da die Relation von historischen Anschaffungskosten und geltend gemachten Wertminderungen direkt erkennbar ist.

Soll	Fuhrpark zum 31.12.2015		Haben
AB	10 000	SBK	12 400
Zugang	2 400		
Summe	12 400	Summe	12 400

Soll	Wertberichtigungen auf AV zum 31.12.2015		Haben
SBK	400	AB	0
		AfA	400
Summe	400	Summe	400

Soll	SBK zum 31.12.2015		Haben
Fuhrpark	12 400	...	...
...	...	Wertber.	400
Summe		Summe	

Übung 25 (Geringwertige Wirtschaftsgüter)

Der Einzelunternehmer Sterix (S) hat am 01.01.2015 zehn neue PCs einschließlich der erforderlichen Peripherie für jeweils 800 EUR netto angeschafft. Er hat diese in einen Sammelposten gem. § 6 Abs. 2a EStG eingestellt und schreibt sie linear ab. Weitere Wirtschaftsgüter sind in diesem Sammelposten nicht enthalten. Am 01.01.2016 veräußert er gegen Banküberweisung einen PC samt Peripherie für 400 EUR.

Ermitteln Sie (a) die Abschreibungen in den Jahren 2015 bis 2019 und (b) verbuchen Sie die Veräußerung des PCs in 2016!

495

Lösung Übung 25

(a) *Ermittlung der Abschreibung in den Jahren 2015 bis 2019*

(b) *Verbuchung der Veräußerung des PCs in 2016*

496

Verbuchung planmäßiger Abschreibungen

(a) Bei der *direkten Methode* wird der Buchwert des Anlagevermögens unmittelbar vermindert.

Abschreibungen auf Anlagevermögen
an Anlagevermögen

(b) Bei der *indirekten Methode* wird an das passive Bestandskonto »*Wertberichtigungen auf Anlagevermögen*« als Ausgleichsposten zum Aktivvermögen gebucht; die ursprünglichen AK/HK bleiben im Anlagevermögen stehen.

Abschreibungen auf Anlagevermögen
an Wertberichtigungen auf Anlagevermögen

497

7.5.6 *Außerplanmäßige Abschreibungen*

500–502 Unabhängig von der Art des Vermögensgegenstands des Anlagevermögens (abnutzbar, nicht abnutzbar, materiell, immateriell, beweglich, unbeweglich) muss unplanmäßigen Wertminderungen durch sog. außerplanmäßige Abschreibungen Rechnung getragen werden. Die gesetzliche Regelung hierfür ist in § 253 Abs. 3 Sätze 3 und 4 HGB verankert und fußt auf dem in § 252 Abs. 1 Nr. 4 HGB kodifizierten Vorsichtsprinzip. Im Fall des Anlagevermögens spricht man vom »*gemilderten Niederstwertprinzip*«, da grundsätzlich nur bei *dauerhaften* Wertminderung eine Verpflichtung zur außerplanmäßigen Abschreibung besteht. Eine Ausnahme bilden Finanzanlagen, für die ein Wahlrecht der außerplanmäßigen Abschreibung im Fall nicht dauernder Wertminderungen besteht. *Darstellung* 82 fasst das gemilderte Niederstwertprinzip zusammen.

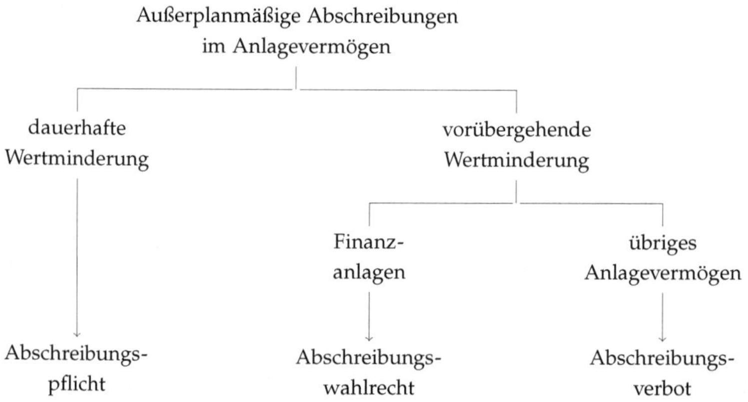

Darstellung 82 Außerplanmäßige Abschreibungen im Anlagevermögen

Gründe für außerplanmäßige Abschreibungen bestehen z. B. bei Elementarereignissen (Feuer, Wasser, Sturm), aber auch bei Unfällen, Fehlmaßnahmen oder technischem Fortschritt.

Problematisch ist das Tatbestandsmerkmal der Dauerhaftigkeit. Wann ist eine Wertminderung dauerhaft? Eine Berechnungsmethode oder einen anders gearteten Hinweis zur Ermittlung der Dauerhaftigkeit liefert das Gesetz nicht. In den Fällen, in denen ein Vermögensgegenstand völlig zerstört wird[171], stellt sich die Frage der Dauerhaftigkeit nicht. In allen anderen Fällen muss ein praktikabler (objektivierbarer) Wert ermittelt werden. Einen konkreten Hinweis dazu liefert das HGB jedoch nicht.

[171] *Die Schneelawine macht die Lagerhalle dem Erdboden gleich.*

Übung 26 (Verbuchung von Abschreibungen)

Verbuchen Sie die lineare Abschreibung im Jahr der Anschaffung aus Beispiel 28 (Folie 461) nach der

(a) direkten Methode bzw.

(b) indirekten Methode.

498

Lösung Übung 26

(a) *Verbuchung nach der direkten Methode:*

(b) *Verbuchung nach der indirekten Methode:*

499

Außerplanmäßige Abschreibungen I

- Neben *planmäßigen* Abschreibungen können / müssen im Anlagevermögen auch *außerplanmäßige* Abschreibungen vorgenommen werden; in § 253 Abs. 3 HGB heißt es weiter:

  (3) [3]Ohne Rücksicht darauf, ob ihre Nutzung zeitlich begrenzt ist, sind bei Vermögensgegenständen des Anlagevermögens bei voraussichtlich dauernder Wertminderung außerplanmäßige Abschreibungen vorzunehmen, um diese mit dem niedrigeren beizulegenden Wert anzusetzen, der ihnen am Abschlussstichtag beizulegen ist. [4]Bei Finanzanlagen können außerplanmäßige Abschreibungen auch bei voraussichtlich nicht dauernder Wertminderung vorgenommen werden.

- Für Vermögensgegenstände des Anlagevermögens gilt das sog. *gemilderte Niederstwertprinzip*[18], da nur bei einer *voraussichtlich dauernden Wertminderung* abgeschrieben werden muss.

[18] Eine Übersicht über das Niederstwertprinzip im Anlagevermögen und Umlaufvermögen befindet sich auf Folie 553.

500

Demgegenüber ist das Steuerrecht sehr spezifisch: Im Schreibens des Bundesministerium der Finanzen (BMF-Schreiben) zur »Teilwertabschreibung[172] gemäß § 6 Absatz 1 Nummer 1 und 2 EStG; Voraussichtlich dauernde Wertminderung; Wertaufholung« vom 28. Februar 2014 heißt es in Randziffer 6:

[172] *Steuerrechtlicher Begriff, der das Pendant zum handelsrechtlichen Begriff der außerplanmäßigen Abschreibung darstellt.*

> *»Die Wertminderung ist voraussichtlich nachhaltig, wenn der Steuerpflichtige hiermit aus der Sicht am Bilanzstichtag aufgrund objektiver Anzeichen ernsthaft zu rechnen hat. Aus der Sicht eines sorgfältigen und gewissenhaften Kaufmanns müssen mehr Gründe für als gegen eine Nachhaltigkeit sprechen. Grundsätzlich ist von einer voraussichtlich dauernden Wertminderung auszugehen, wenn der Wert des Wirtschaftsguts die Bewertungsobergrenze während eines erheblichen Teils der voraussichtlichen Verweildauer im Unternehmen nicht erreichen wird. Wertminderungen aus besonderem Anlass (z. B. Katastrophen oder technischer Fortschritt) sind regelmäßig von Dauer. Werterhellende Erkenntnisse bis zum Zeitpunkt der Bilanzaufstellung sind zu berücksichtigen. [...] Die Beurteilung der Dauerhaftigkeit einer Wertminderung macht eine zeitraumbezogene Betrachtung erforderlich, die auch von der Art des Wirtschaftsguts abhängt.«*

In Randziffer 8 heißt es weiter:

> *»Für die Wirtschaftsgüter des abnutzbaren Anlagevermögens kann von einer voraussichtlich dauernden Wertminderung ausgegangen werden, wenn der Wert des jeweiligen Wirtschaftsguts zum Bilanzstichtag mindestens für die halbe Restnutzungsdauer unter dem planmäßigen Restbuchwert liegt.«*

Diese Regelung beruht auf einem Beschluss des Bundesfinanzhofs (BFH; BFH Urteil vom 29. April 2009, BStBl. II S. 681–IV R 14/98).

Da die Regelung nicht (grundsätzlich) gegen die Grundsätze ordnungsmäßiger Buchführung verstößt, kommt sie aus Vereinfachungsgründen auch für handelsrechtliche Zwecke zur Anwendung. Nicht abschließend geklärt sind jedoch die Fälle, in denen es sich nicht um abnutzbares Anlagevermögen handelt.

Außerplanmäßige Abschreibungen II

- Ist die Wertminderung voraussichtlich *nicht von Dauer*, besteht lediglich bei Finanzanlagen ein Abschreibungswahlrecht, beim übrigen Anlagevermögen besteht ein Abschreibungs*verbot*.
- Eine voraussichtlich dauernde Wertminderung beim *abnutzbaren* Anlagevermögen liegt dann vor, wenn der Wert des jeweiligen Vermögensgegenstandes zum Bilanzstichtag mindestens für die *halbe Restnutzungsdauer* unter dem planmäßigen Restbuchwert liegt (Steuerliche Regelung, die hier aus Vereinfachungsgründen für das Handelsrecht übernommen wird). formal muss gelten:

  beizulegender Wert in $t \leq RBW_t - \sum_{k=1}^{\frac{n-t}{2}} AfA_{t+k}$.
- Marktübliche Preis- bzw. Kursschwankungen führen nicht zu einer dauernden Wertminderung. 501

Außerplanmäßige Abschreibungen III

- Außerplanmäßige Abschreibungen werden *zusätzlich* zu den planmäßigen Abschreibungen vorgenommen.
- In den Folgejahren ist eine geänderte planmäßige AfA anzusetzen, weil sich der zu verteilende Restbuchwert und / oder die Restnutzungsdauer geändert haben.
- *Gründe* für außerplanmäßige Abschreibungen im Anlagevermögen können technischer Natur sein (erhöhter Verschleiß z. B durch verstärkte Nutzung), aber auch in Fehlmaßnahmen, Unfällen oder durch höhere Gewalt (z. B durch Naturkatastrophen) begründet sein.
- Die Verbuchung erfolgt analog zu planmäßigen Abschreibungen.

  apl. Abschreibungen
  an Anlagevermögen/Wertberichtigungen zu AV

502

Übung 27 (Dauernde Wertminderung)

Die CopyFix AG erwirbt am 01.01.2014 eine Druckmaschine mit Anschaffungskosten i. H. v. 100 000 EUR zzgl. USt. Die Nutzungsdauer beträgt $n = 10$ Jahre, es wird linear abgeschrieben. Am 31.12.2015 beträgt der beizulegende Wert unstreitig 30 000 EUR.

Liegt eine voraussichtlich dauernde Wertminderung vor?

503

Beim nicht abnutzbaren Anlagevermögen, wie z. B. bei Grundstücken oder Wertpapieren, existiert keine vergleichbare Vereinfachungsregel. Sofern etwa kein behördlicher Zwang zur Beseitigung von Kontaminationen (etwa durch Unfälle) eines Grundstücks zu erwarten ist, ist die Wertminderung von Dauer, andernfalls nicht. Viel problematischer erscheint jedoch die Bestimmung der Dauerhaftigkeit einer Wertminderung bei Finanzanlagen. Darauf wird hier jedoch nicht weiter eingegangen.

503–508 *Übungen* 27 und 28 befassen sich mit der Bestimmung außerplanmäßiger Abschreibungen. Der wesentliche Unterschied der beiden Übungen besteht darin, dass in *Übung* 28 – anders als in *Übung* 27 – der Vermögensgegenstand unterjährig angeschafft wurde und damit die Restnutzungsdauer im Zeitpunkt der Ermittlung, ob eine außerplanmäßige Abschreibung zu erfolgen hat, nicht in ganzen Kalenderjahren besteht. Die *Abbildungen* 50 und 51 beschreiben jeweils die Entwicklung der Restnutzungsdauer graphisch. *Darstellung* 83 zeigt die Inhalte von *Abbildung* 52 alternativ unter Verwendung eines Zeitstrahls.

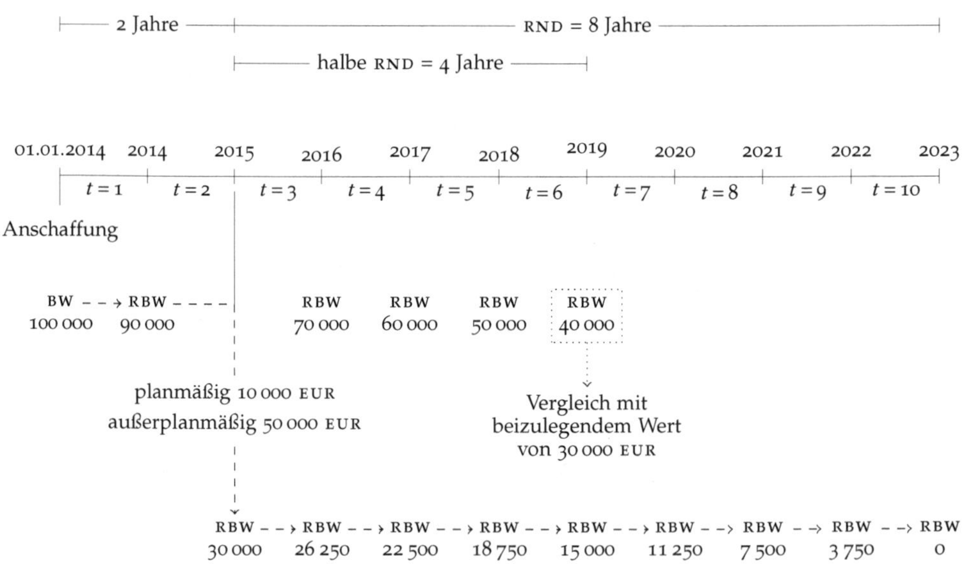

Darstellung 83 Außerplanmäßige Abschreibung im Anlagevermögen

Lösung Übung 27 I

- Bis zum 31.12.2015 wurde die Maschine bereits ______ Jahre genutzt.
- Die Restnutzungsdauer beträgt zum 31.12.2015 noch ______ Jahre.
- Die halbe verbleibende Restnutzungsdauer beträgt ______ Jahre.
- Der Restbuchwert nach weiteren ______ Jahren (am 31.12.2019) beträgt ______
- Der beizulegende Wert i. H. v. 30 000 EUR wird erst nach mehr als vier Jahren erreicht, d. h. nach mehr als der halben Restnutzungsdauer; die Wertminderung ist folglich voraussichtlich von Dauer, es muss auf den niedrigeren beizulegenden Wert abgeschrieben werden.
- Formal gilt

$$30\,000 \quad \leq \quad RBW_t - \sum_{k=1}^{\frac{n-t}{2}} AfA_{t+k} = \_\_\_\_\_\_$$ 504

Lösung Übung 27 II // Graphische Darstellung

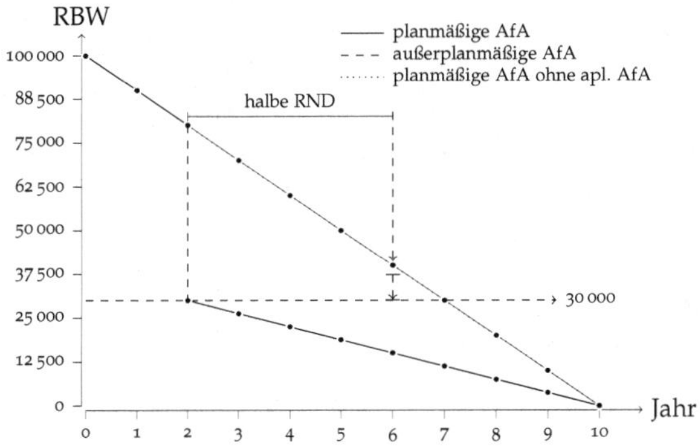

Abb. 50 Entwicklung der Restbuchwerte bei außerplanmäßiger Abschreibung 505

Übung 28 (außerplanmäßige Abschreibungen)

Die CopyFix AG erwarb am 29.07.2012 eine Presse für 12 000 EUR (zzgl. USt) mit einer betriebsgewöhnlichen Nutzungsdauer von 6 Jahren. Am Bilanzstichtag am 31.12.2013 hat die Presse noch unstreitig einen beizulegenden Wert von 7 000 EUR (es wird angenommen, dass die Voraussetzungen für eine außerplanmäßige Abschreibung erfüllt sind).

Erstellen Sie den Abschreibungsplan für die Presse im Fall, dass linear abgeschrieben wird.

506

7.5.7 *Wertaufholung*

509–510 Die Wertaufholung – unabhängig vom Vorliegen von Anlage- oder Umlaufvermögen – ist in § 253 Abs. 5 HGB kodifiziert. Demnach besteht ein Zuschreibungsgebot im Fall, dass die Gründe für einen niedrigeren Wertansatz nicht mehr bestehen. Die Zuschreibung ist

1. *betragsmäßig* begrenzt auf den Betrag der vorangehenden außerplanmäßigen Abschreibung (betragsmäßige Obergrenze) und
2. *wertmäßig* begrenzt auf die fortgeführten Anschaffungs- oder Herstellungskosten (wertmäßige Obergrenze).

Die Begrenzung auf die fortgeführten Anschaffungskosten ergibt sich aus dem Anschaffungskostenprinzip gem. § 253 Abs. 1 Satz 1 HGB.

Von einer etwaigen Zuschreibung ausgenommen ist gem. § 253 Abs. 5 Satz 2 HGB der derivative Geschäfts- oder Firmenwert. Dieser Einschränkung liegt das grundsätzliche Problem der Folgebewertung des derivativen GoF zugrunde. *Darstellung* 84 skizziert die Idee der Entwicklung des GoF im Zeitablauf. Demzufolge bleibt der gesamte GoF im Zeitablauf konstant. Während der derivative Bestandteil sinkt, steigt der selbstgeschaffene (originäre) Firmenwert an. Implizit wird angenommen, dass nach einer erfolgten außerplanmäßigen Abschreibung eine spätere wertmäßige Erhöhung des Firmenwerts ausschließlich selbst geschaffener (originärer) Natur ist.

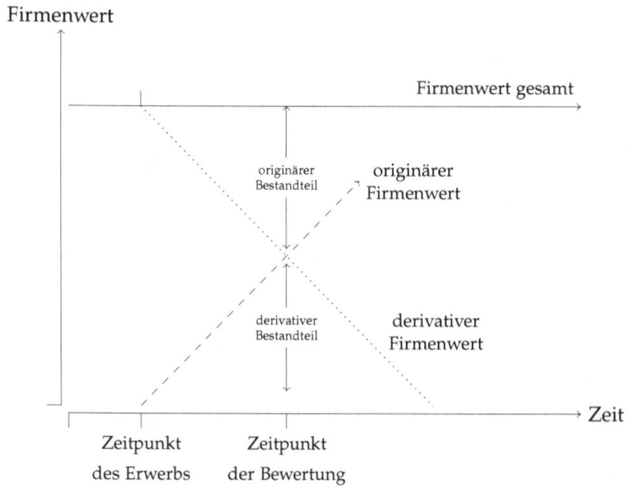

Darstellung 84 Entwicklung des derivativen und originären Firmenwerts

Lösung Übung 28 I

t	*RBW 01.01.*	*lineare AfA*	*apl. AfA*	*RBW 31.12.*
2012	12 000,00			
2013				7 000,00
2014	7 000,00			
2015				
2016				
2017				
2018				0,00

507

Lösung Übung 28 II // Graphische Darstellung

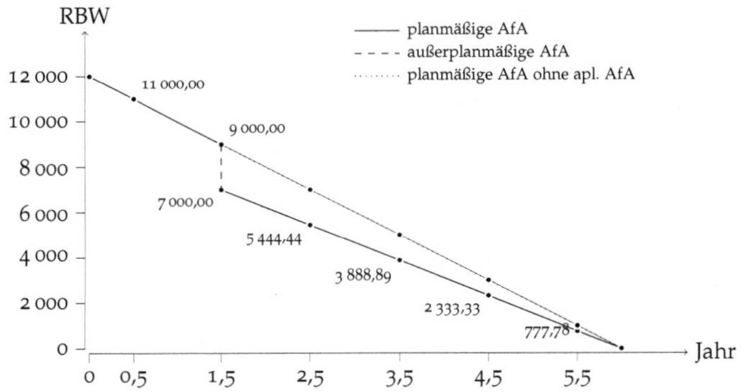

Abb. 51 Entwicklung der Restbuchwerte bei außerplanmäßiger Abschreibung im Fall unterjähriger Anschaffung

508

Wertaufholung I

- Liegen die Voraussetzungen für einen niedrigeren Wertansatz aufgrund einer außerplanmäßigen Abschreibung nicht mehr vor, muss zwingend eine *Wertaufholung* vorgenommen werden; dazu besagt § 253 Abs. 5 HGB.

  (5) [1] Ein niedrigerer Wertansatz nach Abs. 3 Satz 3 oder 4 und Absatz 4 darf nicht beibehalten werden, wenn die Gründe dafür nicht mehr bestehen. [2] Ein niedrigerer Wertansatz eines entgeltlich erworbenen Geschäfts- oder Firmenwertes ist beizubehalten.

- Keine Wertaufholung erfolgt beim GoF, da angenommen wird, dass der derivative GoF durch einen nicht aktivierbaren originären GoF ersetzt wird.
- Die Wertaufholung ist dabei (maximal) begrenzt auf

  ... die ursprünglich vorgenommene außerplanmäßige AfA und

  ... den Wert, der sich bei planmäßiger AfA ergeben würde.

509

511–513 Im Fokus von *Übung 29* steht die *betragsmäßige* Ermittlung der Zuschreibung. Die jährliche, lineare Abschreibung ergibt sich als $AfA = \frac{24\,000}{6} = 4\,000$ EUR. *Darstellung* 85 skizziert den Verlauf der Restbuchwerte. Der tatsächliche Verlauf der Abschreibung kann anhand der gestrichelten Linie nachvollzogen werden. Die lineare Abschreibung i. H. v. 4 000 EUR kommt in den Perioden $t = 1, 2, 5$ und 6 zur Anwendung. Die lineare Abschreibung in den Perioden $t = 3$ und 4 ermittelt sich als

$$AfA_{2014} = \frac{RBW_{2013}}{n-t} = \frac{12\,500}{4} = 3\,125.$$

Die Wertaufholung in 2015 ist betragsmäßig begrenzt auf 3 500 EUR (außerplanmäßige Abschreibung in 2013) und die fortgeführten Anschaffungskosten ohne Berücksichtigung der außerplanmäßigen Abschreibung von 8 000 EUR als wertmäßige Obergrenze. Damit resultiert eine Wertaufholung von

$$WA = \min\{3\,500; (24\,000 - 4 \times 4\,000) - 6\,250\} = 1\,750, \qquad (26)$$

mit WA = Wertaufholung. Aufgrund des Anschaffungskostenprinzips darf nicht auf den Marktwert i. H. v. 10 000 EUR zugeschrieben werden.

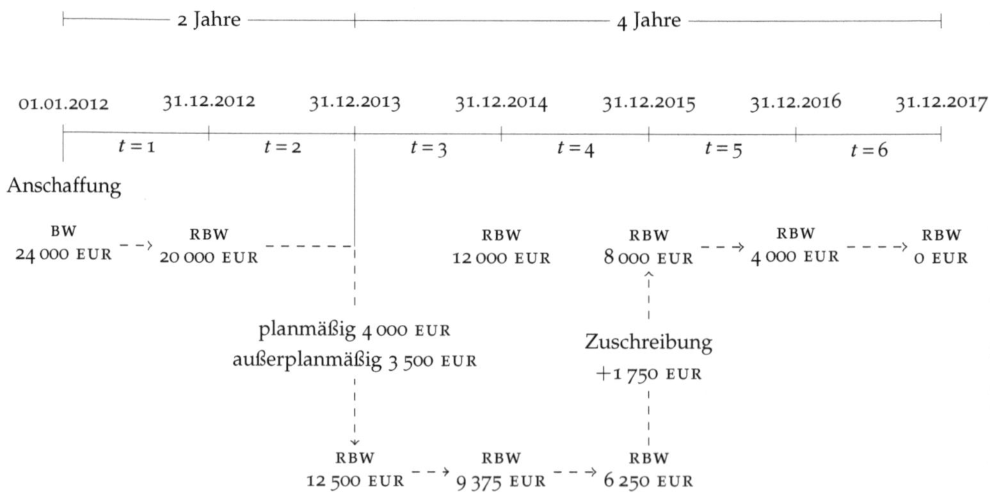

Darstellung 85 Wertaufholung im Anlagevermögen

Wertaufholung II

- Die Verbuchung der Wertaufholung / Zuschreibung erfolgt i. d. R. an sonstige betriebliche Erträge.
  Bei direkter Abschreibung:

  Anlagevermögen
  an sonstige betriebliche Erträge

  Bei indirekter Abschreibung:

  Wertberichtigungen zu AV
  an sonstige betriebliche Erträge

- Bei Vermögensgegenständen, die (insbesondere) nicht planmäßig abgeschrieben werden (Grundstücke, Wertpapiere) darf die *Wertaufholung maximal bis zu den Anschaffungskosten* erfolgen, § 253 Abs. 1 Satz 1 HGB.

510

Übung 29 (Wertaufholung)

Die CopyFix AG erwarb am 01.01.2012 eine Maschine mit einer betriebsgewöhnlichen Nutzungsdauer von $n = 6$ Jahren für 24 000 EUR (zzgl. USt), die linear abgeschrieben wird. Ende 2013 nahm die CopyFix AG eine außerplanmäßige Abschreibung auf die Maschine i. H. v. 3 500 EUR vor. Ende 2015 hat die Maschine unstreitig einen Marktwert von 10 000 EUR.

Ermitteln Sie jeweils den Restbuchwert der Maschine am Bilanzstichtag über den Zeitraum der betriebsgewöhnlichen Nutzungsdauer.

511

Lösung Übung 29 I

t	*RBW 01.01.*	AfA_t	*apl. AfA / WA*	*RBW 31.12. fiktiv*	*RBW 31.12. tats.*
2012	24 000				
2013			−3 500		
2014					
2015					
2016					
2017					

apl. AfA = außerplanmäßige Abschreibung; WA = Wertaufholung; fiktiv = Entwicklung ohne apl. AfA

512

7.6 *Veräußerung von Anlagevermögen*

514–516 Bei der Veräußerung von Vermögensgegenständen zeigt sich deren »tatsächlicher« Wert. Aufgrund des durch das Niederstwertprinzip begründeten, tendenziell zu niedrig angesetzten Vermögens, übersteigt der Erlös i. d. R. den Restbuchwert. Zur buchhalterischen Erfassung der Veräußerung von Anlagevermögen müssen zunächst folgende Fragen beantwortet werden:

- Wie hoch ist der Verkaufspreis?
- Handelt es sich um einen Tausch?
- Wann und in welcher Form erfolgt die Bezahlung?
- Mit welchem Wert steht der Vermögensgegenstand in den Büchern?
- Ist die Veräußerung umsatzsteuerpflichtig?
- Wurde direkt oder indirekt abgeschrieben?

Darstellung 86 zeigt die drei Fälle, die sich hinsichtlich der Erfolgswirkung der Veräußerung grundsätzlich identifizieren lassen.

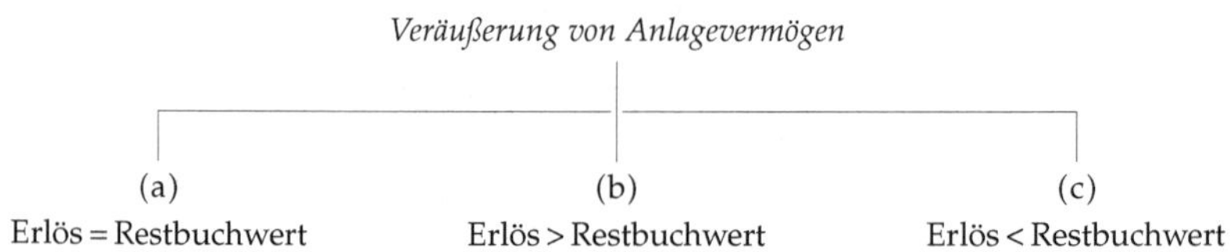

Darstellung 86 Erfolgswirkung bei Veräußerung von Anlagevermögen

Bei der *Verbuchung* der Veräußerung ist die Art der Abschreibung zu berücksichtigen. Bei der Ausbuchung des Vermögensgegenstands muss bei der indirekten Methode zunächst der passive Bestand in Form der »Wertberichtigungen auf Anlagevermögen« aufgelöst werden. Der sich anschließende Buchungssatz entspricht demjenigen bei Anwendung der direkten Abschreibungsmethode.

Grundsätzlich kann die Verbuchung der Veräußerung bei Anwendung der indirekten Abschreibungsmethode auch *zusammengefasst* werden. Dann ergibt sich exemplarisch für den Fall *Verkaufserlös > Restbuchwert* folgender Buchungssatz:

Forderungen / Zahlungsmittel
Wertberichtigungen auf Anlagevermögen
an *Anlagevermögen*
Umsatzsteuer
sonstiger betrieblicher Ertrag

Lösung Übung 29 II // Graphische Darstellung

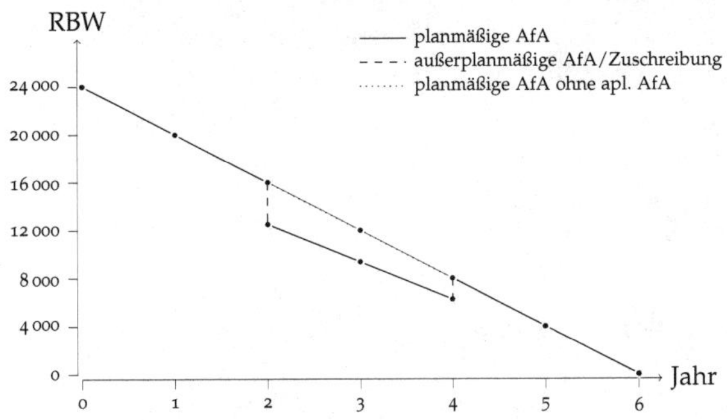

Abb. 52 Entwicklung der Restbuchwerte bei außerplanmäßiger Abschreibung mit nachfolgender Zuschreibung

513

Veräußerung von Anlagevermögen I // Direkte Abschreibungsmethode

(a) Verkaufserlös = Restbuchwert

Forderungen/Zahlungsmittel
an Anlagevermögen
Umsatzsteuer

(b) Verkaufserlös > Restbuchwert

Forderungen/Zahlungsmittel
an Anlagevermögen
sonstige betriebliche Erträge
Umsatzsteuer

(c) Verkaufserlös < Restbuchwert

Forderungen/Zahlungsmittel
sonstiger betrieblicher Aufwand
an Anlagevermögen
Umsatzsteuer 514

Veräußerung von Anlagevermögen II // Indirekte Abschreibungsmethode

(a) Verkaufserlös = Restbuchwert

Wertberichtigungen auf Anlagevermögen
an Anlagevermögen

Forderungen/Zahlungsmittel
an Anlagevermögen
Umsatzsteuer

(b) Verkaufserlös > Restbuchwert

Wertberichtigungen auf Anlagevermögen
an Anlagevermögen

Forderungen/Zahlungsmittel
an Anlagevermögen
sonstige betriebliche Erträge
Umsatzsteuer

515

517–519 *Übung 30* dient der Ermittlung des Veräußerungsgewinns bzw. -verlusts und der Verbuchung der Veräußerung bei direkter und indirekter Abschreibung. Zur Ermittlung des Veräußerungsgewinns bzw. -verlusts muss zunächst der Restbuchwert zum Zeitpunkt der Veräußerung bestimmt werden. Der Restbuchwert zum Zeitpunkt (k) der Veräußerung RBW_k bestimmt sich allgemein durch

$$RBW_k = A_0 - \sum_{t=1}^{k} AfA_t.$$

Zum Beispiel ergibt sich der Restbuchwert im Fall der digitalen Abschreibung als

$$RBW_k = A_0 - A_0 \times \sum_{t=0}^{k} \frac{n-t}{S}.$$

Anders ausgedrückt

$$RBW_k = A_0 \times \frac{(n-k) \times ((n-k)+1)}{2}$$

wobei $(n-k)$ die Restlaufzeit ausdrückt.

BEISPIEL

Die Anschaffungskosten zu Beginn des ersten Jahres betragen 2 400 EUR (netto). Die betriebsgewöhnliche Nutzungsdauer ist auf 6 Jahre festgesetzt. Bei digitaler Abschreibung beträgt der Restbuchwert am Ende des dritten Jahres

$$RBW_3 = 2\,400 - 2\,400 \times \left(\frac{6}{21} + \frac{5}{21} + \frac{4}{21}\right) = 685{,}65 \quad \text{bzw.}$$

$$= 2\,400 \times \frac{(6-3) \times ((6-3)+1)}{2} = 2\,400 \times \frac{3 \times 4}{2} = 685{,}65.$$

Unter Berücksichtigung der Konvention, dass der Monat der Veräußerung bei der Berechnung der Abschreibung im Jahr der Veräußerung noch mitgezählt wird, ergibt sich in Übung 30 am 23.01.2015 bei einer Restlaufzeit von zwei Jahren und acht Monaten ein Restbuchwert von

$$RBW_{01/2015} = A_0 \times \left(\frac{8}{12} \times \frac{3}{10} + \frac{2}{10} + \frac{1}{10}\right)$$

$$= 6\,000 \times \frac{24 + (2 \times 12) + 12}{120}$$

$$= 6\,000 \times \frac{60}{120} = 3\,000.$$

Veräußerung von Anlagevermögen III // Indirekte Abschreibungsmethode

(c) Verkaufserlös < Restbuchwert

Wertberichtigungen auf Anlagevermögen
an Anlagevermögen

Forderungen/Zahlungsmittel
sonstiger betrieblicher Aufwand
an Anlagevermögen
Umsatzsteuer

516

Übung 30 (Verbuchung von Veräußerungen)

Die CopyFix AG erwarb am 25.10.2013 einen Pkw für 6 000 EUR (zzgl. USt) mit einer betriebsgewöhnlichen Nutzungsdauer von 4 Jahren. Der Pkw wird digital abgeschrieben. Am 23.01.2015 veräußerte die CopyFix AG den Pkw für 3 500 EUR (zzgl. USt) auf Ziel.

Ermitteln Sie den Veräußerungsgewinn/-verlust und verbuchen Sie die Veräußerung, wenn die CopyFix AG (a) die direkte bzw. (b) die indirekte Abschreibungsmethode anwendet.

517

Lösung Übung 30 I

- Abschreibungsbeträge in den Jahren 2013 bis 2015

$d =$

$AfA_{2013} =$

$AfA_{2014} =$

$AfA_{2015} =$

- Restbuchwert und Veräußerungsgewinn (VG) im Januar 2015

$RBW_{2015} =$

$VG =$

518

7.7 *Anlagegitter (Anlagespiegel)*

520–521 Eine detaillierte Gliederung des Anlagevermögens wird ausschließlich von Kapitalgesellschaften[173] gefordert und erfolgt auf Grundlage des § 268 Abs. 2 HGB in einem sog. »Anlagespiegel«. Lediglich für kleine Gesellschaften i. S. d. § 267 Abs. 1 HGB existiert eine Befreiung von der Erstellung eines Anlagespiegels[174].

Die Form der Aufgliederung des Anlagenspiegels wird auch als *horizontale Gliederung* bzw. *Bruttomethode* bezeichnet, da durch die Darstellung der historischen Anschaffungs- oder Herstellungskosten bzw. der Vorjahreswerte, die Entwicklung der einzelnen Bilanzpositionen nachvollzogen werden kann. Die Form der Darstellung ist gesetzlich nicht geregelt. In der Praxis hat sich jedoch die in *Abb. 53* dargestellte Form durchgesetzt.

Neben dem Ausweis der Vorjahreswerte und der gesamten historischen Anschaffungskosten sind die kumulierten Abschreibungen anzugeben. Der Ausweis der historischen Anschaffungskosten erfolgt auch dann, wenn der Vermögensgegenstand bereits abgeschrieben ist. Sofern der Vermögensgegenstand das Unternehmen verlassen hat, ist die Summe der historischen Anschaffungskosten erst im folgenden Geschäftsjahr um die historischen Anschaffungskosten des Vermögensgegenstands, der das Unternehmen verlassen hat, zu kürzen.

Die *kumulierten Abschreibungen* beinhalten sowohl planmäßige als auch außerplanmäßige Abschreibungen. Zudem sind die – nochmals explizit ausgewiesenen – Abschreibungen des laufenden Geschäftsjahres in den kumulierten Abschreibungen enthalten.

Die Spalte *Umbuchungen* bildet Austauschvorgänge innerhalb des Anlagevermögens ab. Beispiele hierfür sind etwa die Umbuchung von Anzahlungen, wenn das Gesamtwerk geliefert / geleistet wurde oder »Anlagen im Bau«, die nach ihrer Fertigstellung auf der entsprechenden Bilanzposition erfasst werden.

Für den »Bilanzleser« ergeben sich durch den Anlagenspiegel insbesondere Informationen über die Altersstruktur des Anlagevermögens, auf die durch die Summe der historischen Anschaffungskosten und die Summe der kumulierten Abschreibungen geschlossen werden kann. Ist der Anteil der kumulierten Abschreibungen an den historischen Anschaffungskosten relativ hoch, besteht Investitionsbedarf. Investitionen sind für Unternehmen zur Erhaltung ihrer Wettbewerbsfähigkeit von enormer Bedeutung. In Form von Abschreibungen finden die Investitionen Eingang in den Periodenerfolg. Einen deutlich höheren Einfluss haben sie hingegen auf die Liquidität.

[173] *Die wesentlichen Charakteristika von Kapitalgesellschaften werden in Abschnitt 12.1 ab Seite 518 beschrieben. Die wichtigsten Rechtsformen, die Kapitalgesellschaften darstellen, sind die GmbH (vgl. Abschnitt 12.6 ab Seite 538) und die AG (vgl. Abschnitt 12.7 ab Seite 542).*

[174] *§ 274a Nr. 1 HGB.*

Lösung Übung 30 II

- Verbuchung bei *direkter Abschreibung*

- Verbuchung bei *indirekter Abschreibung*

519

Anlagegitter (Anlagespiegel) I

- Das *Anlagegitter* (oder auch Anlagespiegel) ist nach § 268 Abs. 2 HGB von Kapitalgesellschaften zu erstellen.

> *(2) [1]In der Bilanz oder im Anhang ist die Entwicklung der einzelnen Posten des Anlagevermögens darzustellen. [2]Dabei sind, ausgehend von den gesamten Anschaffungs- und Herstellungskosten, die Zugänge, Abgänge, Umbuchungen und Zuschreibungen des Geschäftsjahrs sowie die Abschreibungen in ihrer gesamten Höhe gesondert aufzuführen. [3]Die Abschreibungen des Geschäftsjahrs sind entweder in der Bilanz bei dem betreffenden Posten zu vermerken oder im Anhang in einer der Gliederung des Anlagevermögens entsprechenden Aufgliederung anzugeben.*

- Durch Erstellung des Anlagespiegels ergeben sich Erleichterungen bei der Inventur, insofern als dass keine körperliche Bestandsaufnahme mehr durchgeführt werden muss (§ 241 Abs. 2 HGB).

520

Anlagegitter (Anlagespiegel) II

	Entwicklung								
Bilanzposition	gesamte historische AHK*	Zugänge**	Abgänge**	Umbuchungen**	Zuschreibungen**	kumulierte Abschreibungen	RBW am Ende des Geschäftsjahres	RBW zum Ende des vorangegangen Geschäftsjahres	Abschreibungen des Geschäftsjahres
Gebäude Maschinen Fuhrpark ...									

* zu Beginn des Geschäftsjahres, ** des Geschäftsjahres

Abb. 53 Struktur des Anlagegitters[19]

[19] In Anlehnung an Eisele/Knobloch (2011), S. 498.

521

522–523 *Beispiel 33* fasst die Ergebnisse der Übungen und Beispiele dieser Lerneinheit in einem Anlagespiegel in *Abb. 54* zusammen.

Buchhalterische Probleme beim Fußball

7.8 *Kontrollfragen*

1. Welche Regelungen gelten für die Abschreibung des derivativen Geschäfts- oder Firmenwertes im Handels- und Steuerrecht?
2. Was versteht man unter einem geringwertigen Wirtschaftsgut?
3. Welche Möglichkeiten der bilanziellen Erfassung existieren für Vermögensgegenstände deren Anschaffungskosten zwischen 1 EUR und 1 000 EUR betragen? Welche Rolle spielt die Umsatzsteuer in diesen Fällen?
4. Geben Sie jeweils zwei Beispiele an für Vermögensgegenstände, die nicht zu den geringwertigen Wirtschaftsgütern zählen, da es ihnen jeweils am Merkmal der
   (a) Abnutzbarkeit,
   (b) Beweglichkeit,
   (c) selbständigen Nutzbarkeit bzw.
   (d) Wertgrenze mangelt.
5. Welche Möglichkeiten zur Verbuchung von Abschreibungen existieren und worin bestehen die wesentlichen Unterschiede?
6. Welche Vor- und Nachteile sind mit der direkten und indirekten Methode der Verbuchung der Abschreibung verbunden?
7. Wird der Gewinn durch die Verwendung der direkten oder indirekten Methode der Verbuchung der Abschreibung beeinflusst?
8. Was bedeutet »außerplanmäßige« Abschreibung?
9. Geben Sie jeweils zwei Beispiele für voraussichtlich dauernde und voraussichtlich nicht dauernde Wertminderungen im abnutzbaren Anlagevermögen an!

Beispiel 33 (Anlagegitter)

Erstellen Sie das Anlagegitter für die CopyFix AG für 2015. Berücksichtigen Sie dabei ausschließlich die nachstehenden Positionen:

1. Den Geschäfts- oder Firmenwert (vgl. Folien 449 ff.); lineare Abschreibung über 15 Jahre.
2. Den Pkw (Folien 461 ff.) unter der Maßgabe der linearen Abschreibung.
3. Die Druckmaschine (Folien 503 ff.).
4. Die Presse (Folien 506 ff.).
5. Die Maschine (Folien 511 ff.).
6. Den Pkw (Folien 517 ff.).

522

Lösung Beispiel 33

	Entwicklung								
Bilanzposition	gesamte historische AHK*	Zugänge	Abgänge	Umbuchungen	Zuschreibungen	kumulierte Abschreibungen	RBW am Ende des Gj	RBW zum Ende des vorangegangen Gj	Abschreibungen des Gj
GoF		352 000					328 533	-	23 467
Pkw	2 400					800	1 600	2 000	400
Druckmaschine	100 000					70 000	30 000	90 000	60 000
Presse	12 000					8 111	3 889	5 444	1 556
Maschine	24 000				1 750	14 625	8 000	9 375	3 125
Pkw	6 000		3 000			3 000	0	3 150	150

Abb. 54 Anlagegitter (Anlagespiegel) 523

10. Was versteht man unter dem »gemilderten Niederstwertprinzip«?
11. Worin besteht das Problem einer »dauerhaften Wertminderung«? Wie ist das Problem beim abnutzbaren (nicht abnutzbaren) Anlagevermögen gelöst?
12. Wann und in welchem Umfang muss eine Wertaufholung beim Anlagevermögen durchgeführt werden?
13. Warum ist eine Wertaufholung des derivativen Geschäfts- oder Firmenwertes nach vorangegangener außerplanmäßiger Abschreibung nicht mehr möglich?
14. Welche Informationen beinhaltet das Anlagegitter?
15. Was ist unter »Umbuchungen« im Anlagegitter zu verstehen?

LERNEINHEIT 11

Bilanzierung des Umlaufvermögens nach HGB, Teil I – Grundlagen

8 *Umlaufvermögen*

ShortCode
App # 1080

524–526 In Lerneinheit 11 erfolgt mit den *Grundlagen der Bilanzierung des Umlaufvermögens* der Einstieg in die Bilanzierung des zweiten großen Bilanzpostens auf der Aktivseite. Während im Anlagevermögen bei der Erstbewertung der Fokus auf der Anschaffung lag, erfolgt im Rahmen der Erstbewertung des Umlaufvermögens die Einführung in die Besonderheiten bei der Ermittlung der Herstellungskosten. Zwar können Herstellungskosten auch im Anlagevermögen von Bedeutung sein, z. B. im Fall selbsterstellter Anlagen oder Patente, allerdings spielen sie dort insgesamt nur eine untergeordnete Rolle.

Zunächst werden die Erst- und Folgebewertung im Umlaufvermögen im Allgemeinen beschrieben. Anschließend werden im Speziellen die Grundlagen der Einzelbewertung von Forderungen besprochen.

Anlagevermögen oder Umlaufvermögen?

Wo stehen wir?

524

Literatur und Lernziele I

1. *Literatur*

Döring, Ulrich / Buchholz, Rainer (2015): *Buchhaltung und Jahresabschluss*, 14. Auflage, Erich Schmidt, Berlin, 115–126.

Eisele, Wolfgang / Knobloch, Alois Paul (2011): *Technik des betrieblichen Rechnungswesens*, 8. Auflage, Vahlen, München, 465–471.

Wöhe, Günter / Kußmaul, Heinz (2015): *Grundzüge der Buchführung und Bilanztechnik*, 9. Auflage, Vahlen, München, 257–263.

525

Literatur und Lernziele II

2. *Lernziele*

Nach dieser Lerneinheit …

- können Sie beurteilen, ob Vermögensgegenstände dem Umlaufvermögen zuzuordnen sind,
- kennen Sie die Bestandteile der Herstellungskosten und können die Herstellungskosten durch Zuschlagskalkulation ermitteln,
- sind Sie in der Lage, Zu- und Abschreibungen bei Wertschwankungen im Umlaufvermögen im Allgemeinen zu ermitteln und zu verbuchen,
- können Sie die Einzelwertberichtigungen von Forderungen konkret ermitteln und verbuchen.

526

8.1 *Begriff und Umfang*

527–529 Anders als beim Anlagevermögen existiert für den Begriff des Umlaufvermögens keine Legaldefinition. Im Umlaufvermögen sind Vermögensgegenstände auszuweisen, die dazu *bestimmt* sind, dem Unternehmen nicht auf Dauer zu dienen. Dies folgt aus dem Umkehrschluss des § 247 Abs. 2 HGB. Demnach werden die Vermögensgegenstände (grundsätzlich) dem Umlaufvermögen zugeordnet, wenn sie nicht dem Anlagevermögen zugeordnet werden können.

Für die Gliederung des Umlaufvermögens existieren für die meisten Kaufleute keine speziellen Vorschriften. Die Gliederung muss jedoch den Grundsätzen ordnungsmäßiger Buchführung entsprechen. Kapitalgesellschaften sind jedoch an die sich aus § 266 Abs. 2 HGB ergebenden Gliederungsvorschriften bezüglich des Umlaufvermögens gebunden.

Zu den *Vorräten* zählen nach § 266 Abs. 2 HGB die für den Produktionsprozess bestimmten Stoffe, wie Roh-, Hilfs- und Betriebsstoffe [175], Erzeugnisse fertiger oder unfertiger Art, sowie Waren und geleistete Anzahlungen.

[175] *Siehe dazu Abschnitt 4.7 auf Seite 218.*

Unter die Position *Forderungen und sonstige Vermögensgegenstände* fallen die Ansprüche auf Zahlung von Geld aus dem operativen Geschäft in Form von Forderungen aus Lieferungen und Leistungen und Ansprüche aus außerordentlichen oder sonstigen Geschäften, wie z. B. dem Verkauf von Immobilien. [176] Die sonstigen Vermögensgegenstände sind dabei als Sammelposten für rechtlich (vertraglich) begründete Forderungen anzusehen.

[176] *Forderungen aus außerordentlichen oder sonstigen Erträgen werden tendentiell unter den sonstigen Vermögensgegenständen ausgewiesen und nicht unter den Forderungen aus Lieferungen und Leistungen.*

Unter der Position *Wertpapiere* werden kurzfristig gehaltene Wertpapiere (z. B. Aktien, Rentenpapiere, Bonds etc.) bilanziert.

Die *flüssigen Mittel* bilden – gemäß der Gliederung der Aktiva nach der Liquidität – die letzte Position im Umlaufvermögen. Bei der Bewertung flüssiger Mittel bestehen vergleichsweise wenig Bewertungsprobleme. Die Probleme lassen sich im Wesentlichen auf die Bewertung von Beständen in fremder Währung und der Werthaltigkeit bargeldloser Zahlungsmittel, wie Schecks, reduzieren.

Jede Vermögensposition des Umlaufvermögens, ob Vorräte, Forderungen, Wertpapiere oder Zahlungsmittel, hat ihre eigenen Charakteristika bezüglich Erst- und Folgebewertung. Nachstehend werden zunächst die allgemeinen Regelungen, die für alle Positionen des Umlaufvermögens gelten, erläutert, bevor auf die für jede Vermögensposition spezifischen Regelungen Bezug genommen wird.

Umlaufvermögen

Aktiva	Gliederung der Bilanz gem. § 266 HGB	Passiva
A. Anlagevermögen		A. Eigenkapital
I. Immaterielle Vermögensgegenstände		*I. Gezeichnetes Kapital*
II. Sachanlagen		*II. Kapitalrücklage*
III. Finanzanlagen		*III. Gewinnrücklage*
B. Umlaufvermögen		*IV. Gewinnvortrag/Verlustvortrag*
I. Vorräte		*V. Jahresüberschuss/Jahresfehlbetrag*
II. Forderungen		B. Rückstellungen
III. Wertpapiere		C. Verbindlichkeiten
IV. Kasse, Bank		D. Rechnungsabgrenzungsposten
C. Rechnungsabgrenzungsposten		E. Passive latente Steuern
D. Aktive latente Steuern		
Bilanzsumme		Bilanzsumme

527

Begriff und Umfang

- Zum *Umlaufvermögen* gehören Vermögensgegenstände, die *nicht* dazu bestimmt sind, dem Geschäftsbetrieb *dauernd zu dienen* (§ 247 Abs. 2 HGB Umkehrschluss).
- Grobgliederung des Umlaufvermögens nach § 266 Abs. 2 HGB:
  I. Vorräte
  z. B RHB, UE, FE, geleistete Anzahlungen
  II. Forderungen und sonstige Vermögensgegenstände
  z. B Forderungen aus L. u. L., Vorsteuer
  III. Wertpapiere
  z. B Anteile an verbundenen Unternehmen, sonstige Wertpapiere
  IV. Kassenbestand, Bundesbankguthaben, Guthaben bei Kreditinstituten und Schecks

528

Vorgehensweise

1. Zunächst Klärung der Frage der *Erstbewertung*
   Zu welchem Wert sind die Vermögensgegenstände des Umlaufvermögens erstmalig anzusetzen?
2. Dann Klärung der *Folgebewertung im Allgemeinen*
   Zu welchem Wert sind die Vermögensgegenstände an den folgenden Bilanzstichtagen – sofern noch vorhanden – anzusetzen?
3. *Folgebewertung im Speziellen*, insbesondere für
   - Forderungen
     (Einzelwertberichtigung, Pauschalwertberichtigung),
   - Vorräte
     (Bewertungsvereinfachungsverfahren).

529

8.2 *Erstbewertung*

530 Die Erstebewertung des Umlaufvermögens erfolgt analog zum Anlagevermögen entweder zu Anschaffungskosten oder zu Herstellungskosten.[177] Während im Anlagevermögen Herstellungskosten eine untergeordnete Rolle spielen, sind sie im Umlaufvermögen insbesondere bei Industriebetrieben, in denen Güter hergestellt werden, dominierend. Im Handelsbetrieb spielen Herstellungskosten keine wesentliche Rolle.

[177] *Zur Ermittlung der Anschaffungskosten vgl. Abschnitt 7.2 ab Seite 324.*

8.2.1 Herstellungskosten

Wie auch bei den Anschaffungskosten gilt bei den Herstellungskosten der Grundsatz der Pagatorik, das bedeutet, dass Aufwendungen (»Kosten«), die niemals zahlungswirksam werden, kein Bestandteil der Herstellungskosten sein dürfen.

531 Das Gebot der Ermittlung der Herstellungskosten beruht auf der Tatsache, dass die (hergestellten) Erzeugnisse, die am Bilanzstichtag noch auf Lager liegen, Vermögensgegenstände darstellen, die zu aktivieren sind. Im Rahmen der Aktivierung stellt sich die Frage nach dem Wert der Erzeugnisse. Letztlich erfolgt durch die Aktivierung eine »Stornierung« der Aufwendungen in der GuV. Dies zeigt *Abb. 55*. Durch den Produktionsprozess wurden die verwendeten Produktionsfaktoren (Material, Personal etc.) erfolgswirksam über die GuV verbucht. Die Frage der Höhe der Herstellungskosten würde ohne konkrete rechtliche Grundlage der Willkür des bilanzierenden Unternehmers unterliegen. Dabei würde die Höhe der Aktivierung wie folgt bestimmt werden:

1. Soll der Gewinn des Wirtschaftsjahres *hoch* ausfallen, sind die Erzeugnisse relativ *hoch* zu bewerten (hohe Herstellungskosten), da der Ertrag in der GuV durch die »Stornobuchung« vergleichsweise hoch ausfällt.
2. Soll der Gewinn des Wirtschaftsjahres *niedrig* ausfallen, sind die Erzeugnisse relativ *niedrig* zu bewerten, da bei geringer »Stornobuchung« der verbleibende Aufwand in der GuV relativ hoch ausfällt.

532 Die Frage nach der Höhe der Herstellungskosten beantwortet § 255 Abs. 2 HGB. Dort sind die Bestandteile bestimmt, die zwingend in die Herstellungskosten aufzunehmen sind bzw. bei denen ein Wahlrecht oder sogar ein Verbot besteht. Unabhängig davon, ob die Herstellungskosten – bedingt durch die Wahlrechte – hoch oder niedrig ausfallen, ergibt sich derselbe Gewinn über die Totalperiode. Die Wahlrechte beeinflussen lediglich die Gewinne der Teilperioden.

Erstbewertung

- Die *Erstbewertung* für *angeschaffte Vermögensgegenstände* wie z. B für ...
  ... RHB-Stoffe
  ... Forderungen
  ... Wertpapiere des Umlaufvermögens
  erfolgt analog zum Anlagevermögen zu den *Anschaffungskosten* nach § 255 Abs. 1 HGB (vgl. Folie 434).
- Die *Erstbewertung selbsterstellter Vermögensgegenstände* z. B für ...
  ... fertige Erzeugnisse und
  ... unfertige Erzeugnisse
  erfolgt zu den Herstellungskosten gem. § 255 Abs. 2 HGB.
- Die Ermittlung der *Herstellungskosten* erfolgt auf Basis der Daten aus der Kostenrechnung (internes Rechnungswesen).

530

Aktivierung der Herstellungskosten

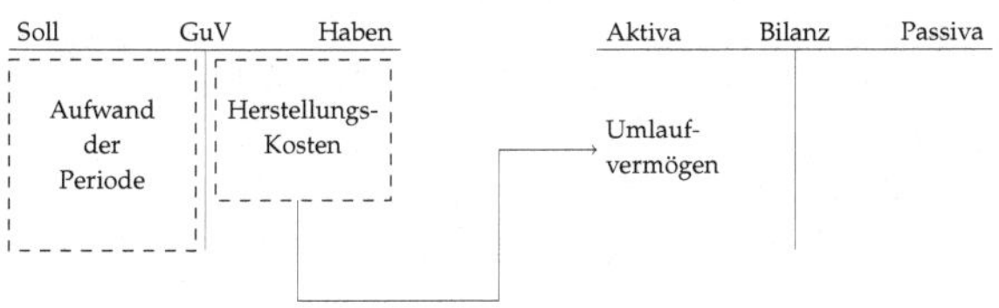

Abb. 55 Aktivierung der Herstellungskosten

Buchungssatz (schematisch):

Umlaufvermögen
an GuV

531

Herstellungskosten nach § 255 Abs. 2, 3 HGBI

(2) [1]Herstellungskosten sind die Aufwendungen, die durch den Verbrauch von Gütern und die Inanspruchnahme von Diensten für die Herstellung eines Vermögensgegenstands, seine Erweiterung oder für eine über seinen ursprünglichen Zustand hinausgehende wesentliche Verbesserung entstehen. [2]Dazu gehören die Materialkosten, die Fertigungskosten und die Sonderkosten der Fertigung sowie angemessene Teile der Materialgemeinkosten, der Fertigungsgemeinkosten und des Werteverzehrs des Anlagevermögens, soweit dieser durch die Fertigung veranlasst ist. [3]Bei der Berechnung der Herstellungskosten dürfen angemessene Teile der Kosten der allgemeinen Verwaltung sowie angemessene Aufwendungen für soziale Einrichtungen des Betriebs, für freiwillige soziale Leistungen und für die betriebliche Altersversorgung einbezogen werden, soweit diese auf den Zeitraum der Herstellung entfallen. [4]Forschungs- und Vertriebskosten dürfen nicht einbezogen werden.

...

(3) [1]Zinsen für Fremdkapital gehören nicht zu den Herstellungskosten. [2]Zinsen für Fremdkapital, das zur Finanzierung der Herstellung eines Vermögensgegenstands verwendet wird, dürfen angesetzt werden, soweit sie auf den Zeitraum der Herstellung entfallen; in diesem Falle gelten sie als Herstellungskosten des Vermögensgegenstands.

532

Die Ermittlung der Herstellungskosten stellt hohe Anforderungen an das interne Rechnungswesen und gestaltet sich schon aufgrund des Vorliegens hauptsächlich interner Buchungsbelege wesentlich komplexer als die Ermittlung von Anschaffungskosten.

533–534 Herstellungskosten sollen die Aufwendungen für den Verbrauch oder die Inanspruchnahme von Dienstleistungen zur Herstellung, Erweiterung oder wesentlichen Verbesserung von Vermögensgegenständen widerspiegeln.[178] Die in § 255 Abs. 2 HGB aufgeführten Aufwendungen sind sehr allgemein gehalten. Aus den Aufzählungen lässt sich ein Schema zur Ermittlung der Herstellungskosten ableiten, das auf den nebenstehenden Folien skizziert ist. Nachfolgend wird kurz erläutert, was unter den einzelnen Begriffen des § 255 Abs. 2 HGB zu verstehen ist.

[178] *Das Handelsrecht geht von einem produktionsbezogenen Vollkostenbegriff aus, bei dem sowohl variable als auch fixe Kosten angesetzt werden.*

1. *Materialeinzelkosten* umfassen die Aufwendungen für Rohstoffe und fertig bezogene Teile, die unmittelbar für die Herstellung verbraucht werden und dem zu bewertenden Erzeugnis direkt zugerechnet werden können.
2. *Materialgemeinkosten* sind die nicht unmittelbar den Vermögensgegenständen zurechenbare Gemeinkosten z. B. der Bereiche Beschaffung (z. B. Einkaufsabteilung), Wareneingangsprüfung, Materiallagerung und Materialverwaltung (z. B. Personalkosten des Lageristen) sowie der Materialausgabe.
3. *Fertigungseinzelkosten* sind z. B. Löhne für diejenigen Arbeitskräfte, die unmittelbar in der Fertigung tätig sind und die dem zu bewertenden Produkt direkt zugerechnet werden können (z. B. der Lohn des Fertigungsarbeiters am Fließband).
4. *Fertigungsgemeinkosten* umfassen alle nicht unmittelbar zurechenbaren Gemeinkosten des Fertigungsbereichs, z. B. Energie, Hilfs- und Betriebsstoffe, Sachversicherungen, Instandhaltung, Werkstattverwaltung, Meister, Lohnbüro, Arbeitsvorbereitung, Fertigungskontrolle, innerbetrieblicher Transport, Gewerbesteuer, Grundsteuer.
5. Zu den *Abschreibungen auf Fertigungsanlagen* gehören die planmäßigen Abschreibungen (soweit sie die Fertigung betreffen), nicht jedoch außerplanmäßige Abschreibungen.
6. *Sondereinzelkosten der Fertigung* sind unmittelbar zurechenbare, besondere Fertigungsaufwendungen wie z. B. Lizenzen, spezielle Werkzeuge, Modelle, Schablonen, spezielle Vorrichtungen.
7. Zu den *Allgemeine Verwaltungskosten* zählen die Aufwendungen, die weder einzeln zurechenbar sind noch zu den Vertriebskosten zählen. Zum Beispiel Aufwendungen für die Geschäftsleitung, Personal- und Ausbildungswesen, Finanz- und Rechnungswesen, Steuerabteilung, Nachrichtenwesen, Werkschutz etc.

Herstellungskosten nach § 255 Abs. 2 HGB II

		Ansatz
	(1.) Materialeinzelkosten (MEK)	Pflicht
+	(2.) Materialgemeinkosten (MGK)	Pflicht
=	*Materialkosten*	
+	(3.) Fertigungseinzelkosten (FEK)	Pflicht
+	(4.) Fertigungsgemeinkosten (FGK)	Pflicht
+	(5.) Abschreibungen auf Fertigungsanlagen	Pflicht
+	(6.) Sondereinzelkosten der Fertigung	Pflicht
=	*Fertigungskosten*	

533

Herstellungskosten nach § 255 Abs. 2 HGB III

		Ansatz
	Fertigungskosten	
+	(7.) Allgemeine Verwaltungskosten	Wahlrecht
+	(8.) Aufwendungen für soziale Einrichtungen	Wahlrecht
+	(9.) Aufwendungen für freiwillige soziale Leistungen	Wahlrecht
+	(10.) Aufwendungen für die betriebliche Altersversorgung	Wahlrecht
+	(11.) Fremdkapitalkosten* (§ 255 Abs. 3 HGB)	Wahlrecht
+	(12.) Sondereinzelkosten des Vertriebs	Verbot
+	(13.) Vertriebskosten	Verbot
+	(14.) Forschungskosten	Verbot
=	*Herstellungskosten*	

* An Bedingungen geknüpft.

534

Übung 31 (Herstellungskosten) I

1. Beurteilen Sie, welcher der auf den Folien 533 und 534 aufgeführten Kategorien 1. bis 14. die nachstehenden Fälle zuzuordnen sind und tragen Sie das Ergebnis in Spalte (1) ein. Tragen Sie »-« ein, wenn es sich nicht um Kosten i. S. d. HGB handelt!
2. Geben Sie in Spalte (2) jeweils an, ob bezüglich der Kosten (a) Aktivierungspflicht, (b) Aktivierungswahlrecht oder (c) Aktivierungsverbot herrscht!

535

8. *Aufwendungen für soziale Einrichtungen* umfassen z. B. Aufwendungen für Kantinen, Essenszuschüsse, Betriebssportstätten, Betriebsbüchereien, Betriebsausflüge.
9. *Aufwendungen für freiwillige soziale Leistungen*[179] stellen z. B. Heirats-, Geburts- und Wohnungsbeihilfen, Weihnachtsgeld sowie Jubiläumsgeschenke.
10. *Aufwendungen für die betriebliche Altersversorgung* sind z. B. Direktversicherungen, Zuwendungen an Pensions- und Unterstützungskassen und Zuweisungen zu den Pensionsrückstellungen.
11. *Fremdkapitalkosten*, wie z. B. Zinsen oder Disagien, gehören grds. nicht zu den Herstellungskosten.[180]
12. *Sondereinzelkosten des Vertriebs* stellen z. B. Außenverpackungen (ohne die das Produkt nicht verkauft werden kann), Transportkosten sowie Zölle dar.
13. *Vertriebskosten* bestehen z. B. aus Marketingkosten, Verkäuferschulungen sowie Reisekosten der Verkäufer.
14. Unter *Forschungskosten*[181] fallen z. B. die Aufwendungen für die Grundlagenforschung.

[179] *Aufwendungen, die nicht arbeits- oder tarifvertraglich vereinbart worden sind.*

[180] *Sie können aber aktiviert werden, wenn sie unmittelbar im Zusammenhang mit der Herstellung stehen (z. B. wenn sie auf den Zeitraum der Herstellung entfallen).*

[181] *Aufwendungen, die bei der eigenständigen und planmäßigen Suche nach neuen wirtschaftlichen und technischen Erkenntnissen anfallen.*

535–538 In *Übung 31* sollen Aufwendungen (Kosten) den einzelnen Begriffen des § 255 Abs. 2 HGB zugeordnet werden. Dabei ist wichtig, dass nicht nur der korrekte Aufwandstyp identifiziert wird, sondern auch beurteilt wird, ob eine Pflicht, ein Wahlrecht oder ein Verbot der Aktivierung besteht.

LÖSUNGSHINWEISE

(a) Das Holz stellt Materialeinzelkosten dar und ist als solches aktivierungspflichtig, § 255 Abs. 2 Satz 2 HGB. **(b)** Kosten des Verkaufs stellen Vertriebskosten dar. Für die Schulungskosten besteht deshalb Aktivierungsverbot, § 255 Abs. 2 Satz 4 HGB. **(c)** Die mengenunabhängigen Kosten des Lagerverwalters stellen Materialgemeinkosten dar, die gem. § 255 Abs. 2 Satz 2 HGB aktivierungspflichtig sind. **(d)** Sofern die Kosten einzeln zurechenbar sind, liegen aktivierungspflichtige Fertigungseinzelkosten vor, § 255 Abs. 2 Satz 2 HGB. **(e)** Es liegen Sonderkosten der Fertigung vor, da die Aufwendungen unmittelbar zurechenbar sind. Es besteht Aktivierungspflicht, § 255 Abs. 2 Satz 2 HGB. **(f)** Fremdkapitalzinsen dürfen nur dann angesetzt werden, wenn das Fremdkapital zur Herstellung des Vermögensgegenstandes verwendet wird – d. h. die Zurechenbarkeit gegeben ist – und sie auf den Zeitraum der Herstellung entfallen. Da hier davon ausgegangen werden kann, dass die genannten Voraussetzungen vorliegen, besteht ein Ansatzwahlrecht, § 255 Abs. 3 Satz 2 HGB.

Übung 31 (Herstellungskosten) II

	(1)	(2)
(a) Holz bei der Produktion von Tischplatten		
(b) Schulungskosten für Verkäufer		
(c) Lohn des Lagerverwalters (mengenunabhängig)		
(d) Lohn eines in der Fertigung eingesetzten Lehrlings		
(e) Kosten der erfolgreichen Entwicklung eines produzierten Produkts		
(f) Laufende Kontokorrentzinsen während der Zeit der Abwicklung eines Auftrags		
(g) Hypothekenzinsen für den Erwerb eines Fabrikgebäudes		

536

Übung 31 (Herstellungskosten) III

	(1)	(2)
(h) Zuführung zu Pensionsrückstellungen für in der Fertigung eingesetzte Arbeitskräfte		
(i) Zuführung zu Pensionsrückstellungen für den Vertriebsvorstand		
(j) Verpackungsmaterial (Packpapier)		
(k) Verpackungsmaterial (Parfümflasche)		
(l) Zeitungswerbung für den Absatz des auf Lager befindlichen Produkts		
(m) Akkordlohn eines Fertigungsmitarbeiters		
(n) Steuerliche Sonderabschreibungen auf zur Fertigung von Vorräten benutzte Anlagen		

537

Übung 31 (Herstellungskosten) IV

	(1)	(2)
(o) Kalkulatorische Abschreibungen auf die Wiederbeschaffungswerte		
(p) Energiekosten der Fertigung		
(q) Abschreibungen auf eine Fertigungsanlage		
(r) Umsatzsteuer von Rohstoffen		
(s) Aufwendungen für das Betriebsschwimmbad		
(t) Weihnachtsgeld der Fertigungsarbeiter		
(u) Kosten einer Expedition zu Forschungszwecken		
(v) Kalkulatorische Zinsen		

538

(g) Die Sollzinsen für die Fremdkapitalbeschaffung dürfen nicht aktiviert werden. § 255 Abs. 3 HGB ist hier nicht einschlägig, da es sich um einen Anschaffungsvorgang handelt, d. h. Anschaffungskosten vorliegen, und kein Herstellungsvorgang vorliegt. **(h)** Die Zuführung zu Pensionsrückstellungen gehören zu den Aufwendungen für die betriebliche Altersversorgung, für die ein Ansatzwahlrecht besteht, § 255 Abs. 2 Satz 3 HGB. **(i)** Einzelkosten und Gemeinkosten des Vertriebs dürfen nicht berücksichtigt werden. Es herrscht Aktivierungsverbot, § 255 Abs. 1 Satz 4 HGB. **(j)** Grundsätzlich zählen Verpackungskosten zu den Vertriebskosten, da sie nicht den Zweck haben, ein Gut ge- oder verbrauchsfähig zu machen. Außenverpackungen, d. h. Verpackungen, die zur späteren Nutzung nicht unbedingt erforderlich sind, stellen Vertriebskosten dar. Dazu zählt auch das Packpapier. Es besteht Ansatzverbot, § 255 Abs. 2 Satz 4 HGB. **(k)** Innenverpackungen, d. h. Verpackungen die zur späteren Nutzungen unbedingt erforderlich sind, z. B. Milchtüten, Verpackung von Waschmittel, Getränkeflaschen oder eben Parfümflaschen, sind Einzelkosten und müssen aktiviert werden, § 255 Abs. 2 Satz 2 HGB. Für den Flakon besteht daher Aktivierungspflicht. **(l)** Die Zeitungswerbung stellt Vertriebskosten dar, für die Ansatzverbot besteht, § 255 Abs. 2 Satz 4 HGB. **(m)** Es liegen Fertigungseinzelkosten vor, die aktivierungspflichtig sind, § 255 Abs. 2 Satz 2 HGB. **(n)** Außerplanmäßige Abschreibungen, erhöhte Abschreibungen sowie steuerliche Sonderabschreibungen dürfen nicht einbezogen werden, da sie nicht durch die Fertigung veranlasst werden. Es herrscht Ansatzverbot, § 255 Abs. 2 Satz 2 HGB. **(o)** Für die Herstellungskosten gilt der pagatorische Kostenbegriff. Das bedeutet, Zusatz- oder Anderskosten als Größen der Kostenrechnung finden bei der Bewertung keine Berücksichtigung (z. B. kalkulatorischer Unternehmerlohn, kalkulatorische Miete und kalkulatorische Zinsen als Zusatzkosten und Abschreibung von den Wiederbeschaffungskosten als Anderskosten). Kalkulatorische Kosten dürfen nicht angesetzt werden, es besteht Aktivierungsverbot. **(p)** Energiekosten können i. d. R. nicht einzeln zugerechnet werden. Sie stellen in diesem Fall Fertigungsgemeinkosten dar und sind zu aktivieren, § 255 Abs. 2 Satz 2 HGB. **(q)** Bei den Abschreibungen handelt es sich um Werteverzehr des zur Fertigung bestimmten Anlagevermögens. Es besteht Aktivierungspflicht, § 255 Abs. 2 Satz 2 HGB. **(r)** Die Umsatzsteuer wird im Rahmen des Vorsteuerabzugs zurückerstattet und gehört deshalb nicht zu den Herstellungskosten, es besteht Aktivierungsverbot. **(s)** Betriebsschwimmbäder gehören zu den sozialen Einrichtungen eines Betriebs. Für diese Kosten besteht ein Aktivierungswahlrecht, § 255 Abs. 2 Satz 3 HGB.

Ermittlung der Herstellungskosten // Zuschlagskalkulation

1. Bei der Zuschlagskalkulation zur Ermittlung der Herstellungskosten werden die Gemeinkosten mittels Zuschlagssätzen ermittelt.
2. Die Bestimmung der Zuschlagssätze ist Teil der Aufgabe des internen Rechnungswesens.
3. Formale Ermittlung der Gemeinkosten:

$$MGK = MEK \times \alpha$$
$$FGK = FEK \times \beta$$
$$VGK = (Materialkosten + Fertigungskosten) \times \gamma$$

mit: MGK = Materialgemeinkosten, MEK = Materialeinzelkosten, α = Materialgemeinkostenzuschlagssatz, FGK = Fertigungsgemeinkosten, FEK = Fertigungseinzelkosten, β = Fertigungsgemeinkostenzuschlagssatz, VGK = Verwaltungsgemeinkosten, γ = Verwaltungsgemeinkostenzuschlagssatz

539

Übung 32 (Zuschlagskalkulation)

Aus der Kostenrechnung sind für die Herstellung eines Tisches folgende Daten bekannt:

Materialeinzelkosten	100 EUR
Materialgemeinkostenzuschlagsatz	50%
Fertigungseinzelkosten	300 EUR
Fertigungsgemeinkostenzuschlagsatz	150%
Verwaltungskostenzuschlagsatz	$33\frac{1}{3}$%

Ermitteln Sie die Wertuntergrenze sowie die Wertobergrenze der Herstellungskosten gem. § 255 Abs. 2 HGB!

540

Lösung Übung 32

	EUR	EUR
Materialeinzelkosten	....	
+ Materialgemeinkosten	....	
= Materialkosten		....
Fertigungslöhne	....	
+ Fertigungsgemeinkosten	....	
+ Sondereinzelkosten der Fertigung	....	
= Fertigungskosten		
= Herstellungskosten (Wertuntergrenze)		
+ Verwaltungskosten	....	
= Wertobergrenze der aktivierungsfähigen Kosten		

541

(t) Weihnachtsgelder stellen (sofern freiwillig bezahlt) freiwillige soziale Leistungen dar. Es besteht Aktivierungswahlrecht, § 255 Abs. 2 Satz 3 HGB. **(u)** Für Forschungskosten besteht Aktivierungsverbot, § 255 Abs. 2 Satz 4 HGB. **(v)** Vergleiche die Ausführungen zu (o).

8.2.2 *Zuschlagskalkulation*

539 Ein mögliches Verfahren zur Ermittlung der Herstellungskosten stellt die Zuschlagskalkulation dar. Die Zuschlagskalkulation orientiert sich an dem auf den Folien 533 und 534 vorgestellten Schema zur Ermittlung der Herstellungskosten und ist Bestandteil der Vollkostenrechnung, da bei der Ermittlung der Herstellungskosten sowohl variable als auch fixe Kosten vollständig in die Kalkulation miteinbezogen werden.

Bei der Zuschlagskalkulation werden auf Basis des internen Rechnungswesens (auf Grundlage des sog. Betriebsabrechnungsbogens) Gemeinkostenzuschlagssätze zur Ermittlung der Material-, Fertigungs- und Verwaltungsgemeinkosten bestimmt. Die Ermittlung dieser Zuschlagssätze erfolgt außerhalb der doppelten Buchführung, ist vergleichsweise komplex und wird hier nicht weiter erörtert.

540–541 *Übung 32* beinhaltet die Ermittlung von Herstellungskosten auf Basis gegebener Zuschlagssätze. Es soll sowohl die Wertunter- als auch die Wertobergrenze der Herstellungskosten ermittelt werden.

8.3 *Folgebewertung im Allgemeinen*

542–544 Die zentralen Vorschriften zur Folgebewertung im Umlaufvermögen befinden sich in § 255 Abs. 4 HGB. Anders als beim Anlagevermögen ist die Verweildauer von Umlaufvermögen im Betriebsvermögen teilweise so kurz, dass das Unternehmen zum Bilanzstichtag weder zivilrechtlicher noch wirtschaftlicher Eigentümer ist und somit eine Folgebewertung gar nicht erforderlich wird.

Aufgrund der kurzen Verweildauer werden Vermögensgegenstände des Umlaufvermögens nicht planmäßig, sondern ausschließlich außerplanmäßig abgeschrieben. Zudem gilt im Umlaufvermögen das sogenannte *strenge Niederstwertprinzip*, nach dem eine Abschreibung auf den niedrigeren beizulegenden Wert zwingend ist und zwar unabhängig davon, ob die Wertminderung von Dauer ist oder nicht. Für die Zuschreibung gelten mit § 255 Abs. 5 Satz 1 HGB dieselben Regeln wie beim Anlagevermögen. Eine Zuschreibung über die historischen Anschaffungskosten hinaus ist nicht zulässig.

Folgebewertung im Allgemeinen I

- *Planmäßige Abschreibungen finden* im Umlaufvermögen *nicht statt*. Es kommen lediglich außerplanmäßige Abschreibungen in Betracht. Die Folgebewertung für das (angeschaffte) Umlaufvermögen ist in § 253 Abs. 4 HGB kodifiziert.

> *(4) [1]Bei Vermögensgegenständen des Umlaufvermögens sind Abschreibungen vorzunehmen, um diese mit einem niedrigeren Wert anzusetzen, der sich aus einem Börsen- oder Marktpreis am Abschlussstichtag ergibt. [2]Ist ein Börsen- oder Marktpreis nicht festzustellen und übersteigen die Anschaffungs- oder Herstellungskosten den Wert, der den Vermögensgegenständen am Abschlussstichtag beizulegen ist, so ist auf diesen Wert abzuschreiben.*

- Für das Umlaufvermögen kommt das *strenge Niederstwertprinzip* zur Anwendung.
- Liegt der beizulegende Wert am Abschlussstichtag unter dem Buchwert, *muss* abgeschrieben werden, ob die Wertminderung von Dauer ist, ist dabei unerheblich. 542

Folgebewertung im Allgemeinen II

- Gründe für *außerplanmäßige Abschreibungen* im Umlaufvermögen:
  ... gesunkene Wiederbeschaffungs- oder Herstellungskosten,
  ... gesunkene Absatzpreise (UE, FE, Handelswaren),
  ... gesunkener Börsenkurs (Wertpapiere, Rohstoffe),
  ... höhere Gewalt (Naturkatastrophen (Elementarereignisse)).
- Für das *hergestellte* Umlaufvermögen ist die Folgebewertung in § 255 Abs. 4 HGB kodifiziert.

> *(4) [1]Der beizulegende Zeitwert entspricht dem Marktpreis. [2]Soweit kein aktiver Markt besteht, anhand dessen sich der Marktpreis ermitteln lässt, ist der beizulegende Zeitwert mit Hilfe allgemein anerkannter Bewertungsmethoden zu bestimmen. [3]Lässt sich der beizulegende Zeitwert weder nach Satz 1 noch nach Satz 2 ermitteln, sind die Anschaffungs- oder Herstellungskosten gemäß § 253 Abs. 4 fortzuführen. [4]Der zuletzt nach Satz 1 oder 2 ermittelte beizulegende Zeitwert gilt als Anschaffungs- oder Herstellungskosten im Sinn des Satzes 3.*

543

Folgebewertung im Allgemeinen III

- Die *Verbuchung* außerplanmäßiger Abschreibungen erfolgt analog zum Anlagevermögen, aber vor allem durch Anwendung der *direkten Methode*.

außerplanmäßige Abschreibungen
an Umlaufvermögen

544

545 Die Folgebewertung im Umlaufvermögen hängt von folgenden Werten ab:

1. Anschaffungskosten
2. Herstellungskosten
3. Marktwert (beizulegender Wert)
4. Buchwert

Nachstehende *Darstellung* 87 unterscheidet die möglichen Fallkonstellationen. Der Fall *BW > AHK* ist aufgrund des Anschaffungskostenprinzips nicht möglich[182] und daher nicht ausgewiesen.

[182] *Eine Ausnahme stellen Fremdwährungsforderungen dar, deren Bewertung in Abschnitt 8.4.4 auf Seite 428 dargestellt ist.*

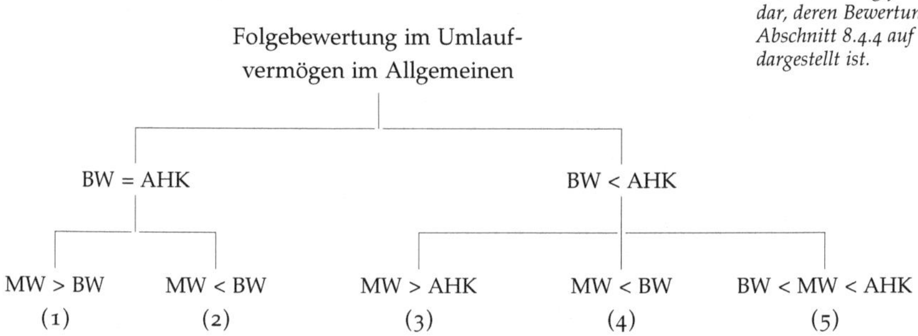

Darstellung 87 Erfassung von Wertminderungen

Die Fallkonstellationen (1) – (5) aus *Darstellung* 87 sind in den *Abbildungen* 56 – 60 graphisch skizziert.

546 Entspricht der Buchwert den Anschaffungs- oder Herstellungskosten und liegt der Marktwert über dem Buchwert (dargestellt in *Abb.* 56), muss der Buchwert bzw. die Anschaffungs- oder Herstellungskosten beibehalten werden, da eine Zuschreibung über die Anschaffungs- oder Herstellungskosten aufgrund des Anschaffungskostenprinzips (§ 255 Abs. 1 Satz 1 HGB) nicht zulässig ist.

547 Liegt der Marktwert unter dem Buchwert und entsprechen sich Buchwert und Anschaffungs- oder Herstellungskosten (dargestellt in *Abb.* 57), besteht unabhängig von der Dauer der Wertminderung aufgrund des strengen Niederstwertprinzips eine Abschreibungspflicht auf den niedrigeren Marktwert (beizulegender Wert), § 253 Abs. 4 HGB.

Folgebewertung im Allgemeinen IV // Bewertung bei Wertschwankungen

- Bei *Wertschwankungen* muss das *strenge Niederstwertprinzip* beachtet werden.
- Es ist auf den niedrigeren Wert von Anschaffungs- bzw. Herstellungskosten (AHK) und Marktwert (MW) abzuschreiben.
- Eine Wertaufholung ist bis maximal zu den AHK möglich, § 253 Abs. 1 Satz 1 HGB. Grundsätzlich sind 5 Fälle denkbar:

1. *BW = AHK*
   (1) MW > BW
   (2) MW < BW
2. *BW < AHK*
   (3) MW > AHK
   (4) MW < BW
   (5) BW < MW < AHK

545

Folgebewertung im Allgemeinen V // Bewertung bei Wertschwankungen

1. Buchwert = Anschaffungs- oder Herstellungskosten am Stichtag
   (1) *Marktwert > Buchwert → keine Anpassung nötig*

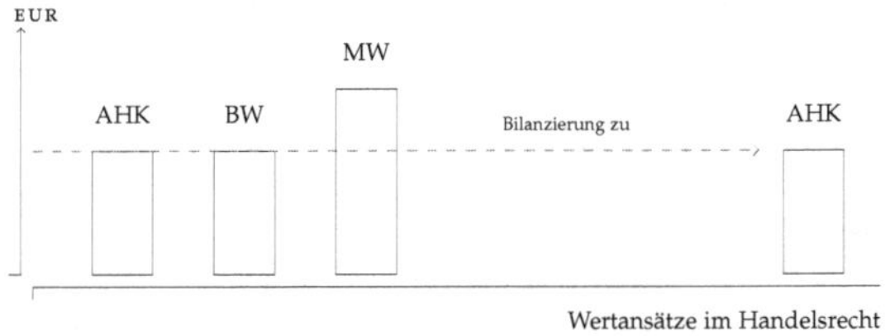

Abb. 56 Folgebewertung im Umlaufvermögen; BW = AHK und MW > BW

546

Folgebewertung im Allgemeinen VI // Bewertung bei Wertschwankungen

1. Buchwert = Anschaffungs- oder Herstellungskosten am Stichtag
   (2) *Marktwert < Buchwert → Abschreibung* auf den Marktwert

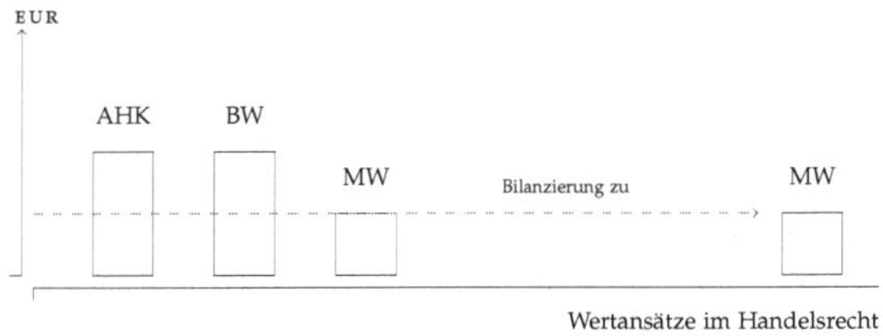

Abb. 57 Folgebewertung im Umlaufvermögen; BW = AHK und MW < BW

547

548 Liegt der Buchwert unter den Anschaffungs- oder Herstellungskosten – z. B. aufgrund vorangegangener außerplanmäßiger Abschreibungen – und der Marktwert über den Anschaffungs- oder Herstellungskosten (dargestellt in *Abb. 58*), muss, da der Grund für die Wertminderung weggefallen ist, eine Zuschreibung erfolgen (§ 255 Abs. 5 Satz 1 HGB). Die Zuschreibung ist betragsmäßig auf die Differenz des Buchwerts und der Anschaffungs- oder Herstellungskosten begrenzt. Wertmäßig darf die Zuschreibung nur bis auf die historischen Anschaffungs- oder Herstellungskosten erfolgen.

549 Liegt der Buchwert unter den Anschaffungskosten und der Marktwert unter dem Buchwert (dargestellt in *Abb. 59*), erfolgt aufgrund des strengen Niederstwertprinzips zwingend eine Abschreibung auf den niedrigeren Marktwert, § 255 Abs. 4 HGB.

550 Im letzten Fall, dargestellt in *Abb. 60*, liegt der Marktwert zwischen Buchwert und Anschaffungs- oder Herstellungskosten. Die vormals getätigte Wertkorrektur in Form einer außerplanmäßigen Abschreibung muss durch Zuschreibung auf den Marktwert – zumindest teilweise – wieder rückgängig gemacht werden.

Aus den vorstehenden Fallkonstellationen lässt sich die außerplanmäßige Abschreibung im Umlaufvermögen betragsmäßig formal wie folgt ermitteln

$$\text{apl. AfA} = \max\{\min\{BW - MW; AHK - BW\}; 0\}, \tag{27}$$

während sich die Zuschreibung betragsmäßig als

$$\text{Zuschreibung} = \max\{\min\{MW - BW; AHK - BW\}; 0\}, \tag{28}$$

ermitteln lässt. Fasst man (27) und (28) zusammen, erhält man

$$\Delta = \min\{MW - BW; AHK - BW\}, \tag{29}$$

mit Δ = Zuschreibung bzw. Abschreibung, wobei negative Werte für Abschreibungen und positive Werte für Zuschreibungen stehen. *Darstellung* 88 auf Seite 408 fasst die fünf Fälle – unter Verwendung der Gleichungen (27) bis (29) – anhand jeweils eines Beispiels zusammen.

Folgebewertung im Allgemeinen VII // Bewertung bei Wertschwankungen

2. Buchwert < Anschaffungs- oder Herstellungskosten am Stichtag
   (3) *Marktwert > AHK → Zuschreibung* bis maximal AHK

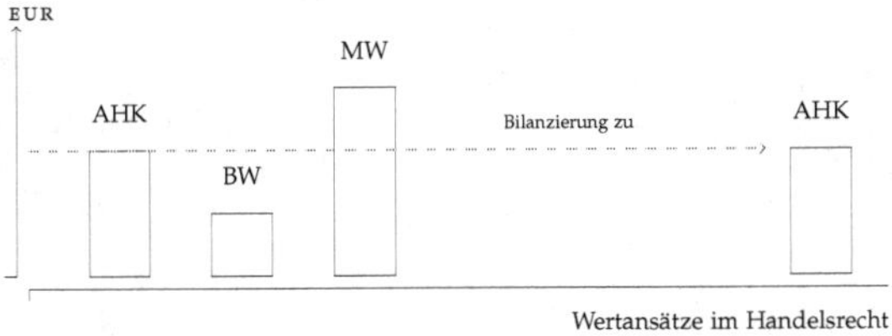

Abb. 58 Folgebewertung im Umlaufvermögen; BW < AHK und MW > AHK

548

Folgebewertung im Allgemeinen VIII // Bewertung bei Wertschwankungen

2. Buchwert < Anschaffungs- oder Herstellungskosten am Stichtag
   (4) *Marktwert < Buchwert → Abschreibung* auf den niedrigeren MW

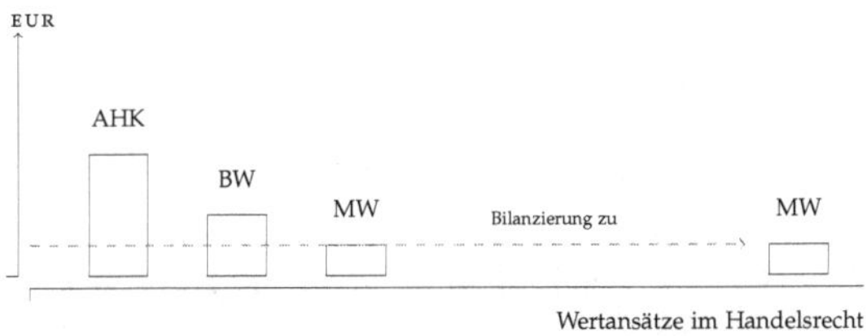

Abb. 59 Folgebewertung im Umlaufvermögen; BW < AHK und MW < BW

549

Folgebewertung im Allgemeinen IX // Bewertung bei Wertschwankungen

2. Buchwert < Anschaffungs- oder Herstellungskosten am Stichtag
   (5) *Buchwert < Marktwert < AHK → Zuschreibung* auf den MW

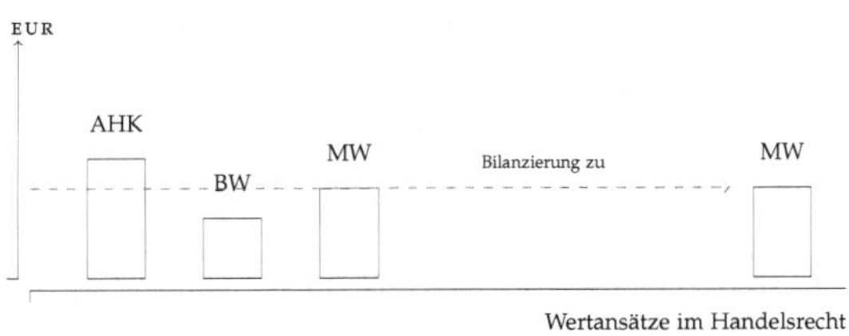

Abb. 60 Folgebewertung im Umlaufvermögen; BW < AHK und BW < MW < AHK

550

	BW = AHK		BW < AHK		
	MW > BW	MW < BW	MW > AHK	MW < BW	BW < MW < AHK
BW	1	1	1	1	1
MW	2	0	3	0	2
AHK	1	1	2	2	3
apl. AfA	0	1	0	1	0
Zuschr.	1	0	1	0	1

Darstellung 88 Zu- und Abschreibungen im Umlaufvermögen (Werte in EUR)

551 In *Übung 33* soll der Wertansatz im Jahresabschluss für Umlaufvermögen in Form von Wertpapieren bestimmt werden. Die betragsmäßige Abschreibung bzw. Zuschreibung lässt sich unter Verwendung von Gleichung (29) bestimmen.

552–553 Die *Abbildungen* 61 und 62 fassen die Wertberichtigung im Anlage- und Umlaufvermögen zusammen. Während in *Abb. 61* die Unterschiede zwischen planmäßiger und außerplanmäßiger Abschreibung in Bezug auf das Anlage- und Umlaufvermögen dargestellt sind, befasst sich *Abb. 62* mit dem *gemilderten* bzw. *strengen* Niederstwertprinzip im Anlage- bzw. Umlaufvermögen.

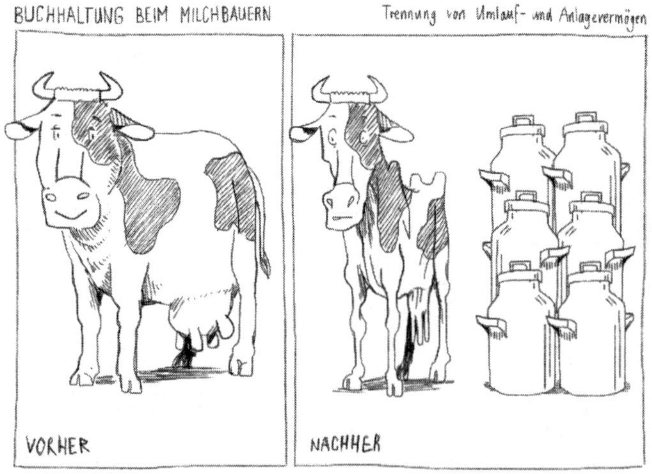

Probleme bei der Trennung von Anlage- und Umlaufvermögen

Übung 33 (Folgebewertung im UV)

Die nachstehenden Werte beziehen sich auf im Umlaufvermögen gehaltene Wertpapiere zum Bilanzstichtag, vor abschließender Bewertung im Rahmen des Jahresabschlusses. Die Anschaffungskosten betragen 100 EUR. Geben Sie jeweils den Wert an, mit dem die Wertpapiere im Jahresabschluss zu aktivieren sind!

	Ab-/Zuschreibung	*Bilanzansatz*
1. BW = 80 EUR, MW = 90 EUR		
2. BW = 100 EUR, MW = 70 EUR		
3. BW = 60 EUR, MW = 110 EUR		
4. BW = 100 EUR, MW = 120 EUR		
5. BW = 60 EUR, MW = 40 EUR		

551

Zusammenfassung Abschreibungen I

	planmäßige Abschreibung	*außerplanmäßige Abschreibung*
Anwendungsbereich	abnutzbares AV	AV und UV
Ursache	Verbrauch / Verzehr des Anlageguts	veränderte wirtschaftliche Bedingungen
Ziel	Verteilung der Anschaffungs- / Herstellungskosten	Anpassung der Buchwerte an gesunkene Marktwerte
Rechtsgrundlage	§ 253 Abs. 3 HGB	§ 253 Abs. 3 und 4 HGB

Abb. 61 Zusammenfassung der Abschreibungen im Anlage- und Umlaufvermögen

552

Zusammenfassung Abschreibungen II

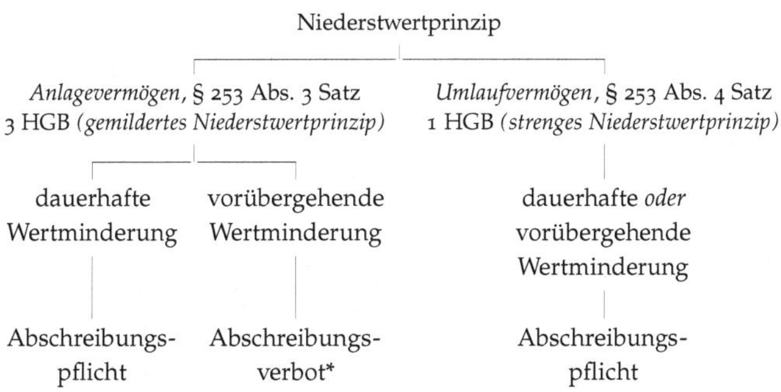

Abb. 62 Niederstwertprinzip im Anlage- und Umlaufvermögen

* ausgenommen sind Finanzanlagen, hier besteht ein Abschreibungswahlrecht

553

554–555 Während in *Übung 33* der Fokus auf dem Umlaufvermögen liegt, ist in *Übung 34* der Wertansatz sowohl für Vermögensgegenstände des Anlage- und Umlaufvermögens zu bestimmen. Bei dem Grundstück (1.) und den Vorräten (7.) wurde keine Information über die Dauerhaftigkeit beigefügt, da im Fall des Grundstücks die Höhe der Zuschreibung zu beurteilen ist und damit die Dauerhaftigkeit keine Rolle spielt. Die Vorräte gehören zum Umlaufvermögen, weshalb die Dauerhaftigkeit hier ebenfalls irrelevant ist.

8.4 *Folgebewertung im Speziellen*

556 Die Beurteilung der Folgebewertung für Umlaufvermögen im Allgemeinen beruht auf § 253 Abs. 4 und 5 HGB. Die Vorgaben hier sind jedoch sehr allgemein gehalten und müssen teilweise je nach Vermögensgegenstand spezifisch ausgelegt werden. So stellt sich z. B. bei Forderungen die Frage, wann genau eine Wertminderung zu dokumentieren ist. Genügen Gerüchte um eine Zahlungsunfähigkeit des Schuldners, muss ein etwaiges Insolvenzverfahren kurz bevorstehen oder dies sogar abgeschlossen sein? Wie sind Forderungen in fremder Währung zu behandeln? Muss im Fall von Vorräten wirklich jeder einzelne Vermögensgegenstand bewertet werden? *Darstellung* 89 fasst die Punkte der nachstehend erörterten Folgebewertung im Umlaufvermögen im Speziellen zusammen.

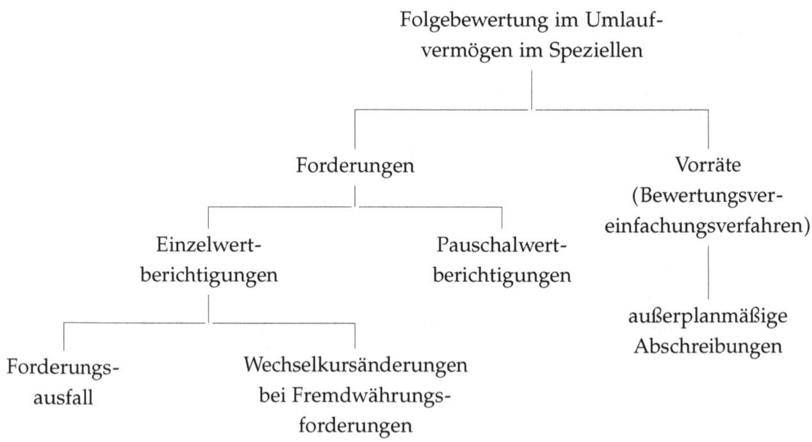

Darstellung 89 Erfassung von Wertminderungen

Übung 34 (Folgebewertung im AV und UV) I

Geben Sie jeweils den Wert an, mit dem die nachstehenden Vermögensgegenstände zu aktivieren sind! Die angegebenen Buchwerte beziehen sich auf den Zeitpunkt unmittelbar vor den Abschlussbuchungen (planmäßige AfA wurde bereits berücksichtigt) zum Bilanzstichtag.

	Wert im Jahresabschluss
1. Grundstück (AV): AK = 50 000 EUR, BW = 30 000 EUR, MW = 40 000 EUR	
2. Fuhrpark (AV): AK = 40 000 EUR, BW = 30 000 EUR, MW = 20 000 EUR (dauerhaft)	
3. Wertpapier (UV): AK = 500 EUR, BW = 300 EUR, MW = 600 EUR (dauerhaft)	

554

Übung 34 (Folgebewertung im AV und UV) II

	Wert im Jahresabschluss
4. Wertpapier (AV): AK = 1 000 EUR, BW = 800 EUR, MW = 700 EUR (nicht dauerhaft)	
5. Rohstoffe: AK = 2 000 EUR, BW = 1 800 EUR, MW = 1 400 EUR (dauerhaft)	
6. Maschine (AV): AK = 35 000 EUR, BW = 30 000 EUR, MW = 15 000 EUR (nicht dauerhaft)	
7. Vorräte: AK = 500 EUR, BW = 500 EUR, MW = 600 EUR	

555

Wertberichtigungen auf Forderungen

Forderungen werden zum Abschluss des Geschäftsjahres hinsichtlich der Bonität der Schuldner (bzw. nach der Wahrscheinlichkeit des Ausfalls) unterteilt in ...

1. einwandfreie,
2. zweifelhafte (dubiose)
3. und uneinbringliche Forderungen.

Zur Berücksichtigung des Ausfallrisikos kann eine *Einzelbewertung* von Forderungen (spezielles Ausfallrisiko) oder eine *Pauschalbewertung* des (um einzelwertberichtigte Forderungen berichtigten) Forderungsbestandes (allgemeines Ausfallrisiko) vorgenommen werden.

Einwandfreie Forderungen bedürfen keiner Korrektur.

556

8.4.1 *Einzelwertberichtigungen auf Forderungen*

557–558 Die Wertberichtigung von Forderungen lässt sich grob in *Einzelwertberichtigungen* (Abschnitt 8.4.1) und *Pauschalwertberichtigungen* (Abschnitt 8.4.3) unterteilen. Einzelwertberichtigte Forderungen dürfen nicht zusätzlich pauschal wertberichtigt werden.

Darstellung 90 zeigt die grundsätzliche Klassifizierung von Forderungen nach der Ausfallwahrscheinlichkeit.

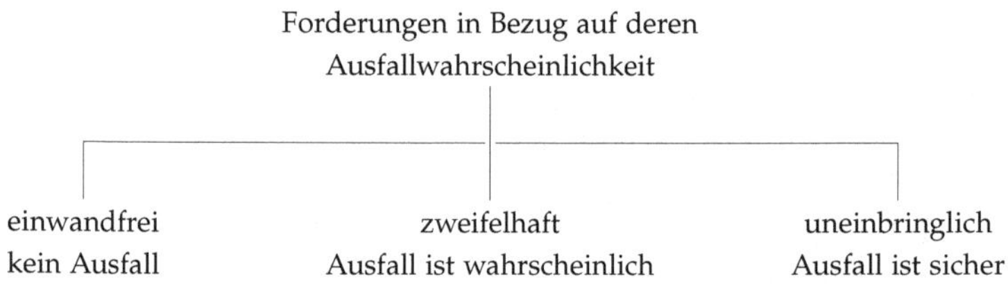

Darstellung 90 Klassifizierung von Forderungen nach deren Ausfallwahrscheinlichkeit

Zur Abbildung der Ausfallwahrscheinlichkeit werden die Forderungen, die wahrscheinlich oder sicher ausfallen (Nettowert zzgl. Umsatzsteuer), auf ein gesondertes Konto »dubiose Forderungen« umgebucht. Dies ermöglicht dem Bilanzleser, zu erfassen, in welchem Umfang Unsicherheiten hinsichtlich eines möglichen Forderungsausfalls bestehen.

Bezüglich der Umsatzsteuer gilt das »ganz-oder-gar-nicht-Prinzip«. Das bedeutet, dass die Umsatzsteuer entweder in voller Höhe oder gar nicht korrigiert wird. Die vollständige Korrektur der Umsatzsteuer erfolgt nur dann, wenn der Forderungsausfall sicher ist. Dies ist damit begründet, dass der Unternehmer in diesem (Insolvenz)Fall die Vermögensrechte an seinem Unternehmen verliert und das vereinbarte Entgelt damit uneinbringlich wird.

Die Grundlage für die Korrektur der Umsatzsteuer liefert § 17 UStG (Änderung der Bemessungsgrundlage).[183] Im Umsatzsteueranwendungserlass heißt es dazu in Abschnitt 17.1 Abs. 5 Satz 5.

[183] *Die Berichtigung der Umsatzsteuer bei Uneinbringlichkeit ist in § 17 Abs. 2 Nr. 1 Satz 1 UStG kodifiziert.*

> *»Wird über das Vermögen eines Unternehmers das Insolvenzverfahren eröffnet, werden die gegen ihn gerichteten Forderungen spätestens in diesem Zeitpunkt unbeschadet einer möglichen Insolvenzquote in voller Höhe uneinbringlich im Sinne des § 17 Abs. 2 Nr. 1 Satz 1 UStG.«*

559 *Abb. 63* fasst die buchhalterische Behandlung in Abhängigkeit der Ausfallwahrscheinlichkeit zusammen.

Einzelwertberichtigungen auf Forderungen I

- *Zweifelhafte und uneinbringliche Forderungen* werden aus Gründen der (Bilanz-)Klarheit auf einem gesonderten Konto *»Dubiose Forderungen«* (*»zweifelhafte Forderungen«*) erfasst.
- Der *wahrscheinliche* Forderungsausfall bei zweifelhaften Forderungen wird, *ohne Berichtigung der Umsatzsteuer*, abgeschrieben; der Ausfall ist wahrscheinlich, aber nicht sicher, wenn zwar der *Insolvenzantrag* gestellt wurde, aber das Insolvenzverfahren noch nicht eröffnet wurde; bzw. bei Zahlungseinstellung.
- Der *sichere* Forderungsausfall (bei uneinbringlichen Forderungen) wird *inkl. Umsatzsteuer* abgeschrieben; der Forderungsausfall ist dann sicher, wenn über das Unternehmen das *Insolvenzverfahren eröffnet* wurde.

557

Einzelwertberichtigungen auf Forderungen II

- Die nicht als *»Dubiose Forderungen«* erfassten Forderungen werden ins SBK übernommen. Die nicht abgeschriebenen Dubiosen Forderungen werden ebenfalls ins SBK übernommen.
- Das Konto *»Abschreibungen auf Forderungen«* wird über die GuV abgeschlossen.
- Wird über das Vermögen eines Unternehmers das *Insolvenzverfahren eröffnet*, werden die gegen ihn gerichteten Forderungen spätestens in diesem Zeitpunkt unbeschadet einer möglichen Insolvenzquote in voller Höhe uneinbringlich. Die *Umsatzsteuer wird* unbeschadet einer möglichen Insolvenzquote *voll berichtigt*, die (Netto)Forderung jedoch nur quotal (die Insolvenzquote wird i. d. R. vom Insolvenzverwalter bekanntgegeben).

558

Zusammenfassung *(in Anlehnung an Döring/Buchholz (2015), S. 128)*

	Forderungsausfall		
	ganz unwahrscheinlich	*wahrscheinlich*	*sicher*
Klassifikation	vollwertige Forderungen	zweifelhafte Forderungen	uneinbringliche Forderungen
Bilanzausweis	Forderungen	zweifelhafte Forderungen	zweifelhafte Forderungen
Bewertung	Nennwert	Nennwert ./. erwarteter Ausfall	Nennwert ./. sicherer Ausfall
Abschreibung	keine	erwarteter Ausfall (vom Nettobetrag)	sicherer Ausfall (vom Nettobetrag)
USt-Korrektur	keine	keine	voll

Abb. 63 Klassifizierung des Forderungsausfalls

559

560 Wie im Fall der planmäßigen Abschreibung, können auch bei außerplanmäßiger Abschreibung die direkte oder indirekte Abschreibungsmethode zur Anwendung kommen. Eine Ausnahme bildet der sichere Forderungsausfall, bei dem ausschließlich direkt abgeschrieben werden darf.

561–567 *Abb. 64* differenziert zwischen neun Fällen des Forderungsausfalls. Die Fälle ergeben sich zum einen durch die beiden alternativen Abschreibungsmethoden und den – nach erfolgter Abschreibung auf den berichtigten Betrag – tatsächlichen Zahlungseingang. Nachstehend finden sich neun Beispiele, die die beschriebenen Fälle abdecken werden.

❶ Am 31.12.2015 hat A eine Forderung aus L. u. L. gegenüber B i. H. v. 1 190 EUR (brutto), die wahrscheinlich zu 80% ausfällt. In 2016 bezahlt B 20% der ursprünglichen Forderung per Banküberweisung. Der Rest fällt mit Sicherheit aus. Buchungen aus Sicht des A im Fall der Anwendung der direkten Abschreibungsmethode:

zweifelhafte Forderungen	*1 190* EUR	
an *Forderungen aus L. u. L.*		*1 190* EUR
Abschreibungen auf Forderungen	*800* EUR	
an *zweifelhafte Forderungen*		*800* EUR
Bank	*238* EUR	
Umsatzsteuer	*152* EUR	
an *zweifelhafte Forderungen*		*390* EUR

❷ Am 31.12.2015 hat A eine Forderung aus L. u. L. gegenüber B i. H. v. 1 190 EUR (brutto), die wahrscheinlich zu 60% ausfällt. In 2016 bezahlt B 50% der ursprünglichen Forderung per Banküberweisung. Der Rest fällt mit Sicherheit aus. Buchungen aus Sicht des A im Fall der Anwendung der direkten Abschreibungsmethode:

zweifelhafte Forderungen	*1 190* EUR	
an *Forderungen aus L. u. L.*		*1 190* EUR
Abschreibungen auf Forderungen	*600* EUR	
an *zweifelhafte Forderungen*		*600* EUR
Bank	*595* EUR	
Umsatzsteuer	*95* EUR	
an *zweifelhafte Forderungen*		*590* EUR
sonstige betriebliche Erträge		*100* EUR

Verbuchung der Abschreibung I

- Grundsätzlich existieren *zwei Methoden* der Abschreibung eines *wahrscheinlichen* Forderungsausfalls bei Einzelwertberichtigungen, die

  … *direkte* Methode und die

  … *indirekte* Methode.
- *Uneinbringliche* Forderungen werden immer *direkt abgeschrieben*.
- Unabhängig von der gewählten Methode werden die zweifelhaften und uneinbringlichen Forderungen auf das Konto »*Zweifelhafte Forderungen*« (auch »*Dubiose Forderungen*« genannt) umgebucht.

Zweifelhafte Forderungen
an Forderungen aus L. u. L.

560

Verbuchung der Abschreibung II

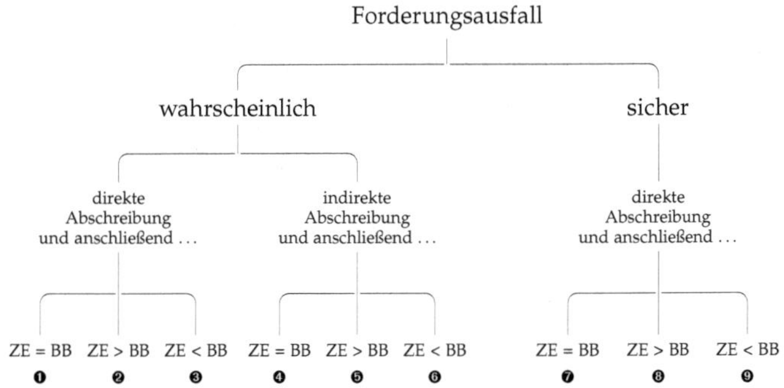

Abb. 64 Fallkonstellationen beim Forderungsausfall

ZE = Zahlungseingang (der Rest der Forderung fällt sicher aus), BB = berichtigter Betrag

561

Verbuchung der Abschreibung II

Forderungsausfall ist wahrscheinlich (keine USt-Korrektur) – direkte Methode

Bei der *direkten Methode* werden die zweifelhaften Forderungen ohne Bildung eines passiven Korrekturpostens abgeschrieben.

Abschreibungen auf Forderungen
an Zweifelhafte Forderungen

❶ Zahlungseingang ≙ Höhe des berichtigten Betrags

Zahlungsmittel
Umsatzsteuer
an zweifelhafte Forderungen

562

❸ Am 31.12.2015 hat A eine Forderung aus L. u. L. gegenüber B i. H. v. 1 190 EUR (brutto), die wahrscheinlich zu 50% ausfällt. In 2016 bezahlt B 20% der ursprünglichen Forderung per Banküberweisung. Der Rest fällt mit Sicherheit aus. Buchungen aus Sicht des A im Fall der Anwendung der direkten Abschreibungsmethode:

zweifelhafte Forderungen	*1 190* EUR	
an Forderungen aus L. u. L.		*1 190* EUR

Abschreibungen auf Forderungen	*500* EUR	
an zweifelhafte Forderungen		*500* EUR

Bank	*238* EUR	
Umsatzsteuer	*152* EUR	
sonstiger betrieblicher Aufwand	*300* EUR	
an zweifelhafte Forderungen		*690* EUR

❹ Am 31.12.2015 hat A eine Forderung aus L. u. L. gegenüber B i. H. v. 1 190 EUR (brutto), die wahrscheinlich zu 90% ausfällt. In 2016 bezahlt B 10% der ursprünglichen Forderung per Banküberweisung. Der Rest fällt mit Sicherheit aus. Buchungen aus Sicht des A im Fall der Anwendung der indirekten Abschreibungsmethode:

zweifelhafte Forderungen	*1 190* EUR	
an Forderungen aus L. u. L.		*1 190* EUR

Zuführung zu EWB zu Forderungen	*900* EUR	
an Einzelwertberichtigungen zu Forderungen		*900* EUR

Bank	*119* EUR	
Umsatzsteuer	*171* EUR	
Einzelwertberichtigungen zu Forderungen	*900* EUR	
an zweifelhafte Forderungen		*1 190* EUR

Verbuchung der Abschreibung III

Forderungsausfall ist wahrscheinlich (keine USt-Korrektur) – direkte Methode

❷ Zahlungseingang > Höhe des berichtigten Betrags

Zahlungsmittel
Umsatzsteuer
an zweifelhafte Forderungen
sonstige betriebliche Erträge

❸ Zahlungseingang < Höhe des berichtigten Betrags

Zahlungsmittel
sonstiger betrieblicher Aufwand
Umsatzsteuer
an zweifelhafte Forderungen 563

Verbuchung der Abschreibung IV

Forderungsausfall ist wahrscheinlich (keine USt-Korrektur) – indirekte Methode

Bei der *indirekten Methode* findet der geschätzte Ausfall indirekt durch die Bildung des Passivkontos »*Einzelwertberichtigungen zu Forderungen*« statt.

Zuführung zu Einzelwertberichtigungen zu Forderungen
an Einzelwertberichtigungen zu Forderungen

Das Konto »*Zuführung zu Einzelwertberichtigungen zu Forderungen*« ist ein Erfolgskonto.

❹ Zahlungseingang ≙ Höhe des berichtigten Betrags

Zahlungsmittel
Einzelwertberichtigungen zu Forderungen
Umsatzsteuer
an zweifelhafte Forderungen 564

Verbuchung der Abschreibung V

Forderungsausfall ist wahrscheinlich (keine USt-Korrektur) – indirekte Methode

❺ Zahlungseingang > Höhe des berichtigten Betrags

Zahlungsmittel
Einzelwertberichtigungen zu Forderungen
Umsatzsteuer
an zweifelhafte Forderungen
sonstige betriebliche Erträge

❻ Zahlungseingang < Höhe des berichtigten Betrags

Zahlungsmittel
Einzelwertberichtigungen zu Forderungen
sonstige betriebliche Aufwendungen
Umsatzsteuer
an zweifelhafte Forderungen 565

❺ Am 31.12.2015 hat A eine Forderung aus L. u. L. gegenüber B i. H. v. 1 190 EUR (brutto), die wahrscheinlich zu 70 % ausfällt. In 2016 bezahlt B 40 % der ursprünglichen Forderung per Banküberweisung. Der Rest fällt mit Sicherheit aus. Buchungen aus Sicht des A im Fall der Anwendung der indirekten Abschreibungsmethode:

zweifelhafte Forderungen		*1 190* EUR	
an	*Forderungen aus L. u. L.*		*1 190* EUR

Zuführung zu EWB zu Forderungen		*700* EUR	
an	*Einzelwertberichtigungen zu Forderungen*		*700* EUR

Bank		*476* EUR	
Umsatzsteuer		*114* EUR	
Einzelwertberichtigungen zu Forderungen		*700* EUR	
an	*zweifehlhafte Forderungen*		*1 190* EUR
	sonstige betriebliche Erträge		*100* EUR

❻ Am 31.12.2015 hat A eine Forderung aus L. u. L. gegenüber B i. H. v. 1 190 EUR (brutto), die wahrscheinlich zu 50 % ausfällt. In 2016 bezahlt B 20 % der ursprünglichen Forderung per Banküberweisung. Der Rest fällt mit Sicherheit aus. Buchungen aus Sicht des A im Fall der Anwendung der indirekten Abschreibungsmethode:

zweifelhafte Forderungen		*1 190* EUR	
an	*Forderungen aus L. u. L.*		*1 190* EUR

Zuführung zu EWB zu Forderungen		*500* EUR	
an	*Einzelwertberichtigungen zu Forderungen*		*500* EUR

Bank		*238* EUR	
Umsatzsteuer		*152* EUR	
Einzelwertberichtigungen zu Forderungen		*500* EUR	
sonstiger betrieblicher Aufwand		*300* EUR	
an	*zweifehlhafte Forderungen*		*1 190* EUR

Verbuchung der Abschreibung VI

Forderungsausfall ist sicher (USt-Korrektur) – direkte Methode

Zunächst direkte Abschreibung der Forderung:

Abschreibungen auf Forderungen
Umsatzsteuer
an zweifelhafte Forderungen

❼ Zahlungseingang ≙ Höhe des berichtigten Betrags

Zahlungsmittel
an zweifelhafte Forderungen
Umsatzsteuer

566

Verbuchung der Abschreibung VII

Forderungsausfall ist sicher (USt-Korrektur) – direkte Methode

❽ Zahlungseingang > Höhe des berichtigten Betrags

Zahlungsmittel
an zweifelhafte Forderungen
sonstige betriebliche Erträge
Umsatzsteuer

❾ Zahlungseingang < Höhe des berichtigten Betrags

Zahlungsmittel
sonstige betriebliche Aufwendungen
an zweifelhafte Forderungen
Umsatzsteuer

567

Übung 35 (Einzelwertberichtigung)

Angenommen, der Forderungsbestand von August Hobel beträgt am 31.12.2015 insgesamt 53 000 EUR (brutto), wobei darin umsatzsteuerfreie Forderungen i. H. v. 5 400 EUR enthalten sind. Führen Sie die Einzelwertberichtigung für die folgenden beiden Geschäftsvorfälle unter Anwendung der *direkten Abschreibungsmethode* durch!

1. Die Forderung gegenüber dem Kunden Leim i. H. v. 2 975 EUR (brutto) fällt wahrscheinlich zu 60% aus.
2. Beim Kunden Wurm wurde bereits das Insolvenzverfahren eröffnet. Die Forderung gegenüber Wurm beträgt 3 808 EUR (brutto). Der Insolvenzverwalter rechnet mit einer Quote von 10%.
3. Was wäre, wenn in 2016 50% der ursprünglichen Forderung gegen Wurm doch noch per Bank eingehen?

568

❼ Am 31.12.2015 hat A eine Forderung aus L. u. L. gegenüber B i. H. v. 1 190 EUR (brutto), die sicher zu 90% ausfällt. In 2016 bezahlt B 10% der ursprünglichen Forderung per Banküberweisung. Buchungen aus Sicht des A im Fall der Anwendung der direkten Abschreibungsmethode:

zweifelhafte Forderungen		1 190 EUR	
an	*Forderungen aus L. u. L.*		1 190 EUR

Abschreibungen auf Forderungen		900 EUR	
Umsatzsteuer		190 EUR	
an	*zweifelhafte Forderungen*		1 090 EUR

Bank		119 EUR	
an	*zweifelhafte Forderungen*		100 EUR
	Umsatzsteuer		19 EUR

❽ Am 31.12.2015 hat A eine Forderung aus L. u. L. gegenüber B i. H. v. 1 190 EUR (brutto), die sicher zu 70% ausfällt. In 2016 bezahlt B 40% der ursprünglichen Forderung per Banküberweisung. Buchungen aus Sicht des A im Fall der Anwendung der direkten Abschreibungsmethode:

zweifelhafte Forderungen		1 190 EUR	
an	*Forderungen aus L. u. L.*		1 190 EUR

Abschreibungen auf Forderungen		700 EUR	
Umsatzsteuer		190 EUR	
an	*zweifelhafte Forderungen*		890 EUR

Bank		476 EUR	
an	*zweifelhafte Forderungen*		300 EUR
	sonstige betriebliche Erträge		100 EUR
	Umsatzsteuer		76 EUR

Lösung Übung 35 I

1. Forderung gegenüber dem *Kunden Leim* i. H. v. 2 975 EUR (brutto), wahrscheinlicher Ausfall = 60 %, es handelt sich um eine zweifelhafte Forderung.

   Umbuchung der Forderung auf das Konto zweifelhafte Forderungen:

   Abschreibung der Forderung i. H. v. ______

569

Lösung Übung 35 II

2. Forderung ggü. dem *Kunden Wurm* i. H. v. 3 808 EUR (brutto), wahrscheinlicher Ausfall = 90 %, es handelt sich um eine uneinbringliche Forderung, da das Insolvenzverfahren bereits eröffnet wurde.

   Umbuchung der Forderung auf das Konto zweifelhafte Forderungen:

   Abschreibung der Forderung i. H. v. ______

   Berichtigung der Umsatzsteuer i. H. v. ______

570

Lösung Übung 35 III

3. Eingang von 50 % der ursprünglichen Forderung gegenüber Wurm: $0{,}5 \times 3\,808 = 1\,904$ EUR, Umsatzsteuer = $\frac{1\,904}{1{,}19} \times 0{,}19 = 304$ EUR, Bestand zweifelhafter Forderungen = $3\,808 - 3\,488 = 320$ EUR.

571

❾ Am 31.12.2015 hat A eine Forderung aus L. u. L. gegenüber B i. H. v. 1 190 EUR (brutto), die sicher zu 50% ausfällt. In 2016 bezahlt B 40% der ursprünglichen Forderung per Banküberweisung. Buchungen aus Sicht des A im Fall der Anwendung der direkten Abschreibungsmethode:

zweifelhafte Forderungen	*1 190* EUR	
an Forderungen aus L. u. L.		*1 190* EUR
Abschreibungen auf Forderungen	*500* EUR	
Umsatzsteuer	*190* EUR	
an zweifelhafte Forderungen		*690* EUR
Bank	*476* EUR	
sonstige betriebliche Aufwendungen	*100* EUR	
an zweifelhafte Forderungen		*500* EUR
Umsatzsteuer		*76* EUR

568–571 *Übung 35* hat die Verbuchung der Einzelwertberichtigung von Forderungen zum Inhalt. Dabei soll zunächst der jeweilige Fall aus *Abbildung 64* identifiziert und anschließend verbucht werden.

Endes des Herstellungsprozesses

8.4.2 *Kontrollfragen*

1. Wann ist ein Vermögensgegenstand dem Umlaufvermögen zuzuordnen?
2. Nennen Sie mindestens fünf konkrete Vermögensgegenstände, die dem Umlaufvermögen zuzuordnen sind!
3. Erläutern Sie anhand konkreter Beispiele, warum es von materieller Bedeutung ist, ob ein Vermögensgegenstand dem Umlaufvermögen oder dem Anlagevermögen zugeordnet wird.
4. Wie ist die Bilanzierung immaterieller Vermögensgegenstände des AV und UV geregelt?
5. Worin bestehen die wesentlichen Unterschiede zwischen Anschaffungs- und Herstellungskosten?
6. Was versteht man unter Einzelkosten, was unter Gemeinkosten?
7. Wie sind die Wahlrechte in § 255 Abs. 2 HGB auszuüben, wenn (a) der Gewinn möglichst hoch bzw. (b) der Gewinn möglichst niedrig ausfallen soll?
8. Welche Auswirkungen haben die Wahlrechte in § 255 Abs. 2 HGB auf den Gewinn der Totalperiode?
9. Wie werden zweifelhafte Forderungen einzelwertberichtigt?
10. Welche Möglichkeiten der Verbuchung für Einzelwertberichtigungen existieren?
11. Wie ist die Korrektur der Umsatzsteuer bei Einzelwertberichtigungen geregelt?

LERNEINHEIT 12

Bilanzierung des Umlaufvermögens nach HGB Teil II – Sonderprobleme

ShortCode App # 1080

572–574 Lerneinheit 12 befasst sich weiterführend mit der Bilanzierung des Umlaufvermögens. Insbesondere wird auf Spezialprobleme bei der Bewertung von Umlaufvermögen eingegangen. Anknüpfend an die vorangehende Lerneinheit wird zunächst die pauschale Wertberichtigung von Forderungen thematisiert. Anschließend wird auf die Bewertung von Forderungen in fremder Währung eingegangen, bevor die Funktionsweise alternativer Bewertungsvereinfachungsverfahren vorgestellt wird.

8.4.3 *Pauschalwertberichtigung auf Forderungen*

575 Entgegen dem Grundsatz der Einzelbewertung verstößt die pauschale Bewertung von Forderungen zur Berücksichtigung allgemeiner Risiken nicht gegen die GoB. Explizit kodifiziert ist die Pauschalbewertung nicht. Die Pauschalwertberichtigung von Forderungen basiert auf Erfahrungswerten der Vergangenheit und darf nur auf den restlichen, nicht einzelwertberichtigten Forderungsbestand angewendet werden. Die pauschale Wertberichtigung findet auf den Nettowert der Forderungen statt. Bei der Ermittlung des Nettowerts der Forderungen muss berücksichtigt werden, dass Umsätze (umsatz-)steuerbefreit, ermäßigt besteuert bzw. regelbesteuert sein können. Die Ermittlung des pauschal zu berichtigenden Betrags folgt nachstehendem Schema:

	Forderungen vor EWB (brutto)
./.	Forderungen, die einzelwertberichtigt wurden (brutto)
./.	umsatzsteuerfreie Forderungen
./.	Forderungen mit ermäßigtem USt-Satz (7%, brutto)
=	Bruttobestand an Forderungen mit 19% USt
./.	19% USt darauf
=	Nettobestand an Forderungen mit 19% USt
+	Nettobestand an Forderungen mit 7% USt
+	umsatzsteuerfreie Forderungen
=	Summe Nettobestand an Forderungen
×	PWB-Satz (Erfahrungswert)
./.	Bestand an PWB zu Beginn des Geschäftsjahres
=	Zuführung (falls positiv) bzw. Auflösung (falls negativ) des Bestands an PWB

Darstellung 91 Schema zur Ermittlung der pauschalen Wertberichtigung

Literatur und Lernziele I

1. *Literatur*

   Döring, Ulrich / Buchholz, Rainer (2015): *Buchhaltung und Jahresabschluss*, 14. Auflage, Erich Schmidt, Berlin, 126–134.

   Eisele, Wolfgang / Knobloch, Alois Paul (2011): *Technik des betrieblichen Rechnungswesens*, 8. Auflage, Vahlen, München, 471–492.

   Wöhe, Günter / Kußmaul, Heinz (2015): *Grundzüge der Buchführung und Bilanztechnik*, 9. Auflage, Vahlen, München, 263–273.

572

Literatur und Lernziele II

2. *Lernziele*

   Nach dieser Lerneinheit ...

   - können Sie Fremdwährungsforderungen bewerten und die Folgebewertung buchhalterisch erfassen,
   - sind Sie in der Lage Pauschalwertberichtigungen von Forderungen konkret zu ermitteln und zu verbuchen,
   - kennen Sie die wichtigsten Bewertungsvereinfachungsverfahren,
   - können Sie Vorräte nach Maßgabe der lifo-Methode, der fifo-Methode und nach dem Durchschnittsverfahren bewerten,
   - wissen Sie, was unter einem Festwert zu verstehen ist und können das Festwertverfahren anwenden.

573

Umlaufvermögen

Aktiva	Gliederung der Bilanz gem. § 266 HGB	Passiva
A. Anlagevermögen		A. Eigenkapital
I. Immaterielle Vermögensgegenstände		*I. Gezeichnetes Kapital*
II. Sachanlagen		*II. Kapitalrücklage*
III. Finanzanlagen		*III. Gewinnrücklage*
B. Umlaufvermögen		*IV. Gewinnvortrag/Verlustvortrag*
I. Vorräte		*V. Jahresüberschuss/Jahresfehlbetrag*
II. Forderungen		B. Rückstellungen
III. Wertpapiere		C. Verbindlichkeiten
IV. Kasse, Bank		D. Rechnungsabgrenzungsposten
C. Rechnungsabgrenzungsposten		E. Passive latente Steuern
D. Aktive latente Steuern		
Bilanzsumme		Bilanzsumme

574

Für innerbetriebliche Kosten, wie z. B. Mahnkosten oder Kosten der Beitreibung, erfolgt die pauschale Wertberichtigung auf Basis der um die einzelwertberichtigten Forderungen korrigierten Bruttoforderungen, da für innerbetriebliche Kosten keine Umsatzsteuer anfällt. Lediglich für etwaige andere Forderungsausfälle und Skontierungen erfolgt die Wertberichtigung auf Basis des Nettobestands.

BEISPIEL

Der Forderungsbestand, der ausschließlich aus Umsätzen besteht, die mit dem Regelsteuersatz besteuert werden, beträgt vor Einzelwertberichtigung 119 000 EUR. 20% der Forderungen werden einzelwertberichtigt. Aus Erfahrung fallen i. H. v. 2% der Forderungen innerbetriebliche Kosten der Beitreibung an. Für andere Forderungsausfälle findet eine pauschale Berichtigung i. H. v. 3% des Forderungsbestands statt.

LÖSUNG

Zur Ermittlung des Betrags der Pauschalwertberichtigung müssen zwei Bemessungsgrundlagen ermittelt werden. Zum einen muss der Bestand an Bruttoforderungen nach erfolgter Einzelwertberichtigung (Position (3) in nachstehender Tabelle) und zum anderen der Nettobestand an Forderungen (Position (6)) ermittelt werden.

			EUR
	(1) Bruttoforderungen vor EWB	119 000	
./.	(2) EWB (20% von 119 000 EUR)	23 800	
=	(3) Bruttoforderungen nach EWB	95 200	
	(4) dv. 2% für innerbetriebliche Kosten		1 904
./.	(5) Umsatzsteuer aus (3)	15 200	
=	(6) Nettoforderungen ((3)–(5))	80 000	
	(7) dv. 3% pauschale Berichtigung für andere Forderungsausfälle	2 400	2 400
=	(8) Summe Pauschalwertberichtigung		4 304

Die buchhalterische Abbildung der Pauschalwertberichtigung erfolgt i. d. R. durch die *indirekte Abschreibung* unter Bildung eines passiven Ausgleichpostens. In Abhängigkeit der Höhe des Ausgleichspostens kann die Pauschalwertberichtigung der Periode zu Aufwendungen bzw. zu Erträgen führen oder erfolgsneutral sein. Die drei Fälle, die unterschieden werden können, sind in *Darstellung* 92 auf Seite 428 abgetragen.

Pauschalwertberichtigung auf Forderungen

- Da grundsätzlich damit zu rechnen ist, dass ein bestimmter Prozentsatz der Forderungen ausfällt, wird eine *Pauschalwertberichtigung* (PWB) durchgeführt.
- Diese wird vom *Nettobetrag* der nicht einzelwertberichtigten Forderungen nach einem betrieblichen Erfahrungssatz (i. d. R. ca. 3–7%) berechnet.
- Die Pauschalwertberichtigung erfolgt auf den Forderungsbestand ohne zweifelhafte Forderungen und *ohne Korrektur der Umsatzsteuer*!
- Die Verbuchung erfolgt i. d. R. indirekt über das Erfolgskonto »*Zuführung zu PWB zu Forderungen*« bzw. über das passive Bestandskonto »*PWB zu Forderungen*«.

575

Übung 36 (Pauschalwertberichtigung)

Ausgehend von Übung 35 (Folie 568) rechnet August Hobel pauschal mit einem Forderungsausfall von 3%. Ermitteln Sie zunächst den Nettobetrag an noch nicht einzelwertberichtigten Forderungen und die darauf entfallende Pauschalwertberichtigung und verbuchen Sie die Pauschalwertberichtigung unter Verwendung der indirekten Abschreibungsmethode und unter der Maßgabe, dass der Bestand an »*Pauschalwertberichtigungen zu Forderungen*« am Ende des vorangegangenen Wirtschaftsjahres

1. 0 EUR
2. 500 EUR
3. 3 000 EUR

beträgt.

576

Lösung Übung 36 I

Ermittlung des Nettobestands an noch nicht einzelwertberichtigten Forderungen und der Pauschalwertberichtigung

	EUR
....	
....	
	———
....	
	———
....	
....	
	———
	———
	═══

577

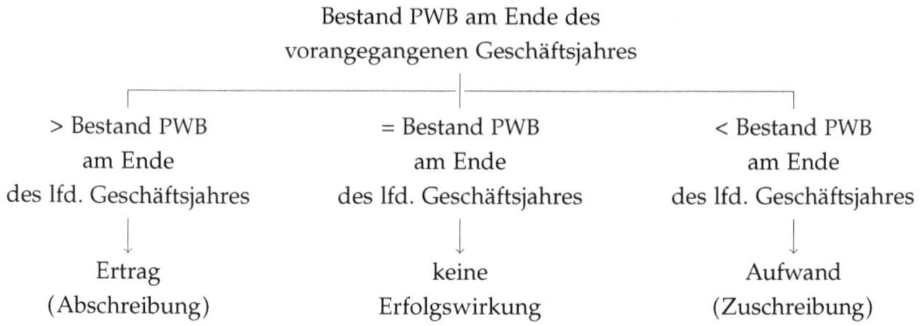

Darstellung 92 Erfolgswirkung der PWB zu Forderungen

576–578 In *Übung 36* soll auf Basis der Werte nach erfolgter Einzelwertberichtigung aus Übung 35 von Folie 568 die Pauschalwertberichtigung in Abhängigkeit alternativer Bestände an Pauschalwertberichtigungen durchgeführt werden. Zur Lösung der Aufgabe ist das Schema aus *Darstellung* 91 auf Seite 424 hilfreich.

8.4.4 Fremdwährungsforderungen

579–581 Bei der Anschaffung und der Veräußerung von Vermögensgegenständen wird jeweils zwischen der Anschaffung und Veräußerung selbst und der Finanzierung differenziert. Im Fall der Anschaffung eines Vermögensgegenstands und der Finanzierung in fremder Währung über einen über den Bilanzstichtag hinausreichenden Zeitraum werden die Anschaffungskosten auf Basis des zum Zeitpunkt des Erfüllungsgeschäfts herrschenden Wechselkurses ermittelt. Wechselkursänderungen bis zur endgültigen Begleichung der Schulden bleiben ohne Auswirkung auf die Anschaffungskosten.

Fremdwährungsforderungen stellen Umlaufvermögen dar und müssen zum Devisenkassamittelkurs am Bilanzstichtag aktiviert werden (§ 256a HGB). Steigt der Wechselkurs, wird die Forderung weniger wert, da man für die ausländische Währung weniger Euro bekommt. Die Forderung muss aufgrund des strengen Niederstwertprinzips außerplanmäßig abgeschrieben werden. Sinkt der Wechselkurs, wird die Forderung mehr wert, da man für die ausländische Währung mehr Euro bekommt. In diesem Fall muss differenziert werden: Beträgt die Laufzeit der Forderung mehr als ein Jahr, ist die Zuschreibung wertmäßig auf die historischen Anschaffungskosten beschränkt, d. h., das Anschaffungskostenprinzip kommt zur Anwendung. Beträgt die Laufzeit ein Jahr oder weniger, ist die wertmäßige Zuschreibung nicht auf die historischen Anschaffungskosten begrenzt, d. h. in diesem Fall müssen nicht realisierte Gewinne (ausnahmsweise) aktiviert werden.

Lösung Übung 36 II

1. PWB zu Forderungen beträgt 0 EUR:

2. PWB zu Forderungen beträgt 500 EUR: Die Zuführung beträgt lediglich (1 191 – 500 =) 691 EUR.

3. PWB zu Forderungen beträgt 3 000 EUR: Die PWB zu Forderungen müssen i. d. R. (3 000 – 1 191 =) 1 809 EUR aufgelöst werden.

578

Fremdwährungsforderungen I

- Die Folgebewertung von Fremdwährungsforderungen ist in § 256a HGB geregelt.

> [1] *Auf fremde Währung lautende Vermögensgegenstände und Verbindlichkeiten sind zum Devisenkassamittelkurs am Abschlussstichtag umzurechnen.* [2] *Bei einer Restlaufzeit von einem Jahr oder weniger sind § 253 Abs. 1 Satz 1 und § 252 Abs. 1 Nr. 4 Halbsatz 2 nicht anzuwenden.*

- Unter *Kassakurs* versteht man den Kurs, zu dem ein Devisengeschäft sofort abgewickelt wird.
- Der *Devisenkassamittelkurs* ergibt sich als arithmetisches Mittel aus Geldkurs und Briefkurs; es gilt *Geldkurs* < *Briefkurs*.

Geldkurs = Ankauf von EUR durch die Bank
Verkauf von Fremdwährung durch die Bank

Briefkurs = Verkauf von EUR durch die Bank
Ankauf von Fremdwährung durch die Bank

579

Fremdwährungsforderungen II

- Die *Erstbewertung von Fremdwährungsforderungen* erfolgt zum *Briefkurs*, da das Unternehmen fremde Währung vom Lieferanten / Schuldner erhält und diese zum Zwecke des Umtausches in EUR durch die Bank angekauft werden muss.
- Bei einer Restlaufzeit von *mehr als einem Jahr* muss das Anschaffungskostenprinzip i. V. m. dem strengen Niederstwertprinzip beachtet werden.
- Bei einer Restlaufzeit *von einem Jahr und weniger*, finden weder das Anschaffungskostenprinzip gem. § 253 Abs. 1 HGB, noch das Realisationsprinzip gem. § 252 Abs. 1 Nr. 4 HGB Anwendung.
- Es kann sein, dass Fremdwährungsforderungen auch über den »Anschaffungskosten« ausgewiesen werden müssen.

580

Seit dem 01.01.1999 gilt zur Darstellung der Devisenkurse die *Mengennotierung*. Mengennotierung bedeutet, dass die Inlandswährung (= EUR) als feste Bezugsgröße dient, d. h. es wird angegeben, wieviel man an Fremdwährung für 1 EUR bekommt.

BEISPIEL

CHF-Geld-Kurs (= EUR-Ankaufskurs)	CHF-Brief-Kurs (= EUR-Verkaufskurs)
1,150 CHF / EUR	1,200 CHF / EUR

Angenommen, ein Unternehmer möchte 500 CHF erwerben. Er müsste dafür (auf Basis des Geldkurses) $\frac{500\ \text{CHF}}{1{,}150\,\frac{\text{CHF}}{\text{EUR}}} = 434{,}78$ EUR bezahlen. Im Fall, dass der Unternehmer 500 CHF gegen EUR verkaufen möchte, erhält er für 500 CHF auf Basis des Briefkurses $\frac{500\ \text{CHF}}{1{,}200\,\frac{\text{CHF}}{\text{EUR}}} = 416{,}67$ EUR. Der Devisenkassamittelkurs im Beispiel beträgt

$$0{,}5 \times (1{,}150 + 1{,}200) = 1{,}175\ \text{CHF/EUR}.$$

582–586 In *Beispiel 34* soll zum einen die Entwicklung des Buchwerts einer Darlehensforderung aufgezeigt werden. Dabei ist zu beachten, dass die am Bilanzstichtag noch ausstehenden Zinsforderungen separat abgegrenzt und aktiviert werden müssen.[184] Zum anderen wird die Vorgehensweise bei der Umrechnung von Fremdwährungsverbindlichkeiten aufgezeigt. Es wird angenommen, dass die Darlehensforderung dem Umlaufvermögen zugerechnet wird.

[184] *Zur Rechnungsabgrenzung vgl. Abschnitt 10.1 ab Seite 476.*

Im Fall der Valutierung in Schweizer Franken schuldet der Schuldner am 01.07.2015 insgesamt 24 000 CHF, die beim Gläubiger zum Briefkurs bewertet werden $\left(\frac{24\,000}{1{,}200} = 20\,000\ \text{EUR}\right)$.

Die Zinsen, die auf das zweite Halbjahr 2015 entfallen, betragen demnach $0{,}03 \times 24\,000 \times 0{,}5 = 360$ CHF. Die Restlaufzeit der Zinsforderung beträgt am 31.12.2015 ein halbes Jahr und damit weniger als ein Jahr. Die Umrechnung erfolgt gem. § 256a Sätze 1 und 2 HGB zum Devisenkassamittelkurs. Die Zinsforderung ist als sonstige Forderung mit $\frac{360}{1{,}275} = 282{,}35$ EUR zu aktivieren.

Die Restlaufzeit der Darlehensforderung beträgt am 31.12.2015 noch 18 Monate und damit mehr als 1 Jahr. Bei einer Restlaufzeit von mehr als einem Jahr muss das Anschaffungskostenprinzip i. V. m. dem Realisationsprinzip und dem Imparitätsprinzip beachtet werden, d. h. noch nicht realisierte Kursgewinne dürfen nicht ausgewiesen werden und noch nicht realisierte Kursverluste müssen ausgewiesen werden (sofern sie voraussichtlich von Dauer sind; Niederstwertprinzip).

Fremdwährungsforderungen III

- Verbuchung der »Zuschreibung«

  Forderungen
  an sonstige betriebliche Erträge

- Verbuchung der »Abschreibung«

  sonstiger betrieblicher Aufwand
  an Forderungen

581

Beispiel 34 (Fremdwährungsforderungen) I

August Hobel vergibt an einen guten Kunden am 01.07.2015 ein Tilgungsdarlehen über 20 000 EUR, das er am selben Tag noch ausbezahlt. In welcher Höhe sind jeweils Forderungen zum 31.12. der Jahre 2015 und 2016 anzusetzen, wenn das Darlehen zu den nachstehenden Bedingungen valutiert (aufgenommen) wurde?

1. Die Laufzeit beträgt 2 Jahre; die Auszahlung erfolgt zu 100%; der Zinssatz beträgt 3% p.a. Zins- und Tilgung sind jeweils zum 30.06. eines Jahres, beginnend mit dem 30.06.2016 zu entrichten.
2. Was wäre, wenn das Tilgungsdarlehen in Schweizer Franken (CHF) i. H. v. 24 000 CHF valutiert wurde, bei sonst gleichen Annahmen wie unter 1. ...

582

Beispiel 34 (Fremdwährungsforderungen) II

... wobei folgende Wechselkurse unterstellt werden:

	Geldkurs CHF/EUR	Briefkurs CHF/EUR	Mittelkurs CHF/EUR
01.07.2015	1,150	1,200	1,175
31.12.2015	1,250	1,300	1,275
31.12.2016	1,350	1,400	1,375

583

Die Darlehensforderung ist am 31.12.2015 zum Devisenkassamittelkurs anzusetzen, folglich mit $\frac{24\,000}{1{,}275}$ = 18 823,53 EUR. Die Forderung muss deshalb um (20 000 – 18 823,53 =) 1 176,47 EUR abgeschrieben werden. Der Buchungssatz lautet:

Abschreibungen auf Forderungen	1 176,47 EUR	
an Darlehensforderung		1 176,47 EUR

Am 30.06.2016 tilgt der Gläubiger 50% der Darlehensschuld, also 12 000 CHF und bezahlt die bis dahin fällig gewordenen Zinsen i. H. v. (24 000 × 0,03 =) 720 CHF.

Die zum 31.12.2016 noch zu bewertende Restforderung beträgt 12 000 CHF, während die abzugrenzende Zinsforderung (12 000 × 0,03 × 0,5 =) eine Höhe von 180 CHF aufweist.

Der Devisenkassamittelkurs am 31.12.2016 beträgt 1,375 CHF/EUR, d. h., dass der Euro gegenüber dem Schweizer Franken stärker geworden ist bzw. der Gläubiger bei der Bank weniger Euro für den festen Betrag an Schweizer Franken erhält. Da die Restlaufzeit ein Jahr oder weniger beträgt, erfolgt die Bewertung der Restforderung ohne Beachtung des Anschaffungskostenprinzips (§ 256a Satz 2 HGB). Da der Euro jedoch stärker geworden ist, findet aufgrund des strengen Niederstwertprinzips abermals eine Abwertung der Restforderung in Euro statt. Die Restschuld muss deshalb mit $\frac{12\,000}{1{,}375}$ = 8 727,27 EUR aktiviert werden, während die Zinsforderung mit $\frac{180}{1{,}375}$ = 130,91 EUR bewertet wird.

Inventur im Zoo

Lösung Beispiel 34 I

1. Entwicklung der Forderungen bei Valutierung in EUR

		EUR
	Vergabe des Darlehens am 01.07.2015	20 000
+	Zinsen vom 01.07. – 31.12.2015, sonstige Forderung	300
=	Bestand am 31.12.2015	20 300
+	Zinsen vom 01.01. – 30.06.2016, sonstige Forderung	300
./.	Bezahlung von Zins und Tilgung am 30.06.2016	10 600
+	Zinsen 01.07. – 31.12.2016	150
=	Bestand am 31.12.2016	10 150
+	Zinsen vom 01.01. – 30.06.2017, sonstige Forderung	150
./.	Bezahlung von Zins und Tilgung am 30.06.2017	10 300
=	Bestand am 30.06.2017	0

584

Lösung Beispiel 34 II

2. Valutierung in CHF und Laufzeit 2 Jahre

Da der Euro am 31.12.2015 im Vergleich zum 30.06.2015 stärker (teurer) geworden ist, muss aufgrund des strengen Niederstwertprinzips das Darlehen zu 18 823,53 EUR bewertet werden.

	in EUR	in CHF
Wert der Darlehensforderung zum 01.07.2015	20 000,00	24 000,00
Wert der Darlehensforderung zum 31.12.2015	18 823,53	24 000,00
sonstige Forderungen am 31.12.2015 (noch nicht bezahlte Zinsen)	282,35	360

585

Lösung Beispiel 34 III

Am 31.12.2016 beträgt die Restforderung noch 12 000 CHF. Da die Restlaufzeit weniger als 1 Jahr beträgt, findet das Anschaffungskostenprinzip keine Anwendung, d. h. die Restforderung kann auch mit mehr als der fortgeschriebenen Forderung von 10 000 EUR aktiviert werden.

	in EUR	in CHF
Wert der Darlehensforderung zum 31.12.2016	8 727,27	12 000,00
sonstige Forderungen am 31.12.2016 (noch nicht bezahlte Zinsen)	130,91	180,00

586

8.5 *Bewertungsvereinfachungsverfahren*

587 Der in § 252 Abs. 1 Nr. 3 HGB kodifizierte Grundsatz der Einzelbewertung verlangt eine individuelle Bewertung jedes einzelnen Vermögensgengenstands bzw. jeder einzelnen Schuld. Dieser Grundsatz führt in der Praxis vor allem bei Vermögensgegenständen mit hohem Umschlag zu Problemen, da Sortimentvielfalt und Anschaffungen zu unterschiedlichen Preisen es erfordern würde, dass für jeden einzelnen Vermögensgegenstand exakt erfasst wird, zu welchen Anschaffungskosten er zugeht und wann er physisch tatsächlich das Unternehmen verlässt.

588–589 Um den mit der exakten Ausführung des Grundsatzes der Einzelbewertung erheblichen Verwaltungsaufwand zu vereinfachen, lässt der Gesetzgeber bestimmte Verfahren zur Vereinfachung der Bewertung zu. Diese sind in *Darstellung* 93 und *Abb.* 65 zusammengefasst.

Festbewertung	*Durchschnitts-bewertung*	*Gruppenbewertung*	*Verbrauchsfolge-verfahren*
§ 240 Abs. 3 i. V. m. § 256 HGB, H 6.8 EStR	GoB, R 6.8 Abs. 3 EStR	§ 240 Abs. 4 i. V. m. § 256 HGB, R 6.8 Abs. 4 EStR	§ 256 HGB, R 6.9 EStR
Gegenstände des Sachanlagevermögens, Roh-, Hilfs- und Betriebsstoffe	Gegenstände des Anlage- und Umlaufvermögens	gleichartige Gegenstände des Vorratsvermögens, andere gleichartige oder annähernd gleichwertige bewegliche Gegenstände und Schulden	gleichartige Gegenstände des Vorratsvermögens
regelmäßiger Ersatz, nachrangige Bedeutung, geringe Veränderung bezüglich Menge, Wert und Zusammensetzung	Identität (Vertretbarkeit)	Gleichartigkeit (= Zugehörigkeit zur gleichen Warengattung oder Funktionsgleichheit (konstitutiv)), annähernd Preisgleichheit (nicht konstitutiv)	

Darstellung 93 Zulässige Bewertungsvereinfachungsverfahren im HGB[185]

Verbrauchsfolge- und Durchschnittsverfahren werden auch unter dem Begriff *Sammelbewertung* zusammengefasst. Zu beachten ist, dass das Durchschnittsverfahren im Einproduktfall (Bewertung eines bestimmten Produkts mit gleichen Merkmalen) nicht explizit kodifiziert ist.

185 *In Anlehnung an Sigloch (2011), S. 232.*

Bewertungsvereinfachungsverfahren I

- Es gilt der Grundsatz der Einzelbewertung, § 252 Abs. 1 Nr. 3 HGB.
- Bei strenger Anwendung dieses Grundsatzes stößt man in der Praxis auf erhebliche Probleme.
- *Beispiel*

  Der Tankwart Ben Zin betreibt eine kleine Tankstelle und ordert regelmäßig neuen Kraftstoff, der von einem berüchtigten Großkonzern per Tanklastwagen angeliefert und in den dafür vorgesehenen Erdtank gepumpt wird. Der Kraftstoff wird jeweils zu unterschiedlichen Preisen erworben. Wie soll der Tankwart nachvollziehen, welchen Teil des Kraftstoffes der jeweilige Kunde tankt? Welcher Kraftstoff ist am Bilanzstichtag noch im Tank?

587

Bewertungsvereinfachungsverfahren II

- Vom *Grundsatz der Einzelbewertung* kann – sofern GoB konform – abgewichen werden; die zulässigen Bewertungsvereinfachungsverfahren sind ...

  1. *Verbrauchsfolgeverfahren* [first-in first-out (fifo), last-in first-out (lifo)], § 256 HGB.
  2. Für Sachanlagevermögen und RHB, sofern es / sie regelmäßig ersetzt werden, kann, sofern der Gesamtwert von nachrangiger Bedeutung ist, ein *Festwert* gebildet werden, § 240 Abs. 3 HGB.
  3. Für jeweils einzelne Produkte wird die *Durchschnittsbewertung* als GoB konform erachtet.
  4. Gleichartige Vermögensgegenstände des Vorratsvermögens können zu einer *Gruppe* zusammengefasst werden und mit dem gewogenen *Durchschnitt* angesetzt werden, § 240 Abs. 4 HGB. 588

Bewertungsvereinfachungsverfahren III

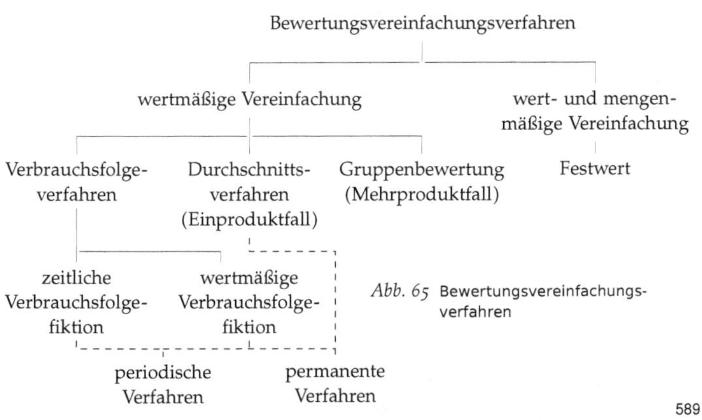

Abb. 65 Bewertungsvereinfachungsverfahren

589

Der wesentliche Unterschied der *Durchschnittsbewertung* im Einproduktfall und der *Gruppenbewertung* zum gewogenen Durchschnitt besteht darin, dass bei der Durchschnittsbewertung die durchschnittlichen Anschaffungskosten eines bestimmten Produkts (z. B. Sand) ermittelt werden, während bei der Gruppenbewertung die durchschnittlichen Anschaffungskosten der zu einer Gruppe zusammengefassten Produkte (z. B. Socken unterschiedlicher Größe) zusammengefasst werden.

8.5.1 *Verbrauchsfolgeverfahren*

590 Als Verbrauchsfolgeverfahren, bei denen die Verbrauchsfolge fiktiv bestimmt wird, sind im HGB lediglich die beiden Verfahren *first-in first-out* (fifo) und *last-in first-out* (lifo) zulässig. Bei ihnen wird eine *zeitliche* Verbrauchsfolgefiktion unterstellt.

591 Anhand des Beispiels mit den Bällen wird deutlich, worin die Vereinfachung beim lifo- bzw. fifo-Verfahren besteht. Buchhalterisch erfasst werden müssen lediglich die Anfangsbestände und die Zugänge. Zusätzlich muss der Endbestand durch Inventur (außerhalb der doppelten Buchführung) ermittelt werden. Im Anschluss erfolgt die Bewertung des Endbestands auf Basis der Verbrauchsfiktion. Die endgültige Bewertung im Jahresabschluss erfolgt schließlich unter Berücksichtigung des Niederstwertprinzips.

VERGLEICH DES LIFO- UND FIFO-VERFAHRENS

592 Ausgehend von nachstehendem Beispiel sollen die Auswirkungen der Anwendung der beiden im HGB zulässigen Verbrauchsfolgeverfahren quantifiziert und graphisch dargestellt werden.

BEISPIEL

Anfangsbestand	10 ME à 1 EUR/ME = 10 EUR
Zugang (1)	10 ME à 2 EUR/ME = 20 EUR
Zugang (2)	10 ME à 3 EUR/ME = 30 EUR

Der Lagerbestand am Ende des Geschäftsjahres beträgt lt. Inventur 10 ME. Demnach beträgt der Verbrauch 20 ME. Der Preis des letzten Zugangs stellt den Preis am Bilanzstichtag dar.

Im Beispiel werden streng monoton steigende Preise unterstellt. Vor Anwendung des (strengen) Niederstwertprinzips ergibt sich das in *Abb. 66* dargestellte Ergebnis. Der durch das fifo-Verfahren ermittelte Wert ist höher als bei Anwendung des lifo-Verfahrens. Gleichzeitig entstehen beim lifo-Verfahren höhere stille Reserven (30 – 10 = 20 EUR) als beim fifo-Verfahren (0 EUR).

1. Verbrauchsfolgeverfahren I // Zulässigkeit

- *Handelsrechtlich* sind nur die lifo-Methode und die fifo-Methode zulässig, § 256 HGB.

  [1] *Soweit es den Grundsätzen ordnungsmäßiger Buchführung entspricht, kann für den Wertansatz gleichartiger Vermögensgegenstände des Vorratsvermögens unterstellt werden, dass die zuerst oder dass die zuletzt angeschafften oder hergestellten Vermögensgegenstände zuerst verbraucht oder veräußert worden sind.* [2] *§ 240 Abs. 3 und 4 ist auch auf den Jahresabschluß anwendbar.*

- *Steuerrechtlich* ist nur das lifo-Verfahren (mit Ausnahmen) zulässig.
- *Wichtig* – es handelt sich bei den Verbrauchsfolgeverfahren lediglich um eine *Fiktion*.
- Nach Feststellung des Werts, der sich durch das verwendete Verbrauchsfolgeverfahren ergibt, ist der *Niederstwerttest* gem. § 253 Abs. 4 HGB durchzuführen.

590

1. Verbrauchsfolgeverfahren II // Beispiel

Es symbolisiere ○ einen Ball, den die Spielwarenfirma GameNix-GmbH zu Beginn des Geschäftsjahres auf Lager hat. Während des Geschäftsjahres kauft die GameNix-GmbH zusätzliche Bälle, die zu ○ identisch sind, jedoch mit ● symbolisiert werden, da sie zu einem anderen Preis erworben wurden.

1. der *tatsächliche* Endbestand ergibt:

Anfangsbestand	○ ○ ○
Zugang	● ●
Abgang (angenommen)	● ○
tatsächlicher Endbestand	● ○ ○

2. *fiktiver* Endbestand auf Basis von lifo / fifo:

	lifo	fifo
Abgang	● ●	○ ○
fiktiver Endbestand	○ ○ ○	○ ● ●

591

1. Verbrauchsfolgeverfahren III

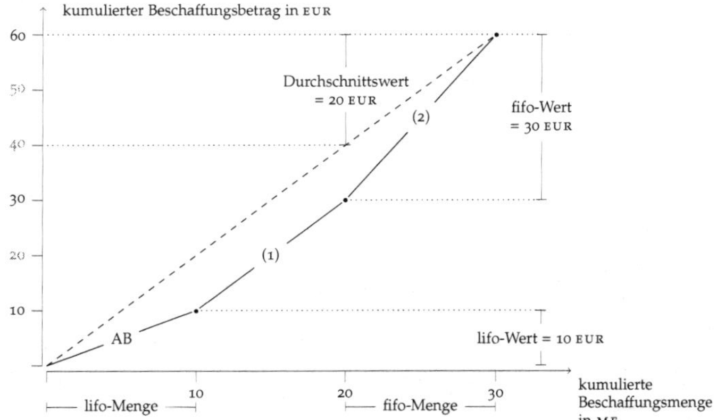

Abb. 66 Vergleich der lifo- und fifo-Methode (bei steigenden Preisen)

592

593 *Abb. 67* zeigt das Verhältnis von lifo- bzw. fifo-Methode bei fallenden Preisen. Ausgehend von obigem Beispiel wurde für den Anfangsbestand ein Wert von 3 EUR/ME bzw. für Zugang (1) 2 EUR/ME und Zugang (2) 1 EUR/ME (Preis am Bilanzstichtag) angenommen. Die Werte, die sich für die beiden Verfahren ergeben, bilden gerade das Gegenteil im Fall steigender Preise. Allerdings kommt hier das strenge Niederstwertprinzip zum Tragen, sodass der Endbestand in beiden Fällen mit 10 EUR bewertet wird.

Die vorstehenden Ergebnisse lassen sich wie folgt verallgemeinern. Dabei wird strenge Monotonie im Fall fallender bzw. steigender Preise unterstellt:

1. *fifo-Verfahren*
   (a) *Steigende Preise:* Es sind keine Abschreibungen auf den niedrigeren beizulegenden Wert erforderlich. Es werden zwingend stille Reserven gebildet.
   (b) *Fallende Preise:* Es erfolgt zwingend eine Abschreibung auf den niedrigeren beizulegenden Wert. Es werden keine stillen Reserven gebildet.
   (c) *Schwankende Preise:* Es ist keine eindeutige Aussage zum Ergebnis des Niederstwerttests und der Bildung stiller Reserven möglich.
2. *lifo-Verfahren*
   (a) *Steigende Preise:* Es sind keine Abschreibungen auf den niedrigeren beizulegenden Wert erforderlich. Es werden höhere stille Reserven gebildet als beim fifo-Verfahren.
   (b) *Fallende Preise:* Es erfolgt zwingend eine Abschreibung auf den niedrigeren beizulegenden Wert. Die Abschreibung fällt höher aus als beim fifo-Verfahren.
   (c) *Schwankende Preise:* Es ist keine eindeutige Aussage zum Ergebnis des Niederstwerttests und der Bildung stiller Reserven möglich.

594 Neben dem fifo- bzw. lifo-Verfahren, die der *zeitmäßigen* Verbrauchsfolgefiktion unterliegen, existieren noch weitere Typen von Verbrauchsfolgefiktionen, wie etwa die *wertmäßigen* Verbrauchsfolgefiktionen.[185]

595 Die Verbrauchsfolgeverfahren lassen sich zudem unterteilen in *Periodenverfahren* und *permanente Verfahren*. Bei den Periodenverfahren wird ausgehend von dem durch Inventur ermittelten Endbestand auf Basis der jeweils zugrunde liegenden Verbrauchsfiktion der Wert des Endbestands ermittelt, während beim permanenten Verfahren die Verbrauchsfiktion unterjährig bei jedem Abgang zur Anwendung kommt.

[185] *Dazu gehören z. B. das highest-in first-out-Verfahren bzw. das lowest-in first-out-Verfahren. Diese Verfahren sind im HGB jedoch nicht zulässig. Es existieren noch weitere Verfahren wie etwa die Konzern-in first out- bzw. Konzern-in last-out-Verfahren, auf die hier aber nicht weiter eingegangen wird.*

1. Verbrauchsfolgeverfahren IV

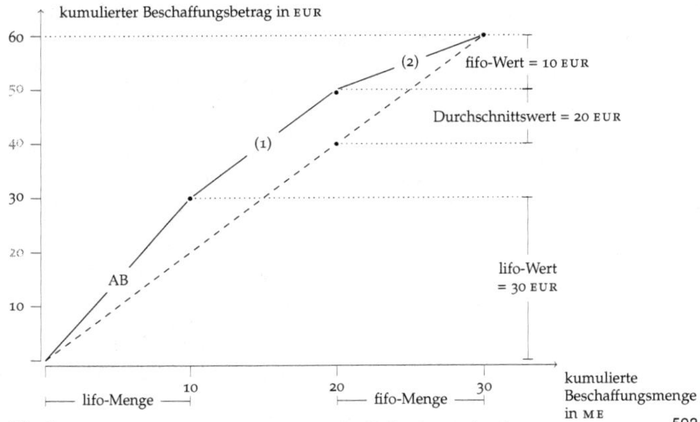

Abb. 67 Vergleich der lifo- und fifo-Methode (bei fallenden Preisen) 593

1. Verbrauchsfolgeverfahren V // Typen I

	Fiktion der Zusammensetzung des Endbestands	**Fiktion** der Zusammensetzung des Verbrauchs
fifo	Im Endbestand sind die letzten Lieferungen enthalten.	Der Verbrauch setzt sich aus dem Anfangsbestand und den ersten Lieferungen zusammen.
lifo	Im Endbestand sind der Anfangsbestand und ggf. die ersten Lieferungen enthalten.	Der Verbrauch setzt sich aus den letzten Lieferungen zusammen.
*hifo**	*Im Endbestand sind die billigsten Lieferungen ggf. einschließlich des Anfangsbestands enthalten.*	*Der Verbrauch setzt sich aus den teuersten Lieferungen ggf. einschließlich des Anfangsbestands zusammen.*
*lofo**	*Im Endbestand sind die teuersten Lieferungen ggf. einschließlich des Anfangsbestands enthalten.*	*Der Verbrauch setzt sich aus den billigsten Lieferungen ggf. einschließlich des Anfangsbestands zusammen.*

* hifo = higest-in first-out, lofo = lowest-in first-out 594

1. Verbrauchsfolgeverfahren VI // Typen II

Periodenverfahren
Am Jahresende wird der Endbestand entsprechend der jeweiligen Methode verbucht.
↓
Entsprechend werden die Abgänge mit den Werten der während des Jahres zuletzt angeschafften Waren bewertet.
↓
Voraussetzung – Erfassung aller Zugänge (einschließlich des Anfangsbestands).
↓
Anwendbar v. a. bei inventurabhängiger Verbuchung.

*Permanentes Verfahren**
Jeder Zugang wird registriert und ist für die Bewertung des nächsten Abgangs mit ausschlaggebend.
↓
Die jeweiligen Abgänge werden folglich (beim lifo-Verfahren) mit den Werten der jeweils zuletzt beschafften Waren bewertet.
↓
Voraussetzung – chronologische Feststellung der jeweiligen Einkaufswerte und Abgänge mit jeweiligen Werten.
↓
Anwendbar nur bei inventur**un**abhängiger Verbuchung.

*Wird auch als *gleitendes Verfahren* bezeichnet. 595

8.5.2 *Durchschnittsverfahren*

596 Das Durchschnittsverfahren kommt im *Einproduktfall* zur Anwendung und stützt sich ausschließlich auf die GoB, d. h. es existiert dafür keine explizite gesetzliche Grundlage. Einproduktfall bedeutet, dass die Anfangsbestände bzw. die Zu- und Abgänge eines bestimmten Produkts zu Durchschnittspreisen bewertet werden.

Zur Ermittlung des Durchschnittswertes kommt – wie bei den Verbrauchsfolgeverfahren – entweder das periodische Durchschnittsverfahren oder das gleitende bzw. permanente Durchschnittsverfahren zur Anwendung. Im Ergebnis steckt beim *Periodenverfahren* im Endbestand und Verbrauch die gleiche Mengenrelation aus Anfangsbestand und Einzellieferungen. Beim *permanenten Verfahren* (bzw. gleitendem Verfahren) werden die Abgänge mit dem Durchschnittspreis zum Zeitpunkt des Abgangs bewertet.

Der buchhalterische Aufwand des permanenten Verfahrens ist wesentlich höher als beim Periodenverfahren, da die einzelnen Abgänge jeweils zum Zeitpunkt des Abgangs mit dem zum Zeitpunkt des Abgangs (außerhalb der doppelten Buchführung) ermittelten Durchschnittspreis erfasst werden müssen. Letztlich stellt die Inventur in diesem Fall nur ein Kontrollinstrument dar, um die Werte aus der Buchhaltung mit den tatsächlichen Beständen abgleichen zu können.[186]

[186] *Vgl. hierzu auch die Ausführungen zur Skontrationsmethode in Abschnitt 4.1.1 ab Seite 172.*

8.5.3 *Gruppenbewertung*

597–598 Im Unterschied zur Durchschnittsbewertung im Einproduktfall werden bei der Gruppenbewertung »gleichartige« Vermögensgegenstände zu einer Gruppe zusammengefasst und mit dem gewogenen Durchschnitt bewertet. Wesentliche Voraussetzung ist die »Gleichartigkeit« der Vermögensgegenstände, d. h. sie sollten zur gleichen Warengattung gehören oder gleichen Funktionen im Sinne eines gleichen Verwendungszwecks dienen.

Das nachstehende Beispiel zeigt die Bewertung des Endbestands bei Anwendung der Gruppenbewertung im Fall von Vermögensgegenständen des *Anlagevermögens* (Werkzeuge).

Anfangsbestand	10 ME	à 125 EUR =	1 250 EUR
Zugang Stichsägen (Typ A)	15 ME	à 110 EUR =	1 650 EUR
Zugang Stichsägen (Typ B)	25 ME	à 130 EUR =	3 250 EUR
Endbestand	50 ME	à 123 EUR =	6 150 EUR

2. *Durchschnittsverfahren (Einproduktfall)*

Periodenverfahren	*Permanentes Verfahren*
Am Jahresende wird ein arithmetischer Durchschnittspreis aus allen Einkäufen (i. d. R. einschließlich Anfangsbestand) ermittelt.	Nach jedem Zugang wird ein neuer arithmetischer Durchschnittspreis ermittelt.
↓	↓
Mit diesem Durchschnittspreis werden sowohl die Abgänge als auch der Endbestand bewertet.	Mit diesem Durchschnittspreis wird der jeweils nächste Abgang bewertet.
↓	↓
Voraussetzung – lediglich Erfassung aller Zugänge (einschließlich des Anfangsbestands).	*Voraussetzung* – chronologische Feststellung der Einkaufswerte und Abgänge mit den jeweiligen Werten.
↓	↓
Anwendbar v. a. bei inventurabhängiger Verbuchung.	Anwendbar nur bei inventur**un**abhängiger Verbuchung.

596

3. *Gruppenbewertung I*

- Gem. § 256 Satz 2 HGB kann die *Gruppenbewertung* auch für den Jahresabschluss angewendet werden.
- § 240 Abs. 4 HGB besagt ...

  (4) Gleichartige Vermögensgegenstände des Vorratsvermögens sowie andere gleichartige oder annähernd gleichwertige bewegliche Vermögensgegenstände und Schulden können jeweils zu einer Gruppe zusammengefasst und mit dem gewogenen Durchschnittswert angesetzt werden.

- Man unterscheidet zwischen ...

  ... *Periodenverfahren* und

  ... *gleitendem* (permanentem) Verfahren.

597

3. *Gruppenbewertung II*

- Die Gruppenbewertung kann für Vermögensgegenstände des Umlauf- und des Anlagevermögens Anwendung finden.
- Anders als beim Festwert kommt es bei Anwendung der Gruppenbewertung bei Vermögensgegenständen des Anlagevermögens nicht auf die untergeordnete Bedeutung der Vermögensgegenstände an.
- Wesentliche Voraussetzung für die Anwendung ist die »*Gleichartigkeit*« der in der Gruppe zusammengefassten Vermögensgegenstände.
- Gleichartigkeit bedeutet ...

  ... *gleiche Warengattung* (enge Auffassung, z. B Socken unterschiedlicher Größe) oder

  ... *gleiche Funktionsfähigkeit* (weite Auffassung, z. B Bierkästen aus Kunststoff oder Holz).

598

599 *Beispiel 35* bildet die Vorgehensweise bei der Gruppenbewertung im Umlaufvermögen ab. Die Bewertung des Endbestands erfolgt mit dem gewogenen Durchschnitt der Anschaffungskosten der zur Gruppe gehörenden Vermögensgegenstände. Im vorliegenden Fall kommt das Periodenverfahren zur Anwendung. Die Abgänge werden dabei unterjährig buchhalterisch weder wert- noch mengenmäßig erfasst.

600–601 *Beispiel 36* zeigt systematisch für alternative Bewertungsvereinfachungsverfahren die Wertermittlung am Bilanzstichtag. Für alle Bewertungsvereinfachungsverfahren gilt eine zweistufige Vorgehensweise. Dabei werden im 1. Schritt die Wertansätze nach dem jeweiligen Bewertungsvereinfachungsverfahren ermittelt und im 2. Schritt im Rahmen des Niederstwerttests geprüft, ob die ermittelten Ansätze zulässig sind bzw. ob eine Wertminderung vorgenommen werden muss.

Die Situation im Beispiel ist dergestalt, dass neben dem Anfangsbestand jeweils zwei Zu- und Abgänge bestehen, wobei lediglich die Werte der Zugänge angegeben sind, da die Werte der Abgänge durch das jeweils angewendete Verfahren ermittelt werden müssen. Aus Vereinfachungsgründen wird die Umsatzsteuer vernachlässigt.

Vor Anwendung der alternativen Bewertungsvereinfachungsverfahren empfiehlt sich die Ermittlung des mengenmäßigen kumulierten Zu- und Abgangs. Der kumulierte *Zugang* (einschließlich Anfangsbestand) beträgt:

		ME
	Anfangsbestand	1 000
+	Zugang (1)	200
+	Zugang (2)	300
=	kumulierter Zugang	1 500

Der kumulierte *Abgang* in 2015 beträgt:

		ME
	Abgang (1)	150
+	Abgang (2)	250
=	kumulierter Abgang (Verbrauch)	400

Beispiel 35 (Gruppenbewertung im UV)

Anfangsbestand	200 ME	à 2,1 EUR =	420 EUR
Zugang Sportsocken	550 ME	à 2,1 EUR =	1 155 EUR
Zugang Wollsocken	330 ME	à 4,2 EUR =	1 386 EUR
Zugang Kniestrümpfe	90 ME	à 2,2 EUR =	198 EUR
AB + Zugänge	1 170 ME	à 2,7 EUR =	3 159 EUR
Abgang	820 ME	-	-
Endbestand	350 ME	à 2,7 EUR =	945 EUR

599

Beispiel 36 (Sammelbewertung) I

Der Anfangsbestand fremdbezogener Regalböden aus Glas ist mit dem Buchwert der Eröffnungsbilanz des August Hobel vom 01.01.2015 bewertet; die Zugänge sind mit den jeweiligen Beschaffungspreisen (ohne USt) ausgewiesen:

01.01.2015	Anfangsbestand	1 000 ME	à 5,00 EUR =	5 000 EUR
28.05.2015	Zugang	200 ME	à 5,50 EUR =	1 100 EUR
07.07.2015	Abgang	150 ME		
18.09.2015	Zugang	300 ME	à 2,50 EUR =	750 EUR
14.12.2015	Abgang	250 ME		
31.12.2015	Endbestand	1 100 ME		

Durch Inventur wird auf den 31.12.2015 ein Waren-Endbestand an Regalböden von 1 100 ME festgestellt. Der Einkaufspreis am 31.12.2015 beträgt 4,50 EUR pro ME. 600

Beispiel 36 (Sammelbewertung) II

Bewerten Sie die Regalböden zum 31.12.2015 unter Anwendung des

1. periodischen lifo-Verfahrens
2. permanenten lifo-Verfahrens
3. periodischen fifo-Verfahrens
4. permanenten fifo-Verfahrens
5. periodischen Durchschnittsverfahrens
6. permanenten Durchschnittsverfahrens

601

PERIODISCHES LIFO-VERFAHREN

602 Dem periodischen lifo-Verfahren liegt die Fiktion zugrunde, dass die zuletzt zugegangenen Mengeneinheiten zuerst verbraucht werden. Bei dieser Fiktion wird in Kauf genommen, dass Mengeneinheiten als verbraucht angenommen werden können, die zum Zeitpunkt des Verbrauchs noch gar nicht angeschafft waren. Im vorliegenden Beispiel wird angenommen, dass der Abgang vom 07.07.2015 aus den erst später am 18.09.2015 zugegangenen Mengeneinheiten besteht. Diese Fiktion verstößt offensichtlich gegen die Realität. Dieses Problem wird durch das permanente lifo-Verfahren behoben.

Der am Bilanzstichtag durch Inventur ermittelte Bestand i. H. v. 1 100 ME setzt sich aus dem Anfangsbestand und einem Teil des ersten Zugangs zusammen. Letztlich addiert man die Werte der Zugänge chronologisch, beginnend mit dem Anfangsbestand, bis man die Menge des Endbestands erreicht hat. Der sich durch diese Vorgehensweise ergebende Wert von 5 550 EUR ist dem Wert bei Anwendung des Einstandspreises am Bilanzstichtag gegenüberzustellen. Da sich bei Anwendung des Einstandspreises 4 950 EUR ein Wert ergibt, der niedriger ist als der durch das periodische lifo-Verfahren ermittelt Wert (5 550 EUR), kommt aufgrund des strengen Niederstwertprinzips der niedrigere Wert zum Ansatz.

Die Menge des Verbrauchs ermittelt sich als

		ME
	Anfangsbestand	1 000
+	Zugang vom 28.05.2015	200
+	Zugang vom 18.09.2015	300
=	Summe	1 500
./.	Endbestand (lt. Inventur)	1 100
=	Verbrauch	400

Gemäß der Fiktion werden die letzten Zugänge zuerst verbraucht. Demnach werden 300 ME des Zugangs vom 18.09.2015 und (400 – 300 =) 100 ME des Zugangs vom 07.07.2015 verbraucht.

PERMANENTES LIFO-VERFAHREN

603 Beim permanenten lifo-Verfahren wird – anders als beim periodischen lifo-Verfahren – gewährleistet, dass nur Mengeneinheiten abgehen können, die zum Zeitpunkt des Abgangs auch tatsächlich physisch vorhanden sind.

Lösung Beispiel 36 I

1. *Periodisches lifo-Verfahren* – beim periodischen lifo-Verfahren sind am Ende des Wirtschaftsjahres fiktiv noch die zuerst zugegangenen Waren vorhanden.

Anfangsbestand am 01.01.2015	1 000 ME	à 5,00 EUR =	5 000 EUR
+ Zugang am 28.05.2015	100 ME	à 5,50 EUR =	550 EUR
= vorl. Wert am 31.12.2015	1 100 ME		5 550 EUR

Der Wareneinsatz beträgt 300 × 2,50 + 100 × 5,50 = 1 300 EUR (oder 6 850 – 5 550 = 1 300 EUR).

Da der Einstandspreis am Bilanzstichtag 4,50 EUR beträgt, dürfen die Waren höchstens zu 1 100 × 4,50 = 4 950 EUR angesetzt werden. Es muss in Höhe von 5 550 – 4 950 = 600 EUR abgeschrieben werden.

602

Lösung Beispiel 36 II

2. *Permanentes lifo-Verfahren* – bei der Bewertung der Abgänge werden lediglich die zum Zeitpunkt des Abgangs vorhandenen Warenbestände berücksichtigt.

Anfangsbestand	1 000 ME	à 5,00 EUR =	5 000 EUR
+ Zugang 28.05.2015	200 ME	à 5,50 EUR =	1 100 EUR
./. Abgang 07.07.2015	150 ME	à 5,50 EUR =	825 EUR
+ Zugang 18.09.2015	300 ME	à 2,50 EUR =	750 EUR
./. Abgang 14.12.2015	250 ME	à 2,50 EUR =	625 EUR
= vorl. Wert am 31.12.2015	1 100 ME		5 400 EUR

Der Wareneinsatz beträgt 150 × 5,50 + 250 × 2,50 = 1 450 EUR (oder 6 850 – 5 400 = 1 450 EUR).

Es muss in Höhe von 5 400 – 4 950 = 450 EUR abgeschrieben werden.

603

Lösung Beispiel 36 III

3. *Periodisches fifo-Verfahren* – es befinden sich (fiktiv) die letzten 1 100 ME noch auf Lager.

+ Zugang 18.09.2015	300 ME	à 2,50 EUR =	750 EUR
+ Zugang 28.05.2015	200 ME	à 5,50 EUR =	1 100 EUR
+ Anfangsbestand	600 ME	à 5,00 EUR =	3 000 EUR
= Wert am 31.12.2015	1 100 ME		4 850 EUR

Der Wareneinsatz beträgt 400 × 5,00 = 2 000 EUR (oder 6 850 – 4 850 = 2 000 EUR).

Anders als beim lifo-Verfahren, muss nicht auf einen niedrigeren Wert abgeschrieben werden, da der beizulegende Wert am Bilanzstichtag (1 100 × 4,50 = 4 950 EUR) über dem durch das fifo-Verfahren ermittelten Wert (4 850 EUR) liegt.

604

Im Beispiel hat dies zur Folge, dass der Abgang am 07.07.2015 i. H. v. 150 ME gänzlich aus den am 28.05.2015 zugegangenen Mengeneinheiten besteht, von denen dann noch 50 ME auf Lager liegen. Der Abgang am 14.12.2015 besteht gänzlich aus den am 18.09.2015 zugegangenen Mengen.

Der Endbestand i. H. v. 1 100 ME setzt sich dann fiktiv aus den 1 000 ME des Anfangsbestands zuzüglich 50 ME aus dem Zugang vom 28.05.2015 und 50 ME aus dem Zugang vom 18.09.2015 zusammen.

Da der Einstandspreis am Bilanzstichtag 4,50 EUR beträgt, dürfen die Waren höchstens zu 1 100 × 4,50 = 4 950 EUR angesetzt werden (strenges Niederstwertprinzip).

PERIODISCHES FIFO-VERFAHREN

604 Bei diesem Verfahren wird angenommen, dass die zuerst zugegangenen Mengeneinheiten zuerst veräußert werden. Nach diesem Prinzip besteht der Endbestand fiktiv aus den letzten Zugängen. Da die Zugänge im Jahr 2015 insgesamt nur 500 ME betragen, befinden sich – um auf die 1 100 ME des Endbestands zu kommen – noch 600 ME des Anfangsbestands auf Lager.

Eine Abschreibung auf den niedrigeren beizulegenden Wert kommt hier nicht in Betracht, da der auf Basis des periodischen fifo-Verfahrens ermittelte Wert (4 850 EUR) niedriger ist als der Wertansatz, der sich auf Basis des Einstandspreises am Bilanzstichtag ergeben würde (4 950 EUR).

Anders als beim periodischen lifo-Verfahren werden beim fifo-Verfahren niemals Mengeneinheiten als abgegangen angenommen, die zum Zeitpunkt des Abgangs faktisch noch gar nicht angeschafft waren.

PERMANENTES FIFO-VERFAHREN

605 Aufgrund der Tatsache, dass beim fifo-Verfahren niemals Mengeneinheiten als abgegangen angenommen werden, die zum Zeitpunkt des Abgangs noch gar nicht auf Lager waren, führt die Anwendung des permanenten fifo-Verfahrens immer zu denselben Ergebnissen hinsichtlich der Bewertung des Endbestands wie die Anwendung des periodischen fifo-Verfahrens.

PERIODISCHES DURCHSCHNITTSVERFAHREN

606 Beim periodischen Durchschnittsverfahren wird die bewertete kumulierte Beschaffungsmenge unter Berücksichtigung des Anfangsbestands durch die kumulierte Beschaffungsmenge (inkl. Anfangsbestands) dividiert (gewichteter Durchschnitt).

Lösung Beispiel 36 IV

4. *Permanentes fifo-Verfahren*

   Das permanente fifo-Verfahren liefert dasselbe Ergebnis wie das periodische fifo-Verfahren, da durch das Verfahren (fiktiv) keine Abgänge berücksichtigt werden können, die (noch nicht) tatsächlich zugegangen sind.

605

Lösung Beispiel 36 V

5. *Periodisches Durchschnittsverfahren*

$$\varnothing\text{-Einstandspreis} = \frac{1\,000 \times 5 + 200 \times 5{,}5 + 300 \times 2{,}5}{1\,000 + 200 + 300} = \frac{6\,850}{1\,500} \approx 4{,}57$$

$$\text{vorl. EB} = 1\,100 \times 4{,}57 = 5\,027 \text{ EUR}$$

Der Wareneinsatz beträgt 400 × 4,57 = 1 828 EUR (oder 6 850 − 5 027 = 1 823 EUR (Rundungsfehler)).

Eine Abschreibung auf den niedrigeren beizulegenden Wert ist zwingend gegeben, da der Durchschnittspreis über dem Marktpreis liegt.

Die Abschreibung beträgt 1 100 × (4,57 − 4,5) = 77 EUR.

606

Lösung Beispiel 36 VI

6. *Permanentes Durchschnittsverfahren*

	Anfangsbestand	1 000 ME	à 5,00 EUR	5 000,00 EUR
+	Zugang 28.05.2015	200 ME	à 5,50 EUR	1 100,00 EUR
=	Bestand	1 200 ME	à 5,08 EUR	6 100,00 EUR
./.	Abgang 07.07.2015	150 ME	à 5,08 EUR	762,00 EUR
+	Zugang 18.09.2015	300 ME	à 2,50 EUR	750,00 EUR
=	Bestand	1 350 ME	à 4,51 EUR	6 088,00 EUR
./.	Abgang 14.12.2015	250 ME	à 4,51 EUR	1 127,50 EUR
=	vorl. EB am 31.12.2015	1 100 ME	à 4,51 EUR	4 960,50 EUR *

Der Wareneinsatz beträgt 150 × 5,08 + 250 × 4,51 = 1 889,50 EUR (oder 6 850 − 4 960,50 = 1 889,50 EUR). Eine außerplanmäßige Abschreibung erfolgt, da der Durchschnittspreis über dem Marktpreis liegt. Abschreibung = 1 100 × (4,51 − 4,5) = 10,50 EUR.

* Rundungsfehler (1 100 × 4,51 = 4 961 EUR)

607

Darstellung 94 zeigt die Ermittlung des periodischen Durchschnitts auf Basis des vorliegenden Beispiels. Letztlich ergibt sich der Durchschnitt als Gerade vom Ursprung zum kumulierten Beschaffungsbetrag am Ende des Wirtschaftsjahres.

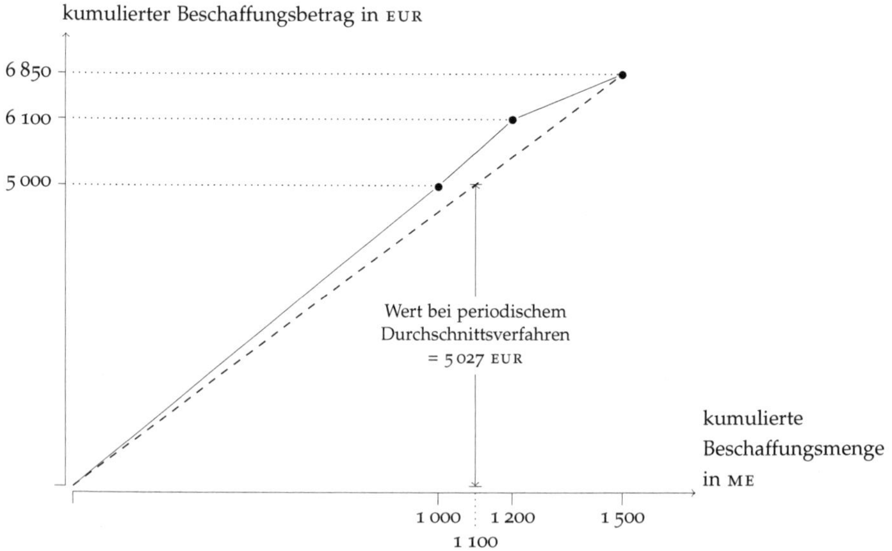

Darstellung 94 Periodisches Durchschnittsverfahren

Der durch Inventur ermittelte Mengenbestand am Bilanzstichtag wird mit dem Durchschnittspreis bewertet, sofern der Einstandspreis am Bilanzstichtag nicht niedriger ist.

PERMANENTES DURCHSCHNITTSVERFAHREN

607 Die Ermittlung des Durchschnittspreises nach jedem Zugang ist charakteristisch für das permanente Durchschnittsverfahren. Dazu ist es jedoch erforderlich, dass die Abgänge buchhalterisch erfasst werden. Es handelt sich folglich um ein inventurunabhängiges Verfahren. Im Beispiel beträgt der Bestand nach dem ersten Zugang 1 200 ME, deren kumulierter Beschaffungspreis 6 100 EUR beträgt. Der Durchschnittspreis nach dem ersten Zugang ergibt sich dann als $\frac{6\,100}{1\,200} = 5{,}08$ EUR / ME.

608 Aus der Zusammenfassung ist ersichtlich, dass bei sechs alternativen Bewertungsvereinfachungsverfahren fünf unterschiedliche Werte resultieren, die sich aufgrund des strengen Niederstwertprinzips auf zwei unterschiedliche Wertansätze in der Bilanz reduzieren.

Lösung Beispiel 36 VII

7. *Zusammenfassung*

	Wert	Abschreibung	Ansatz
1. periodisches lifo	5 550	600	4 950
2. permanentes lifo	5 400	450	4 950
3. periodisches fifo	4 850	0	4 850
4. permanentes fifo	4 850	0	4 850
5. periodischer ∅	5 027	77	4 950
6. permanenter ∅	4 960,50	10,50	4 950

608

Übung 37 (Sammelbewertung) I

Es seien nachstehende Informationen über Mengeneinheiten und Nettopreise über Vermögensgegenstände des Umlaufvermögens gegeben.

Anfangsbestand	100 ME	à 10 EUR/ME =	1 000 EUR
+ Zugang (1)	50 ME	à 8,50 EUR/ME =	425 EUR
./. Abgang (1)	20 ME		
+ Zugang (2)	30 ME	à 6,50 EUR/ME =	195 EUR
./. Abgang (2)	40 ME		
= Endbestand	120 ME		

Der Einstandspreis am Bilanzstichtag beträgt 7,50 EUR.

609

Übung 37 (Sammelbewertung) II

Welche Werte ergeben sich unter Anwendung des

(1) periodischen lifo-Verfahrens,

(2) permanenten lifo-Verfahrens,

(3) periodischen fifo-Verfahrens,

(4) permanenten fifo-Verfahrens,

(5) periodischen Durchschnittsverfahrens bzw.

(6) permanenten Durchschnittsverfahrens?

In welcher Höhe erfolgt jeweils der Bilanzansatz? Mit welchen Werten werden jeweils die Abgänge bewertet?

610

609–615 In *Übung 37* sollen die Werte auf Basis der in Beispiel 36 auf Folie 600 vorgestellten alternativen Bewertungsvereinfachungsverfahren anhand eigenständiger Berechnungen durchgeführt werden. Auch hier bietet es sich an, die kumulierten Zu- und Abgänge zunächst zu ermitteln. Der *kumulierte Zugang* beträgt:

	ME
Anfangsbestand	100
+ Zugang (1)	50
+ Zugang (2)	30
= kumulierter Zugang	180

Der *kumulierte Abgang* beträgt:

	ME
Abgang (1)	40
+ Abgang (2)	20
= kumulierter Abgang	60

Bestandteil der Ausbildung in kaufmännischen Berufen

Lösung Übung 37 I

(1) *Periodisches lifo-Verfahren*

+			
+			
= Endbestand	120 ME		

Der Wert unter Anwendung des Einstandspreises am Bilanzstichtag ergibt ______. Der Ansatz erfolgt mit ______.

Bewertung der Abgänge:

+			
+			
+			
= Summe Abgang	60 ME		

611

Lösung Übung 37 II

(1) *Permanentes lifo-Verfahren*

+			
+			
= Endbestand	120 ME		

Der Wert unter Anwendung des Einstandspreises am Bilanzstichtag ergibt ______. Der Ansatz erfolgt mit ______.

Bewertung der Abgänge:

+			
+			
+			
= Summe Abgang	60 ME		

612

Lösung Übung 37 III

(3) *Periodisches bzw.* (4) *permanentes fifo-Verfahren*

+			
+			
+			
= Endbestand	120 ME		

Der Wert unter Anwendung des Einstandspreises am Bilanzstichtag ergibt ______. Der Ansatz erfolgt mit ______.

Bewertung der Abgänge:

+			
= Summe Abgang	60 ME		

613

8.6 *Festbewertung*

616–617 Eine Festbewertung ist sowohl im Anlage- als auch im Umlaufvermögen zulässig. Namentlich müssen folgende Merkmale erfüllt sein:

- Es muss sich um Sachanlagevermögen oder Roh-, Hilfs- und Betriebsstoffe handeln,
- der Gesamtwert muss von nachrangiger Bedeutung[187] sein,
- die Vermögensgegenstände müssen regelmäßig ersetzt werden und
- die jeweiligen Bestände hinsichtlich Größe, Wert und Zusammensetzung nur geringen Veränderungen unterliegen.

[187] *Nachrangige Bedeutung liegt insbesondere dann vor, wenn der Wert unter 10% der Bilanzsumme beträgt.*

Die Vereinfachung bei der Bildung eines Festwertes besteht im Ansatz der historischen Anschaffungskosten. Eine Neubewertung von Zugängen findet nur bis zum Erreichen des sog. »Anhaltewertes« statt. Der Grundgedanke der Festbewertung beruht auf der Annahme, dass der Verbrauch oder das Ausscheiden der betreffenden Vermögensgegenstände jeweils durch Neuanschaffungen ersetzt wird.

Die Anwendung der Festbewertung ist sowohl für handels- als auch für steuerrechtliche Zwecke zulässig, wobei die Rahmenbedingungen im Steuerrecht – anders als im Handelsrecht – durch Verwaltungsanweisung enger geregelt sind.[188]

[188] *Vgl. BMF-Schreiben vom 8. März 1993, BStBl. 1993 I S. 276.*

ZUR VORGEHENSWEISE

Zunächst wird ein sog. »Anhaltewert«, d. h. der (Rest)Buchwert, der sich in Zukunft voraussichtlich durch Neuzugänge und Verbrauch bzw. Ausscheiden einpendeln wird, geschätzt. Bis zum Erreichen dieses Wertes findet eine klassische Bewertung[189] der Neuzugänge bzw. der Altbestände statt. Sobald der »Anhaletwert« erreicht wird, werden alle Neuzugänge sofort als Aufwand erfasst bzw. außerplanmäßig abgeschrieben. Das nachstehende Beispiel soll den Grundgedanken der Festbewertung skizzieren.

[189] *Planmäßige und außerplanmäßige Abschreibungen sowie Wertaufholungen.*

BEISPIEL

Ein in 2012 eröffneter Betrieb schafft jeweils zu Beginn des Wirtschaftsjahres Wirtschaftsgüter des Anlagevermögens an, für die nach § 256 Satz 1 HGB i. V. m. § 240 Abs. 3 HGB zulässigerweise ein Festwert gebildet werden kann. Die betriebsgewöhnliche Nutzungsdauer beträgt 5 Jahre. Die Zukäufe erfolgen in den Jahren 2012 bis 2018 jeweils zu Beginn des Kalenderjahres i. H. v. 40 000 EUR (netto). Die Entwicklung der Restbuchwerte bzw. die Zugänge und die Abschreibungen sind in *Darstellung* 95 auf Seite 454 dargestellt.

Lösung Übung 37 IV

(5) *Periodisches Durchschnittsverfahren*

∅-Einstandspreis = ______

vorl. EB = ______

Der Wareneinsatz beträgt ______.

Eine Abschreibung auf den niedrigeren beizulegenden Wert ist zwingend gegeben, da der Durchschnittspreis über dem Marktpreis liegt.

Die Abschreibung beträgt ______.

614

Lösung Übung 37 V

(6) *Permanentes Durchschnittsverfahren*

	Anfangsbestand	100 ME	......	......
+	Zugang (1)	50 ME	......	______
=	Bestand	150 ME	......	......
./.	Abgang (1)	20 ME	......	......
+	Zugang (2)	30 ME	......	______
=	Bestand	160 ME	......	......
./.	Abgang (2)	40 ME	......	______
=	vorl. EB	120 ME	......	======

Der Wareneinsatz beträgt ______.

Der Ansatz im Jahresabschluss erfolgt i. H. v. ______. 615

4. *Festwert I*

- Ein *Festwert* kann auch im Jahresabschluss gebildet werden, § 256 Satz 2 HGB i.V.m. § 240 Abs. 3 HGB.

  (3) [1] Vermögensgegenstände des Sachanlagevermögens sowie Roh-, Hilfs- und Betriebsstoffe können, wenn sie regelmäßig ersetzt werden und ihr Gesamtwert für das Unternehmen von nachrangiger Bedeutung ist, mit einer gleichbleibenden Menge und einem gleichbleibenden Wert angesetzt werden, sofern ihr Bestand in seiner Größe, seinem Wert und seiner Zusammensetzung nur geringen Veränderungen unterliegt. [2] Jedoch ist in der Regel alle drei Jahre eine körperliche Bestandsaufnahme durchzuführen.

- Beispiele

  ... Besteck, Geschirr, Bettwäsche in Hotels,

  ... Tiere in zoologischen Gärten (z. B in Berlin),

  ... Gerüst- und Schalungsteile,

  ... Hölzer, Nägel, Schrauben, Schmieröle.

616

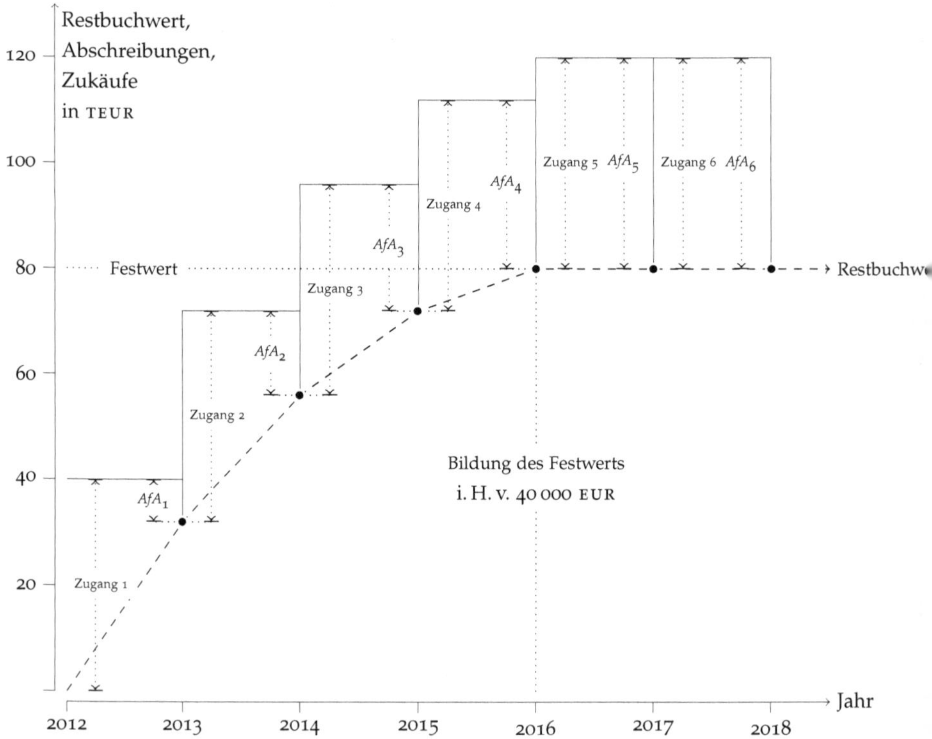

Darstellung 95 Festbewertung

Betrachtet man die Zugänge und die Abschreibungen in *Darstellung* 95, erkennt man, dass ab dem Jahr 2016 die Abschreibungen (AfA) gerade den Zugängen entsprechen, der Restbuchwert bleibt konstant. Die einzelnen Werte für Restbuchwerte, Zugänge und Abschreibungen sind in nachstehender Tabelle festgehalten.

t	2012	2013	2014	2015	2016	2017	2018
RBW 01.01.	0	32 000	56 000	72 000	80 000	80 000	80 000
Zugang	40 000	40 000	40 000	40 000	40 000	40 000	40 000
Abschreibung	8 000	16 000	24 000	32 000	40 000	40 000	40 000
RBW 31.12.	32 000	56 000	72 000	80 000	80 000	80 000	80 000

Die Grundidee des Festwertes beruht darauf, dass die unmittelbare Erfassung der Zugänge als Sofortaufwand dem Aufwand bei Aktivierung und planmäßiger Abschreibung entspricht. Die Höhe des Fest- oder Anhaltewertes hängt aus diesem Grund von der betriebsgewöhnlichen Nutzungsdauer der zugrundeliegenden Vermögensgegenstände und der Summe der Zugänge über die betriebsgewöhnliche Nutzungsdauer ab.

4. Festwert II

- Vorgehensweise
  1. Festlegung eines sog. »*Anhaltewertes*«, der den konstanten (festen) Wert bilden soll, dieser beträgt i. d. R. 40 % bis 70 % des Neuwerts der regelmäßig neu anzuschaffenden Vermögensgegenstände.
  2. Bis zur Erreichung des Anhaltewertes erfolgt die Aktivierung und Abschreibung der Vermögensgegenstände wie bei allen anderen Anschaffungsvorgängen
  3. Nach Erreichen des Anhaltewertes stellen die *Neuanschaffungen sofort in voller Höhe Aufwand* dar.
- Ergibt die körperliche Bestandsaufnahme eine erhebliche Abweichung vom Festwert, muss der Festwert aufgestockt oder auf einen niedrigeren Wert reduziert werden.

617

Beispiel 37 (Festwert)

August Hobel benötigt regelmäßig neue Werkzeuge mit einem Neuwert von 10 000 EUR zzgl. USt. Die betriebsgewöhnliche Nutzungsdauer der Werkzeuge beträgt vier Jahre. Die Anschaffungskosten in den folgenden Jahren betragen (die Anschaffung erfolgt jeweils zu Beginn des Geschäftsjahres):

in 2015 2 000 EUR
in 2016 3 000 EUR
in 2017 1 500 EUR
in 2018 3 500 EUR
in 2019 2 500 EUR

Der Festwert soll 40 % des Neuwerts betragen. Entwickeln Sie die Bilanzposition für die Werkzeuge für die Jahre 2015 bis 2019 im Fall der linearen Abschreibung! 618

Lösung Beispiel 37 I // zur Berechnung der AfA vgl. Folie 621

		EUR
	Anschaffung in 2015	2 000
./.	AfA in 2015	500
=	Ansatz zum 31.12.2015	1 500
+	Anschaffung in 2016	3 000
./.	AfA in 2016	1 250
=	Ansatz zum 31.12.2016	3 250
+	Anschaffung in 2017	1 500
./.	AfA in 2017	1 625
=	Ansatz zum 31.12.2017	3 125

619

Für die nachstehende *Herleitung des Festwertes* wird unterstellt, dass die Zugänge Z gleichverteilt über die betriebsgewöhnliche Nutzungsdauer n erfolgen. Z stellt dabei die Summe aller Zugänge über die betriebsgewöhnliche Nutzungsdauer dar. Formal:

$$Z = \sum_{t=1}^{n} z_t \quad \rightarrow \quad z_t = const. \quad \rightarrow \quad Z = n \times z$$

wobei z_t den Wert des Zugangs in Periode t darstellt. Der Festwert ermittelt sich dann als Summe der fortgeführten historischen Anschaffungskosten der Zugänge der einzelnen Perioden. Formal ergibt sich

$$F = z \times \frac{1}{n} + z \times \frac{2}{n} + z \times \frac{3}{n} + \ldots + z \times \frac{n-1}{n} \tag{30}$$

mit F als Festwert und $z = \frac{Z}{n}$. Gleichung (30) lässt sich zusammenfassen zu

$$F = \frac{z}{n} \times \big(1 + 2 + 3 + \ldots (n-1)\big). \tag{31}$$

Unter Berücksichtigung der Erkenntnisse aus den Gleichungen (14) ff. ab Seite 352, vereinfacht sich (31) zu

$$\begin{aligned} F &= \frac{z}{n} \times \left[\left(\frac{n}{2} - 1\right) \times n + \frac{n}{2}\right] \\ &= z \times \left[\frac{n}{2} - \frac{1}{2}\right]. \end{aligned} \tag{32}$$

Drückt man den Festwert als Relation der Zugänge über die betriebsgewöhnliche Nutzungsdauer aus, ergibt sich

$$\begin{aligned} \frac{F}{Z} &= \frac{z}{Z} \times \left[\frac{n}{2} - \frac{1}{2}\right] \quad \text{bzw. mit} \quad z = \frac{Z}{n} \\ &= \frac{1}{n} \times \left[\frac{n}{2} - \frac{1}{2}\right] \\ &= \frac{1}{2} - \frac{1}{2 \times n} \quad \text{bzw.} \quad F = Z \times \left(\frac{1}{2} - \frac{1}{2 \times n}\right). \end{aligned} \tag{33}$$

Gleichung (33) lässt folgende Schlussfolgerungen zu:

1. Der Anteil des Festwerts an den regelmäßigen Zugängen über die betriebsgewöhnliche Nutzungsdauer beträgt maximal 50% dieser Zugänge.
2. Je länger die betriebsgewöhnliche Nutzungsdauer ist, desto höher der Festwert c. p.

Lösung Beispiel 37 II // zur Berechnung der AfA vgl. Folie 621

	EUR
+ Anschaffung in 2018	3 500
./. AfA in 2018	2 500
= vorl. Ansatz zum 31.12.2018	4 125
./. apl. AfA 2018 (wg. Festwert)	125
= Ansatz zum 31.12.2018	4 000
+ Anschaffung in 2019	2 500
./. apl. AfA der Anschaffung in 2019	2 500
= Ansatz zum 31.12.2019	4 000

620

Lösung Beispiel 37 III

$$AfA_{2015} = \frac{2\,000}{4} = 500$$

$$AfA_{2016} = 500 + \frac{3\,000}{4} = 1\,250$$

$$AfA_{2017} = 1\,250 + \frac{1\,500}{4} = 1\,625$$

$$AfA_{2018} = 1\,625 + \frac{3\,500}{4} = 2\,500$$

$$apl.\ AfA_{2018} = 4\,125 - 0{,}4 \times 10\,000 = 125$$

$$apl.\ AfA_{2020} = (6\,500 - 4\,000) = 2\,500$$

621

Übung 38 (Festwert)

Angenommen, die Zugänge für Vermögensgegenstände, für die die Bildung eines Festwertes zulässig ist, betragen jährlich 2 000 EUR (netto). Es wird linear abgeschrieben. Der Abschreibungssatz beträgt 25%. Ab welchem Kalenderjahr kann ein Festwert gebildet werden und in welcher Höhe, wenn die Anschaffungen mit Beginn des Kalenderjahres 2015 beginnen und jeweils zu Beginn des jeweiligen Kalenderjahres (= Wirtschaftsjahres) erfolgen?

622

Wendet man Gleichung (33) auf das vorangehende Beispiel an, errechnet sich unter Verwendung der Summe der Zugänge über die betriebsgewöhnliche Nutzungsdauer i. H. v. $5 \times 40\,000$ EUR $= 200\,000$ EUR ein Festwert von

$$F = \left[\frac{1}{2} - \frac{1}{2 \times 5}\right] \times 200\,000 = 80\,000 \text{ EUR.}$$

618–621 Anders als im vorangehenden Beispiel sind die Neuzugänge in *Beispiel 37* asymmetrisch verteilt. Zudem wird unabhängig von den Zugängen ein Anhaltewert von 40 % der regelmäßigen Neuzugänge im Wert von 10 000 EUR geschätzt. Die Höhe der regelmäßigen Neuzugänge orientiert sich an der betriebsgewöhnlichen Nutzungsdauer. So beträgt die Summe der Neuzugänge in den Jahren 2015 bis 2018 gerade 10 000 EUR. Der Anhaltewert wird in 2018 erreicht. Ab diesem Zeitpunkt sind alle Zugänge außerplanmäßig abzuschreiben.

622–623 *Übung 38* beinhaltet sowohl die Ermittlung der Höhe des Festwerts als auch den Zeitpunkt, ab dem der Festwert gebildet werden kann. Zur betragsmäßigen Ermittlung des Festwerts kann Gleichung (33) herangezogen werden.

8.7 *Kontrollfragen*

1. Erläutern Sie grob das Schema zur Ermittlung der Bemessungsgrundlage für die Pauschalwertberichtigung!
2. Wie werden pauschale Wertberichtigungen ermittelt, wenn sie innerbetriebliche Kosten repräsentieren?
3. Was versteht man unter »Mengennotierung« einer Sorte?
4. Was bedeutete »Brief-«, was »Geldkurs«?
5. Wie werden Fremdwährungsforderungen bewertet? Welches allgemeine Bewertungsprinzip kann dabei verletzt werden?
6. Welche Ausnahmen zum Prinzip der Einzelbewertung gem. § 252 Abs. 1 Nr. 3 HGB existieren?
7. Welche wesentlichen Unterschiede bestehen zwischen der Durchschnittsbewertung und der Gruppenbewertung?
8. Bilden Sie Beispiele für die Bewertung des Vorratsvermögens, für den Fall nicht konstanter Preise, bei denen
   (a) das lifo-Verfahren zulässig ist, d. h. keine Abwertung auf den niedrigeren Marktwert stattfindet, aber stille Rücklagen entstehen,
   (b) das fifo-Verfahren zulässig ist, d. h. keine Abwertung auf den niedrigeren Marktwert stattfindet, aber keine stille Rücklagen entstehen,

Lösung Übung 38

Jahr	2015	2016	2017	2018	2019
RBW 01.01.	0				
Zugang	2 000	2 000	2 000	2 000	2 000
Abschreibung					
RBW 31.12.					

Ab dem Jahr ______ kann ein Festwert i. H. v. ________ gebildet werden.

623

(c) die lifo-Methode unzulässig ist, d. h. eine Abwertung auf den niedrigeren Marktwert stattfindet,

(d) die fifo- und lifo-Methoden zulässig sind, d. h. keine Abwertung auf den niedrigeren Marktwert stattfindet, aber die lifo-Methode zu höheren stillen Rücklagen führt,

(e) die fifo- und lifo-Methoden zulässig sind, d. h. keine Abwertung auf den niedrigeren Marktwert stattfindet, aber die fifo-Methode zu höheren stillen Rücklagen führt.

Geben Sie jeweils möglichst einfache Zahlenbeispiele an, wobei der Marktpreis am Bilanzstichtag gleich dem Preis des letzten Zugangs sein soll.

9. Erklären Sie den Unterschied zwischen »Perioden-lifo« und »permanentem lifo«.
10. Kann die lifo-Methode von einem Eier-Großhändler angewendet werden? Begründen Sie Ihre Antwort!
11. Erläutern Sie kurz, was unter einem Festwert zu verstehen ist.
12. Wie lässt sich der Festwert formal ermitteln?
13. Beurteilen Sie, ob für die nachstehenden Vermögensgegenstände ein Festwert gebildet werden kann

    (a) Fertigerzeugnisse

    (b) Finanzanlagen

    (c) Grundstücke

LERNEINHEIT 13

Verbindlichkeiten und Periodenabgrenzung

9 *Verbindlichkeiten*

ShortCode App # 1090

624–626 In Lerneinheit 13 wechselt die betrachtete Bilanzseite. Nachdem bisher die Ansatz- und Bewertungsvorschriften von Anlage- und Umlaufvermögen vorgestellt wurden, findet in dieser Lerneinheit eine Einführung in die Bilanzierung von Verbindlichkeiten statt. Zudem werden im Rahmen der Periodenabgrenzung die Grundzüge der Bilanzierung von Rückstellungen, Rechnungsabgrenzungen und latenten Steuern erläutert.

Darstellung 96 zeigt die Gliederung der Passiva nach § 266 Abs. 2 HGB. Neben dem Eigenkapital, sind Schulden und Posten der Periodenabgrenzung enthalten. Die gestrichelte Linie der Periodenabgrenzung zu den Rückstellungen soll andeuten, dass die Rückstellungen sowohl zu den Schulden gehören als auch eine Form der Periodenabgrenzung darstellen. Auch *sonstige Verbindlichkeiten* können im Rahmen der Periodenabgrenzung entstehen.

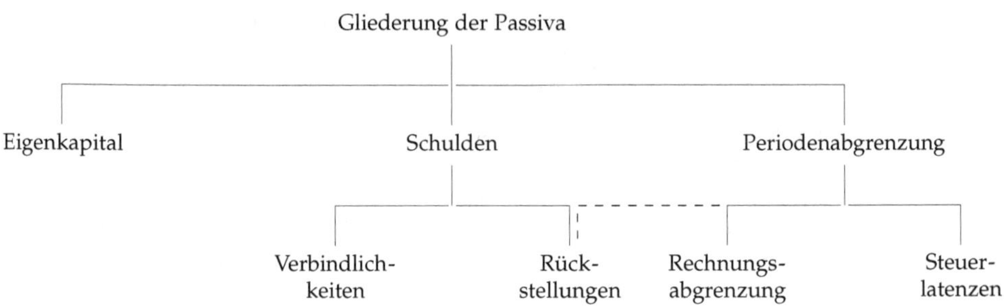

Darstellung 96 Gliederung der Passiva nach HGB

Wo stehen wir?

624

Literatur und Lernziele I

1. *Literatur*

Döring, Ulrich / Buchholz, Rainer (2015): *Buchhaltung und Jahresabschluss*, 14. Auflage, Erich Schmidt, Berlin, 135–147.

Eisele, Wolfgang / Knobloch, Alois Paul (2011): *Technik des betrieblichen Rechnungswesens*, 8. Auflage, Vahlen, München, 500–522, 548–565.

Wöhe, Günter / Kußmaul, Heinz (2015): *Grundzüge der Buchführung und Bilanztechnik*, 9. Auflage, Vahlen, München, 283–307.

625

Literatur und Lernziele II

2. *Lernziele*

Nach dieser Lerneinheit ...

- können Sie Verbindlichkeiten von Rückstellungen bzw. Rechnungsabgrenzungsposten unterscheiden,
- sind Sie in der Lage, die Erst- und Folgebewertung von Verbindlichkeiten durchzuführen,
- können Sie zwischen antizipativer und transitorischer Rechnungsabgrenzung differenzieren und die Verbuchung durchführen,
- sind Sie in der Lage, latente Steuern konkret zu ermitteln und zu verbuchen.

626

627 Verbindlichkeiten stellen eine Form von Schulden dar und bedeuten eine Verpflichtung zu einer Leistung, die i. d. R. in einer Geldleistung besteht. Im Sprachgebrauch werden die Begriffe *Schulden* und *Verbindlichkeiten* als Synonyme verwendet. Allerdings stellen Verbindlichkeiten als sichere Form von Schulden nur einen Teil der Schulden dar. Bilanziell stellen Schulden Fremdkapital dar.

Aus ökonomischer Sicht versteht man unter *Schulden* negative Zielgrößen (Auszahlungen) in dem Sinne, als dass Schulden das Konsumpotential einschränken. Schulden stellen also negatives Vermögen dar, welches in Form künftig erwarteter Auszahlungen ausgedrückt wird.

9.1 *Klassifizierung von Schulden*

628–629 *Abb. 68* systematisiert Schulden im Wesentlichen. Demnach werden Schulden nach der Sicherheit und nach der Verpflichtung nach innen bzw. außen klassifiziert.

Verbindlichkeiten stellen sichere Schulden dar. Zum Beispiel ist bei der Aufnahme eines Kredits die Schuld dem Grunde nach (Frage nach der Existenz einer Schuld) klar, da ein Kreditvertrag unterzeichnet wurde. Der Höhe nach bestehen keine Zweifel, da im Kreditvertrag die Höhe der Summe exakt beziffert ist.

Verbindlichkeiten lassen sich weiter nach ihrer Fristigkeit (kurz, mittel, lang), nach der Ursache der Entstehung (durch Lieferungen und Leistungen oder Darlehen), nach der Sicherung (gesichert, z. B. durch Grundvermögen, oder ungesichert), nach dem Empfänger (Kunden, Fiskus, Kreditinstitute etc.) und nach der Form der Gegenleistung (Geld- bzw. Sachleistung) einteilen.

Rückstellungen stellen unsichere Schulden dar, da hier zwar der Grund bekannt ist, jedoch die Höhe nicht exakt beziffert werden kann. Zum Beispiel ist am Bilanzstichtag noch nicht klar, wie hoch die Steuerschuld tatsächlich ist, wie hoch die Gerichtskosten für die laufenden Prozesse tatsächlich sein werden und in welcher Höhe zugesagte Betriebsrenten tatsächlich auch bezahlt werden müssen.

Während das HGB keine abschließende Aufzählung echter sicherer Schulden in Form von Verbindlichkeiten liefert, sind die Fälle, für die Rückstellungen als echte unsichere Schuld verpflichtend zu bilden sind, in § 249 HGB abschließend aufgezählt. Allerdings finden sich dort keine konkreten (Tatbestands-)Merkmale anhand derer sich die genannten Rückstellungsarten exakt bestimmen lassen.

Verbindlichkeiten

Aktiva	Gliederung der Bilanz gem. § 266 HGB	Passiva
A. Anlagevermögen		A. Eigenkapital
I. *Immaterielle Vermögensgegenstände*		I. *Gezeichnetes Kapital*
II. *Sachanlagen*		II. *Kapitalrücklage*
III. *Finanzanlagen*		III. *Gewinnrücklage*
B. Umlaufvermögen		IV. *Gewinnvortrag/Verlustvortrag*
I. *Vorräte*		V. *Jahresüberschuss/Jahresfehlbetrag*
II. *Forderungen*		B. Rückstellungen
III. *Wertpapiere*		C. Verbindlichkeiten
IV. *Kasse, Bank*		D. Rechnungsabgrenzungsposten
C. Rechnungsabgrenzungsposten		E. Passive latente Steuern
D. Aktive latente Steuern		
Bilanzsumme		Bilanzsumme

627

Klassifizierung von Schulden I

- Man unterscheidet zwischen ...
  ... echten sicheren Schulden (*Verbindlichkeiten*) und
  ... echten unsicheren Schulden (*Rückstellungen* für Außenverpflichtungen).
- Voraussetzungen für *echte sichere Schulden* (Verbindlichkeiten):
  1. Es muss eine *Außenverpflichtung* vorliegen,
  2. die zum Stichtag dem Grunde und der Höhe nach *gewiss* ist und es muss
  3. eine *wirtschaftliche Belastung* zum Stichtag *gegeben* sein.

628

Klassifizierung von Schulden II

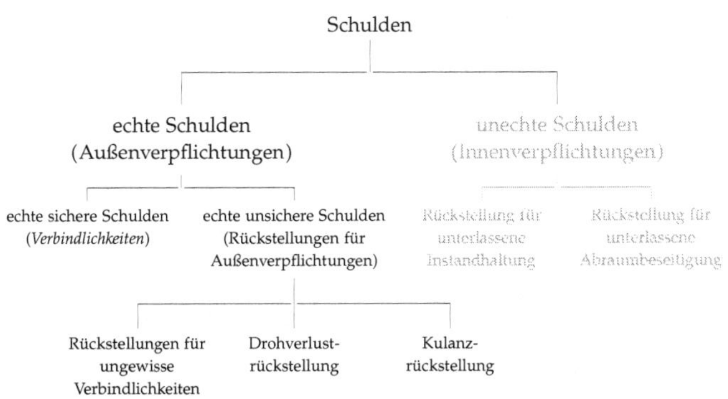

Abb. 68 Klassifizierung von Schulden

629

630 Welche Positionen unter der Bilanzposition *Verbindlichkeiten* zu subsummieren sind, bestimmt § 266 Abs. 3 HGB. Die Liste ist analog zur Passiva nach ihrer Fristigkeit geordnet. Demnach stehen die langfristigen Verbindlichkeiten wie Anleihen und Verbindlichkeiten gegenüber Kreditinstituten ganz oben, während Verbindlichkeiten aus Lieferungen und Leistungen sowie sonstige Verbindlichkeiten weiter unten angesiedelt sind.

9.2 *Allgemeine Bewertungsgrundsätze*

631 Die allgemeinen Bewertungsgrundsätze für Schulden ergeben sich aus § 252 Abs. 1 Nr. 4 HGB, wonach vorsichtig zu bewerten ist und unrealisierte Verluste und Risiken auszuweisen sind.

Während für Vermögen das Niederstwertprinzip Anwendung findet, besteht für Schulden korrespondierend das *Höchstwertprinzip*. Dieses besagt, dass die historischen »Anschaffungskosten« grundsätzlich die Bewertungsuntergrenze bilden. Ein höherer Wert als die »Anschaffungskosten« muss daher zwingend berücksichtigt werden.

9.3 *Erstbewertung*

632 Verbindlichkeiten und Rückstellungen sind nach § 253 Abs. 1 Satz 2 HGB zu ihrem Erfüllungsbetrag anzusetzen. Während sich die Ermittlung des Erfüllungsbetrags für Verbindlichkeiten vergleichsweise einfach darstellt, da Grund, Höhe und zeitlicher Anfall bekannt sind, gestaltet sich die Ermittlung im Fall von Rückstellungen wesentlich komplizierter, da hier die Höhe und/oder der zeitliche Anfall nicht bekannt ist. Zum Beispiel ist zum Zeitpunkt der Zusage einer Betriebsrente in Form einer Leibrente an einen Arbeitnehmer zum einen unklar, wie lange der Arbeitnehmer tatsächlich im Unternehmen verbleibt und zum anderen, sollte er bis zum Eintritt der Rente im Unternehmen beschäftigt bleiben, wie lange er lebt und die Betriebsrente beziehen wird. Diese Unsicherheiten sind bei der Bewertung der Pensionsrückstellungen im Rahmen versicherungsmathematischer Bewertungsverfahren zu beachten.

Die schwierige Ermittlung des Erfüllungsbetrags bei Rückstellungen begründet auch die etwas weichere, vorsichtigere Formulierung des Gesetzgebers, wonach der Erfüllungsbetrag auf Basis »vernünftiger kaufmännischer Beurteilung« zu erfolgen hat.

Bilanzpositionen gem. § 266 Abs. 3 HGB

C. Verbindlichkeiten

1. Anleihen, davon konvertibel;
2. *Verbindlichkeiten gegenüber Kreditinstituten;*
3. erhaltene Anzahlungen auf Bestellungen;
4. *Verbindlichkeiten aus Lieferungen und Leistungen;*
5. Verbindlichkeiten aus der Annahme gezogener Wechsel und der Ausstellung eigener Wechsel;
6. Verbindlichkeiten gegenüber verbundenen Unternehmen;
7. Verbindlichkeiten gegenüber Unternehmen, mit denen ein Beteiligungsverhältnis besteht;
8. *sonstige Verbindlichkeiten, davon aus Steuern,* davon im Rahmen der sozialen Sicherheit. 630

Allgemeine Bewertungsgrundsätze für Schulden

- Die allgemeinen *Bewertungsgrundsätze für Schulden* sind in § 252 Abs. 1 Nr. 4 HGB kodifiziert.

  4. Es ist vorsichtig zu bewerten, namentlich sind alle vorhersehbaren Risiken und Verluste, die bis zum Abschlussstichtag entstanden sind, zu berücksichtigen, selbst wenn diese erst zwischen dem Abschlussstichtag und dem Tag der Aufstellung des Jahresabschlusses bekannt geworden sind; Gewinne sind nur zu berücksichtigen, wenn sie am Abschlussstichtag realisiert sind.

- Zur Erinnerung: Das *Imparitätsprinzip* besagt, dass nicht realisiert Verluste ausgewiesen werden müssen während nicht realisiert Gewinne nicht ausgewiesen werden dürfen.

631

Erstbewertung

- Die *Erstbewertung* von Verbindlichkeiten erfolgt gem. § 253 Abs. 1 Satz 2 HGB.

  [...] [2] Verbindlichkeiten sind zu ihrem Erfüllungsbetrag und Rückstellungen in Höhe des nach vernünftiger kaufmännischer Beurteilung notwendigen Erfüllungsbetrages anzusetzen [...]

- *Erfüllungsbetrag* bei Geldleistungsverpflichtungen ist der Nennbetrag einer Verbindlichkeit, auf den Verfügungsbetrag kommt es nicht an (*Beispiel* – ein Darlehen über 50 000 EUR (Erfüllungsbetrag) wird zu 95% (47 500 EUR = Verfügungsbetrag) ausbezahlt).
- Bei Verbindlichkeiten aus L. u. L. entspricht der Erfüllungsbetrag dem Rechnungsbetrag (ohne Abzug von Skonto).
- Bei *Fremdwährungsverbindlichkeiten* erfolgt die *Erst*bewertung zum *Geldkurs* (vgl. dazu auch Folie 579), da zur Begleichung Euro in Fremdwährung getauscht werden muss. 632

9.4 *Verbindlichkeiten gegenüber Kreditinstituten*

633 Verbindlichkeiten gegenüber Kreditinstituten als eine Form der Mittelherkunft werden zum Erfüllungsbetrag passiviert. Die Passivierung geschieht erfolgsneutral. Eine Reinvermögensmehrung tritt nicht ein, da das höhere Aktivum durch den Zufluss der Kreditsumme mit einer korrespondierenden Schuld einhergeht. Lediglich Zinszahlungen oder sonstige mit der Darlehensvergabe im Zusammenhang stehende Zahlungen, wie etwa Verwaltungsgebühren, werden erfolgswirksam erfasst. Die Tilgung der Verbindlichkeiten wird korrespondierend zur Kreditaufnahme erfolgsneutral berücksichtigt.

Die am häufigsten auftretenden Typen von Verbindlichkeiten gegenüber Kreditinstituten sind in *Abb. 69* dargestellt.

9.4.1 *Fälligkeitsdarlehen*

634–635 Charakteristisch für Fälligkeitsdarlehen ist, dass die gesamte Schuld am Ende der Laufzeit getilgt wird. Dies hat zur Folge, dass der (Rest)Buchwert und die anfallenden Zinszahlungen über die Laufzeit konstant sind. Analog zu Vermögensgegenständen des Anlagevermögens kann die Tilgung am Ende der Laufzeit mit einer Abschreibung am Ende der Laufzeit bzw. mit einer Veräußerung (wie etwa im Fall unbebauter Grundstücke) verglichen werden.

Formal ermitteln sich die über die Laufzeit des Darlehens konstanten Zinszahlungen (ZI) für $t > 0$ als

$$ZI_t = ZI = \rho \times FK_0 \quad \forall\, t = 1, \ldots, T,$$

mit ρ = Sollzinssatz, FK = Fremdkapital und T = Laufzeit. Die Tilgung (TIL) beträgt

$$TIL_t = \left\{ \begin{array}{lll} 0 & \text{für} & t = 1, \ldots, T-1 \\ FK_0 & \text{für} & t = T \end{array} \right\}.$$

Im Ergebnis lässt sich dann der Restbuchwert des Kredits FK_t jeweils nach erfolgter Tilgungszahlung als

$$FK_t = \left\{ \begin{array}{lll} FK_0 & \text{für} & t = 1, \ldots, T-1 \\ 0 & \text{für} & t = T \end{array} \right\}$$

beschreiben.

Beispiel 38 zeigt die Ermittlung der Restbuchwerte sowie Zins- und Tilgungszahlungen bei alternativen Darlehensformen. In *Abb. 70* sind für das Fälligkeitsdarlehen die Entwicklung des Restbuchwerts und die Zinszahlungen graphisch dargestellt.

Verbindlichkeiten gegenüber Kreditinstituten

Darlehenstypen

Fälligkeitsdarlehen	*Tilgungsdarlehen*	*Annuitätendarlehen*
Tilgung erfolgt in einem Betrag am Laufzeitende, laufende konstante Zinszahlungen	konstante Tilgungszahlungen, laufende Zinszahlung sinkt im Zeitablauf	periodisch konstante Annuität, die Zins- und Tilgungsanteil enthält

Abb. 69 Darlehenstypen

633

Beispiel 38 (Darlehenstypen)

Ermitteln Sie die jährlichen Zins- und Tilgungszahlungen für ein Darlehen mit einem Nennbetrag von $FK_0 = 100\,000$ EUR, einer Laufzeit von $T = 4$ Jahren und einem Sollzinssatz von $\rho = 5\%$, wenn das Darlehen am 01.01.2015 aufgenommen wurde und zu 100% ausbezahlt wurde im Fall, dass es sich um ein

1. Fälligkeitsdarlehen,
2. Tilgungsdarlehen (4 Tilgungszahlungen),
3. Annuitätendarlehen

handelt. Zins- und Tilgungszahlungen sind jeweils zum 31.12. eines Jahres fällig.

634

Lösung Beispiel 38 I

1. *Fälligkeitsdarlehen*

t	0	1	2	3	4
FK_t	100 000	100 000	100 000	100 000	0
ZI_t		5 000	5 000	5 000	5 000
TIL_t		0	0	0	100 000

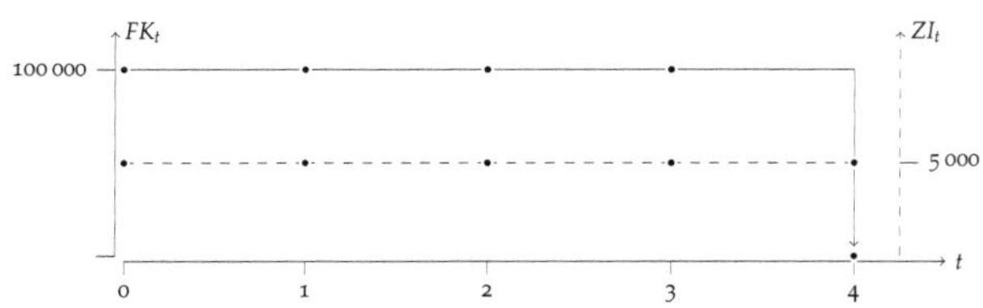

Abb. 70 Entwicklung von Zins und Tilgung Restschuld beim Fälligkeitsdarlehen

635

9.4.2 *Tilgungsdarlehen*

636 Konstante Tilgungszahlungen über die Laufzeit sind wesentliches Charakteristikum für das Tilgungsdarlehen. Die Konstanz der Tilgung ist vergleichbar mit planmäßiger (linearer) Abschreibung von Anlagevermögen. Formal ermitteln sich die konstanten Tilgungszahlungen als

$$TIL_t = TIL = \frac{FK_0}{TZ}.$$

wobei TZ die Anzahl der Tilgungszahlungszeitpunkte darstellt. Finden jährliche Tilgungszahlungen statt gilt $TZ = T$. Anders als beim Fälligkeitsdarlehen sinken die Zinszahlungen im Zeitablauf. Die Zinszahlungen für $t > 0$ betragen $ZI_t = \rho \times FK_{t-1}$ mit $FK_{t-1} = FK_0 - (t-1) \times TIL$.

Die graphische Entwicklung der Restbuchwerte und der Zinszahlungen ist in *Abb. 71* dargestellt. Man erkennt die treppenförmige Entwicklung des Restbuchwerts bzw. die sinkenden Zinszahlungen im Zeitablauf.

9.4.3 *Annuitätendarlehen*

637 Eine etwas komplexere, aber sehr häufig auftretende, Darlehensform stellt das Annuitätendarlehen dar. Hier sind im Gegensatz zu den vorherigen Formen die Summe aus Zins- und Tilgungszahlung konstant. Dabei steigt im Zeitablauf der Tilgungsanteil, während der Zinsanteil kontinuierlich abnimmt. Bei Kenntnis des Erfüllungsbetrags, lassen sich die konstanten Zahlungen (Annuitäten) wie folgt ermitteln (ohne Beweis):

$$ANN = FK_0 \times \frac{\rho \times (1+\rho)^T}{(1+\rho)^T - 1}.$$

Die periodisch abnehmenden Zinszahlungen ermitteln sich durch $ZI_t = \rho \times FK_{t-1}$. Unter Kenntnis der periodischen Zinszahlungen lassen sich die periodischen Tilgungszahlungen in t berechnen.

$$\begin{aligned} TIL_t &= ANN - ZI_t \\ &= ANN - \rho \times FK_{t-1} \\ &= TIL_1 \times (1+\rho)^{t-1} \end{aligned}$$

Der Schuldenstand in Form des Restbuchwerts des Kredits in t lässt sich dann durch

$$\begin{aligned} FK_t &= FK_{t-1} - TIL_t \\ &= FK_0 - TIL_1 \times \frac{(1+\rho)^t - 1}{\rho} \end{aligned}$$

ermitteln.

Lösung Beispiel 38 II

2. *Tilgungsdarlehen*

t	0	1	2	3	4
FK_t	100 000	75 000	50 000	25 000	0
ZI_t		5 000	3 750	2 500	1 250
TIL_t		25 000	25 000	25 000	25 000

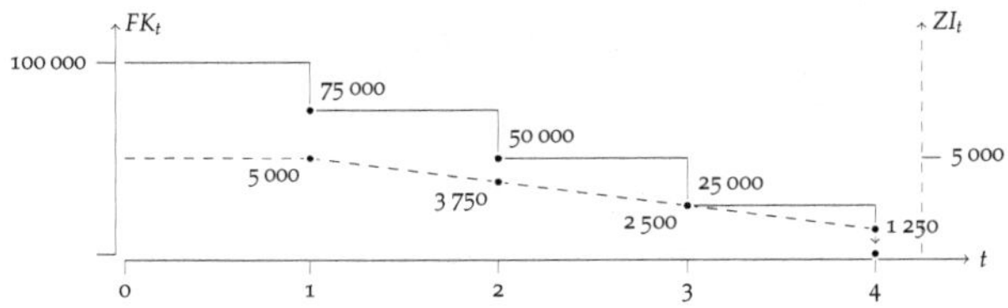

Abb. 71 Entwicklung von Zins und Restschuld beim Tilgungsdarlehen

636

Lösung Beispiel 38 III

1. *Annuitätendarlehen*

$$ANN = 100\,000 \times \frac{0{,}05 \times (1 + 0{,}05)^4}{(1 + 0{,}05)^4 - 1} = 28\,201{,}18$$

t	0	1	2	3	4
FK_t	100 000	76 798,82	52 437,57	26 858,27	0,00
ANN		28 201,18	28 201,18	28 201,18	28 201,18
ZI_t		5 000,00	3 839,94	2 621,88	1 342,91
TIL_t		23 201,18	24 361,24	25 579,30	26 858,27

1. Schritt: Ermittlung der Zinsen ZI_t auf Basis des Kredits der Vorperiode.

2. Schritt: Ermittlung der Tilgung durch $TIL_t = ANN - ZI_t$.

637

Lösung Beispiel 38 IV

1. *Annuitätendarlehen*

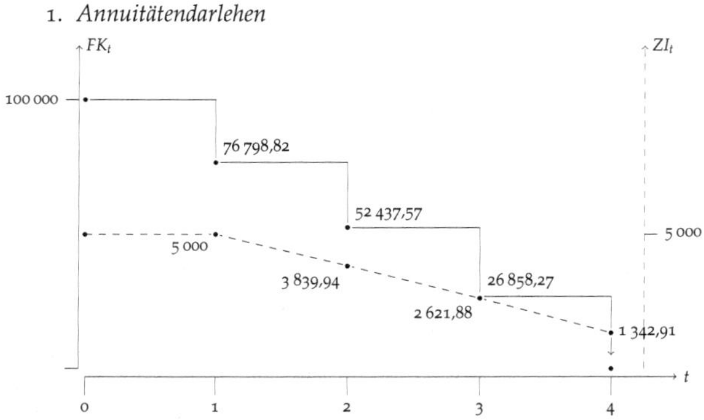

Abb. 72 Entwicklung von Zins und Restschuld beim Annuitätendarlehen

638

Zur Ermittlung der Tilgungsbeträge im Fall des Annuitätendarlehens im Beispiel müssen zunächst die Zinszahlungen auf Basis der Restschuld aus der Vorperiode ermittelt werden. Erst im zweiten Schritt können die Tilgungsbeträge bestimmt werden.

638 *Abb. 72* zeigt die Entwicklung der Restschuld und der Zinszahlungen im Fall des Annuitätendarlehens. Schematisch ähnelt der Verlauf demjenigen des Tilgungsdarlehens. Da die Tilgungszahlungen beim Tilgungsdarlehen anfänglich jedoch höher ausfallen als beim Annuitätendarlehen, ist die Summe der Sollzinsen über die Laufzeit beim Tilgungsdarlehen niedriger als beim Annuitätendarlehen. Nachstehende Tabelle fasst die *Summe der Zinszahlungen* der behandelten Darlehenstypen zusammen.

	EUR
Fälligkeitsdarlehen	20 000,00
Tilgungsdarlehen	12 500,00
Annuitätendarlehen	12 804,73

9.5 *Fremdwährungsverbindlichkeiten*

639 Die Folgebewertung von Fremdwährungs*verbindlichkeiten* erfolgt analog zur Folgebewertung von Fremdwährungs*forderungen*[190], jedoch unter Beachtung des *Höchstwertprinzips* zum Devisenkassamittelkurs.

Steigt der Wechselkurs, wird die Verbindlichkeit weniger wert, da man für einen Euro mehr ausländische Währung bekommt. In diesem Fall muss differenziert werden: Beträgt die Laufzeit der Verbindlichkeit mehr als ein Jahr, ist die Abschreibung wertmäßig auf die historischen Anschaffungskosten beschränkt, d. h., das Anschaffungskostenprinzip kommt zur Anwendung. Beträgt die Laufzeit ein Jahr oder weniger, ist die wertmäßige Zuschreibung nicht auf die historischen Anschaffungskosten (nach unten) begrenzt, d. h. in diesem Fall müssen nicht realisierte Gewinne (ausnahmsweise) passiviert werden.

Sinkt der Wechselkurs, wird die Verbindlichkeit mehr wert, da man für einen Euro weniger ausländische Währung bekommt. Die Verbindlichkeit muss aufgrund des strengen Höchstwertprinzips zwingend zugeschrieben werden.

Wertänderungen von Fremdwährungsverbindlichkeiten führen nicht zur Änderung der Anschaffungs- oder Herstellungskosten[191] von Vermögensgegenständen.

[190] *Vgl. Abschnitt 8.4.4 ab Seite 428.*

[191] *Eine Ausnahme bilden Wertänderungen während des Herstellungsprozesses.*

Fremdwährungsverbindlichkeiten

- Die *Folgebewertung* von Fremdwährungsverbindlichkeiten erfolgt analog zur Folgebewertung von Fremdwährungsforderungen zum *Devisenkassamittelkurs* am Abschlussstichtag, § 256a HGB[20].
- Im Ergebnis können Fremdwährungsverbindlichkeiten bei einer Restlaufzeit von einem Jahr oder weniger auch unter den »Anschaffungskosten« (Erfüllungsbetrag) passiviert werden.
- Verbuchung der »Zuschreibung«

  sonstiger betrieblicher Aufwand
  an Verbindlichkeiten

- Verbuchung der »Abschreibung«

  Verbindlichkeiten
  an sonstige betriebliche Erträge

[20] Vgl. dazu Folie 579 f.

639

Beispiel 39 (Verbindlichkeiten) I

August Hobel nimmt zur Finanzierung einer neuen Drehbank am 01.07.2015 ein Tilgungsdarlehen über 15 000 EUR auf. In welcher Höhe sind jeweils Verbindlichkeiten zum 31.12. der Jahre 2015 und 2016 anzusetzen, wenn das Darlehen zu den nachstehenden Bedingungen valutiert (aufgenommen) wurde?

1. Die Laufzeit beträgt 2 Jahre; die Auszahlung erfolgt zu 100%; der Zinssatz beträgt 3% p. a. Zins- und Tilgung sind jeweils zum 30.06. eines Jahres, beginnend mit dem 30.06.2016 zu entrichten.
2. Was wäre, wenn das Tilgungsdarlehen in Schweizer Franken (CHF) valutiert wurde, bei sonst gleichen Annahmen wie unter 1. ...

640

Beispiel 39 (Verbindlichkeiten) II

... wobei folgende Wechselkurse unterstellt werden:

	Geldkurs CHF / EUR	Briefkurs CHF / EUR	Mittelkurs CHF / EUR
01.07.2015	1,150	1,200	1,175
31.12.2015	1,250	1,300	1,275
31.12.2016	1,350	1,400	1,375

641

640–641 *Beispiel 39* zeigt die Erst- und Folgebewertung von Verbindlichkeiten, insbesondere Fremdwährungsverbindlichkeiten. Bei der Ermittlung des Devisenkassamittelkurses ist die Mengennotierung zu beachten, d. h. die Inlandswährung dient als feste Bezugsgröße. Zum Beispiel ermittelt sich der Devisenkassamittelkurs am 31.12.2016 als

$$\text{Mittelkurs} = 0{,}5 \times \left(1{,}350 + 1{,}400\right) = 1{,}375$$

und nicht als

$$\begin{aligned}\text{Mittelkurs} &= 0{,}5 \times \left(\frac{1}{1{,}350}\,\text{EUR/CHF} + \frac{1}{1{,}400}\,\text{EUR/CHF}\right)\\ &= 0{,}728\ \text{EUR/CHF}\\ &= \frac{1}{0{,}728}\,\text{CHF/EUR} = 1{,}374\ \text{CHF/EUR},\end{aligned}$$

da gilt

$$0{,}5 \times \left(G + B\right) \neq \left[0{,}5 \times \left(\frac{1}{G} + \frac{1}{B}\right)\right]^{-1},$$

mit G = Geldkurs und B = Briefkurs.

642 In Aufgabenteil 1. ist zu beachten, dass die bis zum Abschlussstichtag aufgelaufenen Zinsen abgegrenzt – d. h. der auf das Wirtschaftsjahr 2015 entfallende Teil passiviert – werden müssen. In diesem Fall liegt eine antizipative passive »Rechnungsabgrenzung« vor. Auf die Rechnungsabgrenzung wird in Abschnitt 10.1 ab Seite 476 noch genauer eingegangen.

643 Im Fall der Valutierung in CHF muss beachtet werden, dass die Schuld selbst sowie die anfallenden Zinsen jeweils in CHF vom Schuldner zu bezahlen sind. Die Erstbewertung erfolgt zum Geldkurs, also zu 15 000 EUR × 1,15 CHF/EUR = 17 250 CHF. Die Bewertung am 31.12.2015 erfolgt zu $\frac{17\,250\ \text{CHF}}{1{,}275\ \text{CHF/EUR}}$ = 13 529,41 EUR. Unter Beachtung des Höchstwertprinzips aufgrund der Laufzeit von mehr als einem Jahr ergibt sich ein Wert von 15 000 EUR. Da die Zinszahlungen am 30.06.2016 fällig sind, beträgt die Laufzeit hier weniger als ein Jahr. Sie werden unter Verwendung des Devisenkassamittelkurses mit $\frac{258{,}75\ \text{CHF}}{1{,}275\ \text{CHF/EUR}}$ = 202,94 EUR bewertet.

644 Der Wert der Restschuld beträgt am 31.12.2016 $\frac{8\,625\ \text{CHF}}{1{,}375\ \text{CHF/EUR}}$ = 6 272,73 EUR, während die aufgelaufenen Zinsen am Bilanzstichtag zu $\frac{129{,}38\ \text{CHF}}{1{,}375\ \text{CHF/EUR}}$ = 94,09 EUR anzusetzen sind.

Lösung Beispiel 39 I

1. Entwicklung der Verbindlichkeiten

		EUR
	01.07.2015 Aufnahme des Darlehens	15 000,00
+	Zinsen vom 01.07. – 31.12.2015, sonstige Verbindlichkeiten $\left(0{,}03 \times \frac{6}{12} \times 15\,000 =\right)$	225,00
=	Bestand am 31.12.2015	15 225,00
+	Zinsen 01.01. – 30.06.2016, sonstige Verbindlichkeiten $\left(0{,}03 \times \frac{6}{12} \times 15\,000 =\right)$	225,00
./.	30.06.2016 Bezahlung von Zins und Tilgung $\left(\frac{15\,000}{2} + 2 \times 225 =\right)$	7 950,00
+	Zinsen 01.07. – 31.12.2016 $\left(0{,}03 \times \frac{6}{12} \times 7\,500 =\right)$	112,50
=	Bestand am 31.12.2016	7 612,50

642

Lösung Beispiel 39 II

2. Valutierung in CHF und Laufzeit 2 Jahre

Da der Euro am 31.12.2015 im Vergleich zum 30.06.2015 stärker (teurer) geworden ist, muss aufgrund des Imparitätsprinzips (nicht realisierte Gewinne dürfen nicht ausgewiesen werden) das Darlehen zu 15 000 EUR bewertet werden.

	in EUR	in CHF
Wert des Darlehens zum 01.07.2015	15 000,00	17 250,00
Wert des Darlehens zum 31.12.2015	15 000,00	19 125,00
sonstige Verbindlichkeiten (noch nicht bezahlte Zinsen) am 31.12.2015 $\left(0{,}03 \times \frac{6}{12} \times 17\,250 =\right)$	202,94	258,75

643

Lösung Beispiel 39 III

Am 31.12.2016 beträgt der Restbuchwert der Verbindlichkeit noch die Hälfte der ursprünglichen Schuld, also (17 250 – 8 625 =) 8 625 CHF. Da die Restlaufzeit weniger als 1 Jahr beträgt, findet das Imparitätsprinzip keine Anwendung, d. h. die Restschuld kann auch mit weniger als 7 500 EUR passiviert werden.

	in EUR	in CHF
Wert des Darlehens zum 31.12.2016	6 272,73	8 625,00
sonstige Verbindlichkeiten (noch nicht bezahlte Zinsen) am 31.12.2016 $\left(0{,}03 \times \frac{6}{12} \times 8\,625 =\right)$	94,09	129,38

Buchungssatz für die Abschreibung der Verbindlichkeit (7 500 – 6 272,73 = 1 227,27 EUR)

Verbindlichkeiten ggü. KI	*1 227,27* EUR	
an sonstige betriebliche Erträge		*1 227,27* EUR

644

10 *Periodenabgrenzung*

ShortCode App # 1100

645–647 Die Periodenabgrenzung ist wesentlicher Bestandteil der Gewinnermittlung, da im Rahmen der Periodenabgrenzung die Zuordnung des Erfolgs in Form von Aufwendungen und Erträgen zu den einzelnen Rechnungsperioden losgelöst von den zugrundeliegenden Zahlungen erfolgt. Die Periodenabgrenzung lässt sich in drei Bestandteile untergliedern, die in *Darstellung* 97 abgebildet sind.

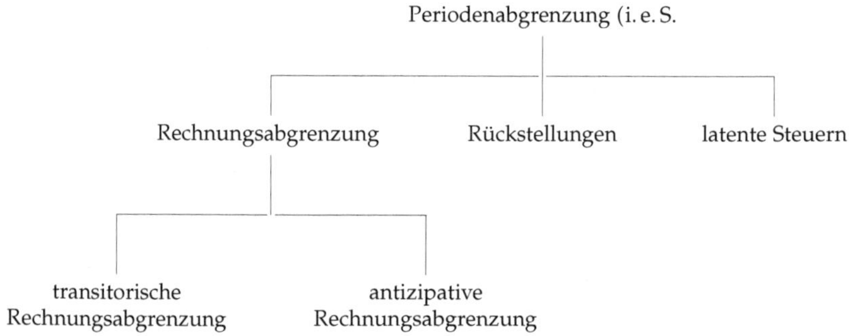

Darstellung 97 Periodenabgrenzung

Während Rückstellungen ausschließlich auf der Passivseite verortet sind, können die Rechnungsabgrenzungen bzw. Steuerlatenzen aktiver oder passiver Natur sein.

Gesetzlich ist die Periodenabgrenzung in § 252 Abs. 1 Nr. 5 HGB verankert und sehr allgemein gehalten.

Periodisierungen, die nicht direkt unter die drei oben genannten Kategorien der Periodenabgrenzung subsummiert werden, sind z. B. Anschaffungen im Anlage- oder Umlaufvermögen. Anschaffungen sind erfolgsneutral und wirken sich erst im Zeitablauf durch Wertminderungen in Form von planmäßigen oder außerplanmäßigen Abschreibungen bzw. Verbrauch oder Abgang aus dem Unternehmen aus. Es handelt sich hier um klassische Periodisierungen von Zahlungen, jedoch nicht um Periodenabgrenzungen im engeren Sinne.

Wo stehen wir?

645

Periodenabgrenzung

Aktiva	Gliederung der Bilanz gem. § 266 HGB	Passiva
A. Anlagevermögen		A. Eigenkapital
I. Immaterielle Vermögensgegenstände		*I. Gezeichnetes Kapital*
II. Sachanlagen		*II. Kapitalrücklage*
III. Finanzanlagen		*III. Gewinnrücklage*
B. Umlaufvermögen		*IV. Gewinnvortrag/Verlustvortrag*
I. Vorräte		*V. Jahresüberschuss/Jahresfehlbetrag*
II. Forderungen		B. Rückstellungen
III. Wertpapiere		C. Verbindlichkeiten
IV. Kasse, Bank		D. Rechnungsabgrenzungsposten
C. Rechnungsabgrenzungsposten		E. Passive latente Steuern
D. Aktive latente Steuern		
Bilanzsumme		Bilanzsumme

646

Periodenabgrenzung

- § 252 Abs. 1 Nr. 5 HGB verlangt die Berücksichtigung von Erträgen und Aufwendungen im Jahresabschluss unabhängig vom Zeitpunkt der Zahlung.

  5. Aufwendungen und Erträge des Geschäftsjahrs sind unabhängig von den Zeitpunkten der entsprechenden Zahlungen im Jahresabschluss zu berücksichtigen.

- Die Periodenabgrenzung lässt sich unterteilen in ...

  ... Rechnungsabgrenzung (Abschnitt 10.1),

  ... Rückstellungen (Abschnitt 10.2) und

  ... latente Steuern (Abschnitt 10.3).

647

10.1 Rechnungsabgrenzung

648–649 Die Rechnungsabgrenzung (RA) gliedert sich in *transitorische* (transitorius = vorübergehend) und *antizipative* (vorwegnehmende) Rechnungsabgrenzung. Insgesamt werden durch das zeitliche Auseinanderfallen von Einzahlung und Ertrag bzw. Auszahlung und Aufwand[192] vier Fälle unterschieden. Diese sind in *Darstellung* 98 anhand eines Zeitstrahls abgetragen. Die vier Fälle sind im einzelnen:

(1) Einzahlung erfolgt vor Ertragswirkung.

(2) Auszahlung erfolgt vor Aufwandswirkung.

(3) Einzahlung erfolgt nach Ertragswirkung.

(4) Auszahlung erfolgt nach Aufwandswirkung.

[192] *Damit eine Rechnungsabgrenzung vorliegt, müssen hinsichtlich des zeitliche Auseinanderfallens mindestens zwei unterschiedliche Rechnungsperioden betroffen sein. Es handelt sich bei den zugrundeliegenden Geschäftsvorfällen um zeitraumbezogene Geschäftsvorfälle.*

Eine alternative Systematisierung der vier möglichen Fälle der Rechnungsabgrenzung liefert *Abb.* 73.

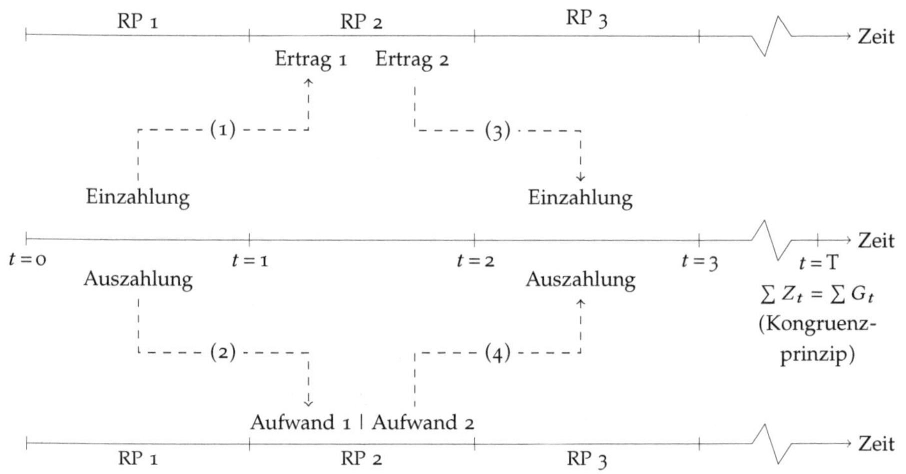

mit G = Gewinn, RP = Rechnungsperiode, T = Totalperiode, Z = Zahlungen

Darstellung 98 Skizzierung der Rechnungsabgrenzung

10.1.1 *Transitorische Rechnungsabgrenzung*

650–653 Die transitorische RA wird auch als »echte« RA bezeichnet, da nur in ihrem Fall aktive oder passive Rechnungsabgrenzungsposten (RAP) gebildet werden. Die RAP sind der Periodenabgrenzung geschuldet und stellen keine Vermögensgegenstände respektive Schulden dar.

Rechnungsabgrenzung (RA)

- Die Rechnungsabgrenzung gliedert sich in ...

  ... *transitorische* und

  ... *antizipative*

  Rechnungsabgrenzung.
- Bei der *transitorischen* (vorübergehenden; echten) Rechnungsabgrenzung liegt der *Zahlungszeitpunkt vor Erfolgswirkung* bzw. der Zahlungsvorgang liegt vor dem Bilanzstichtag, die Erfolgswirkung danach.
- Bei der *antizipativen* (vorwegnehmenden; unechten) »Rechnungsabgrenzung« liegt der Zeitpunkt der *Zahlung nach der Erfolgswirkung*, d. h. der Zahlungsvorgang liegt nach dem Bilanzstichtag, die Erfolgswirkung davor.

648

Übersicht Rechnungsabgrenzung

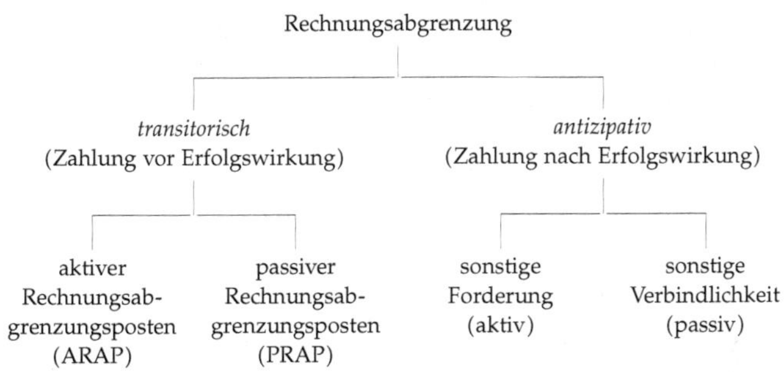

Abb. 73 Typen der Rechnungsabgrenzung

649

Transitorische Rechnungsabgrenzung I

- Die *transitorische* Rechnungsabgrenzung (RAP) wird in Form von aktiven und passiven Rechnungsabgrenzungsposten (ARAP/PRAP) erfasst, § 250 HGB.

  (1) Als Rechnungsabgrenzungsposten sind auf der Aktivseite Ausgaben vor dem Bilanzstichtag auszuweisen, soweit sie Aufwand für eine bestimmte Zeit nach diesem Tag darstellen.

  (2) Auf der Passivseite sind als Rechnungsabgrenzungsposten Einnahmen vor dem Bilanzstichtag auszuweisen, soweit sie Ertrag für eine bestimmte Zeit nach diesem Tag darstellen.

  (3) [1] Ist der Erfüllungsbetrag einer Verbindlichkeit höher als der Ausgabebetrag, so darf der Unterschiedsbetrag in den Rechnungsabgrenzungsposten auf der Aktivseite aufgenommen werden. [2] Der Unterschiedsbetrag ist durch planmäßige jährliche Abschreibungen zu tilgen, die auf die gesamte Laufzeit der Verbindlichkeit verteilt werden können.
- Es besteht Pflicht zur Bildung von ARAP/PRAP. Eine *Ausnahme* bildet das *Disagio*.

650

Die *gesetzliche Grundlage* für die transitorische Rechnungsabgrenzung bildet § 250 HGB als Spezialnorm der Periodenabgrenzung. Sie leitet sich aus § 252 Abs. 1 Nr. 5 HGB ab. Demnach besteht bei Vorliegen transitorischer Geschäftsvorfälle Aktivierungs- oder Passivierungspflicht.

Zur buchhalterischen Erfassung von Geschäftsvorfällen die zu einer transitorischen RA führen, existieren zwei Alternativen, die zu identischen Erfolgswirkungen führen.

1. Sofort Bildung eines RAP und dann Abschreibung/Zuschreibung des RAP.
2. Bildung des RAP erst am folgenden Bilanzstichtag.

Einzige Ausnahme der transitorischen RAP bildet nach § 250 Abs. 3 HGB das Disagio, für das ein Aktivierungswahlrecht besteht. Das Disagio (auch als Damnum [= Nachteil, Schaden] oder Abgeld bezeichnet) stellt quasi eine vorweggenommene Zinszahlung (Aufwandsentschädigung) dar, die dermaßen beglichen wird, dass die Darlehenssumme nicht zu 100 %, sondern zu einem geringeren Prozentsatz ausbezahlt wird. Betrachtet man das Disagio wie die Zinszahlungen als Nutzungsentschädigung für die Kapitalüberlassung, stellt das Disagio faktisch eine im Voraus entrichtete Zinszahlung dar, die grundsätzlich transitorisch aktiv abzugrenzen ist.

Die Ausübung des Wahlrechts zur Aktivierung oder Behandlung als Sofortaufwand hängt von der Motivlage des Unternehmers ab. Diese sind in *Darstellung* 99 systematisiert. Wichtig ist, dass sich für die Totalperiode bei kongruenter Zahlungs- und Erfolgswirkung insgesamt keine Auswirkungen ergeben. Es wird lediglich der Erfolg in den einzelnen Teilperioden beeinflusst.

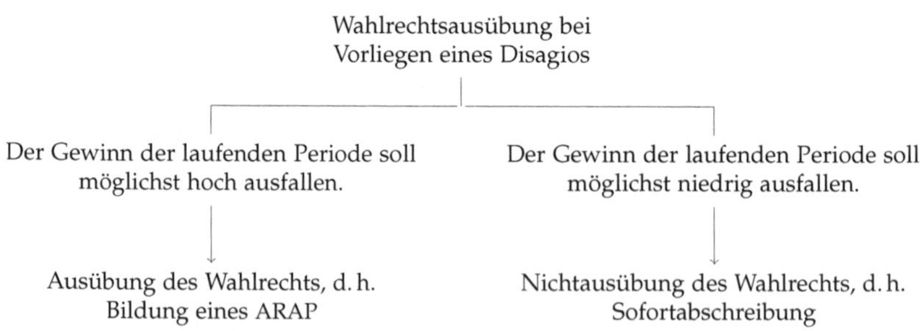

Darstellung 99 Wahlrechtsausübung bei der Rechnungsabgrenzung in Abhängigkeit der Motivlage

Transitorische Rechnungsabgrenzung II

aktive Abgrenzung Bildung führt zu Gewinnerhöhung	*passive Abgrenzung* Bildung führt zu Gewinnminderung
»Leistungsforderung«	»Leistungsschuld«
Ausgabe vor dem Abschlusszeitpunkt, Aufwand aber erst danach	Einnahme vor dem Abschlusszeitpunkt, aber Ertrag erst nach Abschlusszeitpunkt
Beispiel – im Voraus bezahlte Versicherungsprämien	*Beispiel* – vorschüssig erhaltene Mietzahlungen
Bilanzposten – aktiver Rechnungsabgrenzungsposten (transitorisches Aktivum, ARAP)	*Bilanzposten* – passiver Rechnungsabgrenzungsposten (transitorisches Passivum, PRAP)

651

Transitorische Rechnungsabgrenzung III

- *Verbuchung* eines Geschäftsvorfalls, der zu einem transitorischen *aktiven RAP* führt.

  Buchung bei Auszahlung im alten Wirtschaftsjahr:

  Aufwandskonto
  an Zahlungsmittelkonto

  Buchung am Bilanzstichtag (31.12.):

  ARAP
  an Aufwandskonto

  Buchung im neuen Wirtschaftsjahr:

  Aufwandskonto
  an ARAP

652

Transitorische Rechnungsabgrenzung IV

- *Verbuchung* eines Geschäftsvorfalls der zu einem transitorischen *passiven RAP* führt.

  Buchung bei Einzahlung im alten Wirtschaftsjahr:

  Zahlungsmittelkonto
  an Ertragskonto

  Buchung am Bilanzstichtag (31.12.):

  Ertragskonto
  an PRAP

  Buchung im neuen Wirtschaftsjahr:

  PRAP
  an Ertragskonto

653

Zur Verdeutlichung der buchhalterischen Erfassung eines Disagios sei von folgendem Beispiel ausgegangen: Am 01.10. wird ein Tilgungsdarlehen i. H. v. 1 000 EUR mit einer Laufzeit von 5 Jahren aufgenommen, das zu 94 % ausbezahlt wird. Es wird digital abgeschrieben. Die Abschreibung im ersten Jahr beträgt: $S = \frac{n \times (n+1)}{2} = \frac{5 \times 6}{2} = 15$, $AfA_1 = \frac{5}{15} \times 50 = 20$. Das Wahlrecht gem. § 250 Abs. 3 HGB wird ausgeübt.[193]

Im Fall der sofortigen Bildung eines ARAP wird am 01.10. gebucht:

ARAP		60 EUR	
Bank		940 EUR	
an	*Verbindlichkeiten ggü. Kreditinstituten*		1 000 EUR

Am Bilanzstichtag wird der ARAP wie folgt korrigiert:

Abschreibungen		20 EUR	
an	*ARAP*		20 EUR

Im Fall der Bildung des RAP erst am folgenden Bilanzstichtag wird am 01.10. gebucht:

Zinsaufwand		60 EUR	
Bank		940 EUR	
an	*Verbindlichkeiten ggü. Kreditinstituten*		1 000 EUR

Am Bilanzstichtag wird der Zinsaufwand durch die Bildung des ARAP teilweise wieder storniert.

ARAP		40 EUR	
an	*Zinsaufwand*		40 EUR

10.1.2 *Antizipative Rechnungsabgrenzung*

654–656 Die antizipative Rechnungsabgrenzung wird auch als »unechte« Rechnungsabgrenzung bezeichnet, da in ihrem Fall keine Rechnungsabgrenzungsposten gebildet werden, sondern die Antizipation der künftigen Zahlungen durch die Bilanzpositionen *sonstige Forderungen* bzw. *sonstige Verbindlichkeiten* veranschaulicht werden.

Aus ökonomischer Sicht erfolgt bei der *antizipativen* passiven Abgrenzung die Abbildung der Einschränkung des Konsumpotentials durch die Antizipation der künftigen Auszahlung zum Zeitpunkt des Abschlussstichtages. Bei der *transitorischen* passiven Rechnungsabgrenzung wird hingegen eine Leistung geschuldet, die konsumfähigen Beträge sind in Form von »Vorauszahlungen« bereits eingegangen. Der Disnutzen besteht hier also in der noch zu erbringenden Sach- oder Dienstleistung.

[193] *Die Abgrenzung des Zinsaufwands wird im Beispiel vernachlässigt.*

Antizipative Rechnungsabgrenzung I

aktive Abgrenzung Bildung führt zu Gewinnerhöhung	*passive Abgrenzung* Bildung führt zu Gewinnminderung
Einnahme nach dem Abschlusszeitpunkt, aber Ertrag vor dem Abschlusszeitpunkt	Ausgabe nach dem Abschlusszeitpunkt, Aufwand aber vor dem Abschlusszeitpunkt
Beispiel – noch zu erhaltende Mietzahlungen	*Beispiel* – nachschüssig zu zahlende Zinsen
Bilanzposten – sonstige Forderungen (antizipatives Aktivum)	*Bilanzposten* – sonstige Verbindlichkeiten (antizipatives Passivum)

654

Antizipative »Rechnungsabgrenzung« II

- *Verbuchung* eines Geschäftsvorfalls der zu einer antizipativen *aktiven »Rechnungsabgrenzung«* führt.

  Buchung im alten Wirtschaftsjahr zum Bilanzstichtag (31.12.):

  sonstige Forderungen
  an Ertragskonto

  Einzahlung im neuen Wirtschaftsjahr:

  Zahlungsmittelkonto
  an sonstige Forderungen

655

Antizipative »Rechnungsabgrenzung« III

- *Verbuchung* eines Geschäftsvorfalls der zu einer antizipativen *passiven »Rechnungsabgrenzung«* führt.

  Buchung im alten Wirtschaftsjahr zum Bilanzstichtag (31.12.):

  Aufwandskonto
  an sonstige Verbindlichkeiten

  Auszahlung im neuen Wirtschaftsjahr:

  sonstige Verbindlichkeiten
  an Zahlungsmittelkonto

656

Darstellung 100 fasst die vier Fälle der RA zusammen.

Geschäftsvorfall	Vorgang im alten Jahr	Vorgang im neuen Jahr	Buchung zum 31.12.
»von uns« im Voraus bezahlter Aufwand	Ausgabe	Aufwand	ARAP an Aufwandskonto
»von uns« im Voraus vereinnahmter Ertrag	Einnahme	Ertrag	Ertragskonto an PRAP
»von uns« noch zu zahlender Aufwand	Aufwand	Ausgabe	Aufwandskonto an sonstige Verbindlichkeit
»von uns« noch zu vereinnahmender Ertrag	Ertrag	Einnahme	sonst. Forderung an Ertragskonto

Darstellung 100 Zusammenfassung der vier Grundfälle der Rechnungsabgrenzung

657–662 *Übung 39* dient der Selbstkontrolle. Sind Sie in der Lage, die vier Grundtypen der Rechnungsabgrenzung zu identifizieren und zu verbuchen? Laut Aufgabenstellung sind etwaige Wahlrechte dermaßen auszuüben, dass der Gewinn der betrachteten Rechnungsperiode möglichst hoch ausfallen soll. Das bedeutet, dass die Aufwendungen im Zweifel zu aktivieren sind.

Aufgabenteil 1. beinhaltet die Abbildung einer klassischen Darlehensaufnahme mit Disagio, wobei die jährlichen Zinszahlungen unterjährig zu entrichten sind. Dieser Geschäftsvorfall beinhaltet damit gleich zwei Typen der Rechnungsabgrenzung. Zum einen muss das Disagio[194] transitorisch aktiv in Form eines ARAP abgegrenzt werden, da die Auszahlung vor Aufwandswirkung erfolgt. Zum anderen müssen die bis zum Abschlussstichtag aufgelaufenen Zinsen antizipativ passiv durch Bildung einer sonstigen Verbindlichkeit abgegrenzt werden.

[194] *Aufgrund der Wahlrechtsausübung.*

Zur Abgrenzung des Disagios existieren zwei Alternativen. Entweder das Disagio wird (a) bei Darlehensaufnahme vollständig als ARAP erfasst und am folgenden Abschlussstichtag entsprechend abgeschrieben oder (b) das Disagio wird bei Darlehensaufnahme zunächst vollständig aufwandswirksam erfasst, wobei am darauffolgenden Bilanzstichtag ein Teil des Aufwands durch Bildung eines ARAP wieder storniert wird. Unabhängig von der Wahl der buchhalterischen Erfassung entsteht in 2015 dieselbe Erfolgswirkung. In den nachfolgenden Rechnungsperioden erfolgt die Abschreibung des ARAP, die unabhängig von der Wahl der buchhalterischen Erfassung des Disagios in 2015 vorgenommen wird.

Übung 39 (Rechnungsabgrenzung)

Verbuchen Sie die folgenden Geschäftsvorfälle in 2015 und 2016 für August Hobel mit der Maßgabe, dass der *Gewinn* in 2015 *möglichst hoch* ausfallen soll:

1. Am 01.10.2015 nimmt Hobel ein Tilgungsdarlehen bei seiner Hausbank über 100 000 EUR zu einem Zinssatz von 5% p. a. und einer Laufzeit von 5 Jahren auf. Das Darlehen wird zu 97% ausbezahlt. Zins und Tilgung sind jeweils zum 30.09. eines Jahres per Bank zu entrichten, beginnend mit dem 30.09.2016. Das Disagio wird *digital* abgeschrieben.
2. Ein Teil seiner Geschäftsräume hat Hobel an einen Arzt vermietet, der dort seine Praxis betreibt. Aufgrund erfreulicher wirtschaftlicher Entwicklungen in 2015 überweist der Arzt am 30.11.2015 die Miete i. H. v. 2 000 EUR pro Monat für ein halbes Jahr (Dezember bis einschließlich Mai) im Voraus.
3. Zur Intensivierung der Geschäftsbeziehungen vergab Hobel am 01.07.2015 ein Darlehen über 5 000 EUR zu einem Zinssatz von 4% p. a. und einer Laufzeit von 1 Jahr an einen seiner besten Kunden. Zins und Tilgung sind zum 30.06.2016 per Bank zu entrichten.

657

Lösung Übung 39 I

1. *Darlehen* – das Disagio wird als ARAP *(transitorisch aktiver RAP)* aktiviert, da ein möglichst hoher Gewinn in 2015 erwünscht ist.

   (1) Aufnahme des Darlehens zum 30.09.2015

   1. *Alternative* – zunächst Verbuchung des Disagios in voller Höhe als Zinsaufwand, Bildung eines ARAP am 31.12.

   2. *Alternative* – Bildung eines ARAP in voller Höhe und Abschreibung des ARAP am 31.12.

658

Lösung Übung 39 II

(2) Buchungen am 31.12.2015

Der in 2015 erfolgswirksame Anteil des Disagios beträgt

1. *Alternative* – Aktivierung des nichterfolgswirksamen Teils

2. *Alternative* – Abschreibung des erfolgswirksamen Teils

Abgrenzung des bis zum 31.12.2015 anfallenden Zinsaufwands

659

Das Disagio soll laut Aufgabenstellung digital abgeschrieben werden.[195] Dazu ist zunächst die Summe der Jahresordnungszahlen zu bilden, die hier $S = \frac{n \times (n+1)}{2} = \frac{5 \times 6}{2} = 15$ ergibt. Aufgrund der unterjährigen Aufnahme des Darlehens erfolgt in 2015 die Abschreibung nur zeitanteilig in Höhe von $\frac{3}{12}$ der Jahresabschreibung, folglich mit $\frac{3}{12} \times \frac{5}{15} \times 3\,000 = 250$ EUR.

Die Bezahlung der Miete im Voraus aus Aufgabenteil 2. stellt i. H. v. $\frac{5}{6}$ der Gesamtzahlung eine Einzahlung vor Ertragswirkung dar und muss deshalb transitorisch passiv abgegrenzt werden. Sie stellt eine Quasiverbindlichkeit gegenüber dem Mieter dar, da die Überlassung des Mietgegenstands (sog. Duldungsleistung) teilweise erst nach dem Abschlussstichtag erfolgt.

Aufgabenteil 3. stellt den korrespondierenden Fall zu Aufgabenteil 1. – jetzt aus Sicht des Gläubigers – dar. Im Ergebnis stellen die bis zum Abschlussstichtag angefallenen (jedoch noch nicht fälligen) Zinsen sonstige Forderungen dar. Da die Zinseinzahlungen dem Zinsertrag folgen, ist eine antizipative aktive RA erforderlich.

Im Fall, dass in Aufgabenteil 3. ebenfalls ein Disagio fällig wäre muss aus Sicht des Gläubigers beachtet werden, dass die faktische Einzahlung vor Ertragswirkung transitorisch passiv abgegrenzt werden muss. Anders als aus Sicht des Schuldners besteht hier kein Passivierungswahlrecht, da sich § 250 Abs. 3 HGB nur auf aktive Rechnungsabgrenzungsposten bezieht. Im Umkehrschluss herrscht Passivierungspflicht aus Sicht des Gläubigers.

[195] *Zur digitalen Abschreibung vgl. die Ausführungen ab Seite 352.*

Lösung Übung 39 III

(3) Buchungen am 30.09.2016 – Verbuchung der Tilgung und der Zinszahlung; Zinsen = ______

(4) Buchungen am 31.12.2016 – Abschreibung des ARAP und Abgrenzung des Zinsaufwands; Zinsen = ______
AfA_2 = ______

660

Lösung Übung 39 IV

2. *Miete*
   Verbuchung der Einzahlung am 30.11.2015

   Bildung eines PRAP *(transitorisch passiver RAP)* am 31.12.2015 i. H. v.
   ______

   Auflösung des PRAP in 2016

661

Lösung Übung 39 V

3. *Darlehensforderung*
   Verbuchung der Vergabe des Darlehens

   Abgrenzung der Zinserträge *(antizipative aktive RA)* zum 31.12.2015 i. H. v. ______

   Rückzahlung des Darlehens und Zahlung der Zinsen durch den Darlehensnehmer am 30.06.2016

662

10.2 *Rückstellungen*

663–665 Rückstellungen unterscheiden sich von Verbindlichkeiten im Wesentlichen durch ihre Ungewissheit der Höhe nach. Während etwa bei der Darlehensaufnahme genau festgelegt ist, wie hoch die Darlehenssumme ist und wie die Zahlungsmodalitäten sind, bestehen bei Rückstellungen teilweise nur vage Vorstellungen über den zeitlichen Anfall und die Höhe der künftigen Zahlungen.

Die Grundlage zur Passivierung von Rückstellungen bildet zunächst § 252 Abs. 1 Nr. 4 HGB, wonach »vorsichtig zu bewerten« ist und namentlich alle vorhersehbaren Risiken und Verluste, die bis zum Abschlussstichtag entstanden sind, zu berücksichtigen sind. Die Konkretisierung erfolgt in § 249 HGB. Dabei handelt es sich in § 249 Abs. 1 HGB um eine abschließende Aufzählung der Fälle, in denen zwingend Rückstellungen zu bilden sind. Wahlrechte zur Rückstellungsbildung existieren nicht.

Nach der Art der Verpflichtung unterscheidet man Rückstellungen für *Außenverpflichtungen* (echte Schulden) und Rückstellungen für *Innenverpflichtungen* (unechte Schulden). Da Innenverpflichtungen quasi gegenüber dem Unternehmen selbst bestehen, werden sie auch als unechte Schulden bezeichnet. Außenverpflichtungen bestehen gegenüber »fremden« Dritten.

Die buchhalterische Erfassung von Rückstellungen erfolgt aufwands-, aber nicht zahlungswirksam. Vielmehr wird ein Betrag für wahrscheinlich künftig anfallende Auszahlungen »zurückgestellt«. Dabei muss klar sein, dass die durch Bildung der Rückstellung zurückgestellten Beträge nicht in liquider Form vorliegen müssen, sondern in gebundener Form als Sachvermögen aktiviert sein können.

Die für Rückstellungen reservierten Bilanzpositionen unterteilen sich gem. § 266 Abs. 3 HGB in

1. Rückstellungen für Pensionen und ähnliche Verpflichtungen,
2. Steuerrückstellungen und
3. sonstige Rückstellungen.

Rückstellungen

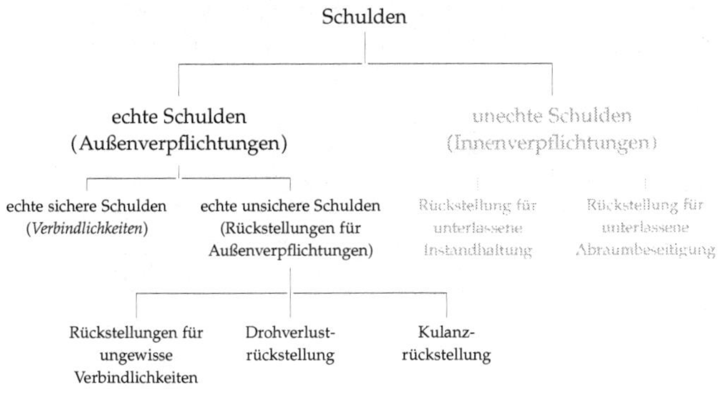

663

Abgrenzung von Rückstellungen zu Verbindlichkeiten

Voraussetzungen für *echte unsichere Schulden* (Rückstellungen für Außenverpflichtungen bzw. ungewisse Verbindlichkeiten):

1. Es muss eine Außenverpflichtung vorliegen, die
2. zum Stichtag ungewiss hinsichtlich dem Grunde und / oder Höhe ist, deren
3. rechtliche Entstehung oder wirtschaftliche Verursachung zum Stichtag gegeben ist (Abgeltung von Vergangenem) und die
4. Inanspruchnahme muss wahrscheinlich sein;
5. es dürfen keine aktivierungsfähigen Aufwendungen in künftigen Wirtschaftsjahren vorliegen.

664

Rückstellungen dem Grunde nach I

- Es besteht *Pflicht zum* (aufwandswirksamen) *Ansatz* von Rückstellungen im Jahresabschluss; Buchung:

  Aufwand
  an Rückstellungen

- § 249 HGB zählt die Fälle, für die Rückstellungen zu bilden sind, *abschließend* auf.

(1) [1]Rückstellungen sind für ungewisse Verbindlichkeiten und für drohende Verluste aus schwebenden Geschäften zu bilden. [2]Ferner sind Rückstellungen zu bilden für

1. im Geschäftsjahr unterlassene Aufwendungen für Instandhaltung, die im folgenden Geschäftsjahr innerhalb von drei Monaten, oder für Abraumbeseitigung, die im folgenden Geschäftsjahr nachgeholt werden,

2. Gewährleistungen, die ohne rechtliche Verpflichtung erbracht werden.

(2) [1]Für andere als die in Absatz 1 bezeichneten Zwecke dürfen Rückstellungen nicht gebildet werden. [2]Rückstellungen dürfen nur aufgelöst werden, soweit der Grund hierfür entfallen ist.

665

Die drei möglichen Auswirkungen auf den Periodenerfolg bei der Auflösung von Rückstellungen sind in *Darstellung* 101 abgebildet. Die buchhalterische Erfassung der Fälle ist Inhalt von *Übung 40*.

Auflösung von Rückstellungen

- Zahlung höher als Rückstellung (zusätzlicher Aufwand)
- Zahlung entspricht Rückstellung (keine Erfolgswirkung)
- Zahlung niedriger als Rückstellung (Ertrag)

Darstellung 101 Auflösung von Rückstellungen

666 *Abb. 74* fasst die nach HGB zu bildenden Rückstellungen zusammen. Neben den aufgeführten Beispielen[196] für *ungewisse Verbindlichkeiten* stellen in der Praxis Pensionsrückstellungen einen wesentlichen Bestandteil ungewisser Verbindlichkeiten dar.

[196] *Unter »Gratifikationen« versteht man z. B. Urlaubsgeld und Jubiläumszuwendungen.*

Rückstellungen für *drohende Verluste* betreffen *schwebende Geschäfte*, die grundsätzlich buchhalterisch nicht erfasst werden. Bei schwebenden Geschäften ist das Erfüllungsgeschäft noch nicht erfolgt, d. h. lediglich das Verpflichtungsgeschäft (z. B. Kaufvertrag) wurde abgeschlossen. Da Verpflichtungsgeschäfte noch keine Realisation begründen (der Kaufmann hat das seinerseits Erforderliche (bezahlt oder geliefert) noch nicht erbracht), finden sie grds. keinen Eingang in die Bücher. Eine Ausnahme bilden jedoch drohende Verluste.

BEISPIEL

A verpflichtet sich durch Kaufvertrag vom 15.12.2015 von B Waren zum Stückpreis von 10 EUR abzunehmen, die am 10.01.2016 geliefert werden sollen. Zum Abschlussstichtag (31.12.2015) sinkt der Verkaufspreis der Ware, den A bei Weiterveräußerung erzielen könnte, nachhaltig auf 8 EUR / Stück. B besteht auf Einhaltung des Kaufvertrags.

LÖSUNG

Durch den nachhaltig geringeren erzielbaren Preis ist zum Abschlussstichtag klar, dass A durch das Geschäft mit B einen Verlust von 2 EUR / Stück erzielen wird. Für diesen »drohenden« Verlust muss er am Abschlussstichtag eine Rückstellung für drohende Verluste bilden (Vorsichtsprinzip). Wären die Waren am Abschlussstichtag bereits auf Lager, müsste aufgrund des strengen Niederstwertprinzips eine Abschreibung auf den niedrigeren beizulegenden Wert vorgenommen werden.

Rückstellungen dem Grunde nach II

Rückstellungen ...	Bildung ist ...	Rechtsquelle
für *ungewisse Verbindlichkeiten z. B. Gewerbesteuernachzahlungen, Jahresabschlusskosten, Gratifikationen, Tantiemen, Kundenboni, Prozesskosten*	Pflicht	§ 249 Abs. 1 Satz 1 1. Alt. HGB
für *drohende Verluste* aus schwebenden Geschäften *z. B. wenn der vereinbarte Erlös einer zu erbringenden Leistung die Selbstkosten nicht deckt*	Pflicht	§ 249 Abs. 1 Satz 1 2. Alt HGB
für im Geschäftsjahr *unterlassene Aufwendungen für Instandhaltung*, die im folgenden Geschäftsjahr *innerhalb von drei Monaten nachgeholt werden*, und unterlassene Abraumbeseitigung	Pflicht	§ 249 Abs. 1 Satz 2 Nr. 1 HGB
für *Gewährleistungen* ohne rechtliche Verpflichtung	Pflicht	§ 249 Abs. 1 Satz 2 Nr. 2 HGB
für alle nicht in § 249 Abs. 1 HGB bezeichneten Zwecke	Verbot	§ 249 Abs. 2 HGB

Abb. 74 Rückstellungen im deutschen Handelsrecht 666

Übung 40 (Rückstellung oder Verbindlichkeit?)

Zum Bilanzstichtag 31.12.2015 rechnet August Hobel mit einer Gewerbesteuernachzahlung für das Wirtschaftsjahr (= Kalenderjahr) 2015 in Höhe von 4 500 EUR.

1. Um welche Art von Schuld handelt es sich und warum?
2. Verbuchen Sie den Geschäftsvorfall am Bilanzstichtag!
3. Verbuchen Sie den Geschäftsvorfall im Geschäftsjahr (= Kalenderjahr) 2016 unter der Maßgabe, dass der Gewerbesteuerbescheid des Finanzamts zu einer Nachzahlung i. H. v. *(a)* 4 500 EUR, *(b)* 4 000 EUR bzw. *(c)* 5 100 EUR führt!
4. Wie lautet der Buchungssatz im Fall, dass der Gewerbesteuerbescheid am 03.03.2016 eintrifft, zu einer Nachzahlung i. H. v. 4 500 EUR führt, die Zahlung aber erst am 06.08.2016 erfolgt?

667

Lösung Übung 40 I

1. Welche Form von Schuld liegt vor? Prüfung der Tatbestandsmerkmale für eine Rückstellung:

    1. Vorliegen einer Außenverpflichtung?
    2. Zum Stichtag ungewiss hinsichtlich der Höhe?
    3. Rechtliche Entstehung in 2015?
    4. Die Inanspruchnahme ist wahrscheinlich?
    5. Es liegen keine aktivierungsfähigen Aufwendungen in künftigen Wirtschaftsjahren vor?

    ⇒ Es handelt sich ...

668

Rückstellungen für *unterlassene Aufwendungen* stellen Innenverpflichtungen dar. Die Nachholung der Instandhaltung muss dabei im unmittelbar folgenden Wirtschaftsjahr innerhalb von drei Monaten abgeschlossen sein. Die Vergabe des Auftrags oder der Beginn der Instandsetzungsmaßnahmen reichen für die Rückstellungsbildung dagegen nicht aus.

Ein Grund für die Unterlassung der Instandhaltung können z. B. zeitliche Probleme aufgrund hoher Auslastung der Anlagen sein. Turnusmäßige Wartungsarbeiten stellen jedoch i. d. R. keine unterlassene Instandhaltung dar. Ist der Unternehmer zur Instandhaltung verpflichtet (z. B. im Fall von geleasten Anlagen) fällt der Sachverhalt in den Bereich der Rückstellungen für ungewisse Verbindlichkeiten.

Beträge für *Gewährleistungen ohne rechtliche Verpflichtung* müssen nur für Fälle zurückgestellt werden, in denen Mängel an einer Lieferung oder sonstige Leistung behoben werden müssen, die dem Verkäufer zugerechnet werden können und nicht durch natürlichen Verschleiß entstanden bzw. durch unsachgemäße Behandlung aufgetreten sind.[197] Für reine Gefälligkeitsarbeiten können keine Rückstellungen gebildet werden.

[197] *Vgl. Förschle et al. (2014), Rz 111 zu § 249 HGB.*

BEISPIEL

Die Espresso GmbH verkauft Espressomaschinen und gewährt ihren Kunden 10 Jahre Garantie. Die gesetzliche Gewährleistungspflicht betrage 2 Jahre. Nach den Erfahrungen aus der Vergangenheit melden etwa 5 % der Kunden während der Garantiezeit Garantiefälle in Form von Material- oder Funktionsfehler an.

LÖSUNG

Da die rechtliche Verpflichtung zur Gewährleistung zwei Jahre beträgt, sind für Aufwendungen für Gewährleistungen, die jenseits des Zweijahreszeitraums liegen, Rückstellungen für Gewährleistungen ohne rechtliche Verpflichtung gem. § 249 Abs. 1 Satz 2 Nr. 2 HGB zu bilden. Für alle anderen Zwecke dürfen gem. § 249 Abs. 2 Satz 1 HGB keine Rückstellungen gebildet werden.

667–670 *Übung 40* befasst sich mit der Unterscheidung von Verbindlichkeiten und Rückstellungen. Konkret soll in Aufgabenteil 1. anhand der oben dargestellten Merkmale geprüft werden, ob im vorliegenden Fall eine Rückstellung zu bilden ist. Die Aufgabenteile 2. bis 4. beinhalten die Verbuchung der Bildung und Auflösung von Rückstellungen.

Lösung Übung 40 II

2. Buchung am 31.12.2015

3. Buchung der Nachzahlung in 2016
   (a) die Nachzahlung beträgt 4 500 EUR

   (b) die Nachzahlung beträgt 4 000 EUR

669

Lösung Übung 40 III

   (c) die Nachzahlung beträgt 5 100 EUR

4. Buchung im Fall der späteren Zahlung
   Durch den Gewerbesteuerbescheid ist die Zahlung sicher, d. h. es muss eine Verbindlichkeit passiviert werden.

670

Latente Steuern I // Beschreibung des Problems

- Ertragsteuern wie z. B die Einkommen-, Gewerbe- oder Körperschaftsteuer basieren zwar auf dem durch Betriebsvermögensvergleich ermittelten Gewinn, allerdings wird für steuerliche Zwecke eine *separate Steuerbilanz* erstellt auf Basis derer die tatsächliche Steuerzahlung erfolgt.
- Trotz separater Steuerbilanz müssten aufgrund des Prinzips der Maßgeblichkeit der handelsrechtliche und steuerrechtliche Gewinn übereinstimmen.
- Wenn der Gewinn der beiden Rechenwerke übereinstimmt, dann müssten auch die daraus resultierenden Steuerzahlungen identisch sein.

671

10.3 *Latente Steuern*

671–676 Die GoB verlangen, dass die Zurechnung von sachlich zusammengehörenden Erträgen und Aufwendungen in derselben Periode stattfindet (§ 252 Abs. 1 Nr. 5 HGB).

Grundsätzlich sind Handelsbilanz und Steuerbilanz dermaßen miteinander verknüpft, dass die Handelsbilanz für die Steuerbilanz maßgeblich ist (Prinzip der Maßgeblichkeit der Handelsbilanz für die Steuerbilanz).[198] Das bedeutet, dass die Bilanzansätze aus der Handelsbilanz dem Grunde und der Höhe nach auch für die Steuerbilanz gelten. Allerdings stimmen der handels- und steuerrechtliche Gewinn aufgrund abweichender steuerlicher Vorschriften i. d. R. nicht überein. Die Abweichungen werden auch als Durchbrechung der Maßgeblichkeit bezeichnet. Aufgrund der Durchbrechungen stimmen die tatsächlichen, auf Basis der Steuerbilanz ermittelten (Ertrag)Steuerzahlungen nicht mit den fiktiv auf Basis der Handelsbilanz ermittelten Steuern überein. Die tatsächlichen Steuern stehen in keinem funktionalen Zusammenhang zum ausgewiesenen Gewinn vor Steuern in der Handelsbilanz.

[198] *Vgl. dazu Abb. 75 und Abschnitt 6.3 ab Seite pagerefmass:geb.*

Dieser Umstand resultiert aus den unterschiedlichen Zielsetzungen der beiden Rechenwerke. Während der Gewinn aus der Steuerbilanz lediglich eine justiziable Größe zur Bemessung der Steuerzahlung darstellt, soll der handelsrechtliche Gewinn ein »den tatsächlichen Verhältnissen entsprechendes Bild der Vermögens-, Finanz- und Ertragslage«[199] liefern. Das handelsrechtliche Ziel orientiert sich also an einer »periodengerechten« Zurechnung von Aufwendungen und Erträgen. Letztendlich muss daher in der Handelsbilanz derjenige Steueraufwand ausgewiesen werden, der sich fiktiv ergeben würde, wenn nicht der Gewinn der Steuerbilanz, sondern der Gewinn der Handelsbilanz als Bemessungsgrundlage maßgeblich wäre.[200] Das bedeutet, dass eine erfolgswirksame Überleitung des tatsächlichen, zahlungswirksamen Steueraufwands zum fiktiven, auf Basis des handelsrechtlichen Gewinns ermittelten, Steueraufwands erfolgen muss. Dies geschieht durch die Aktivierung bzw. Passivierung latenter Steuern. Dabei werden aktive latente Steuern als künftiger Anspruch, der auf Steuervorauszahlungen beruht, bzw. passive Steuerlatenzen als Verpflichtung für zukünftig zu zahlende Steuern betrachtet.

[199] *§ 264 Abs. 2 Satz 1 HGB (Generalnorm).*

[200] *Dies zeigt Beispiel 40.*

Latente Steuern II // Beschreibung des Problems

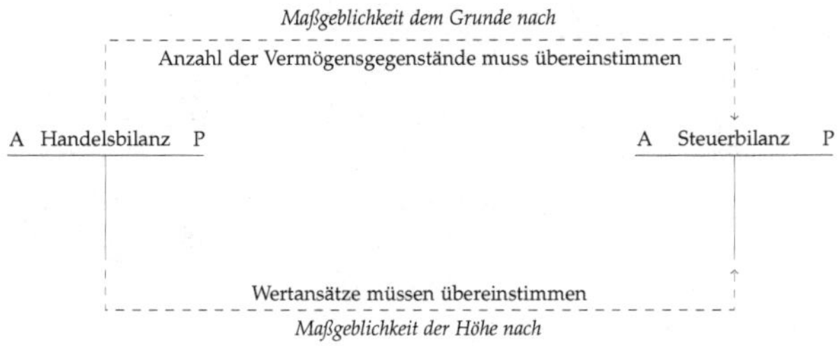

Abb. 75 Prinzip der Maßgeblichkeit

Allerdings stimmen der handelsrechtliche und der steuerrechtliche Gewinn aufgrund abweichender steuerlicher Vorschriften i. d. R. nicht überein (*Durchbrechung der Maßgeblichkeit*). 672

Beispiel 40 (Latente Steuern) I

Angenommen die nach Handelsrecht und Steuerrecht ermittelten Erträge seien identisch und betragen jährlich 100 EUR. In der Handelsbilanz wird geometrisch-degressiv abgeschrieben, woraus Aufwendungen in Jahr 01 (02) i. H. v. 30 EUR (10 EUR) resultieren, während in der Steuerbilanz linear abgeschrieben werden muss und die Aufwendungen deshalb sowohl im Jahr 01 als auch in 02 jeweils 20 EUR betragen. Der Steuersatz betrage 40%.

	Jahr 01	HB	StB
	Erträge	100	100
./.	Aufwendungen	30	20
=	Gewinn	70	80
	Steuern (40%)	*(28)*	32

673

Beispiel 40 (Latente Steuern) II

- Der tatsächliche – auf Basis der Steuerbilanz ermittelte – Gewinn beträgt 80 EUR, woraus eine tatsächliche (zu verbuchende) Steuerzahlungen i. H. v. 32 EUR resultiert.

Steueraufwand	32 EUR	
an Zahlungsmittel		32 EUR

- Der fiktive – auf Basis der Handelsbilanz ermittelte – Gewinn beträgt 70 EUR, woraus eine Steuerzahlung von 28 EUR resultieren würde.
- Die »zu viel« bezahlte Steuer i. H. v. 4 EUR wird als zeitverzögerter (latenter) Steueranspruch und damit als eine »Quasi-Forderung« des Unternehmens gegenüber dem Fiskus interpretiert.

aktive latente Steuern	4 EUR	
an latenter Steuerertrag		4 EUR

674

Das Problem latenter Steuern tritt vor allem bei Kapitalgesellschaften in Bezug auf Körperschaft- und Gewerbesteuer bzw. den Solidaritätszuschlag auf. Bei Personengesellschaften tritt das Problem lediglich bei der GewSt auf, da nur sie handelsrechtlich Berücksichtigung findet. Die Einkommensteuer und der Solidaritätszuschlag stellen bei Personengesellschaften, sofern aus betrieblichen Mitteln bezahlt, Privatentnahmen dar.[201]

[201] *Vgl. dazu Abschnitt 4.5 ab Seite 208.*

Der handelsrechtliche Gewinn nach Steuern ermittelt sich (vereinfacht) als:

	Erträge
./.	Aufwendungen
=	Gewinn vor Steuern
./.	Ertragsteuern (KSt, GewSt, SolZ)
=	Gewinn nach Steuern

wobei die Position (Ertragsteuern) auch Steuerlatenzen beinhalten kann.

Die Bildung aktiver bzw. passiver Steuerlatenzen geschieht erfolgswirksam.

1. *Verbuchung eines aktiven latenten Steueranspruchs:*

   Gewinn vor Steuern HB < Gewinn vor Steuern StB

   (a) Aktivierung

   aktiver latenter Steueranspruch
   an latenter Steuerertrag

   (b) Auflösung

   latenter Steueraufwand
   an aktiver latenter Steueranspruch

2. *Verbuchung einer passiven latente Steuerverbindlichkeit:*

   Gewinn vor Steuern HB > Gewinn vor Steuern StB

   (a) Passivierung

   latenter Steueraufwand
   an passive latente Steuerverbindlichkeit

   (b) Auflösung

   passive latente Steuerverbindlichkeit
   an latenter Steuerertrag

677 Die *Rechtsgrundlage* zum Ansatz latenter Steuern bildet § 274 HGB. Demnach dürfen nur Differenzen, die sich in späteren Geschäftsjahren voraussichtlich umkehren sowie für steuerliche Verlustvorträge aktive bzw. passive latente Steuern gebildet werden.

Beispiel 40 (Latente Steuern) III

- Durch die Aktivierung der latenten Steuern erfolgt im Ergebnis in der Handelsbilanz der selbe Steueraufwand wie in der Steuerbilanz.

	Jahr 01	HB	StB
	Erträge	100	100
./.	Aufwendungen	30	20
=	Gewinn	70	80
	Steuern (40%)	(28)	32
+	latente Steuern	4	-
=	Steueraufwand	32	32

675

Beispiel 40 (Latente Steuern) IV

- In Jahr 02 kehrt sich das Verhältnis um, da insgesamt Anschaffungskosten von 40 EUR abgeschrieben werden.

	Jahr 01	HB	StB
	Erträge	100	100
./.	Aufwendungen	10	20
=	Gewinn	90	80
	Steuern (40%)	(36)	32

- Die tatsächliche Steuerbelastung fällt mit 32 EUR im Vergleich zur fiktiven Steuerzahlung nach Handelsrecht um 4 EUR zu niedrig aus. Die in Jahr 01 gebildeten latenten Steuern müssen aufgelöst werden.

latenter Steueraufwand	4 EUR	
an aktive latente Steuern		4 EUR

676

Rechtsgrundlage latenter Steuern

- § 274 HGB

(1) [1] Bestehen zwischen den handelsrechtlichen Wertansätzen von Vermögensgegenständen, Schulden und Rechnungsabgrenzungsposten und ihren steuerlichen Wertansätzen Differenzen, die sich in späteren Geschäftsjahren voraussichtlich abbauen, so ist eine sich daraus insgesamt ergebende Steuerbelastung als passive latente Steuern (§ 266 Abs. 3 E.) in der Bilanz anzusetzen. [2] Eine sich daraus insgesamt ergebende Steuerentlastung kann als aktive latente Steuern (§ 266 Abs. 2 D.) in der Bilanz angesetzt werden. [3] Die sich ergebende Steuerbe- und die sich ergebende Steuerentlastung können auch unverrechnet angesetzt werden. [4] Steuerliche Verlustvorträge sind bei der Berechnung aktiver latenter Steuern in Höhe der innerhalb der nächsten fünf Jahre zu erwartenden Verlustverrechnung zu berücksichtigen.

(2) [1] Die Beträge der sich ergebenden Steuerbe- und -entlastung sind mit den unternehmensindividuellen Steuersätzen im Zeitpunkt des Abbaus der Differenzen zu bewerten und nicht abzuzinsen. [2] Die ausgewiesenen Posten sind aufzulösen, sobald die Steuerbe- oder -entlastung eintritt oder mit ihr nicht mehr zu rechnen ist. [3] Der Aufwand oder Ertrag aus der Veränderung bilanzierter latenter Steuern ist in der Gewinn- und Verlustrechnung gesondert unter dem Posten »Steuern vom Einkommen und vom Ertrag« auszuweisen.

- Im Ergebnis besteht *Pflicht* zur Bildung *passiver latenter Steuern*, während für *aktive latente Steuern* ein *Aktivierungswahlrecht* besteht. 677

678 Die *Bedeutung* aktiver latenter Steuern in absoluten Zahlen der größten deutschen Unternehmen[202] ist in *Abb. 76* dargestellt. Demnach summieren sich die aktiven latenten Steuern in 2010 auf etwa 140 Mrd. EUR. Dabei ist zu beachten, dass in dieser Höhe ein Aufwand im Fall der Ausbuchung der Steuerlatenzen entstehen würde.

[202] *DAX-30 Unternehmen.*

679 Eine übersichtliche Darstellung der Arten von Divergenz von Handels- und Steuerbilanz als Grund für die Entstehung latenter Steuern findet sich in *Abb. 77*.

Im Fall *zeitlich begrenzter* Differenzen erfolgt die Periodisierung in der HB und in der StB unterschiedlich, die Summe der Aufwendungen und Erträge über die Totalperiode ist jedoch identisch. Ein Ausgleich der Differenzen erfolgt im Zeitablauf.

Im Fall *quasi permanenter Differenzen* zwischen HB und StB ist die Summe der Aufwendungen und Erträge zwar über die Totalperiode identisch, der Ausgleich ist jedoch nicht absehbar bzw. erfolgt erst bei Liquidation.

BEISPIEL

In der HB erfolgt die außerplanmäßige Abschreibung eines Grundstücks, die in der StB nicht angesetzt werden darf.

LÖSUNG

Der Ausgleich der Differenz erfolgt bei Zuschreibung, Veräußerung oder Verwertung im Fall der Liquidation. Der Zeitpunkt des Ausgleichs ist somit nicht genau absehbar. Im Ergebnis ist der Ansatz aktiver latenter Steuern hier aber möglich.

Im Fall *zeitlich unbegrenzter (permanenter) Differenzen* zwischen HB und StB ist die Summe der Aufwendungen und Erträge über die Totalperiode nicht identisch.[203] Daher dürfen in diesem Fall latente Steuern nicht gebildet werden.

[203] *In diesem Fall ist das Kongruenzprinzip nicht erfüllt.*

Permanente Differenzen entstehen grds. durch

1. nicht anerkannte Aufwendungen in der StB bzw. durch
2. steuerfreie Erträge in der StB.

Beispiele hierzu sind:

- In der StB werden z. B. 50% der Aufsichtsratsvergütungen, Parteispenden sowie Geschenke an Personen, die nicht Arbeitnehmer sind, nicht als Aufwendungen anerkannt.
- In der StB sind Dividenden und Veräußerungsgewinne bei der Veräußerung von Beteiligungen an Kapitalgesellschaften (Kaskadeneffekt) steuerbefreit.

Absolute Bedeutung latenter Steuern

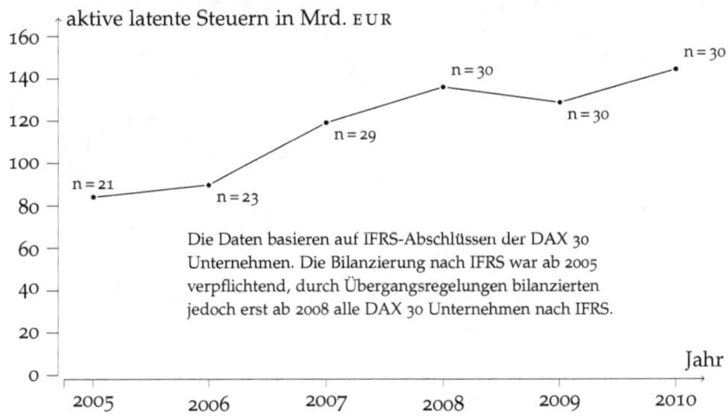

Abb. 76 Bedeutung latenter Steuern bei den DAX 30 Unternehmen 678

Entstehung latenter Steuern

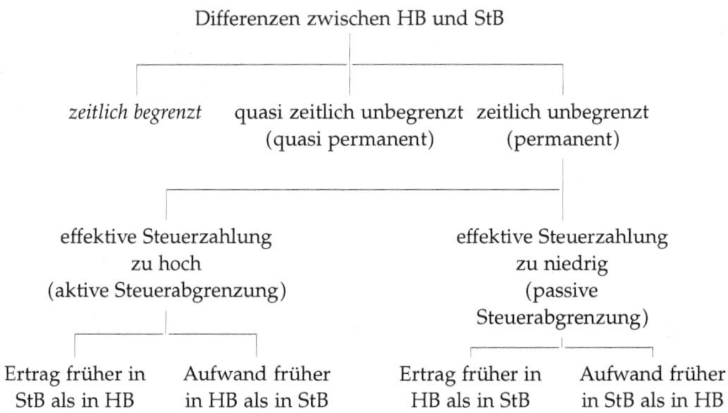

Abb. 77 Entstehung latenter Steuern 679

Übung 41 (Latente Steuern)

Angenommen in $t = 1$ erwirbt ein Unternehmer ein Investitionsobjekt mit einer betriebsgewöhnlichen Nutzungsdauer von $n = 5$ Jahren für 100 EUR, das in der Steuerbilanz sofort abgeschrieben werden kann, während in der Handelsbilanz linear abgeschrieben wird. Der Steuersatz soll $s = 50\%$ betragen. Das Investitionsobjekt generiert in jeder Periode (zahlungsgleiche) Erträge (Er_t) i. H. v. 50 EUR.

1. Ermitteln Sie die tatsächliche Steuerzahlungen lt. Steuerbilanz!
2. Ermitteln Sie die »fiktive« Steuerzahlungen lt. Handelsbilanz!
3. Ermitteln Sie den handelsrechtlichen Gewinn nach Steuern unter Berücksichtigung der tatsächlichen Steuerzahlungen lt. Steuerbilanz!
4. Ermitteln Sie den handelsrechtlichen Gewinn nach Steuern unter Berücksichtigung latenter Steuern!

680

Konkrete Beispiele für zeitlich begrenzte Differenzen, die zur Bildung eines aktiven Steuerabgrenzungsposten führen, sind:

BEWERTUNG VON VORRATSVERMÖGEN

In der HB sind sowohl das fifo als auch das lifo-Verfahren zulässig; in der StB ist (i. d. R.) ausschließlich das lifo-Verfahren zulässig.

PLANMÄSSIGE ABSCHREIBUNGEN

In der StB muss i. d. R. linear abgeschrieben werden; für die Art der Abschreibung existieren im HR (im Rahmen der GoB) keine Beschränkungen.

DISAGIO

In der HB besteht ein Wahlrecht zur Aktivierung eines Disagios; in der StB besteht Aktivierungspflicht.

DERIVATIVER FIRMENWERT

In der StB muss der Firmenwert linear über 15 Jahre abgeschrieben werden; in der HB erfolgt die Abschreibung i. d. R. über 5 Jahre.

RÜCKSTELLUNGEN FÜR DROHENDE VERLUSTE

Diese dürfen in der StB nicht passiviert werden, während in der HB Passivierungspflicht besteht.

VERLUSTE

Im StR existiert keine sofortige vollständige Verlustverrechnung (keine sofortige Steuererstattung); die Steuererstattung in der Zukunft führt quasi zu einer Forderung ggü. dem Finanzamt.

Ein konkretes Beispiel für die im Vergleich zu den aktiven Steuerlatenzen in Deutschland eher weniger häufig auftretenden passive latente Steuern wären selbsterstellte immaterielle Vermögensgegenstände des Anlagevermögens. Hierfür existiert im Handelsrecht ein Aktivierungswahlrecht, in der Steuerbilanz besteht Aktivierungsverbot.

680–685 Inhalt von *Übung 41* ist die Ermittlung des tatsächlichen und fiktiven Ertragsteueraufwands und die Berechnung des periodischen latenten Steueraufwands bzw. -ertrags sowie die Darstellung der Entwicklung des Bestands an Steuerlatenzen.

Lösung Übung 41 I

1. Ermittlung der tatsächlichen Steuerzahlungen lt. Steuerbilanz

Periode	1	2	3	4	5
Er_t	50	50	50	50	50
$Au = (AfA_t)$	....	....	....	....	....
$G_t = E_t - A_t$	....	....	....	....	....
$S_t = s \times (E_t - A_t)$	....	....	....	....	....

Au_t = Aufwendungen; negative Steuern stellen hier eine Steuererstattung dar,

G_t = Gewinn,

S_t = tatsächliche Steuern

681

Lösung Übung 41 II

2. Ermittlung der »fiktiven« Steuerzahlungen lt. Handelsbilanz

Periode	1	2	3	4	5
E_t	50	50	50	50	50
AfA_t	....	....	....	....	....
$G_t = E_t - AfA_t$	....	....	....	....	....
S_t^{fiktiv}	....	....	....	....	....

S_t^{fiktiv} = fiktive Steuerzahlung

682

Lösung Übung 41 III

3. Ermittlung des handelsrechtlichen Gewinns nach Steuern unter Berücksichtigung der tatsächlichen Steuerzahlungen lt. Steuerbilanz

Periode	1	2	3	4	5
$G = E_t - AfA_t$	30	30	30	30	30
S_t	....	....	....	....	....
$G_{s,t} = G_t - S_t$	....	....	....	....	....

$G_{s,t}$ = Gewinn nach Steuern

683

Das nachstehende Beispiel soll die Thematik der latenten Steuern anhand eines umfangreichen Beispiels vertiefen. Zudem wird die Entwicklung der wichtigsten GuV- und Bilanzpositionen graphisch dargestellt.

BEISPIEL

Die Festspiel GmbH erwirbt am 30.01.2014 einen Gebrauchtwagen der Marke VW für 2 856 EUR (inkl. USt), der künftig als Geschäftswagen der Unternehmensleitung dienen soll. Die betriebsgewöhnliche Nutzungsdauer beträgt voraussichtlich 6 Jahre.

1. Ermitteln Sie den handelsrechtlichen bzw. steuerrechtlichen Gewinn, wenn in der Handelsbilanz degressiv ($g = 30\,\%$; mit Übergang zur linearen Abschreibung und der Maßgabe der maximal möglichen Abschreibung in den einzelnen Perioden) und in der Steuerbilanz linear abgeschrieben wird und die Erträge in Handels- und Steuerbilanz identisch sind und pro Periode 1 000 EUR betragen sowie die fiktiven Ertragsteuern auf Basis des handelsrechtlichen Gewinns sowie die tatsächliche Steuerzahlung auf Basis des steuerrechtlichen Gewinns für einen Steuersatz von $s = 30\,\%$ berechnet werden.
2. Ermitteln Sie die jährlichen latenten Steueraufwendungen/-erträge und den Bestand an aktiven latenten Steueransprüchen.
3. Verbuchen Sie die Bildung und Auflösung der latenten Steuern!

LOESUNG

1. Ermittlung des Gewinns und der Steuerzahlung nach Handelsrecht bzw. Steuerrecht:

Periode	1	2	3	4	5	6	Gesamt
Erträge	1 000,00	1 000,00	1 000,00	1 000,00	1 000,00	1 000,00	6 000,00
Aufwand in der HB	720,00	504,00	352,80	274,40	274,40	274,40	2 400,00
Gewinn in der HB	280,00	496,00	647,20	725,60	725,60	725,60	3 600,00
Ertragsteuern (30%)	84,00	148,80	194,16	217,68	217,68	217,68	1 080,00
Aufwand in der StB	400,00	400,00	400,00	400,00	400,00	400,00	2 400,00
Gewinn in der StB	600,00	600,00	600,00	600,00	600,00	600,00	3 600,00
tatsächliche Steuern	180,00	180,00	180,00	180,00	180,00	180,00	1 080,00

Der Aufwand in der HB spiegelt die geometrisch-degressive Abschreibung wider. Die Ertragsteuern bemessen sich nach dem handelsrechtlichen Gewinn, während sich die tatsächlichen Steuern auf Basis des Steuerbilanzgewinns ermitteln. Es ist zu beachten, dass die jeweiligen Summen (Erträge, Aufwendungen, Gewinn und Steuern) über die Totalperiode in Handels- und Steuerbilanz identisch sind.

Lösung Übung 41 IV

4. Ermittlung des handelsrechtlichen Gewinns nach Steuern unter Berücksichtigung latenter Steuern
   - der handelsrechtliche Gewinn in $t = 1$ ist höher als der Gewinn nach Steuerbilanz → Passivierung latenter Steuern
   - latenter Steuer*aufwand* in $t = 1$
   - die Auflösung der passiven latenten Steuern führt zur latenten Steuer*erträgen* in den Perioden $t = 2, \ldots, 5$

684

Lösung Übung 41 V

Periode	1	2	3	4	5
$G = Er_t - AfA_t$	30	30	30	30	30
S_t	....	....	....	....	....
$S_t^{lat.}$ *(Erfolg)*	....	....	....	....	....
lat. Steuern (Bestand)	....	....	....	....	....
$G_{s,t}^{fiktiv} = G_t - S_t - S_t^{lat.}$	....	....	....	....	....

$G_{s,t}^{fiktiv}$ = Gewinn nach Steuern unter Berücksichtigung latenter Steuern

Interpretation – im Vergleich zu 3. ist der Gewinn nach Steuern »geglättet«, d. h. die Passivierung der Steuerlatenzen führt zu einem konstanten Gewinnausweis in der Handelsbilanz. 685

2. Ermittlung des latenten Steueraufwands / -ertrags sowie des Bestands an aktiven latenten Steueransprüchen

Periode	1	2	3	4	5	6	Gesamt
Erträge	1 000,00	1 000,00	1 000,00	1 000,00	1 000,00	1 000,00	6 000,00
Aufwendungen	720,00	504,00	352,80	274,40	274,40	274,40	2 400,00
Gewinn vor Steuern	280,00	496,00	647,20	725,60	725,60	725,60	3 600,00
Ertragsteuern (30%)	84,00	148,80	194,16	217,68	217,68	217,68	1 080,00
tatsächliche Steuern	180,00	180,00	180,00	180,00	180,00	180,00	−1 800,00
latenter Steuerertrag / -aufwand	96,00	31,20	−14,16	−37,68	−37,68	−37,68	0,00
Bestand an aktiven latenten Steuern	96,00	127,20	113,04	75,36	37,68	0,00	-

Darstellung 102 Ermittlung der Steuerlatenzen in Staffelform

In *Darstellung* 103 ist der handels- bzw. steuerbilanzielle Gewinn auf Basis der in *Darstellung* 102 ermittelten Daten abgebildet. Während der Steuerbilanzgewinn im Zeitablauf konstant bleibt, steigt der Handelsbilanzgewinn aufgrund im Zeitablauf sinkender Abschreibungsbeträge kontinuierlich.

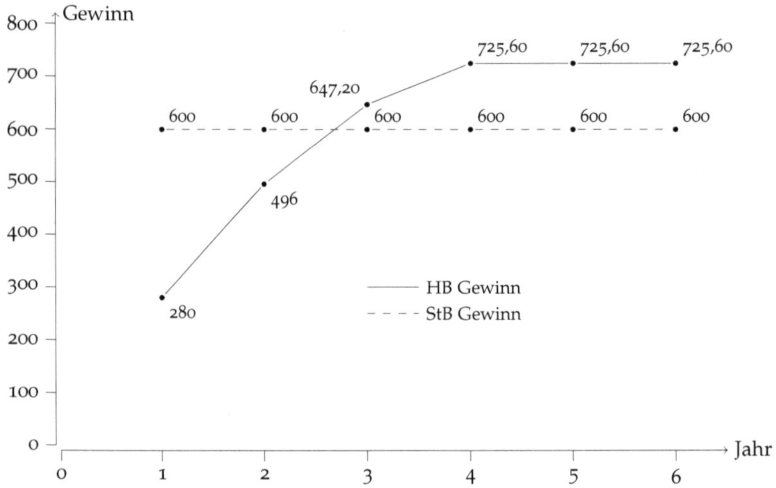

Darstellung 103 Verlauf des HB- bzw. StB-Gewinns

Analog zu *Darstellung* 103 entwickeln sich die in *Darstellung* 104 abgebildeten fiktiven Steuerzahlungen auf Basis des HB-Gewinns (durchgezogene Linie) sowie der tatsächlichen Steuerzahlungen, bemessen nach dem StB-Gewinn (gestrichelte Linie). Letztlich muss die gestrichelte Linie an die durchgezogene Linie angepasst werden. Dies erfolgt in *Darstellung* 105 durch Bildung aktiver latenter Steuern. Da die Abschreibungen in der HB anfangs höher sind als in der StB, fällt der StB-Gewinn höher aus als der HB-Gewinn, es resultieren latente Steuerforderungen aufgrund »zu hoher« Steuerzahlungen in den ersten zwei Perioden.

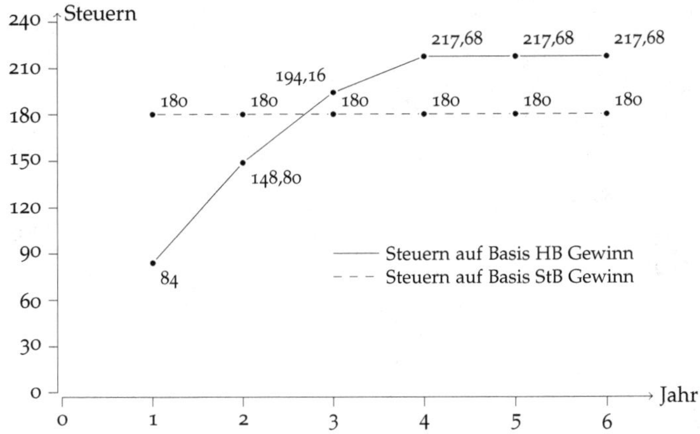

Darstellung 104 Entwicklung der Steuern jeweils auf Basis des HB- bzw. StB-Gewinns

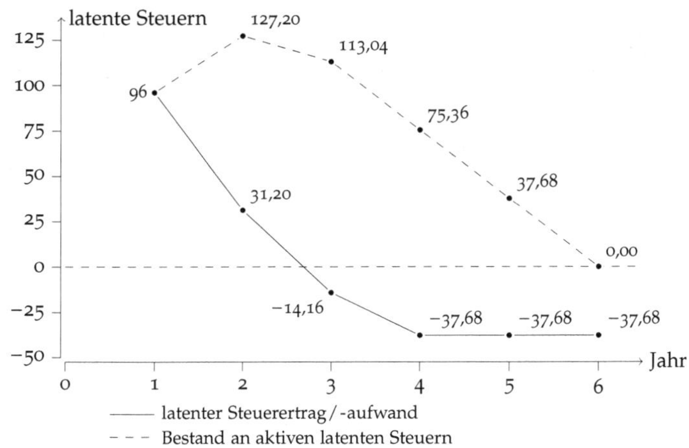

Darstellung 105 Entwicklung des Steueraufwands / -ertrags und des Bestands an aktiven latenten Steuern

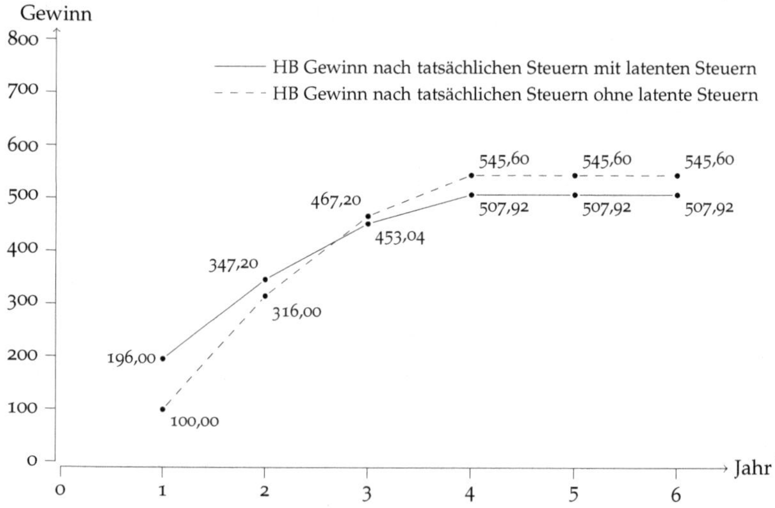

Darstellung 106 Gewinn nach Steuern

Darstellung 106 fasst die Ergebnisse dermaßen zusammen, als dass der HB-Gewinn nach Steuern mit (durchgezogene Linie) und ohne (gestrichelte Linie) Berücksichtigung latenter Steuern abgetragen ist. Man erkennt eine Glättungstendenz bei Berücksichtigung der Steuerlatenzen. Ergänzend ist nachstehend die Verbuchung der Bildung und Auflösung der aktiven latenten Steuern in den einzelnen Perioden abgetragen:

1. Jahr

aktiver latenter Steueranspruch	96 EUR	
an latenter Steuerertrag		96 EUR

2. Jahr

aktiver latenter Steueranspruch	31,20 EUR	
an latenter Steuerertrag		31,20 EUR

3. Jahr

latenter Steueraufwand	14,16 EUR	
an aktiver latenter Steueranspruch		14,16 EUR

4. bis 6. Jahr

latenter Steueraufwand	37,68 EUR	
an aktiver latenter Steueranspruch		37,68 EUR

10.4 *Kontrollfragen*

1. Was versteht man unter Schulden im ökonomischen Sinne?
2. In welche Kategorien lassen sich Schulden unterteilen?
3. Wie lassen sich Verbindlichkeiten klassifizieren?
4. Wodurch unterscheiden sich Verbindlichkeiten und Rückstellungen?
5. Welche Formen der Periodenabgrenzung existieren?
6. Erläutern Sie die Erst- und Folgebewertung von Fremdwährungsverbindlichkeiten.
7. Benennen Sie jeweils zwei konkrete handelsrechtliche (a) Aktivierungsverbote, (b) Passivierungsverbote, (c) Aktivierungsgebote, (d) Passivierungsgebote.
8. Was versteht man unter transitorischer bzw. antizipativer Rechnungsabgrenzung?
9. Worin besteht der Unterschied zwischen transitorischer und antizipativer Rechnungsabgrenzung aus ökonomischer Sicht?
10. Stellt der ARAP einen Vermögensgegenstand dar?
11. Welche Bilanzierungsregeln gelten für Rechnungsabgrenzungsposten?
12. Erläutern Sie die Bildung von Rückstellungen für
    (a) unterlassene Instandhaltungen,
    (b) ungewisse Verbindlichkeiten,
    (c) drohende Verluste aus schwebenden Geschäften
    anhand von Buchungssätzen bis zu dem Zeitpunkt, an dem über die volle Verpflichtung Klarheit besteht.
13. Wodurch unterscheiden sich Rückstellungen von passiven antizipativen und transitorischen RAP?
14. Erläutern Sie den Zweck latenter Steuern.
15. Wodurch unterscheiden sich Verbindlichkeiten (Rückstellungen) und passive latente Steuern?
16. Geben Sie jeweils Beispiele an, bei denen
    (a) permanente Differenzen zwischen HB und StB bestehen.
    (b) zeitliche Differenzen zwischen HB und StB bestehen, deren Ausgleich nicht absehbar ist (quasi-permanente-Differenzen).
    (c) zeitliche Differenzen zwischen HB und StB bestehen, die sich im Zeitablauf ausgleichen.
17. Geben Sie fünf Beispiele an für aktive Steuerabgrenzungsposten, und erläutern Sie die Grundsätze für deren Bildung und Auflösung.
18. Geben Sie ein Beispiel an für den Ansatz eines passiven Steuerabgrenzungspostens. Weshalb existieren nur wenige derartige Fälle?
19. Zeigen Sie anhand von Buchungssätzen, dass sich die Bildung von Rückstellungen nicht auf das Geldvermögen auswirkt.
20. Inwiefern findet die Umsatzsteuer bei der Bildung von Rückstellungen Berücksichtigung?
21. Welches Problem bringt die Aktivierung latenter Steuern mit sich?
22. Erläutern Sie verbal die Bewertung latenter Steuern.

LERNEINHEIT 14

Hauptabschlussübersicht und Bilanzierung des Eigenkapitals nach HGB

11 *Hauptabschlussübersicht*

686–688 Lerneinheit 14 fasst zunächst mit der *Hauptabschlussübersicht* als vorläufigem Jahresabschluss die in den vorangegangenen Abschnitten erläuterten Regelungen zur Vermögensaufstellung und zur Ermittlung des Periodenerfolgs nach HGB zusammen. Nach endgültiger Ermittlung des Periodenerfolgs in Form des sich aus der GuV ergebenden Jahresüberschusses stellt sich die Frage nach dem bilanziellen Ausweis des Erfolgs und dessen Verwendung. Um diese Frage beantworten zu können, werden zunächst die wesentlichen Unterschiede alternativer Rechtsformen in diesem Zusammenhang analysiert. Hierbei steht die Bilanzierung des Eigenkapitals im Vordergrund. Anschließend wird erläutert, wie der Periodenerfolg vewendet werden kann. Im Rahmen der Gewinnverteilung wird gezeigt, welche Kriterien zur Verteilung herangezogen werden können und welche Beschränkungen hinsichtlich des »Verlassens« des Kapitals des Unternehmens greifen.

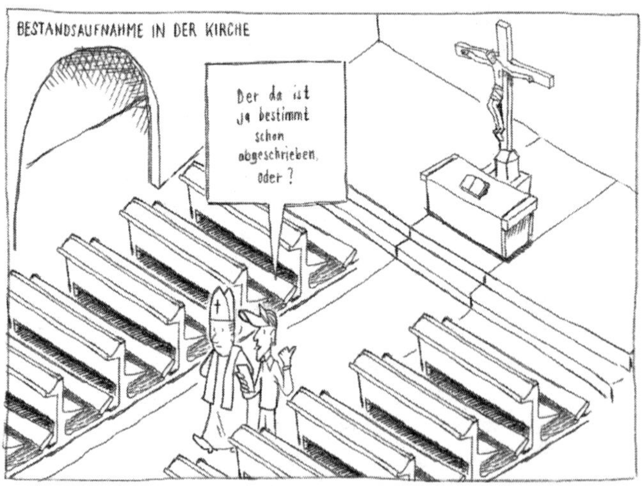

Bewertungsprobleme

Wo stehen wir?

686

Literatur und Lernziele I

1. *Literatur*

Döring, Ulrich / Buchholz, Rainer (2015): *Buchhaltung und Jahresabschluss*, 14. Auflage, Erich Schmidt, Berlin, 148–168.

Eisele, Wolfgang / Knobloch, Alois Paul (2011): *Technik des betrieblichen Rechnungswesens*, 8. Auflage, Vahlen, München, 575–644.

Wöhe, Günter / Kußmaul, Heinz (2015): *Grundzüge der Buchführung und Bilanztechnik*, 9. Auflage, Vahlen, München, 322–345.

687

Literatur und Lernziele II

2. *Lernziele*

Nach dieser Lerneinheit ...

- können Sie den Jahresabschluss über die Hauptabschlussübersicht ableiten,
- kennen Sie die Charakteristika von Personen- und Kapitalgesellschaften,
- kennen Sie die gesellschaftsrechtlichen Grundlagen der wichtigsten Rechtsformen,
- können Sie das Eigenkapital bei Personen- und Kapitalgesellschaften darstellen,
- sind Sie in der Lage, die Ergebnisverwendung alternativer Rechtsformen zu verbuchen.

688

689–691 Die Hauptabschlussübersicht dient als *Entscheidungsgrundlage für zweckorientiertes Handeln* des Unternehmers in Bezug auf die Bilanzadressaten (Investoren, Finanzamt usw.). Sie gibt Aufschluss über *Ursache-Wirkungs-Zusammenhänge*, da sie transparent über die Bewegungen des Geschäftsjahres informiert. Zudem dient sie als *Kontrollinstrument* und als Basis für Korrekturen, falls Unstimmigkeiten auftreten.

Aufgrund der kompakten Darstellung der Geschäftsvorfälle, lassen sich die Auswirkungen von Wahlrechten transparent darstellen. Insofern dient die Hauptabschlussübersicht der optimalen Ausübung von Wahlrechten je nach Interessenslage. Aus diesem Grund wird die Hauptabschlussübersicht außerhalb der doppelten Buchführung als *Probeabschluss* erstellt. Erst nach Festlegung der Ausübung der Wahlrechte erfolgt die tatsächliche buchhalterische Abbildung. Folgende – in den vorangehenden Kapiteln besprochenen – Wahlrechte kommen dabei in Betracht:

1. Aktivierung selbsterstellter immaterieller Vermögensgegenstände des Anlagevermögens (vgl. Abschnitt 7.2 ab Seite 324),
2. Wahlrechte bei der Ermittlung der Herstellungskosten gem. § 255 Abs. 2 HGB (vgl. Abschnitt 8.2.1 ab Seite 394),
3. Wahl des Bewertungsvereinfachungsverfahrens (fifo, lifo, Durchschnittsverfahren, Gruppenbewertung, Festbewertung; vgl. Abschnitt 8.5 ab Seite 434),
4. Aktivierung von Disagien (vgl. Abschnitt 10.1.1 ab Seite 476),
5. Aktivierung aktiver latenter Steuern (vgl. Abschnitt 10.3 ab Seite 492).

Abb. 78 zeigt das Schema der Hauptabschlussübersicht. Die gestaffelte Darstellung bietet eine kompakte Übersicht über Bilanzen, Summen, Salden und GuV. Nachstehend wird der Inhalt der einzelnen Abschnitte erläutert.[204]

[204] *Vgl. hierzu auch Eisele/Knobloch (2011), Seite 576 f.*

ANFANGSBILANZ (ERÖFFNUNGSBILANZ)

Die Spalten enthalten die Anfangsbestände der Sachkonten (Bestandskonten), die Spaltensummen ergeben die Bilanzsumme.

UMSATZBILANZ (VERKEHRSBILANZ)

Die Umsatzbilanz enthält die unsaldierten Umsätze, d. h. jeweils die Summe von Soll und Haben eines jeden Bestandskontos.

SUMMENBILANZ

Die Summenbilanz, auch als Probe- oder Rohbilanz bezeichnet, besteht aus den addierten Werten von Anfangsbilanz und Umsatzbilanz.

Stand und weitere Vorgehensweise

- *Bis hier* – Kennenlernen der handelsrechtlichen Regelungen der Bilanzierung für ...
  ... Anlagevermögen,
  ... Umlaufvermögen,
  ... Verbindlichkeiten sowie
  ... Periodenabgrenzung (RA, Rückstellungen, latente Steuern).
- *Jetzt* – systematische Entwicklung des Jahresabschlusses aus der Hauptabschlussübersicht.

689

Vorbereitende Abschlussbuchungen

1. Privateinlagen und -entnahmen
2. Abschreibungen
3. Rückstellungen
4. Rechnungsabgrenzung
5. Mengendifferenzen zwischen Inventur- und Buchbestand
6. Verbuchung des Wareneinsatzes (GKV | UKV)
7. Abschluss der Bestandskonten über die Schlussbilanz
8. Abschluss der Erfolgskonten über die GuV

Hierzu wird im Allgemeinen die *Hauptabschlussübersicht* verwendet. Die Hauptabschlussübersicht stellt einen *vorläufigen Abschluss* dar, der außerhalb der grundsätzlichen Buchführung aus Gründen der Übersichtlichkeit bzw. aus bilanzpolitischen Gründen erstellt wird. 690

Hauptabschlussübersicht (HÜ)

Kto.	Anfangsbilanz		Umsatzbilanz		Summenbilanz		Saldenbilanz I		...
	Aktiva	Passiva	Soll	Haben	Soll	Haben	Soll	Haben	
									...
Σ	A = P		S = H		S = H		S = H		...

...	Umbuchungen		Saldenbilanz II		Schlussbilanz		GuV-Rechnung	
	Soll	Haben	Soll	Haben	Aktiva	Passiva	Soll	Haben
...								
...	S = H		S = H		+Verl.	+Gew.	+Gew.	+Verl.
Verl. = Verlust, Gew. = Gewinn					A = P		S = H	

Abb. 78 Schema der Hauptabschlussübersicht[21]

[21] In enger Anlehnung an *Eisele/Knobloch* (2011), S. 498.

691

SALDENBILANZ I

(Buchbilanz, Sachkontenbilanz, Überschussbilanz) – besteht aus den Salden der Summenbilanz.

UMBUCHUNGEN

Unter den Umbuchungen sind Korrekturen und Abschlussbuchungen (z. B. Abschreibungen, Periodenabgrenzung und latente Steuern) erfasst.

SALDENBILANZ II

Aus der Summe von Saldenbilanz I und Umbuchungen ergibt sich die Saldenbilanz II.

SCHLUSSBILANZ

Extrahiert man die Salden der Bestandskonten aus der Saldenbilanz II, erhält man die Schlussbilanz.

GEWINN- UND VERLUSTRECHNUNG

Die GuV ergibt sich aus der Übernahme der Salden der Erfolgskonten aus der Saldenbilanz II.

692–697 *Beispiel 41* zeigt die Vorgehensweise bei der Erstellung des Jahresabschlusses unter Verwendung der Hauptabschlussübersicht. Ausgehend von der Anfangsbilanz erfolgt die Abbildung der Geschäftsvorfälle einschließlich des Jahresabschlusses.

Nachstehend sind die Geschäftsvorfälle 1. – 15. buchhalterisch abgebildet. Dies erleichtert das Nachvollziehen in den einzelnen Spalten der Hauptabschlussübersicht.

1. Schritt Übernahme der Werte aus der Eröffnungsbilanz in die Spalten 2 und 3 der Hauptabschlussübersicht.

2. Schritt Abbildung der Geschäftsvorfälle in der Umsatzbilanz (Spalten 4 und 5 der Hauptabschlussübersicht).
Buchungssätze unter Vernachlässigung der Umsatzsteuer

1. Veräußerung des Kfz

Bank		10 000 EUR	
an	*Fuhrpark*		10 000 EUR

2. Erwerb der Geschäftsausstattung

Betriebs- und Geschäftsausstattung		5 000 EUR	
an	*Verbindlichkeiten aus L. u. L.*		5 000 EUR

3. Verkauf des Computers

Bank		4 000 EUR	
an	*Betriebs- und Geschäftsausstattung*		4 000 EUR

Beispiel 41 (Hauptabschlussübersicht) I

Der Einzelunternehmer Alois Locke e. Kfm. handelt mit Sportartikeln. Die Anfangsbilanz (Eröffnungsbilanz) zum 01.01.2015 lautet wie folgt:

Aktiva	Eröffnungsbilanz zum 01.01.2015		Passiva
	EUR		EUR
Fuhrpark	45 000	Eigenkapital	92 500
BuGA	22 000	Verb. aus L. u. L.	30 000
Waren	25 000		
Ford. aus L. u. L.	18 000		
Bank	12 500		
Summe Aktiva	122 500	Summe Passiva	122 500

Leiten Sie unter Berücksichtigung nachstehender Geschäftsvorfälle und Annahmen die Hauptabschlussübersicht für Locke ab, ermitteln Sie den Periodenerfolg und erstellen Sie die Schlussbilanz! (Die Umsatzsteuer ist zu vernachlässigen) 692

Beispiel 41 (Hauptabschlussübersicht) II // Geschäftsvorfälle

1. Verkauf eines betrieblichen Kfz zum BW für 10 000 EUR per Bank.
2. Erwerb von Ladenregalen für 5 000 EUR auf Ziel.
3. Veräußerung eines Computers zum Buchwert für 4 000 EUR per Bank.
4. Privatentnahmen i. H. v. 12 000 EUR per Bank.
5. Einkauf von Waren für 8 000 EUR per Bank; Verkauf von Waren für 56 000 EUR, dv. 28 000 EUR per Bank und 28 000 EUR auf Ziel. Es kommt das getrennte Warenkonto zur Anwendung. Der Abschluss erfolgt nach der Nettomethode.
6. Kunden begleichen Forderungen i. H. v. 9 000 EUR per Bank.
7. Es gehen Zinsen i. H. v. 2 000 EUR per Bank ein.
8. Es wird Miete im Voraus i. H. v. 3 000 EUR per Bank gezahlt.
9. Personalaufwendungen fallen i. H. v. 8 000 EUR an.

693

Beispiel 41 (Hauptabschlussübersicht) III // Annahmen für die Abschlussbuchungen

10. Der Endbestand der Waren lt. Inventur beträgt 13 000 EUR.
11. Der Fuhrpark wird um 5 000 EUR (direkt) abgeschrieben.
12. Die BuGA wird um 1 000 EUR (direkt) abgeschrieben.
13. Für Mietvorauszahlungen wird ein ARAP i. H. v. 2 000 EUR gebildet.
14. Locke aktiviert (freiwillig) latente Steuern im Umfang von 1 000 EUR.
15. Für die erwartete Gewerbesteuernachzahlung wird eine Rückstellung i. H. v. 2 000 EUR gebildet.

694

4. Privatentnahme

Privatkonto		12 000 EUR	
an	*Bank*		12 000 EUR

5. Verbuchung des Warenein- und verkaufs sowie Abschluss des Wareneinkaufskontos

Wareneinkauf		8 000 EUR	
an	*Bank*		8 000 EUR

Bank		28 000 EUR	
Forderungen aus L. u. L.		28 000 EUR	
an	*Warenverkauf*		56 000 EUR

Zum Abschluss des Wareneinkaufskontos sind zwei Buchungen erforderlich. Zum einen muss der Endbestand lt. Inventur in die Schlussbilanz gelangen. Buchungssatz:

Schlussbilanz		13 000 EUR	
an	*Wareneinkauf*		13 000 EUR

Zum anderen muss – aufgrund der Anwendung der *Nettomethode*[205] – der Wareneinsatz an das Wareneinkaufskonto gebucht werden. Buchungssatz:

[205] *Vgl. dazu Abschnitt 4.1.2 ab Seite 176.*

Warenverkauf		20 000 EUR	
an	*Wareneinkauf*		20 000 EUR

Nachstehend ist das abgeschlossene Wareneinkaufskonto dargestellt.

Soll	Wareneinkauf		Haben
AB	25 000	WV	20 000
Zugang	8 000	EB	13 000
Summe	33 000	Summe	33 000

6. Forderungen werden beglichen

Bank		9 000 EUR	
an	*Forderungen aus L. u. L..*		9 000 EUR

7. Zinserträge

Bank		2 000 EUR	
an	*Zinserträge*		2 000 EUR

Konten	Anfangsbilanz Aktiva	Passiva	Umsatzbilanz Soll	Haben	Summenbilanz Soll	Haben	Saldenbilanz I Soll	Haben
Fuhrpark	45 000			10 000	45 000	10 000	35 000	
BuGA	22 000		5 000	4 000	27 000	4 000	23 000	
Wareneinkauf	25 000		8 000	20 000	33 000	20 000	13 000	
Ford. aus L. u. L.	18 000		28 000	9 000	46 000	9 000	37 000	
Bank	12 500		53 000	31 000	65 500	31 000	34 500	
ARAP								
akt. lat. Steuern								
Eigenkapital		92 500				92 500		92 500
Verb. aus L. u. L.		30 000		5 000		35 000		35 000
Rückstellungen								
Privatkonto			12 000		12 000		12 000	
Warenverkauf			20 000	56 000	20 000	56 000		36 000
Zinserträge				2 000		2 000		2 000
Mietaufwand			3 000		3 000		3 000	
Personalaufwand			8 000		8 000		8 000	
Abschreibungen								
s. b. A.								
s. b. E.								
Summe	122 500	122 500	137 000	137 000	259 500	259 500	165 500	165 500

Konten	Umbuchungen Soll	Haben	Saldenbilanz II Soll	Haben	Schlussbilanz Aktiva	Passiva	GuV-Rechnung Soll	Haben
Fuhrpark		5 000	30 000		30 000			
BuGA		1 000	22 000		22 000			
Wareneinkauf			13 000		13 000			
Ford. aus L. u. L.			37 000		37 000			
Bank			34 500		34 500			
ARAP	2 000		2 000		2 000			
akt. lat. Steuern	1 000		1 000		1 000			
Eigenkapital	12 000			80 500		80 500		
Verb. aus L. u. L.				35 000		35 000		
Rückstellungen		2 000		2 000		2 000		
Privatkonto		12 000						
Warenverkauf				36 000				36 000
Zinserträge				2 000				2 000
Mietaufwand		2 000	1 000				1 000	
Personalaufwand			8 000				8 000	
Abschreibungen	6 000		6 000				6 000	
s. b. A.	2 000		2 000				2 000	
s. b. E.		1 000		1 000				1 000
Summe	23 000	23 000	156 500	156 500	139 500	117 500	17 000	39 000
						22 000	22 000	
					139 500	139 500	39 000	39 000

Lösung Beispiel 41 // Schlussbilanz

Aktiva	Schlussbilanz zum 31.12.2015		Passiva
	EUR		EUR
Fuhrpark	30 000	Eigenkapital	102 500
BuGA	22 000	Rückstellungen	2 000
Waren	13 000	Verb. aus L. u. L.	35 000
Ford. aus L. u. L.	37 000		
Bank	34 500		
ARAP	2 000		
akt. lat. Steuern	1 000		
Summe Aktiva	139 500	Summe Passiva	139 500

8. Bezahlung der Miete

Mietaufwand	3 000 EUR	
an Bank		3 000 EUR

9. Bezahlung des Personals

Personalaufwand	8 000 EUR	
an Bank		8 000 EUR

Die Summe der Umsätze des *Bankkontos* ermitteln sich wie nachstehend beschrieben. Die jeweilige Summe von Soll- und Habenbuchungen findet Eingang in die Umsatzbilanz.

Sollbuchungen	EUR	*Habenbuchungen*	EUR
1. Verkauf Kfz	10 000	4. Privatentnahme	12 000
+ 3. Verkauf BuGA	4 000	+ 5. Wareneinkauf	8 000
+ 5. Warenverkauf	28 000	+ 8. Mietzahlungen	3 000
+ 6. Forderungen	9 000	+ 9. Personal	8 000
+ 7. Zinszahlung	2 000		
= Summe	53 000	= Summe	31 000

3. Schritt Bildung der Summenbilanz durch Addition des Aktivvermögens aus der Anfangsbilanz und der Sollbuchungen aus der Umsatzbilanz bzw. Addition des Passivvermögens und der Habenbuchungen.

4. Schritt Bildung des Saldos der einzelnen Positionen der Summenbilanz.

5. Schritt Umbuchungen

10. Abschluss des Warenkontos (siehe Nr. 5. auf Seite 512)
11. Abschreibung des Fuhrparks

Abschreibungen	5 000 EUR	
an Fuhrpark		5 000 EUR

12. Abschreibung der Betriebs- und Geschäftsausstattung

Abschreibungen	1 000 EUR	
an Betriebs- und Geschäftsausstattung		1 000 EUR

13. Abgrenzung des Mietaufwands

ARAP	2 000 EUR	
an Mietaufwand		2 000 EUR

14. Aktivierung latenter Steuern

aktive latente Steuern 1 000 EUR
an *latenter Steuerertrag* 1 000 EUR

15. Bildung der Rückstellung für ungewisse Verbindlichkeiten

Steueraufwand 2 000 EUR
an *Rückstellungen* 2 000 EUR

16. Abschluss des Privatkontos

Eigenkapital 12 000 EUR
an *Privatkonto* 12 000 EUR

6. Schritt Erstellung der Saldenbilanz II ausgehend von der Saldenbilanz I unter Berücksichtigung der Umbuchungen.

7. Schritt Erstellung der Schlussbilanz unter ausschließlicher Berücksichtigung der Bestandskonten. Dies entspricht dem Teil der Tabellen auf Seite 513, der sich über dem Mittelstrich (ab dem Privatkonto aufwärts) befindet. Betrachtet man die Summen der Schlussbilanz so fallen diese mit 139 500 EUR (Aktiva) bzw. 117 500 EUR (Passiva) um 22 000 EUR unterschiedlich hoch aus. Dies liegt am bisher noch nicht erfolgten Abschluss des GuV-Kontos.

8. Schritt Ermittlung des Jahresüberschusses durch Bilden des Saldos der GuV. Der sich ergebende Saldo muss gerade dem »Saldo« der Bilanz i. H. v. 22 000 EUR entsprechen. Nachstehende Tabelle fasst die Summen und Salden der Schlussbilanz und der GuV zusammen.

	Schlussbilanz		*GuV-Rechnung*	
	Aktiva	Passiva	Soll	Haben
Summen	139 500	117 500	17 000	39 000
Salden		22 000	22 000	
Summen	139 500	139 500	39 000	39 000

9. Schritt Darstellung der Schlussbilanz in T-Kontoform.

12 *Rechtsformen und Verbuchung deren Eigenkapital*

698–700 Als letzter Schritt bei der Erstellung des Jahresabschlusses stellt sich die Frage nach der Gewinnverwendung bzw. der Gewinnverteilung und damit die Frage nach der Bilanzierung des Eigenkapitals.

ShortCode App # 1120

Bei der *Gewinnverwendung* wird die Frage gestellt, in welcher Form der Jahresüberschuss aus der GuV Eingang in die Bilanz findet. Dies hängt wesentlich von der zugrundeliegenden Rechtsform ab. Erfolgt bei der Einzelunternehmung die Darstellung des Eigenkapitals mittels *Eigenkapitalkonto* ist bei Kapitalgesellschaften eine sehr breite Differenzierung des Eigenkapitals vorgesehen. Insbesondere ist – anders als bei Personenunternehmungen – das »Verlassen« von Eigenkapital bei Kapitalgesellschaften an den Gewinn geknüpft, weshalb die Gewinnermittlung nach HGB auch einer Ausschüttungsbemessung gleich kommt.

Der *Gewinnverteilung* kommt ausschließlich in Unternehmen mit mehr als einem Gesellschafter Bedeutung zu. Hier stellt sich die Frage nach welchen Faktoren sich der Gewinnverteilungsschlüssel richtet. Während in Kapitalgesellschaften die Gewinnverteilung i. d. R. ausschließlich am Kapitalanteil bemessen wird, kommen in Gesellschaften, in denen natürliche Personen mit ihrem Privatvermögen haften, auch Arbeitseinsatz und die Höhe des Privatvermögens als Surrogatmaß (Ersatzmaß) für das eingegangene Risiko in Betracht.

Das Eigenkapital als eine *Form der Mittelherkunft* dient grundsätzlich zum Ausgleich laufender Verluste und negativer Risiken und übernimmt damit eine Pufferfunktion im kontinuierlichen Kapitalbindung- und Kapitalfreisetzungsprozess (Investition und Desinvestition).

Als *Residuum* dient das Eigenkapital als Haftungsgröße dem Gläubigerschutz. Es verlässt das Unternehmen erst nach Befriedigung aller Gläubigeransprüche, also zuletzt. Das »Verlassen« des Eigenkapitals des Unternehmens ist – insbesondere aufgrund der Haftungsbeschränkung auf das Eigenkapital im Fall von Kapitalgesellschaften – regelungsbedürftig.

Bei der Bilanzposition Eigenkapital wird i. d. R. (nach der Fristigkeit) differenziert zwischen *Kernkapital* (Garantiekapital) und *Rücklagen* bzw. Gewinn- / Verlustvortrag und Jahresüberschuss. Liegt die Hürde für das Verlassen des Unternehmens beim Gezeichneten Kapital (Kernkapital) besonders hoch[206], nehmen die formalen Anforderungen bei der Auskehrung von Gewinnrücklagen, Gewinnvorträgen und Jahresüberschüssen (in Form von Dividendenausschüttungen) an die Anteilseigner ab.

206 *Zum Beispiel sind die rechtlichen Anforderungen an eine Kapitalherabsetzung sehr h*

Wo stehen wir?

698

Eigenkapital

Aktiva	Gliederung der Bilanz gem. § 266 HGB	Passiva
A. Anlagevermögen		A. Eigenkapital
I. Immaterielle Vermögensgegenstände		*I. Gezeichnetes Kapital*
II. Sachanlagen		*II. Kapitalrücklage*
III. Finanzanlagen		*III. Gewinnrücklage*
B. Umlaufvermögen		*IV. Gewinnvortrag/Verlustvortrag*
I. Vorräte		*V. Jahresüberschuss/Jahresfehlbetrag*
II. Forderungen		B. Rückstellungen
III. Wertpapiere		C. Verbindlichkeiten
IV. Kasse, Bank		D. Rechnungsabgrenzungsposten
C. Rechnungsabgrenzungsposten		E. Passive latente Steuern
D. Aktive latente Steuern		
Bilanzsumme		Bilanzsumme

699

Ausweis des Eigenkapitals

- Die Gliederungsvorschrift des § 266 HGB gilt vor allem für Kapitalgesellschaften.
- Allerdings existieren sehr viele unterschiedliche Rechtsformtypen.
- Der Ausweis des Eigenkapitals differiert bei den einzelnen Rechtsformen.
- Es erfolgt deshalb zunächst eine kurze Vorstellung der Rechtsformen, bevor die Bilanzierung des Eigenkapitals und Ergebnisverwendungsmöglichkeiten dieser Rechtsformen besprochen werden.

700

12.1 *Die wichtigsten Rechtsformen im Überblick*

701 In *Abb. 79* sind die wesentlichen Typen von Personenunternehmungen und Kapitalgesellschaften dargestellt. Weitere Rechtsformen sind z. B.

- Gesellschaft des bürgerlichen Rechts (GbR), auch als BGB-Gesellschaft bezeichnet,
- Unternehmergesellschaft haftungsbeschränkt (UG haftungsbeschränkt),
- GmbH & Co. KG,
- GmbH & Co. OHG,
- Genossenschaft,
- Stille Gesellschaft,
- Kommanditgesellschaft auf Aktien (KGaA),
- Partnerschaft.

12.1.1 *Personenunternehmungen*

702–703 Zu den Personenunternehmen zählen im Wesentlichen die Einzelunternehmung sowie Personengesellschaften wie die OHG und die KG. *Wesentliches Charakteristikum* ist jeweils die persönliche und gesamtschuldnerische Haftung. Die *persönliche Haftung* – skizziert im linken Teil von *Darstellung* 107 – erstreckt sich auf den Kapitalanteil am Unternehmen (Betriebsvermögen) sowie auf das nichtbetriebliche Vermögen (Privatvermögen).

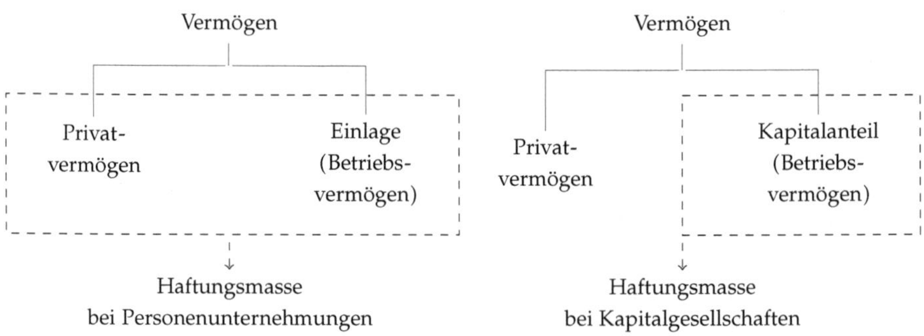

Darstellung 107 Haftungsmasse bei Personenunternehmungen und Kapitalgesellschaften

Im Vergleich zu Kapitalgesellschaften existieren für Personenunternehmen relativ wenig Publizitätsverpflichtungen[207], d. h. die verpflichtende Zugänglichmachung des Jahresabschlusses für die Öffentlichkeit ist eingeschränkt. Die Diskretion bezüglich sensibler Unternehmensdaten bleibt gewahrt.

[207] *Die Publizität ist korreliert mit der Haftungsmasse. Je mehr Haftung, desto weniger Publizitätsverpflichtungen existieren.*

Überblick über die wichtigsten Rechtsformen

KG = Kommanditgesellschaft, OHG = offene Handelsgesellschaft

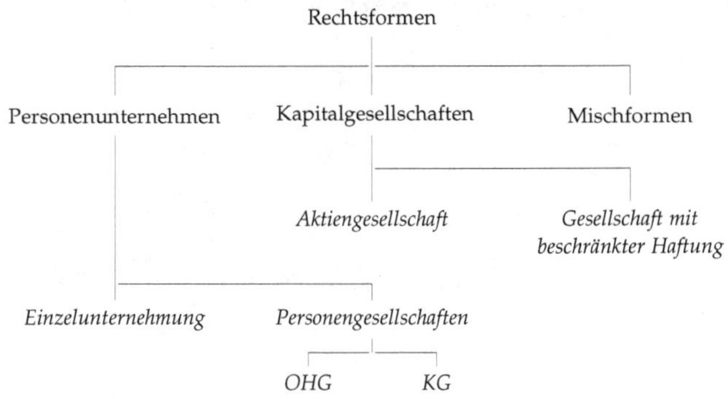

Abb. 79 Die wichtigsten Rechtsformen im Überblick 701

Wesentliche Charakteristika allgemein I // Personenunternehmen

- Persönliche *gesamtschuldnerische Haftung* der Eigentümer mit der Einlage und dem gesamten Privatvermögen (unbeschränkte Haftung),
- Jeder Gesellschafter verfügt über ein Kapitalkonto,
- Leistungen zwischen Gesellschaft und Gesellschafter werden i. d. R. über *Einlagen und Entnahmen* abgebildet.
- *Vorteile*
  - Vergleichsweise wenig Publizitätsverpflichtungen,
  - Einfache Handhabung der Beziehung zwischen Gesellschaft und Gesellschafter,
  - Beschaffung von Fremdkapital oft einfacher.
- *Nachteil* – persönliche (und gesamtschuldnerische) Haftung.

702

Wesentliche Charakteristika allgemein II // Kapitalgesellschaften

- Eigene Rechtspersönlichkeit (juristische Person).
- Die *Haftung ist* auf das Vermögen der Gesellschaft *beschränkt*.
- Es existieren keine Kapitalkonten und damit keine Privateinlagen/ -entnahmen.
- Der Zahlungsfluss zwischen Gesellschafter und Gesellschaft erfolgt (i. d. R.) durch Kapitalerhöhungen, -herabsetzungen und Ausschüttungen (*Dividenden*).
- *Vorteil* – Haftungsbeschränkung.
- *Nachteile*
  - Verstärkte Publizitäts- und Offenlegungspflichten,
  - Beziehung zwischen Gesellschafter und Gesellschaft sehr formal,
  - Beschaffung von Fremdmittel i. d. R. schwieriger.

703

Die Leistungsbeziehung zwischen Unternehmer und Unternehmen bei Personenunternehmungen ist in *Darstellung* 108 skizziert. Sie findet neben den oben genannten Beispielen hauptsächlich in der Form von Einlagen und Entnahmen auf einer (horizontalen) Ebene statt, d. h. es findet keine »scharfe« formelle Trennung zwischen natürlicher Person und Unternehmung statt. Unternehmung und natürliche Person sind »eins«.

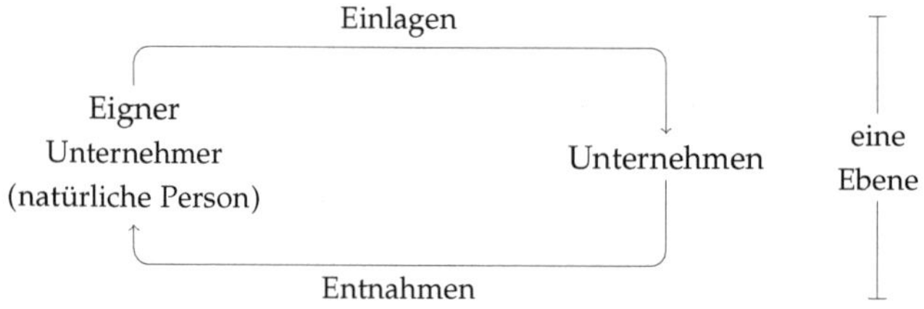

Darstellung 108 Beziehung zwischen Unternehmer und Unternehmen bei Personenunternehmungen

Ein weiterer Vorteil gegenüber Kapitalgesellschaften besteht im geringeren Aufwand bezüglich Förmlichkeiten. Die Leistungsbeziehungen zwischen Gesellschaft und Gesellschafter (z. B. Bestimmung der Höhe des Geschäftsführergehalts, Vermietung von sich im Privatvermögen der Gesellschafter befindlichen Vermögens (z. B. Immobilien) an die Gesellschaft, Vergabe von Darlehen an die Gesellschaft) sind einfacher zu regeln und werden steuerrechtlich anerkannt.
Die *gesellschaftsrechtliche Stellung* von Gesellschaft und Gesellschafter findet sich auch im Steuerrecht wieder. Aus diesem Grund sagt man, dass das Steuerrecht dem Gesellschaftsrecht folge. Im Steuerrecht wird im Fall von Personenunternehmungen die betriebliche und die private Sphäre als eine Einheit verstanden. Folglich sind die Leistungsbeziehungen zwischen Unternehmen und Gesellschafter für steuerrechtliche Zwecke irrelevant. Zahlungen an den Gesellschafter stellen auf Unternehmensebene Aufwendungen dar und führen beim Gesellschafter zu steuerpflichtigen Einnahmen.

Aufgrund der persönlichen und gesamtschuldnerischen Haftung der Gesellschafter kann es leichter sein, Fremdmittel (z. B. in Form von Bankkrediten) zu erhalten.

12.1.2 *Kapitalgesellschaften*

Kapitalgesellschaften sind als juristische Personen rechtsfähig, d. h. sie können unter ihrer Firma (Name des Unternehmens) klagen und verklagt werden. Anders als bei der horizontalen Beziehung zwischen Anteilseigner und Unternehmen bei Personenunterneh-

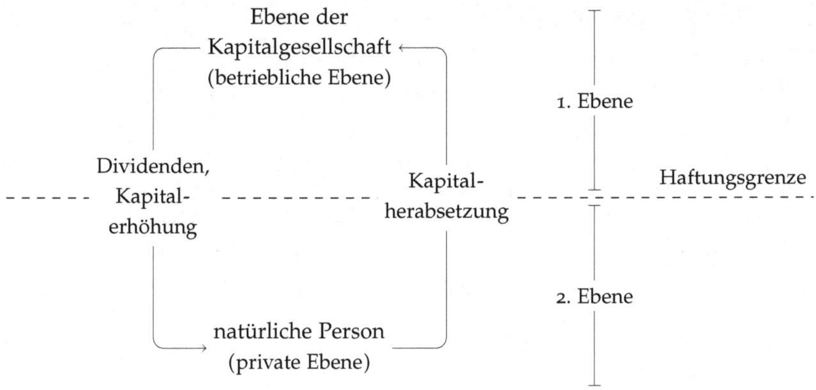

Darstellung 109 Verhältnis von Kapitalgesellschaft und natürlicher Person

men kann das Verhältnis zwischen Anteilseigner und Gesellschaft bei Kapitalgesellschaften als vertikal bezeichnet werden. Die Beziehung zwischen Anteilseigner und Kapitalgesellschaft ist in *Darstellung* 109 skizziert. Die erste Ebene bildet dabei die Unternehmensebene, die zweite Ebene die »private« Ebene des Anteilseigners. Die beiden Ebenen sind durch die Haftungsbeschränkung der Kapitalgesellschaft separiert. Die Anteilseigner haften nur mit dem eingebrachten Kapital.

Beziehungen zwischen Anteilseigner und Kapitalgesellschaft werden steuerrechtlich grds. anerkannt. Da die juristische Person aus steuerrechtlicher Sicht als eigenes Steuersubjekt verstanden wird, findet die Besteuerung auf zwei Ebenen statt. Zunächst fällt auf Ebene der Gesellschaft Körperschaftsteuer an, anschließend fällt bei Zahlungen an die Gesellschafter auf privater Ebene Einkommensteuer an. Aus juristischer Sicht stellt die zweifache Besteuerung keine Doppelbesteuerung dar, da jedes Rechtssubjekt (Körperschaft und natürliche Person) nur genau ein Mal besteuert wird. Aus ökonomischer Sicht spielt der juristische Begriff des Rechtssubjekts keine Rolle, denn maßgeblich sind für natürliche Personen ausschließlich konsumfähige Beträge in Form von Zahlungen nach Steuern. Werden die Beträge bis zum Erreichen der natürlichen Person mehrfach – unabhängig von der Steuerart – besteuert, besteht aus ökonomischer Sicht eine Doppelbelastung.

12.2 *Einzelunternehmung*

704–705 Die Grundform der Personenunternehmung stellt die Einzelunternehmung dar, bei der eine einzige natürliche Person Anteilseigner (Eigentümer) ist und persönlich mit ihrem Privatvermögen haftet. Eine klassische Gewinnverteilung analog zu Gesellschaften mit mehreren Gesellschaftern findet hier nicht statt. Vielmehr wird der sich aus der GuV ergebende Periodenerfolg in Form des Jahresüberschusses auf das Privatkonto als Unterkonto des Eigenkapitals verbucht, auf dem neben der Zurechnung des Periodenerfolgs die Einlagen und Entnahmen erfasst werden.

Das Eigenkapital bei Einzelunternehmen unterliegt keiner weiteren Differenzierung.

12.3 *Offene Handelsgesellschaft (OHG)*

706–709 Das wesentliche Charakteristikum der persönlichen Haftung trifft auch für die offene Handelsgesellschaft als eine Form der Personenunternehmung zu, mit dem Unterschied zur Einzelunternehmung, dass bei der OHG mehr als ein Gesellschafter[208] beteiligt ist. Zudem beschreibt die gesamtschuldnerische Haftung – skizziert anhand eines Beispiels in *Darstellung* 110 – das Haftungsverhältnis unter den Gesellschaftern.

[208] *Die Gesellschafter müssen dabei nicht zwingend natürliche Personen sein. Gesellschafter kann auch eine Kapitalgesellschaft wie etwa die GmbH sein. In diesem Fall der GmbH & Co. OHG entstehen Mischformen von Gesellschaften.*

Aktiva	Bilanz ABC-OHG		Passiva
AV	500	EK A	100
UV	400	EK B	100
		EK C	100
		Schulden	600
Summe	900	Summe	900

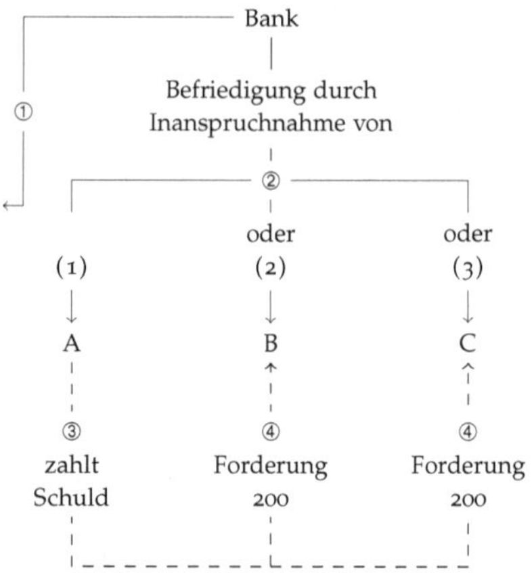

Darstellung 110 Gesamtschuldnerische Haftung

Im Beispiel in *Darstellung* 110 wird davon ausgegangen, dass die natürlichen Personen A, B und C zu jeweils einem Drittel am Kapital der ABC-OHG beteiligt sind. Bei Vergabe eines Kredites durch die Bank an die ABC-OHG (①) haften die Gesellschafter nicht nur mit ihrem Privatvermögen in voller Höhe (persönliche Haftung), sondern haftet allein für die gesamten Schulden der Gesellschaft (gesamtschuldnerische Haftung, ②).[209]

[209] *Das bedeutet, dass die Bank die Schuld bei Zahlungsunfähigkeit der Gesellschaft auch von jedem einzelnen Gesellschafter einfordern kann.*

Einzelunternehmung I // Charakteristika

- Das Unternehmen wird vom Eigentümer selbst geführt.
- Der Eigentümer …
  - … haftet mit dem gesamten Vermögen (Einlagen und Privatvermögen) für seine Verbindlichkeiten,
  - … führt das Privatkonto als Unterkonto des Eigenkapitals,
  - … zahlt auf den StB-Gewinn Einkommensteuer, Gewerbesteuer und SolZ.
- Für steuerliche Zwecke kommt das Durchgriffsprinzip (auch als Transparenzprinzip bezeichnet) zur Anwendung; der Gewinn wird in dem Kalenderjahr besteuert, in dem er anfällt.
- Die ESt und der SolZ stellen jeweils Entnahmen dar, sofern sie aus betrieblichen Mitteln bezahlt werden.
- Der Gewinn aus der GuV wird dem EK-Konto zugeführt. 704

Einzelunternehmung II // Erfolgsverwendung

- Das Eigenkapitalkonto des Einzelunternehmers wird i. d. R. als variables Konto geführt.
- Die Entnahmen sind *nicht* vom Gewinn oder Verlust abhängig, d. h. auch im Verlustfall kann Geld- oder Sachvermögen entnommen werden.
- Buchung im Gewinnfall – *GuV an Eigenkapital.*
- Buchung im Verlustfall – *Eigenkapital an GuV.*
- Ein negatives Eigenkapital wird auf der Aktivseite der Bilanz ausgewiesen.

705

Offene Handelsgesellschaft I // Charakteristika

- Wesentlicher Unterschied zur Einzelunternehmung – es ist mehr als ein »Gesellschafter« beteiligt.
- Den Charakter der OHG beschreibt § 105 Abs. 1 HGB:

  > *(1) Eine Gesellschaft, deren Zweck auf den Betrieb eines Handelsgewerbes unter gemeinschaftlicher Firma gerichtet ist, ist eine offene Handelsgesellschaft, wenn bei keinem der Gesellschafter die Haftung gegenüber den Gesellschaftsgläubigern beschränkt ist.*

- Alle Gesellschafter haften persönlich und gesamtschuldnerisch.
- Die Ermittlung des (anteiligen) Jahresgewinns- oder Verlusts ist in § 120 HGB geregelt:

  > *(1) Am Schlusse jedes Geschäftsjahrs wird auf Grund der Bilanz der Gewinn oder der Verlust des Jahres ermittelt und für jeden Gesellschafter sein Anteil daran berechnet.*
  > *(2) Der einem Gesellschafter zukommende Gewinn wird dem Kapitalanteile des Gesellschafters zugeschrieben; der auf einen Gesellschafter entfallende Verlust sowie das während des Geschäftsjahrs auf den Kapitalanteil entnommene Geld wird davon abgeschrieben.*

706

Die Bank wird sich dabei an denjenigen Gesellschafter mit dem größten Privatvermögen halten. Sofern die Bank den Gesellschafter A bei Zahlungsunfähigkeit der ABC-OHG privat in Anspruch nimmt (③, Außenverhältnis), kann A den auf die anderen Gesellschafter entfallenden Teil der Schuld (jeweils 200 EUR von B und C) von diesen einfordern (④, Innenverhältnis).

Als *Außenverhältnis* wird das Verhältnis zwischen Gesellschafter und (hier) Bank bezeichnet, während das *Innenverhältnis* das Verhältnis der Gesellschafter untereinander beschreibt.

Neben der Haftung stellt sich – anders als bei der Einzelunternehmung – die Frage nach der Verteilung des Gewinns. Denkbare *Maßgrößen für die Vergütung* der Gesellschafter (Gewinnverteilung) sind in *Darstellung* 111 aufgeführt. Demnach sollte der Gewinnanteil mit zunehmendem Kapitaleinsatz, produktivem Arbeitseinsatz und zunehmendem Risiko bezüglich des Verlusts des Privatvermögens steigen.

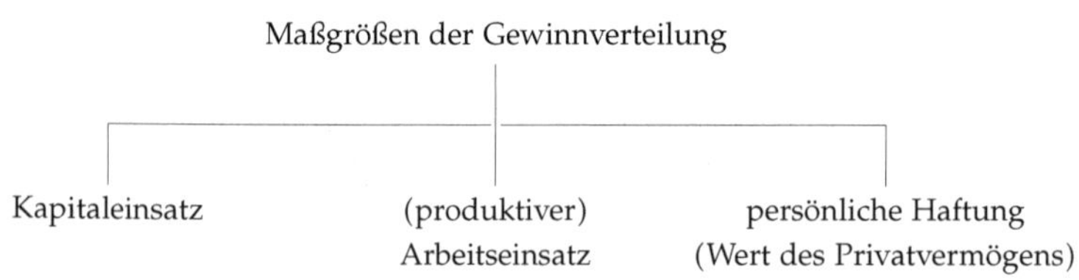

Darstellung 111 Maßgrößen zur Gewinnverteilung bei Personengesellschaften

Für die Bemessung der Gewinnverteilung nach dem *Kapitaleinsatz* existieren gesetzliche Regelungen, während eine Bemessung der Gewinnverteilung nach dem Arbeitseinsatz und dem persönlichen Risiko nicht vorgesehen ist.

Hinsichtlich der Abgeltung des *Arbeitseinsatzes* z. B. durch Übernahme der Geschäftsführung, existieren grundsätzlich zwei Möglichkeiten:

1. Zahlung eines Geschäftsführergehalts
2. Zuweisung eines Vorabgewinns

Die Zahlung des *Geschäftsführergehalts* erfolgt buchhalterisch unterjährig in Form von Personalaufwendungen. Dies hat zur Folge, dass der zu verteilende Gewinn am Ende des Wirtschaftsjahres geschmälert wird. Der Vorteil des Geschäftsführergehalts im Vergleich zum *Vorabgewinn* liegt auf der Hand. Sofern kein Gewinn erwirtschaftet wird, kann auch kein Vorabgewinn verteilt werden, d. h. die Geschäftsführertätigkeit wird nicht vergütet, während das Geschäftsführergehalt – unabhängig vom Gewinn – gezahlt wird.

Offene Handelsgesellschaft II // Erfolgsverwendung

- Die Verteilung des Jahresgewinns bzw. -verlusts regelt § 121 HGB:

> *(1) [1]Von dem Jahresgewinne gebührt jedem Gesellschafter zunächst ein Anteil in Höhe von vier vom Hundert seines Kapitalanteils. [2]Reicht der Jahresgewinn hierzu nicht aus, so bestimmen sich die Anteile nach einem entsprechend niedrigeren Satze.*
> *(2) [1]Bei der Berechnung des nach Absatz 1 einem Gesellschafter zukommenden Gewinnanteils werden Leistungen, die der Gesellschafter im Laufe des Geschäftsjahrs als Einlage gemacht hat, nach dem Verhältnisse der seit der Leistung abgelaufenen Zeit berücksichtigt. [2]Hat der Gesellschafter im Laufe des Geschäftsjahrs Geld auf seinen Kapitalanteil entnommen, so werden die entnommenen Beträge nach dem Verhältnisse der bis zur Entnahme abgelaufenen Zeit berücksichtigt.*
> *(3) Derjenige Teil des Jahresgewinns, welcher die nach den Absätzen 1 und 2 zu berechnenden Gewinnanteile übersteigt, sowie der Verlust eines Geschäftsjahrs wird unter die Gesellschafter nach Köpfen verteilt.*

- Der gesetzliche Verteilungsschlüssel kann durch zivilrechtliche Vereinbarungen in Form von Gesellschaftsverträgen individuell geregelt werden.

707

Offene Handelsgesellschaft III

- Es wird i. d. R. ein *fixes* und ein *variables* Kapitalkonto pro Gesellschafter geführt.
- Das Entnahmerecht der Gesellschafter ist in § 122 HGB geregelt:

> *(1) Jeder Gesellschafter ist berechtigt, aus der Gesellschaftskasse Geld bis zum Betrage von vier vom Hundert seines für das letzte Geschäftsjahr festgestellten Kapitalanteils zu seinen Lasten zu erheben und, soweit es nicht zum offenbaren Schaden der Gesellschaft gereicht, auch die Auszahlung seines den bezeichneten Betrag übersteigenden Anteils am Gewinne des letzten Jahres zu verlangen.*
> *(2) Im übrigen ist ein Gesellschafter nicht befugt, ohne Einwilligung der anderen Gesellschafter seinen Kapitalanteil zu vermindern.*

- Die Gesellschafter zahlen auf ihren anteiligen Gewinn Einkommensteuer, Gewerbesteuer und SolZ.
- Die ESt und der SolZ stellen jeweils Entnahmen dar, sofern sie aus betrieblichen Mitteln bezahlt werden.

708

Offene Handelsgesellschaft IV // Darstellung des Eigenkapitals

- Der Ausweis des Eigenkapitals für offene Handelsgesellschaften ergibt sich aus § 264c Abs. 2 HGB.

> *(2) [1]§ 266 Abs. 3 Buchstabe A ist mit der Maßgabe anzuwenden, dass als Eigenkapital die folgenden Posten gesondert auszuweisen sind:*
> *I. Kapitalanteile*
> *II. Rücklagen*
> *III. Gewinnvortrag/Verlustvortrag*
> *IV. Jahresüberschuss/Jahresfehlbetrag.*
> *[2]Anstelle des Postens »Gezeichnetes Kapital« sind die Kapitalanteile der persönlich haftenden Gesellschafter auszuweisen; sie dürfen auch zusammengefasst ausgewiesen werden …*

- Der Ausweis von Rücklagen ist eingeschränkt, § 264c Abs. 2 Satz 8 HGB.

> *[8]Als Rücklagen sind nur solche Beträge auszuweisen, die aufgrund einer gesellschaftsrechtlichen Vereinbarung gebildet worden sind.*

709

Als Maßgröße für das *persönliche Risiko* könnte der Wert des Privatvermögens dienen.

Eine sinnvolle Reihenfolge der Anwendung der Maßgrößen und deren Gewichtung ist abhängig von den jeweiligen Gegebenheiten der Gesellschafter. Die gesetzliche Gewinnverteilung in der OHG ist wie folgt geregelt:

1. Nach § 121 Abs. 1 Satz 1 HGB steht jedem Gesellschafter zunächst eine Verzinsung seines Anteils in Höhe von 4 % zu.
2. Der verbleibende Rest des Jahresgewinns wird unter den Gesellschaftern nach Köpfen verteilt, § 121 Abs. 3 HGB.
3. Reicht der Gewinn für eine 4-prozentige Verzinsung des Kapitalanteils der Gesellschafter nicht aus, so wird ein Prozentsatz gewählt, der eine vollständige Verwendung des Gewinnes garantiert, § 121 Abs. 1 Satz 2 HGB.
4. Verluste werden nach Köpfen verteilt, § 121 Abs. 3 HGB.

In der Praxis werden für jeden OHG-Gesellschafter i. d. R. zwei Kapitalkonten (KK) geführt.

(a) *Festes Kapitalkonto I (KK I)*

Das feste Kapitalkonto – auch als Kapitalkonto I bezeichnet – dient als Maßstab für die Gewinnverteilung, sein Bestand ist fix. Damit wird erreicht, dass die Verteilungsschlüssel für die Gewinnverteilung sowie gegebenenfalls auch für die Entnahmerechte, Stimmrechte und Nachschusspflichten der Gesellschafter konstant bleiben. Dies vereinfacht die Gewinnverteilung.

(b) *Variables Kapitalkonto II (KK II)*

Der entnahmefähige Teil des Kapitalanteils wird in Form eines Darlehenskontos geführt und dementsprechend verzinst.

Bei der Gewinnverteilung wird der Gewinn, zunächst rechnerisch, d. h. rein buchmäßig, unter den Gesellschaftern verteilt. Gewinnanteile werden den Kapitalkonten gutgeschrieben, Verlustanteile von denselben abgebucht.

Buchung im Gewinnfall

GuV an Privatkonto

Buchung im Verlustfall

Privatkonto an GuV

Gewinne sind zunächst nur buchhalterische Größen, das bedeutet, dass sie nicht in Form von liquiden Mitteln vorliegen müssen. Dies kann die gegenwärtige Entnahmemöglichkeit mindern.[210] Die heutige Gewinnverteilung determiniert die künftige Entnah-

[210] *Es ist durchaus denkbar, z. B. in Wirtschaftsjahren, in denen viel aus Eigenmitteln investiert wird, dass trotz hohem Kapitalkonto II keine oder nur geringe Entnahmen mangels liquider Mittel möglich sind.*

memöglichkeit, d. h. die Gewinnverteilung ist die Voraussetzung für Entnahmen in der Zukunft.

Entnahme
Eigenkapitalkonto an Kasse

BEURTEILUNG DER GESETZLICHEN GEWINNVERTEILUNG UND ENTNAHMEREGELUNG

Maßgrößen der Gewinnverteilung[212]

Die gesetzliche Gewinnverteilungsregelung lässt das möglicherweise unterschiedliche Haftungsrisiko (Haftung mit dem Privatvermögen) außer Betracht, da allein der Kapitalanteil und die Anzahl der Gesellschafter maßgeblich für den zugewiesenen Gewinnanteil sind. Der Gesetzgeber geht hier implizit von gleichen Vermögensverhältnissen zum Zeitpunkt der Gründung der Gesellschaft aus. Werden im Zeitablauf von den Gesellschaftern unterschiedlich hohe Entnahmen getätigt, so dass sich die (variablen) Kapitalanteile unterschiedlich entwickeln, wird unterstellt, dass bei einer Entnahme eines Gesellschafters einer Personengesellschaft das Geld in sein Privatvermögen übergeht. Da er privat voll haftet verringert sich auch die Haftungsmasse nicht. Auch wenn er private Anschaffungen tätigt, steht – so die implizite Annahme – der Entnahme immer ein Sachwert gegenüber. Vernachlässigt wird hier die Verwendung von Entnahmen zu Konsumzwecken, denen kein konkreter (Vermögens-)Gegenstand gegenübersteht.[213]

[212] *Vgl. dazu auch Wagner/Wangler (2001), Sp. 984 f.*

[213] *Der Kauf eines teuren Sportwagens kann Konsumzwecken dienen. Hier steht den Ausgaben aber ein konkreter sachlicher Wert entgegen, was etwa bei einer Luxusreise nicht der Fall ist.*

Entnahmeregelung

Nach § 122 Abs. 1 1. Halbsatz HGB ist jeder Gesellschafter berechtigt, in Höhe von 4% seines für das letzte Geschäftsjahr festgestellten Kapitalanteils Entnahmen zu tätigen. Dieses Kapitalentnahmerecht besteht unabhängig davon, ob ein Gewinn erwirtschaftet wurde und fällt vergleichsweise gering aus, wenn hohe stille Reserven vorhanden sind. Unbeschadet seines Kapitalentnahmerechts ist jeder Gesellschafter nach § 122 Abs. 1 2. Halbsatz HGB berechtigt, auch die Auszahlung seines die Kapitalentnahme übersteigenden Anteils am Gewinn des letzten Jahres zu verlangen, soweit die Entnahme nicht zum offenbaren Schaden der Gesellschaft beiträgt (Gewinnentnahmerecht). Das gesamte Entnahmerecht erlischt jedoch mit der Feststellung der nächsten Bilanz. Mit dieser Regelung wird unterstellt, dass die Entnahmen konsumiert werden, d. h. für investive Zwecke nicht mehr zur Verfügung stehen. Dies steht im Widerspruch zur oben beschriebenen impliziten Annahme des Erhalts der Haftungsmasse im Fall der Entnahme.

Mit der Beschränkung der Entnahme auf 4% seines für das letzte Geschäftsjahr festgestellten Kapitalanteils ist es dem Gesellschafter zudem nicht möglich, flexibel auf günstigere externe Anlagemöglichkeiten auszuweichen. Das Kapital ist dadurch weniger flexibel einsetzbar und die Kapitalreallokation eingeschränkt.[214]

[214] *Diese Einschränkung kann auch als »lock-in-Effekt« bezeichnet werden, da das Kapital quasi im Unternehmen »eingesperrt« ist.*

Auswirkung der Bilanzierungs- und Bewertungsvorschriften auf die Gewinnverteilung

Die Bilanzierungs- und Bewertungsvorschriften des HGB können sich materiell wesentlich auf die Gewinnverteilung auswirken. Durch bestehende Spielräume kann der Jahresgewinn bedeutend verändert werden (z. B. durch Ansatz- und Bewertungswahlrechte). Dies gilt vor allem für die gezielte Bildung stiller Reserven, da stille Reserven zu einer Unterverzinsung des Kapitals führen.

Wird der Gewinn soweit vermindert, dass er kleiner als 4% des Kapitalkontos ist, dann kann der Gesellschafter – ungeachtet der Gewinnzuteilung der laufenden Periode – Entnahmen tätigen, die entsprechend sein Kapitalkonto (II) vermindern. Dies führt zu einem geringeren Zinsanspruch in den Folgejahren. Steigt der Gewinn dagegen auf über 4% des Kapitalkontos an, erhöht sich die Bedeutung der Pro-Kopf-Verteilung. Das bedeutet, dass der Gesellschafter, der nur seine Arbeitskraft einbringt und nur einen geringen Kapitalanteil besitzt, an einem hohen Gewinn und somit an einer hohen Pro-Kopf-Verteilung interessiert ist. Dieser Gesellschafter ist somit auch gegen eine vorsichtige Bewertung, da diese tendenziell zu hohen stillen Reserven führt und der zu verteilende Gewinn niedriger ausfällt.

710–714 *Beispiel 42* zeigt die Gewinnverteilung in der OHG anhand eines einfachen Beispiels unter Anwendung der gesetzlichen Regelung zur Gewinnverteilung. Die wesentlichen Vereinfachungen beruhen auf:

1. Keine Differenzierung der Kapitalkonten in feste bzw. variable Konten.
2. Keine zeitlich exakte Erfassung und damit Verzinsung der Entnahmen und Einlagen.

Beispiel 42 (Ergebnisverwendung in der OHG) I

A, B und C sind Gesellschafter der ABC-OHG. Der Jahresüberschuss der ABC-OHG in 2015 beträgt 122 000 EUR. Der Gesellschaftsvertrag sieht eine Vorabvergütung des A für die Geschäftsführung i. H. v. 40 000 EUR vor. Vom Rest erhält jeder Gesellschafter zunächst eine 4%-ige Verzinsung seines Kapitalanteils zu Beginn des Kalenderjahres. Der verbleibende Rest wird nach Köpfen verteilt. Die nachstehende Tabelle enthält den Kapitalbestand zum 01.01.2015 sowie die Entnahmen und Einlagen in 2015.

Führen Sie die Gewinnverteilung durch, ermitteln Sie jeweils den Kapitalbestand der Gesellschafter am 31.12.2015 und verbuchen Sie die Gewinnverteilung!

710

Beispiel 42 (Ergebnisverwendung in der OHG) II

Kapitalbestand, Entnahmen und Einlagen in EUR

Gesellschafter	Kapital am 01.01.2015	Entnahmen	Einlagen
A	300 000	8 000	
B	400 000		24 000
C	600 000	45 000	
Σ	1 300 000	53 000	24 000

711

Lösung Beispiel 42 I // Ermittlung der Gewinnanteile

		EUR
	Jahresüberschuss	122 000
./.	Vorabvergütung A	40 000
=	verbleiben	82 000
./.	Verzinsung Kapital A (300 000 × 0,04 =)	12 000
./.	Verzinsung Kapital B (400 000 × 0,04 =)	16 000
./.	Verzinsung Kapital C (600 000 × 0,04 =)	24 000
=	verbleiben	30 000
	pro Kopf	10 000

712

Der Endbestand der Privatkonten ergibt sich durch Differenz der Kapitalanteile zum 01.01. und 31.12. Ausgehend vom Jahresüberschuss ist die Gewinnverteilung der ABC-OHG in *Darstellung* 112 auf Basis von T-Konten abgebildet.[215]

[215] *Der explizite Ausweis der Aufteilung des jeweils zugewiesenen Gewinnanteils in Vorabgewinn, Zinsen und Restgewinnanteil erfolgt hier lediglich aus didaktischen Gründen.*

Soll	Privat A		Haben
Entn.	8 000	AB	300 000
EB	354 000	Vorab	40 000
		Zinsen	12 000
		Rest	10 000
Summe	362 000	Summe	362 000

Soll	Privat B		Haben
EB	450 000	AB	400 000
		Zinsen	16 000
		Rest	10 000
		Einlage	24 000
Summe	450 000	Summe	450 000

Soll	Privat C		Haben
Entn.	45 000	AB	600 000
EB	589 000	Zinsen	24 000
		Rest	10 000
Summe	634 000	Summe	634 000

Soll	GuV		Haben
Aufwendungen	...	Erträge	...
:	:	:	:
JÜ	122 000	...	...
Summe	...	Summe	...

Aktiva	Schlussbilanz OHG		Passiva
		EK A	354 000
		EK B	450 000
		EK C	589 000
:	:	:	:
Summe	...	Summe	...

Darstellung 112 Gewinnverteilung der ABC-OHG in T-Konten

12.4 *Kommanditgesellschaft*

715–717 Bei der Kommanditgesellschaft als eine Form der Personengesellschaft existieren – anders als bei der OHG – zwei Typen von Gesellschaftern, deren Charakter in *Darstellung* 113 beschrieben ist.

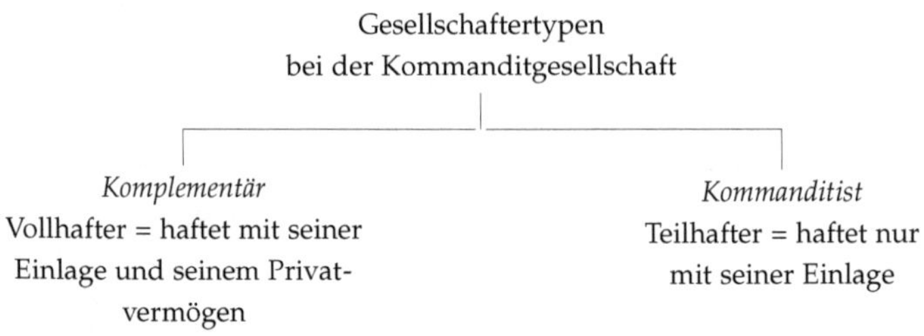

Darstellung 113 Gesellschaftertypen der KG

Lösung Beispiel 42 II // Entwicklung der Kapitalkonten

	Kapital am 01.01.2015	Gewinnverteilung Vorab-vergütung	Kapital-verzinsung	Restge-winnanteil	Entnahmen	Einlagen	Kapital am 31.12.2015
A	300 000	40 000	12 000	10 000	8 000		354 000
B	400 000		16 000	10 000		24 000	450 000
C	600 000		24 000	10 000	45 000		589 000
Σ	1 300 000	40 000	52 000	30 000	53 000	24 000	1 393 000

Gewinnzuweisung	Entnahmen/Einlagen	Privatkonto 31.12.2015
A: 40 000 + 12 000 + 10 000 = 62 000	−8 000	54 000
B: 16 000 + 10 000 = 26 000	+24 000	50 000
C: 24 000 + 10 000 = 34 000	−45 000	11 000

713

Lösung Beispiel 42 III // Verbuchung der Gewinnanteile

- Abschluss des GuV-Kontos

GuV-Konto	*122 000* EUR	
an Privatkonto A		*62 000* EUR
Privatkonto B		*26 000* EUR
Privatkonto C		*34 000* EUR

- Abschluss der Privatkonten

Privatkonto A	*54 000* EUR	
an Kapitalkonto A		*54 000* EUR
Privatkonto B	*50 000* EUR	
an Kapitalkonto B		*50 000* EUR
Kapitalkonto C	*11 000* EUR	
an Privatkonto C		*11 000* EUR

714

Kommanditgesellschaft (KG) I

- Die Kommanditgesellschaft gehört zu den Personengesellschaften.
- Wesentlicher Unterschied zur OHG – es existieren zwei Typen von Gesellschaftern, *Vollhafter* (Komplementäre) und *beschränkt Haftende* (Kommanditisten).
- Den Begriff der KG beschreibt § 161 HGB:

> *(1) Eine Gesellschaft, deren Zweck auf den Betrieb eines Handelsgewerbes unter gemeinschaftlicher Firma gerichtet ist, ist eine Kommanditgesellschaft, wenn bei einem oder bei einigen von den Gesellschaftern die Haftung gegenüber den Gesellschaftsgläubigern auf den Betrag einer bestimmten Vermögenseinlage beschränkt ist (Kommanditisten), während bei dem anderen Teile der Gesellschafter eine Beschränkung der Haftung nicht stattfindet (persönlich haftende Gesellschafter).*
> *(2) Soweit nicht in diesem Abschnitt ein anderes vorgeschrieben ist, finden auf die Kommanditgesellschaft die für die offene Handelsgesellschaft geltenden Vorschriften Anwendung.*

715

Der Begriff des Kommanditisten stammt aus dem Französischen (*Kommandite* = Abzweigung vom Hauptgeschäft; Zweigniederlassung).

Die *Gewinn- und Verlustbeteiligung* bzw. die Verteilung des Gewinns bei der KG erfolgt analog zur OHG mit dem Unterschied, dass der Kommanditist lediglich in Höhe seiner Einlage für Verluste haftet. Wurde die im Gesellschaftsvertrag vereinbarte Einlage (*bedungene Einlage*) noch nicht gänzlich geleistet, kann die Verlustzuweisung an den Kommanditisten auch über die bereits geleistete Einlage hinaus bis zur Höhe seiner bedungenen Einlage erfolgen. Mit diesem Teil haftet der Kommanditist auch mit seinem Privatvermögen.

Kommanditisten verfügen – anders als Komplementäre – über kein Entnahmerecht. Sie haben vielmehr nur Anspruch auf Auszahlung des ihnen zukommenden Gewinns (§ 169 Abs. 1 Satz 2 HGB). Aus diesem Grund wird für Kommanditisten kein variables Kapitalkonto geführt. Die Gewinnzuweisung stellt eine Verbindlichkeit der Gesellschaft den Kommanditisten gegenüber dar. Diesbezüglich besitzt die Stellung des Kommanditisten Gläubigercharakter im Sinne eines Fremdkapitalgebers.

718–721 *Beispiel 43* zeigt die Gewinnverteilung bei der KG, wobei die wesentlichen Eckdaten aus Beispiel 42 übernommen wurden. Anders als in Beispiel 42 wird nun

- zwischen festen und variablen Kapitalkonten differenziert,
- eine taggenaue Verzinsung des variablen Kapitalkontos durchgeführt,
- auf unterschiedliche Zinssätze für festes und variables Kapital zurückgegriffen und
- der Restgewinn anhand der Relationen des Kapitalkontos I verteilt.

Der hier angewendete Verteilungsschlüssel ist nicht spezifisch für die KG, er hätte so auch beim Beispiel zur Gewinnverteilung bei der OHG Anwendung finden können. Der Zweck der hier angewendeten Regelungen besteht darin, zu zeigen, dass die gesetzlichen Regelungen gesellschaftsvertraglich geändert werden können.

Bezüglich des Geschäftsführergehalts wird angenommen, dass die Zahlungen im Jahresüberschuss von 122 000 EUR schon berücksichtigt wurden und dass die monatlichen Zahlungen jeweils den gesamten Personalaufwand (inkl. Sozialversicherungsabgaben) beinhalten.

Kommanditgesellschaft (KG) II

- Die Gewinn- und Verlustbeteiligung regelt § 167 HGB:

> *(1) Die Vorschriften des § 120 über die Berechnung des Gewinns oder Verlustes gelten auch für den Kommanditisten.*
> *(2) Jedoch wird der einem Kommanditisten zukommende Gewinn seinem Kapitalanteil nur so lange zugeschrieben, als dieser den Betrag der bedungenen Einlage nicht erreicht.*
> *(3) An dem Verluste nimmt der Kommanditist nur bis zum Betrage seines Kapitalanteils und seiner noch rückständigen Einlage teil.*

- Die Verteilung des Gewinns ist in § 168 HGB kodifiziert:

> *(1) Die Anteile der Gesellschafter am Gewinne bestimmen sich, soweit der Gewinn den Betrag von vier vom Hundert der Kapitalanteile nicht übersteigt, nach den Vorschriften des § 121 Abs. 1 und 2.*
> *(2) In Ansehung des Gewinns, welcher diesen Betrag übersteigt, sowie in Ansehung des Verlustes gilt, soweit nicht ein anderes vereinbart ist, ein den Umständen nach angemessenes Verhältnis der Anteile als bedungen.*

716

Kommanditgesellschaft (KG) III

- Sowohl Kommanditisten als auch Komplementäre zahlen auf ihren jeweiligen Gewinnanteil Einkommensteuer, Gewerbesteuer und SolZ.
- Abbildung des Eigenkapitals …

  … beim *Komplementär*:

  Beteiligung am Eigenkapital über das *Kapitalkonto*.

  … beim *Kommanditist*:

  Beteiligung am Eigenkapital nur in Höhe der *Kommanditeinlage*, noch nicht entnommene Gewinne über die Kommanditeinlage hinaus werden als sonstige Verbindlichkeiten der KG ggü. dem Kommanditisten verbucht.

717

Beispiel 43 (Ergebnisverwendung bei der KG) I

A, B und C sind Gesellschafter der ABC-KG, wobei A und B Komplementäre sind und C als Kommanditist beteiligt ist. Der Jahresüberschuss der ABC-KG in 2015 beträgt 122 000 EUR. Der Gesellschaftsvertrag sieht eine Vorabvergütung des A für die Geschäftsführung i. H. v. 40 000 EUR vor, zudem erhält A ein monatliches Geschäftsführergehalt von 5 000 EUR. Vom Rest erhält jeder Gesellschafter zunächst eine 5%-ige Verzinsung seines Kapitalkontos I (Kommanditanteil) zu Beginn des Kalenderjahres. Die variablen Kapitalkonten werden taggenau mit 8% verzinst. Der verbleibende Rest wird im Verhältnis 4:3:1 (A:B:C) verteilt. Die nachstehende Tabelle enthält den Kapitalbestand zum 01.01.2015 sowie die Entnahmen und Einlagen in 2015.

Führen Sie die Gewinnverteilung durch, ermitteln Sie den Kapitalbestand der Gesellschafter am 31.12.2015 und verbuchen Sie die Gewinnverteilung! 718

Darstellung 114 skizziert die Gewinnverteilung der ABC-KG anhand von T-Konten. Die Verzinsung der Entnahmen / Einlagen ergeben sich für Gesellschafter A durch $\left(-\frac{1}{12} \times 8\,000 + \frac{2}{12} \times 10\,000\right) \times 0{,}08 =$ 80 EUR. Der Restgewinnanteil nach Vorabgewinn und Zinsen beträgt insgesamt

$$122\,000 - 40\,000 - 40\,000 - 24\,000 - 1\,040 = 16\,960 \text{ EUR}.$$

Im Ergebnis wird der Restgewinnanteil wie folgt den Gesellschaftern zugewiesen:

$$A = \frac{16\,960}{(4+3+1)} \times 4 = 2\,120 \times 4 = 8\,480 \text{ EUR}$$

$$B = 2\,120 \times 3 = 6\,360 \text{ EUR}$$

$$C = 2\,120 \times 1 = 2\,120 \text{ EUR}$$

Soll	KK I A		Haben
EB	400 000	AB	400 000
Summe	400 000	Summe	400 000

Soll	KK I B		Haben
EB	300 000	AB	300 000
Summe	300 000	Summe	300 000

Soll	KK I C		Haben
EB	100 000	AB	100 000
Summe	100 000	Summe	100 000

Soll	KK II A		Haben
Entn.	8 000	AB	100 000
EB	178 560	Vorab	40 000
		Zinsen	28 080
		Rest	8 480
		Einlage	10 000
Summe	186 560	Summe	186 560

Soll	GuV		Haben
Aufwendungen	…	Erträge	…
⋮	⋮	⋮	⋮
JÜ	122 000	…	…
Summe	…	Summe	…

Soll	KK II B		Haben
EB	262 320	AB	200 000
		Zinsen	31 960
		Rest	6 360
		Einlage	24 000
Summe	262 320	Summe	262 320

Aktiva	Schlussbilanz KG		Passiva
		EK A *KK I*	400 000
		KK II	178 560
		EK B *KK I*	300 000
		KK II	262 320
		EK C *KK I*	100 000
		Verb. ggü. C	7 120
⋮	⋮	⋮	⋮
Summe	…	Summe	…

Soll	Gewinnanteil C		Haben
Saldo	7 120	Zinsen	5 000
		Rest	2 120
Summe	7 120	Summe	7 120

Darstellung 114 Gewinnverteilung der ABC-KG in T-Konten

Beispiel 43 (Ergebnisverwendung bei der KG) II

Kapitalbestand, Entnahmen und Einlagen in EUR

Gesellschafter	KK I zum 01.01.2015	KK II zum 01.01.2015	Entnahmen	Einlagen
A	400 000	100 000	8 000[1]	10 000[2]
B	300 000	200 000		24 000[3]
C	100 000	-		
Σ	800 000	300 000	8 000	34 000

[1] Entnommen am 30.11.2015.

[2] Eingelegt am 31.10.2015.

[3] Eingelegt am 30.06.2015. 719

Lösung Beispiel 43 I // Gewinnverteilung

				Verzinsung		
	Vorabvergütung	Zinsen KK I	Zinsen KK II	Entnahmen/ Einlagen	Restgewinnanteil	Summe
A	40 000	20 000	8 000	80	8 480	76 560
B		15 000	16 000	960	6 360	38 320
C		5 000	-		2 120	7 120
Σ	40 000	40 000	24 000	1 040	16 960	122 000

720

Lösung Beispiel 43 II // Verbuchung

- Abschluss des GuV-Kontos

GuV-Konto	*122 000* EUR	
an Kapitalkonto II A		*76 560* EUR
Kapitalkonto II B		*38 320* EUR
Gewinnanteilskonto C		*7 120* EUR

- Abschluss der Privatkonten am Beispiel des Gesellschafters A.

Kapitalkonto I A	*400 000* EUR	
an Schlussbilanzkonto		*400 000* EUR
Kapitalkonto II A	*178 560* EUR	
an Schlussbilanzkonto		*178 560* EUR

721

12.5 *Eigenkapital bei Kapitalgesellschaften*

722–725 Der Ausweis des Eigenkapitals bei Kapitalgesellschaften erfolgt in stark differenzierter Form. Wie oben schon angedeutet, besitzen die einzelnen Positionen eine unterschiedliche Haftungsintensität. Die formale Reduktion des gezeichneten Kapitals (Kapitalherabsetzung) erfordert einen höheren Aufwand als die Auflösung von Gewinnrücklagen zur Ausschüttung von Dividenden.

In das *gezeichnete Kapital* fließt der Nennwert der ausgegeben Anteile ein, während der den Nennwert übersteigende Anteil (Agio) als *Kapitalrücklage* ausgewiesen wird. Unter bestimmten Voraussetzungen können Beträge aus der Kapitalrücklage für Ausschüttungen verwendet werden.[216]

Bei den *Gewinnrücklagen* handelt es sich um offene Rücklagen in Form einbehaltener Gewinnbeträge aus Vorjahren, die im Gewinnfall gebildet bzw. im Verlustfall aufgelöst werden können. Die Entscheidung, Gewinne in Rücklagen einzustellen, erfolgt auf langfristige Sicht.[217] Sofern man sich die Ausschüttung von Gewinnen für künftige Wirtschaftsjahre vorbehält, wird der Gewinn als *Gewinnvortrag* ausgewiesen. Letztlich dienen insbesondere der Gewinnvortrag und die Gewinnrücklagen als Eigenkapitalpuffer zur Abdeckung von Risiken und zum Schutz der Gläubiger.

[216] *Bei der GmbH wird das gezeichnete Kapital als Stammkapital und bei der Aktiengesellschaft als Grundkapital bezeichnet.*

[217] *Zu den einzelnen Arten von Rücklagen vgl. Abb. 80.*

BEISPIEL

Der Bauunternehmer Tutnix führt seine Aufträge im Rechtskleid einer GmbH durch. Das Privatvermögen des Tutnix wird auf 2 Mio. EUR geschätzt. Die vereinfachte Bilanz zu Beginn des Geschäftsjahres hat folgendes Aussehen (Werte in TEUR):

Soll	Bilanz T-GmbH		Haben
AV	600	Eigenkapital	150
UV	200	Schulden	650
Summe	800	Summe	800

Zur Befriedigung ihrer Forderungen können die Gläubiger auf ein ausreichendes Aktivvermögen zurückgreifen. Sofern im laufenden Wirtschaftsjahr ein Verlust i. H. v. 100 TEUR erwirtschaftet wird, übernimmt das Risiko der Eigenkapitalgeber der GmbH (Tutnix), d. h. seine Vermögensposition wird geschmälert. Insofern wirkt das Eigenkapital als Puffer für die Gläubiger.

Beträgt der Verlust 500 TEUR, reichen die 150 TEUR Eigenkapital nicht aus. Da der Wert des Aktivvermögens nach Berücksichtigung des Verlusts nur 300 TEUR beträgt, fallen für den Gläubiger Forderungen i. H. v. 350 TEUR aus. Eine Inanspruchnahme des Privatvermögens des Tutnix kommt nicht in Betracht, da es sich um eine GmbH handelt.[218]

[218] *Tutnix haftet nur mit dem eingelegten Kapital.*

Eigenkapital bei Kapitalgesellschaften I

- Die Mindestgliederung des Eigenkapitals ergibt sich aus § 266 Abs. 3 HGB (das *Gezeichnete Kapital* wird bei der GmbH als *Stammkapital*, bei der AG als *Grundkapital* bezeichnet); es herrscht eine strikte Trennung zwischen dem Vermögen der Gesellschaft und dem Vermögen der Gesellschafter.

A. Eigenkapital
I. Gezeichnetes Kapital (Stammkapital);
II. Kapitalrücklage;
III. Gewinnrücklagen:
1. gesetzliche Rücklage;
2. Rücklage für Anteile an einem herrschenden oder mehrheitlich beteiligten Unternehmen;
3. satzungsmäßige Rücklagen;
4. andere Gewinnrücklagen;
IV. Gewinnvortrag/Verlustvortrag;
V. Jahresüberschuss/Jahresfehlbetrag. 722

Eigenkapital bei Kapitalgesellschaften II // I. Gezeichnetes Kapital

- Das Gezeichnete Kapital stellt das Kapital dar *»auf das die Haftung der Gesellschafter für die Verbindlichkeiten der Kapitalgesellschaft gegenüber den Gläubigern beschränkt ist«*.
- Diese Legaldefinition des Gezeichneten Kapitals besitzt lediglich abstrakten Charakter.
- Die Kapitalgesellschaft haftet ihren Gläubigern mit ihrem gesamten (Rein-)Vermögen.
- Das Gezeichnete Kapital stellt das *Nominalkapital* (konstante Eigenkapital) der Kapitalgesellschaft dar.

723

Eigenkapital bei Kapitalgesellschaften III // II. Rücklagen

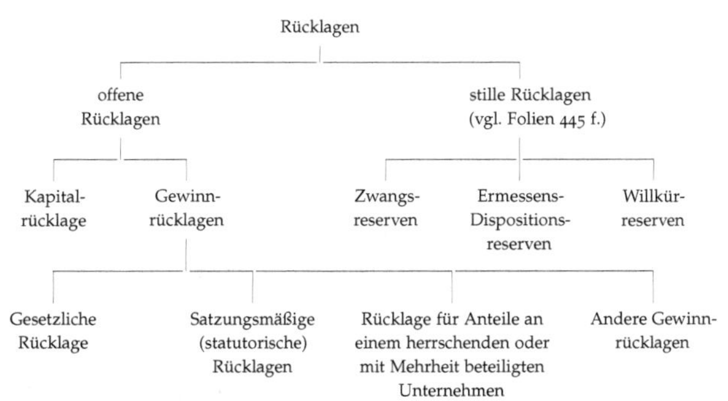

Abb. 80 Rücklagen[22]

[22]In enger Anlehnung an *Coenenberg/Haller/Schultze* (2009), S. 328. 724

12.6 *Gesellschaft mit beschränkter Haftung (GmbH)*

726–729 Die GmbH gehört als juristische Person zu den Kapitalgesellschaften und wurde 1892 durch das GmbH-Gesetz implementiert. Zwar wird die GmbH als Gesellschaft bezeichnet, jedoch kann – anders als bei der OHG – auch nur ein einziger Anteilseigner Gesellschafter sein. Die Haftung der Gesellschafter einer GmbH ist auf ihren jeweiligen Kapitalanteil beschränkt.

Bei der GmbH bedarf die Übertragung von Anteilen – anders als bei Aktiengesellschaften – notarieller Beurkundung. Die Fungibilität der Anteile im Sinne der Austauschbarkeit (Kauf und Verkauf) ist deshalb eingeschränkt und der Handel von GmbH-Anteilen am Kapitalmarkt (bewusst) ausgeschlossen. Ein prominentes Beispiel für eine große Kapitalgesellschaft, die als GmbH organisiert ist und deren Anteile nicht an der Börse gehandelt werden, stellt die Robert Bosch GmbH dar. Der Ausschluss des Handels von Anteilen am Kapitalmarkt schließt jedoch nicht die Finanzierung über den Kapitalmarkt – z. B. durch die Begebung von Anleihen – aus.

Da die GmbH eine eigene Rechtspersönlichkeit darstellt, lässt sie sich zur Haftungsbegrenzung auch mit anderen Gesellschaftsformen, insbesondere Personenunternehmungen, kombinieren. In *Darstellung* 115 ist das Konstrukt der GmbH & Co. KG beschrieben. Dabei wird die persönliche Haftung von der GmbH als Komplementärin übernommen. Die natürliche Person ist Kommanditistin bei der KG und gleichzeitig Geschäftsführerin bei der GmbH.

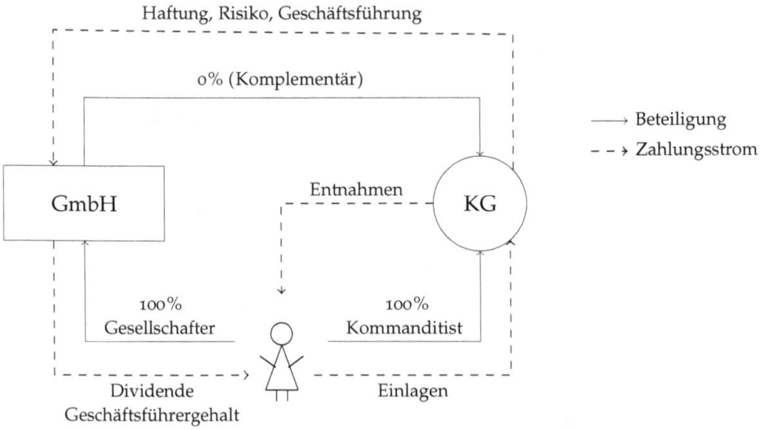

Darstellung 115 Struktur einer GmbH & Co. KG

Die Vorteile des Konstrukts bestehen in der Haftungsbegrenzung in Verbindung mit steuerlichen Vorteilen und überschaubaren Offenlegungspflichten.

Eigenkapital bei Kapitalgesellschaften IV

- Die *Kapitalrücklage* enthält Beträge der Anteilseigner, die neben dem Nominalkapital (von außen) zugeführt werden.
- Im *Unterschied* zur Kapitalrücklage, deren Verwendung stark eingeschränkt ist, stammen die *Gewinnrücklagen* aus einbehaltenen Teilen des Jahresüberschusses (von innen zugeführt).
- Die *gesetzliche Rücklage* und die anderen Gewinnrücklagen werden ab Folie 732 besprochen.

III. *Stille Rücklagen (Stille Reserven)*

Zwangsreserven entstehen durch Bilanzierungs- und Bewertungsvorschriften (Vorsichtsprinzip); *Ermessensreserven* können z. B durch Wahlrechte bei der Vorratsbewertung (fifo, lifo) entstehen; *Willkürreserven* entstehen bei Verstößen gegen Bilanzierungsvorschriften und sind deshalb unzulässig.

725

Gesellschaft mit beschränkter Haftung I // (GmbH)

- Handelsgesellschaft und damit Formkaufmann,
- Kapitalgesellschaft (Körperschaft),
- Juristische Person, d. h. eigene Rechtspersönlichkeit, ausgestattet mit Eigenkapital,
- Die Haftung ist auf das Vermögen der Gesellschaft beschränkt,
- Keine persönliche Haftung mit dem Privatvermögen der Gesellschafter,
- Tendenziell wenige Gesellschafter,
- Mindestausstattung an Eigenkapital = 25 000 EUR.

726

Gesellschaft mit beschränkter Haftung II // (GmbH)

- Zusammenfassung in § 13 GmbHG

> *(1) Die Gesellschaft mit beschränkter Haftung als solche hat selbständig ihre Rechte und Pflichten; sie kann Eigentum und andere dingliche Rechte an Grundstücken erwerben, vor Gericht klagen und verklagt werden.*
>
> *(2) Für die Verbindlichkeiten der Gesellschaft haftet den Gläubigern derselben nur das Gesellschaftsvermögen.*
>
> *(3) Die Gesellschaft gilt als Handelsgesellschaft im Sinne des Handelsgesetzbuchs.*

- Bilanzierung des Eigenkapitals:

  Wichtig – keine Kapitalkonten (Privatkonten), deshalb auch keine Einlagen und Entnahmen möglich.

727

Die Ausschüttung bei Kapitalgesellschaften ist auf den Gewinn zuzüglich einiger Anpassungen beschränkt. Aus diesem Grund kommt dem nach HGB ermittelten Periodenerfolg zusätzlich die Funktion der Ausschüttungsbemessung (sog. Ausschüttungsbemessungsfunktion) zu. An dieser Stelle hat der Gewinn Einfluss auf die in den ersten Seiten dieser Lektüre beschriebene Zielgröße von Investoren, denn der Gewinn beeinflusst letztlich den Zahlungsstrom an die Anteilseigner. Insofern entfaltet die nichtzahlungsgleiche Größe »Gewinn« indirekt Zielrelevanz.

Die Ausschüttungsbemessung ist dem Gläubigerschutzgedanken geschuldet, wonach der Abfluss liquider Mittel aus dem Haftungsbereich reglementiert wird, um zu verhindern, dass durch die übermäßige Auskehrung von Kapital die Haftungsmasse kritisch geschmälert wird.

Die Bemessung der Ausschüttung nach dem Gewinn hat aus ökonomischer Sicht jedoch erhebliche Folgen für die Kapitalreallokation. Das bedeutet, dass die Verfügbarkeit investierter Mittel in Kapitalgesellschaften für Zwecke der Reinvestition in andere Investitionsobjekte eingeschränkt ist. Dieser Einschränkung steht jedoch die Möglichkeit der Veräußerung der Anteile entgegen.

Faktisch entsteht durch die Ausschüttungsbemessung die paradoxe Situation, dass bei »schlechter Performance«, z. B. bei einer im Vergleich zum Markt zu niedriger Rendite bzw. im Verlustfall, dem Unternehmen aufgrund der Ausschüttungsbeschränkung das »schlecht investierte« Kapital nicht entzogen werden kann. Anders stünde in Zeiten im Vergleich zum Markt hoher Gewinne ein hohes Ausschüttungspotenzial zur Verfügung. Allerdings sind in diesem Fall die Anteilseigner nicht daran interessiert, dem Unternehmen ihr »gut investiertes« Kapital wieder zu entziehen.[219]

[219] *Vgl. hierzu auch Wagner/Wangler (2001), Sp. 983.*

In der Praxis existieren für Gesellschafter neben Dividendenzahlungen weitere Möglichkeiten, Geld aus ihrer Beteiligung an einer GmbH zu erhalten. Diese sind in *Darstellung* 116 skizziert.

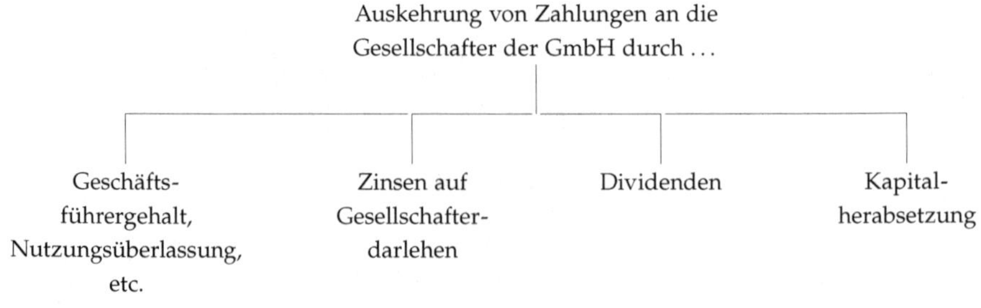

Darstellung 116 Mögliche Zahlungen der GmbH an die Anteilseigner

Gesellschaft mit beschränkter Haftung III // (GmbH)

- Wie ist der Zahlungsfluss an die Gesellschafter geregelt?
- Die *Ergebnisverwendung* ist in § 29 Abs. 1 GmbHG geregelt:

> *(1) [1] Die Gesellschafter haben Anspruch auf den Jahresüberschuss zuzüglich eines Gewinnvortrags und abzüglich eines Verlustvortrags, soweit der sich ergebende Betrag nicht nach Gesetz oder Gesellschaftsvertrag, durch Beschluss nach Absatz 2 oder als zusätzlicher Aufwand auf Grund des Beschlusses über die Verwendung des Ergebnisses von der Verteilung unter die Gesellschafter ausgeschlossen ist. [2] Wird die Bilanz unter Berücksichtigung der teilweisen Ergebnisverwendung aufgestellt oder werden Rücklagen aufgelöst, so haben die Gesellschafter abweichend von Satz 1 Anspruch auf den Bilanzgewinn.*

- Der Jahresüberschuss ist der Gewinn, der sich aus der GuV ergibt (§ 275 Abs. 2 Nr. 20 und Abs. 3 Nr. 19 HGB).
- Wird die Bilanz nach Verwendung des Jahresüberschusses aufgestellt, findet sich der *Bilanzgewinn* in der Bilanz wieder.

728

Gesellschaft mit beschränkter Haftung IV

- *Der wesentliche Unterschied zur Personenunternehmung ist, dass die Ausschüttungen an den Anteilseigner auf den Gewinn/Jahresüberschuss beschränkt sind.*
- *Beispiel* – abstrahiert man von einer Kapitalherabsetzung und der Kreditaufnahme, würde das im folgenden Fall bedeuten:

	EZU	GmbH
	EUR	EUR
Eigenkapital / Stammkapital	100 000	100 000
Gewinnrücklage	0	0
Kapitalrücklage	-	0
Gewinn- / Verlustvortrag	0	0
Jahresüberschuss in 2015	20 000	20 000
liquide Mittel am 31.12.2015	35 000	35 000
maximale Zahlung an den / die Gesellschafter	35 000	20 000

729

Aktiengesellschaft (AG) I // Charakteristika

- Die AG ist ...

  ... eine Kapitalgesellschaft (juristische Person),

  ... die »große Schwester« der GmbH,

  ... eine Handelsgesellschaft und damit Formkaufmann (§ 3 Abs. 1 AktG),

  ... als Publikumsgesellschaft ausgelegt.
- Der *Mindestnennbetrag* des Grundkapitals beträgt 50 000 EUR (§ 7 AktG).
- Die Bilanzierung des Eigenkapitals erfolgt analog zur GmbH gem. § 266 Abs. 3 HGB.
- Das »*Gezeichnete Kapital*« wird bei der AG als »*Grundkapital*« bezeichnet, § 6 AktG.

730

12.7 *Aktiengesellschaft*

730 Die Aktiengesellschaft ist als Körperschaft eine selbständig rechtsfähige, rechtliche Einheit, die auf Mitgliedschaft beruht. Als Kapitalgesellschaft ist die Haftung der Aktionäre als Mitglieder der Aktiengesellschaft auf deren Grundkapital[220] beschränkt.

Das Prinzip des Einsammelns von Kapital zur Finanzierung von Investitionen, die eine Person allein nicht tragen kann, stammt aus den Zeiten des Römischen Reichs, als sich Händler zur Finanzierung teurer Handelsreisen zusammenschlossen. Im 14. und 15. Jahrhundert wurde das Prinzip der Aktiengesellschaft genutzt, um teure Bergbauprojekte zu finanzieren. Später beinhaltete der Zweck des Zusammenschlusses dann den Aufbau der Infrastruktur, wie den Eisenbahn- und Straßenbau bzw. den Ausbau der Binnenschifffahrt.

Die wesentliche Eigenschaft der Anteile an Aktiengesellschaften ist deren Fungibilität, also deren leichte Übertragbarkeit. Anders als bei GmbH-Anteilen ist keine notarielle Beurkundung des Kaufvertrags bei Übertragung der Anteile erforderlich. Die am Kapitalmarkt gehandelten Aktien stellen Anteile an Gesellschaften, die durch eine hohe Anzahl an Anteilseignern gekennzeichnet sind[221], dar.

Aktien (lat. = actio, Tätigkeit, klagbarer Anspruch) werden auch als Wertpapiere bezeichnet. Dieser Begriff stammt noch aus der Zeit, zu der die Aktie als physisches Papier beim Aktionär vorlag. Damals enthielt das Papier noch Abschnitte zur Einlösung eines Gewinnanteils (Dividendenschein), der zur Einlösung ausgeschnitten wurde (= Coupon von franz. couper, schneiden, ausschneiden).

[220] *Gezeichnetes Kapital.*

[221] *Sogenannte Publikumsgesellschaften*

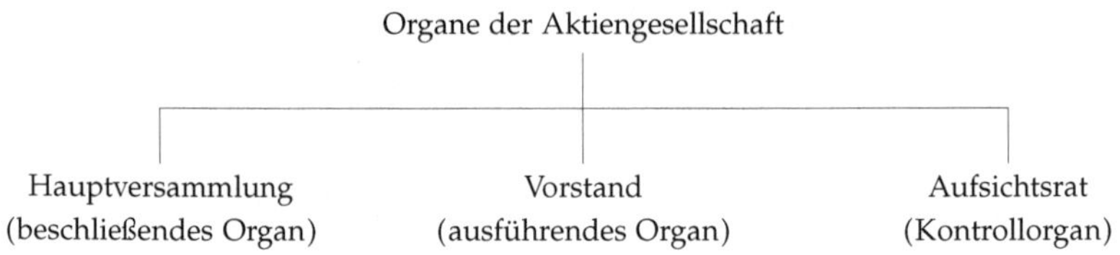

Darstellung 117 Organe der AG

12.7.1 *Gewinnverwendung bei der Aktiengesellschaft*

731–732 Die Bestimmung über die Gewinnverwendung ist aktienrechtlich auf Vorstand und Aufsichtsrat einerseits bzw. Hauptversammlung andererseits aufgeteilt.[222] Zusätzlich wird dem Gläubigerschutz durch den Zwang zur Bildung einer gesetzlichen Rücklage, anders als bei der GmbH, ein stärkeres Gewicht zugesprochen.

[222] *Zur Gewinnverteilung und Ausschüttungsregelung bei der AG vgl. auch Wagner/Wangler (2001), Sp. 9*

Aktiengesellschaft (AG) II

- Die Bilanz kann vor oder nach *Verwendung des Jahresüberschusses* erstellt werden.
- Wird die Bilanz vor Verwendung des Jahresüberschusses erstellt, wird der Jahresüberschuss aus der GuV in die Schlussbilanz übernommen.
- Der *Bilanzgewinn* ermittelt sich gem. § 158 AktG als

	Jahresüberschuss
+/–	Gewinn- oder Verlustvortrag aus dem Vorjahr
+	Entnahmen aus der Kapitalrücklage
+	Entnahmen aus Gewinnrücklagen
–	Einstellungen in die Gewinnrücklagen
=	Bilanzgewinn / Bilanzverlust

731

Aktiengesellschaft (AG) III // Besonderheiten bei der Gewinnverwendung

1. *Gesetzliche Rücklage (GRL), § 150 AktG*

   In die GRL sind 5% des um einen eventuellen Verlustvortrag aus dem Vorjahr geminderten Jahresüberschusses einzustellen, bis die gesetzliche Rücklage und die Kapitalrücklage *zusammen* 10% oder den in der Satzung bestimmten höheren Teil des Grundkapitals erreichen.
2. *Satzungsmäßige und andere Rücklagen, § 58 AktG*

   (a) Vorstand und Aufsichtsrat stellen den Jahresabschluss fest: In diesem Fall können sie maximal die Hälfte des um einen eventuellen Verlustvortrag und in die gesetzliche Rücklage einzustellenden Betrag gekürzten Jahresüberschuss in die freie Rücklage einstellen.

   (b) Die Hauptversammlung stellt den Jahresabschluss fest: Die Hauptversammlung kann weitere Beträge (als die unter (a)) in die Gewinnrücklagen einstellen (maximal die Hälfte s. o.).

732

*Aktiengesellschaft (AG) IV // Schema zur Bestimmung der Ausschüttungshöhe**

	EK-Position	*Vorschrift*
	Jahresüberschuss (JÜ)	§ 275 Abs. 2 Nr. 20 HGB
+	Gewinnvortrag (GV)	§ 158 Abs. 1 Nr. 1 AktG
./.	Verlustvortrag (VV)	§ 158 Abs. 1 Nr. 1 AktG
+	Entnahme aus der Kapitalrücklage (KR)	§ 150 Abs. 3 und 4 AktG
+	Entnahme aus der gesetzlichen Rücklage (GRL)	§ 150 Abs. 3 und 4 AktG
+	Entnahme aus anderen Gewinnrücklagen (ARL)	
./.	Einstellung in die gesetzliche Rücklage (GRL	§ 150 Abs. 3, 4 AktG
./.	Einstellung in die ARL	§ 58 Abs. 2, 2a AktG
./.	Einstellung in die ARL durch die Hauptversammlung	§ 58 Abs. 3 AktG
=	Bilanzgewinn	
	dv. Einstellung in den Gewinnvortrag	
	dv. Ausschüttung	

* Vgl. insbesondere *Eisele/Knobloch* (2011), S. 576.

733

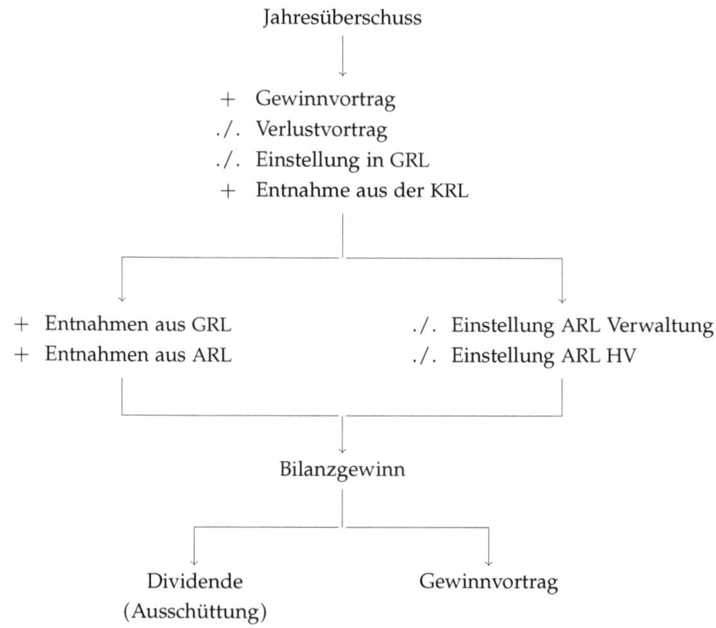

Darstellung 118 Vom Jahresüberschuss zum Bilanzgewinn bei der AG

Die *Gewinnverwendung* steht traditionell im *Spannungsfeld* zwischen Verwaltung und Aktionären, da die Verwaltung i. d. R. daran interessiert ist, wenig an die Anteilseigner auszuschütten, damit das Kapital in ihrem Machtbereich verbleibt, während die Aktionäre i. d. R. an hohen Dividenden interessiert sind. Unabhängig von der Dividendenzahlung bleibt den Aktionären jedoch immer die Möglichkeit der Veräußerung der Anteile, um Wertsteigerungen zu realisieren bzw. Geldströme zu generieren.[223]

Bei der Gewinnverwendung stellt sich zunächst die Frage, ob der Gewinn zur Innenfinanzierung dienen soll, d. h. den Rücklagen zugeführt werden soll, oder das Unternehmen in Form von Dividendenzahlungen verlassen soll.

733 Das Schema zur Ermittlung der Ausschüttungshöhe zeigt die rechtlichen Rahmenbedingungen zum Erreichen der Extreme, Zuführung des gesamten Gewinns zu den Rücklagen oder dessen Auskehrung.[224]

734–735 *Übung* 42 zeigt die Schritte zur Ermittlung des Bilanzgewinns im Fall, dass Verwaltung und Aktionäre konträre Interessen verfolgen (viel / wenig-Fall) bzw. die Interessen deckungsgleich sind (viel / viel-Fall).[225]

[223] *Zu Allokationswirkungen von Ausschüttungskompetenzen vgl. auch Wagner (1988), S. 212 ff.*

[224] *Vgl. dazu auch Darstellung 118.*

[225] *Der triviale wenig/wenig-Fall, bei dem der gesamte Gewinn im Unternehmen verbleibt, wird hier nicht dargestellt.*

Übung 42 (Gewinnverwendung bei der AG)

Der *Jahresüberschuss* der Jogi-AG beträgt in 2015 20,5 Mio. EUR. Des Weiteren betragen in 2015 das *Grundkapital* 100 Mio. EUR, die *gesetzliche Rücklage* 6 Mio. EUR, die *anderen Gewinnrücklagen* 47 Mio. EUR, die *satzungsmäßigen Rücklagen* 5 Mio. EUR, die *Kapitalrücklage* 2 Mio. EUR und der *Verlustvortrag* aus 2014 0,5 Mio. EUR. In 2015 wurden *eigene Aktien* für 2 Mio. EUR zum Zwecke der Ausgabe an die Belegschaft erworben.

1. Welche Dividendenzahlung schlagen Vorstand und Aufsichtsrat der Hauptversammlung unter der Maßgabe einer möglichst niedrigen Ausschüttung vor?
2. Welcher Betrag könnte ausgeschüttet werden, wenn sowohl die Verwaltung (Vorstand und Aufsichtsrat) als auch die Hauptversammlung an einer möglichst hohen Ausschüttung interessiert sind?

734

Lösung Übung 42

		*Nr. 1** (viel/wenig) in Mio. EUR	*Nr. 2* (viel/viel) in Mio. EUR
=	Bemessungsgrundlage (BMG 1)		
=	Bemessungsgrundlage (BMG 2)		
=	Bilanzgewinn = maximale Ausschüttung		

* Die Aktionäre wollen »viel«, die Verwaltung möglichst »wenig« ausschütten.

735

Erwerb eigener Anteile I

- Eine Besonderheit von Kapitalgesellschaften ist, dass sie sich durch den Rückkauf eigener Anteile quasi selbst kaufen können.
- Der Erwerb eigener Aktien ist jedoch nur unter den Voraussetzungen des § 71 Abs. 1 AktG möglich (z. B zur Ausgabe an Mitarbeiter).
- Zudem gilt gem. § 71 Abs. 2 AktG:

> *(2) [1]Auf die zu den Zwecken nach Absatz 1 Nr. 1 bis 3, 7 und 8 erworbenen Aktien dürfen zusammen mit anderen Aktien der Gesellschaft, welche die Gesellschaft bereits erworben hat und noch besitzt, nicht mehr als zehn vom Hundert des Grundkapitals entfallen. [2]Dieser Erwerb ist ferner nur zulässig, wenn die Gesellschaft im Zeitpunkt des Erwerbs eine Rücklage in Höhe der Aufwendungen für den Erwerb bilden könnte, ohne das Grundkapital oder eine nach Gesetz oder Satzung zu bildende Rücklage zu mindern, die nicht zur Zahlung an die Aktionäre verwandt werden darf. [...]*

736

12.7.2 *Erwerb eigener Anteile*

736–737 Eine Besonderheit von Kapitalgesellschaften stellt die Möglichkeit des Erwerbs eigener Anteile dar. Die buchhalterische Erfassung eigener Anteile ist für alle Kapitalgesellschaftsformen in § 272 Abs. 1a bzw. 1b HGB geregelt. Demnach ist der Rückkauf buchhalterisch nur dann erlaubt, wenn der den Nennbetrag übersteigende Teil des Kaufpreises mit frei verfügbaren Rücklagen verrechnet werden kann. Das bedeutet, dass das Ausschüttungspotenzial in dieser Höhe verringert (»gesperrt«) wird. Die Fallunterscheidungen beim Rückkauf eigener Anteile sind in *Darstellung* 119 skizziert.

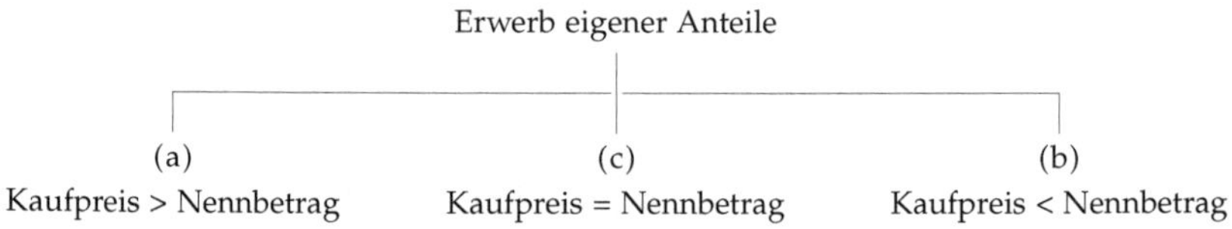

Darstellung 119 Fallunterscheidung beim Erwerb eigener Anteile

Im Fall von *Aktiengesellschaften* liefert die Legitimation zum Erwerb eigener Aktien § 71 AktG. Dort ist abschließend aufgezählt, in welchen restriktiven Fällen der Erwerb eigener Aktien gestattet ist. Dazu zählen u. a. der Rückkauf zur Ausgabe an Arbeitnehmer (z. B. als Bestandteil der Entlohnung) oder zum Einzug nach den Vorschriften der Kapitalherabsetzung. Zudem ist der Umfang des Rückkaufs auf 10% des Grundkapitals beschränkt.

Bei *Gesellschaften mit beschränkter Haftung* ist der Erwerb eigener Geschäftsanteile in § 33 GmbHG geregelt. Eine Begrenzung des Umfangs des Rückkaufs ist hier nicht vorgesehen.

738–739 *Beispiel* 44 zeigt die bilanzielle Abbildung des Rückkaufs eigener Anteile bei einer Aktiengesellschaft. Vor dem Rückkauf muss geprüft werden

1. ob ausreichend freie Rücklagen zur Verfügung stehen und
2. ob der Nennbetrag der insgesamt zurückgekauften Anteile 10% des Grundkapitals nicht übersteigt.

Der den Nennbetrag übersteigenden Anteil des Kaufpreises beträgt (900 – 300 =) 600 EUR. Die freien Rücklagen in Form von Gewinnrücklagen betragen 1 000 EUR. Es sind damit ausreichend freie Rücklagen vorhanden. Der Anteil des Nennbetrags der zurückgekauften Aktien am Grundkapital beträgt $\frac{300}{5\,300} = 5{,}67\%$.[226]

[226] *In der Vergangenheit wurden keine weiteren Rückkäufe getätigt, so dass der Nennbetrag der zurückgekauften Aktien 10% des Grundkapitals nicht übersteigt.*

Erwerb eigener Anteile II

Die eigenen Anteile sind gem. der *Nettomethode offen* vom Gezeichneten Kapital (§ 272 Abs. 1a Satz 1 HGB) bzw. von den Gewinnrücklagen (§ 272 Abs. 1a Satz 2 HGB) *abzusetzen*.

Buchungssätze:

(a) Im Fall, dass der Kaufpreis den Nennwert übersteigt:

Gezeichnetes Kapital
Gewinnrücklagen
  an *Bank*

(b) Im Fall, dass der Nennwert den Kaufpreis übersteigt:

Gezeichnetes Kapital
  an *Bank*
    Gewinnrücklagen 737

Beispiel 44 (Erwerb eigener Aktien)

Die A-AG führt den Rückkauf eigener Aktien mit einem Nennwert von 300 EUR zum Preis von 900 EUR durch. Verbuchen Sie den Geschäftsvorfall und stellen Sie die Bilanz nach Rückkauf der eigenen Aktien auf, wenn die Bilanz vorher folgendes Aussehen hat:

Aktiva	Bilanz A-AG	Passiva
	A. Eigenkapital	
	I. Gezeichnetes Kapital	5 300
	II. Kapitalrücklagen	4 800
	III. Gewinnrücklagen	1 000

738

Lösung Beispiel 44

Der Nennwert i. H. v. 300 EUR wird vom Gezeichneten Kapital in einer Vorspalte offen abgesetzt, § 272 Abs. 1a Satz 1 HGB. Der den Nennbetrag übersteigende Teil wird von den Gewinnrücklagen abgesetzt, § 272 Abs. 1a Satz 2 HGB. ((a) = Vorspalte, (b) = Hauptspalte)

Aktiva	Bilanz A-AG		Passiva
	A. Eigenkapital	(a)	(b)
	I. Gezeichnetes Kapital	5 300	
	– eigene Anteile	300	
	Gezeichnetes Kapital		5 000
	II. Kapitalrücklagen		4 800
	III. Gewinnrücklagen		400

Gezeichnetes Kapital *300* EUR
Gewinnrücklagen *600* EUR
  an *Bank* *900* EUR 739

12.8 *Offenlegungspflichten*

740–742 Die Veröffentlichung von Bilanz, GuV, Anhang, Lagebericht, Kapitalflussrechnung, Eigenkapitalveränderungsrechnung etc. hängt von der jeweiligen Rechtsform bzw. der Größe der Unternehmung ab.[227] Während bei Personenunternehmungen keine Offenlegungspflichten bestehen, nimmt der Umfang der verpflichtenden Öffentlichmachung von Daten der externen Rechnungslegung bei Kapitalgesellschaften mit deren Größe zu.[228]

[227] *Vgl. Abb. 81.*

[228] *Abb. 82 fasst die Offenlegungspflichten für Personenunternehmungen und Kapitalgesellschaften zusammen.*

12.9 *Fallstudie Primo Espresso GmbH*

743–745 Die Primo Espresso GmbH mit Sitz in München wurde im Mai 2003 von zwei in Südtirol aufgewachsenen Brüdern gegründet und hat den Vertrieb, die Vermarktung und den Betrieb von stationären und mobilen Kaffeebars zum Gegenstand. Die nachstehenden Informationen sind aus den veröffentlichten Jahresabschlüssen der Wirtschaftsjahre (= Kalenderjahre) 2009 bis 2012 zusammengefasst.

I. Allgemeine Angaben

Die *Firma* der Gesellschaft lautet Primo Espresso GmbH. Die Gesellschaft hat ihren *Sitz* in München. Sie ist in das Handelsregister Amtsgericht München unter HRB 147983 eingetragen. Der Jahresabschluss wurde auf Grundlage der Gliederungs-, Bilanzierungs- und Bewertungsvorschriften des Handelsgesetzbuches aufgestellt. Nach den in § 267 HGB angegebenen Größenklassen ist die Gesellschaft eine *kleine Kapitalgesellschaft*. Größenabhängige Erleichterungen bei der Erstellung und bei der Offenlegung des Jahresabschlusses werden in Anspruch genommen. Die Gewinn- und Verlustrechnung wird nach dem *Gesamtkostenverfahren* gemäß § 275 Abs. 2 HGB aufgestellt. Gemäß § 42 Abs. 3 GmbHG werden die Verbindlichkeiten gegenüber Gesellschaftern gesondert unter den sonstigen Verbindlichkeiten ausgewiesen.

II. Gliederungsgrundsätze, Bilanzierungs- und Bewertungsgrundsätze

Die Gliederung der Bilanz und der Gewinn- und Verlustrechnung erfolgte nach §§ 265 und 275 HGB. Die immateriellen Vermögensgegenstände und die Gegenstände des Sachanlagevermögens sind mit den Anschaffungs- bzw. Herstellungskosten bewertet worden. Bei abnutzbaren Vermögensgegenständen sind planmäßige Abschreibungen vorgenommen worden. Es erfolgte kein Ansatz von niedrigeren beizulegenden Werten.

Offenlegungspflichten I

- Die Pflichten zur Veröffentlichung des Jahresabschlusses hängen von der Rechtsform ab. Für *Einzelunternehmer und Personengesellschaften* (OHG, KG) bestehen *keine Offenlegungspflichten*.
- Die Offenlegungspflichten für *Kapitalgesellschaften* hängen von deren Größe ab, die sich nach § 267 HGB bestimmt.

	Kapitalgesellschaft		
Merkmal	klein	mittel	groß
Bilanzsumme (EUR)	≤ 6,0 Mio.	> 6,0 Mio. ≤ 20,0 Mio.	> 20,0 Mio.
Umsatzerlöse (EUR)	≤ 12,0 Mio.	> 12,0 Mio. ≤ 40,0 Mio.	> 40,0 Mio.
Arbeitnehmer (Anz.)	≤ 50	> 50 ≤ 250	> 250

Abb. 81 Größenklassen von Kapitalgesellschaften nach § 267 HGB 740

Offenlegungspflichten II

- Für die Einordnung in eine Größenklasse müssen nicht alle in § 267 HGB aufgeführten Merkmale erfüllt sein. Es genügt, wenn *zwei Merkmale* erfüllt sind.
- *Größenabhängige Erleichterungen* bei der Offenlegung für kleine und mittlere Kapitalgesellschaften sind in den §§ 326, 327 HGB beschrieben.
- Die Offenlegungspflicht umfasst die elektronische Veröffentlichung und damit die Zugänglichmachung über das *Unternehmensregister*, § 8b HGB. Die veröffentlichten Daten können unter

  `www.unternehmensregister.de`

  eingesehen werden.

741

Offenlegungspflichten III

		Offenlegung			
		Bilanz	*GuV*	*Anhang*	*elektronisch*
Personenunternehmung	*EZU* / *OHG* / *KG*	keine Offenlegungspflicht			
Kapitalgesellschaft	*klein*	ja (verkürzt)	nein	ja, ohne GuV-Angaben	Bilanz und Anhang
	mittel	ja (verkürzt)	ja (verkürzt)	ja (verkürzt)	Bilanz, GuV und Anhang
	groß	ja (voll)	ja (voll)	ja (voll)	Bilanz, GuV und Anhang

Abb. 82 Vereinfachte Darstellung der Offenlegungspflichten für Personenunternehmen und Kapitalgesellschaften

742

Der *steuerliche Sammelposten* nach § 6 Abs. 2 a EStG wurde in die Handelsbilanz übernommen, da der vorliegende Sammelposten für das Unternehmen von untergeordneter Bedeutung ist. *Geringwertige Vermögensgegenstände* mit Anschaffungskosten bis 150 EUR wurden im Anschaffungsjahr in voller Höhe abgeschrieben.

Beim *Umlaufvermögen* wurden keine Abschreibungen aufgrund von Wertminderungen auf einen niedrigeren Wert vorgenommen. *Forderungen* wurden unter Berücksichtigung aller erkennbaren Risiken bewertet. Es sind keine Einzelwertberichtigungen vorgenommen worden.

Die *sonstigen Vermögensgegenstände* wurden grundsätzlich mit ihrem Nennbetrag angesetzt. Die *Kassenbestände* und die Guthaben bei Kreditinstituten sind zum Nennwert angesetzt.

Die *Rückstellungen* berücksichtigen alle erkennbaren Risiken und ungewisse Verpflichtungen. Sie wurden in Höhe des nach vernünftiger kaufmännischer Beurteilung notwendigen Erfüllungsbetrages angesetzt. Die Verbindlichkeiten wurden zum Erfüllungsbetrag angesetzt.

III. Angaben zur Bilanz

(a) *Umlaufvermögen*

Die Vorräte enthalten u. a. Roh-, Hilfs- und Betriebsstoffe sowie Verkaufsware.

Die Zusammensetzung der Forderungen und Vermögensgegenstände zum 31.12.2012 beträgt:

	EUR
1. Forderungen aus Lieferungen und Leistungen	234 229,11
2. Sonstige Vermögensgegenstände	
– Geldtransit	96 760,72
– Kautionen	200,00
– Vorsteuer im Vorjahr abziehbar	254,19
– Debitorische Kreditoren	32 761,15
– Verbindlichkeiten soziale Sicherheit	983,85
– Umsatzsteuer	173 019,55
= Summe	538 208,57

(b) *Aktiver Rechnungsabgrenzungsposten*

Der aktive Rechnungsabgrenzungsposten beinhaltet u. a. Kfz-Steuern und Abgrenzungen von Wartungsverträgen.

Fallstudie Primo Espresso GmbH I

Um sich des Umfangs der Offenlegungspflicht klar zu werden, sind im Folgenden die öffentlich unter `www.unternehmensregister.de` verfügbaren Bilanzdaten der Primo Espresso GmbH mit Sitz in München in den Wirtschaftsjahren (= Kalenderjahre) 2009 bis 2012 dargestellt.

743

Fallstudie Primo Espresso GmbH II

Aktiva	31.12.2012	31.12.2011	31.12.2010	31.12.2009
	EUR	EUR	EUR	EUR
A. Anlagevermögen	380 847,18	249 692,78	270 566,86	62 381,70
I. Immat. VG	37,00	569,00	1 197,00	1 339,00
II. Sachanlagen	380 810,18	249 123,78	269 369,86	61 042,70
B. Umlaufvermögen	694 181,48	461 658,44	344 881,88	269 321,97
I. Vorräte	96 537,48	74 783,32	63 510,69	36 353,23
II. Forderungen	538 208,57	230 171,62	117 043,80	37 747,99
III. Kasse, Bank	59 435,43	156 703,50	164 327,39	195 220,75
C. RAP	365,13	1 197,65	2 288,80	2 106,72
Bilanzsumme (Aktiva)	1 075 393,79	712 548,87	617 737,54	333 810,39

744

Fallstudie Primo Espresso GmbH III

Passiva	31.12.2012	31.12.2011	31.12.2010	31.12.2009
	EUR	EUR	EUR	EUR
A. Eigenkapital	187 997,52	89 652,28	14 282,26	11 625,61
I. Gez. Kapital	25 000,00	25 000,00	25 000,00	25 000,00
II. G-/V-Vortrag*	64 652,28	−10 717,74	−13 374,39	−76 179,91
III. Jahresüberschuss	98 345,24	75 370,02	2 656,65	62 805,52
B. Rückstellungen	149 692,32	45 769,30	17 425,21	12 971,46
C. Verbindlichkeiten	737 703,95	577 127,29	586 030,07	306 192,77
dv. bis 1 Jahr	667 461,34	441 325,00	566 080,07	280 542,77
D. RAP	0,00	0,00	0,00	3 020,55
Bilanzsumme (Passiva)	1 075 393,79	712 548,87	617 737,54	333 810,39

* G-/V-Vortrag = Gewinn-/Verlustvortrag

745

(c) *Rückstellungen*

Die sonstigen Rückstellungen umfassen u. a. Rückstellungen für umsatzabhängige Provisions- und Mietaufwendungen, Urlaubsrückstellungen sowie Rückstellungen für die Erstellung des Jahresabschlusses und Tantiemen.

(d) *Verbindlichkeiten*

Es bestehen Verbindlichkeiten gegenüber Kreditinstituten mit einer Restlaufzeit von über einem Jahr in Höhe von

2012	2011	2010	2009
147 548,84	135 802,29	19 950,00	0,00

Die Zusammenstellung der Verbindlichkeiten am 31.12.2012 und deren Restlaufzeit erfolgt im nachstehenden Verbindlichkeitsspiegel.

	EUR
1. Verbindlichkeiten gegenüber Kreditinstituten	147 548,84
2. Verbindlichkeiten aus Lieferungen und Leistungen	135 002,07
3. Sonstige Verbindlichkeiten	
– gegenüber Gesellschaftern	354 916,40
– Darlehen	75 000,00
– aus Lohn und Gehalt	15 970,23
– Sonstiges	5 616,05
= Summe	734 053,59

Es bestehen keine Verbindlichkeiten mit einer Restlaufzeit von mehr als 5 Jahren. Es wurden keine Sicherheiten seitens der Gesellschaft für die Verbindlichkeiten gestellt.

Die Verbindlichkeit aus Darlehen gegenüber den Gesellschaftern beträgt jeweils zum 31.12.

2012	2011	2010	2009
353 302,27	261 884,95	260 777,18	109 680,38

Ebenso bestehen Verbindlichkeiten aus Reisekosten und Spesen gegenüber den Gesellschaftern in Höhe von

2012	2011	2010	2009
1 614,13	2 019,53	2 329,76	1 077,67

IV. Angaben zur Gewinn- und Verlustrechnung

Weitere Angaben zur Gewinn und Verlustrechnung entfallen gem. § 326 Satz 2 HGB. Der Jahresüberschuss wird auf neue Rechnung vorgetragen.

V. Sonstige Pflichtangaben

Haftungsverhältnisse: Die Gesellschaft haftet nicht für

- die Begebung und Übertragung von Wechseln,
- die Vergabe von Bürgschaften,
- Wechsel- und Scheckbürgschaften,
- aus Gewährleistungsverträgen.

Es bestehen ferner keine Haftungsverhältnisse aus der Bestellung von Sicherheiten für fremde Verbindlichkeiten.

12.10 *Kontrollfragen*

1. Welchen Zweck erfüllt die Hauptabschlussübersicht?
2. Skizzieren Sie die wesentlichen Unterschiede zwischen Personen- und Kapitalgesellschaften.
3. Warum gibt es bei Kapitalgesellschaften keine Kapitalkonten?
4. Wie können Gesellschafter einer Personengesellschaft (Kapitalgesellschaft) Zahlungen aus ihrer Beteiligung generieren?
5. Erläutern Sie die Pufferfunktion des Eigenkapitals als Gläubigerschutzfunktion!
6. Wie ist die gesetzliche Gewinnverteilung aus Ihrer Sicht zu beurteilen, wenn:
   (a) der aktuelle Kapitalmarktzins bei 8% liegt?
   (b) die Kapitalrendite sehr hoch ist?
   (c) der Arbeitseinsatz der Gesellschafter unterschiedlich hoch war?
   (d) ein Gesellschafter über ein hohes Privatvermögen außerhalb der Gesellschaft verfügt?
   (e) ein Gesellschafter kurz vor Schluss des Geschäftsjahres eine hohe Einlage auf sein Kapitalkonto getätigt hat.
7. Wie ist die gesetzliche Entnahmeregelung aus Ihrer Sicht zu beurteilen, wenn
   (a) in einem Geschäftsjahr kein Gewinn erzielt wurde?
   (b) eine günstige Anlagealternative außerhalb der Gesellschaft zur Verfügung steht?
   (c) in den Betriebsgrundstücken hohe stille Rücklagen enthalten sind?
8. Wie würde sich eine gesetzliche Regelung der Gewinnverteilung auswirken, der zufolge ceteris paribus:

(a) die Verzinsung der Kapitalanteile 10% betragen würde?
(b) vor der Verzinsung des Kapitalanteils eine Gewinnverteilung in Höhe des kalkulatorischen Unternehmerlohns vorgenommen würde?
(c) die Hälfte des Gewinns nach Köpfen und die andere nach Kapitalanteilen verteilt würde? Unter welchen Umständen wären Sie mit dieser Regelung als Gesellschafter nicht einverstanden?

9. Erläutern Sie, wann die Steuern vom Einkommen und vom Ertrag in der GuV als Aufwandsposition ausgewiesen werden.
10. Erläutern Sie den Aufbau einer GmbH & Co KG. Nennen Sie Vor- und Nachteile dieser Gesellschaftsform.
11. Ist es möglich, auch in Geschäftsjahren, in denen Verluste erzielt werden, Entnahmen zu tätigen?
12. Erläutern Sie am Beispiel der AG die Beziehung zwischen Gewinnermittlung, Gewinnverwendung, stillen und offenen Rücklagen.
13. Unter welchen Positionen der GuV gem. § 275 HGB sind folgende Vorgänge auszuweisen?
    (a) Erträge aus der Zuschreibung von Anlagegegenständen,
    (b) Erträge aus dem Abgang von Anlagegegenständen,
    (c) Erträge aus der Auflösung von Rückstellungen,
    (d) Erträge aus der Veräußerung von Wertpapieren des Umlaufvermögens,
    (e) Erträge aus der Veräußerung von Beteiligungen.
14. Diskutieren Sie die Vor- und Nachteile der Abgeltung der Geschäftsführertätigkeit in einer Personengesellschaft (a) durch einen Vorabgewinn bzw. (b) durch ein Geschäftsführergehalt.
15. Analysieren Sie die Bilanz der Primo Espresso GmbH. Gehen Sie dabei insbesondere auf die Positionen »Sachanlagen« und »Verbindlichkeiten« ein.

TEIL V

VERZEICHNISSE

Kurzlösungen zu den Übungen

1 1. Δ ZM = Δ GV = Δ RV = *10 000* EUR; 2. Δ ZM = *130 000* EUR, Δ GV = Δ RV = *10 000* EUR; 3. Δ ZM = *−120 000* EUR, Δ GV = Δ RV = *10 000* EUR.

2 1. Δ ZM = *−15 000* EUR, Δ GV = *−35 000* EUR, Δ RV = *−6 000* EUR; 2. Δ ZM = *30 000* EUR, Δ GV = *50 000* EUR, Δ RV = *21 000* EUR; 3. Δ ZM = Δ GV = Δ RV = *15 000* EUR.

3 *Die Lösungen sind jeweils in der Reihefolge* Δ ZM, Δ GV, Δ RV *abgetragen:* 1. ↓, *o* (↑/↓), *o* (↑/↓); 2. ↓, ↓, *o* (↑/↓); 3. *o*, ↓, *o* (↑/↓); 4. ↑, *o* (↑/↓), *o* (↑/↓); 5. ↑, ↑, *o* (↑/↓); 6. *o*, ↑, *o* (↑/↓); 7. ↑, ↑, ↑ (↑/↓); 8. *o*, ↑, ↓ (↑/↓); 9. ↑, ↑, ↑; 10. ↑, *o* (↑/↓), *o* (↑/↓); 11. *o*, *o*, ↓; 12. *o*, *o*, ↓; 13. *o*, ↑, ↑ (↑/↓); 14. ↓, ↓, *o* (↑/↓).

4 *Maschinen an Verbindlichkeiten aus L. u. L., 20 000* EUR.

5 1. *Betriebs- und Geschäftsausstattung an Verbindlichkeiten aus L. u. L., 1 500* EUR; 2. *Bank an Verbindlichkeiten ggü. Kreditinstituten, 10 000* EUR; 3. *Verbindlichkeiten aus L. u. L. an Bank, 500* EUR; 4. *Verbindlichkeiten aus L. u. L. an langfristige Verbindlichkeiten, 500* EUR.

6 1. *Kasse an Forderungen aus L. u. L., 8 500* EUR; 2. *RHB-Stoffe an Kasse, 650* EUR; 3. *Verbindlichkeiten aus L. u. L. an Kasse, 6 000* EUR.

7 *Maschinen an Verbindlichkeiten aus L. u. L., 5 000* EUR.

8 1. *Zinsaufwand an Bank, 1 250* EUR; 2. *Personalaufwand an Bank, 35 000* EUR; 3. *Bank 108 000* EUR *und Forderungen aus L. u. L. 12 000* EUR *an Umsatzerlöse 120 000* EUR; 4. *Kasse 20 000* EUR *an Grundstücke und Gebäude 6 000* EUR *und sonstige betriebliche Erträge 14 000* EUR; 5. *Abschreibungen 20 000* EUR *an Grundstücke und Gebäude 14 000* EUR *und Maschinen 6 000* EUR.

9 1. *Fuhrpark an Privat, 6 800* EUR; 2. *Privat an sonstige betriebliche Erträge, 1 500* EUR; 3. *Privat an RHB-Stoffe, 250* EUR.

10 1. *Bank 7 140* EUR *und Forderungen aus L. u. L. 4 760* EUR *an Warenverkauf 10 000* EUR *und Umsatzsteuer 1 900* EUR; 2. *Bank an Mieterträge, 2 300* EUR; 3. *RHB-Stoffe 3 400* EUR *und Vorsteuer 646* EUR *an Bank 4 046* EUR; 4. *Bank 7 735* EUR *an Maschine 5 000* EUR, *sonstige betriebliche Erträge 1 500* EUR *und Umsatzsteuer 1 235* EUR; 5. *Maschine 3 000* EUR *und Vorsteuer 570* EUR *an Bank 3 570* EUR.

11 1. *Bruttomethode: Wareneinkauf 1 000* EUR *und Vorsteuer 190* EUR *an Verbindlichkeiten aus L. u. L. 1 190* EUR; *Verbindlichkeiten aus L. u. L. 1 190 an Bank 1 166,20* EUR, *Skontoertrag 200* EUR *und Vorsteuer 3,80* EUR; 2. *Nettomethode: Wareneinkauf 980* EUR, *Skontoaufwand 20* EUR *und Vorsteuer 190* EUR *an Verbindlichkeiten aus L. u. L. 1 190* EUR; *Verbindlichkeiten aus L. u. L. 1 190 an Bank 1 166,20* EUR, *Skontoaufwand 200,00* EUR *und Vorsteuer 4* EUR.

12 1. *Grundstücke und Gebäude 51 750* EUR *an Verbindlichkeiten aus L. u. L. 51 750* EUR; 2. *Privatentnahme 200* EUR *an Bank 200* EUR; 3. *Kfz-Steuer(aufwand) 600* EUR *an sonstige Verbindlichkeiten 600* EUR;

4. *sonstige Verbindlichkeiten 12 500* EUR *an Bank 12 500* EUR.

13 1. *(f)*; 2. *(h)*; 3. *(b)*; 4. *(c)*; 5. *(e)*; 6. *(f)*; 7. *(h)*; 8. *(b)*; 9. *(c)*; 10. *(b)*; 11. *(d)*; 12. *(b)*, *(e)*; 13. *(a)*; 14. *(a)*, *(c)*; 15. *(h)*; 16. *(b)*; 17. *(b)*; 18. *(b)*; 19. *(b)*; 20. *(g)*; 21. *(b)*.

14 1. *geleistete Anzahlung 20 000* EUR *und Vorsteuer 3 800* EUR *an Bank 23 800* EUR, 2. *Gebäude 70 000* EUR *und Vorsteuer 9 500* EUR *an geleistete Anzahlungen 20 000* EUR *und Verbindlichkeiten aus L. u. L. 59 500* EUR.

15 *SV-Beiträge AN / Monat: 707,88* EUR; *SV-Beiträge AG / Monat: 676,38* EUR.

16 1. *Steuerklasse* III; 2. *2 356,20* EUR; 3. *3 811,50* EUR; 4. *34 796,00* EUR; 5. *Jahreslohnsteuer: 3 850* EUR.

17 1. *27 644,00* EUR; 2. *Jahreslohnsteuer: 2 066* EUR; 3. *SolZ / Jahr: 24,40* EUR.

18 *KiSt / Monat: 13,77* EUR.

19 *1. Kaufmann, 2. kein Kaufmann, da Freiberufler, 3. Kaufmann kraft Eintragung, 4. Formkaufmann, 5.(a) buchführungspflichtig, 5.(b) Kaufmann, aber Wahlrecht zum Führen von Büchern.*

20 *1. X-OHG ist wirtschaftlicher Eigentümer, 2. Aktivierungsverbot gem. § 248 Abs. 1 Nr. 1 HGB, 3. Aktivierung im Umlaufvermögen, 4. Aktivierungsverbot gem. § 248 Abs. 2 Satz 2 HGB, 5. Aktivierungspflicht, 6. Aktivierungsverbot gem. § 248 Abs. 1 Nr. 2 HGB.*

21 *1. Verstoß gegen das Stetigkeitsgebot, § 252 Abs. 1 Nr. 6 HGB, 2. Verstoß gegen das Realisationsprinzip, § 252 Abs. 1 Nr. 4 HGB, 3. Verstoß gegen das Prinzip der Einzelbewertung, § 252 Abs. 1 Nr. 3 HGB, 4. Verstoß gegen das Realisationsprinzip, § 252 Abs. 1 Nr. 4 HGB, 5. Verstoß gegen das Abgrenzungsprinzip, § 252 Abs. 1 Nr. 5 HGB, 6. Verstoß gegen das Vorsichtsprinzip, § 252 Abs. 1 Nr. 4 HGB, 7. Verstoß gegen das Vorsichtsprinzip, § 252 Abs. 1 Nr. 4 HGB, 8. Verstoß gegen das Prinzip der Unternehmensfortführung, § 252 Abs. 1 Nr. 2 HGB, 9. Verstoß gegen das Vorsichtsprinzip, § 252 Abs. 1 Nr. 4 HGB.*

22 *Anschaffungskosten 112 000* EUR.

23 *Anschaffungskosten Gebäude 76 560* EUR.

24 *1. nein; 2. ja; 3. nein; 4. nein; 5. ja; 6. nein; 7. ja; 8. ja.*

25 *(a) 1 600* EUR; *(b) Bank 400* EUR *an sonstige betriebliche Erträge 336,13* EUR *und Umsatzsteuer 63,87* EUR.

26 (a) *Abschreibungen an Fuhrpark, 400* EUR; (b) *Abschreibungen an Wertberichtigungen auf Anlagevermögen, 400* EUR.

27 *Ja, da der Restbuchwert bei planmäßiger Abschreibung am Ende von $t = 6$ mit 40 000* EUR *höher ist als der beizulegende Wert i. H. v. 30 000* EUR *am Ende von $t = 2$.*

28 $AfA_{2012} = 1\,000$ EUR, $AfA_{2013} = 2\,000$ EUR, $AfA_{2014-2017} = 1\,555{,}56$ EUR, $AfA_{2018} = 777{,}78$ EUR.

29 *31.12.2012 = 20 000* EUR, *31.12.2013 = 12 500* EUR, *31.12.2014 = 9 375* EUR, *31.12.2015 = 8 000* EUR, *31.12.2016 = 4 000* EUR, *31.12.2017 = 0* EUR.

30 *Veräußerungsgewinn = 500* EUR; *direkte Abschreibung: Forderungen aus L. u. L. 4 165* EUR *an Fuhrpark 3 000* EUR *und sonstige betriebliche Erträge*

500 EUR *und Umsatzsteuer 665* EUR; indirekte Abschreibung: *Wertberichtigung zu Anlagevermögen an Fuhrpark, 3 000* EUR; *Forderungen aus L. u. L. 4 165* EUR *an Fuhrpark 3 000* EUR *und sonstige betriebliche Erträge 500* EUR *und Umsatzsteuer 665* EUR.

31 *(a) (1.), (a); (b) (13.), (c); (c) (2.), (a); (d) (3.), (a); (e) (6.), (a); (f) (11.), (b); (g) -, (c); (h) (10.), (b); (i) (13.), (c); (j) (12.), (c); (k) (1.), (a); (l) (13.), (c); (m) (3.), (a); (n) -, (c); (o) -, (c); (p) (4.), (a); (q) (5.), (a); (r) -, (c); (s) (8.), (b); (t) (9.), (b); (u) (14.), (c); (v) -, (c).*

32 *Wertuntergrenze = 900* EUR; *Wertobergrenze = 1 200* EUR.

33 *1. 90* EUR; *2. 70* EUR; *3. 100* EUR; *4. 100* EUR; *5. 40* EUR.

34 *1. 40 000* EUR; *2. 20 000* EUR; *3. 500* EUR; *4. 800* EUR *oder 700* EUR; *5. 1 400* EUR; *6. 30 000* EUR; *7. 500* EUR.

35 1. *zweifelhafte Forderungen an Forderungen aus L. u. L. 2 975* EUR, *Abschreibungen auf Forderungen an zweifelhafte Forderungen 1 500* EUR; 2. *zweifelhafte Forderungen an Forderungen aus L. u. L. 3 808* EUR, *Abschreibungen auf Forderungen 2 880* EUR *und Umsatzsteuer 608* EUR *an zweifelhafte Forderungen 3 488* EUR; 3. *Bank 1 904* EUR *an zweifelhafte Forderungen 320* EUR, *Umsatzsteuer 304* EUR *und sonstige betriebliche Erträge 1 280* EUR.

36 1. *Zuführung zu PWB an PWB zu Forderungen, 1 191* EUR; 2. *Zuführung zu PWB an PWB zu Forderungen, 691* EUR; 1. *PWB zu Forderungen an Auflösung PWB, 1 809* EUR.

37

Verfahren	*Wert*	*Ansatz*	*Abgang*
(1) Periodisches lifo-Verfahren	*1 170*	*900*	*450*
(2) Permanentes lifo-Verfahren	*1 170*	*900*	*450*
(3), (4) fifo-Verfahren	*1020*	*900*	*600*
(5) Periodisches Durchschnittsverfahren	*1 080*	*900*	*540*
(6) Permanentes Durchschnittsverfahren	*1 072,04*	*900*	*547,60*

38 *Ab dem Jahr 2018 kann ein Festwert i. H. v. 3 000* EUR *gebildet werden.*

39 *1. am 30.09.2015: Bank 97 000* EUR *und Zinsaufwand 3 000* EUR *an Verbindlichkeiten ggü. KI 100 000* EUR *bzw. Bank 97 000* EUR *und ARAP 3 000* EUR *an Verbindlichkeiten ggü. KI 100 000* EUR, *am 31.12.2015: ARAP 2 750* EUR *an Zinsaufwand 2 750* EUR *bzw. Abschreibungen 250* EUR *an ARAP 250* EUR, *Abgrenzung des Zinsaufwands: Zinsaufwand 1 250* EUR *an sonstige Verbindlichkeiten 1 250* EUR, *am 30.09.2016: Verbindlichkeiten ggü. KI 20 000* EUR *an Bank 20 000* EUR, *Zinsaufwand 3 750* EUR *und sonstige Verbindlichkeiten 1 250* EUR *an Bank 5 000* EUR, *am 31.12.2016: Abschreibungen 950* EUR *an ARAP 950* EUR, *Zinsaufwand 1 000* EUR *an sonstige Verbindlichkeiten 1 000* EUR.

2. am 30.11.2015: Bank 12 000 EUR *an Mieterträge 12 000* EUR, *am 31.12.2015: Mieterträge 10 000* EUR *an PRAP 10 000* EUR, *in 2016: PRAP 10 000* EUR *an Mieterträge 10 000* EUR.

3. Buchung bei Vergabe: Forderungen 5 000 EUR *an Bank 5 000* EUR, *31.12.2015: sonstige Forderungen 100* EUR *an Zinserträge 100* EUR, *am 30.06.2016: Bank 5 200* EUR *an Forderungen 5 000* EUR *und sonstige*

Forderungen 100 EUR *und Zinserträge 100* EUR.

40 *1. Rückstellung für ungewisse Verbindlichkeiten; 2. Gewerbesteueraufwand 4 500* EUR *an Rückstellungen für ungewisse Verbindlichkeiten 4 500* EUR*; 3. (a) Rückstellungen für ungewisse Verbindlichkeiten 4 500* EUR *an Bank 4 500* EUR*, (b) Rückstellungen für ungewisse Verbindlichkeiten 4 500* EUR *an Bank 4 000* EUR *und periodenfremde Erträge 500* EUR*, (c) Rückstellungen für ungewisse Verbindlichkeiten 4 500* EUR *und periodenfremder Aufwand 600* EUR *an Bank 5 100* EUR*; 4. Rückstellungen für ungewisse Verbindlichkeiten 4 500* EUR *an Verbindlichkeiten ggü. Finanzamt 4 500* EUR*, Verbindlichkeiten ggü. Finanzamt 4 500* EUR *an Bank 4 500* EUR.

41 1. $AfA_1 = 100$, $AfA_{2,\ldots,5} = 0$, $G_1 = -50$, $G_{2,\ldots,5} = 50$, $S_1 = -25$, $S_{2,\ldots,5} = 25$; 2. $AfA = 20$, $G = 30$, $S^{fiktiv} = 15$; 3. $G = 30$, $S_1 = -25$, $S_{2,\ldots,5} = 25$, $G_{s,1} = 55$, $G_{s,2,\ldots,5} = 5$; 4. $S_1 = -25$, $S_{2,\ldots,5} = 25$, $S_1^{lat.} = 40$, $S_{2,\ldots,5}^{fiktiv} = -10$, *Bestand an latenten Steuern* $t_1 = 40$, $t_2 = 30$, $t_3 = 20$, $t_4 = 10$, $t_5 = 0$, $G_s^{fiktiv} = 15$.

42 *Maximale Ausschüttung bei »viel/viel« = 9,5 Mio.* EUR *bzw. bei »viel/wenig« = 66 Mio.* EUR.

Abkürzungsverzeichnis

A Absatz | Aktiva ▪ **Abs.** Absatz ▪ **AB** Anfangsbestand ▪ **abzgl.** abzüglich ▪ **AfA** Absetzung für Abnutzung ▪ **AG** Aktiengesellschaft | Arbeitgeber ▪ **AGA** Arbeitgeber-Anteil ▪ **AHK** Anschaffungs- oder Herstellungskosten ▪ **AK** Anschaffungskosten ▪ **Alt.** Alternative ▪ **ALV** Arbeitslosenversicherung ▪ **AN** Arbeitnehmer ▪ **ANA** Arbeitnehmer-Anteil ▪ **AO** Abgabenordnung ▪ **apl.** außerplanmäßig ▪ **AR** Ausgangsrechnung ▪ **ARAP** aktiver Rechnungsabgrenzungsposten ▪ **ARL** Andere Gewinnrücklagen ▪ **AV** Anlagevermögen | Anfangsvermögen ▪

BA Bezugsaufwand ▪ **bAV** betriebliche Altersvorsorge ▪ **BAB** Betriebsabrechnungsbogen ▪ **BBG** Beitragsbemessungsgrenze ▪ **betr.** betrieblich ▪ **BfA** Bundesversicherungsanstalt für Angestellte ▪ **BFH** Bundesfinanzhof ▪ **BGB** Bürgerliches Gesetzbuch ▪ **BMF** Bundesministerium der Finanzen ▪ **BMG** Bemessungsgrundlage ▪ **bspw.** beispielsweise ▪ **BStBl.** Bundessteuerblatt ▪ **Buchst.** Buchstabe ▪ **BuGA** Betriebs- und Geschäftsausstattung ▪ **bV** betriebsnotwendiges Vermögen ▪ **BV** Bestandsveränderung ▪ **BW** Buchwert | Barwert ▪ **bzgl.** bezüglich ▪ **bzw.** beziehungsweise ▪

CEO chief executive officer (Vorstandsvorsitzender) ▪ **CHF** Schweizer Franken ▪ **Co.** Compagnie ▪ **const.** konstant ▪

D Degressionsbetrag ▪ **DGUV** Deutsche Gesetzliche Unfallversicherung ▪ **d. h.** das heißt ▪ **dv.** davon ▪

EB Endbestand ▪ **EBK** Eröffnungsbilanzkonto ▪ **EDV** elektronische Datenverarbeitung ▪ **Einl.** Einlagen ▪ **EK** Eigenkapital ▪ **e. K.** eingetragener Kaufmann ▪ **e. Kfm.** eingetragener Kaufmann ▪ **e. Kfr.** eingetragene Kauffrau ▪ **Entn.** Entnahmen ▪ **EP** Einstandspreis ▪ **ER** Eingangsrechnung ▪ **erw.** erwarteter ▪ **ESt** Einkommensteuer ▪ **EStG** Einkommensteuergesetz ▪ **EStR** Einkommensteuerrichtlinien ▪ **et al.** et alii (und andere) ▪ **etc.** et cetera (und so weiter) ▪ **EUR** Euro ▪ **EV** Endvermögen ▪ **EWB** Einzelwertberichtigung ▪ **EZU** Einzelunternehmen | Einzelunternehmer ▪

f. folgende ▪ **F** Folie ▪ **FA** Finanzamt ▪ **FB** Freibetrag ▪ **FE** fertige Erzeugnisse ▪ **FEK** Fertigungseinzelkosten ▪ **ff.** fortfolgende ▪ **FGK** Fertigungsgemeinkosten

▪ **FiBu** Finanzbuchhaltung ▪ **fifo** first-in first-out ▪

g (geometrisch degressiver) Abschreibungssatz ▪ **GbR** Gesellschaft des bürgerlichen Rechts ▪ **gem.** gemäß ▪ **GewSt** Gewerbesteuer ▪ **ggü.** gegenüber ▪ **Gj** Geschäftsjahr ▪ **GKV** Gesamtkostenverfahren ▪ **GKR** Gemeinschaftskontenrahmen ▪ **GmbH** Gesellschaft mit beschränkter Haftung ▪ **GoB** Grundsätze ordnungsmäßiger Buchführung ▪ **GoF** Geschäfts- oder Firmenwert ▪ **grds.** grundsätzlich ▪ **GRL** Gesetzliche Rücklage ▪ **GuV** Gewinn- und Verlustrechnung ▪ **GV** Geldvermögen ▪ **GV-E** Geldvermögensebene ▪ **GWG** geringwertige Wirtschaftsgüter ▪

H (Einkommensteuer) Hinweise ▪ **HGB** Handelsgesetzbuch ▪ **hifo** highest-in first-out ▪ **HK** Herstellungskosten ▪ **HR** Handelsregister ▪

i. A. im Allgemeinen ▪ **i. d. R.** in der Regel ▪ **i. e. S.** im engeren Sinne ▪ **IFRS** International Financial Reporting Standards ▪ **i. g. E.** innergemeinschaftlicher Erwerb ▪ **i. g. L.** innergemeinschaftliche Lieferung ▪ **i. H. v.** in Höhe von ▪ **IKR** Industriekontenrahmen ▪ **inkl.** inklusive ▪ **i. S. d.** im Sinne der bzw. des ▪ **i. S. v.** im Sinne von ▪ **i. V. m.** in Verbindung mit ▪

kalk. kalkulatorisch ▪ **KapGes** Kapitalgesellschaft ▪ **KB** Kundenboni ▪ **kg** Kilogramm ▪ **KG** Kommanditgesellschaft ▪ **KGaA** Kommanditgesellschaft auf Aktien ▪ **KI** Kreditinstitut ▪ **KiSt** Kirchensteuer ▪ **KK** Kapitalkonto ▪ **konst.** konstant ▪ **KRL** Kapitalrücklage ▪ **Kto.** Konto ▪ **KV** Krankenversicherung ▪ **kWh** Kilowattstunde ▪

LB Lieferantenboni ▪ **lifo** last-in first-out ▪ **lofo** lowest-in first-out ▪ **LSt** Lohnsteuer ▪ **lt.** laut ▪ **L. u. L.** Lieferungen und Leistungen ▪

MA Mitarbeiter ▪ **ME** Mengeneinheit ▪ **MEK** Materialeinzelkosten ▪ **MGK** Materialgemeinkosten ▪ **Mio.** Million[en] ▪ **MW** Marktwert | Mehrwert ▪

n Nutzungsdauer ▪ **NK** Nebenkosten ▪ **Nr.** Nummer ▪ **NWB** Neue Wirtschaftsbriefe ▪

o. g. oben genannt ▪ **OHG** Offene Handelsgesellschaft ▪

P Produktion | Passiva ▪ **p. a.** per annum (pro Jahr) ▪ **PC** Personal Computer ▪ **PK** Pensionskasse ▪ **Pkw** Personenkraftwagen ▪ **p. r. t.** pro rata temporis (anteilmäßig auf einen bestimmten Zeitablauf bezogen) ▪ **PRAP** passiver Rechnungsabgrenzungsposten ▪ **PV** Pflegeversicherung ▪ **PWB** Pauschalwertberichtigung ▪

R Richtlinie ▪ **RA** Rechnungsabgrenzung ▪ **RAP** Rechnungsabgrenzungsposten ▪ **RBW** Restbuchwert ▪ **REA** Rücklage für eigene Anteile ▪ **RHB** Roh-, Hilfs- und Betriebsstoffe ▪ **RLA** Rücklagenanteil ▪ **RND** Restnutzungsdauer ▪ **RSt** Rückstellung ▪ **RV** Reinvermögen | Rentenversicherung ▪ **RV-E** Reinvermögensebene ▪

S. Seite ▪ **SB** Schlussbilanz ▪ **SBK** Schlussbilanzkonto ▪ **s. b. A.** sonstiger betrieblicher Aufwand ▪ **s. b. E.** sonstiger betrieblicher Ertrag ▪ **SGB** Sozialgesetzbuch ▪ **SKR** Standardkontenrahmen ▪ **sog.** so genannt ▪ **SolZ** Solidaritätszuschlag ▪ **SolZG** Solidaritätszuschlaggesetz ▪ **Sp.** Spalte ▪ **stfr.** steuerfrei ▪ **Stkl** Steuerklasse ▪ **stpfl.** steuerpflichtig ▪ **StR** stille Reserve ▪ **SvEV** Sozialversicherungsentgeltverordnung ▪ **SV** Sozialversicherungsbeitrag ▪

t time (Zeit = Laufzeitindex) ▪ **teilw.** teilweise ▪ **TÜV** Technischer Überwachungs-Verein ▪

UE unfertige Erzeugnisse | Umsatzerlöse ▪ **UKV** Umsatzkostenverfahren ▪ **ungew.** ungewisse ▪ **US-GAAP** United States Generally Accepted Accounting Principles ▪ **USt** Umsatzsteuer ▪ **UStG** Umsatzsteuergesetz ▪ **UV** Umlaufvermögen ▪

Verb. Verbindlichkeiten ▪ **VG** Vermögensgegenstand | Veräußerungsgewinn ▪ **VGK** Verwaltungsgemeinkosten ▪ **vgl.** vergleiche ▪ **VL** Vermögenswirksame

Leistungen ▪ **VP** Verkaufspreis ▪ **VSt** Vorsteuer ▪

WA Warenausgang | Wertaufholung | Warenversandaufwand ▪ **WE** Wareneingang ▪ **WP** Wertpapiere ▪

z. B. zum Beispiel ▪ **ZE** Zinserträge ▪ **ZM** Zahlungmittel ▪ **ZM-E** Zahlungsmittelebene ▪ **zzgl.** zuzüglich ▪

Symbolverzeichnis

$\mathbf{A_0}$ Anschaffungsauszahlung ▪ $\mathbf{A_t}$ Auszahlungen ▪ $\mathbf{AfA_t}$ Absetzung für Abnutzung ▪ **ANN** Annuität ▪ $\mathbf{Au_t}$ Aufwendungen ▪ **BW** Barwert ▪ **d** Degressionsbetrag ▪ δ Veränderung ▪ Δ Veränderung (Delta) ▪ $\mathbf{E_t}$ Einzahlungen ▪ **EB** Endbestand ▪ **EP** Einstandspreis ▪ $\mathbf{Er_t}$ Erträge ▪ **EW** Ertragswert ▪ **FK** Fremdkapital ▪ $\mathbf{G_t}$ Gewinn (Periodenerfolg) ▪ $\mathbf{G_{s,t}}$ Gewinn nach Steuern ▪ $\mathbf{G_{s,t}^{fiktiv}}$ Gewinn nach Steuern unter Berücksichtigung latenter Steuern ▪ **g** geometrisch-degressiver Abschreibungssatz ▪ **i** Kalkulationszinsfuß vor Steuern ▪ $\mathbf{i_s}$ Kalkulationszinsfuß nach Steuern ▪ ∞ unendlich (infinity) ▪ **JAL** Jahresarbeitslohn ▪ **k** Selbstkosten ▪ **K** Gesamtkosten ▪ $\mathbf{K_f}$ fixe Kosten ▪ $\mathbf{K_v}$ variable Kosten ▪ $\mathbf{K_{Vt}}$ Vertriebskosten ▪ $\mathbf{K_{Vw}}$ Verwaltungskosten ▪ **KVAbz** Krankenversicherungsabzug ▪ **KW** Kapitalwert vor Steuern ▪ $\mathbf{KW_s}$ Kapitalwert nach Steuern ▪ $\mathbf{L_t}$ Leistung in t ▪ **ME** Mengeneinheit ▪ **./.** kaufmännisches Minuszeichen ▪ **n** betriebsgewöhnliche Nutzungsdauer ▪ **q** Auf- bzw. Abzinsfaktor ▪ **RVAbz** Rentenversicherungsabzug ▪ ρ Sollzinssatz (rho) ▪ **RBW** Restbuchwert ▪ **s** (Grenz-)Steuersatz ▪ **S** Summe der Jahresordnungszahlen ▪ **S(.)** Steuertarif ▪ $\mathbf{S_t}$ absolute Steuerzahlung ▪ $\mathbf{S_t^{fiktiv}}$ fiktive Steuerzahlung ▪ **t** Zeitindex (time) ▪ **T** Planungshorizont | Laufzeit ▪ **TIL** Tilgungszahlung ▪ **TZ** Tilgungszahlungszeitpunkt ▪ **WA** Wertaufholung ▪ **x** Ausbringungsmenge | Leistungsmenge ▪ $\mathbf{x_A}$ Absatzmenge ▪ $\mathbf{Z_t}$ Zahlungsüberschuss vor Steuern ▪ $\mathbf{Z_{s,t}}$ Zahlungsüberschuss nach Steuern ▪ **ZI** Zinsen ▪ **zvE** zu versteuerndes Einkommen ▪ **zvJB** zu versteuernder Jahresbetrag ▪

Verzeichnis der Beispiele

Verzeichnis der Übungen

Abbildungsverzeichnis

Darstellungsverzeichnis

Literaturverzeichnis

Baetge, Jörg / Kirsch, Hans-Jürgen / Thiele, Stefan (2012): *Bilanzen*, 12. Auflage, IDW-Verlag, Düsseldorf (zitiert auf Seite 304).

Coenenberg, Adolf G. / Haller, Axel / Schultze, Wolfgang (2009): *Jahresabschluss und Jahresabschlussanalyse*, 21. Auflage, Schaeffer-Pöschel, Stuttgart (zitiert auf Seite 537).

Döring, Ulrich / Buchholz, Rainer (2015): *Buchhaltung und Jahresabschluss*, 14. Auflage, Erich Schmidt, Berlin (zitiert auf den Seiten 2, 3, 33, 79, 117, 165, 169, 209, 243, 283, 321, 367, 391, 413, 425, 461 und 507).

Eisele, Wolfgang / Knobloch, Alois Paul (2011): *Technik des betrieblichen Rechnungswesens*, 8. Auflage, Vahlen, München (zitiert auf den Seiten 33, 79, 117, 169, 170, 209, 243, 271, 283, 321, 367, 387, 391, 425, 461, 507, 508, 509 und 543).

Friedl, Gunther / Hofmann, Christian / Pedell, Burkard (2014): *Kostenrechnung, eine entscheidungsorientierte Einführung*, 2. Auflage, Vahlen, München (zitiert auf Seite 321).

Förschle, Gerhart / Gottel, Bernd / Schmidt, Stefan / Schubert, Wolfgang J. / Winkeljohann, Norbert (2014): *Beck'scher Bilanzkommentar – Handelsbilanz, Steuerbilanz*, 9. Auflage, C. H. Beck, München (zitiert auf Seite 490).

Leffson, Ulrich (1987): *Die Grundsätze ordnungsmäßiger Buchführung*, 7. Auflage, IDW-Verlag, Düsseldorf (zitiert auf Seite 302).

Pellens, Bernhard / Fülbier, Rolf Uwe / Gassen, Joachim / Sellhorn, Thorsten (2014): *Internationale Rechnungslegung*, 9. Auflage, Schäffer-Poeschel, Stuttgart (zitiert auf Seite 286).

Schildbach, Thomas / Stobbe, Thomas / Brösel, Gerrit (2013): *Der handelsrechtliche Jahresabschluss*, 10. Auflage, Wissenschaft & Praxis, Sternenfels (zitiert auf Seite 283).

Sigloch, Jochen (2011): *Rechnungslegung – Jahresabschluss nach Handels- und Steuerrecht und internationalen Standards*, 8. Auflage, Unternehmensrechnung und Steuern Universität Bayreuth e. V., Bayreuth (zitiert auf den Seiten 227, 229, 231, 320, 368 und 434).

Sigloch, Jochen (2012): *Technik des betrieblichen Rechnungswesens I: Buchführung und Abschluss*, unveröffentlichtes Manuskript, Universität Bayreuth (zitiert auf den Seiten 209 und 369).

Stützel, Wolfgang (1967): Bemerkungen zur Bilanztheorie, in: *Zeitschrift für betriebswirtschaftliche Forschung (Sonderdruck)*, 314–340 (zitiert auf den Seiten 2 und 3).

Wagner, Franz W. (1982): Zur Informations- und Ausschüttungsbemessungsfunktion des Jahresabschlusses auf einem organisierten Kapitalmarkt, in: *Zeitschrift für betriebswirtschaftliche Forschung*, 749–771 (zitiert auf den Seiten 5 und 284).

Wagner, Franz W. (1988): Allokative und distributive Wirkungen der Ausschüttungskompetenzen von Hauptversammlung und Verwaltung einer Aktiengesellschaft – Eine ökonomische Analyse des Art. 50 des Entwurfs einer 5. EG-Richtlinie, in: *Zeitschrift für Gesellschafts- und Unternehmensrecht*, 210–239 (zitiert auf Seite 544).

Wagner, Franz W. / Wangler, Clemens (2001): Gewinnverteilung und Gewinnverwendungspolitik, in: Gerke, Wolfgang / Steiner, Manfred (Hrsg.): *Handwörterbuch des Bank- und Finanzwesens*, 3. Auflage, Schäffer-Poeschel, Stuttgart, 982–994 (zitiert auf den Seiten 527, 540 und 542).

Wöhe, Günter / Kußmaul, Heinz (2015): *Grundzüge der Buchführung und Bilanztechnik*, 9. Auflage, Vahlen, München (zitiert auf den Seiten 33, 79, 117, 169, 209, 243, 283, 321, 367, 391, 425, 461 und 507).

Index

\endinput